Formeln

Elektrische Spannung $U = \frac{W}{Q}$

Elektrische Stromstärke $I = \frac{Q}{t}$

Elektrischer Widerstand $R = \frac{\varrho \cdot l}{q}$

$R = \frac{l}{\varkappa \cdot q}$ $\quad R = \frac{1}{G}$

Leitwert $G = \frac{1}{R}$

Ohmsches Gesetz $I = \frac{U}{R}$

$R = \frac{U}{I}$

$U = I \cdot R$

Widerstand bei Temperaturänderung

$$\left.\begin{aligned} \Delta R &= R_{20} \cdot \Delta T \cdot \alpha \\ R_T &= R_{20} + \Delta R \end{aligned}\right\} R_T = R_{20}(1 + \Delta T \cdot \alpha)$$

Arbeit, Energie
- mechanisch $W = F \cdot h$
- elektrisch $W = U \cdot Q$; $W = U \cdot I \cdot t$

Leistung
- mechanisch $P = \frac{W}{t}$; $P = \frac{F \cdot s}{t}$

Leistung
- elektrisch $P = U \cdot I$; $P = \frac{U^2}{R}$; $P = I^2 \cdot R$

Wirkungsgrad $\eta = \frac{P_{ab}}{P_{zu}}$

Stromstärke bei der Reihenschaltung $I = I_1 = I_2 = \ldots = I_n$

Spannung bei der Reihenschaltung $U_g = U_1 + U_2 + \ldots + U_n$

Gesamtwiderstand bei der Reihenschaltung $R_g = R_1 + R_2 + \ldots + R_n$

Spannung bei der Parallelschaltung $U_g = U_1 = U_2 = \ldots = U_n$

Stromstärke bei der Parallelschaltung $I_g = I_1 + I_2 + \ldots + I_n$

Gesamtleitwert bei der Parallelschaltung $\frac{1}{R_g} = \frac{1}{R_1} + \frac{1}{R_2} + \ldots + \frac{1}{R_n}$

Klemmenspannung $U_{Kl} = U_{or} - U_i$

Gesamtspannung bei der Reihenschaltung von Spannungsquellen

$$U_{org} = U_{or1} + U_{or2} + \ldots + U_{orn}$$

Gesamtinnenwiderstand bei der Reihenschaltung von Spannungsquellen $R_{ig} = R_{i1} + R_{i2} + \ldots + R_{in}$

Spannungsabfall auf einer mit Gleichstrom belasteten Leitung: $U_v = I \cdot R_{Ltg}$; $U_v = \frac{2 \cdot I \cdot l}{\varkappa \cdot q} = \frac{2 \cdot I \cdot \varrho \cdot l}{q}$

Verlustleistung auf einer mit Gleichstrom belasteten Leitung $P_v = I^2 \cdot R_{Ltg}$; $P_v = \frac{2 \cdot I^2 \cdot l}{\varkappa \cdot q}$

Stromdichte $J = \frac{I}{q}$

Elektrische Feldstärke $E = \frac{F}{Q}$

Feldstärke des Plattenkondensators $E = \frac{U}{d}$

Elektrische Kapazität $C = \frac{Q}{U}$

Kapazität des Plattenkondensators $C = \frac{\varepsilon_r \cdot \varepsilon_0 \cdot A}{d}$

Parallelschaltung von Kondensatoren $C_g = C_1 + C_2 + \ldots + C_n$

Reihenschaltung von Kondensatoren $\frac{1}{C_g} = \frac{1}{C_1} + \frac{1}{C_2} + \ldots + \frac{1}{C_n}$

Magnetischer Fluß $\Phi = B \cdot A$

Elektrische Durchflutung $\Theta = I \cdot N$

Magnetische Feldstärke $H = \frac{\Theta}{l} = \frac{I \cdot N}{l}$

Permeabilität $\mu = \mu_0 \cdot \mu_r$

Magnetische Flußdichte $B = \mu \cdot H$

Kraft auf einen stromdurchflossenen Leiter im Magnetfeld $F = B \cdot I \cdot l$

Induktionsspannung $U = B \cdot l \cdot v \cdot z$; $U = N \frac{\Delta \Phi}{\Delta t}$

Elektrolytische Stoffabscheidung $m = c \cdot I \cdot t$

Kapazität eines galvanischen Elementes $K = I \cdot t$

Aufgenommene Wärme eines Stoffes $Q = m \cdot c \cdot \Delta T$

Konstanten

Elektrische Feldkonstante $\varepsilon_0 = 8{,}86 \cdot 10^{-12} \frac{As}{Vm}$

Magnetische Feldkonstante $\mu_0 = 1{,}257 \cdot 10^{-6} \frac{Vs}{Am}$

Heinrich Hübscher, Jürgen Klaue,
Werner Pflüger, Siegfried Appelt

Elektrotechnik
Grundstufe

westermann

Diesem Buch wurden die bei Redaktionsschluß dieser Auflage vorliegenden neuesten Ausgaben der DIN-Normen und VDE-Bestimmungen zugrunde gelegt. Verbindlich sind jedoch nur die neuesten Ausgaben der DIN-Normen und VDE-Bestimmungen selbst.

Die DIN-Normen können bezogen werden bei
Beuth Verlag GmbH, Burggrafenstr. 4–10, 1000 Berlin 31,
und
Kamekestr. 8, 5000 Köln 1.
Die VDE-Bestimmungen können bezogen werden bei
VDE-Verlag GmbH, Bismarckstr. 33, 1000 Berlin 12.

Dieses Buch wurde von der Stiftung Buchkunst, Frankfurt, im Rahmen des Wettbewerbs „Die fünfzig Bücher 1978 Bundesrepublik Deutschland" prämiert.

1987 1986 1985 1984
Die letzte Zahl bezeichnet das Jahr der Herstellung

4. Auflage 1984
Verlagslektorat: Wolfgang Kaiser
Layoutkonzept: Gerd Gücker
Herstellung: Dieter Küstner, Herbert Heinemann
Einbandgestaltung: Adalbert Homey mit einem Foto von Hermann Buresch
Zeichnungen: Ulrich Steffens, Mettmann und Technisch Grafische Abteilung Westermann
Satz: Hermann Hagedorn, Berlin
Gesamtherstellung: westermann druck, Braunschweig

ISBN 3-14-**201030**-0

Vorwort

Die Elektrotechnik wird ständig weiterentwickelt. Verbesserte Werkstoffe und modernisierte Verarbeitungstechniken ermöglichen die Konstruktion neuer Bauteile und erschließen neue Anwendungsbereiche. Dieser Entwicklung müssen sich die Berufstätigen fortwährend anpassen.

Trotz der Veränderungen gibt es wesentliche und übergreifende Grundlagen, die in einer Ausbildung vermittelt werden müssen. Diese Vermittlung muß besonders sorgfältig erfolgen, um das Fundament für berufliche Mobilität und eine Basis für selbständiges Weiterlernen zu schaffen. Hierauf wurde in diesem Buch besonderer Wert gelegt.

Es werden die Inhalte für das erste Ausbildungsjahr im Berufsfeld Elektrotechnik zur gründlichen theoretischen Durchdringung des Lehrstoffes und für eine fachgerechte praktische Tätigkeit behandelt.

Das Buch ist geeignet für die Ausbildung

- im dualen System in Handwerk und Industrie
- im Berufsgrundbildungsjahr
- im Berufsgrundschuljahr
- an Berufsfachschulen

Darüber hinaus ist es im Unterricht in Fachschulen und in allen Klassen einsetzbar, in denen Grundlagen der Elektrotechnik vermittelt werden. Es ist aber auch zum Selbststudium und für die Weiterbildung geeignet.

Motivation, Veranschaulichung und Festigung des Stoffes waren besondere Intention bei der Erstellung des Buches.

Eine Lernmotivation soll erreicht werden durch Praxisbezug, erklärende und herleitende Darstellung, problemorientierte Sachverhalte und mehrfarbige Abbildungen.

Die Veranschaulichung der abstrakten elektrotechnischen Vorgänge soll ermöglicht werden durch ausführliche Experimente, gestufte Abstraktion und zahlreiche Fotos und Zeichnungen.

Zur Festigung des Gelernten dienen Beispiele, Berechnungen, Merksätze und Aufgaben. Farbige Hinterlegungen der Merksätze und das Herausstellen wichtiger Begriffe, Größen und Formeln auf die Randspalte erleichtern einen schnellen Überblick. Das Buch ist so aufgebaut, daß die einzelnen Teile in unterschiedlicher Reihenfolge durchgearbeitet werden können. Eine Anpassung an die jeweiligen Lehrpläne und an die methodischen Vorstellungen der Lehrer ist daher möglich. Vertiefende Teile oder Randbereiche können übersprungen werden.

Die Schüler können mit dem Buch während des Unterrichts sowohl in Gruppen als auch einzeln arbeiten oder den Stoff zu Hause selbständig vor- und nacharbeiten.

Für Hinweise und Verbesserungsvorschläge sind Autoren und Verlag jederzeit aufgeschlossen und dankbar.

Autoren und Verlag

Inhalt

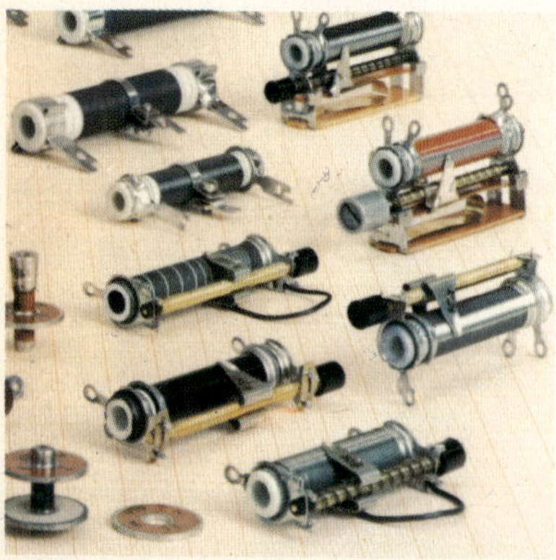

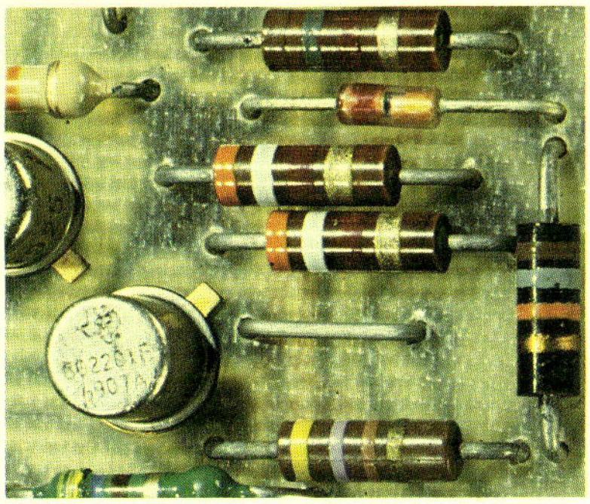

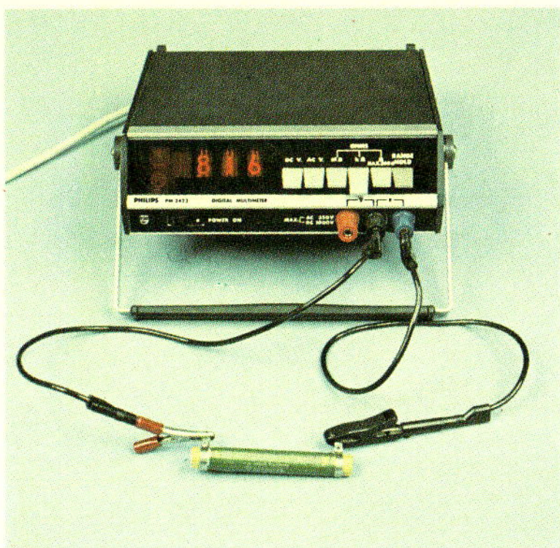

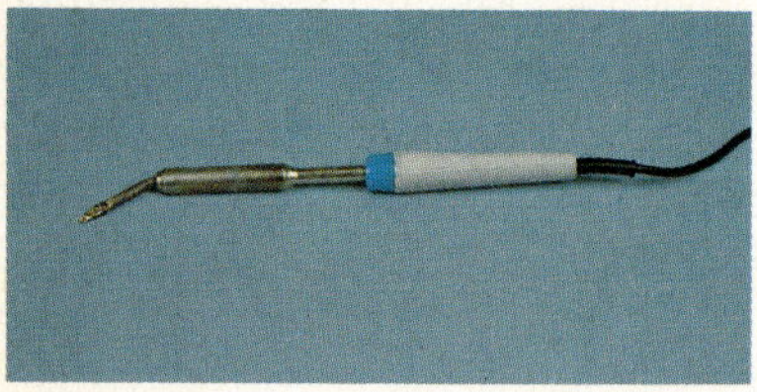

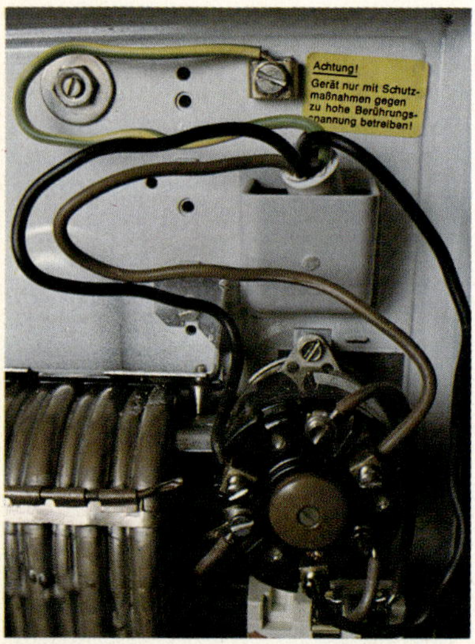
Achtung!
Gerät nur mit Schutz-
maßnahmen gegen
zu hohe Berührungs-
pannung betreiben!

1 Grundbegriffe der Elektrotechnik

1.1 Einführung

Obwohl unsere Welt entscheidend durch die Elektrotechnik bestimmt wird, haben natürliche elektrische Phänomene, wie z.B. der Blitz, ihre beeindruckende Wirkung auf den Menschen nicht verloren.

Sie zeigen uns immer wieder, welche Naturkräfte und Gefahren mit der Elektrizität verbunden sind. Deutlich wird ebenfalls, welche besonderen Leistungen notwendig waren, um sie für die Menschheit nutzbar zu machen.

Künstlich hervorrufbare elektrische Erscheinungen sind seit langem bekannt. Bereits die Griechen des Altertums wußten, daß leichte Stoffe, wie z.B. Haare, Federn oder Fasern, durch einen mit einem Tuch geriebenen Bernstein angezogen werden können. Dieses Phänomen konnte mit dem damaligen Wissensstand nur als magischer oder göttlicher Einfluß gedeutet werden. Aus dieser Zeit stammt auch ein wichtiger Begriff dieser Erscheinungen, denn Bernstein heißt im Griechischen Elektron.

Die durch Reibung entstehende Elektrizität wurde später auch bei anderen Stoffen entdeckt. Ihre Anwendung erstreckte sich jedoch zunächst nur auf die schaustellerische Darbietung. Bis zum Ende des 18. Jahrhunderts konnte man sich bei entsprechenden Veranstaltungen elektrisieren lassen (Abb.1).

Daneben wurden jedoch auch einige Phänomene gründlicher untersucht. Experimente mit Froschschen-

Abb. 1 und 2: Vorführung einer Elektrisiermaschine (Anfang des 18. Jh.). Elektrizität entstand durch Reibung an einer Schwefelkugel.
Galvanis Experimente mit „tierischer Elektrizität" (1791)

keln durch Aloisio Luigi Galvani[1] führten z. B. zur Entwicklung erster Spannungsquellen.

Die im 19. Jahrhundert betriebene Grundlagenforschung führte unter anderem 1854 zur Erfindung der Glühlampe durch Heinrich Goebel[2]. Unabhängig davon erfand auch Thomas Alva Edison[3] 1879 die Glühlampe, aber erst im Jahre 1882 gelang die serienmäßige Herstellung. Damit war ein erster Schritt getan, um die Elektrizität für den Menschen nutzbar zu machen.

Abb. 1: Erste Dynamomaschine, Werner v. Siemens, 1866

Abb. 2: Generator der Gegenwart

Abb. 3: Richtantenne zur Nachrichtenübertragung durch elektromagnetische Wellen

Die Erzeugung von Elektrizität mit Hilfe des Magnetismus war eine weitere wichtige Entwicklung zur technischen Nutzung grundlegender Erscheinungen. Den ersten Generator nach diesem Verfahren erfand Werner v. Siemens[4] im Jahre 1866. Damit wurde es möglich, Elektrizität einfach und wirtschaftlich zu erzeugen.

Neben der energietechnischen Anwendung wurde die Elektrotechnik in verstärktem Maße auch zur Übermittlung von Nachrichten verwendet. Die zunächst an Leitungen gebundene Informationsübertragung wurde durch eine drahtlose Übertragung von Signalen ergänzt. Ergebnisse dieser Technik sind der Fernsprechapparat, das Radio und das Fernsehgerät. Sie sind inzwischen zu unentbehrlichen Mitteln für unsere Information und Unterhaltung geworden.

Die Abhängigkeit von elektrischen Geräten und Anlagen wird besonders dann deutlich, wenn sie ausgefallen sind. In den meisten Fällen wird der benach-

[1] Aloisio Luigi Galvani, italienischer Arzt, 1737–1798.
[2] Heinrich Goebel, deutscher Mechaniker und Optiker, 1818–1893.
[3] Thomas Alva Edison, amerikanischer Erfinder, 1847–1931.
[4] Werner von Siemens, deutscher Erfinder und Ingenieur, 1816–1892.

richtigte Fachmann den Schaden jedoch schnell finden und beseitigen.

In der Elektrotechnik unterscheidet man hauptsächlich folgende Berufsgruppen:

Industrieberufe < **Energietechnische Berufe** / **Nachrichtentechnische Berufe**

Handwerksberufe < **Energietechnische Berufe** / **Nachrichtentechnische Berufe**

Die Aufgaben der Industrieberufe sind im wesentlichen die Fertigung, Prüfung, Inbetriebnahme, Wartung und Instandsetzung von elektrotechnischen Geräten und Anlagen. Handwerksbetriebe beschäftigen sich im allgemeinen nicht mit der Fertigung, sondern mehr mit der Installation und der Instandsetzung. Eine eindeutige Abgrenzung ist jedoch nicht immer möglich.

Die Elektrotechnik kann in die Bereiche Energietechnik und Nachrichtentechnik mit den entsprechenden Berufszweigen unterteilt werden.

In den energietechnischen Berufen stehen Geräte und Anlagen im Mittelpunkt, die durch Energieumwandlung elektrische Energie erzeugen oder in andere technisch und wirtschaftlich nutzbringende Energieformen umsetzen oder dem Transport elektrischer Energie dienen.

Nachrichtentechnische Geräte und Anlagen benötigen zum Betrieb ebenfalls elektrische Energie. Sie wird dort jedoch nur als Mittel benutzt, um Signale umzuwandeln, sie zu verarbeiten, auszusenden oder zu empfangen.

Abb. 4: Energieanlagenelektroniker bei der Fehlersuche

1.2 Elektrische Erscheinungen und ihre Ursachen

Elektrische Vorgänge spielen sich nicht nur in technischen Geräten ab, sondern auch in unserer natürlichen Umwelt. Die beim Ausziehen eines Kunstfaserpullovers gelegentlich knisternden Funken und das Haften von Papierschnipseln an Kunststoffen sind z. B. elektrische Vorgänge. Die zur Deutung dieser Erscheinungen notwendigen Grundlagen wollen wir in den folgenden Abschnitten erarbeiten.

1.2.1 Aufladung von Stoffen

Reibt man einen Kunststoffstab mit einem Tuch oder Bekleidungsstück, dann werden durch ihn leichte Gegenstände angezogen, wie z.B. Papierschnipsel.

Abb. 5: Radio- und Fernsehtechniker bei der Fehlersuche

Gelegentlich wird auch eine Abstoßung beobachtet.

Dies ist eine elektrische Eigenschaft. Man spricht von einer Aufladung des Kunststoffstabes.

Anziehung tritt bereits beim Aneinanderpressen unterschiedlicher Stoffe auf. So haften z. B. Kunststoffolien und Papier sehr leicht aneinander.

Der Mensch ist nicht in der Lage, Ladungszustände direkt wahrzunehmen. Er besitzt dafür kein Sinnesorgan. Er kann lediglich die Wirkungen dieser Aufladungen erkennen und so auf den Ladungszustand schließen.

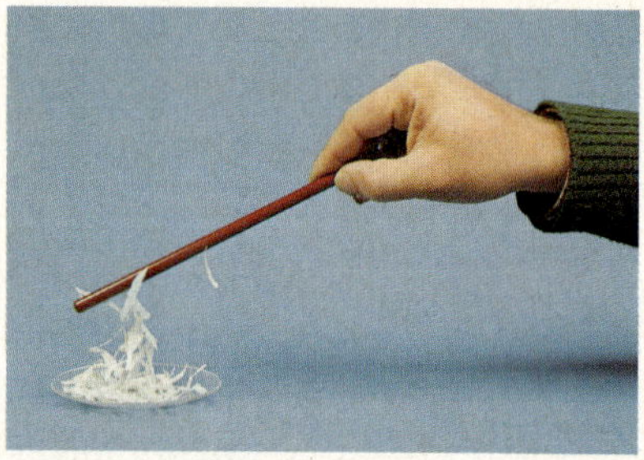

Abb. 1: Anziehung durch einen aufgeladenen Kunststoffstab

Versuch 1–1:
Gegenseitige Beeinflussung geladener Stäbe

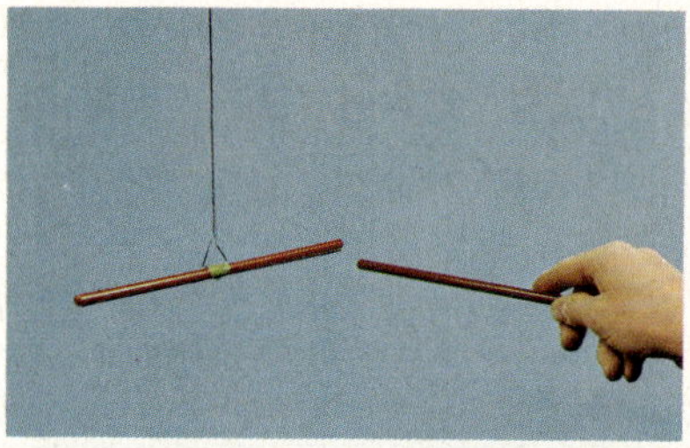

Versuch A

Durchführung
Die Kunststoffstäbe werden mit einem Wolltuch gerieben und dann einander genähert.

Ergebnis
Der drehbar aufgehängte Kunststoffstab wird abgestoßen.

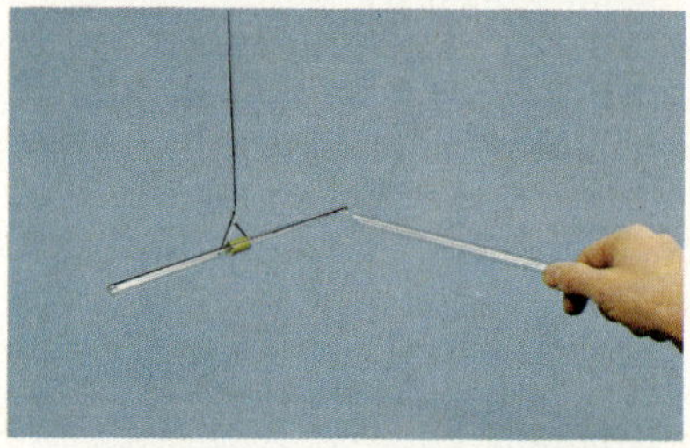

Versuch B

Durchführung
Die Glasstäbe werden mit einem Seidentuch gerieben und dann einander genähert.

Ergebnis
Der drehbar aufgehängte Glasstab wird abgestoßen.

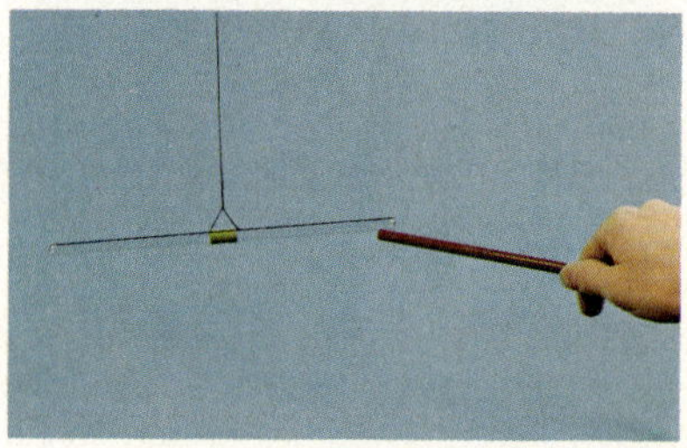

Versuch C

Durchführung
Der aufgeladene Kunststoffstab wird dem aufgeladenen Glasstab genähert.

Ergebnis
Der drehbar aufgehängte Glasstab wird durch den geladenen Kunststoffstab angezogen.

Um genaue Aussagen über die Arten der Ladungen und ihre Wirkungen machen zu können, müssen gezielte Versuche durchgeführt werden.

Sie zeigen, daß zwischen geladenen Körpern Anziehungs- und Abstoßungskräfte wirken.

Abstoßung tritt auf, wenn die Ladungen der Körper von der gleichen Art sind.

Anziehung tritt auf, wenn die Ladungen der Körper von unterschiedlicher Art sind.

Gleichartige Ladungen stoßen sich ab.
Ungleichartige Ladungen ziehen sich an.

Zwischen elektrisch neutralen Körpern treten weder Anziehungs- noch Abstoßungskräfte auf.

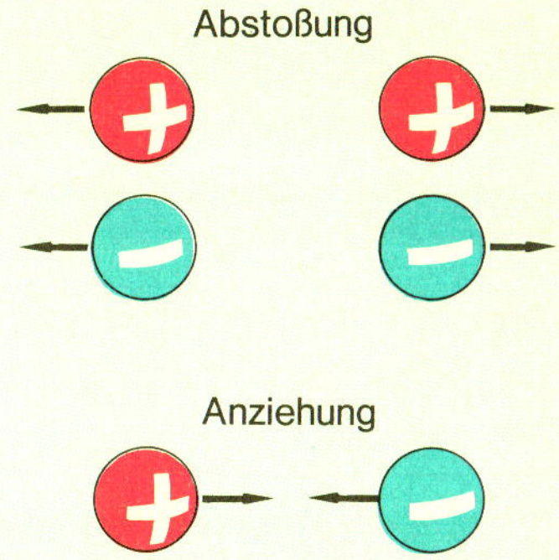

Abb. 2: Abstoßung und Anziehung zwischen Ladungen

1.2.2 Aufbau der Materie

Jeder Körper ist im normalen Zustand elektrisch neutral. Durch äußere Einflüsse kann er geladen werden. Dabei wird das Aussehen nicht verändert. Der Ladungszustand läßt sich mit dem Aufbau der Materie erklären.

Materie kann man vereinfacht in Grundstoffe und Verbindungen einteilen. Darüber hinaus gibt es Gemenge (Gemische), die jedoch aus verschiedenen Grundstoffen oder Verbindungen bestehen. Luft ist z.B. ein Gemenge aus verschiedenen Gasen.

Grundstoffe werden auch als Elemente bezeichnet. Zur Zeit kennen wir über 100 Elemente. Einige von ihnen kommen nicht in der Natur vor. Sie können jedoch künstlich hergestellt werden.

Grundstoffe lassen sich durch mechanische oder chemische Einflüsse nicht mehr in andere Stoffe zerlegen.

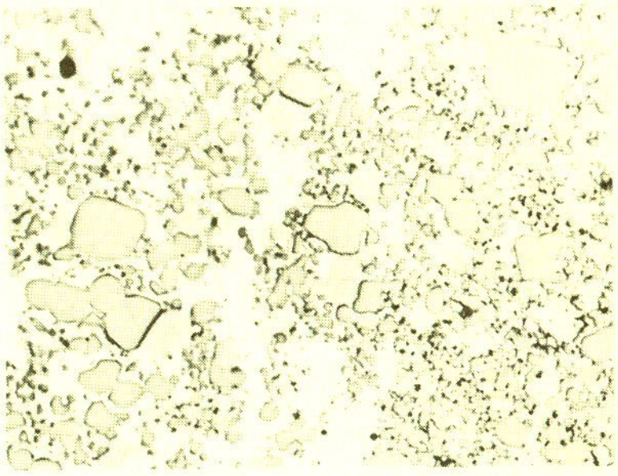

Abb. 3: Gemenge (Legierung) aus Silber und Wolfram (500fache Vergrößerung)

Beispiele für Grundstoffe

Wasserstoff, Sauerstoff, Kohlenstoff, Schwefel, Kupfer, Aluminium, Eisen, Magnesium

Atome[1] sind die kleinsten Teilchen eines Grundstoffes, die noch die chemischen Eigenschaften des Grundstoffes haben.

Abb. 4: Grundstoffe in Pulverform (Reihenfolge: a) Aluminium, b) Magnesium, c) Schwefel, d) Kohlenstoff)

Verbinden sich Atome verschiedener Grundstoffe miteinander, dann entstehen neue Stoffe. Diese nennt man Verbindungen.

Beispiele für Verbindungen

Polyvinylchlorid (PVC), Rost, Kochsalz, Wasser, Benzol, Schwefelsäure

Das kleinste Teil einer Verbindung nennt man Molekül. Der Molekülbegriff wird nicht nur bei Verbindungen von unterschiedlichen, sondern auch von gleichen Atomen verwendet.

Moleküle sind Verbindungen von unterschiedlichen oder gleichen Atomen.

[1] Der Begriff kommt aus dem Griechischen und bedeutet soviel wie „das Unteilbare“.

Nicht alle Stoffe gehen Verbindungen ein. Edelgase bilden unter normalen Bedingungen keine Moleküle, sondern liegen im atomaren Zustand vor.

Atome sind so klein, daß sie auch mit Hilfsmitteln nicht sichtbar gemacht werden können. Über ihren Aufbau hat man deshalb theoretische Modelle entwickelt, mit denen Ergebnisse von Experimenten und Vorgängen erklärt werden können.

Als nützlich hat sich hierfür das Bohrsche[1] Atommodell erwiesen.

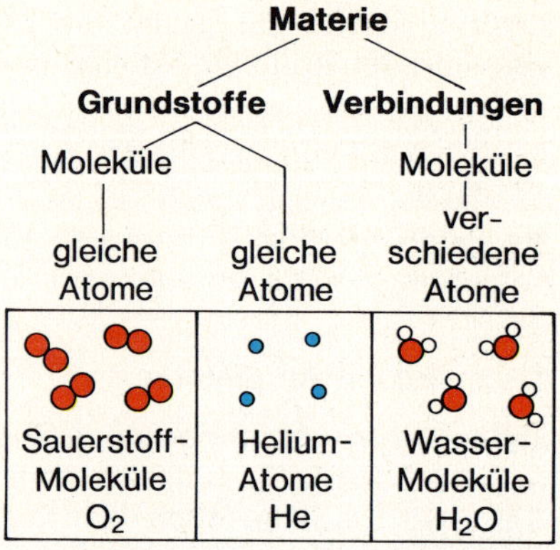

Das Atom besteht aus einem Kern und einer Hülle.
Der Kern besteht aus Protonen und Neutronen.
Um den Kern bewegen sich Elektronen auf kreis- bzw. ellipsenförmigen Bahnen.

Die Elektronen bewegen sich mit hohen Geschwindigkeiten um den Kern und wirken so wie eine Hülle.

Das Atom wirkt von außen wie eine Kugel (Abb. 1).

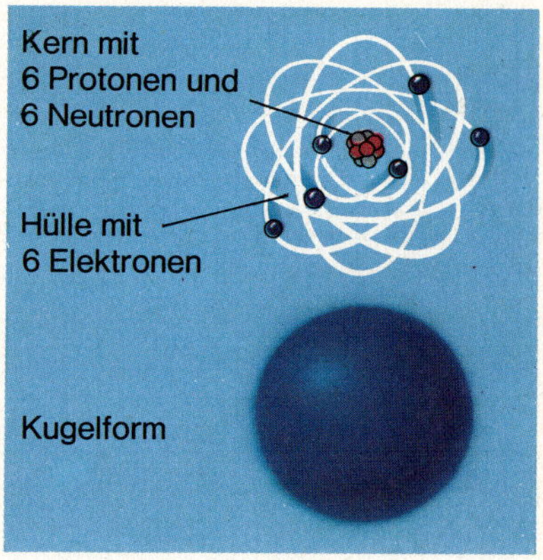

Abb. 1: Kohlenstoffatom

Die Abmessungen eines Atoms sind unvorstellbar klein. Der Durchmesser des Wasserstoffatoms beträgt z.B. etwa 10^{-10} m und der Durchmesser des Kerns nur etwa 10^{-15} m. Abb. 2 veranschaulicht die Größenordnungen.

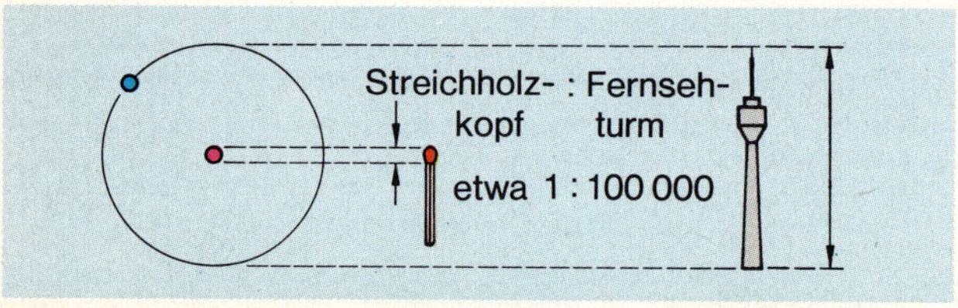

◁ Abb. 2: Größenverhältnisse im Wasserstoffatom. Die Größe des Streichholzkopfes entspricht dem Kern- und die des Fernsehturms dem Atomdurchmesser

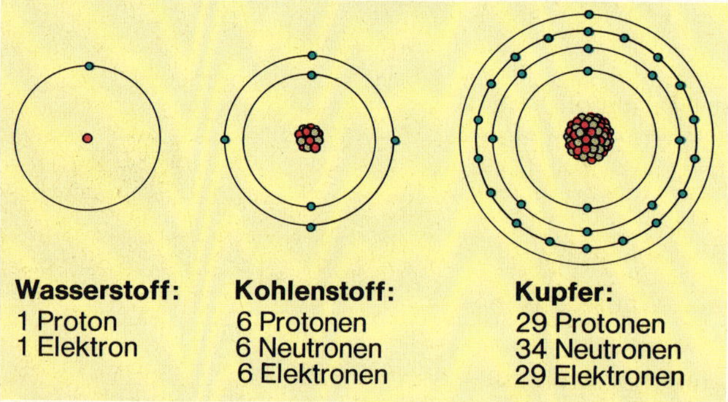

◁ Abb. 3: Flächenartige Darstellung verschiedener Atome

Alle Atome sind aus den gleichen Elementarteilchen, den Protonen, Neutronen und Elektronen, aufgebaut. Der Unterschied der Grundstoffe besteht lediglich in der Anzahl der Teilchen. So besitzt z.B. Kupfer 29 Pro-

[1] Niels Henrick David Bohr, dänischer Physiker, 1885–1962.
Das nach ihm benannte Atommodell ist grundlegend für die moderne Theorie des Atomaufbaus und wird heute ständig weiterentwickelt.

tonen und Zink 30 Protonen im Kern. In Abb. 3 sind einige Atommodelle vereinfacht in einer Ebene dargestellt.

Bei einem Atom ist die Anzahl der Elektronen stets gleich der Anzahl der Protonen. Die Neutronenzahl weicht häufig von der Protonenzahl ab. Protonen und Elektronen bewirken die elektrischen Erscheinungen.

Die Elektronen bewegen sich in bestimmten Bereichen um den Kern. Diese werden mit Schalen bezeichnet und durch fortlaufende Buchstaben gekennzeichnet.

Schalenbezeichnung	max. mögliche Elektronenzahl
K	2
L	8
M	18
N	32
O	50
P	72
Q	98

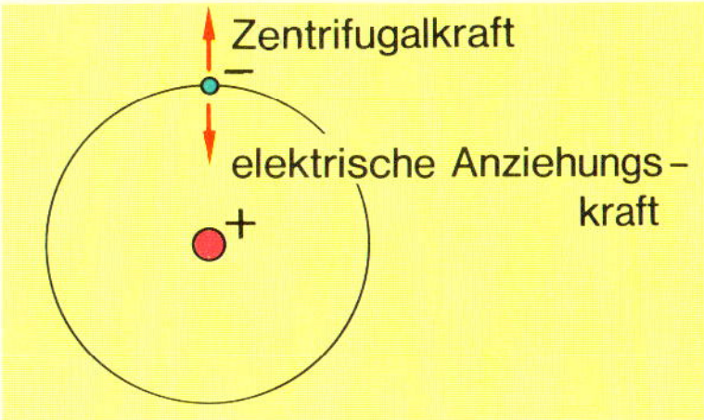

Abb. 4: Modell eines Wasserstoffatoms

1.2.3 Elektrische Eigenschaften der Atome

Die elektrischen Eigenschaften der Atome sollen am Wasserstoffatom verdeutlicht werden, da es das einfachste Atom ist. Es besteht lediglich aus einem Proton als Kern und einem Elektron.

Das Elektron bewegt sich auf einer Kreisbahn um den Kern. Bei jeder Kreisbewegung wirkt jedoch eine Kraft, die vom Mittelpunkt weggerichtet ist, die Zentrifugalkraft. Sie tritt auch in unserem persönlichen Erfahrungsbereich auf, z.B. beim Karussel, im Sport beim Hammerwerfen und bei der Fahrt durch eine Kurve. Das Elektron würde sich demnach vom Kern entfernen, wenn diese Kraft nicht durch eine Anziehungskraft aufgehoben würde.

Diese Anziehungskraft im Atom hat elektrische Ursachen. Sie entsteht durch unterschiedliche Ladungsarten. Die Ladung des Elektrons wird mit negativ und die des Protons mit positiv bezeichnet. Das Neutron ist elektrisch neutral.

> Elektronen sind negativ geladene Atombausteine der Hülle.
> Protonen sind positiv geladene Atombausteine des Kerns.
> Neutronen sind elektrisch neutrale Atombausteine des Kerns.

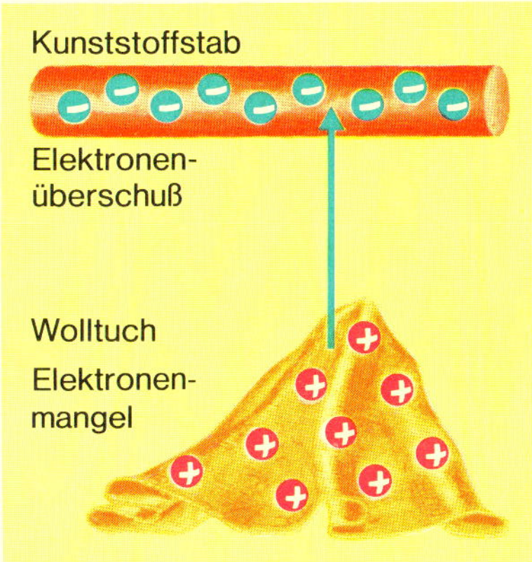

Abb. 5

Mit dieser Vorstellung über den atomaren Aufbau der Materie lassen sich die Experimente in Versuch 1 – 1 erklären:

Durch das Reiben des Kunststoffstabes mit dem Wolltuch treten Elektronen vom Tuch zum Stab über. Er besitzt nun mehr Elektronen als vorher und ist dadurch negativ geladen (vgl. Abb. 5).

Das Reiben des Glasstabes mit dem Seidentuch bewirkt, daß Elektronen aus dem Glasstab gelöst werden und in das Tuch übergehen. Hier überwiegen die positiven Ladungen (vgl. Abb. 6).

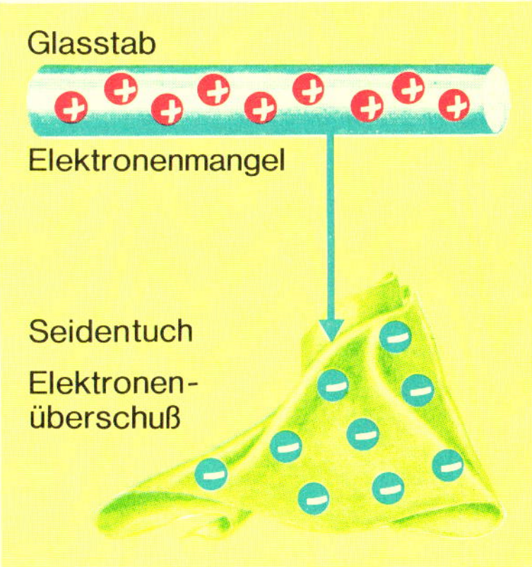

Abb. 6

Die Ladungen sind bestrebt, sich gegenseitig in ihrer Wirkung zu neutralisieren und verursachen dadurch zwischen unterschiedlich geladenen Körpern Anziehungskräfte.

Aufgaben zu 1.2

1. Welche Ladungen stoßen sich ab?
2. Ein aufgeladenes Kunststofflineal zieht kleine Styroporstückchen an. Wie könnten Lineal und Styropor aufgeladen sein?
3. Wie heißt der kleinste Baustein eines Grundstoffes, der noch dessen chemische Eigenschaften besitzt?
4. Nennen Sie den Unterschied zwischen Grundstoffen und Verbindungen!
5. Ordnen Sie folgende Stoffe in Grundstoffe und Verbindungen ein: Gips, Glas, Zink, Keramik, Uran, Alkohol, Stickstoff, Kupfer, Kohlenstoff, Aluminium, Schwefelsäure! (Hinweis: In 15.1.2 finden Sie eine Periodentafel der Elemente.)
6. Aus welchen Bausteinen setzt sich ein Molekül zusammen?
7. Skizzieren Sie den Aufbau eines Helium-Atoms!
8. Skizzieren Sie das Modell eines Wasserstoff-Atoms mit Angabe der Ladungen und Kräfte!

1.3 Mechanische Grundbegriffe

Einige elektrische Erscheinungen und Zusammenhänge können nur mit Hilfe von Erkenntnissen, Begriffen und Größen aus der Mechanik – einem Teilgebiet der Physik – erklärt werden. Um die folgenden Kapitel besser verstehen zu können, müssen wir einige dieser Begriffe kennen. Die meisten sind Ihnen sicher bereits bekannt, deshalb wollen wir sie an dieser Stelle nur kurz ins Gedächtnis rufen.

1.3.1 Physikalische Größen, Einheiten und Gleichungen

Damit physikalische Phänomene vergleichbar sind, müssen sie eindeutig beschrieben werden. Dazu dienen physikalische Größen. Sie sind meßbare Eigenschaften von physikalischen Objekten, Zuständen oder Vorgängen. Zur abgekürzten Schreibweise physikalischer Größen werden Formelzeichen benutzt. In einem gedruckten Text sind sie in kursiver (schräger) Schrift gesetzt.

Zu jeder Größe gehört eine Einheit. Bei der Länge ist dies z.B. das Meter. Mit ihr wird angegeben, wie die

Beispiele für physikalische Größen:
Länge l
Masse m
Zeit t

Beispiele für Einheiten:
Meter m
Kilogramm kg
Sekunde s

Größe zu messen ist. Die Zeichen für die Einheiten werden im gedruckten Text in senkrechter Form gesetzt.

In der Physik und in der Technik führt man alle meßbaren Erscheinungen und Objekte auf wenige Größen zurück. Diese werden Basisgrößen genannt. Sie sind unabhängig voneinander. International sind sieben Basisgrößen mit ihren entsprechenden Einheiten festgelegt worden. Sie sind Grundlage des **SI-Einheitensystems**[1]. Seit dem 2. Juli 1969 sind sie durch das „Gesetz über Einheiten im Meßwesen" für die Bundesrepublik Deutschland verbindlich. Die Tabelle nebenan gibt die sieben Basisgrößen mit ihren Einheiten wieder.

Basisgröße	
Name	Formelzeichen
Länge	l
Masse	m
Zeit	t
Elektrische Stromstärke	I
Thermodynamische Temperatur	T
Stoffmenge	n
Lichtstärke	I_v

Basiseinheit	
Name	Einheitenzeichen
Meter	m
Kilogramm	kg
Sekunde	s
Ampere	A
Kelvin	K
Mol	mol
Candela	cd

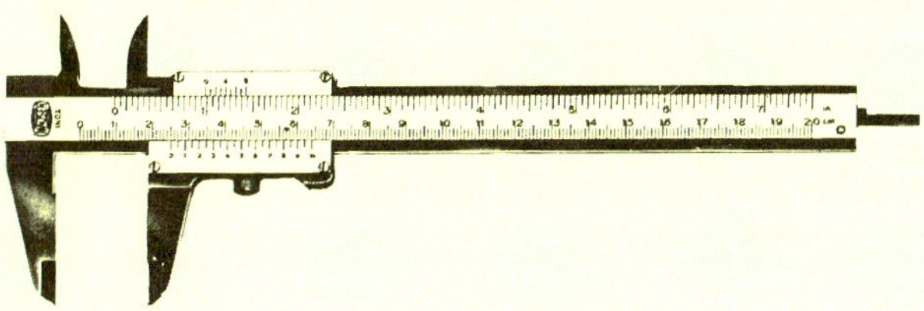

Abb. 1: Meßschieber zur Längenmessung

Die aufgeführten Größen werden mit Meßgeräten gemessen. Es sind dies z. B.:

- das Stabmaß für die Länge in Meter,
- die Waage für die Masse in Kilogramm,
- die Uhr für die Zeit in Sekunden,
- der Strommesser für die Stromstärke in Ampere.

Mit diesen Meßgeräten kann durch Ablesen des Zahlenwertes und der Einheit der Größenwert ermittelt werden.

Jede Größe besteht damit aus einem Zahlenwert und einer Einheit. Sie wird in Form einer Gleichung geschrieben.

Beispiele für die Schreibweise eines physikalischen Größenwertes:

$l = 2$ m $\qquad m = 50$ kg

Größenwert = Zahlenwert · Einheit

Mit den sieben Basisgrößen sind alle anderen Größen ausdrückbar und damit auch ihre Einheiten. Sie werden abgeleitete Größen bzw. abgeleitete Einheiten genannt.

Abb. 2: Waage zur Massenmessung
Abb. 3: Stoppuhr zur Zeitmessung ▽

[1] SI bedeutet: Système International d'Unités.

Eine abgeleitete Größe setzt sich aus Basisgrößen zusammen.

Eine abgeleitete Einheit setzt sich aus Basiseinheiten zusammen.

Für abgeleitete Größen bzw. abgeleitete Einheiten werden häufig neue Symbole zur abgekürzten Schreibweise verwendet.

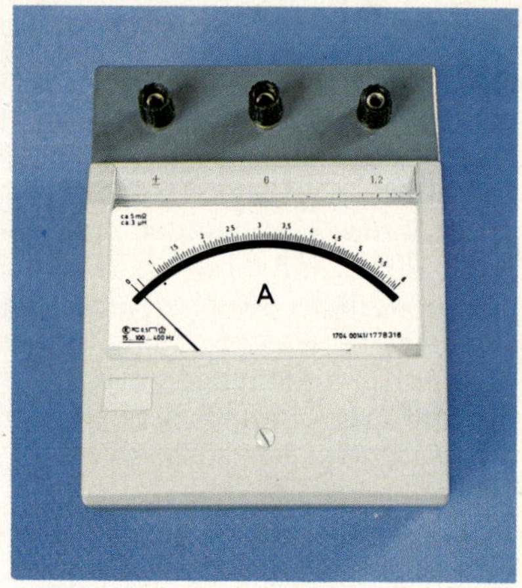

Abb. 1: Strommesser zur Messung der elektrischen Stromstärke

Beispiel für abgeleitete Größen

Fläche *A*

Die Fläche eines Rechtecks läßt sich ermitteln, indem man die Länge *l* und die Breite *b* miteinander multipliziert.

Die abgeleitete Größe *A* ist dann das Produkt von zwei Basisgrößen, der Länge *l* und der Breite *b*. Als abgeleitete Einheit ergibt sich damit ebenfalls ein Produkt.

Wenn man die Einheit einer physikalischen Größe angeben will, dann setzt man die Größe in eckige Klammern und schreibt hinter das Gleichheitszeichen die Einheit (DIN[1] 1313).

$\boxed{A = l \cdot b}$

$[A] = \mathrm{m} \cdot \mathrm{m}$

$[A] = \mathrm{m}^2$

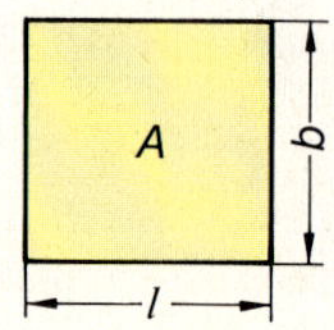

Physikalische Größen werden in Gleichungen zusammengefügt, um damit den Zusammenhang zwischen den Größen zu verdeutlichen.

Es werden dabei Größengleichungen und Einheitengleichungen unterschieden.

Gleichungen mit

Größen — **Einheiten**

Größengleichungen

In Größengleichungen sind die Beziehungen zwischen den Größen in Form einer Gleichung aufgestellt.

Beispiel: $A = l \cdot b$

Einheitengleichungen

In Einheitengleichungen setzt man Einheiten in eine gleichungsmäßige Beziehung. Mit ihrer Hilfe können Umrechnungen zwischen Einheiten vorgenommen werden.

Beispiele: $1\ \mathrm{m} = 100\ \mathrm{cm}$ $\quad 1\ \mathrm{m}^2 = 10^4\ \mathrm{cm}^2$

1.3.2 Kraft und Weglänge

Die Kraft ist als Größe nicht wahrnehmbar. Wir können nur ihre Wirkung erkennen. Sie wird symbolhaft durch einen Pfeil dargestellt. Die Länge des Pfeiles kann entsprechend einem Maßstab die Größe der Kraft angeben, und die Pfeilspitze zeigt die Wirkungsrichtung an.

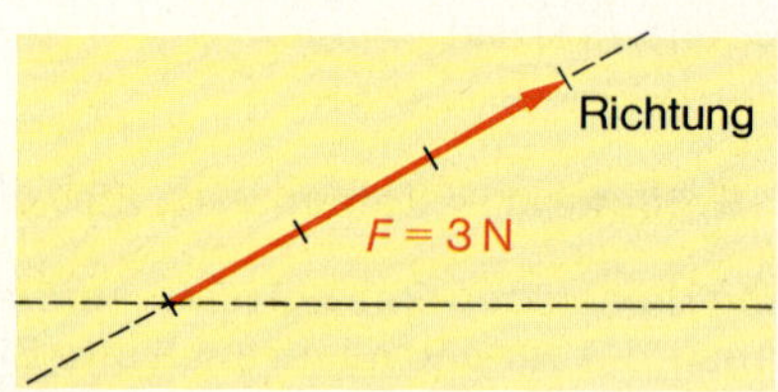

Abb. 2

[1] **D**eutsches **I**nstitut für **N**ormung e. V.

Die Größe Kraft hat die Einheit **Newton**[1].

Wirkt eine Kraft auf einen feststehenden Gegenstand, dann wird dieser verformt (Abb. 3).

Wirkt eine Kraft auf einen beweglichen Gegenstand, dann ändert sich seine Bewegung.

Die Größe Weglänge hat die Einheit **Meter.**

Für die gleiche Größe gibt es noch weitere Benennungen, z.B. Länge l, Breite b, Höhe h, Radius r, Durchmesser d, Wellenlänge λ. In der Elektrotechnik gibt es z.B. die Leiterlänge l, die Feldlinienlänge l, den Leiterdurchmesser d usw.

Kraft
Formelzeichen F
Einheitenzeichen N

Weglänge
Formelzeichen s
Einheitenzeichen m

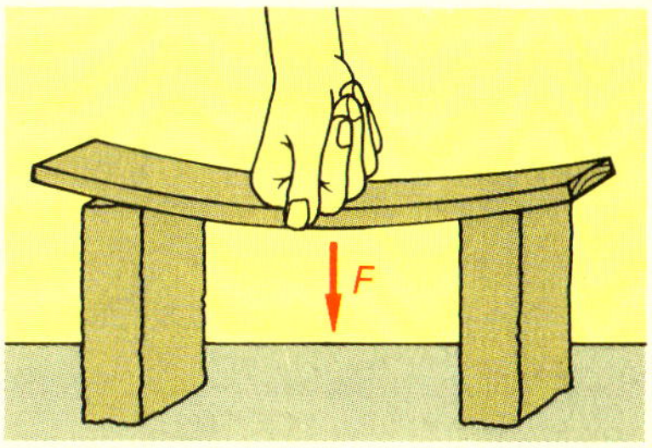

Abb. 3: Kraftwirkung auf einen ruhenden Gegenstand

1.3.3 Arbeit und Energie

Arbeit und Energie sind zwei Begriffe, die in der modernen Industriegesellschaft eine große Bedeutung haben. Sie lassen sich leicht am Beispiel der Hubarbeit erklären.

Die Größen Arbeit und Energie haben die Einheit **Joule**[2].

Hubarbeit wird verrichtet, wenn man z.B. 10 l Wasser eine Etage (z. B. von der 2. zur 3. $\hat{=}$ 3,06 m) hoch trägt. Hierfür benötigt man eine Kraft $F = 98{,}1$ N. Sie muß so lange wirksam sein, bis der Höhenunterschied überwunden ist (Abb. 4).

Der Wasserträger muß Arbeit verrichten. Diese ist von der aufzubringenden Kraft F und von dem zu überwindenden Höhenunterschied h (Hubweg) abhängig.

Arbeit, Energie
Formelzeichen W
Einheitenzeichen J

Mechanische Arbeit wird immer dann verrichtet, wenn an einem Körper längs eines bestimmten Weges eine Kraft wirkt.

Arbeit

$$\boxed{W = F \cdot h}$$

$[W] = \text{N m}$

Arbeit ist Kraft mal Weg

1 J = 1 N · 1 m

Arbeit und Energie stehen in einem bestimmten Zusammenhang. Während man mit der Arbeit etwas über einen Vorgang aussagt, beschreibt man mit der Energie den Zustand eines Körpers oder eines Systems. Energie entsteht durch Arbeit.

Die Ursache für eine Energie ist ein Arbeitsvorgang.

Arbeit $\xrightarrow{\text{bewirkt}}$ **Energie**
(Vorgang) (Zustand)

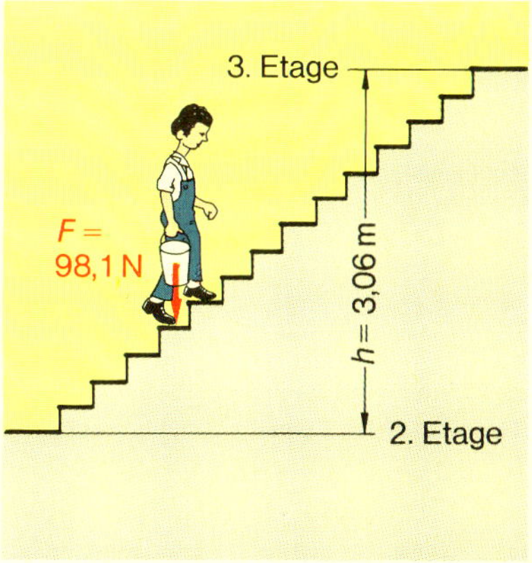

Abb. 4: Der Wasserträger verrichtet Hubarbeit

---

[1] Benannt nach Sir Isaac Newton, englischer Physiker, 1642–1727.
[2] Benannt nach James Prescott Joule (sprich: dschul), englischer Physiker, 1818–1889.

Für die Energie darf nach DIN 1304 neben *W* auch das Formelzeichen *E* gewählt werden.

Wird ein Körper auf die Höhe *h* gehoben, dann ist dazu eine bestimmte Arbeit erforderlich. Der Körper besitzt danach eine entsprechende Energie. Sie wird mit Energie der Lage oder mit **potentieller Energie E_p** bezeichnet.

Die einmal verrichtete Arbeit ist nicht verloren, sondern steht als Energie zur Verfügung. Mit ihr kann wiederum Arbeit verrichtet werden.

Energie ist die Arbeitsfähigkeit eines Körpers oder eines Systems.

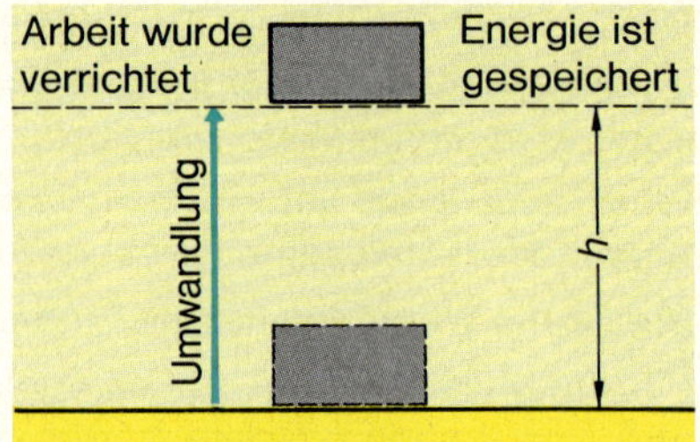

Abb. 1: Arbeit und Energie beim Anheben eines Körpers

In unserem Beispiel (Gedankenexperiment) könnte man das Wasser durch ein Rohr zur 2. Etage zurückfließen lassen. Auf dem Boden der 2. Etage könnten wir damit eine kleine Turbine antreiben. Hierdurch ließe sich die verrichtete Arbeit (Hubarbeit) als Antriebsarbeit zurückgewinnen (Verluste sind vernachlässigt).

Nach diesem Prinzip arbeitet z. B. ein Pumpspeicherwerk.

Die potentielle Energie des Wassers wird hierbei in Bewegungsenergie umgewandelt, die auch als **kinetische Energie E_k** bezeichnet wird.

Die Energie eines Körpers hängt von dem jeweiligen Bezugspunkt ab. Alle Punkte auf gleicher Höhe haben gegenüber diesem gleiches **Potential.**

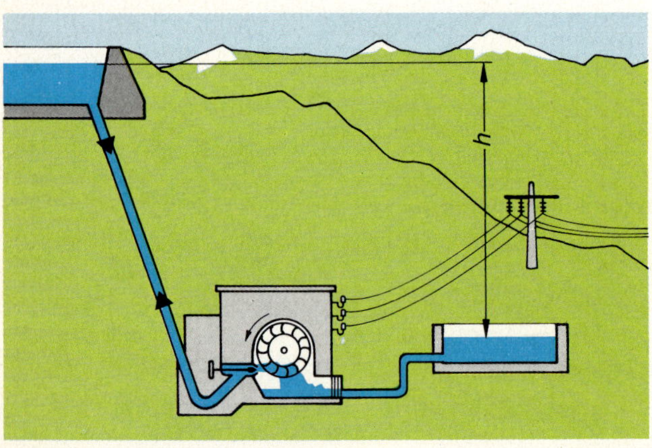

Abb. 2: Energieumwandlung beim Pumpenspeicherwerk

In Abb. 3 sind die Energiewerte von 10 l Wasser potentialmäßig bezogen auf das Erdgeschoß dargestellt.

Arbeit muß verrichtet werden, wenn sich das Potential erhöht; sie wird frei, wenn es kleiner wird.

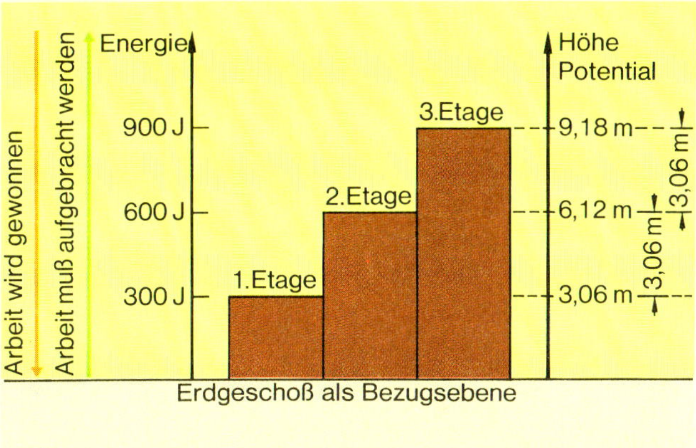

◁ Abb. 3: Energiewerte und Potentiale von 10 l Wasser in einem Haus, bezogen auf das Erdgeschoß

Die verschiedenen Energiearten können ineinander umgewandelt werden. Dieses wichtige physikalische Gesetz gilt nicht nur in der Mechanik, sondern in allen Bereichen. Dabei ist stets die Summe der Energien in einem System konstant (Energieerhaltung).

1.4 Elektrische Spannung

1.4.1 Elektrische Ladung

Wir wissen bereits, daß durch Reibung eine Aufladung erfolgt und daß infolge dieser Aufladung Abstoßungs- oder Anziehungskräfte entstehen. Diese Aufladung soll im folgenden näher untersucht werden. Dazu muß zunächst die elektrische Ladung noch etwas ausführlicher erläutert werden.

Die Ladung ist die elektrische Eigenschaft der Materie, auf die alle elektrischen Erscheinungen zurückgeführt werden können.

Die Größe Ladung hat die Einheit **Coulomb**[1].

Es gibt zwei gegensätzliche Ladungsarten: positive und negative Ladungen (vgl. 1.2.3).

Die Elektronen sind die Träger der negativen und die Protonen die Träger der positiven Ladung. Der Ladungswert eines Elektrons ist gleich dem Ladungswert eines Protons.

Ladung eines Elektrons: $e = -1{,}602 \cdot 10^{-19}$ C

Ladung eines Protons: $e = +1{,}602 \cdot 10^{-19}$ C

Besitzt also ein Atom genausoviele Elektronen wie Protonen (das ist der Normalzustand), dann heben sich die Ladungswirkungen gegenseitig auf. Das Atom wirkt nach außen elektrisch neutral.

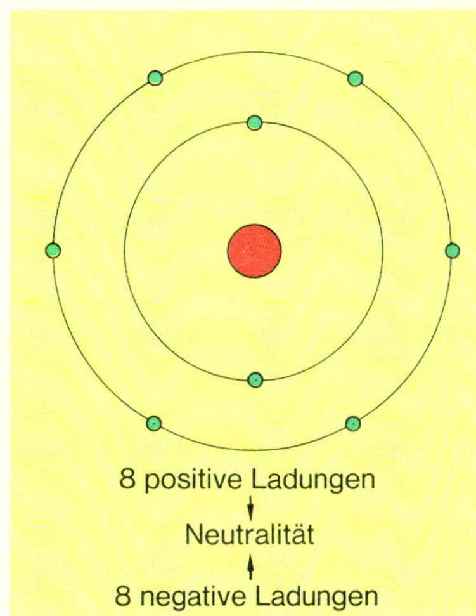

Abb. 4: Neutrales Sauerstoffatom

Ladung
Formelzeichen Q
Einheitenzeichen C

[1] Benannt nach Charles-Augustin Coulomb, französischer Physiker, 1736–1806.

1.4.2 Spannungserzeugung

1.4.2.1 Prinzip der Spannungserzeugung

Der Gleichgewichtszustand der neutralen Atome kann von außen gestört werden, z.B. durch Reibung. Mit einem Bandgenerator (Abb. 2) läßt sich die Ladungstrennung leicht durchführen und erklären.

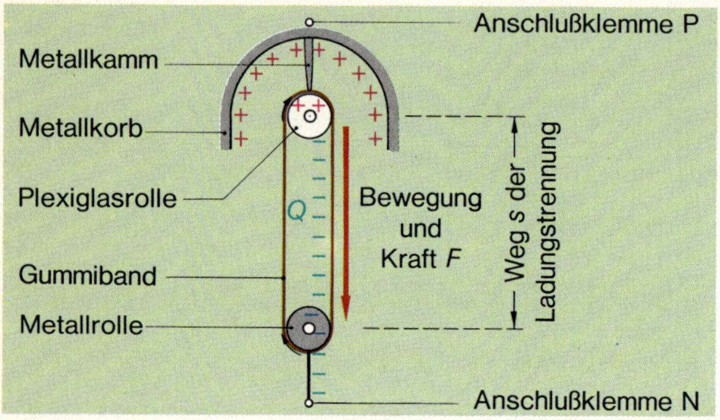

Abb. 1: Querschnitt und grundsätzliche Wirkung des Bandgenerators

Der Bandgenerator wird über eine Metallrolle angetrieben. Ein breites Gummiband überträgt die Drehbewegung wie bei einem Riementrieb auf eine Plexiglasrolle. Dabei reibt das Band auf der Plexiglasrolle und „reißt" aus ihr Elektronen heraus. Die Elektronen und damit negative elektrische Ladungen werden nach unten zur Metallwalze befördert.

Dadurch werden der neutrale Zustand der Plexiglasrolle und der der Metallrolle gestört. Die Plexiglasrolle gibt Elektronen ab, die Zahl der Protonen überwiegt, und sie wird elektrisch positiv. Die Metallrolle dagegen wird negativ geladen, weil hier die Elektronen überwiegen.

Über den Metallkamm wird ein Kontakt zwischen der Plexiglasrolle (mit dem Gummiband) und dem Metallkorb hergestellt. Die positiv geladene Plexiglasrolle sorgt dafür, daß aus dem Metallkorb über den Kamm ständig Elektronen herausgezogen werden und über das Gummiband zur Metallrolle befördert werden. Der Metallkorb wird auf diese Weise auch wie die Plexiglasrolle positiv geladen.

Die Trennung der negativen von den positiven Ladungen und der Ladungstransport geschehen nicht ungehindert. Die Elektronen sind bestrebt, zur Plexiglasrolle zurückzukehren, denn ungleichnamige Ladungen ziehen sich an. Diesen Anziehungskräften muß entgegengewirkt werden. Die Gegenkräfte werden durch den Antrieb erzeugt. Sie wirken entlang des Weges *s*. Es wird dabei die Arbeit *W* verrichtet.

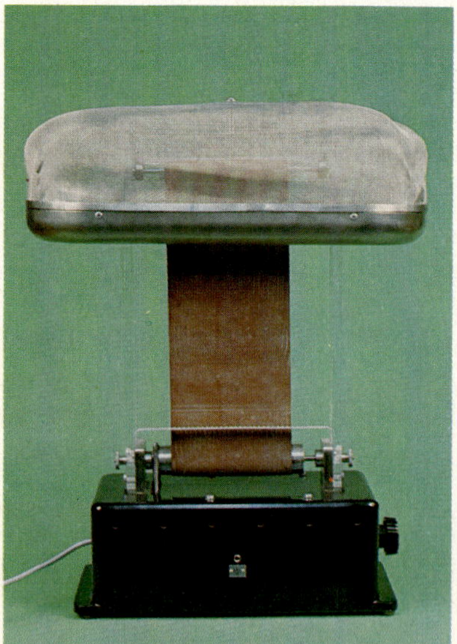

Abb. 2: Bandgenerator

Nach dieser mehr mit mechanischen Modellen vorgenommenen Erklärungen, wollen wir jetzt etwas genauer die elektrischen Zusammenhänge betrachten. Dazu schließen wir wie in Abb. 3 ein Meßgerät an den Bandgenerator an. Durch den Zeigerausschlag wird angezeigt, daß zwischen den Anschlüssen ein Ladungsunterschied besteht.

Aus den bisherigen Erklärungen wissen wir, daß zwischen ungleichartigen Ladungen Anziehungskräfte bestehen und deshalb die Ladungen wieder bestrebt sind, sich auszugleichen, sich zu neutralisieren. Dies bezeichnet man als elektrische Spannung.

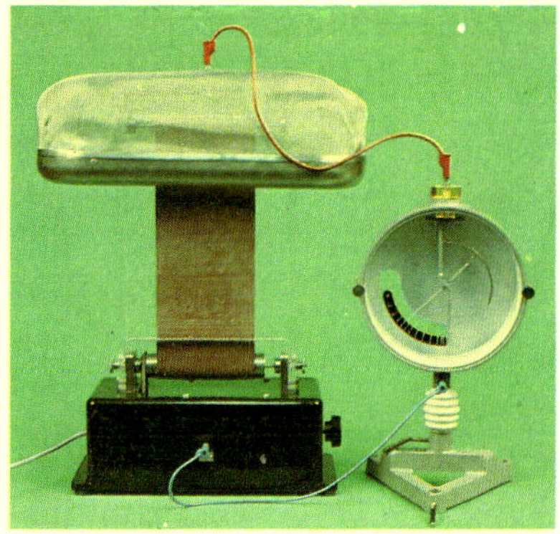

Abb. 3: Das Meßgerät zeigt eine Spannung an

Die elektrische Spannung entsteht durch Ladungstrennung.
Die elektrische Spannung ist das Ausgleichsbestreben von Ladungen.

Die Größe elektrische Spannung hat die Einheit **Volt**[1].

Elektrische Spannung

Formelzeichen U
Einheitenzeichen V

Um zu erklären, wovon die elektrische Spannung genau abhängt, vereinfachen wir die Zusammenhänge, indem wir den Versuch mit dem Bandgenerator abwandeln. Wir behandeln nicht mehr den Erzeugungsvorgang, sondern gehen von den bereits aufgeladenen Platten der Abb. 4 aus. Zwischen den Platten herrscht demnach die elektrische Spannung U, und die Ladungen sind bestrebt, sich auszugleichen.

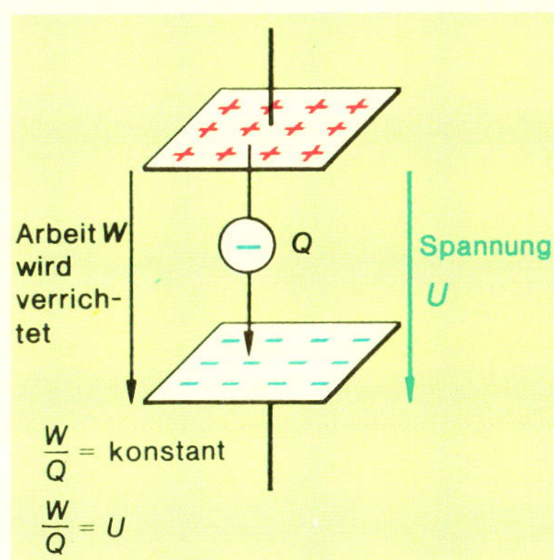

Abb. 4: Elektrische Spannung zwischen zwei geladenen Platten

Wir wollen jetzt in einem Gedankenexperiment weitere Ladungen zwischen den Platten bewegen. Wenn wir z. B. von der positiven Platte Elektronen zur negativen Platte transportieren wollen, muß eine Kraft entlang der Wegstrecke s aufgebracht werden. Dieses ist aber gleichbedeutend mit einer verrichteten Arbeit W. Je höher die Spannung zwischen den Ladungen der beiden Platten ist, umso mehr Arbeit ist zum Transport der weiteren Ladungen erforderlich.

W proportional U: $W \sim U$

Die notwendige Arbeit hängt außerdem von der Größe der transportierten Ladung ab. Je größer sie ist, desto mehr Arbeit ist erforderlich.

W proportional Q: $W \sim Q$

Das Verhältnis von Arbeit pro Ladung $\frac{W}{Q}$ ist konstant und damit ein Maß für die elektrische Spannung, die zwischen den beiden Platten besteht.

$$\boxed{U = \frac{W}{Q}} \qquad 1\,\text{V} = \frac{1\,\text{J}}{1\,\text{C}} = \frac{1\,\text{N m}}{1\,\text{C}}$$

Spannung ist proportional der Arbeit, die bei Ladungstrennung und Ladungstransport pro Ladungseinheit erforderlich ist.

Größenordnungen für Spannungen

Menschliches Herz	ca. 0,001 V
Bleiakkumulator (6 Zellen)	12 V
Niederspannungsnetz	z.B. 220 V
Farbbildröhre	ca. 25000 V
Hochspannungsnetz	z.B. 110000 V

[1] Benannt nach Alessandro Volta, italienischer Physiker, 1745–1827.

Abb. 1: Modell eines Wechselstromgenerators

Abb. 2: Prinzip der Umwandlungen zwischen Arbeit und elektrischer Energie ▷

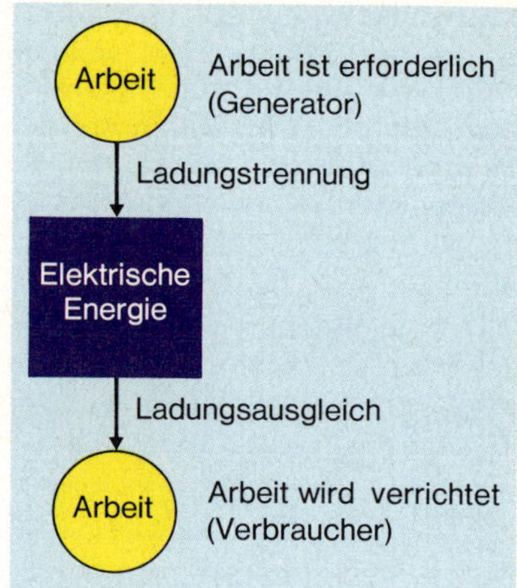

In einer Spannungsquelle werden Ladungen getrennt. Es entsteht die elektrische Spannung *U*. Dies ist ein elektrischer Energiezustand, denn die Ladungen sind bestrebt, sich wieder auszugleichen.

Elektrische Energie ist Spannung mal Ladung.

Diese elektrische Energie kann wieder Arbeit verrichten. Eine Spannungsquelle ist also eine Energiequelle.

Es gilt das Gleichgewicht:

$$W = E_{el}$$
$$F \cdot s = U \cdot Q$$
$$1\,\mathrm{N} \cdot 1\,\mathrm{m} = 1\,\mathrm{V} \cdot 1\,\mathrm{C}$$

Elektrische Energie

$$\boxed{E_{el} = U \cdot Q}$$

1.4.2.2 Arten der Spannungserzeugung

In der Technik werden nach verschiedenen Verfahren Spannungen erzeugt. Einige davon sollen im folgenden Teil kurz beschrieben werden.

Spannung durch Reibung

Durch Reibung von Kunststoffen wird ein Ungleichgewicht an Ladungen erzeugt (vgl. 1.2.1).

Spannung durch bewegte Magnete oder Spulen

Der Ladungsunterschied wird durch bewegte Spulen in einem Magnetfeld oder durch bewegte Magnete mit einer ruhenden Spule erzeugt. Dieses Verfahren wird z.B. in Generatoren der Elektrizitätswerke verwendet. Auch der Fahrraddynamo und das dynamische Mikrofon funktionieren nach dem gleichen Prinzip.

Spannung durch Druck oder Zug bei Kristallen

Durch Änderung des Drucks oder Zugs entsteht zwischen den Oberflächen bestimmter Kristalle (z.B.

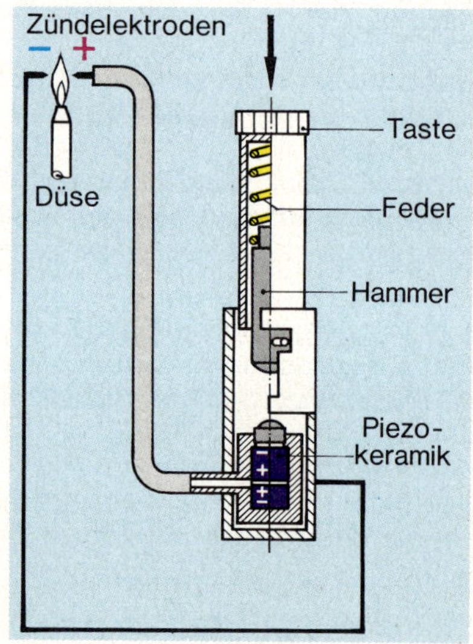

Abb. 3: Zündsystem (Spannungserzeugung durch Druck)

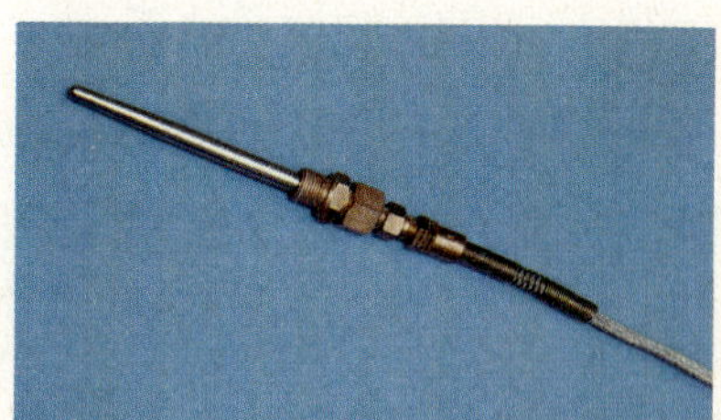

Abb. 4: Thermoelement

Quarz) ein Ladungsunterschied. Er hängt von der Stärke des äußeren Einflusses ab (Abb. 3).

Spannung durch Wärme

Verbindet man zwei unterschiedliche Metalle und erhitzt die Verbindungsstelle, dann entsteht eine kleine Spannung (einige Millivolt). Die Größe der Spannung ist von der Temperatur abhängig. Dieses Verfahren wird zur Temperaturmessung verwendet (Abb. 4).

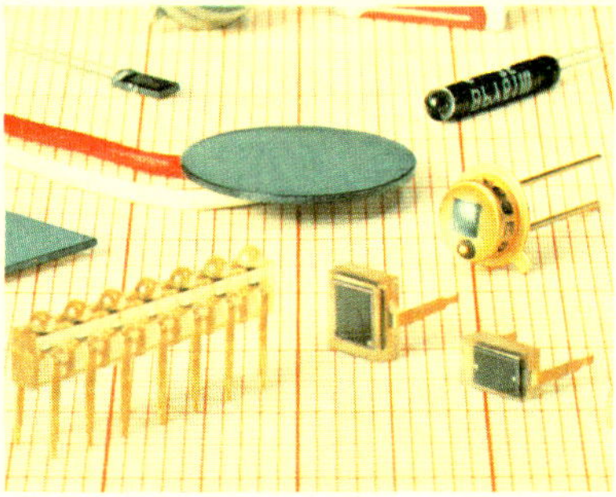

Abb. 5: Fotoelemente

Spannung durch Licht

Fällt Licht auf bestimmte Materialien (Silicium, Germanium), kommt es zu einer Ladungstrennung. Angewendet wird dieses Verfahren z.B. beim Belichtungsmesser oder bei der Spannungserzeugung in Satelliten (Abb. 5).

Spannung durch chemische Vorgänge

Taucht man zwei unterschiedliche Leiter in eine stromleitende Flüssigkeit, dann findet eine Ladungstrennung statt. Verwendet wird dieses Verfahren bei allen elektrochemischen Spannungsquellen.

Element, Akkumulator oder Batterie

1.4.3 Spannungsmessung

Elektrische Spannung besteht überall dort, wo zwischen zwei Punkten unterschiedliche Ladungen vorhanden sind. Es herrscht eine Ladungsdifferenz bzw. Potentialdifferenz.

Spannungsmesser

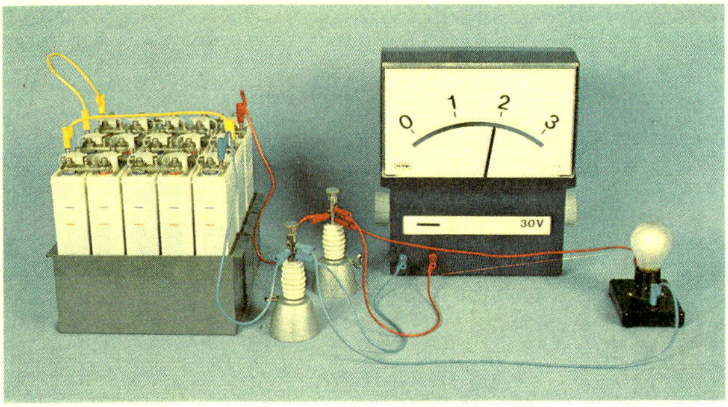

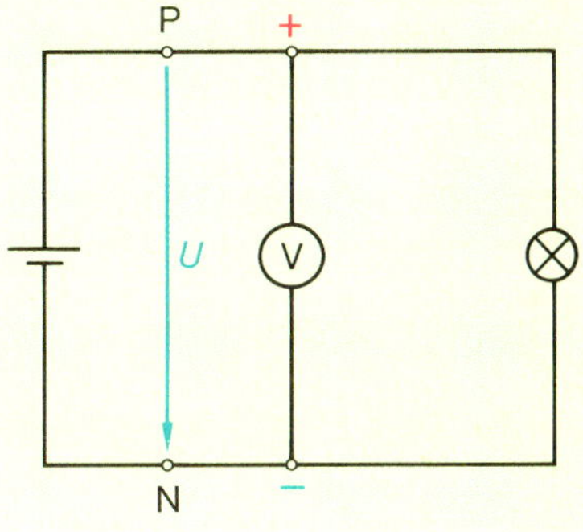

Abb.6: Schaltung einer Spannungsmessung

Elektrische Spannung ist elektrische Potentialdifferenz.

Elektrische Spannungen können mit geeigneten Meßgeräten einfach gemessen werden. Man verbindet die zwei Klemmen des Spannungsmessers mit den Meßpunkten, zwischen denen man die Spannung messen will (Abb. 6).

Es gibt verschiedene Arten von Spannungsmessern (Abb. 1). Ihre Eigenarten sind bei der Messung zu beachten. So muß man z.B. bei einigen Meßgeräten auf die Spannungsart und auf die Polarität achten (vgl. 1.4.4).

Herrscht an einem Punkt Elektronenmangel und an einem anderen Elektronenüberschuß, dann besteht zwischen beiden Punkten eine elektrische Spannung.

Dies ist jedoch nicht die einzige Möglichkeit. Es tritt z.B. auch zwischen zwei Punkten mit Elektronenüberschuß eine Spannung auf, wenn dieser Überschuß unterschiedlich groß ist.

Wir müssen wie bei der mechanischen Energie (vgl. 1.3.3) einen Bezugspunkt festlegen und können dann die Spannungen bzw. Potentiale betrachten. In Abb. 2 ist eine unterschiedliche Ladungskonzentration mit unterschiedlichen Spannungswerten dargestellt. Der Bezugspunkt ist mit dem Massezeichen ⊥ gekennzeichnet. Die Pfeile geben die jeweilige Spannungsrichtung an (von + nach −).

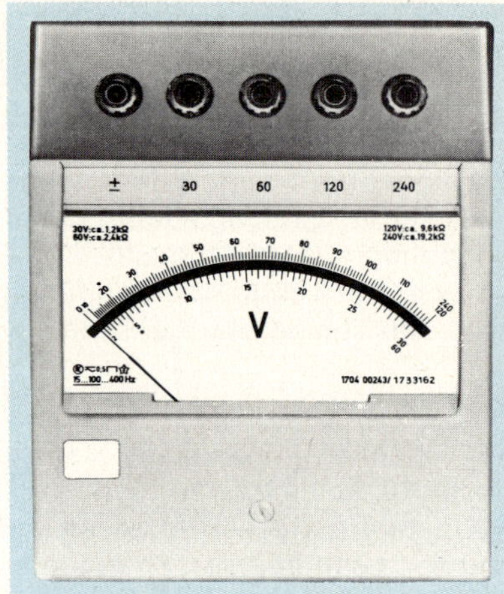

Abb. 1: Spannungsmesser

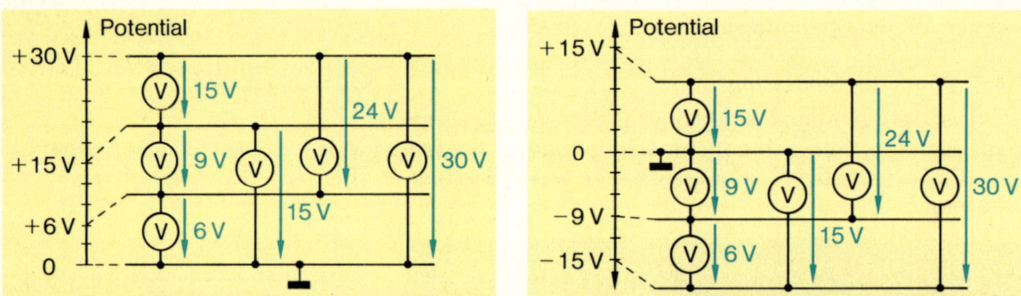

Abb. 2: Beispiele für Spannungen und Potentiale

Der Bezugspunkt kann jedoch auch verlegt werden, ohne daß sich die Potentialdifferenzen ändern. Es ändern sich nur die Potentialwerte.

1.4.4 Spannungsarten

Für die verschiedenen technischen Anforderungen sind entsprechende Spannungsquellen entwickelt worden. Sie liefern je nach Aufbau eine Gleich-, Wechsel- oder Mischspannung. Die Unterschiede sollen in diesem Teil dargestellt werden.

Zeitabhängige elektrische Größen können mit dem Oszilloskop[1] sichtbar gemacht werden. In Abb. 3 ist eine Gleichspannung in Abhängigkeit von der Zeit in der Form eines Oszillogramms und die zugehörige graphische Darstellung zu sehen. Diese graphische Darstellung heißt Liniendiagramm.

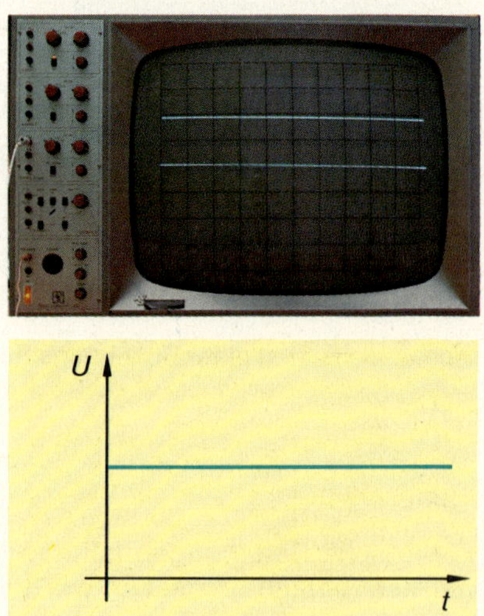

Abb. 3: Oszillogramm und Liniendiagramm einer Gleichspannung

[1] Zusammengesetzt aus den Wörtern Oszillation (lat.): Schwingung; ...skop (gr.): Gerät zur optischen Untersuchung oder Betrachtung.

Gleichspannung

—

Die **Gleichspannung** ist von stets gleichbleibender Höhe. Sie ist nach dem Einschalten in voller Höhe vorhanden und bleibt bis zum Abschalten bestehen. Die Polarität der Spannungsquelle ändert sich nicht.

Wechselspannung

~

Wechselspannungsquellen ändern ihre Polarität ständig und damit die Richtung der Spannung. Die von den Elektrizitätswerken in unsere Wohnungen gelieferte Spannung ist eine Wechselspannung. Abb. 4 zeigt den Verlauf einer sinusförmigen Wechselspannung in der Form eines Oszillogramms und eines Liniendiagramms.

Mischspannung

Eine **Mischspannung** setzt sich aus einer Gleichspannung und einer Wechselspannung zusammen. Abb. 5 zeigt einen möglichen Verlauf. Die Höhe der Spannung ist nicht konstant. Sie schwankt um einen Mittelwert, der in diesem Fall zwischen den Werten +3 V und +17 V liegt. Die mittlere Gleichspannung beträgt +10 V.

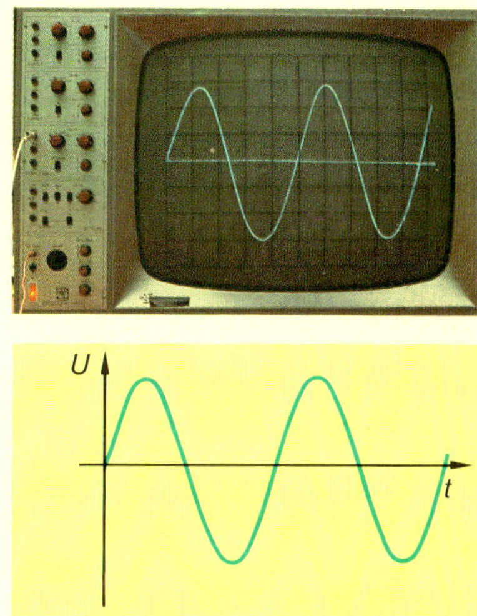

Abb. 4: Oszillogramm und Liniendiagramm einer Wechselspannung

Aufgaben zu 1.4

1. Zwischen zwei Polen herrscht ein Ladungsunterschied. Wie bezeichnet man diesen Zustand?

2. Nennen Sie das Formelzeichen und die Einheit der Spannung!

3. Mit einem Bandgenerator lassen sich Spannungen erzeugen. Beschreiben Sie die mechanischen und elektrischen Vorgänge!

4. Zwischen der Spannung, der Arbeit und der Ladung besteht ein Zusammenhang. Drücken Sie diesen in einer Formel aus!

5. Wie verändert sich die Spannung, wenn bei gleichbleibender Ladung der Abstand der Ladungen vergrößert wird?

6. Nennen Sie einige Geräte, mit denen Spannungen erzeugt werden können, und geben Sie das Prinzip an, nach dem diese Spannung erzeugt wird!

7. Zeichnen Sie eine Schaltung, nach der eine Spannung gemessen wird!

8. Was muß beim Anschluß von Spannungsmessern beachtet werden?

9. Geben Sie Unterschiede zwischen Gleich- und Wechselspannung an!

10. Zeichnen Sie in ein Diagramm den Verlauf einer Mischspannung!

11. Mit welchem Meßgerät können Spannungen in Abhängigkeit von der Zeit sichtbar gemacht werden?

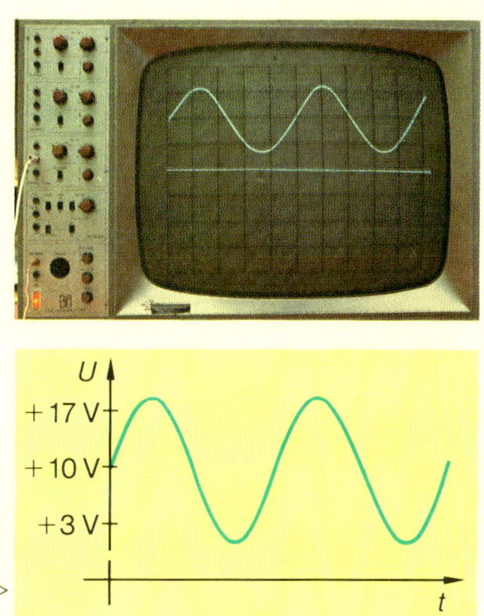

Abb. 5: Oszillogramm und Liniendiagramm einer Mischspannung ▷

1.5 Elektrischer Strom

1.5.1 Stromkreis und Stromrichtung

In der Spannungsquelle wird Ladung getrennt und damit Spannung erzeugt. Diese ist bestrebt, die Ladungstrennung rückgängig zu machen. Das wird jedoch innerhalb der Spannungsquelle durch die Ladungstrennungskräfte verhindert.

Schließt man dagegen an die Spannungsquelle über Leitungen einen Verbraucher an, dann kann hierüber die Ladungstrennung wieder rückgängig gemacht werden. Dies ist dann ein geschlossener Stromkreis (Abb. 1).

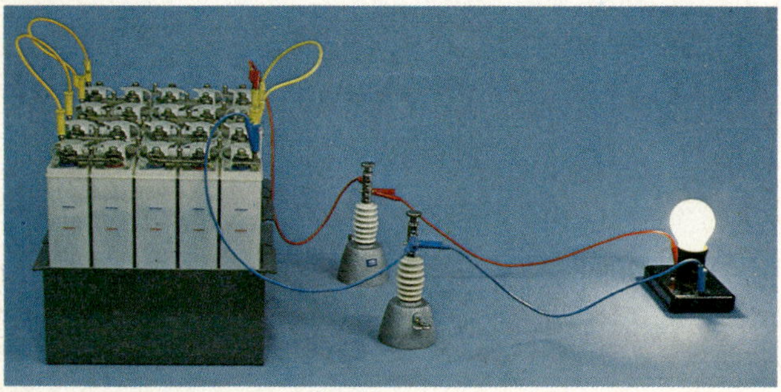

Abb. 1: Elektrischer Stromkreis

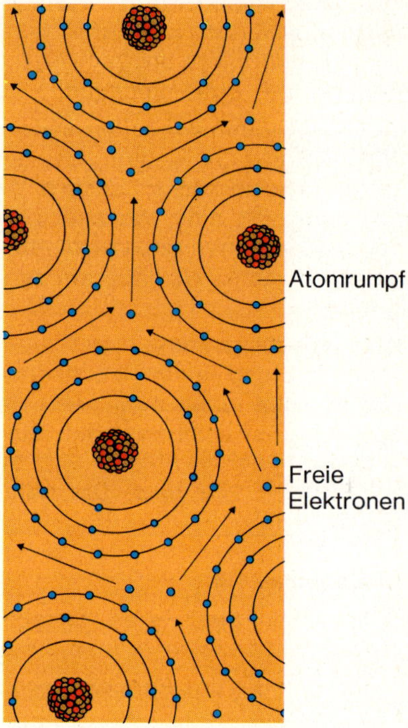

Abb. 2: Bewegung von Elektronen zwischen den Atomrümpfen

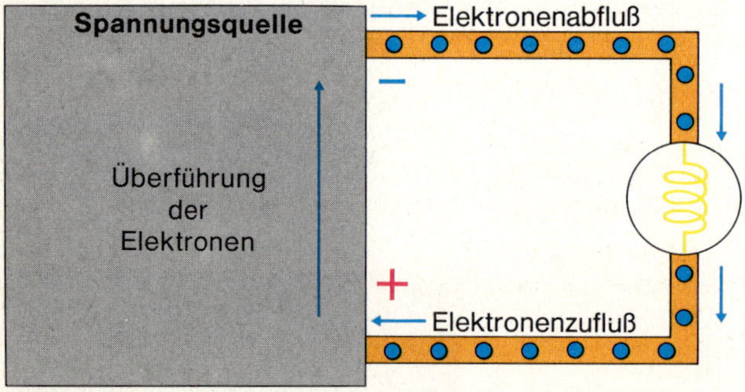

Abb. 3: Modellhafte Darstellung des Elektronenflusses in einem elektrischen Stromkreis

In einem solchen Fall wird der Ladungsunterschied und damit die Spannung kleiner. Hierdurch überwiegen die in der Spannungsquelle wirksamen Ladungstrennungskräfte, und es werden neue Ladungen getrennt. Der ursprüngliche Zustand wird sofort wieder hergestellt.

In den Leitungen und im Verbraucher fließen Ladungen (Elektronen). Da gleichzeitig in der Quelle eine Ladungstrennung stattfindet, fließen Elektronen auch innerhalb der Spannungsquelle. Es ist also ein geschlossener Ladungsfluß entstanden. Die Ladungsbewegung ist der elektrische Strom.

Dieser ist nicht nur Bewegung negativer, sondern auch Bewegung positiver Ladungen (z.B. in Flüssigkeiten). Entscheidend ist nur, daß sich Ladungen in eine bestimmte Richtung bewegen.

Elektrischer Strom ist gerichtete Bewegung von Ladungen.

Der Ladungsausgleich kann nur stattfinden, wenn eine Spannung vorhanden ist. Spannung und Strom stehen damit im Zusammenhang wie Ursache und Wirkung.

Spannung $\xrightarrow{\text{bewirkt}}$ **Strom**

(Ursache) (Wirkung)

Die Spannung ist die Ursache für den Strom.

Die Elektronen bewegen sich im Leiter mit einer sehr geringen Geschwindigkeit. Sie beträgt nur wenige Millimeter in der Minute.

Die Ursache dafür sind die unbeweglichen Atomrümpfe, die für die Elektronen Hindernisse darstellen. Die Elektronen müssen sich in einer Art Zickzack-Bewegung an ihnen vorbeibewegen.

Nach dem Einschalten z.B. einer Glühlampe leuchtet diese jedoch sofort, also ist die Wirkung des Stroms sofort vorhanden.

Durch die Spannungsquelle wird vom Minuspol ein „Druck“ auf die frei beweglichen Elektronen im Leiter (Abstoßung) und vom Pluspol ein „Sog“ ausgeübt (Anziehung), der sich im gesamten Stromkreis sofort ausbreitet (vgl. Abb. 4).

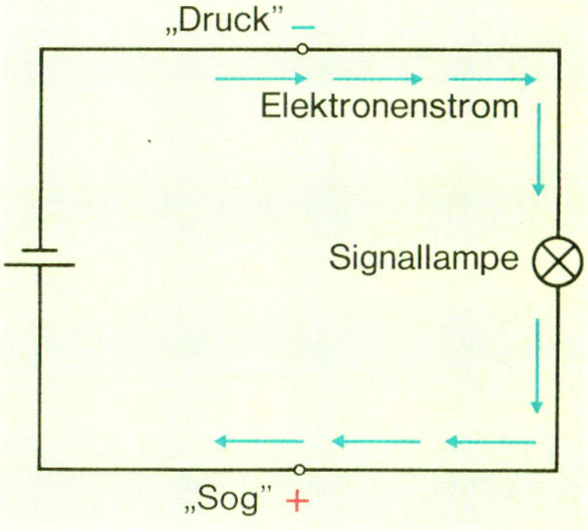

Abb. 4: Ausbreitung der Druck- und Sogwirkung im elektrischen Stromkreis

Wir haben gesehen, daß in einem Stromkreis die Elektronen außerhalb der Spannungsquelle von N (–) nach P (+) und innerhalb von P nach N fließen. Dies ist die Elektronenstromrichtung.

Als man noch keine genauen Vorstellungen über die Ladungsbewegung in einem Stromkreis hatte, wurden bereits Zusammenhänge über den elektrischen Stromfluß entdeckt. Für die ermittelten Gesetze war außerhalb der Spannungsquelle eine Richtung des Stromflusses vom Pluspol zum Minuspol angenommen worden.

Für die Wirkung des Stromes (z.B. das Leuchten einer Lampe) ist unerheblich, in welcher Richtung der Stromfluß angenommen wird. Deshalb hat man diese einmal festgelegte Stromrichtung in der Technik beibehalten.

Die technische Stromrichtung geht außerhalb der Spannungsquelle vom Pluspol zum Minuspol.

Um die Richtung des Stromes in Schaltbildern zu verdeutlichen, kennzeichnet man ihn durch Pfeile, ähnlich wie bei der Spannung. Abb. 2, S. 30 zeigt den Stromfluß in einem Stromkreis außerhalb und innerhalb der Spannungsquelle.

1.5.2 Stromstärke

Es ist nicht nur wichtig zu wissen, ob und in welcher Richtung ein Strom fließt, sondern auch, wie groß die Ladungsbewegung ist.

Bildlich ist das sehr einfach vorstellbar. Man denkt sich eine Leitung durchgeschnitten und zählt die Elektronen, die pro Sekunde aus diesem Querschnitt austreten. Es ist also gewissermaßen eine „Verkehrszählung".

Die elektrische Stromstärke ist die Ladungsmenge, die pro Sekunde durch einen Leiterquerschnitt fließt.

a) Elektronenstromrichtung b) Technische Stromrichtung

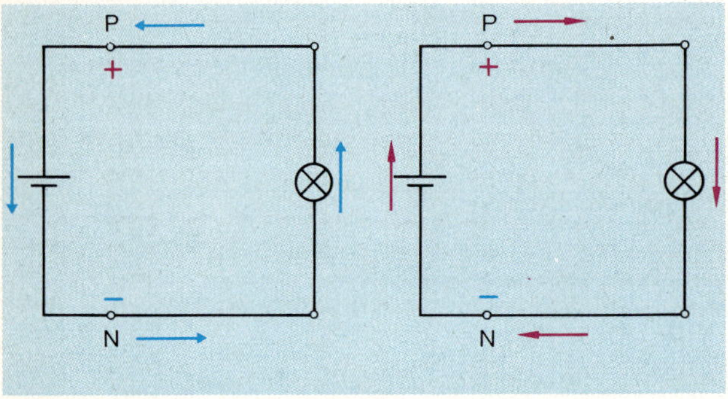

Abb. 1: Elektronenstromrichtung und Technische Stromrichtung

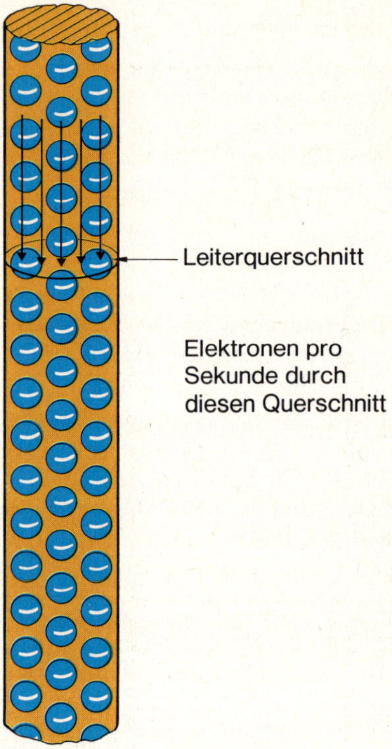

Abb. 2: Symbolhafte Darstellung der Stromstärke

Die Größe Stromstärke hat die Einheit **Ampere**[1].

Wenn man einen gleichbleibenden Stromfluß voraussetzt, dann bewegt sich bei doppelter Zählzeit die doppelte Ladungsmenge durch einen Querschnitt. Um die Ladungsmenge pro Zeiteinheit berechnen zu können, muß die gesamte Ladung durch die Zählzeit dividiert werden.

$$\textbf{Stromstärke} = \frac{\textbf{Ladungsmenge}}{\textbf{Bewegungszeit}}$$

Stellt man die Gleichung nach der Ladungsmenge Q um, dann ergibt sich eine Gleichung zur Bestimmung von Q.

Ladung ist Stromstärke mal Zeit

$$1\,\text{C} = 1\,\text{A} \cdot 1\,\text{s}$$

Stromstärke

Formelzeichen I
Einheitenzeichen A

$$I = \frac{Q}{t}$$

[1] Benannt nach André-Marie Ampère, französischer Physiker, 1775–1836.

In der Praxis ist es gebräuchlicher, die Ladung in Amperesekunden statt in Coulomb anzugeben.

Berechnung der Elektronenzahl von 1 A s

Ein Strom von ein Ampere fließt eine Sekunde lang durch einen Leiter. Wieviele Elektronen sind bewegt worden, wenn die Ladung eines einzelnen Elektrons $1{,}6 \cdot 10^{-19}$ A s beträgt?

Die Stromstärke $I = 1$ A fließt dann, wenn sich pro Sekunde eine Ladung von 1 A s durch einen Leiterquerschnitt bewegt. Folglich bewegen sich

$$\frac{1\ \text{A s}}{1{,}6 \cdot 10^{-19}\ \text{A s}} = 0{,}625 \cdot 10^{19}\ \text{Elektronen.}$$

Die Stromstärke 1 A ist die Ladungsbewegung von $6{,}25 \cdot 10^{18}$ Elektronen pro Sekunde.

Dies ist eine unvorstellbar große Zahl. Ausgeschrieben lautet sie 6250000000000000000.

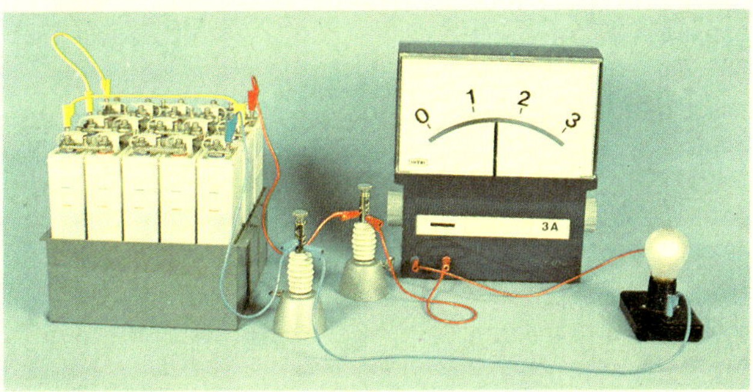

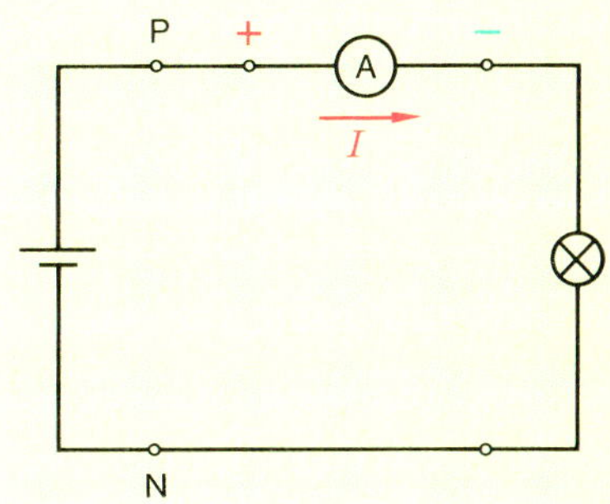

△ Abb. 3: Schaltung einer Strommessung

Strommesser

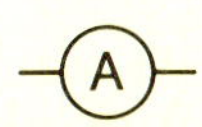

Größenordnungen für Stromstärken

Belichtungsmesser	ca. 0,0001 A
Glühlampe, 100 Watt	0,45 A
Bügeleisen	ca. 2 A
Straßenbahn	ca. 50 A
Aluminiumschmelzofen	ca. 15000 A
Gewitterblitz	ca. 100000 A

1.5.3 Strommessung

Elektrischer Strom ist gerichtete Ladungsbewegung, z. B. in einem Leiter. Soll diese Ladungsbewegung gemessen werden, dann muß die Leitung eines Stromkreises aufgetrennt und das Meßgerät in die Leitung geschaltet werden. Der gesamte Strom muß durch das Meßgerät fließen (Abb. 3).

Es gibt verschiedene Arten von Strommessern. Ihre Eigenarten sind zu beachten. Bei einigen Meßgeräten darf der Strom nur in einer Richtung durch das Gerät (von + nach −) fließen.

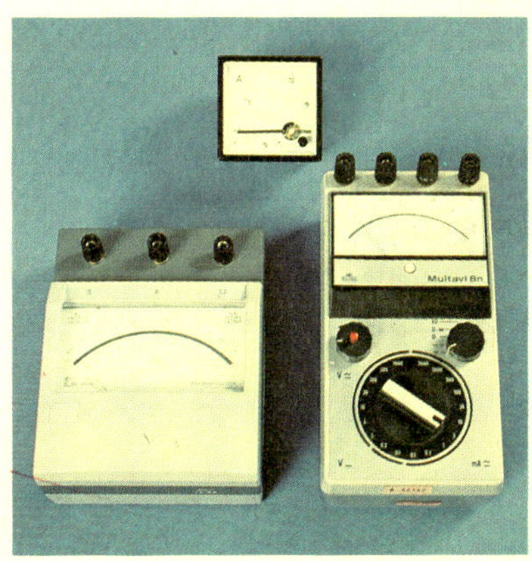

Abb. 4: Verschiedene Strommesser

1.5.4 Stromarten

Die Spannung ist die Ursache für den elektrischen Strom. Liegt an einem Stromkreis eine Gleichspannung, dann fließt ein **Gleichstrom.** Die Ladungsbewegung erfolgt nur in der einen Richtung.

Liegt an dem Stromkreis eine Wechsel- oder eine Mischspannung, dann entsteht auch ein **Wechsel-** oder ein **Mischstrom.**

Wechselstrom ändert seine Richtung periodisch. Die Elektronen wandern ständig hin und her.

1.5.5 Wirkungen des elektrischen Stromes

Folgende Wirkungen können unterschieden werden:

- Wärmewirkung
- Lichtwirkung
- Magnetische Wirkung
- Chemische Wirkung
- Physiologische Wirkung

Diese Wirkungen werden in der Technik in vielfältiger Weise ausgenutzt. Einige Geräte werden hier aufgeführt und kurz beschrieben. Die gesetzmäßigen Zusammenhänge mit grundlegenden Versuchen werden in den nachfolgenden Teilen behandelt.

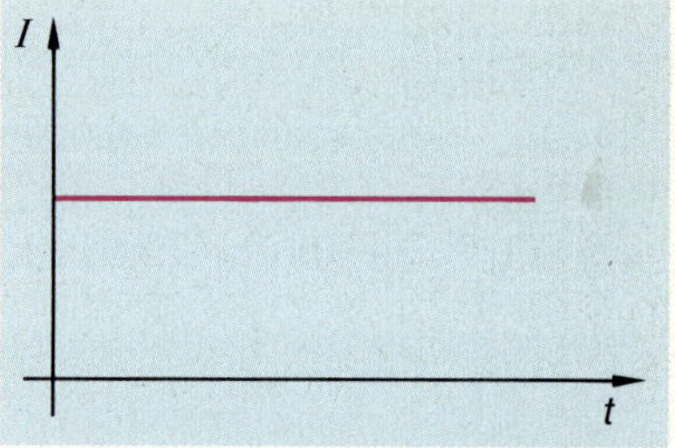

Abb. 1: Liniendiagramm eines Gleichstromes

Wärmewirkung

In den Geräten der Abb. 4 wird die Wärmewirkung des elektrischen Stromes ausgenutzt. Er fließt durch einen dünnen Metalldraht und bewirkt eine Erhitzung des Drahtes.

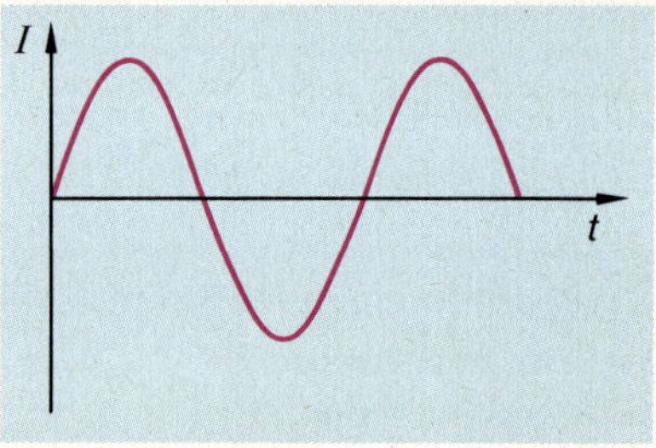

Abb. 2: Liniendiagramm eines Wechselstromes

Lichtwirkung

Bei genügend hohen Stromstärken im Metalldraht entsteht neben der Wärmewirkung auch eine Lichtwirkung. Dies wird bei der Glühlampe ausgenutzt.

Unter bestimmten Bedingungen können auch Gase elektrisch leiten. In der Leuchtstofflampe und in der Natriumdampflampe wird dieser Effekt zur Lichterzeugung verwendet.

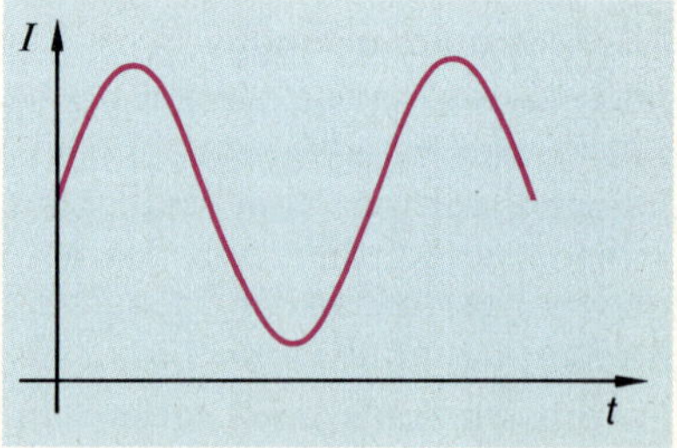

Abb. 3: Liniendiagramm eines Mischstromes

Magnetische Wirkung

Jeder stromdurchflossene Leiter baut um sich ein Magnetfeld auf. Diese Wirkung kann durch aufgewickelte Leitungen (Spulen) erhöht werden. Bei dem Elektromagnet der Abb. 6 wird diese Erscheinung ausgenutzt, um Eisenteile anzuziehen.

Chemische Wirkung

Fließt ein Strom durch eine leitende nichtmetallische Flüssigkeit (Elektrolyt), dann wird diese zersetzt. Die

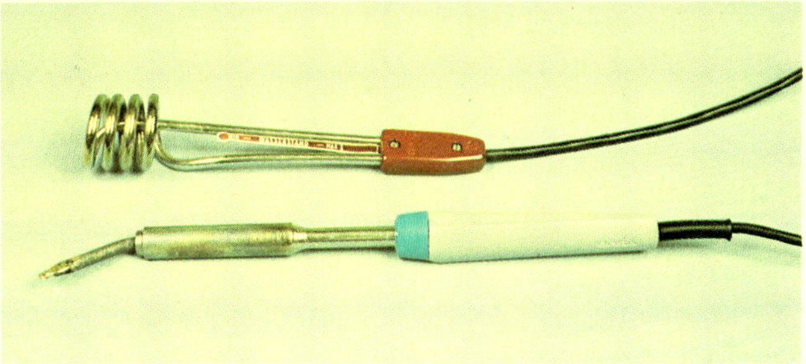

Abb. 4: Beispiele für Wärmewirkung: Tauchsieder, Lötkolben

Abb. 5: Beispiele für Lichtwirkung. Von links nach rechts: Natriumdampflampe, Kohlefadenlampe, Glühlampe, Quecksilberdampflampe

Abb. 6: Beispiel für magnetische Wirkung: Elektromagnet

in der Flüssigkeit befindlichen Stoffe können auf diese Weise gewonnen werden, da sie sich an den Elektroden abscheiden (vgl. 13.2.2).

Die Abscheidung erfolgt an der Oberfläche der Elektroden. Unter bestimmten Umständen kann es zu einer Haftung und damit zu einer Oberflächenveredelung kommen (vgl. 13.2.4.1).

Physiologische Wirkung

Die physiologische Wirkung des Stromes tritt dann auf, wenn er durch den menschlichen oder tierischen Körper fließt (vgl. 14.1.1). Es kommt dabei zu Verkrampfungen der Muskulatur. Neben der schädlichen Wirkung hat der Strom bei entsprechender Dosierung in der Medizin auch eine heilende Wirkung. Dabei wird mit geringen Stromstärken von einigen µA gearbeitet.

Aufgaben zu 1.5

1. Zählen Sie die Bedingungen auf, unter denen ein elektrischer Strom fließen kann!
2. Weshalb bleibt die Spannung (Ladungsunterschied) zwischen Klemmen einer Spannungsquelle konstant, obwohl Elektronen abfließen?
3. Nennen Sie die Stromrichtung innerhalb der Spannungsquelle!

4. Was versteht man unter einem elektrischen Stromfluß?

5. Ordnen Sie den Begriffen Strom und Spannung die Begriffe Ursache und Wirkung zu!

6. Geben Sie die technische Stromrichtung und die Elektronenstromrichtung an!

7. Zeichnen Sie eine Spannungsquelle mit einer angeschlossenen Lampe! Geben Sie die Elektronenstromrichtung an!

8. Nennen Sie Formelzeichen und Einheit der Stromstärke!

9. Drücken Sie die folgenden Werte in Ampere aus: 3,6 mA; 25 μA; 6,8 kA!

10. Schreiben Sie die folgenden Stromstärken ohne Zehnerpotenzen: $420 \cdot 10^{-6}$ A, $95 \cdot 10^{-3}$ A, $110 \cdot 10^{3}$ A!

11. Nennen Sie Formelzeichen und Einheit der Ladung!

12. Zeichnen Sie eine Schaltung, nach der die Stromstärke gemessen wird!

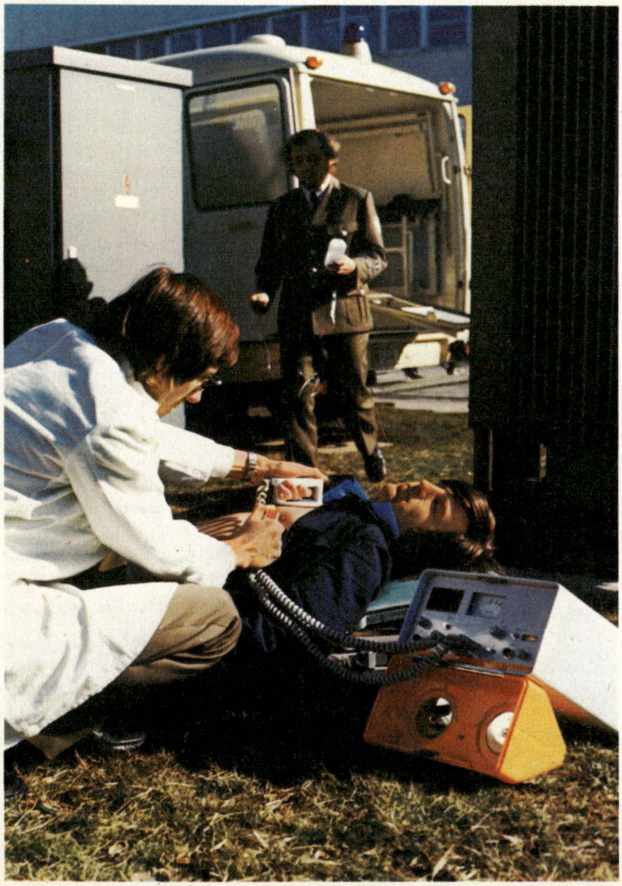

Abb. 1: Beispiel für die physiologische Wirkung des elektrischen Stromes: Elektroschocks zur Wiederbelebung mit Defillbrator

2 Einfacher elektrischer Stromkreis

2.1 Aufbau eines elektrischen Stromkreises

Ein elektrischer Stromkreis besteht aus

- der Spannungsquelle
- der Leitung
- dem Verbraucher

In der Spannungsquelle wird Energie in elektrische Energie umgewandelt. Dabei entsteht eine elektrische Spannung.

Im Verbraucher wird die elektrische Energie in die gewünschte Energieform umgewandelt. Dabei wird elektrische Energie „verbraucht“ und eine andere Energieform „erzeugt“. Eigentlich ist er also gar **kein Verbraucher, sondern ein Energieumwandler.** Diese Umwandlung vollzieht sich in den Verbrauchern durch die Behinderung der Elektronen in ihrer Bewegung. Diese Behinderung des elektrischen Stromes ist eine elektrische Größe und wird elektrischer Widerstand genannt.

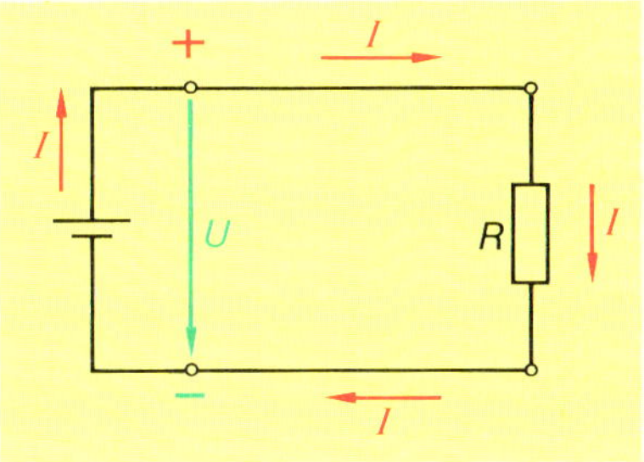

Abb. 2: Elektrischer Stromkreis

Elektrischer Widerstand ist die Behinderung des Elektronenflusses durch einen Stoff.

Die Größe elektrischer Widerstand hat die Einheit **Ohm**[1].

Elektrischer Widerstand

Formelzeichen R
Einheitenzeichen Ω

Der elektrische Widerstand ist demnach eine Eigenschaft aller Verbraucher. Wie dieses Widerstandsverhalten erklärt werden kann und von welchen Einflußgrößen es abhängt, wird in Kapitel 3 behandelt.

In Abb. 2 ist ein kompletter Stromkreis mit Schaltzeichen dargestellt. Der besseren Übersichtlichkeit wegen wurden Schalter, Sicherungen und sonstige Schutzeinrichtungen weggelassen.

2.2 Ohmsches Gesetz

Im folgenden wollen wir durch ein Experiment die Abhängigkeit der Größen Stromstärke, Spannung und Widerstand in einem einfachen Stromkreis klären. Sinnvollerweise gehen wir so vor, daß immer nur eine Größe gezielt verändert und die andere konstantgehalten wird.

In einem Stromkreis kann man entweder die Spannung U oder den Verbraucher, also den Widerstandswert R,

[1] Benannt nach Georg Simon Ohm, deutscher Physiker, 1787–1854.

Versuch 2–1:
Abhängigkeit der Stromstärke von der Spannung bei gleichbleibendem Widerstand.

Aufbau

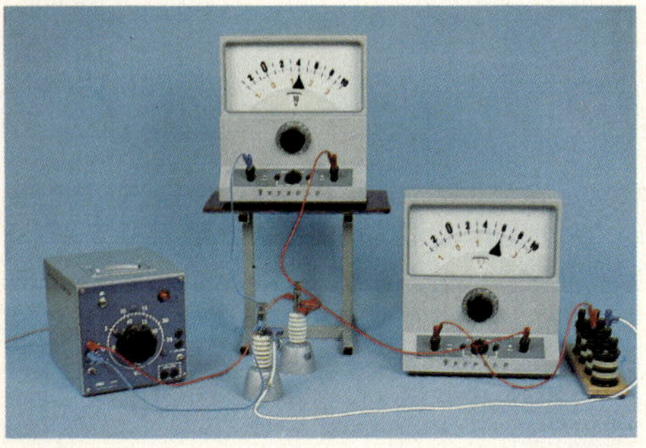

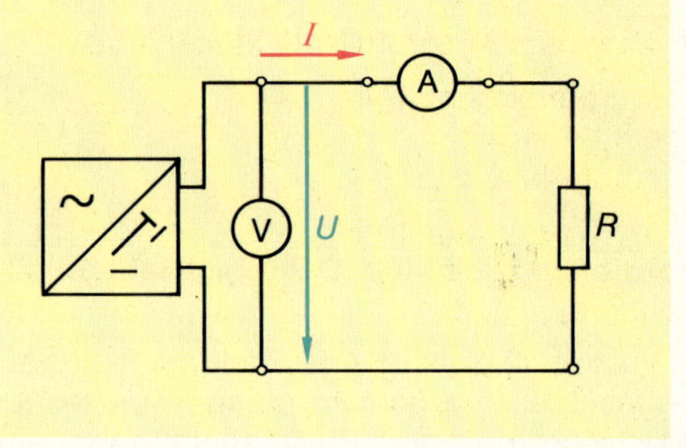

Als Spannungsquelle wird ein Netzgerät gewählt, das 220 V Netzspannung in eine kleinere Ausgangsspannung umwandelt und bei dem die Ausgangsspannung kontinuierlich verändert werden kann.

Um einen genauen Widerstandswert zu erhalten, wird ein geeichter Widerstand verwendet.

Durchführung

Bei konstantem elektrischen Widerstand $R = 20\,\Omega$ wird die Spannung von $U = 0$ V bis $U = 10$ V verändert. Gemessen werden jeweils die Spannung U und die Stromstärke I.

Meßergebnis

Nr.	U in V	I in A
1	0	0
2	2	0,1
3	4	0,2
4	6	0,3
5	8	0,4
6	10	0,5

R = konstant
$R = 20\,\Omega$

verändern. Entsprechend der Spannung U und dem Widerstand R wird sich eine Stromstärke I einstellen.

Der Versuch 2–1 zeigt:

Die elektrische Stromstärke I ist von der Spannung abhängig. Bei gleichbleibendem Widerstand R erhöht sich die Stromstärke I im gleichen Verhältnis (proportional) wie die Spannung U.

Das Versuchsergebnis können wir auch graphisch darstellen. Die Ursache für die Stromänderung ist die Spannungsänderung. Man stellt deshalb die Stromstärke in Abhängigkeit von der Spannung dar (Abb. 1).

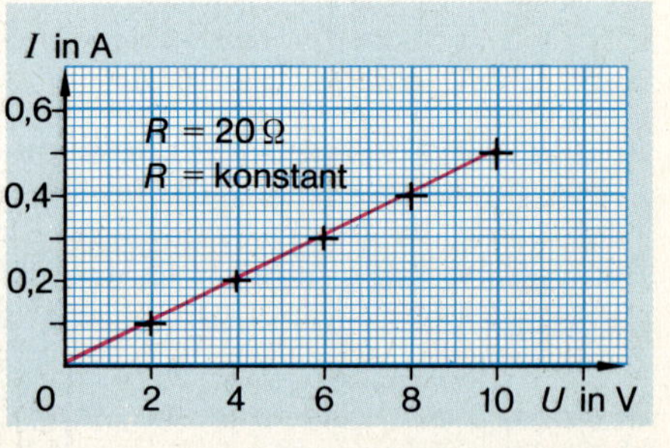

Abb. 1: Abhängigkeit der Stromstärke von der Spannung bei konstantem Widerstand

Die Verbindung der Meßpunkte in Abb. 1 ergibt eine Gerade. Das ist ein Beweis für die Proportionalität. Mathematisch ausgedrückt:

I ist proportional U oder I ist verhältnisgleich U

$I \sim U$

Stromversorgungsgerät
Umsetzung von Wechsel- in Gleichstrom

Die Proportionalitätsaussage $I \sim U$ läßt sich auch in eine Gleichung umformen: $I = k \cdot U$. Der Wert k kann für die einzelnen Meßpunkte berechnet werden:

Meßpunkt Nr. 2 ($U = 2\,\text{V}$):

$$k = \frac{I}{U}$$

$$k = \frac{0{,}1\ \text{A}}{2\,\text{V}}$$

$$\underline{k = 0{,}05\ \frac{\text{A}}{\text{V}}}$$

Meßpunkt Nr. 5 ($U = 8\,\text{V}$):

$$k = \frac{I}{U}$$

$$k = \frac{0{,}4\ \text{A}}{8\,\text{V}}$$

$$\underline{k = 0{,}05\ \frac{\text{A}}{\text{V}}}$$

Für alle Meßpunkte ist k gleich. Also ist k eine Konstante. Sie gibt an, wie groß die Stromstärke bei einer Spannung von $U = 1\,\text{V}$ ist.

Diese Größe kann nur vom Verbraucher abhängen. Sie heißt elektrischer Leitwert.

Die Große elektrischer Leitwert hat die Einheit **Siemens.**

> Der elektrische Leitwert eines Verbrauchers gibt an, welche Stromstärke pro Volt angelegter Spannung vorhanden ist.

Elektrischer Leitwert

Formelzeichen G
Einheitenzeichen S

$$1\,\text{S} = \frac{1\,\text{A}}{1\,\text{V}}$$

$$[G] = \frac{\text{A}}{\text{V}}$$

Je größer der elektrische Leitwert in einem Stromkreis ist, desto größer ist die Stromstärke.

Im Versuch 2 – 1 blieb der Leitwert konstant, auch der Widerstand wurde nicht verändert. Folglich muß zwischen Widerstand und Leitwert ein Zusammenhang bestehen.

> Der elektrische Widerstand eines Verbrauchers gibt an, welche Spannung erforderlich ist, wenn ein elektrischer Strom von 1 A fließen soll.

$$1\,\Omega = \frac{1\,\text{V}}{1\,\text{A}}$$

$$[R] = \frac{\text{V}}{\text{A}}$$

In Versuch 2 – 1 fließt bei $U = 10\,\text{V}$ ein Strom von 0,5 A.

Der elektrische Widerstand ist demnach

$$R = 20\ \frac{\text{V}}{\text{A}} = 20\,\Omega.$$

Wenn Sie die beiden Erklärungssätze genau durchlesen und miteinander vergleichen (das gilt auch für die Einheiten) erkennen Sie:

> Der Leitwert ist der Kehrwert des Widerstandes.

Leitwert

$$\boxed{G = \frac{1}{R}}$$

$$1\,\text{S} = \frac{1}{\Omega}$$

Widerstand

$$\boxed{R = \frac{1}{G}}$$

$$1\,\Omega = \frac{1}{\text{S}}$$

Der Widerstand R und damit der Leitwert G werden in Versuch 2–1 konstantgehalten. Bei größer werdender Spannung U steigt die elektrische Stromstärke I. In einem weiteren Versuch wollen wir klären, wie sich die Stromstärke ändert, wenn wir die Spannung konstanthalten und den Widerstand ändern.

Versuch 2–2:
Abhängigkeit der Stromstärke vom Widerstand bei gleichbleibender Spannung

Aufbau

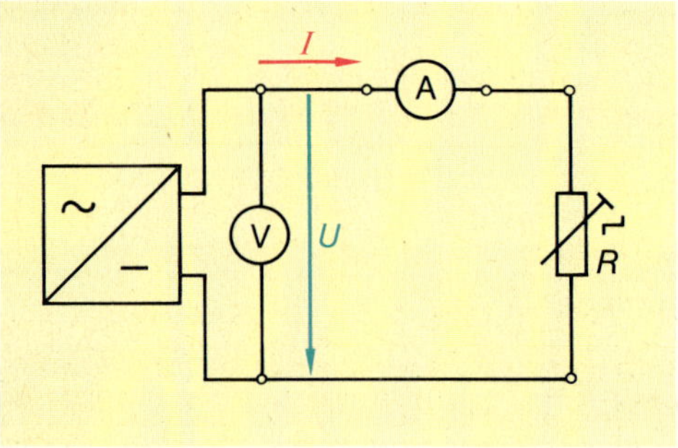

Durchführung

Bei konstanter Spannung wird der Widerstand stufenweise von $R = 10\,\Omega$ bis $R = 40\,\Omega$ verändert. Gemessen wird die Stromstärke I für die jeweiligen Widerstände. Der Spannungsmesser dient zur Kontrolle der Spannung.

Als Spannungsquelle wird wie in Versuch 2–1 ein Netzgerät verwendet, der Widerstand ist stufig einstellbar.

Meßergebnis

Nr.	R in Ω	I in A
1	10	1
2	20	0,5

Nr.	R in Ω	I in A
3	30	0,33
4	40	0,25

U = konstant
U = 10 V

Der Versuch 2 – 2 zeigt:

Vergrößert man den elektrischen Widerstand R bei gleichbleibender Spannung U, so wird die elektrische Stromstärke I kleiner.

Auch dieses Versuchsergebnis können wir in einem Diagramm graphisch darstellen. Die Ursache der Stromänderung ist die Widerstandsänderung. Man stellt deshalb die Stromstärke in Abhängigkeit vom Widerstand dar (Abb. 1). Das Kurvenbild ist eine Hyperbel und kennzeichnet eine umgekehrte Proportionalität.

Mathematisch ausgedrückt:

I ist umgekehrt proportional R: $I \sim \frac{1}{R}$

In einem geschlossenen elektrischen Stromkreis ist der elektrische Strom von der Spannung und vom Widerstand abhängig.

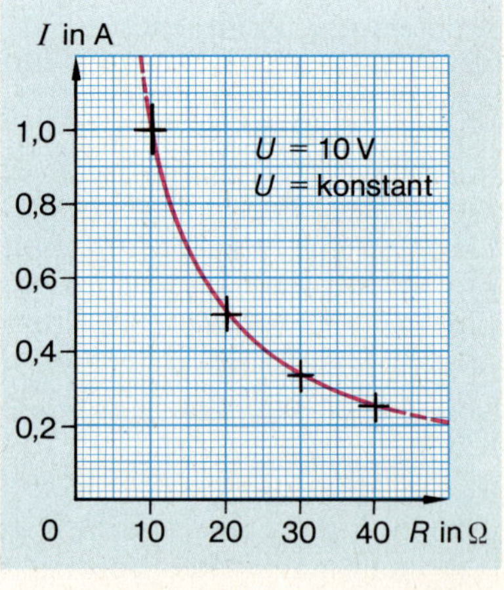

Abb. 1: Abhängigkeit der Stromstärke vom Widerstand bei konstanter Spannung

Ohmsches Gesetz

Die elektrische Stromstärke I ist der anliegenden Spannung U direkt und dem Widerstand R umgekehrt proportional.

In Abb. 2 ist die Abhängigkeit der Stromstärke von der Spannung für verschieden große Widerstände dargestellt. Es gilt: Je kleiner der Widerstand, desto steiler ist die Funktionslinie.

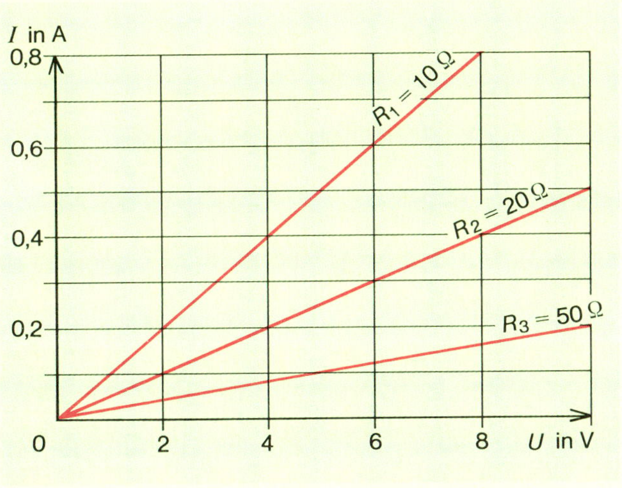

Abb. 2: Kennlinien verschiedener linearer Widerstände

Aufgaben zu 2

1. a) Berechnen Sie in Anlehnung an Versuch 2–1 von $U = 0\,V$ bis $U = 20\,V$ die Stromwerte für die Widerstände $R_1 = 30\,\Omega$ und $R_2 = 10\,\Omega$!
b) Tragen Sie in ein neues Diagramm die Kennlinien ein!
c) Zu welchem Widerstand (zum größten oder kleinsten) gehört die steilste Kennlinie? Begründen Sie Ihre Antwort!

2. Wie groß ist die Stromstärke durch einen 15 kΩ-Widerstand, wenn er an 60 V angeschlossen wird?

3. Wie groß ist der Widerstand, durch den an 220 V angeschlossen ein Strom von 9,1 A fließt?

4. Wie groß ist der Leitwert eines Verbrauchers, der bei einer Spannung von 500 V einen Strom von 22,5 A führt!

5. An welche Spannung kann ein Widerstand $R = 2{,}2\,k\Omega$ angeschlossen werden, wenn die höchstzulässige Stromstärke $I = 50\,mA$ beträgt?

Ohmsches Gesetz

$$I = \frac{U}{R}$$

Umstellungen:

$$R = \frac{U}{I}$$

$$U = I \cdot R$$

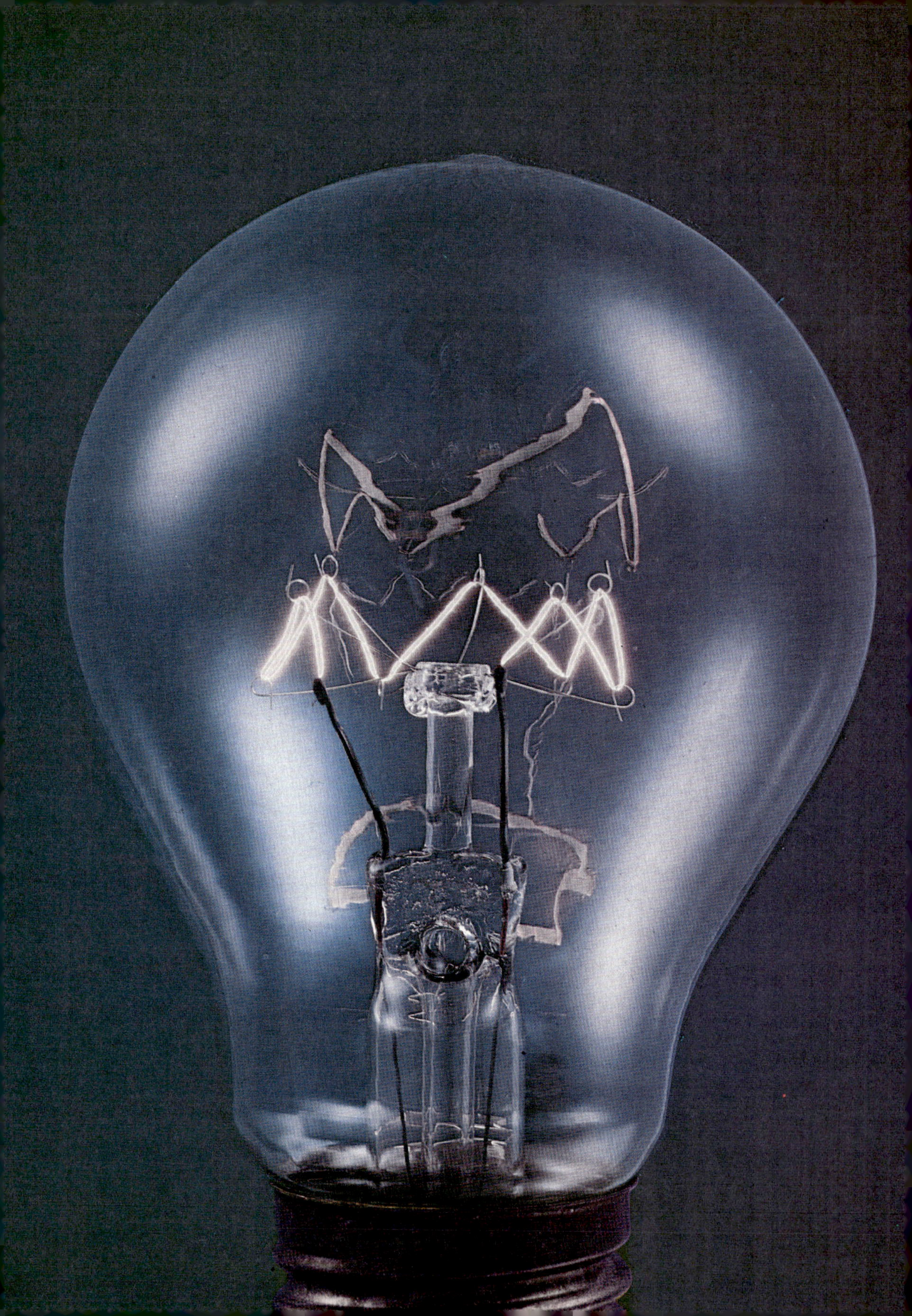

3 Elektrischer Widerstand

Die Eigenschaft von Stoffen, den elektrischen Strom nicht ungehindert fließen zu lassen, wurde bereits in 2.1 als elektrischer Widerstand bezeichnet. Wir sind dort aber nicht darauf eingegangen, wie man diese Erscheinung erklären kann und wovon sie abhängt. Beiden Fragen wollen wir in diesem Kapitel nachgehen.

3.1 Stromleitung in Metallen

Aus Ihrer Erfahrung wissen Sie, daß sich Drähte erwärmen, wenn Strom durch sie hindurchfließt. In Verbrauchern (z. B. Glühlampe, Heizdraht) ist das erwünscht, in den Zuleitungen sicher nicht. Gemeinsam ist beiden, daß sie zumeist aus Metallen bestehen. Deshalb wollen wir uns in einer ersten Überlegung mit der Stromleitung in Metallen beschäftigen.

Metalle leiten den elektrischen Strom gut. Da dieser Strom eine gerichtete Bewegung von Elektronen ist, müssen diese Elementarteilchen bei Leitern eine besondere Rolle spielen.

Nach dem Atommodell befinden sich die Elektronen auf Bahnen (Schalen) um den Kern. Bei Metallen sind die Elektronen der äußersten Schale nicht besonders fest eingebunden, d. h., sie lassen sich leicht aus der Bahn entfernen. Da sie sich aber nicht völlig frei bewegen können, nennt man sie **quasifreie**[1] **Elektronen.** Wenn diese die Atome verlassen haben, bleiben unvollständige Atome zurück, die man auch **Atomrümpfe** nennt. Sie sind positiv geladen, da Elektronen fehlen.

Beim Erstarren einer Metall-Schmelze ordnen sich diese Atomrümpfe zu regelmäßigen räumlichen Gittern an.

Die quasifreien Elektronen bewegen sich in diesem Gitter in ungeordneten Bahnen (sog. Zickzack-Bewegungen). Man bezeichnet diese Anordnung als **Metallbindung** (Abb. 1).

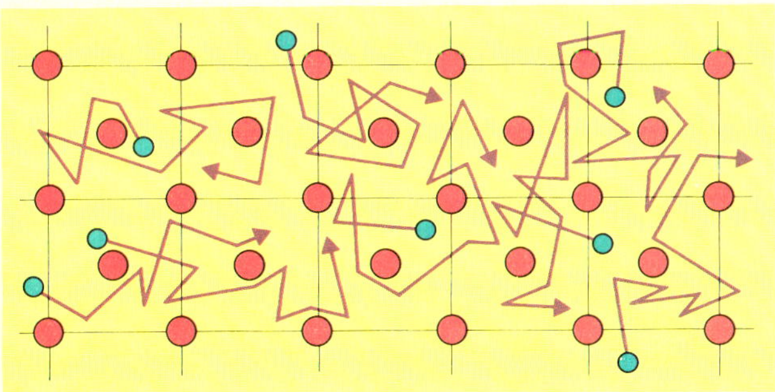

Abb. 1: Metallgitter (vereinfacht in einer Ebene dargestellt)

[1] quasi (lat.): gewissermaßen, gleichsam, sozusagen

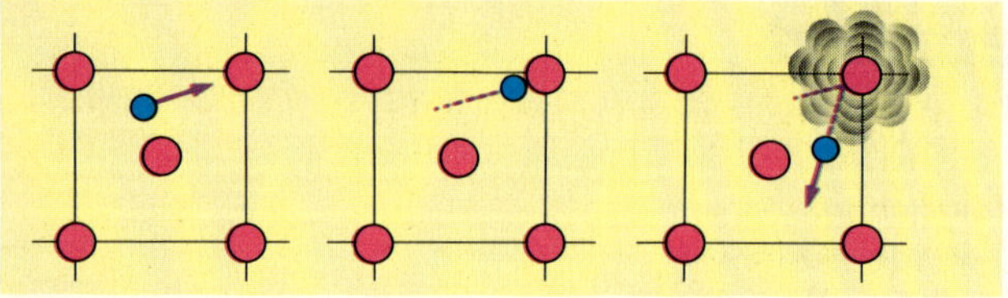

Abb. 1: Weitergabe der Energie von Elektronen an Atomrümpfe

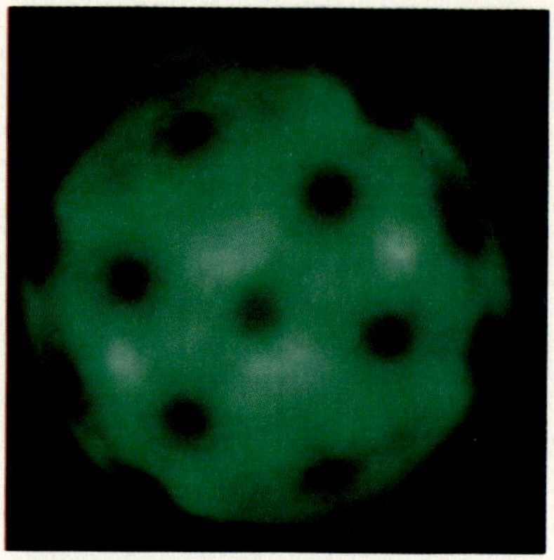

Abb. 2: Metallgitterstruktur einer Wolfram-Spitze. Fotografie eines Bildes aus dem Feldemissions-Mikroskop (Vergrößerung 1 : 500000)

Trotz der negativen beweglichen Elektronen bleibt das Metall nach außen neutral, weil sich die Ladungen insgesamt wegen der positiven Atomrümpfe gleichmäßig verteilen und damit in ihren Wirkungen aufheben.

Legt man jetzt eine Spannung an, so führen die Elektronen eine zusätzliche gerichtete Bewegung zum Pluspol aus. Es fließt also ein elektrischer Strom.

Die Elektronen werden bei ihrer Bewegung im Leiter durch Zusammenstöße mit den Atomrümpfen behindert. Diese Eigenschaft wird als **elektrischer Widerstand** bezeichnet.

Die Elektronen geben dabei einen Teil ihrer Bewegungsenergie an die Atomrümpfe ab, so daß diese in stärkere Schwingungen versetzt werden. Das macht sich als Erwärmung bemerkbar (Abb. 1).

3.2 Widerstand von Leitern

Zur Einführung in diesen Abschnitt wollen wir uns mit einem Problem aus der praktischen Erfahrung eines Auszubildenden beschäftigen.

Er sollte auf einem großen Betriebsgelände eine Baustellenbeleuchtung anschließen. Dazu verlegte der Auszubildende ca. 150 m Kupferleitung mit einem Aderquerschnitt von 1,5 mm². Als er die Beleuchtung einschaltete, leuchtete diese schwächer als üblich. Um den Fehler zu finden, wurden daraufhin bei ausgeschalteter Beleuchtung die Spannungen am Anfang und am Ende der Zuleitung gemessen. Beide Spannungsmesser zeigten 220 V.

Dann schaltete man die Beleuchtung wieder ein, und die Spannung an den Klemmen ging auf 170 V zurück. Es mußten also 50 V auf der Leitung „verlorengegangen" sein. Oder anders ausgedrückt, an der Leitung trat ein **Spannungsabfall** von 50 V auf. Die Abb. 4 zeigt die Zusammenhänge.

An der Leitung treten also bei angeschlossenem Verbraucher drei Spannungen auf:

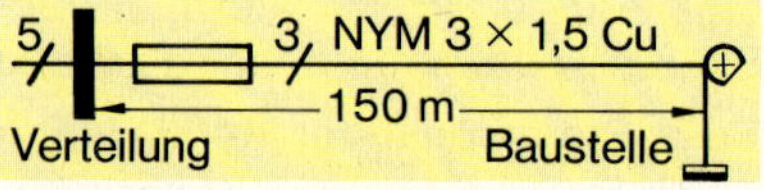

Abb. 3: Anschluß einer Baustellenbeleuchtung

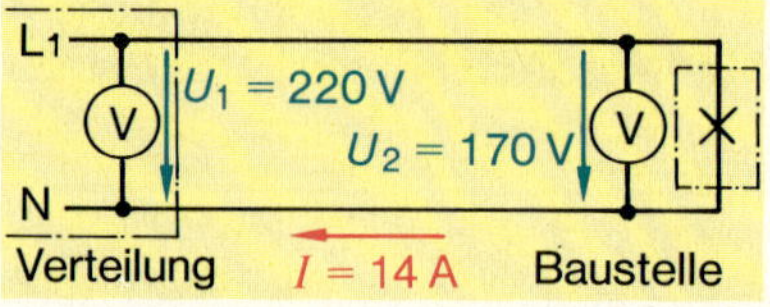

Abb. 4: Gemessene Werte bei der Anlage in Abb. 3

- Spannung am Leitungsanfang U_1
- Spannung am Leitungsende U_2
- Spannungsabfall (Spannungsverlust) U_v als Unterschied zwischen U_1 und U_2

Spannungsabfall an Leitungen

Formelzeichen U_v

$$U_v = U_1 - U_2$$

Aus der Schilderung des Beispiels kann man bereits eine wichtige Tatsache entnehmen:

Spannungsabfall tritt nur dann auf, wenn Strom fließt.

Nach dem Ohmschen Gesetz läßt sich der Spannungsabfall berechnen, wenn man den Leiterwiderstand kennt.

$$U_v = I \cdot R_L$$

Wir wollen im Versuch 3 – 1 untersuchen, wie der Leiterwiderstand

- von Leiterquerschnitt,
- von Leiterlänge
- vom Material

abhängt.

Leiterquerschnitt

Formelzeichen q

$[q] = m^2$

$[q] = mm^2$

Unter **Leiterquerschnitt** versteht man die Fläche, die entsteht, wenn man einen Leiter senkrecht zur Längsachse durchschneidet (Abb. 5).

Abb. 5: Verschiedene Querschnittsflächen von Leitern

Neben dem Formelzeichen q für den Querschnitt ist auch S möglich (DIN 1304). Das Formelzeichen A wird für die Fläche benutzt, so daß auch häufig die Querschnittsfläche mit A bezeichnet wird.

Die Querschnitte der Leiter sind genormt. Für feste Leitungsverlegungen werden z. B. folgende verwendet:

1,5 mm²; 2,5 mm²; 4 mm²; 6 mm²; 10 mm².

Bei der Längenangabe muß genau darauf geachtet werden, ob die **Leiter**länge oder die **Leitungs**länge angegeben ist, da Leitungen für Gleich- und Wechselstrom den Hin- und Rückleiter umfassen.

Versuch 3–1:
Abhängigkeit des Leiterwiderstandes von den Abmessungen und dem Material

Aufbau

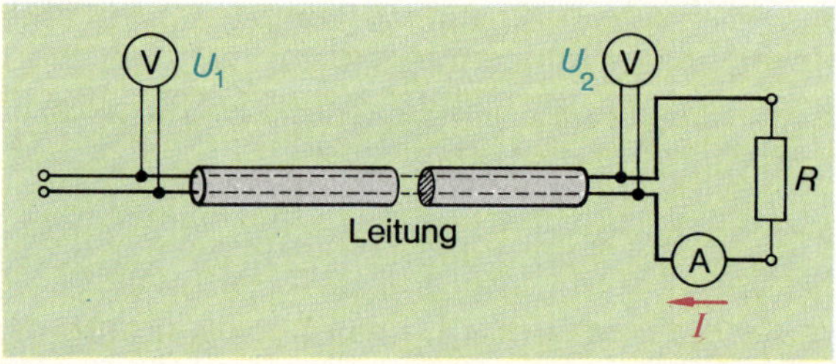

Durchführung

Der Widerstand wird nicht direkt gemessen, sondern durch Strom- und Spannungswerte errechnet. Als Spannung wird dabei der Spannungsabfall an der Leitung zugrundegelegt. Die Größe des Belastungswiderstandes ist in diesem Zusammenhang belanglos.

- Messungen bei **verschiedenen Querschnitten,** gleicher Leiterlänge und gleichem Material.
- Messungen bei **verschiedenen Längen,** gleichem Querschnitt und gleichem Material.
- Messungen bei **verschiedenem Material,** gleichem Querschnitt und gleicher Länge.

Meßergebnis

Nr.	l in m	q in mm²	Material	U_2 in V	$U_v = U_1 - U_2$ in V	I in A	$R_L = \frac{U_v}{I}$ in Ω
1	100	1,5	Kupfer	202,6	17,4	14,6	1,19
2	100	2,5	Kupfer	209,2	10,8	15,1	0,72
3	50	1,5	Kupfer	210,9	9,1	15,2	0,6
4	100	2,5	Aluminium	202,3	17,7	14,6	1,21

U_1 = konstant
$U_1 = 220\,V$

Aus Versuch 3 – 1 lassen sich folgende Aussagen ableiten:

- Aus den Meßwerten 1 und 2 ergibt sich, daß ein größerer Querschnitt einen kleineren Leiterwiderstand zur Folge hat.

Man kann sich vorstellen, daß in einem Leiter mit großem Querschnitt mehr Elektronen vorhanden sind. Dadurch fließt bei konstanter Spannung mehr Strom, der Widerstand ist kleiner.

großer Leiterquerschnitt ⇒ kleiner Widerstand

Der Widerstand eines Leiters ist umgekehrt proportional zum Leiterquerschnitt

$$R_L \sim \frac{1}{q}$$

- Aus den Meßwerten 1 und 3 ergibt sich, daß ein längerer Leiter einen größeren Widerstand zur Folge hat.

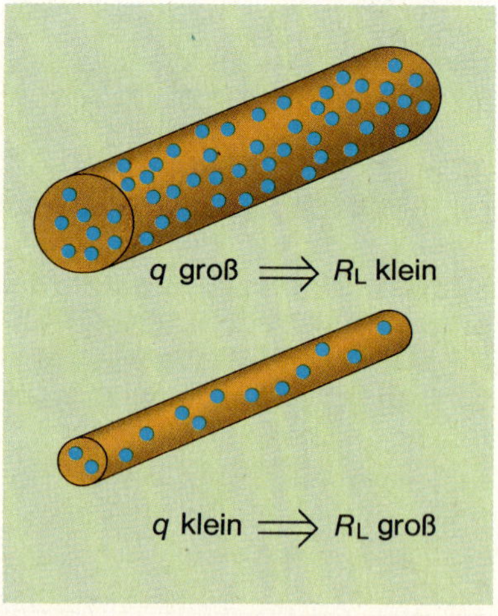

Abb. 1: Abhängigkeit des Widerstandes vom Leiterquerschnitt

Hierbei kann man sich vorstellen, daß in einem längeren Leiter die Behinderung der Elektronen wegen des längeren Weges größer ist.

große Leiterlänge ⇒ großer Widerstand

Der Widerstand eines Leiters ist proportional zur Leiterlänge.

$R_L \sim l$

- Aus den Meßwerten 2 und 4 ergibt sich, daß der Widerstand eines Leiters vom Material abhängt.

Die Abhängigkeit des Widerstandes vom Material wird als **spezifischer elektrischer Widerstand** bezeichnet.

Spezifischer elektrischer Widerstand

Formelzeichen ϱ

$[\varrho] = \Omega\,\mathrm{m}$

Der spezifische elektrische Widerstand ist der Widerstand eines Leiters von 1 m Länge und einem Querschnitt von 1 m².

Da Leiter von 1 m² Querschnitt völlig praxisfremd sind, gibt man den Querschnitt meistens in mm² an. Das hat dazu geführt, daß man früher den spezifischen Widerstand auch auf einen Querschnitt von 1 mm² bezogen hat. Das ergab dann als Einheit für den spezifischen Widerstand:

$$[\varrho] = \frac{\Omega \cdot \mathrm{mm}^2}{\mathrm{m}}$$

Beim Umrechnen von Größen mit dieser Einheit auf $\Omega \cdot \mathrm{m}$ geht man wie folgt vor:

$$1\,\frac{\Omega \cdot \mathrm{mm}^2}{\mathrm{m}} = 1\,\frac{\Omega \cdot (10^{-3}\,\mathrm{m})^2}{\mathrm{m}}$$

$$1\,\frac{\Omega \cdot \mathrm{mm}^2}{\mathrm{m}} = 1\,\frac{\Omega \cdot 10^{-6}\,\mathrm{m}^2}{\mathrm{m}}$$

$$1\,\frac{\Omega \cdot \mathrm{mm}^2}{\mathrm{m}} = 10^{-6} \cdot \Omega\,\mathrm{m}$$

$$1\,\frac{\Omega \cdot \mathrm{mm}^2}{\mathrm{m}} = 1\,\mu\Omega\,\mathrm{m}$$

Um die Zahlenwerte der früher gebräuchlichen Einheiten beibehalten zu können, werden also die spezifischen Widerstände in $\mu\Omega\,\mathrm{m}$ angegeben. Die Tabelle 3.1 enthält spezifische Widerstände wichtiger Werkstoffe.

Faßt man jetzt alle Folgerungen aus dem Versuch 3 – 1 zusammen, ergibt sich folgender Sachverhalt:

Leiterwiderstand

$$R_L = \frac{\varrho \cdot l}{q}$$

Der Widerstand eines Leiters ist um so größer

- je größer der spezifische elektrische Widerstand ist,
- je größer die Leiterlänge ist,
- je kleiner der Leiterquerschnitt ist,

In der Elektrotechnik wird sehr oft der Kehrwert des spezifischen Widerstandes benutzt, der als **elektrische Leitfähigkeit** $\varkappa$ bezeichnet wird. Neben dem Formelzeichen $\varkappa$ sind auch γ und σ möglich.

Die Einheit der Leitfähigkeit ergibt sich wie folgt:

$$\varkappa = \frac{1}{\varrho}$$

$$[\varkappa] = \frac{1}{\Omega\,\mathrm{m}} \qquad \frac{1}{\Omega} = \mathrm{S}$$

$$[\varkappa] = 1\,\frac{\mathrm{S}}{\mathrm{m}}$$

Elektrische Leitfähigkeit

Formelzeichen $\varkappa$

$$\boxed{\varkappa = \frac{1}{\varrho}}$$

$$[\varkappa] = \frac{\mathrm{S}}{\mathrm{m}}$$

Benutzt man die Leitfähigkeit an Stelle des spezifischen Widerstandes, dann kommt man zu einer zweiten Formel für die Berechnung des Leiterwiderstandes

$$R_\mathrm{L} = \frac{\varrho \cdot l}{q} \qquad \varkappa = \frac{1}{\varrho} \Rightarrow \varrho = \frac{1}{\varkappa}$$

$$R_\mathrm{L} = \frac{\frac{1}{\varkappa} \cdot l}{q}$$

$$R_\mathrm{L} = \frac{l}{\varkappa \cdot q}$$

Leiterwiderstand

$$\boxed{R_\mathrm{L} = \frac{l}{\varkappa \cdot q}}$$

Tab. 3.1: Spezifische elektrische Widerstände und elektrische Leitfähigkeiten von Werkstoffen bei 20 °C

Werkstoffe	ϱ in $\mu\Omega\,\mathrm{m}$	$\varkappa$ in $\frac{\mathrm{MS}}{\mathrm{m}}$
Silber	0,016	62
Kupfer	0,018	56
Gold	0,022	44
Aluminium	0,028	36
Zink	0,06	16,7
Messing	0,07	14,3
Eisen	0,1	10
Platin	0,106	9,4
Zinn	0,11	9,1
Blei	0,208	4,8
Kohle	66,667	0,015

Der Leiterwiderstand bei dem eingangs geschilderten Problem ist somit:

$$R_\mathrm{L} = \frac{l}{\varkappa \cdot q}$$

$$R_\mathrm{L} = \frac{300\ \mathrm{m}}{56 \cdot 10^6\,\frac{\mathrm{S}}{\mathrm{m}} \cdot 15 \cdot 10^{-6}\ \mathrm{m}^2}$$

$$\underline{R_\mathrm{L} = 3{,}57\ \Omega}$$

Wir können nun den Spannungsabfall berechnen:

$$U_\mathrm{v} = I \cdot R_\mathrm{L}$$

$$U_\mathrm{v} = 14\ \mathrm{A} \cdot 3{,}57\ \Omega$$

$$\underline{U_\mathrm{v} = 50\ \mathrm{V}}$$

Damit die Beleuchtung einwandfrei arbeitet, muß der Leiterwiderstand wesentlich geringer sein (damit kleinerer Spannungsabfall). Dies ist bei vorgegebener Länge nur durch einen größeren Querschnitt zu erreichen.

Spannungsabfall bei vorgegebener Länge

großer Leiterquerschnitt
⇓
kleiner Leiterwiderstand
⇓
kleiner Spannungsabfall
⇓
große Spannung am Leitungsende

Aufgaben zu 3.1 und 3.2

1. Schildern Sie den atomaren Aufbau von Metallen!
2. Was versteht man unter der Metallbindung?
3. Was ist die Ursache für die gute Leitfähigkeit von Metallen?
4. Ein Präzisionswiderstand wird aus Manganin ($\varrho = 0{,}43\ \mu\Omega\,\text{m}$) hergestellt. Der verwendete Draht ist 29 m lang und hat einen Querschnitt von 0,5 mm^2. Wie groß ist der Widerstandswert?
5. Wie groß ist der Widerstand einer einadrigen Kupferleitung von 1 km Länge und einem Querschnitt von 35 mm^2?
6. Eine schadhafte Leitung soll ersetzt werden. Da das gleiche Material nicht im Lager ist, wird eine Leitung mit der 1,5fachen Leitfähigkeit verlegt. Welche Konsequenz hat das für den Querschnitt, wenn der Widerstand gleich sein soll?
7. Ein Heizwiderstand ($\varrho = 1{,}45\ \mu\Omega\,\text{m}$) soll 24 Ω haben. Wie lang muß der Draht sein, wenn der Querschnitt 1,2 mm^2 ist?
8. Eine Aluminiumleitung soll durch eine Kupferleitung ersetzt werden. Der Widerstand soll der gleiche sein. Welchen Querschnitt muß die Kupferleitung haben, wenn die Aluminiumleitung 50 mm^2 Querschnitt hat?

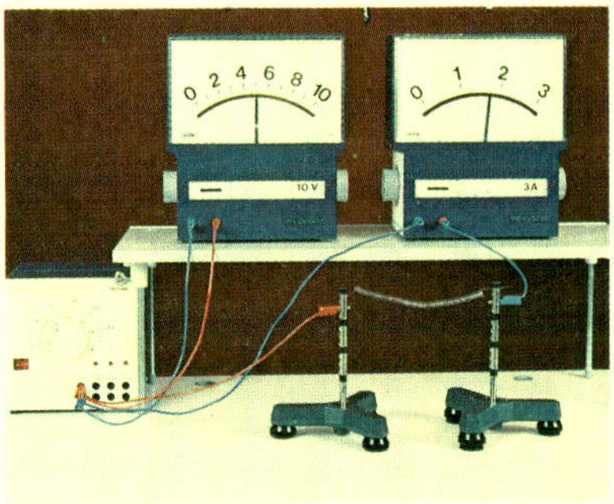

Abb. 1: Keine Erwärmung durch Bunsenbrenner, der Draht hat ca. 20°C; 1,8 A

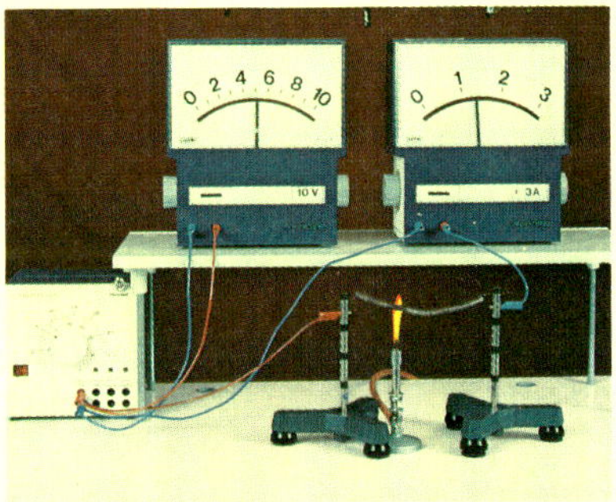

Abb. 2: Erwärmung durch einen Bunsenbrenner, ca. 1,3 A

3.3 Abhängigkeit des Widerstandes von der Temperatur

Mit einem einfachen Versuch (Abb. 1 bis 3) läßt sich zeigen, daß der Widerstand eines Drahtes mit zunehmender Temperatur steigt. Aus dem kleineren Strom im Versuchsaufbau der Abb. 2 kann man bei gleichgebliebener Spannung auf einen größeren Widerstand schließen.

Um diese Erscheinung zu deuten, muß man sich noch einmal mit der Erklärung der Energieform Wärme beschäftigen. Wärme ist Bewegung der Moleküle bzw. Atome. Je wärmer ein Stoff ist, desto stärker bewegen sich die Moleküle, d. h., sie schwingen stärker um ihren Platz im Kristallgitter. Damit wächst die Möglichkeit des Zusammenstoßens der quasifreien Elektronen mit den Atomrümpfen bzw. deren festgebundenen Elek-

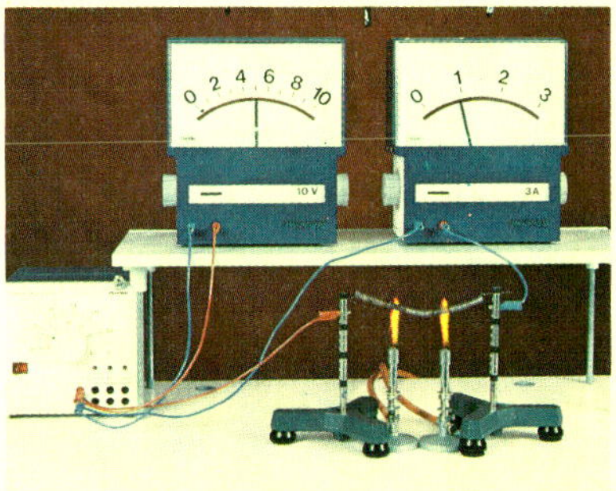

Abb. 3: Erwärmung durch zwei Bunsenbrenner, ca. 0,9 A

tronen. Es steigt also die Behinderung der Elektronen und damit der Widerstand (Abb. 1).
Neben Metallen zeigen auch andere Werkstoffe dieses Verhalten. Da sie im „kalten" Zustand besser leiten als im „heißen", nennt man sie **Kaltleiter.**

Kaltleiter

nicht linear

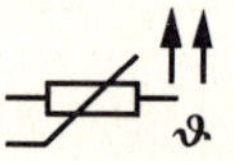

> Kaltleiter sind Stoffe, die im kalten Zustand besser leiten als im heißen.

Würde man die Werkstoffe bis zum absoluten Nullpunkt (0 K = −273,15 °C) abkühlen, wäre ihr Widerstand Null. Man nennt diese Eigenschaft dann **Supraleitfähigkeit** und die Leiter bei sehr tiefen Temperaturen Supraleiter. Solche Leiter können auch bei kleinem Querschnitt große Ströme übertragen.

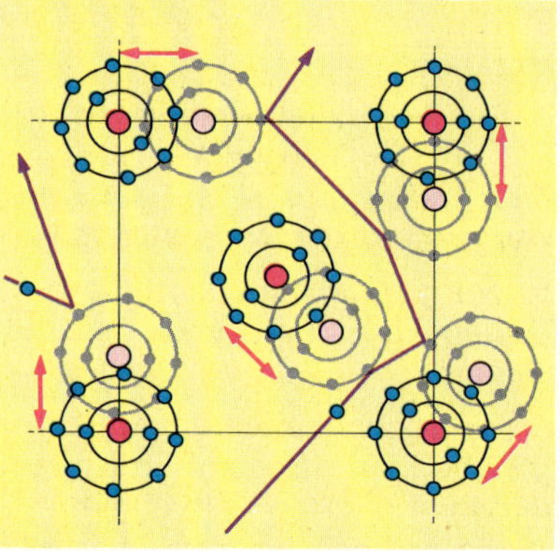

Abb. 1: Widerstandserhöhung durch stärkere Schwingung der Atomrümpfe bei Erwärmung

So wie die Schwingungen der Atomrümpfe die Bewegung der quasifreien Elektronen beeinflussen, ist es auch umgekehrt der Fall. Die quasifreien Elektronen veranlassen durch die Zusammenstöße mit den Elektronen der Bahnen der Atomrümpfe diese zu stärkerem Schwingen, was sich als Temperaturerhöhung bemerkbar macht. Diese Eigenschaft wird in den elektrischen Heiz- und Wärmegeräten ausgenutzt.

Die Erwärmung auf Grund des durchfließenden Stromes wird als **Eigenerwärmung** bezeichnet, während unter **Fremderwärmung** eine Erwärmung von außen verstanden wird.

Wenn man in dem Versuch die Erhitzung des Widerstandsdrahtes verstärkt, so sinkt der Strom weiter, d. h., der Widerstand wird größer (Abb. 3, S. 49).

Widerstandsänderung

Formelzeichen ΔR

Temperaturänderung

Formelzeichen ΔT ($\Delta\vartheta$)
Einheitenzeichen K

große Temperaturänderung ⇒ **große Widerstandsänderung**

$\Delta R \sim \Delta T$

Wenn man für den Versuch (Abb. 1 bis 3, S. 49) verschieden lange Widerstandswendeln benutzt hätte, wären auch große und kleine Widerstandszunahmen aufgetreten. Man kann damit feststellen:

Widerstand bei 20 °C

Formelzeichen R_{20}

großer Ausgangswiderstand ⇒ **große Widerstandsänderung**

Da die Materialien verschiedenen Kristallaufbau haben, ist die Erhöhung des elektrischen Widerstandes bei Temperaturänderungen auch unterschiedlich. Der Wert, der über die Widerstandsänderung eines bestimmten Werkstoffes Auskunft gibt, heißt **Temperaturkoeffizient** α (oder Temperaturbeiwert). Er bezieht sich auf einen Widerstand von 1 Ω und eine Temperaturänderung um 1 K. Die Temperaturänderung wird stets in K angegeben (auch bei der Änderung von Temperaturen in °C).

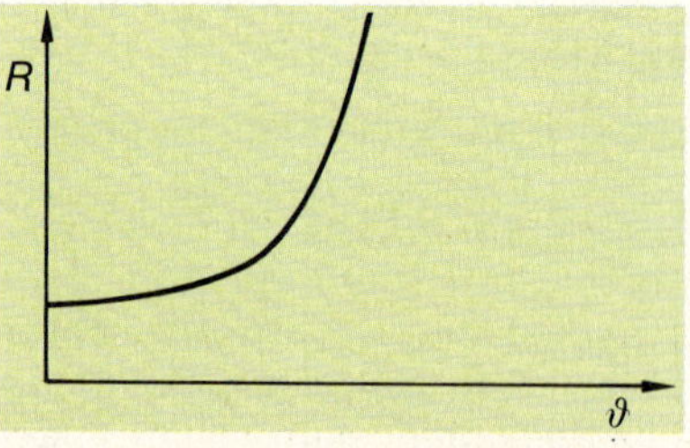

Abb. 2: Kennlinie eines Kaltleiters

Tab. 3.2: Temperaturkoeffizienten von Werkstoffen bei einer Ausgangstemperatur von 20°C

Werkstoffe	Eisen	Zinn	Blei	Zink	Gold	Platin
α in $\frac{1}{K}$	0,005	0,0046	0,0042	0,0042	0,004	0,004

Werkstoffe	Silber	Kupfer	Aluminium	Messing	Konstantan	Kohle
α in $\frac{1}{K}$	0,004	0,0039	0,0036	0,0015	0,00004	−0,00045

Der Temperaturkoeffizient (Temperaturbeiwert) ist die Widerstandsänderung eines Leiters von 1 Ω bei einer Temperaturänderung um 1 K.

Temperaturkoeffizient
Formelzeichen α

$[\alpha] = \frac{1}{K}$

Faßt man alle drei Größen zusammen, dann ergibt sich:

Die Widerstandsänderung ist um so größer,

- je größer der Widerstand ist,
- je größer die Temperaturänderung ist,
- je größer der Temperaturkoeffizient ist.

Widerstandsänderung bei Temperaturänderung

$$\Delta R = R_{20} \cdot \Delta T \cdot \alpha$$

Bis jetzt wurden die Verhältnisse bei Metallen untersucht. Viele andere Stoffe zeigen ein ähnliches Verhalten. Es gibt aber auch eine Reihe von Werkstoffen (z.B. Kohle, Halbleiter), bei denen es gerade umgekehrt ist. Ihr Widerstand **verringert** sich bei Temperaturerhöhung. Eine Erklärung dafür kann aber erst im Rahmen des Fachstufen-Stoffs gegeben werden.

Man nennt solche Stoffe **Heißleiter.** Ihr Temperaturkoeffizient ist also negativ.

Heißleiter
nicht linear

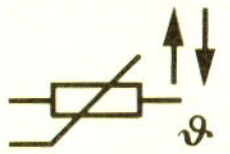

Heißleiter sind Stoffe, die im heißen Zustand besser leiten als im kalten.

Gegenüberstellung Kaltleiter – Heißleiter

Kaltleiter

- leiten besser im kalten Zustand
- haben positiven Temperaturkoeffizienten
- heißen auch **PTC**-Widerstände (positive temperature coefficient)

Heißleiter

- leiten besser im heißen Zustand
- haben negativen Temperaturkoeffizienten
- heißen auch **NTC**-Widerstände (negative temperature coefficient)

Die Pfeilanordnung bei den Schaltzeichen kann man sich gut wie folgt merken

- Temperaturänderung und Widerstandsänderung sind gleichsinnig
  ↑↑
- Temperaturänderung und Widerstandsänderung sind gegensinnig
  ↑↓

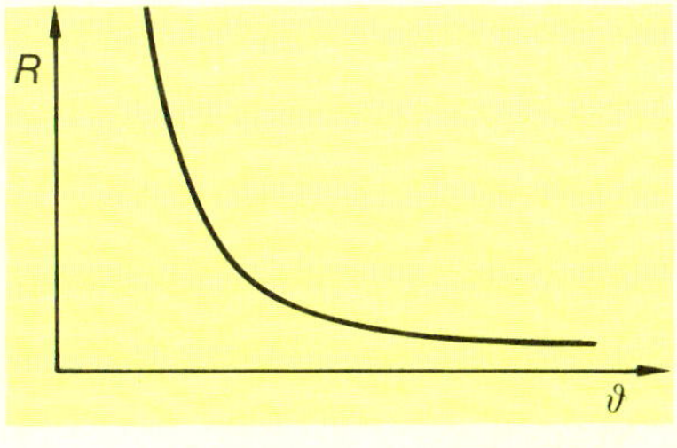

Abb. 3: Kennlinie eines Heißleiters

In speziellen Bauteilen werden beide Eigenschaften ausgenutzt und zum Regeln eingesetzt. Hierbei werden vor allem Werkstoffe verwendet, die nichtlineare Abhängigkeiten zwischen Temperatur und Widerstand zeigen, um bei bestimmten Temperaturen Schaltvorgänge einleiten zu können.

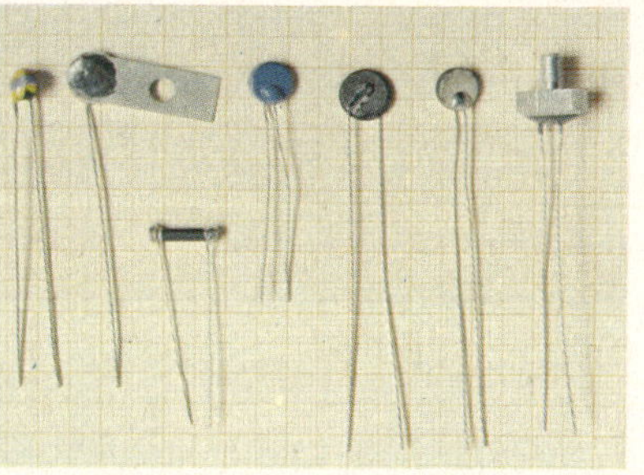

Abb. 1: Temperaturabhängige Widerstände (Thermistoren)

Durch Kombinieren von PTC- und NTC-Werkstoffen erhält man Widerstandsmaterialien mit extrem kleinen Temperaturkoeffizienten, so daß sich der Widerstandswert praktisch nicht ändert. Die Tabelle 3.2 enthält wichtige Werkstoffe mit ihren Temperaturkoeffizienten.

An Hand des Werkstoffes CuNi45Mn1, der auch als Konstantan bekannt ist, wollen wir uns die geringfügige Widerstandserhöhung verdeutlichen.

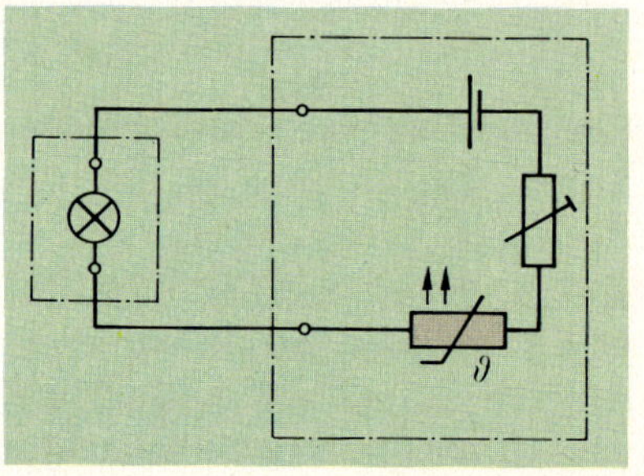

Abb. 2: Schaltung zur Temperaturüberwachung einer Batterie

Aus Konstantan soll ein Widerstand mit dem Wert 1 kΩ hergestellt werden. Im Betrieb kommen Temperaturen bis etwa 200 °C vor. Wie groß ist dann die Widerstandszunahme?

$R_{20} = 1\ \text{k}\Omega$
$\vartheta_1 = 20\ °\text{C}$
$\vartheta_2 = 200\ °\text{C}$ $\Rightarrow$ $\Delta T = \Delta\vartheta = \vartheta_2 - \vartheta_1$
$\Delta T = \Delta\vartheta = 180\ \text{K}$

$\alpha = 0{,}00004 \frac{1}{\text{K}}$

$\Delta R = R_{20} \cdot \Delta T \cdot \alpha$

$\Delta R = 1000\ \Omega \cdot 180\ \text{K} \cdot 0{,}00004 \frac{1}{\text{K}}$

$\underline{\Delta R = 7{,}2\ \Omega}$

Der Widerstand R_T nach der Erwärmung ist dann:

Widerstand nach Erwärmung

Formelzeichen R_T

$\boxed{R_T = R_{20} + \Delta R}$

$R_T = R_{20} + \Delta R$
$R_T = 1000\ \Omega + 7{,}2\ \Omega$
$\underline{R_T = 1007{,}2\ \Omega}$

Der Widerstandswert hat sich also unwesentlich erhöht (nur 0,72%). Solche Änderungen liegen weit unter den üblichen Toleranzen von 5% oder 10% (IEC-Reihe 24 bzw. 12, vgl. 3.5).

Ist nicht die Widerstandsänderung, sondern die Temperaturänderung bekannt, dann kann R_T wie folgt berechnet werden:

$R_T = R_{20} + \Delta R$ $\Delta R = R_{20} \cdot \Delta T \cdot \alpha$
$R_T = R_{20} + R_{20} \cdot \Delta T \cdot \alpha$
$R_T = R_{20} \cdot (1 + \Delta T \cdot \alpha)$

$\boxed{R_T = R_{20} \cdot (1 + \Delta T \cdot \alpha)}$

Aufgaben zu 3.3

1. Die Kupferwicklung eines Motors hat bei Raumtemperaturen einen Widerstand von 1,2 Ω.
Wie groß ist der Widerstand bei betriebswarmem Motor (80 °C)?

2. Eine Aluminiumfreileitung hat bei 28 °C einen Widerstand von 1,86 Ω.
a) Wie groß ist der Widerstand bei 20 °C?
b) Wie groß ist der Widerstand bei −20 °C?

3. Für elektrische Temperaturmessungen werden auch Widerstandsthermometer verwendet. Sie bestehen z.B. im wesentlichen aus einem Platinwiderstand, dessen Widerstandsänderung bei Temperatur zur Messung benutzt wird.

Der Widerstand bei 20 °C beträgt 105 Ω.

Bei welcher Temperatur hat er den Wert 136 Ω?

4. Erläutern Sie, warum Leiter in der Nähe des absoluten Nullpunktes nahezu widerstandslos sind!

5. Wie unterscheiden sich PTC- und NTC-Widerstände hinsichtlich der Widerstandsänderung bei Temperaturerhöhung?

6. Welche Einschränkung muß für die Leiterwiderstands-Berechnung in 3.2 gemacht werden?

7. Ein NTC-Widerstand mit $\alpha = -0{,}04\,\frac{1}{K}$ hat bei −20 °C 182 Ω. Wie groß ist sein Wert bei +20 °C?

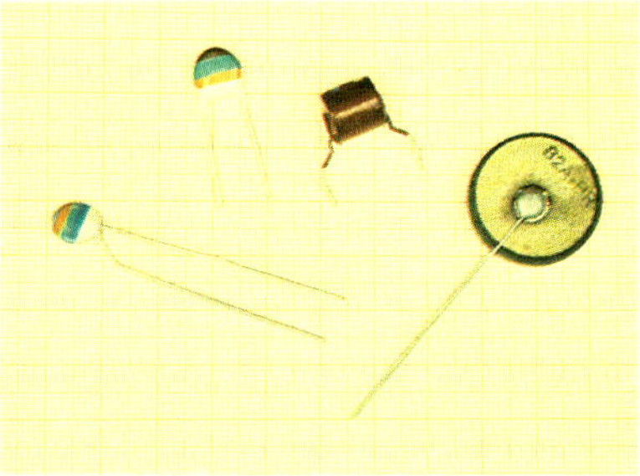

Abb. 3: Varistoren

3.4 Abhängigkeit des Widerstandes von Spannung, Magnetfeld, Licht und Druck

Man stellt auch Widerstände her, die besonders auf Spannung, Magnetfeld, Licht oder Druck ansprechen und so ihren Wert ändern.

Das Verhalten der einzelnen Werkstoffe kann hier nur kurz angesprochen werden, ohne auf Einzelheiten einzugehen. Die Begründung muß in den meisten Fällen dem Fachstufen-Stoff vorbehalten bleiben.

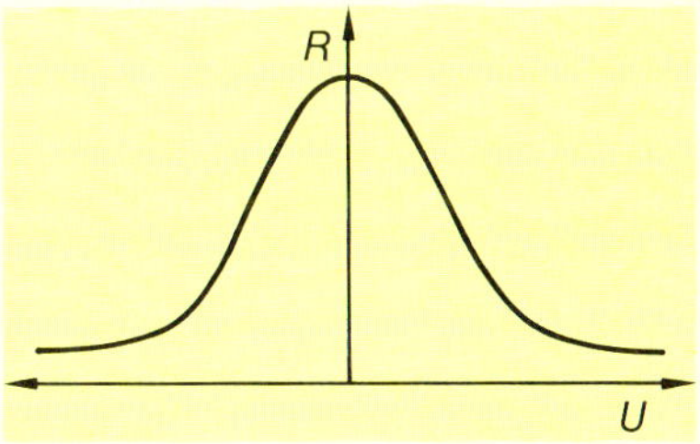

Abb. 4: Kennlinie eines Varistors

Spannungsabhängige Widerstände haben die Bezeichnung **Varistoren** oder **VDR** (voltage dependent resistor). Ihr Widerstandswert sinkt mit steigender Spannung (Abb. 4). Als erste Erklärung kann man sich dazu vorstellen, daß diese Bauteile aus sehr vielen Körnern bestehen. Diese sind wie ein kompliziertes Netzwerk von sehr kleinen Widerständen aufzufassen. Mit Hilfe der angelegten Spannung verändern sich die Übergangswiderstände zwischen ihnen, und der Werkstoff leitet besser.

Spannungsabhängiger Widerstand

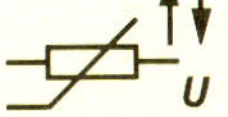

große Spannung ⇒ kleiner Widerstand

Anwendungsbeispiele: Funkenlöschung, Überspannungsschutz, Spannungsstabilisierung.

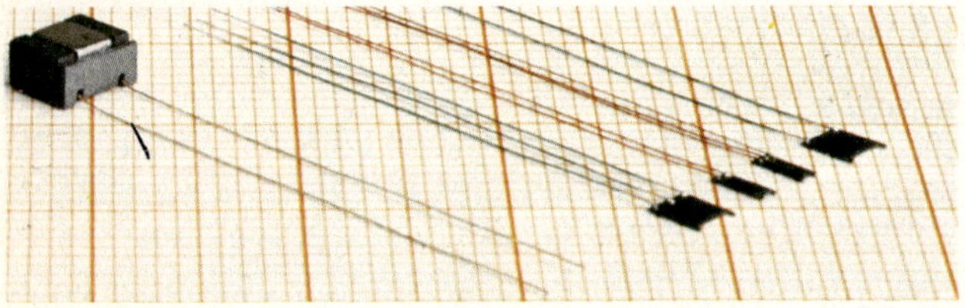

△ Abb. 1: Magnetfeldabhängige Bauteile

Abb. 2: Kennlinie einer Feldplatte ▷

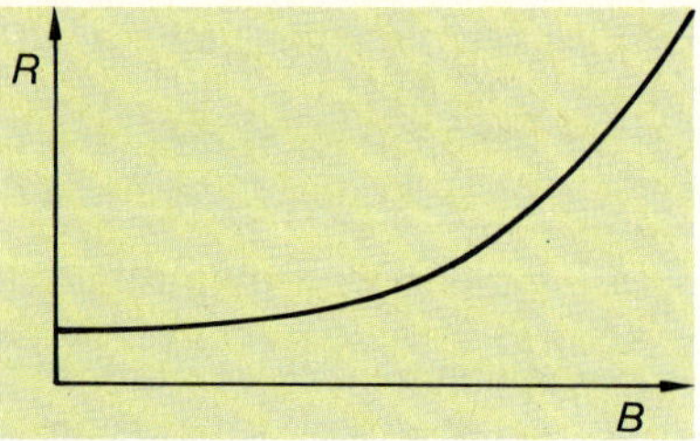

Die magnetfeldabhängigen Widerstände heißen **Feldplatten.** Mit steigender magnetischer Flußdichte (vgl. 12.1.4) steigt auch der Widerstand (Abb. 2). Dieses Verhalten läßt sich mit der Wirkung eines Magnetfeldes auf Elektronen erklären (vgl. 12.3). Die Elektronen werden durch das Magnetfeld auf ihren Weg durch den Widerstand zur Seite abgedrängt. Sie legen somit einen längeren Weg zurück als ohne Magnetfeld. Ein längerer Weg bedeutet einen längeren Leiter, der als Folge einen größeren Widerstand hat.

große magnetische Flußdichte ⇒ großer Widerstand

Feldplatten werden für kontaktlose Schalter und zur Messung von Magnetfeldern eingesetzt.

Magnetfeldabhängiger Widerstand

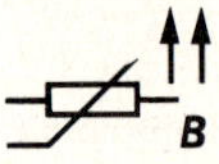

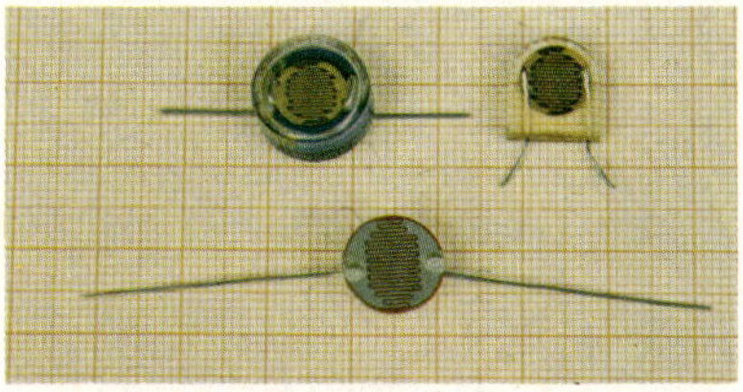

Abb. 3: Fotowiderstände

Die **lichtabhängigen Widerstände** werden als **Fotowiderstände** oder **LDR** (light dependent resistor) bezeichnet. Ihr Widerstandswert sinkt mit wachsender Beleuchtungsstärke. Dieses Verhalten kann man sich folgendermaßen erklären:

Die Lichtenergie setzt im Widerstandsmaterial Elektronen frei, die dann zusätzlich als Leitungselektronen zur Verfügung stehen.

große Beleuchtungsstärke ⇒ kleiner Widerstand

Solche Widerstände werden für Lichtschranken oder Lichtstärkemessungen verwendet.

Lichtabhängiger Widerstand

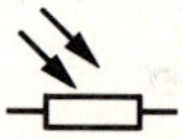

Der Widerstandswert bei **druckabhängigen Widerständen** steigt mit verstärktem Druck. Durch diesen werden die Abstände zwischen den Atomrümpfen verkleinert, und damit steigt die Häufigkeit der Zusammenstöße mit den quasifreien Elektronen.

großer Druck ⇒ großer Widerstand

Druckabhängiger Widerstand

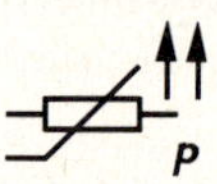

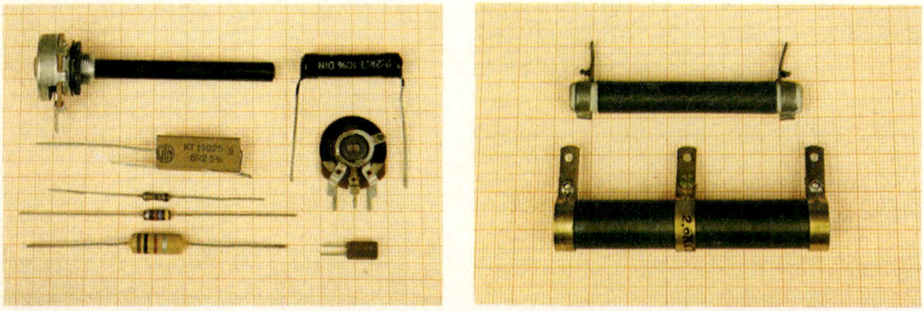

◁ Abb. 4: Verschiedene Bauformen von Widerständen

3.5 Kenngrößen und Bauformen von Widerständen

Wenn von elektrischen Widerständen die Rede ist, dann kann damit einerseits die Eigenschaft eines Materials gemeint sein, andererseits ein Bauteil. Wir wollen uns in diesem Abschnitt mit dem **Bauteil** Widerstand beschäftigen.

Vielleicht haben Sie sich beim Bestellen von Widerständen schon darüber gewundert, daß in den Listen Werte angegeben waren wie z.B. 27 Ω, 33 Ω, 56 Ω. Sie fanden dann außerdem dort als „glatten" Zehnerwert nur 10 Ω, aber keine 20 Ω usw. Warum das so ist und welche anderen Größen für Widerstandsbauteile wichtig sind, soll in diesem Abschnitt geklärt werden. Außerdem werden die Kennzeichnung durch Farben anstelle von Ziffern erläutert und die Bauformen besprochen.

Welche Größen sind für Widerstände wichtig?

- Nennwert des Widerstandes
- Toleranz dieses Wertes
- Belastbarkeit des Bauteils

Dazu kommen noch eine Reihe weiterer Werte, die im Einzelfall interessant sein können, wie Grenztemperatur, Alterungsverhalten, Eigenrauschen usw.

Nennwert des Widerstandes und dessen Toleranz

Die Abstufungen der Nennwerte hängen mit der Toleranz zusammen und werden nach IEC[1] folgendermaßen ermittelt:

- Es wurden Reihen mit Anzahlen der Werte für eine Dekade festgelegt.

Zum Beispiel
E6 ≙ 6 Werte zwischen 1 und 10
E12 ≙ 12 Werte zwischen 1 und 10
E24 ≙ 24 Werte zwischen 1 und 10

- Die Nennwerte wurden so errechnet, daß die Ausschöpfung des Toleranzbereiches zweier benachbarter Werte geringe Überlappungen ergibt.

Beispiel:

$R_1 = 10\,\Omega \pm 10\% = 9\,\Omega \ldots 11\,\Omega$
$R_2 = 12\,\Omega \pm 10\% = 10{,}8\,\Omega \ldots 13{,}2\,\Omega$

- Es ergaben sich die IEC-Normzahlen. Die Reihen
E 6 mit ±20% Toleranz,
E 12 mit ±10% Toleranz und
E 24 mit ± 5% Toleranz sind die üblichen.

Tab. 3.3: IEC-Reihen

E 6 ±20%	E 12 ±10%	E 24 ±5%
1,0	1,0	1,0
		1,1
	1,2	1,2
		1,3
1,5	1,5	1,5
		1,6
	1,8	1,8
		2,0
2,2	2,2	2,2
		2,4
	2,7	2,7
		3,0
3,3	3,3	3,3
		3,6
	3,9	3,9
		4,3
4,7	4,7	4,7
		5,1
	5,6	5,6
		6,2
6,8	6,8	6,8
		7,5
	8,2	8,2
		9,1

[1] **I**nternational **E**lectrotechnical **C**ommission

• In jeder Dekade (Zehnerpotenz) sind nur diese Zahlen der IEC-Reihen zu finden, damit sich die herzustellenden Widerstandswerte in Grenzen halten.

Man kann jetzt die Nennwerte der Widerstände durch drei Angaben bezeichnen:

IEC-Zahl · Dekadenanzahl (Zehnerpotenz) · Ω

Beispiel: $1 \cdot 10^3 \cdot \Omega = 1\,\text{k}\Omega$

Anstelle der Zahlen werden auch Farben verwendet. Diese werden meistens als Farbringe, aber auch als Streifen oder Punkte aufgetragen. Die IEC-Zahl wird dabei als zweiziffrige ganze Zahl gekennzeichnet, also für unser Beispiel: braun-schwarz-rot $\hat{=}$ $10 \cdot 10^2$ (Abb. 1). Um die Leserichtung eindeutig zu bestimmen, ist nach DIN 41 429 vorgeschrieben, den ersten Farbring wesentlich näher an das eine Ende des Widerstandes heranzubringen als der letzte Ring vom anderen Ende entfernt ist (vgl. Tab. 3.4).

Werden Widerstände durch fünf Farbringe (-punkte, -striche) gekennzeichnet, dann bilden die ersten **drei**

Tab. 3.4: Farbkennzeichnung von Widerständen (DIN 41 429)

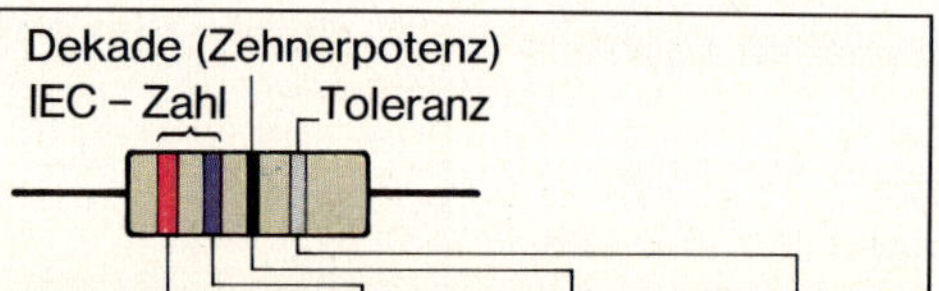

Kennfarbe	Widerstandswert in Ω 1. Kennziffer	2. Kennziffer	3. Kennziffer	Toleranz
keine	—	—	—	±20%
silber	—	—	10^{-2}	±10%
gold	—	—	10^{-1}	± 5%
schwarz	—	0	$10^0 = 1$	—
braun	1	1	10^1	± 1%
rot	2	2	10^2	± 2%
orange	3	3	10^3	—
gelb	4	4	10^4	—
grün	5	5	10^5	±0,5%
blau	6	6	10^6	±0,25%
violett	7	7	10^7	±0,1%
grau	8	8	10^8	—
weiß	9	9	10^9	—

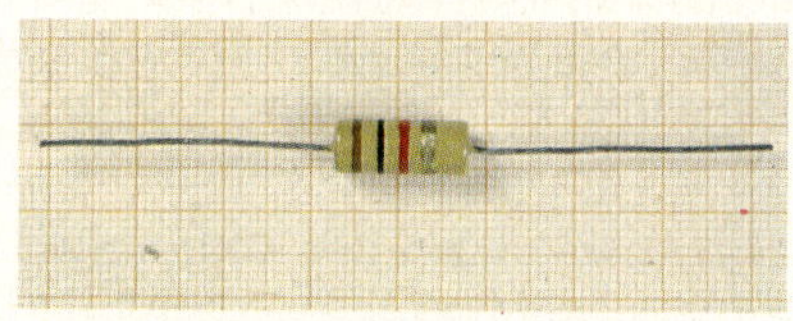

Abb. 1: Farbkennzeichnung eines Widerstandes ($1\,\text{k}\Omega \pm 10\%$)

die Ziffern des Widerstandswertes. Die beiden anderen Ringe haben dieselbe Bedeutung wie bei der Vier-Ring-Kennzeichnung.

Eine andere Form ist die Kennzeichnung mit Buchstaben und Zahlen. Das System ist aus Tabelle 3.5 erkennbar.

Tab. 3.5: Wertkennzeichnung von Widerständen durch Buchstaben

Widerstandswert	Kennzeichnung
0,33 Ω	R33
3,3 Ω	3R3
33 Ω	33R
330 Ω	330R
0,33 kΩ	K33
3,3 kΩ	3K3
33 kΩ	33K
330 kΩ	330K
0,33 MΩ	M33
3,3 MΩ	3M3
33 MΩ	33M
330 MΩ	330M

Belastbarkeit von Widerstandsbauteilen

Der Strom erwärmt die Widerstände. Bei zu hoher Erwärmung werden die physikalischen und technologischen Eigenschaften verschlechtert. Man muß also dafür sorgen, daß die Wärme an die Umgebung abgegeben wird.

Dies kann z.B. durch eine vergrößerte Oberfläche des Widerstandes unter Beibehaltung des Querschnittes erreicht werden oder durch starke Zu- und Ableitungen (Abb. 2). Irgendwann sind aber auch diesen Möglichkeiten Grenzen gesetzt, so daß man zu einer Begrenzung der Leistung des Widerstandes kommt.

Man versteht nun unter Belastbarkeit solcher Bauteile die Leistung, die der betreffende Widerstand ohne Beeinträchtigung seiner Funktion aufnehmen kann. Die Belastbarkeit sinkt, wenn das Bauteil einer höheren Umgebungstemperatur ausgesetzt wird. Die Wärmeabgabe hängt naturgemäß von dem Unterschied der Temperaturen auf der Oberfläche des Widerstandes und seiner Umgebung entscheidend ab.

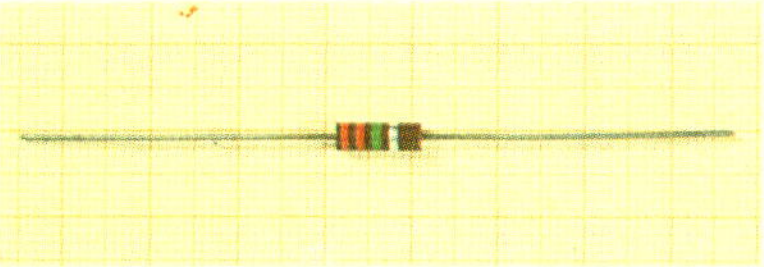

Abb. 2: Widerstand mit starkem Anschlußdraht

Nach DIN 44050 sind die Nennleistungswerte genormt und liegen bei kleinen Bauteilen zwischen 50 mW und 500 mW, während große Drahtwiderstände 100 W und mehr aufnehmen können.

Die Hersteller von Widerständen geben deshalb neben dem Widerstands-Nennwert auch die Belastbarkeit bei den Umgebungstemperaturen 40°C und 70°C an.

Arten von Widerstandsbauteilen

Aus den vorangegangenen Abschnitten wurde deutlich, daß es Widerstände mit festen Nennwerten gibt und solche, bei denen man die Werte bewußt verändert. Wir nennen die erste Gruppe **Festwiderstände** und die zweite **veränderbare Widerstände.** Hierzu gehören auch die Bauteile, bei denen man mit Hilfe von Schleifern oder Abgriffen die Widerstandswerte einstellen kann. Sie werden als Potentiometer-Widerstände oder kurz als **Potentiometer** bezeichnet.

Potentiometer

Abb. 1

Abb. 2

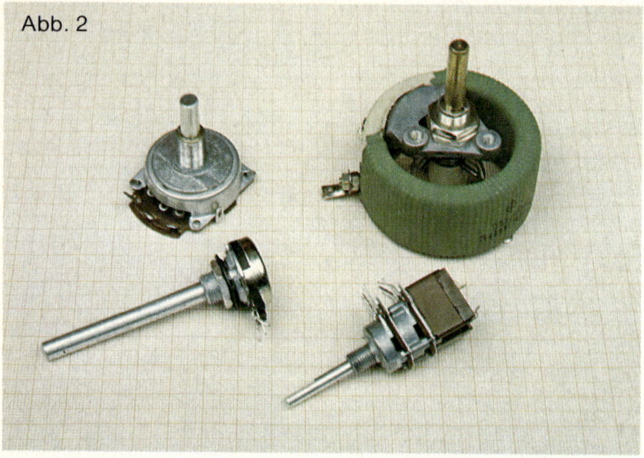

Abb. 3

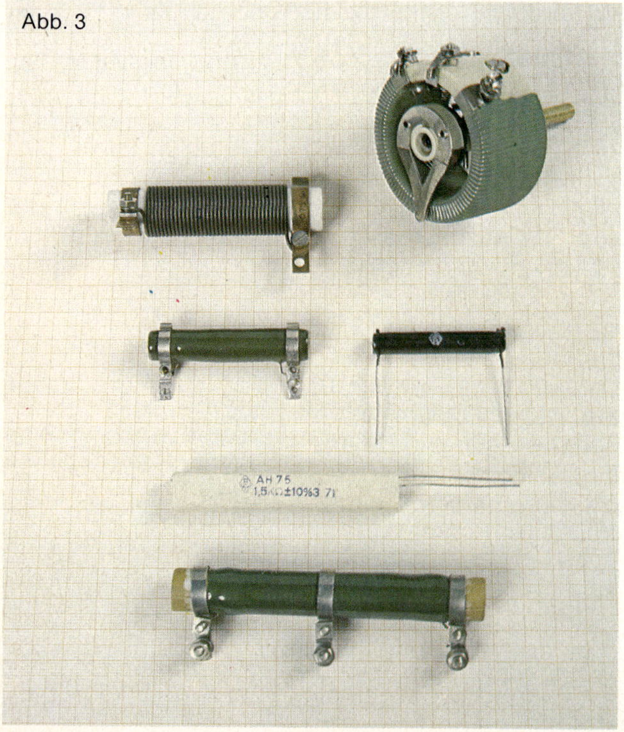

Abb. 4

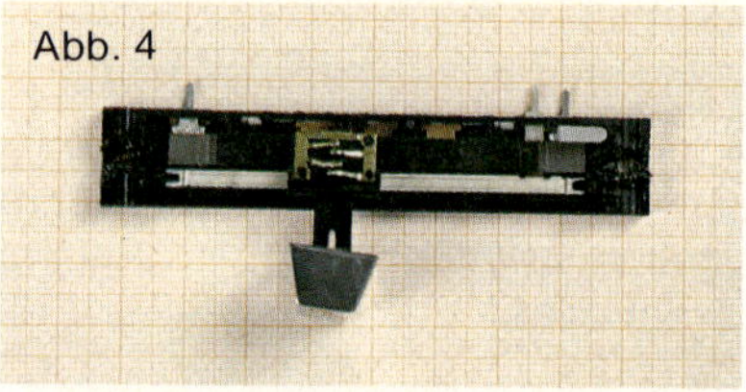

Abb. 5

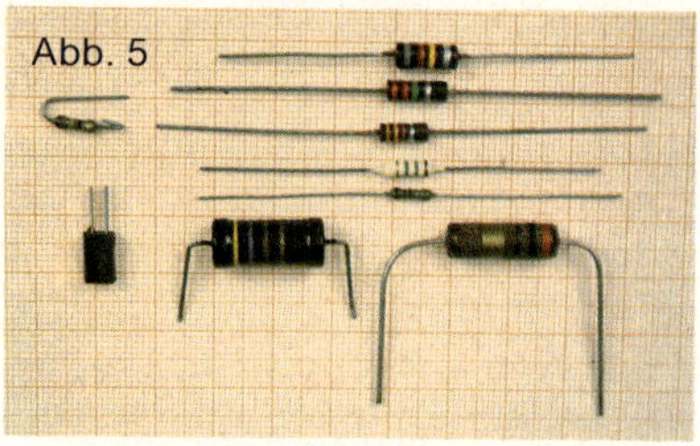

Abb. 6

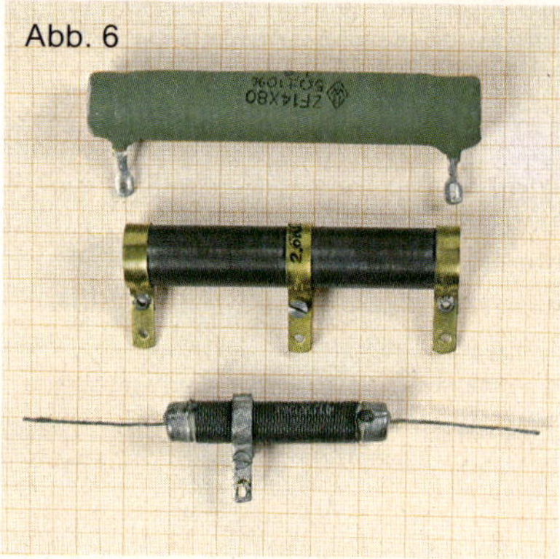

Abb. 7

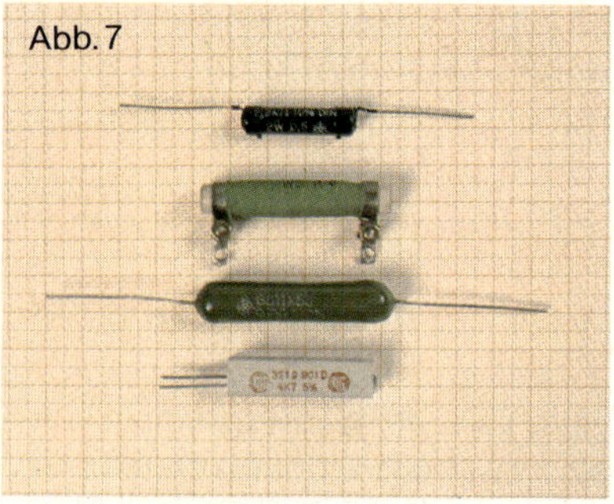

Abb. 1: Trimmpotentiometer

Abb. 2: Drehpotentiometer

Abb. 3: Drahtwiderstände

Abb. 4: Schiebepotentiometer

Abb. 5: Schichtwiderstände

Abb. 6: Drahtwiderstandsanschlüsse

Abb. 7: Drahtwiderstandsschutz durch Lackierung, Keramiküberzug, Glasierung und Zementierung

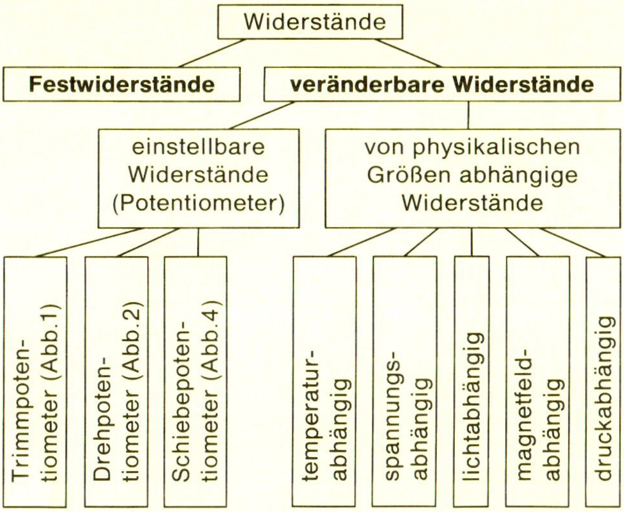

Veränderbarer Widerstand

Lineare Veränderbarkeit mit Schleifer

Stufige Veränderbarkeit mit Schleifer

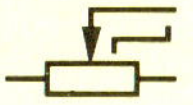

Trimmpotentiometer

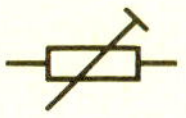

Unter Trimmpotentiometer versteht man Widerstände, die mit Hilfe eines Werkzeuges (z. B. Schraubendreher) eingestellt werden. So kann es z. B. bei der Arbeitspunkt-Einstellung bei Transistoren geschehen.

Bauformen von Widerständen

Die Werkstoffe und Verfahren zur Herstellung dieser Bauteile sind zahlreich, so daß wir uns auch hierzu erst einmal eine Übersicht ansehen müssen.

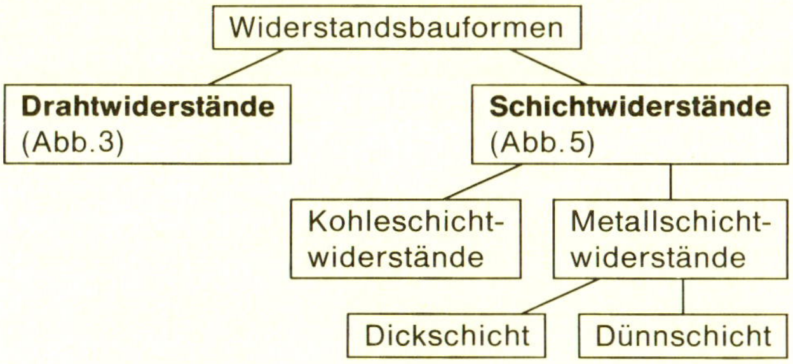

Die **Drahtwiderstände** werden aus isolierten oder oxidierten Widerstandsdrähten (vgl. 15.4.3) gewickelt und mit Anschlußfahnen, -schellen oder -kappen versehen (Abb. 6). Festwiderstände können anschließend lackiert, zementiert, glasiert oder mit Keramik überzogen werden (Abb. 7). Solchermaßen geschützte Widerstände können auch die Drahtenden ohne besondere Befestigung herausgeführt haben (Abb. 8).

Drahtwiderstände werden in allen Belastungsbereichen eingesetzt, vornehmlich aber bei höheren Leistungen, z. B. für Anlasserwiderstände für Motoren (Abb. 1, S. 60). Diese Bauform ist relativ alterungsbeständig und wenig empfindlich gegen Überlastung.

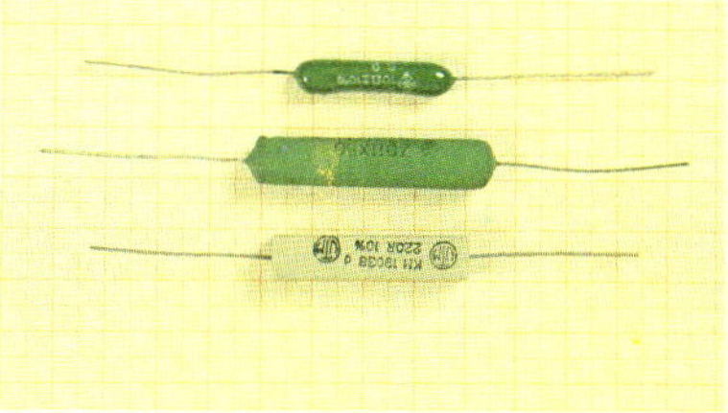

Abb. 8: Drahtwiderstände ohne Befestigung der Anschlußdrähte

◁ Abb. 1: Anlasserwiderstände

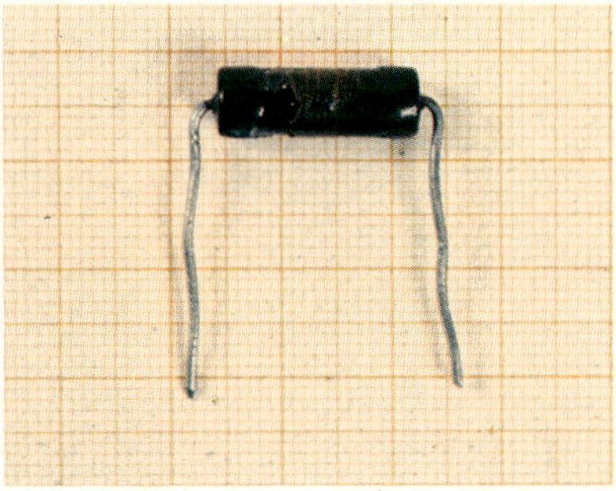

Abb. 2: Durch Überhitzung zerstörter Drahtwiderstand

Offen gewickelte oder lackierte Drahtwiderstände sind recht kostengünstig herzustellen. Ihre Oberflächentemperatur darf aber 140 °C nicht überschreiten, damit die Lacke oder Oxide nicht zerstört werden (Abb. 2). Anders ist das bei den zementierten oder keramiküberzogenen Widerständen. Diese dürfen eine Oberflächentemperatur von 350 °C haben.

Wegen der Porosität können zementierte Bauteile nicht überall eingesetzt werden, da sie Feuchtigkeit aufnehmen.

Die glasierten Drahtwiderstände können noch höher als die anderen belastet werden, da sie eine Oberflächentemperatur von 450 °C aushalten. Ihr Nachteil ist die große Toleranzbreite, weil sich ihre Widerstandswerte durch die hohen Temperaturen beim Glasieren ändern.

Bei den **Schichtwiderständen** unterscheidet man Kohle- und Metallschicht-Widerstände, wobei hierzu auch die Metalloxide rechnen. Diese Bauformen eignen sich besonders gut für hohe Widerstandswerte. Bei der Herstellung gibt es mehrere Verfahren, wie bereits aus der Übersicht zu ersehen ist.

Für **Kohleschicht-Widerstände** wird eine entsprechende Schicht von 0,001 μm bis 10 μm auf einen Träger aus Spezialporzellan aufgetragen. Durch Einschleifen von Wendeln (Abb. 3) erreicht man dabei Nennwerte bis zu 10 MΩ. Anschließend werden sie lackiert. Wegen ihres günstigen Preises sind diese Widerstände weit verbreitet. Ihr Nachteil ist die relativ große Widerstandsverringerung bei höheren Temperaturen.

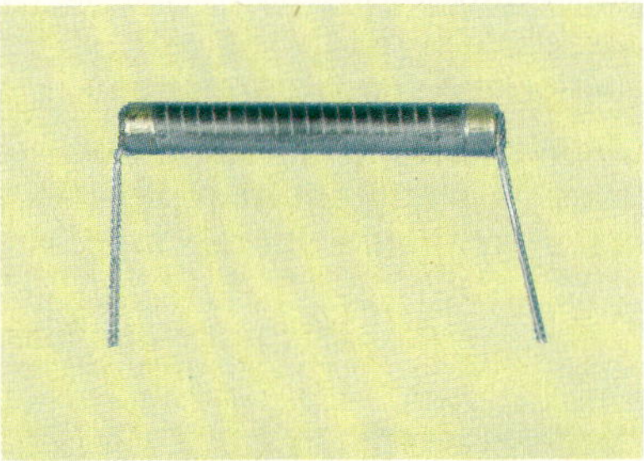

Abb. 3: Kohleschichtwiderstand mit eingeschliffener Wendel (Umhüllung teilweise entfernt)

Die **Metallschicht-Widerstände** werden auf zwei Arten hergestellt. Bei der Dickschichttechnik wird eine Paste aus Metallen, Metallverbindungen und Glaspulver auf einen Keramikträger aufgetragen und anschließend gebrannt. Man spricht daher auch von Metallglasur-Widerständen. Sie sind hoch belastbar.

Bei dem Dünnschichtverfahren werden die Metalle durch eine Maske aufgedampft. Es entstehen dabei Schichten von nur 0,05 µm Stärke.

Diese Bauteile sind unterschiedlich belastbar, was sich auch aus den zulässigen Oberflächentemperaturen ablesen läßt.

Kohleschicht-Widerstände: 85 °C . . . 155 °C
Metallfilm-Widerstände: 125 °C . . . 175 °C
Metallglasur-Widerstände: 155 °C . . . 255 °C

Alle Schichtwiderstände sind gegen mechanische und klimatische Einflüsse durch Kunstharzumhüllung geschützt. Daher sind sie äußerlich kaum voneinander zu unterscheiden.

Aufgaben zu 3.5:

1. Welche zwei Bedeutungen hat der Begriff „elektrischer Widerstand"?
2. Welche Angaben müssen Sie mindestens beim Bestellen von Widerständen machen?
3. Nennen Sie die sechs Zahlen der IEC-Reihe E6!
4. Welche Toleranz haben die Widerstandswerte der IEC-Reihe E12?
5. Welche Farbkennzeichnung muß ein Kohleschicht-Widerstand von 6,8 kΩ ± 10% tragen?
6. Welche Widerstandswerte haben die beiden in Abb. 4 dargestellten Widerstände?
7. Wodurch kann sich die Belastbarkeit von Widerständen ändern?
8. Wie unterscheiden sich veränderbare Widerstände von einstellbaren Widerständen?
9. Was ist ein Trimmpotentiometer?
10. Welche Vor- und Nachteile haben Drahtwiderstände gegenüber Schichtwiderständen?

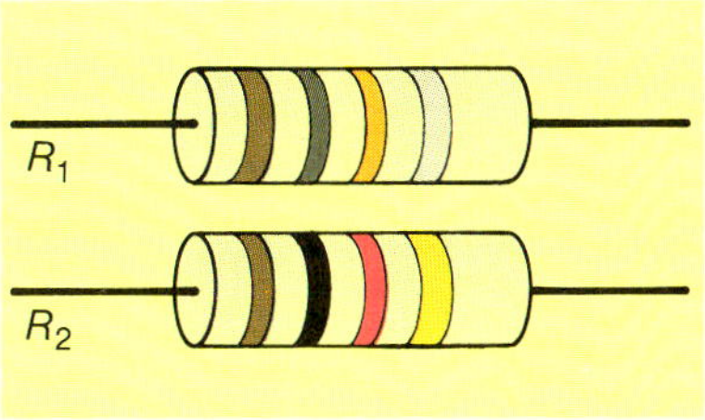

Abb. 4: Widerstände zu Aufgabe 6

4 Schaltungen elektrischer Widerstände

4.1 Reihenschaltung

An eine Spannungsquelle können mehrere elektrische Verbraucher (Widerstände) angeschlossen werden. Eine Möglichkeit hierfür ist die Reihenschaltung. In der Praxis kommt die Reihenschaltung nicht so häufig vor. Ein Beispiel ist jedoch allen bekannt, die Christbaumkette (Abb. 1).

Bei der Reihenschaltung werden die Bauteile hintereinandergeschaltet. Nur der Anfang des ersten Bauteils und das Ende des letzten sind an die Spannungsquelle angeschlossen. Bei Unterbrechung des Stromkreises (Schalter auf) sind alle Lampen stromlos.

In Versuchen mit jeweils drei Widerständen sollen die Gesetzmäßigkeiten der Reihenschaltung untersucht werden. Wie verhalten sich dabei Ströme, Spannungen und Widerstände? Um die Zusammenhänge herauszuarbeiten, wird die Frage für die Größen einzeln beantwortet.

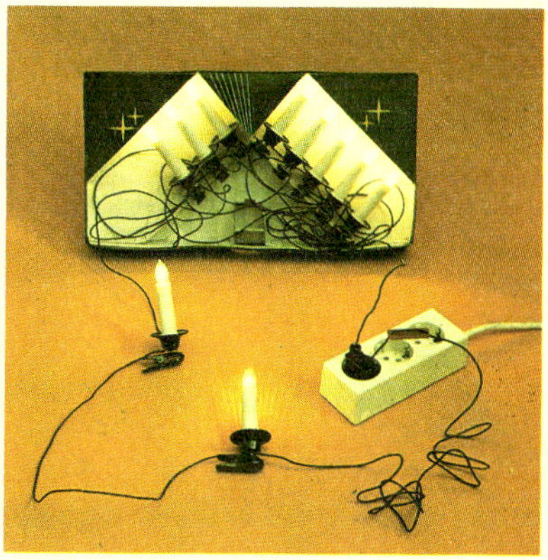

Abb. 1: Christbaumkette

Versuch 4–1: Stromverhalten bei der Reihenschaltung

Aufbau

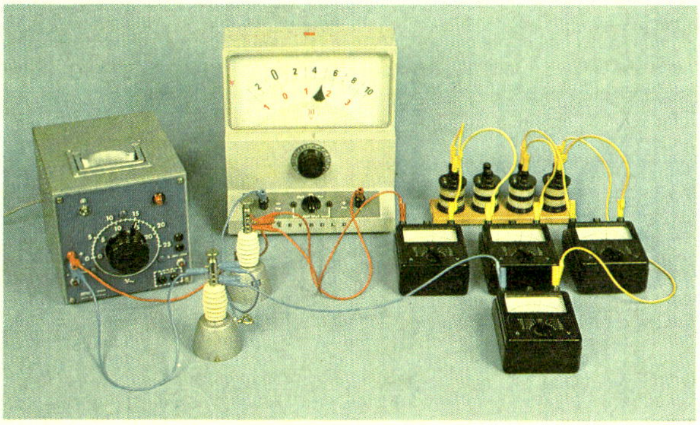

Drei Widerstände $R_1 = 10\,\Omega$, $R_2 = 20\,\Omega$ und $R_3 = 50\,\Omega$ werden in Reihe geschaltet und an eine Spannungsquelle mit $U = 16$ V angeschlossen. Der Spannungsmesser dient zur Kontrolle der Spannung.

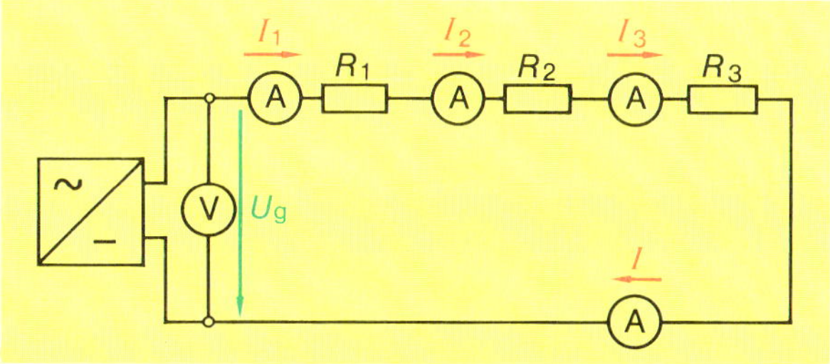

Durchführung

Mit den Strommessern werden die Ströme durch die Widerstände gemessen.

Meßergebnis

U in V	I_1 in A	I_2 in A
16	0,2	0,2

I_3 in A	I in A
0,2	0,2

Versuch 4–1 zeigt:

Werden Widerstände in Reihe geschaltet und an eine Spannungsquelle angeschlossen, dann fließt durch alle Widerstände der gleiche Strom.

Stromstärke bei der Reihenschaltung

$$I = I_1 = I_2 = I_3$$

Versuch 4–2: Spannungsverhalten bei der Reihenschaltung

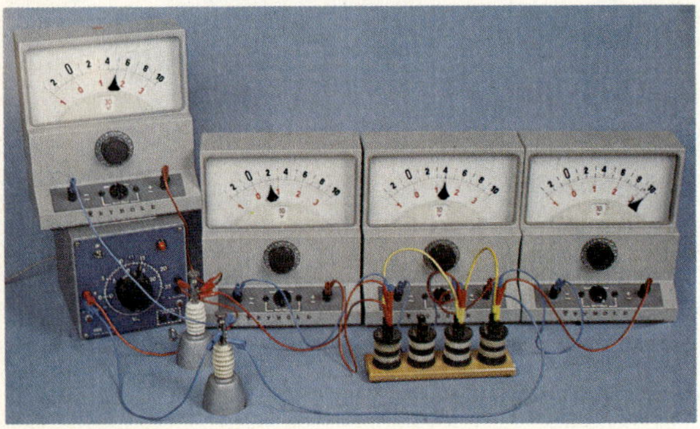

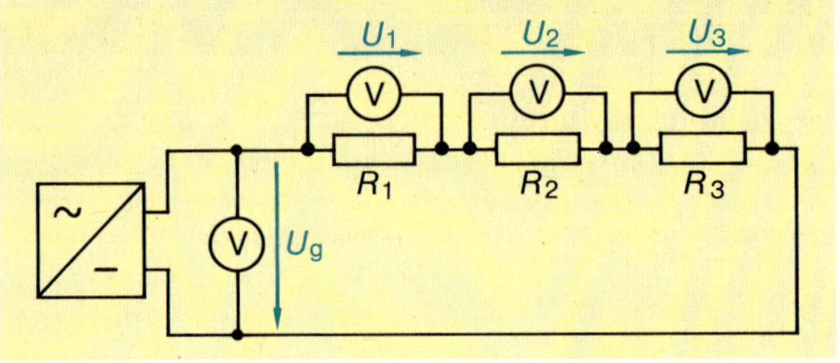

Aufbau

Drei Widerstände $R_1 = 10\,\Omega$, $R_2 = 20\,\Omega$ und $R_3 = 50\,\Omega$, werden in Reihe geschaltet und an eine Spannungsquelle mit $U = 16$ V angeschlossen.

Durchführung

Die Klemmenspannung, die Spannungen an den Widerständen und die Stromstärke werden gemessen.

Meßergebnis

U_g in V	U_1 in V
16	2

U_2 in V	U_3 in V
4	10

Vergleicht man die Teilspannungen mit der Gesamtspannung, so erkennt man, daß jede Teilspannung kleiner ist als die Gesamtspannung.

Spannung bei der Reihenschaltung von drei Widerständen

$$U_g = U_1 + U_2 + U_3$$

Zweites Kirchhoffsches[1] Gesetz

Die Gesamtspannung ist genauso groß wie die Summe der Teilspannungen.

Spannung bei der Reihenschaltung

$$U_g = U_1 + U_2 + \ldots + U_n$$

Wären noch mehr Widerstände vorhanden, dann würde sich die Gesamtspannung auf diese aufteilen.

An der Schaltung liegt die Spannung des Netzteils $U_g = 16$ V. Sie treibt einen Strom $I = 0{,}2$ A durch alle drei Widerstände. Dadurch fallen an den Widerständen Spannungen ab. Diese Teilspannungen lassen sich nach dem Ohmschen Gesetz berechnen:

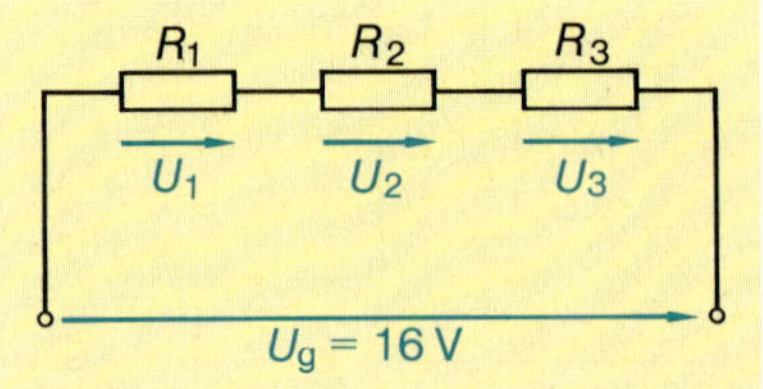

Abb. 1

[1] Benannt nach Gustav Kirchhoff, deutscher Physiker, 1824–1887.

$U_1 = I_1 \cdot R_1$ $U_2 = I_2 \cdot R_2$ $U_3 = I_3 \cdot R_3$

$U_1 = 0{,}2\,\text{A} \cdot 10\,\Omega$ $U_2 = 0{,}2\,\text{A} \cdot 20\,\Omega$ $U_3 = 0{,}2\,\text{A} \cdot 50\,\Omega$

$\underline{U_1 = 2\,\text{V}}$ $\underline{U_2 = 4\,\text{V}}$ $\underline{U_3 = 10\,\text{V}}$

Die berechneten und die gemessenen Werte stimmen überein.

Für jeden Teilwiderstand gilt das Ohmsche Gesetz, wenn man die Teilwerte berücksichtigt.

Der jeweilige Spannungsabfall an den Teilwiderständen zeigt:

Am größten Teilwiderstand fällt die größte und am kleinsten Teilwiderstand die kleinste Spannung ab.

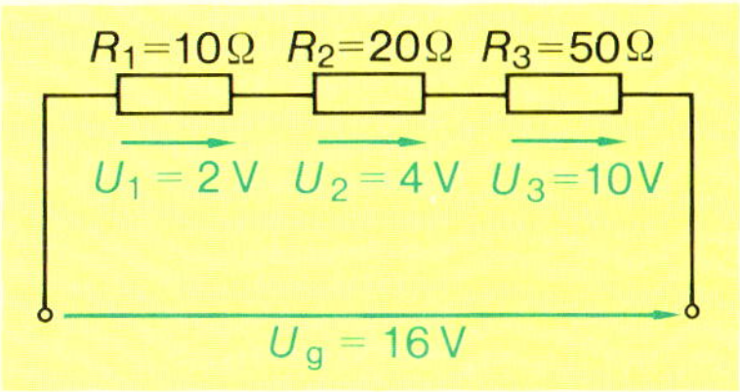

Abb. 2: Zusammenhang zwischen Teilwiderständen und Teilspannungen

Wie verhalten sich die Spannungen zueinander?

$U_1 = I \cdot R_1$

$U_2 = I \cdot R_2$

$$\frac{U_1}{U_2} = \frac{I \cdot R_1}{I \cdot R_2}$$

$$\underline{\frac{U_1}{U_2} = \frac{R_1}{R_2}}$$

Bei der Reihenschaltung verhalten sich die Teilspannungen wie die dazugehörigen Teilwiderstände.

$$\frac{U_1}{U_2} = \frac{R_1}{R_2} \quad \text{bzw.} \quad \frac{U_1}{U_3} = \frac{R_1}{R_3} \quad \text{bzw.} \quad \frac{U_2}{U_3} = \frac{R_2}{R_3}$$

Wären die Teilwiderstände alle gleich groß, dann wären auch die Teilspannungen gleich groß.

Die Spannungsquelle mit $U = 16\,\text{V}$ versorgt die Reihenschaltung mit 0,2 A. Für die Quelle ist unerheblich, daß drei Widerstände von 10 Ω, 20 Ω und 50 Ω in Reihe geschaltet sind! Für die Spannungsquelle stellt sich die Reihenschaltung wie ein Widerstand dar. Dieser Widerstand ersetzt die ganze Schaltung. Er wird deshalb **Ersatzwiderstand** oder **Gesamtwiderstand** genannt (vgl. Abb. 3).

Mit dem Ersatzwiderstand (Gesamtwiderstand R_g) kann man die Reihenschaltung (oder eine beliebige andere) ersetzen. Die Spannungsquelle liefert den gleichen Strom wie vorher.

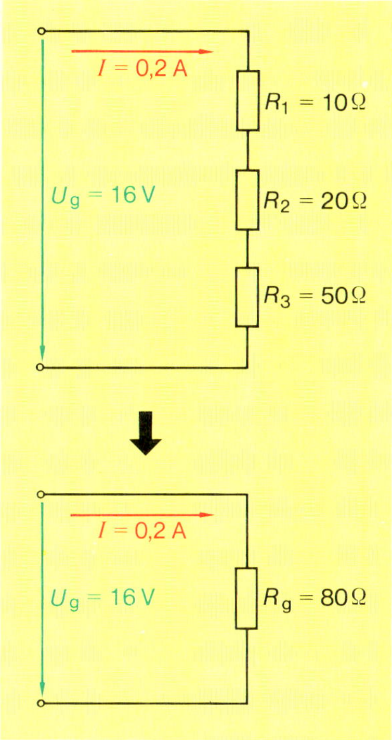

Abb. 3: Der Gesamtwiderstand hat die gleiche Wirkung wie seine Teilwiderstände

Der Gesamtwiderstand läßt sich ebenfalls mit dem Ohmschen Gesetz berechnen:

$$R_g = \frac{U_g}{I}$$

$$R_g = \frac{16\,\text{V}}{0{,}2\,\text{A}}$$

$$\underline{R_g = 80\,\Omega}$$

Das Ergebnis zeigt den Zusammenhang zwischen Gesamtwiderstand und Teilwiderständen.

$$R_g = R_1 + R_2 + R_3$$
$$80\,\Omega = 10\,\Omega + 20\,\Omega + 50\,\Omega$$

Bei der Reihenschaltung ist der Gesamtwiderstand (Ersatzwiderstand) so groß wie die Summe der Teilwiderstände.

Gesamtwiderstand bei der Reihenschaltung

$$R_g = R_1 + R_2 + \ldots + R_n$$

Beispiel:

Meßbereichserweiterung von Spannungsmessern (Drehspulmeßwerk)

Mit einem Spannungsmesser (Meßbereich: 60 mV, Innenwiderstand: 200 Ω) soll eine Spannung von etwa 2,5 V gemessen werden. Der Endausschlag des Instrumentes wird daher auf 3 V festgelegt.

Welcher Widerstand muß zur Verringerung der Spannung dem Meßwerk vorgeschaltet werden?

Um R_v auszurechnen, benötigt man:

- die Stromstärke I durch den Widerstand
- die Spannung U_v am Widerstand

$$R_v = \frac{U_v}{I}$$

Die Stromstärke bei Vollausschlag läßt sich über die Werte des Meßwerkes berechnen:

$$I = \frac{U_M}{R_i}$$

Um die Spannung U_v bei Vollausschlag berechnen zu können, muß die Meßwerkspannung U_M von der Spannung U abgezogen werden.

$$U_v = U - U_M.$$

Ersetzt man in der Widerstandsformel I und U_v durch die entsprechenden Gleichungen, dann ergibt sich

$$R_v = \frac{U - U_M}{\frac{U_M}{R_i}} \qquad R_v = R_i \cdot \frac{U - U_M}{U_M}$$

$$R_v = 200\,\Omega \cdot \frac{3\,\mathrm{V} - 0{,}06\,\mathrm{V}}{0{,}06\,\mathrm{V}}$$

$$\underline{R_v = 9{,}8\,\mathrm{k\Omega}}$$

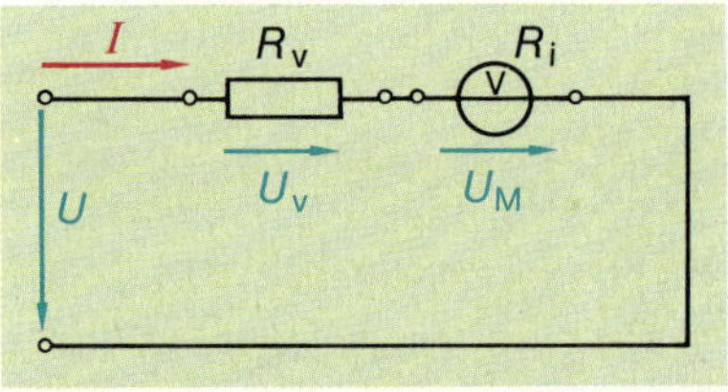

Abb. 1: Schaltung einer Spannungsmeßbereichserweiterung durch einen Vorwiderstand

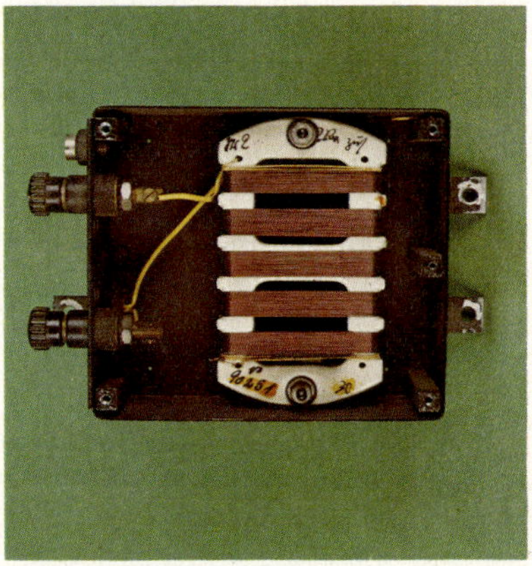

Abb. 2: Vorwiderstand

Aufgaben zu 4.1

1. Begründen Sie, warum bei der Reihenschaltung der Strom in allen Widerständen gleich groß ist!

2. Wie heißt das 2. Kirchhoffsche Gesetz?

3. Welche Bedeutung hat der Gesamtwiderstand für eine Schaltung?

4. Wie groß ist der Gesamtwiderstand von vier gleich großen Widerständen (je 2,5 Ω), die in Reihe geschaltet sind?

5. Drei Widerstände $R_1 = 20\,\Omega$, $R_2 = 40\,\Omega$ und $R_3 = 40\,\Omega$ sind in Reihe geschaltet. Die Teilspannungen betragen $U_1 = 50\,V$ und $U_2 = 100\,V$.
a) Wie groß ist die Teilspannung U_3?
b) Wie groß ist die Gesamtspannung?

6. Vier Widerstände $R_1 = 100\,\Omega$, $R_2 = 120\,\Omega$, $R_3 = 270\,\Omega$ und $R_4 = 470\,\Omega$ sind in Reihe geschaltet. Durch sie fließt ein Strom $I = 50$ mA.
a) Wie groß ist der Gesamtwiderstand?
b) Wie groß sind die Teilspannungen?
c) Wie groß ist die Gesamtspannung?

7. Eine Spannungsquelle mit $U = 24\,V$ speist eine Reihenschaltung von vier Widerständen. Drei Widerstände sind gleich groß ($R_1 = R_2 = R_3 = 4$ kΩ). An ihnen fallen drei Spannungen von je 4 V ab.
a) Wie groß ist die Teilspannung U_4?
b) Wie groß ist der Teilwiderstand R_4?
c) Wie groß ist der Strom I?

8. Wie ändern sich bei einer Reihenschaltung die Teilspannungen, wenn ein weiterer Widerstand zusätzlich in Reihe geschaltet und die gesamte Schaltung an die gleiche Spannung gelegt wird?

4.2 Parallelschaltung

In vielen elektrischen Anlagen ist es möglich, elektrische Verbraucher beliebig und unabhängig voneinander ein- oder auszuschalten. Dies ist kennzeichnend für die Parallelschaltung. Die Verbraucher sind parallel zueinander an die gleiche Spannungsquelle angeschlossen (Abb. 3).

Für die Ermittlung der Gesetzmäßigkeiten soll ein Versuch durchgeführt werden. Um einen Vergleich mit der Reihenschaltung herstellen zu können, werden die gleichen Widerstände und die gleiche Spannungsquelle verwendet.

Die Ausgangsfrage für die Untersuchung lautet:
Wie verhalten sich Spannungen, Ströme und Widerstände bei der Parallelschaltung?

Wir wollen die Frage in dieser Reihenfolge durch Einzelversuche klären.

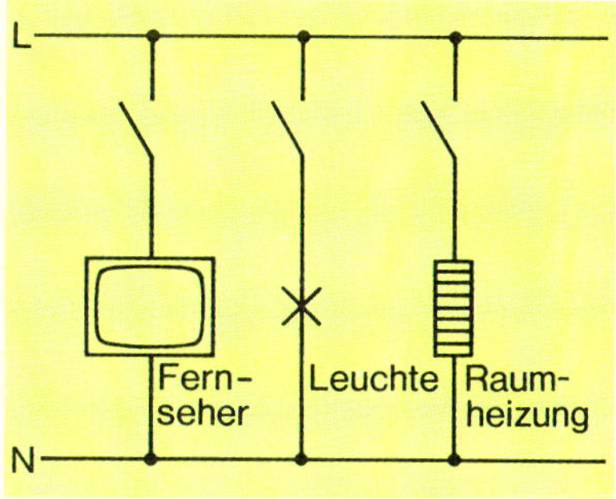

Abb. 3: Prinzip der Parallelschaltung (Anmerkung: Das Zeichen für den Fernseher ist ein Bildzeichen nach DIN 30600, die anderen Zeichen sind Schaltzeichen nach DIN 40717)

Versuch 4–3: Spannung bei der Parallelschaltung

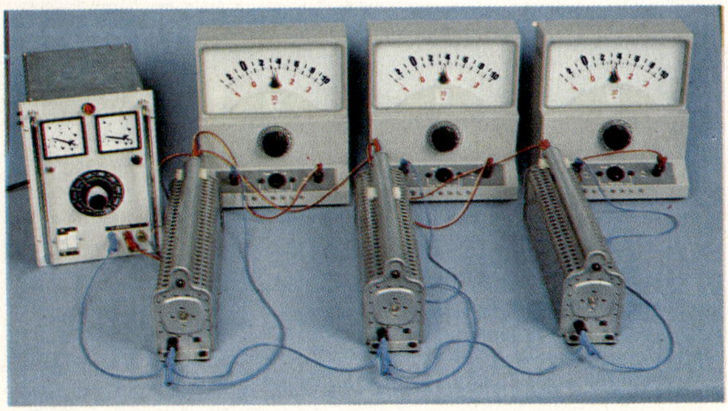

◁ **Aufbau**

Drei Widerstände $R_1 = 10\,\Omega$, $R_2 = 20\,\Omega$ und $R_3 = 50\,\Omega$ werden parallel an eine Spannungsquelle mit $U = 16$ V angeschlossen.

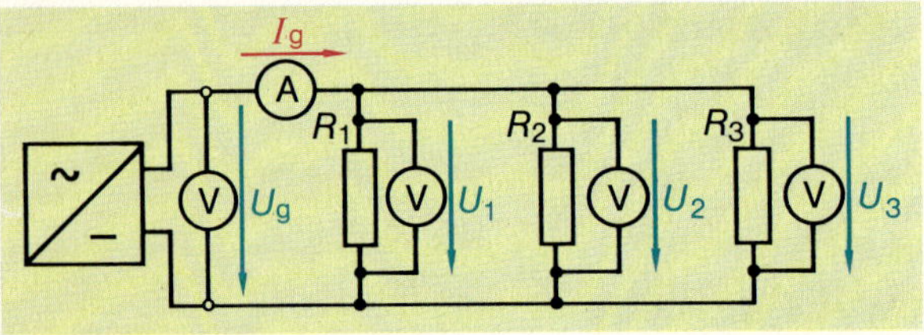

Durchführung

Die Quellenspannung U_g, die Stromstärke I_g und die Spannungen an den einzelnen Widerständen werden gemessen.

Meßergebnis

U_g in V	I_g in A	U_1 in V	U_2 in V	U_3 in V
16	2,72	16	16	16

Werden Widerstände parallelgeschaltet und an eine Spannungsquelle angeschlossen, dann liegt an allen Widerständen die gleiche Spannung.

Spannung bei der Parallelschaltung

$$U_g = U_1 = U_2 = \ldots = U_n$$

Versuch 4–4: Ströme bei der Parallelschaltung

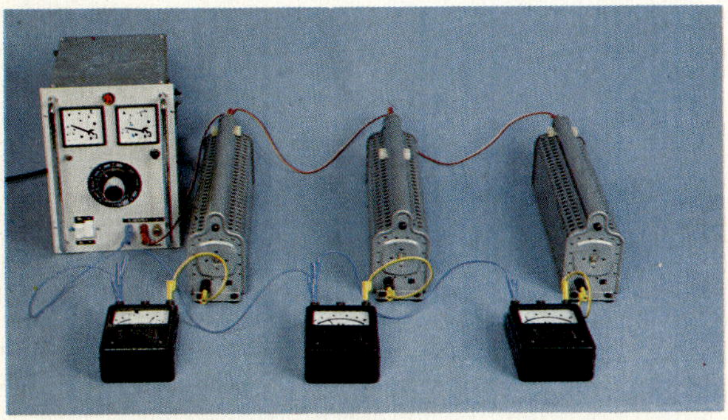

◁ **Aufbau**

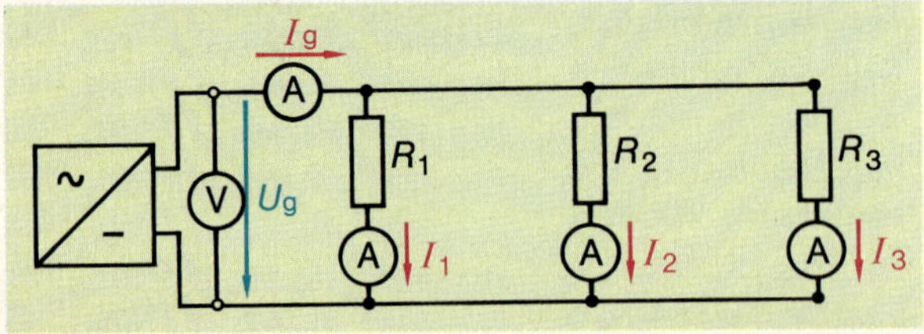

Durchführung

Die Quellenspannung U_g, die Stromstärke I_g und die Teilströme durch die Teilwiderstände werden gemessen.

Meßergebnis

U_g in V	I_g in A	I_1 in A	I_2 in A	I_3 in A
16	2,72	1,6	0,8	0,32

Versuch 4–4 zeigt den Zusammenhang zwischen Gesamtstrom und Teilströmen.

Erstes Kirchhoffsches Gesetz

Der Gesamtstrom ist so groß wie die Summe der Teilströme.

Stromstärke bei der Parallelschaltung von drei Widerständen

$$I_g = I_1 + I_2 + I_3$$

Wären noch mehr Widerstände vorhanden, dann müßten die weiteren Teilströme ebenfalls addiert werden. Durch jeden weiteren parallel geschalteten Widerstand wird I_g erhöht.

Stromstärke bei der Parallelschaltung

$$I_g = I_1 + I_2 + \ldots + I_n$$

Die Stromverzweigung in Versuch 4–4 läßt sich auch in Abb. 2 erkennen. Die einzelnen Verzweigungspunkte wurden zu je einem Knotenpunkt (A und B) zusammengefaßt.

Für diese Knotenpunkte gilt ebenfalls das 1. Kirchhoffsche Gesetz (Knotenpunktsregel):

Knotenpunkt A
$I_g = I_1 + I_2 + I_3$

Knotenpunkt B
$I_1 + I_2 + I_3 = I_g$

Die einem Knotenpunkt zufließenden Ströme sind genau so groß wie die vom Knotenpunkt abfließenden Ströme.

Knotenpunktregel

$$\sum{}^1 I_{zu} = \sum I_{ab}$$

Ordnet man die Ströme den Widerständen zu, durch die sie fließen, so ergibt sich:

Durch den kleineren Widerstand fließt der größere Strom.

[1] $\sum$ = mathematisches Summenzeichen.

Wie verhalten sich aber die Ströme zueinander?

$$I_1 = \frac{U_g}{R_1}$$

$$I_2 = \frac{U_g}{R_2}$$

$$\frac{I_1}{I_2} = \frac{\frac{U_g}{R_1}}{\frac{U_g}{R_2}} = \frac{R_2}{R_1}$$

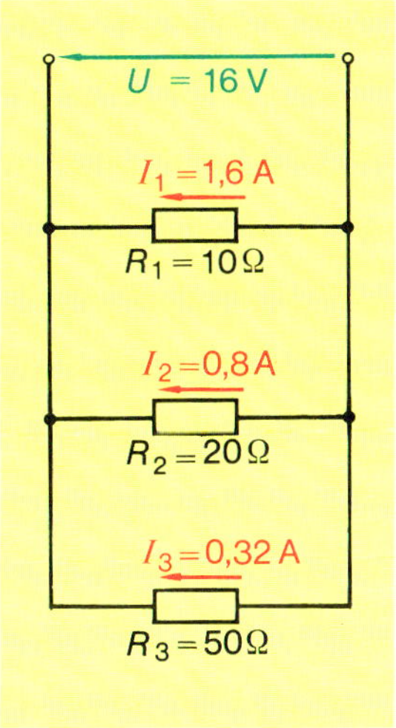

Abb. 1: Zusammenhang zwischen Widerständen und Strömen ▷

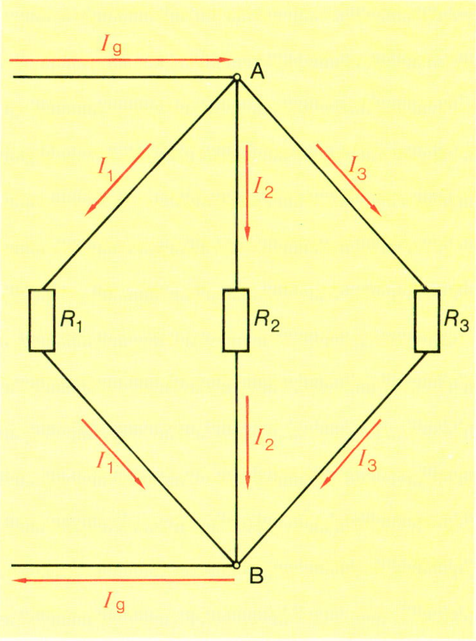

Abb. 2: Umzeichnung von Abb. 1 ▷

Bei der Parallelschaltung verhalten sich die Ströme umgekehrt zueinander wie die dazugehörigen Widerstände.

$$\frac{I_1}{I_2} = \frac{R_2}{R_1} \quad \text{bzw.} \quad \frac{I_1}{I_3} = \frac{R_3}{R_1} \quad \text{bzw.} \quad \frac{I_2}{I_3} = \frac{R_3}{R_2}$$

Bei gleichgroßen Teilwiderständen sind auch die Teilströme gleich groß.

Die Spannungsquelle mit $U = 16\,\text{V}$ versorgt die drei Widerstände und liefert dabei eine Stromstärke $I_g = 2{,}72\,\text{A}$. Diese Stromstärke würde sich auch einstellen, wenn anstelle der drei Teilwiderstände der Gesamtwiderstand R_g (Ersatzwiderstand) vorhanden wäre. Nach dem Ohmschen Gesetz gilt:

$$R_g = \frac{U_g}{I_g}$$

$$R_g = \frac{16\,\text{V}}{2{,}72\,\text{A}}$$

$$\underline{R_g = 5{,}9\,\Omega}$$

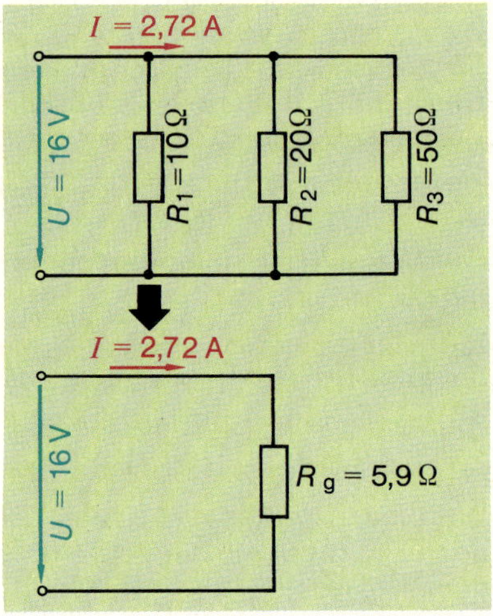

Abb. 1: Der Gesamtwiderstand hat die gleiche Wirkung wie seine Teilwiderstände

Vergleichen wir diesen errechneten Gesamtwiderstand mit den Einzelwiderständen, so können wir feststellen:

Der Gesamtwiderstand der Parallelschaltung ist kleiner als der kleinste Teilwiderstand.

Dies kann man sich anschaulich dadurch erklären, daß in einem Stromkreis durch jeden weiteren parallel geschalteten Widerstand auch ein weiterer Stromweg eröffnet wird. Dadurch entsteht die gleiche Wirkung wie bei einer Querschnittsvergrößerung.

Welcher Zusammenhang besteht bei der Parallelschaltung zwischen Gesamtwiderstand und Teilwiderständen?

Wir wollen diese Frage durch eine mathematische Betrachtung klären und gehen dabei vom 1. Kirchhoffschen Gesetz aus.

$$I_g = I_1 + I_2 + I_3$$

Mit dem Ohmschen Gesetz kann man die Gleichung umformen in

$$\frac{U_g}{R_g} = \frac{U_1}{R_1} + \frac{U_2}{R_2} + \frac{U_3}{R_3}$$

Da $U_g = U_1 = U_2 = U_3 = U$, dürfen wir die gesamte Gleichung durch U teilen und können dann kürzen.

$$\frac{U}{R_g \cdot U} = \frac{U}{R_1 \cdot U} + \frac{U}{R_2 \cdot U} + \frac{U}{R_3 \cdot U}$$

Bei der Parallelschaltung ist der Kehrwert des Gesamtwiderstandes so groß wie die Summe der Kehrwerte der Teilwiderstände.

Gesamtleitwert bei der Parallelschaltung

$$\frac{1}{R_g} = \frac{1}{R_1} + \frac{1}{R_2} + \ldots + \frac{1}{R_n}$$

Der Kehrwert eines Widerstandes ist sein Leitwert:

$G = \frac{1}{R}$ (vgl. 2.2)

Setzt man den Leitwert in die gefundene Gesetzmäßigkeit ein, dann ergibt sich der Zusammenhang zwischen Gesamtleitwert und Teilleitwerten.

Bei der Parallelschaltung ist der Gesamtleitwert so groß wie die Summe der Teilleitwerte.

$$G_g = G_1 + G_2 + \ldots + G_n$$

Sind nur zwei Widerstände parallelgeschaltet, dann kann man den Gesamtwiderstand einfacher mit einer anderen Formel berechnen.

$$\frac{1}{R_g} = \frac{1}{R_1} + \frac{1}{R_2}$$

$$\frac{1}{R_g} = \frac{R_2}{R_1 \cdot R_2} + \frac{R_1}{R_1 \cdot R_2}$$

$$\frac{1}{R_g} = \frac{R_2 + R_1}{R_1 \cdot R_2}$$

Gesamtwiderstand von zwei parallelgeschalteten Widerständen

$$R_g = \frac{R_1 \cdot R_2}{R_1 + R_2}$$

Beispiel:

Meßbereichserweiterung von Strommessern
(Drehspulmeßwerk)

Mit einem Strommesser (Meßbereich: 60 mV, Innenwiderstand: 200 Ω) soll eine Stromstärke von etwa 1 A gemessen werden. Der Endausschlag des Instrumentes wird deshalb auf 1,5 A festgelegt.

Welcher Widerstand (Shunt) muß zur Verringerung der Stromstärke durch das Meßwerk parallelgeschaltet werden?

Um R_p ausrechnen zu können, benötigt man:

- die Spannung U am Widerstand
- die Stromstärke I_p durch den Widerstand

$$R_p = \frac{U}{I_p}$$

Die Spannung bei Vollausschlag läßt sich über die Werte des Meßwerkes berechnen.

$$U = I_M \cdot R_i$$

Um die Stromstärke I_p bei Vollausschlag berechnen zu können, muß die Stromstärke I_M von der Stromstärke I abgezogen werden.

$$I_p = I - I_M$$

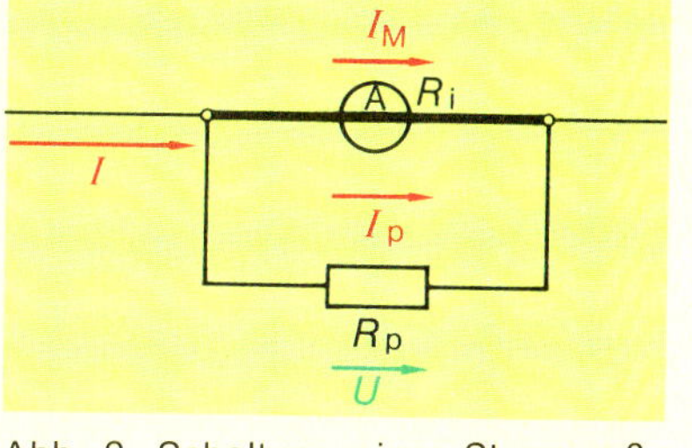

Abb. 2: Schaltung einer Strommeßbereichserweiterung durch einen Shunt

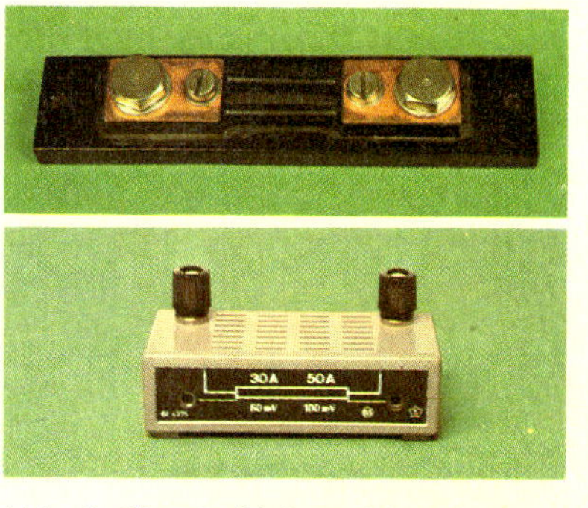

Abb. 3: Shunts (Nebenwiderstände)

Ersetzt man in der Widerstandsformel U und I_p durch die entsprechenden Gleichungen, dann ergibt sich:

$$R_p = \frac{I_M \cdot R_i}{I - I_M} \qquad I_M = \frac{U}{R_M}$$

$$R_p = R_i \frac{I_M}{I - I_M} \qquad I_M = \frac{0{,}06\,V}{200\,\Omega}$$

$$R_p = 200\,\Omega \frac{0{,}3 \cdot 10^{-3}\,A}{1{,}5\,A - 0{,}3 \cdot 10^{-3}\,A} \qquad I_M = 0{,}3\,mA$$

$$\underline{R_p = 0{,}04\,\Omega}$$

Aufgaben zu 4.2

1. Begründen Sie, warum bei der Parallelschaltung durch den kleineren Widerstand der größere Strom fließt!
2. Wie heißt das 1. Kirchhoffsche Gesetz?
3. Wie groß ist der Gesamtwiderstand von fünf parallelgeschalteten Widerständen von je 30 Ω?
4. Drei Widerstände $R_1 = 20\,\Omega$, $R_2 = 40\,\Omega$ und $R_3 = 40\,\Omega$ sind parallelgeschaltet. Der Teilstrom I_1 beträgt 6 A.
   a) Wie groß sind die Teilströme I_2 und I_3?
   b) Wie groß ist der Gesamtstrom?
   c) Wie groß ist die Spannung?
5. Vier Widerstände $R_1 = 800\,\Omega$, $R_2 = 1200\,\Omega$, $R_3 = 1600\,\Omega$ und $R_4 = 2400\,\Omega$ sind parallelgeschaltet. Die Gesamtstromstärke beträgt 0,5 A.
   a) Wie groß ist der Gesamtwiderstand?
   b) Wie groß ist die Spannung?
   c) Wie groß sind die Teilströme?
6. Zwei Widerstände $R_1 = 400\,\Omega$ und R_2 sind parallelgeschaltet. Der Gesamtstrom beträgt $I_g = 1$ A und der Teilstrom $I_1 = 0{,}6$ A.
   a) Wie groß ist die Spannung?
   b) Wie groß ist R_g?
   c) Wie groß ist R_2?

4.3 Gruppenschaltungen

In Abb. 1 ist ein Schaltungsausschnitt eines Fernsehgerätes abgebildet. Neben anderen Bauteilen, die später besprochen werden, sind verschiedene Widerstände eingebaut. Sie sind einzeln, in Reihe, parallel, aber auch gemischt zueinander geschaltet.

Gruppenschaltungen sind Kombinationen aus Reihen- und Parallelschaltungen.

Die in der Abb. 2 hinterlegte Schaltung ist eine Reihenschaltung von R_{32} und R_{33}, zu der zusätzlich R_{36} parallel-

Abb. 1: Schaltungsausschnitt eines Fernsehgerätes ▷

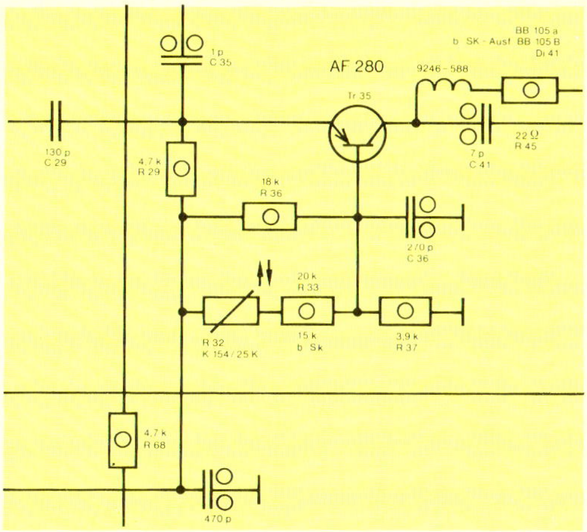

Abb. 2: Beispiel einer erweiterten Reihenschaltung ▽

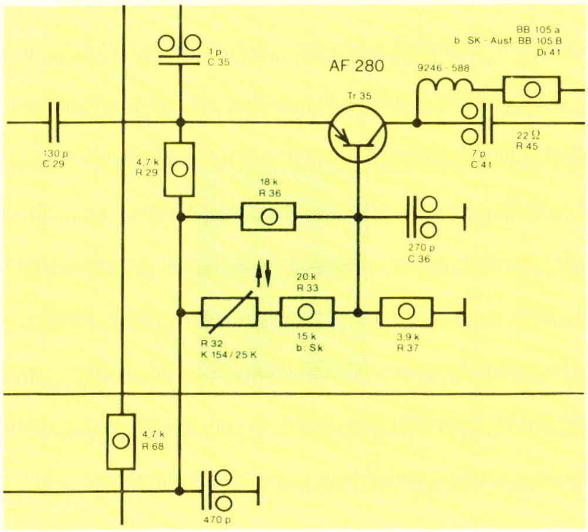

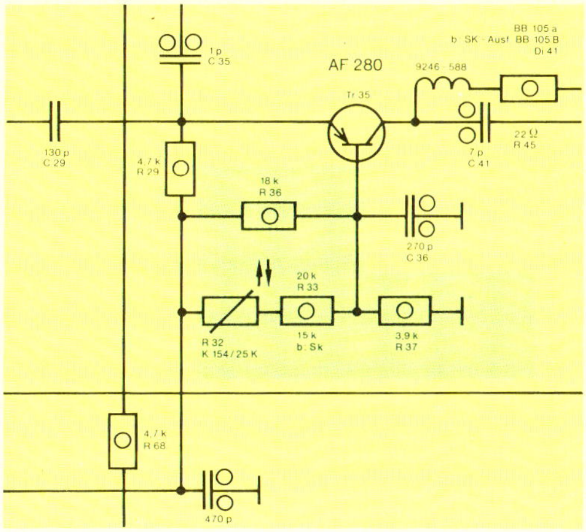

△ Abb. 3: Beispiel einer erweiterten Parallelschaltung

geschaltet ist. Diese Schaltung nennt man eine erweiterte Reihenschaltung.

Die in Abb. 3 hinterlegte Schaltung ist eine Parallelschaltung von R_{36} einerseits und von R_{32} in Reihe mit R_{33} andererseits, die zusätzlich mit R_{37} in Reihe geschaltet ist. Diese Schaltung nennt man eine erweiterte Parallelschaltung.

Im folgenden sollen diese beiden Schaltungskombinationen näher behandelt werden. Das kann natürlich experimentell geschehen. Da es sich jedoch im Prinzip um die Anwendung von Reihen- und Parallelschaltung handelt, können wir die bereits gewonnenen Erkenntnisse übertragen.

4.3.1 Erweiterte Reihenschaltung

Zur Berechnung des Gesamtwiderstandes einer gemischten Schaltung gehen wir in Teilschritten vor.

Im ersten Schritt berechnen wir den Teil einer Schaltung, der aus einer Grundschaltung besteht, also aus einer Reihen- oder aus einer Parallelschaltung. Im vorliegenden Beispiel ist es die Reihenschaltung von R_2 und R_3. Aus diesen beiden Werten läßt sich der Ersatzwiderstand R_{23} berechnen.

$$R_{23} = R_2 + R_3$$
$$R_{23} = 12\,\Omega + 8\,\Omega$$
$$\underline{R_{23} = 20\,\Omega}$$

In Abb. 1 sind die Widerstände R_2 und R_3 durch den Widerstand R_{23} ersetzt worden.

Wir können die gemischte Schaltung nun als eine einfache Parallelschaltung betrachten. Der Gesamtwiderstand läßt sich dann wie folgt berechnen (vgl. 4.2):

$$\frac{1}{R_g} = \frac{1}{R_1} + \frac{1}{R_{23}}$$
$$\frac{1}{R_g} = \frac{1}{30\,\Omega} + \frac{1}{20\,\Omega}$$
$$\frac{1}{R_g} = 0{,}033\,\frac{1}{\Omega} + 0{,}05\,\frac{1}{\Omega}$$
$$\frac{1}{R_g} = 0{,}0833\,\frac{1}{\Omega}$$
$$R_g = \frac{1}{0{,}0833}\,\Omega$$
$$\underline{R_g = 12\,\Omega}$$

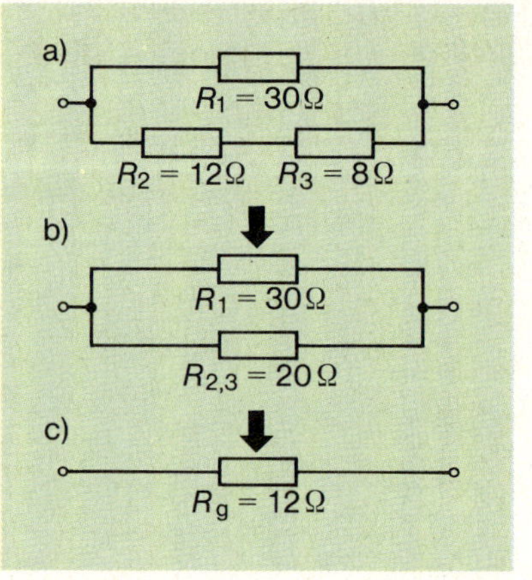

Abb. 1: Vereinfachung einer erweiterten Reihenschaltung

4.3.2 Erweiterte Parallelschaltung

In Abb. 2a tritt als reine Grundschaltung die Parallelschaltung von R_2 und R_3 auf. Diese wird zuerst berechnet.

$$\frac{1}{R_{23}} = \frac{1}{R_2} + \frac{1}{R_3}$$
$$\frac{1}{R_{23}} = \frac{1}{120\,\Omega} + \frac{1}{80\,\Omega}$$
$$\frac{1}{R_{23}} = 0{,}0083\,\frac{1}{\Omega} + 0{,}0125\,\frac{1}{\Omega}$$
$$\frac{1}{R_{23}} = 0{,}0208\,\frac{1}{\Omega}$$
$$R_{23} = \frac{1}{0{,}0208}\,\Omega$$
$$\underline{R_{23} = 48\,\Omega}$$

Dieser Widerstand kann die Parallelschaltung von R_2 und R_3 ersetzen (Abb. 2b). Wir können die Schaltung nun als eine einfache Reihenschaltung auffassen.

$$R_g = R_1 + R_{23}$$
$$R_g = 60\,\Omega + 48\,\Omega$$
$$\underline{R_g = 108\,\Omega}$$

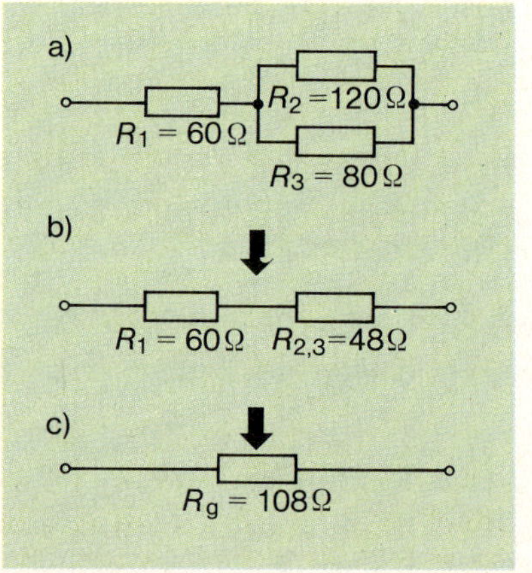

Abb. 2: Vereinfachung einer erweiterten Parallelschaltung

4.3.3 Netzwerke

Ein Netzwerk ist ein verzweigter elektrischer Stromkreis, in dem mehrere gemischte Schaltungen und oft auch mehrere Spannungsquellen vorkommen. Hier soll nur eine Widerstandsberechnung für ein Netzwerk mit einer Spannungsquelle (Abb. 3a) durchgeführt werden.

Zunächst wird der Teil der Schaltung gesucht, der eine Grundschaltung darstellt. Das ist zunächst die Reihenschaltung von R_4, R_5 und R_6.

Der Widerstand dieser Reihenschaltung wird berechnet.

$$R_{456} = R_4 + R_5 + R_6$$
$$R_{456} = 4\,\Omega + 9\,\Omega + 3\,\Omega$$
$$\underline{R_{456} = 16\,\Omega}$$

Dieser Widerstand R_{456} wird für R_4, R_5 und R_6 eingesetzt. Die Schaltung läßt sich damit wie in Abb. 3b gezeigt vereinfachen.

Deutlich ist zu erkennen, daß R_3 und R_{456} eine Parallelschaltung darstellen.

Es gilt:

$$\frac{1}{R_{3456}} = \frac{1}{R_3} + \frac{1}{R_{456}}$$
$$\frac{1}{R_{3456}} = \frac{1}{24\,\Omega} + \frac{1}{16\,\Omega}$$
$$\frac{1}{R_{3456}} = 0{,}0417\,\frac{1}{\Omega} + 0{,}0625\,\frac{1}{\Omega}$$
$$\frac{1}{R_{3456}} = 0{,}1042\,\frac{1}{\Omega}$$
$$R_{3456} = \frac{1}{0{,}1042}\,\Omega$$
$$\underline{R_{3456} = 9{,}6\,\Omega}$$

Dieser Widerstand R_{3456} ersetzt R_3 und R_{456} der Schaltung in Abb. 3b. Wir können die Schaltung nun wie in Abb. 3c dargestellt auffassen.

Damit kann man das recht komplizierte Netzwerk als eine einfache Reihenschaltung betrachten. Der Gesamtwiderstand des Netzwerkes ist:

$$R_g = R_1 + R_{3456} + R_2$$
$$R_g = 6\,\Omega + 9{,}6\,\Omega + 6\,\Omega$$
$$\underline{R_g = 21{,}6\,\Omega}$$

Bei solchen umfangreichen Aufgaben empfiehlt es sich nicht, die Berechnung in einem Rechengang durchzuführen.

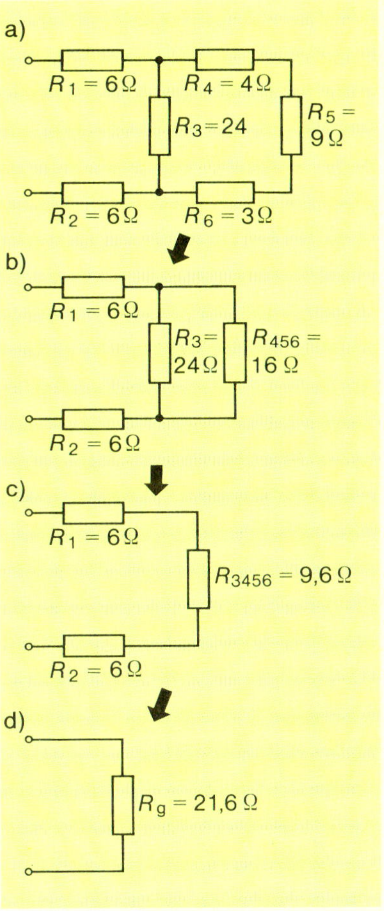

Abb. 3: Vereinfachung eines Netzwerkes

4.3.4 Spannungsteiler

In der Praxis benötigt man oft veränderliche Spannungen, um z. B. die Helligkeit von Leuchten, Drehzahlen von Motoren, Temperaturwerte von Heizgeräten usw. zu regulieren. Die Industrie stellt dafür besondere Geräte wie z. B. Stelltransformatoren und Dimmer her. Veränderliche Spannungen lassen sich aber auch mit Stellwiderständen (Potentiometern) erzeugen (Abb. 4).

Um z. B. die Spannung einer Glühlampe und damit den Glühlampenstrom sowie die Helligkeit zu beeinflussen, bieten sich die Reihenschaltung und die Spannungsteilerschaltung an (Abb. 1, S. 76).

Bei der Reihenschaltung leuchtet die Lampe dann mit größter Helligkeit, wenn der Vorwiderstand ausge-

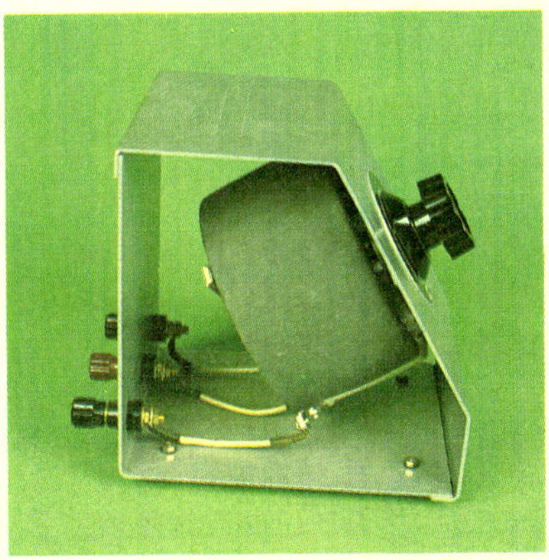

Abb. 4: Stellwiderstand für höhere Belastungen

schaltet und der Schleifer direkt mit dem einen Pol der Spannungsquelle (in Abb. 1 oben) verbunden ist. Der kleinste Strom fließt dann, wenn der Vorwiderstand voll eingeschaltet ist (Schleifer in Abb. 1 unten). Die Glühlampe kann durch Veränderung der Schleiferstellung nie spannungsfrei werden.

Bei der Spannungsteilerschaltung dagegen erhält die Glühlampe bei der unteren Schleiferstellung keine Spannung, während bei der oberen Schleiferstellung die volle Spannung (wie bei der Reihenschaltung) anliegt.

Die Spannungsteilerschaltung liefert eine veränderliche Verbraucherspannung. Es soll in Versuch 4–5 untersucht werden, wie sich die Verbraucherspannung ändert, wenn der Schleifer schrittweise verstellt wird.

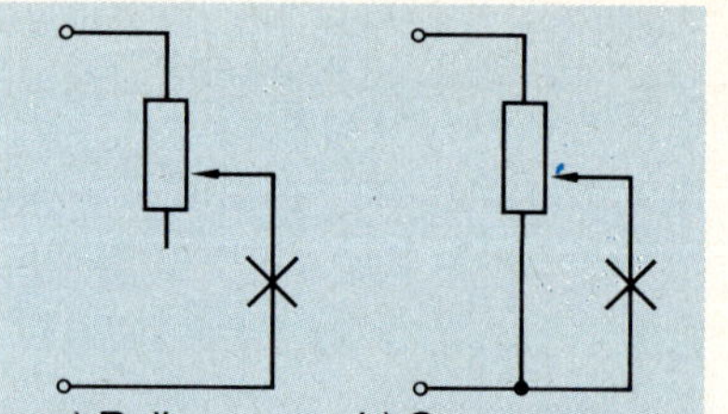

Abb. 1: Schaltungsmöglichkeiten für veränderbare Spannungen

Versuch 4–5: Spannungsteilerschaltung

◁ **Aufbau**

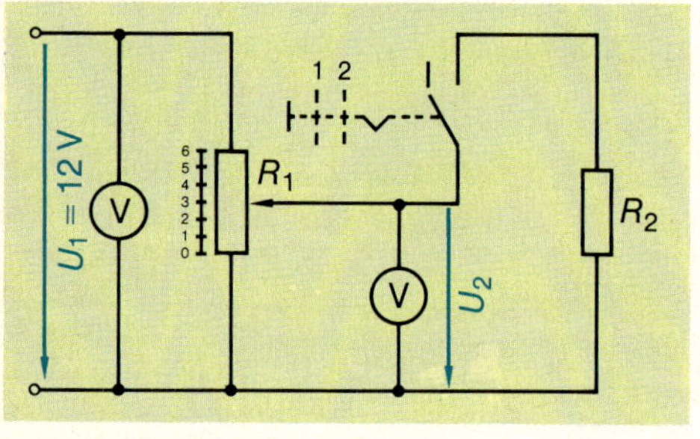

Durchführung

Der Schleifer eines Stellwiderstandes wird stufenweise von 0 bis 6 verstellt. Für jede Einstellung wird die Spannung U_2 gemessen. Die Eingangsspannung bleibt konstant (Spannungsmesser zur Kontrolle). Die Messung wird (je nach Schalterstellung) für Leerlauf, Belastung mit 4 Ω und Belastung mit 24 Ω durchgeführt.

◁ **Meßergebnis**

Nr.	Schleiferstellung	U_2 in V (Leerlauf)	U_2 in V ($R_2 = 24\ \Omega$)	U_2 in V ($R_2 = 4\ \Omega$)
1	0	0	0	0
2	1	2	1,7	1,1
3	2	4	3,3	1,7
4	3	6	4,8	2,4
5	4	8	6,5	3,4
6	5	10	8,8	5,5
7	6	12	12	12

Die Werte aus Versuch 4–5 sind im Diagramm Abb. 2 dargestellt. Die Ausgangsspannung U_2 (Senkrechte) ist in Abhängigkeit von der Schleiferstellung (Waagerechte) aufgetragen.

Wird der Spannungsteiler im Leerlauf betrieben, dann ergibt jede Schleiferverstellung eine sich in gleichem Maße verändernde Spannung. Wird dagegen der Spannungsteiler belastet, dann entspricht die Änderung der Spannung nicht mehr der Änderung der Schleiferstellung. Die Abweichung ist um so größer, je nieder-

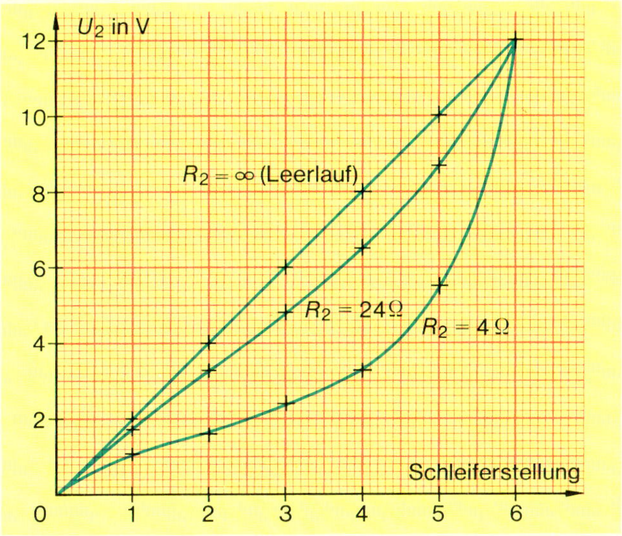

Abb. 2: Abhängigkeit der Ausgangsspannung von der Schleiferstellung

ohmiger die Belastung im Vergleich zum Stellwiderstand ist.

Aus dieser Erkenntnis heraus sollte man für die Praxis beachten:

Bei der Spannungsteilerschaltung sollte der Stellwiderstand etwa den gleichen Widerstandswert wie der Belastungswiderstand haben. Wird der Stellwiderstand kleiner gewählt, dann nähern sich die Verhältnisse den idealen Leerlaufbedingungen.

Wir denken uns den Stellwiderstand an der Stelle, an der der Schleifer steht, aufgetrennt und mit Leitungen verbunden. Man kann dann die Spannungsteilerschaltung als eine erweiterte Reihenschaltung auffassen. Für die Schleiferstellung 2 und die Belastung $R_2 = 24\,\Omega$ ist das in Abb. 3 dargestellt.

Die Widerstände R_2 und R_1'' sind parallelgeschaltet. Ihr Ersatzwiderstand (hier R_x) ist:

$$\frac{1}{R_x} = \frac{1}{R_1''} + \frac{1}{R_2}$$

$$\frac{1}{R_x} = \frac{1}{8\,\Omega} + \frac{1}{24\,\Omega}$$

$$\frac{1}{R_x} = 0{,}125\,\frac{1}{\Omega} + 0{,}0417\,\frac{1}{\Omega}$$

$$\frac{1}{R_x} = 0{,}167\,\frac{1}{\Omega}$$

$$R_x = \frac{1}{0{,}167}\,\Omega$$

$$\underline{R_x = 6\,\Omega}$$

Dieser Widerstand R_x bildet mit R_1' eine Reihenschaltung. Mit dem Gesamtwiderstand der Schaltung läßt sich der Gesamtstrom berechnen:

$R_g = R_1' + R_x$; $R_g = 16\,\Omega + 6\,\Omega$; $\underline{R_g = 22\,\Omega}$

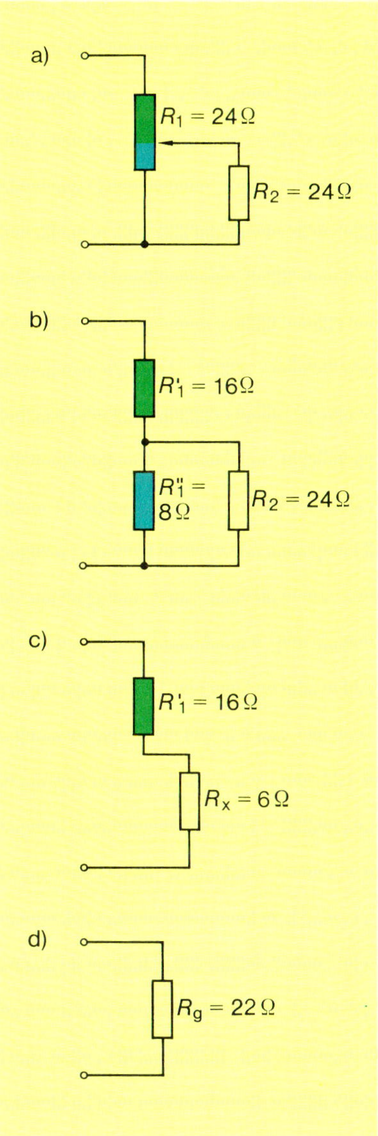

Abb. 3: Vereinfachung einer Spannungsteilerschaltung

Der Gesamtstrom I_1 ist dann:

$I_1 = \frac{U_1}{R_g}$ $I_1 = \frac{12\,V}{22\,\Omega}$ $\underline{I_1 = 0{,}545\,A}$

Dieser Strom verursacht am Widerstand R'_1 einen Spannungabfall U'_1. Um diesen Wert ist die Ausgangsspannung U_2 kleiner als die Eingangsspannung U_1.

$U'_1 = I_1 \cdot R'_1$ $U_2 = U_1 - U'_1$

$U'_1 = 0{,}545\,A \cdot 16\,\Omega$ $U_2 = 12\,V - 8{,}7\,V$

$\underline{U'_1 = 8{,}7\,V}$ $\underline{U_2 = 3{,}3\,V}$

Der Strom I_1 teilt sich an der Stelle auf, an der der Schleifer steht. I_2 fließt durch den Belastungswiderstand.

$I_2 = \frac{U_2}{R_2}$ $I_2 = \frac{3{,}3\,V}{24\,\Omega}$ $\underline{I_2 = 0{,}14\,A}$

Der Differenzstrom I''_1 fließt durch R''_1. Hier gelten zwei Gleichungen:

$I''_1 = \frac{U_2}{R''_1}$ bzw. $I''_1 = I_1 - I_2$

$I''_1 = \frac{3{,}3\,V}{8\,\Omega}$ $I''_1 = 0{,}545\,A - 0{,}14\,A$

$\underline{I''_1 = 0{,}41\,A}$ $\underline{I''_1 = 0{,}41\,A}$

Aufgaben zu 4.3

1. Wie ändert sich die Gesamtstromstärke, wenn zu einer Reihenschaltung ein Widerstand bei konstanter Spannung parallelgeschaltet wird?

2. Wie ändert sich die Gesamtstromstärke, wenn zu einer Parallelschaltung ein Widerstand bei konstanter Spannung in Reihe geschaltet wird?

3. Eine Spannungsquelle $U = 12\,V$ speist eine Reihenschaltung von $R_1 = 82\,\Omega$ und $R_2 = 22\,\Omega$.
a) Wie groß ist die Stromstärke?
b) Wie groß ist die Gesamtstromstärke, wenn parallel zu dieser Reihenschaltung ein 3. Widerstand $R_3 = 47\,\Omega$ geschaltet wird?

4. Zwei Widerstände $R_1 = 39\,\Omega$ und $R_2 = 18\,\Omega$ werden parallel an 6 V angeschlossen. Das Netzgerät muß später gegen ein anderes, das eine Spannung von 10 V liefert, ausgetauscht werden. Da die Ströme durch die Widerstände nicht verändert werden sollen, muß in Reihe zu den parallel geschalteten ein 3. Widerstand R_3 geschaltet werden. Wie groß ist dieser?

5. Der Gesamtwiderstand der abgebildeten Schaltung ist zu berechnen!

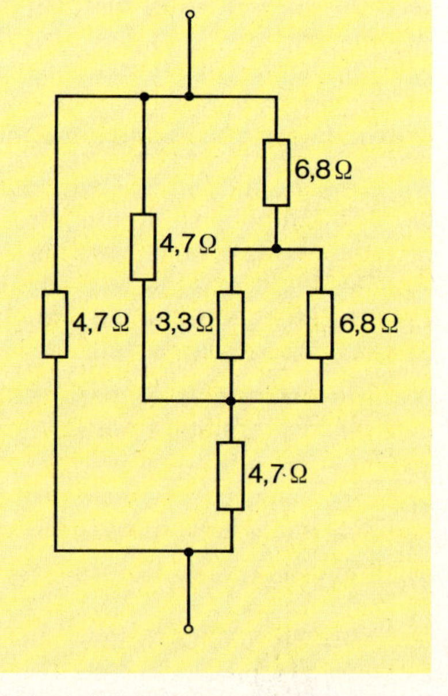

Abb. 1: Zeichnung zu Aufgabe 5

5 Messung elektrischer Widerstände

5.1 Indirekte Widerstandsmessung mit Spannungs- und Strommesser

5.1.1 Spannungsfehlerschaltung

Der elektrische Widerstand in Abb. 2 soll überprüft werden. Ein direkt anzeigender Widerstandsmesser ist nicht vorhanden. Deshalb soll eine Spannungs- und Strommessung durchgeführt und der elektrische Widerstand aus den Meßwerten berechnet werden. Die Meßschaltung zeigt Abb. 3. Bei dieser Meßmethode muß man die Meßspannung so wählen, daß der Widerstand nicht überlastet wird.

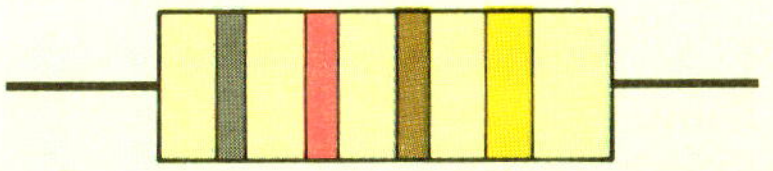

Abb. 2

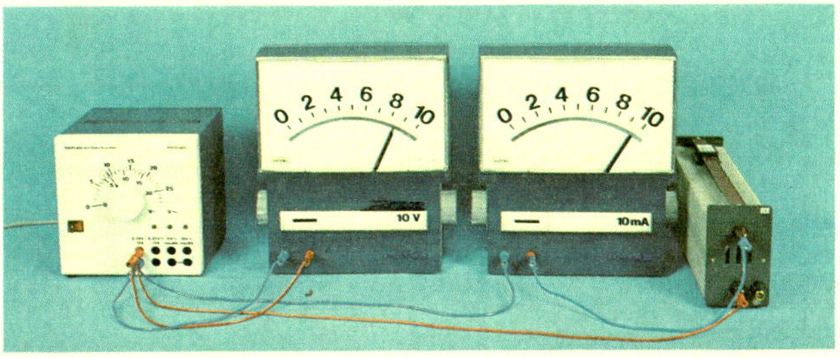

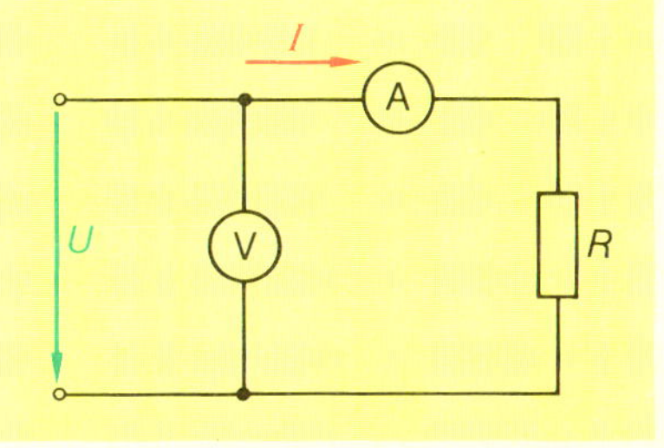

Abb.3: Meßschaltung zur Bestimmung eines Widerstandes (Spannungsfehlerschaltung)

Die Meßwerte betragen $U = 8{,}5\,\text{V}$ und $I = 9{,}5\,\text{mA}$. Daraus berechnet sich der Widerstand:

$$R = \frac{U}{I}$$

$$R = \frac{8{,}5\,\text{V}}{0{,}0095\,\text{A}}$$

$$\underline{R = 895\,\Omega}$$

Nach dem Farbcode handelt es sich hier um einen Widerstand von 820 Ω. Der berechnete Wert liegt wesentlich höher. Selbst, wenn man die Toleranz (hier 5%) berücksichtigt, liegt der berechnete Widerstand zu hoch.

Geht man von der Voraussetzung aus, daß der Widerstandswert innerhalb der Toleranzgrenzen liegt, also zwischen 779 Ω und 861 Ω, dann kann die zu große Abweichung nur durch die Meßwerte kommen.

Jedes Meßinstrument hat einen Innenwiderstand. Wird es zur Messung eingesetzt, dann fließt durch das Meßinstrument (Innenwiderstand) ein elektrischer Strom. Hierdurch wird ein Spannungsabfall verursacht.

Die Meßschaltung in Abb. 3 zeigt, daß der Strommesser mit dem Widerstand in Reihe liegt. Strommesser und Widerstand werden vom gleichen Strom durchflossen.

In Abb. 1 sind die Strom- und Spannungswerte dargestellt. Im vorliegenden Beispiel hat der Strommesser einen Innenwiderstand von $R_i = 30\,\Omega$. Danach fällt am Innenwiderstand des Strommessers die Meßgerätespannung $U_M = 0{,}285\,V$ ab. Um diese ist die Spannung am Widerstand kleiner als die angelegte und hier gemessene Spannung.

Am Widerstand liegt eine Spannung $U_R = 8{,}215\,V$. Sein Widerstandswert ist demnach:

$$R = \frac{U_R}{I}$$

$$R = \frac{8{,}215\,V}{0{,}0095\,A}$$

$$\underline{R = 865\,\Omega}$$

Nach der Meßschaltung in Abb. 3, S. 79 mißt der Spannungsmesser für die Widerstandsberechnung eine fehlerhafte Spannung. Deshalb wird diese Schaltung **Spannungsfehlerschaltung** genannt.

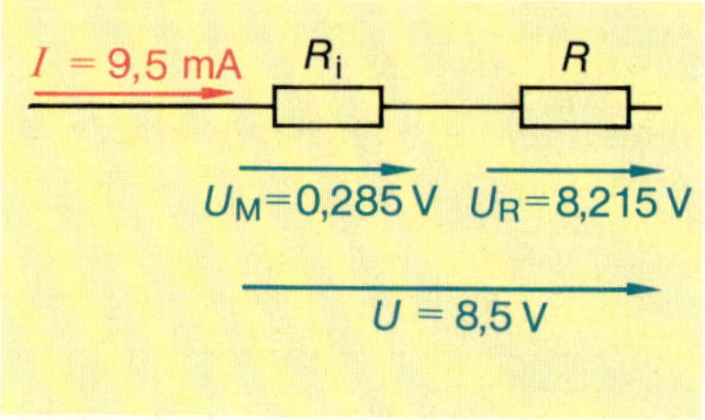

Abb. 1: Strom und Spannungen bei der Spannungsfehlerschaltung

5.1.2 Stromfehlerschaltung

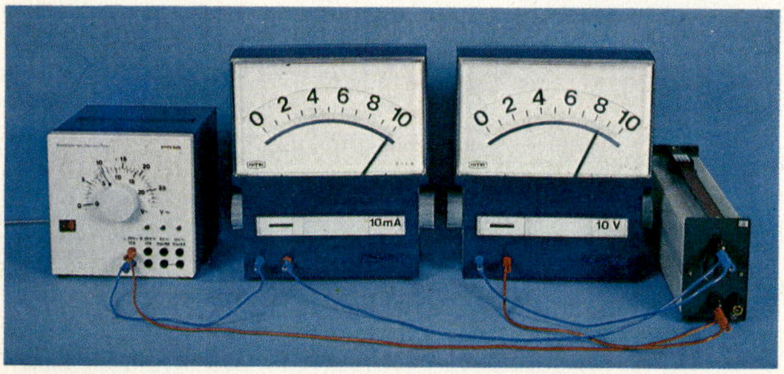

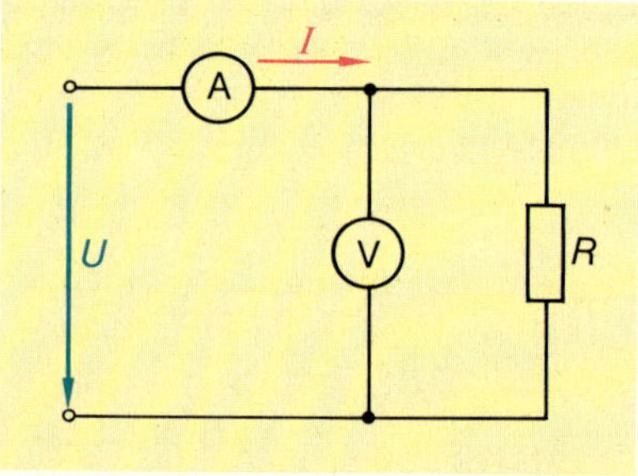

△
Abb. 2: Meßschaltung zur Bestimmung eines Widerstandes (Stromfehlerschaltung)

Schaltet man den Spannungsmesser direkt mit dem Widerstand parallel (Abb. 2), dann wird die Spannung richtig gemessen. Da jedoch durch den Spannungsmesser ebenfalls ein Strom fließt, mißt jetzt der Strommesser einen für die Widerstandsberechnung fehlerhaften Strom. Deshalb heißt diese Meßschaltung **Stromfehlerschaltung.**

Es werden die gleichen Meßgeräte wie vorher verwendet. Die Meßwerte betragen jetzt $U = 8{,}5\,V$ und $I = 9{,}9\,mA$.

Der Innenwiderstand des Spannungsmessers beträgt $100\,k\Omega$. Da an ihm die gleiche Spannung wie am Widerstand anliegt, beträgt der Gerätestrom:

$$I_M = \frac{U}{R_i}; \quad I_M = \frac{8{,}5\,V}{100\,000\,\Omega}; \quad \underline{I_M = 0{,}085\,mA}$$

Um diesen Wert ist die Stromstärke im Widerstand kleiner als die Gesamtstromstärke. In Abb. 2 sind die Spannungs- und Stromwerte dargestellt. Nach dem Ohmschen Gesetz erhält man den Widerstandswert:

$$R = \frac{U}{I}; \qquad R = \frac{8{,}5\,\text{V}}{0{,}009815\,\text{A}}; \qquad \underline{R = 866\,\Omega}$$

Bestimmt man mittels Spannungs- und Strommessung den Wert eines Widerstandes, dann muß der Fehler, den entweder der Strommesser oder der Spannungsmesser verursacht, rechnerisch berücksichtigt werden.

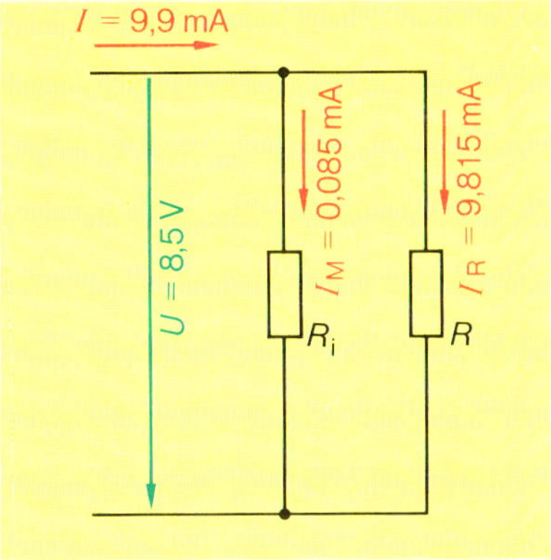

Abb. 3: Spannung und Ströme bei der Stromfehlerschaltung

Spannungsfehlerschaltung

$$\boxed{R = \frac{U - I \cdot R_{i(I)}}{I}}$$

Stromfehlerschaltung

$$\boxed{R = \frac{U}{I - \dfrac{U}{R_{i(U)}}}}$$

U: gemessene Spannung
I: gemessener Strom
$R_{i(I)}$: Innenwiderstand des Strommessers
$R_{i(U)}$: Innenwiderstand des Spannungsmessers

Für viele Meßzwecke ist eine hohe Meßgenauigkeit nicht erforderlich. In diesen Fällen erübrigt sich in der Regel eine rechnerische Korrektur.

Im vorliegenden Beispiel ermittelt man den Widerstand ohne Korrektur.

Spannungsfehlerschaltung:

$$R = \frac{U}{I}; \qquad R = \frac{8{,}5\,\text{V}}{0{,}0095\,\text{A}}; \qquad \underline{R = 895\,\Omega}$$

Stromfehlerschaltung:

$$R = \frac{U}{I}; \qquad R = \frac{8{,}5\,\text{V}}{0{,}0099\,\text{A}}; \qquad \underline{R = 859\,\Omega}$$

Das Ergebnis der Stromfehlerschaltung kommt dem richtigen Widerstandswert am nächsten. Hierfür gibt es eine Erklärung, nach der entschieden werden kann, welche Meßschaltung vorteilhafter ist.

Bei der **Spannungsfehlerschaltung** entsteht der Fehler durch die Reihenschaltung des Strommessers mit dem Widerstand. Der Fehler ist um so kleiner, je kleiner der Spannungsabfall des Strommessers im Verhältnis zur Spannung am Widerstand ist.

Der Fehler ist um so kleiner, je kleiner $\dfrac{R_{i(I)}}{R}$ ist.

Spannungsfehlerschaltung

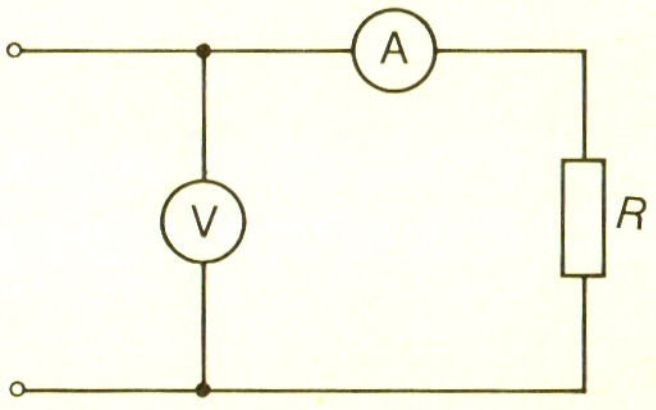

bei $\dfrac{R}{R_{i(U)}} > \dfrac{R_{i(I)}}{R}$

Tab. 5.1: Sinnbilder für die Kennzeichnung elektrischer Meßgeräte (nach VDE 0410)

Benennung	Sinnbild	Benennung	Sinnbild	Benennung	Sinnbild
Senkrechte Nennlage		Waagerechte Nennlage		Schräge Nennlage Neigungswinkel, z. B. 60°	
Prüfspannung 500 V		Prüfspannung höher als 500 V, z. B. 2 kV		Keine Spannungs-prüfung	
Gleichstrom		Wechselstrom		Gleich- und Wechselstrom	
Drehstrom-		Drehspulmeß-werk mit Dauermagnet		Drehspul-Quotienten-Meßwerk	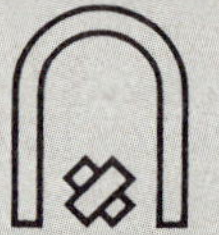
Dreheisenmeß-werk	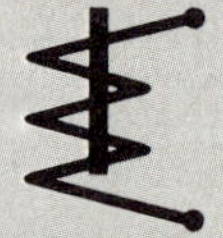	Elektro-dynamisches Meßwerk, eisenlos	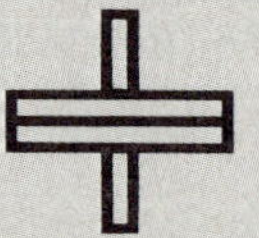	Elektro-dynamisches Meßwerk, eisen-geschlossen	
Elektrodynami-sches Quotien-tenmeßwerk, eisenlos		Elektrodynami-sches Quotien-tenmeßwerk, ei-sengeschlossen		Elektro-statisches Meßwerk	

Bei der **Stromfehlerschaltung** entsteht der Fehler durch die Parallelschaltung des Spannungsmessers mit dem Widerstand. Der Fehler ist um so kleiner, je kleiner der Gerätestrom des Spannungsmessers im Verhältnis zum Strom durch den Widerstand ist.

Der Fehler ist um so kleiner, je kleiner $\frac{R}{R_{i(U)}}$ ist.

Für die Praxis bedeutet dies: Man überprüft an Hand der bekannten Innenwiderstände der Meßgeräte und des zu erwartenden Widerstandswertes, bei welcher Schaltung der Fehler am kleinsten wird. Diese Schaltung wird dann angewendet.

Stromfehlerschaltung

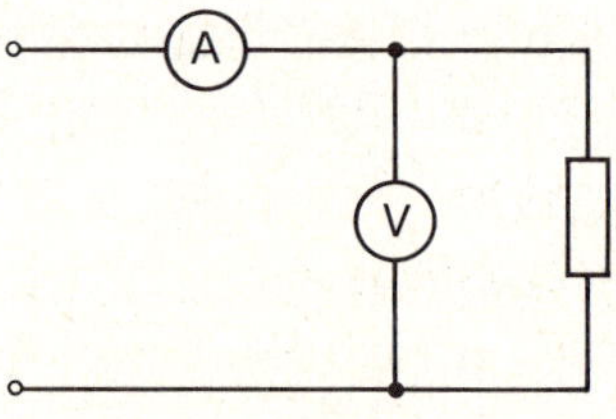

bei $\frac{R_{i(I)}}{R} > \frac{R}{R_{i(U)}}$

5.1.3 Betriebsdaten von Spannungs- und Strommessern

Die vorher beschriebene Bestimmung eines elektrischen Widerstandes mittels Strom- und Spannungsmessung erfordert ein gezieltes Einsetzen der Meßgeräte. Dazu muß man ihre Betriebswerte genau kennen.

Auf der Skala sind Beschriftungen aufgebracht, die entsprechend VDE 0410 eine bestimmte Bedeutung haben. Das erste Zeichen gibt die Art des Meßwerkes an. Es folgen mindestens das Klassenzeichen, die Angabe über die Gebrauchslage, das Prüfspannungszeichen und die Angabe der Stromart.

Meßgeräte teilt man in Betriebsmeßgeräte und Feinmeßgeräte ein. Das Klassenzeichen gibt an, um wieviel Prozent vom Endausschlag die Anzeige vom wahren Wert abweichen darf.

	Klassenzeichen			
Betriebsmeßgeräte	1	1,5	2,5	5
Feinmeßgeräte	0,1	0,2	0,5	–

Im Beispiel von 5.1.2 handelte es sich um ein Betriebsmeßgerät der Klasse 1,5. Bei der Spannungsmessung war der Meßbereich 10 V (das entspricht dem Endausschlag) eingeschaltet. Das Meßgerät kann also im Höchstfall 1,5% von 10 V, das sind 0,15 V zu viel oder zu wenig angezeigt haben.

In beiden Meßschaltungen hat es 8,5 V angezeigt. Der wahre Spannungswert liegt also zwischen 8,35 V und 8,65 V (8,5 V $\pm$ 0,15 V).

Diese Verhältnisse gelten natürlich auch für den Strommesser.

Werte für die Innenwiderstände stehen häufig auf der Rückseite der Meßgeräte. In Abb. 1 sind die Daten eines Vielfachmeßinstrumentes dargestellt.

Die Innenwiderstände hängen von dem eingeschalteten Meßbereich ab. Bei den Spannungsmeßbereichen gilt in der Regel ein konstanter Umrechnungsfaktor. In Abb. 1 beträgt er $4\,\frac{\text{k}\Omega}{\text{V}}$. Bei einem Meßbereich von 30 V erhält man den Innenwiderstand, wenn man den Faktor mit dem Meßbereichswert multipliziert:

$$R_{i(U)} = 30\,\text{V} \cdot 4\,\frac{\text{k}\Omega}{\text{V}} = 120\,\text{k}\Omega$$

Bei den Strommeßbereichen wird in der Regel für jeden Meßbereich der Spannungsabfall angegeben, der bei Endausschlag auftritt. Nach Abb. 1 für 30 mA (10 mV):

$$R_{i(I)} = \frac{U_M}{I} = \frac{10\,\text{mV}}{30\,\text{mA}} = 0{,}333\,\Omega$$

mV-MULTIZET für Gleichstrom
mit spannungsempfindlichem Drehspulmeßwerk mit Spannbandlagerung
Meßtoleranz:
± 1% vom Meßbereichendwert
bei Widerstand ± 1,5% von der Skalenlänge
Maße 112 mm × 165 mm × 65 mm
26 Meßbereiche

3 mV	**300 mV**	**30 V**	R_i = 4 kΩ/V
10 mV	**1 V**	**100 V**	
30 mV	**3 V**	**300 V**	
100 mV	**10 V**	**1000 V**	

300 µA (4mV)	**30 mA** (10 mV)
1 mA (7mV)	**100 mA** (12 mV)
3 mA (8 mV)	**300 mA** (15 mV)
1 A (30 mV)	
3 A (50 mV)	
10 A (150 mV)	

Abb. 1: Daten eines Vielfachmeßgerätes

5.2 Direkte Widerstandsmessung

Widerstandsmesser

Widerstände lassen sich auch mit nur **einem** Strommesser oder nur **einem** Spannungsmesser bestimmen.

5.2.1 Direkte Widerstandsmessung nach dem Strommeßprinzip

Als Ausgangsschaltung dieser Messung dient die Meßschaltung Abb. 3, S. 79. Wenn hier die Spannung der Spannungsquelle genau bekannt ist, erübrigt sich eine

Spannungsmessung. Der Strommesser kann direkt in Ohm geeicht werden. In Abb. 1 ist die Meßschaltung dargestellt.

Zum Schutz für den in Ohm geeichten Strommesser und die Spannungsquelle ist im **Widerstandsmesser** ein Vorwiderstand R_v eingebaut. Dieser begrenzt den Strom im Kurzschlußfall. Ist der zu messende Widerstand $R \approx 0\,\Omega$, dann hat der Meßstrom seinen größten Wert, der Zeiger schlägt voll aus. Ist dagegen der Widerstand unendlich groß (Unterbrechung), dann sind Stromstärke und Zeigerausschlag Null. Die Skalen solcher Ohmmeter verlaufen also **von rechts nach links** (Abb. 2).

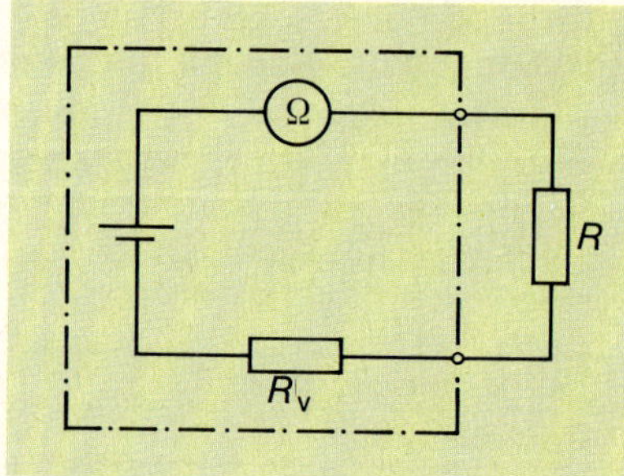

Abb. 1: Schaltung eines direkt anzeigenden Widerstandsmessers nach Strommeßprinzip

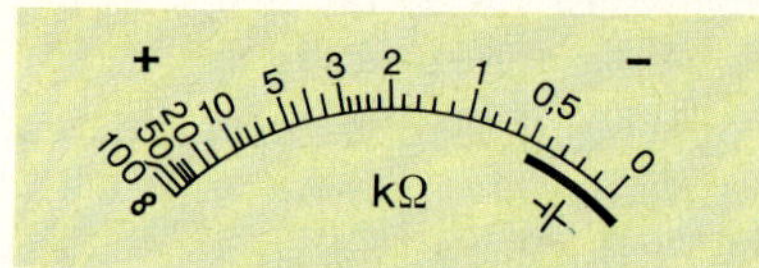

Abb. 2: Skala eines Widerstandsmessers nach Strommeßprinzip

5.2.2 Direkte Widerstandsmessung nach dem Spannungsmeßprinzip

Die Widerstandsmessung nach Strommeßprinzip (wie in 5.2.1 beschrieben) wird vorwiegend für größere Widerstandswerte angewendet. Bei kleineren Widerständen würde die Spannungsquelle zu schnell entladen werden. Außerdem könnte der zu messende Widerstand durch die Spannungsquelle überlastet werden.

Hier bietet sich eine Verminderung der Meßspannung und damit des Meßstromes an. Die Meßschaltung zeigt Abb. 3. Der in Ohm geeichte Spannungsmesser wird parallel zu dem zu messenden Widerstand geschaltet. Die Widerstandswerte steigen **von links nach rechts** (Abb. 4).

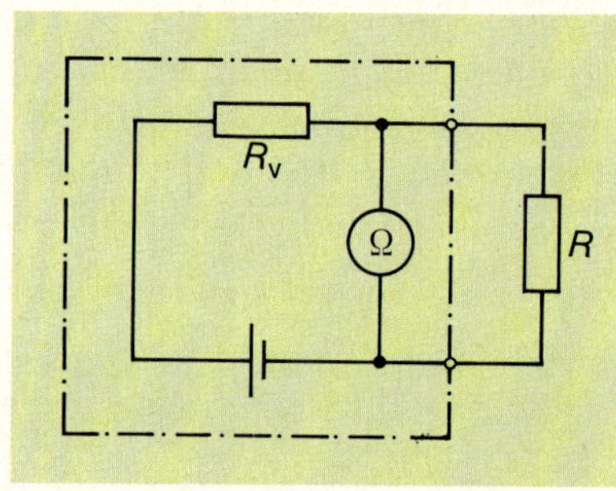

Abb. 3: Schaltung eines direkt anzeigenden Widerstandsmessers nach Spannungsmeßprinzip

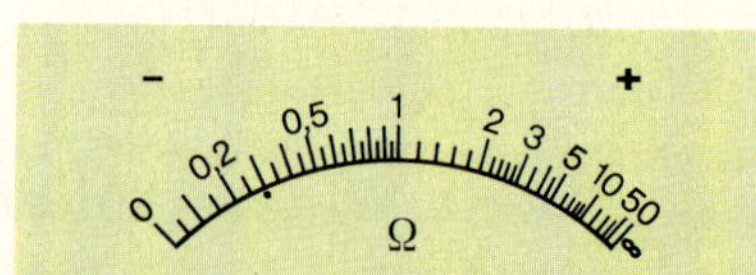

Abb. 4: Skala eines Widerstandsmessers nach Spannungsmeßprinzip

5.2.3 Direkt anzeigende Meßgeräte für die Praxis

Für die Widerstandsbestimmung und für die Durchgangsprüfung verwendet man z.B. die in Abb. 5 dargestellten Geräte. Vor jeder Widerstandsmessung muß ein Abgleich durchgeführt werden, um Spannungsänderungen der Quelle zu berücksichtigen. Hierzu werden die Anschlußleitungen direkt miteinander verbunden, der Eingang des Meßinstrumentes wird also kurzgeschlossen, dabei werden die Zeiger auf Null eingestellt.

Neben den bisher beschriebenen Instrumenten gibt es auch direkt anzeigende Digitalmeßgeräte (Abb. 6).

Eine wichtige Rolle spielt die Isolationsmessung. Sie ist eine Widerstandsmessung im hochohmigen Bereich. Nach den geltenden Vorschriften muß als Meßspannung eine Gleichspannung verwendet werden. Sie muß so groß wie die Netzspannung der Anlage sein, mindestens jedoch 500 V. In Abb. 7 ist ein Gerät dargestellt, das diesen Anforderungen entspricht. Für die Widerstandsmessung von Leitern und Bauteilen sind diese Geräte in der Regel wegen ihrer hohen Spannung ungeeignet.

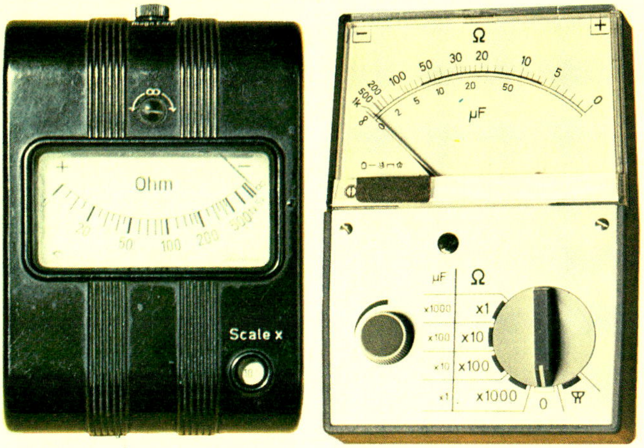

Abb. 5: Widerstandsmesser

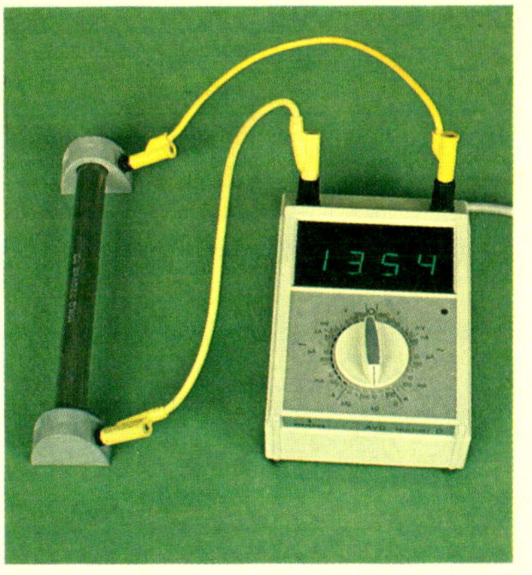

Abb. 6: Digital anzeigender Widerstandsmesser

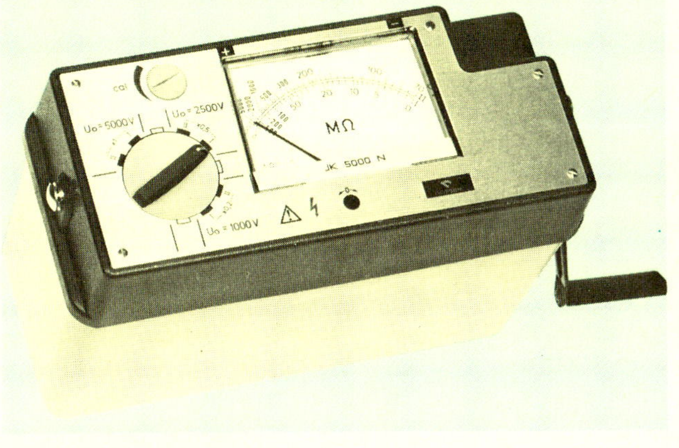

Abb. 7: Isolationsmesser

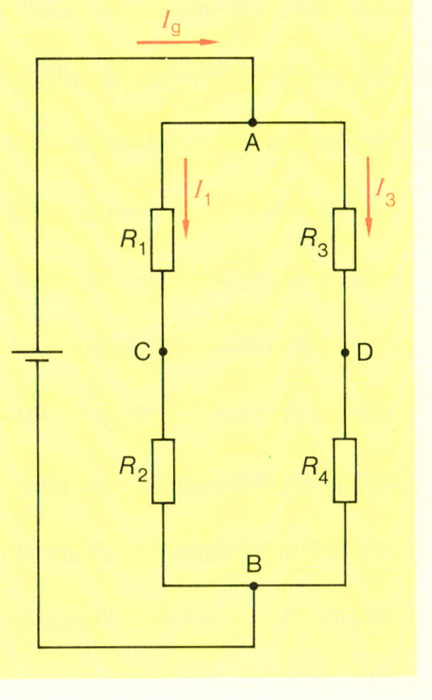

Abb. 8

5.3 Widerstandsmessung mit Meßbrücken

5.3.1 Meßprinzip Brückenschaltung

Die Schaltung in Abb. 8 besteht aus zwei Reihenschaltungen von zwei Widerständen (R_1 in Reihe mit R_2 und R_3 in Reihe mit R_4), die parallel an eine gemeinsame Spannungsquelle angeschlossen sind.

Der Strom I_1 durchfließt sowohl R_1 als auch R_2. Der Strom I_3 durchfließt sowohl R_3 als auch R_4. Zwischen den Punkten A und B liegt die Batteriespannung. Sie teilt sich an den Widerständen R_1 und R_2 in U_{AC} und U_{CB}.

Eine Spannungsaufteilung findet auch an den Widerständen R_3 und R_4 in U_{AD} und U_{DB} statt. Bei der **Brückenschaltung** legt man zwischen die Punkte C und D einen Strommesser (vgl. Abb. 1). Er zeigt dann keinen Strom an, wenn zwischen den Punkten C und D keine Spannung besteht. Bei diesem Zustand sagt man, die Brücke ist abgeglichen.

Die Bedingungen, die zur abgeglichenen Brücke gehören, sollen hier untersucht werden. Sie führen zum Widerstandsmeßprinzip der Brückenschaltung.

Für die vier Widerstände gilt:

$U_{AC} = I_1 \cdot R_1 \qquad U_{CB} = I_1 \cdot R_2$

$U_{AD} = I_3 \cdot R_3 \qquad U_{DB} = I_3 \cdot R_4$

Abgleichbedingung ist: $U_{CD} = 0$

Dies ist dann der Fall, wenn $U_{AC} = U_{AD}$ und $U_{CB} = U_{DB}$, bzw. wenn die Spannungsaufteilung der Batteriespannung im oberen Brückenzweig der Aufteilung im unteren entspricht.

$$\frac{U_{AC}}{U_{CB}} = \frac{U_{AD}}{U_{DB}}$$

Die Spannungen lassen sich durch $I \cdot R$ ersetzen und die Ströme kürzen:

$$\frac{I_1 \cdot R_1}{I_1\ R_2} = \frac{I_3 \cdot R_3}{I_3 \cdot R_4}$$

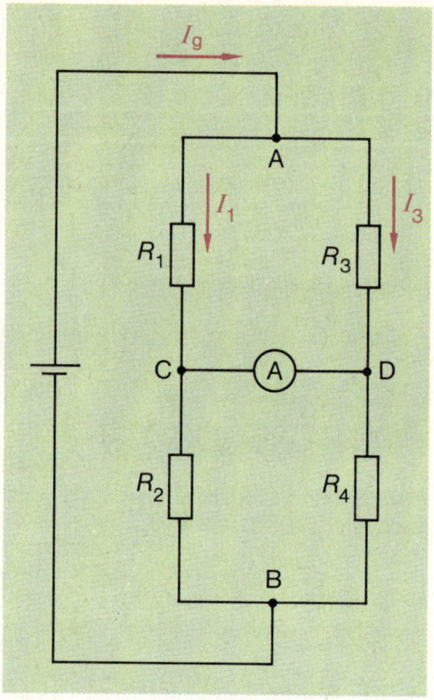

Abb. 1: Brückenschaltung

Bedingung für Brückenabgleich

$$\boxed{\frac{R_1}{R_2} = \frac{R_3}{R_4}}$$

5.3.2 Widerstandsmessung mit der Wheatstone-Brücke

Die Abb. 2 zeigt die Prinzipschaltung der Wheatstone-Brücke[1]. Anstelle des Widerstandes R_1 wird der zu messende Widerstand R_x eingeschaltet. Die Widerstände R_2, R_3 und R_4 werden so lange verändert, bis die Brücke abgeglichen ist. Wenn die Widerstände R_2,

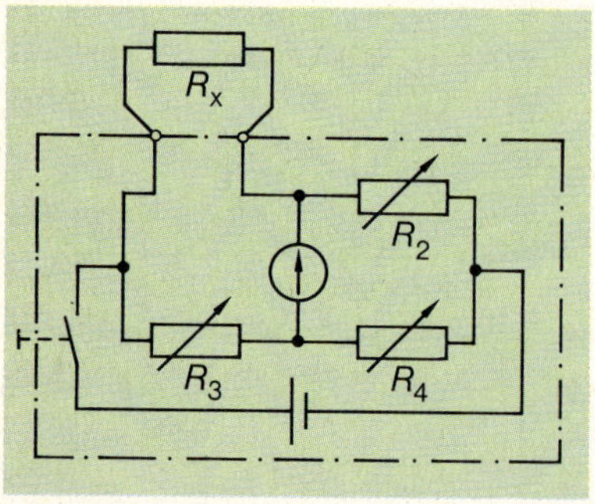

Abb. 2: Prinzipschaltung der Wheatstone-Brücke

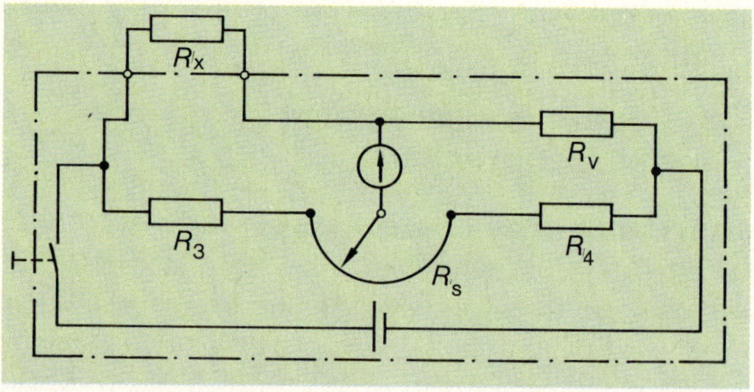

Abb. 3: Schaltung einer Schleifdrahtbrücke in Wheatstone-Schaltung

[1] Benannt nach Sir Charles Wheatstone, englischer Physiker, 1802–1875.

R_3 und R_4 (Abb. 2) bekannt sind, dann läßt sich der Widerstand R_x berechnen:

$$R_x = \frac{R_2 \cdot R_3}{R_4}$$

Eine konstante Spannung ist nicht erforderlich. Sie muß nur so groß sein, daß über das Anzeigeinstrument ein Abgleich möglich ist.

Für die Praxis ist diese Art der Widerstandsmessung noch zu umständlich. Einfacher in der Bedienung ist die **Schleifdraht-Meßbrücke in Wheatstone-Schaltung** (Abb. 3)

Der Brückenabgleich erfolgt durch stufenweise Veränderung des Vergleichswiderstandes R_V und Verstellung des Abgriffs am Schleifendrahtwiderstand R_S. Die Widerstände R_3 und R_4 sind Festwiderstände. Der Meßwert kann hier direkt abgelesen werden.

Wheatstone-Brücken eignen sich für Widerstandsmessungen von ca. 0,1 Ω bis ca. 1 MΩ.

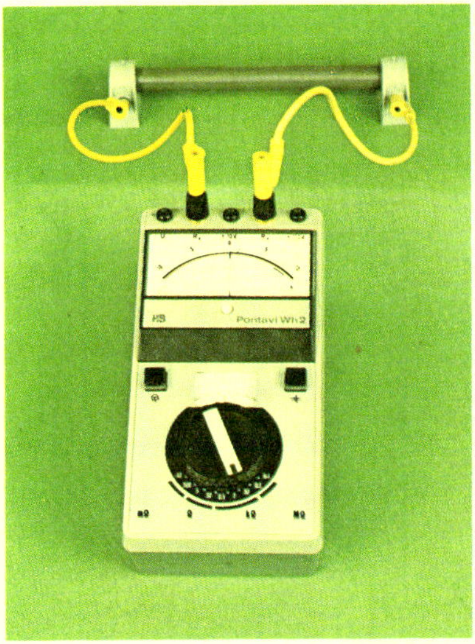

Abb. 4: Meßbrücke nach Wheatstone. Es werden gleichzeitig zwei Skalen betätigt, dadurch kann der Meßwert sofort abgelesen werden

5.3.3 Widerstandsmessung mit der Thomson-Brücke

Für die Messung sehr kleiner Widerstände ist die Wheatstone-Brücke ungeeignet. Hier würden die Leitungen, die den zu messenden Widerstand R_x mit den Klemmen des Meßgerätes verbinden, die Messung verfälschen. Diese Leitungen werden durch Zusatzwiderstände kompensiert. Eine einfache Schaltung der Thomson-Brücke[1] ist in Abb. 5 dargestellt.

Der zu messende Widerstand R_x wird an das Gerät angeschlossen. Mit gleichen Zuleitungen wird ein Vergleichswiderstand R_V (kann ein Schleifdraht sein) angeschlossen.

Bei Abgleich der Brücke gilt: $\frac{R_x}{R_V} = \frac{R_3}{R_4} = \frac{R_5}{R_6}$

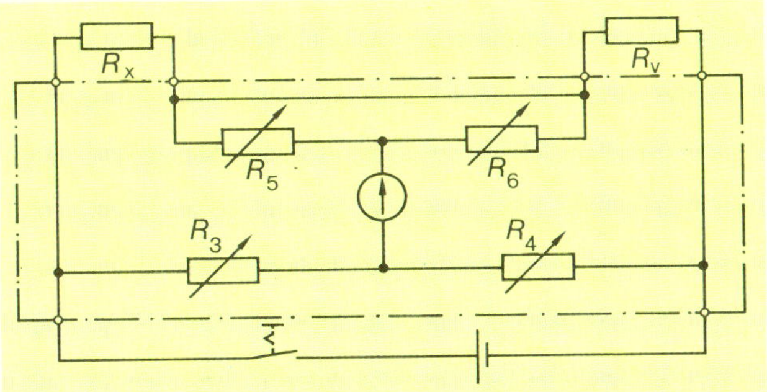

Abb. 5: Schaltung einer Thomson-Brücke

[1] Benannt nach Sir William Thomson (Lord Kelvin of Largs), englischer Physiker, 1824–1907.

Die Innenwiderstände werden immer so verändert, daß das folgende Verhältnis gleich bleibt:

$$\frac{R_3}{R_4} = \frac{R_5}{R_6}$$

Thomson-Brücken benötigen einen höheren Strom als Wheatstone-Brücken. Sie müssen deshalb von einer separaten Spannungsquelle (z. B. Netz) versorgt werden.

Thomson-Brücken sind für die Messung sehr kleiner Widerstände von ca. 0,1 μΩ bis ca. 100 Ω geeignet.

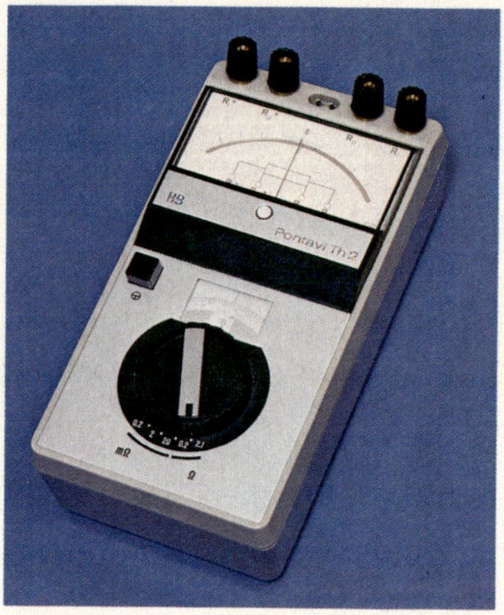

Abb. 1: Meßbrücke nach Thomson

Aufgaben zu 5

1. Der Widerstandswert eines Widerstandes soll mit Strom- und Spannungsmessung bestimmt werden. Der Widerstand ist etwa 300 Ω groß. Der Strommesser hat einen Innenwiderstand von 10 Ω und der Spannungsmesser von 100000 Ω.
Welche Meßschaltung ist auszuwählen?

2. Warum ist bei einem Widerstandsmesser (Strommesser in Ω geeicht) die Skala rückläufig?

3. Welche Bedingungen gelten für eine abgeglichene Brücke?

4. Warum zeigt das Meßgerät bei einer abgeglichenen Brücke nichts an?

5. Warum wird der Meßfehler der Wheatstone-Brücke bei der Messung sehr kleiner Widerstände so groß?

6. Für welche Meßzwecke ist eine Thomson-Brücke besser geeignet als eine Wheatstone-Brücke?

7. In einer Stromfehlerschaltung werden die folgenden Werte gemessen: $I = 200$ mA bei einem Meßbereich von 300 mA (55 mV) und $U = 5$ V bei einem Meßbereich von 7 V $\left(100\,\frac{\text{k}\Omega}{\text{V}}\right)$. (Klasse 0,5)
a) Wie groß ist der Widerstand ohne Korrektur?
b) Wie groß ist der Widerstand mit Korrektur?
c) Wie groß wäre der Widerstandswert (ohne Korrektur), wenn beide Meßgeräte 0,5% zuviel angezeigt hätten?
d) Wie groß wäre der Widerstandswert (ohne Korrektur), wenn beide Meßgeräte 0,5% zuwenig angezeigt hätten?
e) Wie groß wäre der Widerstandswert, wenn der Strommesser 0,5% zuviel und der Spannungsmesser 0,5% zuwenig angezeigt hätten?

8. Wie groß sind die Ergebnisse der Aufgabe 7, wenn die Spannungsfehlerschaltung angewendet wird?

6 Energieübertragung

6.1 Elektrische Arbeit

In jeder Spannungsquelle wird Energie in elektrische Energie umgewandelt. Dabei entsteht eine elektrische Ladung und eine elektrische Spannung. Die dabei gewonnene Energie muß in der Lage sein, Arbeit zu verrichten.

Im folgenden soll die elektrische Arbeit näher betrachtet werden. Hierfür benutzen wir ein Gerät, das eine bestimmte und bekannte elektrische Energie speichert. Ein solches Gerät ist der Kondensator. Er wird in 11.2 und 11.3 ausführlich behandelt. Hier wird nur seine Eigenschaft als Energiespeicher berücksichtigt.

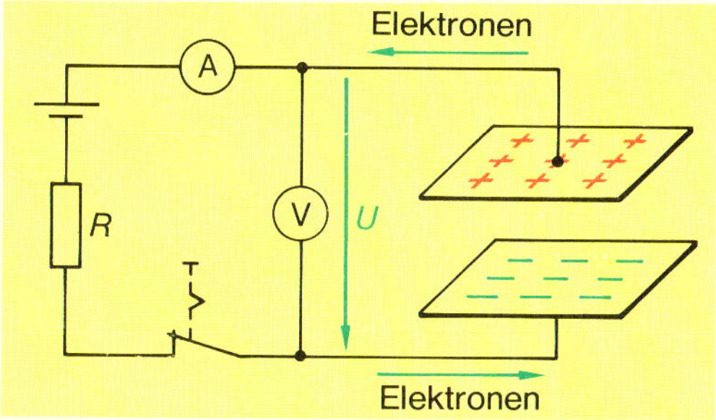

Abb. 2: Aufladevorgang eines Kondensators

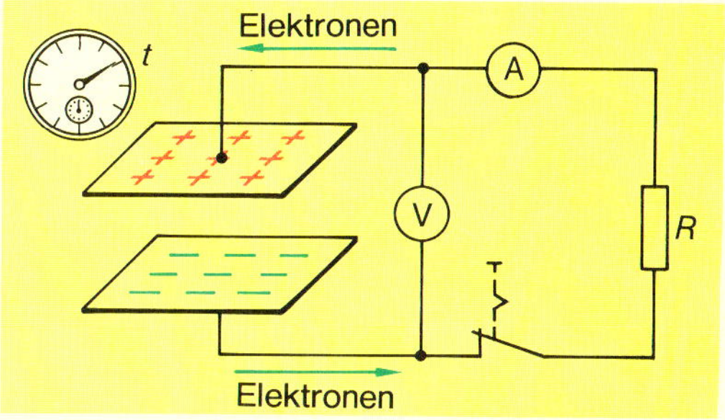

Abb. 3: Entladevorgang eines Kondensators

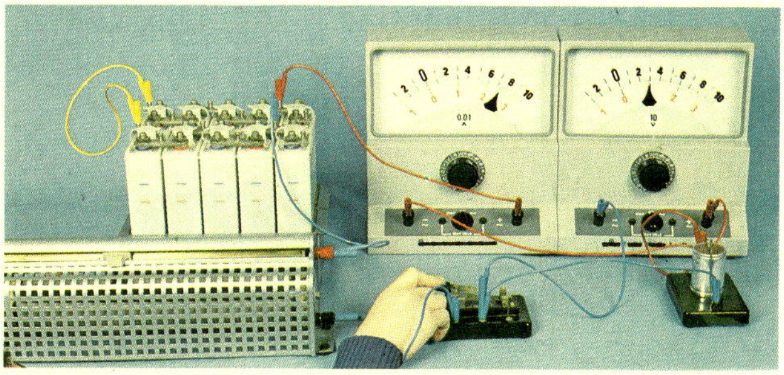

Abb. 4: Der Kondensator wird aufgeladen. Es fließt ein Strom und die Kondensatorspannung steigt. Der Kondensator speichert Energie.

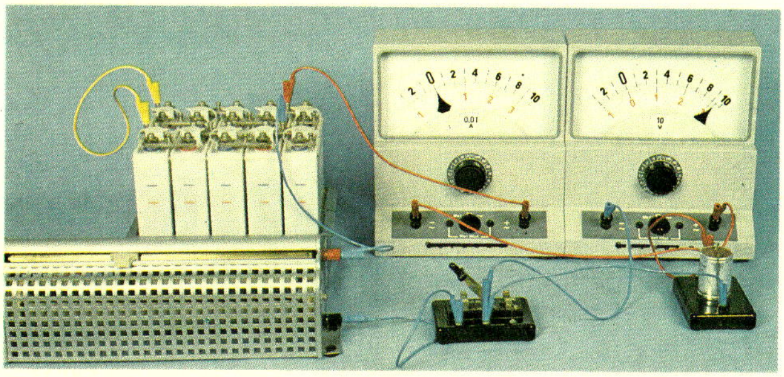

Abb. 5: Der Stromkreis ist unterbrochen, es fließt kein Strom. Am Kondensator wird Spannung gemessen, er hat also Energie gespeichert.

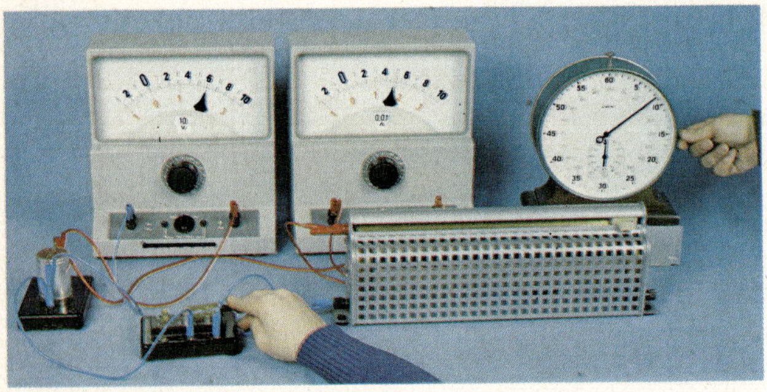

Abb. 1: Der Kondensator wird entladen. Es fließt ein Strom und mit schreitender Zeit fällt die Kondensatorspannung.

Der Kondensator besteht aus zwei voneinander isolierten Platten. Schließt man an diesen eine Spannungsquelle an, dann zieht der Pluspol P Elektronen aus der einen Platte. Es bleiben positive Ladungen zurück. Der Minuspol N „drückt" zusätzlich Elektronen auf die andere Platte. Sie wird dadurch negativ geladen (vgl. Abb. 2, S. 89).

Die negative Ladung, die der oberen Platte entzogen wurde, ist auf der unteren gespeichert. Man sagt, der Kondensator ist geladen. Einen Beweis hierfür liefert der Spannungsmesser. Er zeigt eine Spannung an. Diese bleibt auch dann bestehen, wenn die Spannungsquelle abgeklemmt wird. Der Kondensator hat also elektrische Energie gespeichert.

$E = U \cdot Q$ (vgl. 1.4.2.1)

Diese elektrische Energie kann als elektrische Arbeit wieder abgegeben werden, wenn ein Verbraucher angeschlossen wird.

$E = W \quad \Rightarrow \quad W = U \cdot Q$

Wenn der Kondensator entladen wird, fließt während einer bestimmten Zeit t ein Strom I, bis der Kondensator entladen ist. Dabei wird Ladung bewegt.

Es gilt: $Q = I \cdot t$ (vgl. 1.5.2)

Für die elektrische Arbeit ergibt sich damit:

$W = U \cdot Q$
$W = U \cdot I \cdot t$

Elektrische Arbeit

Formelzeichen W

$\boxed{W = U \cdot I \cdot t}$

$[W] = \text{V A s}$
$[W] = \text{W s}$

Arbeit ist Spannung mal Stromstärke mal Zeit

1 J = 1 V · 1 A · 1 s

Elektrische und mechanische Arbeit haben das gleiche Formelzeichen. Stimmen auch ihre Einheiten überein? Wir wollen dies durch einen Einheitenvergleich prüfen.

Mechanische Arbeit	**Elektrische Arbeit**
$[W] = \text{N m}$	$[W] = \text{V A s}$
	$[W] = \text{V} \cdot \text{A} \cdot \text{s} \qquad 1\,\text{V} = 1\,\frac{\text{N m}}{\text{A s}}$
	$[W] = \frac{\text{N} \cdot \text{m}}{\text{A} \cdot \text{s}} \cdot \text{A} \cdot \text{s}$
	$\underline{[W] = \text{N} \cdot \text{m}}$

Das Ergebnis zeigt, daß sich die Einheiten ineinander umwandeln lassen. Es gilt:
1 N m = 1 V A s

6.2 Messung der elektrischen Arbeit

Um die mechanische Arbeit eines Motors zu messen, muß man einen großen technischen Aufwand treiben. Die elektrische Arbeit ist jedoch einfach zu messen. Man benötigt nur einen Spannungsmesser, einen Strommesser und eine Stoppuhr. Das Ergebnis läßt sich dann rechnerisch ermitteln (Abb. 2).

Noch einfacher ist der Einsatz eines Elektrizitätszählers. Er besteht im Prinzip aus einem Spannungspfad (entspricht dem Spannungsmesser) und einem Strompfad (entspricht dem Strommesser). Beide wirken auf ein Zählwerk, das entsprechend der Einschaltdauer (Zeit) die Arbeit registriert (Abb. 3).

Elektrizitätszähler

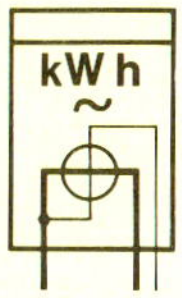

Die Einheit der Arbeit und damit auch der elektrischen Arbeit ist Joule. In der Elektrotechnik wird die Einheit Wattsekunde W s verwendet (vgl. 6.3). Da sie jedoch sehr klein ist, haben sich in der Technik größere Einheiten durchgesetzt.

Es sind dies die Wattstunde W h und die Kilowattstunde kW h.

Abb. 2: Indirekte Arbeitsmessung

Abb. 3: Direkte Arbeitsmessung (Spannungs- und Strommessung zur Kontrolle)

1 W h = 3600 W s = 3,6 · 10³ W s = 3,6 kW s
1 kW h = 3 600 000 W s = 3,6 · 10⁶ W s = 3,6 MW s

Die in der Praxis verwendeten Elektrizitätszähler sind deshalb in der Regel in kW h geeicht (Abb. 1).

Neben anderen technischen Angaben wie Spannung, Stromstärke usw. steht auf dem Typenschild die Zählerkonstante c_Z.

Sie gibt an, wieviel Umdrehungen der Zählerscheibe 1 kW h entsprechen.

Beispiel:

$$c_Z = 180 \frac{1}{\text{kW h}}$$

(180 Umdrehungen pro Kilowattstunde)

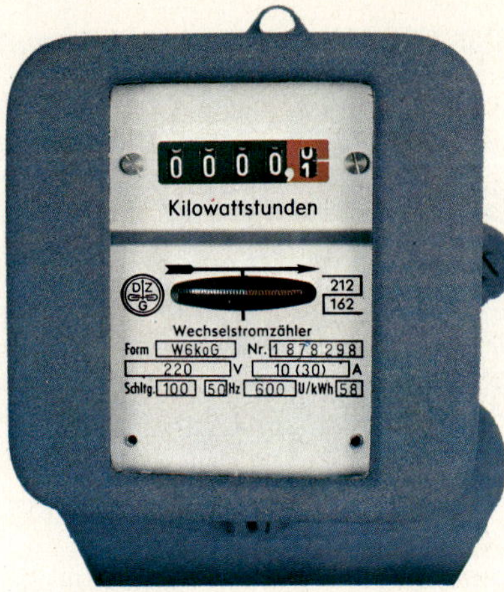

Abb. 1: Elektrizitätszähler

6.3 Elektrische Leistung

Ehe die elektrische Leistung und ihre Einflußgrößen dargestellt werden können, ist ein Rückgriff auf die Größe „Arbeit" erforderlich.

Arbeit wird dann verrichtet, wenn eine Kraft entlang eines Weges wirkt. Trägt z. B. ein Bauarbeiter 500 kg Zement in einem Neubau drei Etagen hoch (je 2,75 m), dann verrichtet er Arbeit. Für den Transport von jeweils 50 kg muß er eine Kraft von ca. 490 N aufwenden. Die Etagenhöhe muß er 10mal überwinden, er legt also insgesamt einen Weg $h = 82{,}5$ m zurück.

$W = F \cdot h$
$W = 490\,\text{N} \cdot 82{,}5\,\text{m}$
$\underline{W = 40\,425\,\text{N m}}$

Der Bauarbeiter hat eine Arbeit von 40 425 N m verrichtet. Wieviel hat er geleistet? Hierzu muß noch die benötigte Zeit berücksichtigt werden. Beeilt er sich, dann leistet er viel. Geht er sehr langsam die Treppe hoch, dann leistet er wenig. In beiden Fällen verrichtet er jedoch die gleiche Arbeit.

> Die Leistung ist um so größer, je kleiner die Zeit ist, in der eine Arbeit verrichtet wird.

Man kann auch eine weitere Überlegung anstellen:

Zwei Arbeiter tragen 30 Minuten lang ($t = 1800$ s) Zement drei Etagen hoch ($h = 8{,}25$ m). Der erste Arbeiter trägt in dieser Zeit 500 kg, der zweite Arbeiter jedoch 750 kg. Der zweite Arbeiter hat in der gleichen Zeit mehr Arbeit verrichtet, er leistet mehr.

> Die Leistung ist um so größer, je größer die verrichtete Arbeit und je kleiner die dafür benötigte Zeit ist.

$F = 490$ N
$h = 15 \cdot 3 \cdot 2{,}75$ m
$h = 123{,}75$ m
$t = 180$ s
$W = F \cdot h$
$W = 490\,\text{N} \cdot 123{,}75\,\text{m}$
$W = 60\,637{,}5\,\text{N m}$

$P = \frac{W}{t}$

$P = \frac{60\,637{,}5\,\text{N m}}{1800\,\text{s}}$

$P = 33{,}7 \frac{\text{N m}}{\text{s}}$

$\underline{P = 33{,}7\,\text{W}}$

Abb. 2: Beispiel für die Verrichtung mechanischer Leistung

Die Größe Leistung hat die Einheit **Watt**[1].

In Abb. 2 ist die Tätigkeit des zweiten Arbeiters zu sehen. Arbeit und Leistung sind berechnet.

Für die elektrische Leistung gelten die gleichen Zusammenhänge wie für die mechanische Leistung.

$$\textbf{Leistung} = \frac{\textbf{Arbeit}}{\textbf{Zeit}}$$

Die elektrische Arbeit ist das Produkt von Spannung, Stromstärke und Zeit (vgl. 6.1). Wir können diesen Ausdruck in die Formel zur Leistungsberechnung einsetzen.

Elektrische Leistung	Elektrische Arbeit
$P = \frac{W}{t}$ $P = \frac{U \cdot I \cdot t}{t}$	$W = U \cdot I \cdot t$

Elektrische Leistung ist Spannung mal Stromstärke

1 W = 1 V · 1 A

Größenordnungen von Leistungswerten elektrischer Geräte

Mikrofon	z. B.	0,000000005 W
Kofferradio	z. B.	5 W
Farbfernsehgerät	ca.	100 W
Glühlampe (220 V)	z. B.	100 W
Kühlschrank	ca.	120 W
Elektroherd	ca.	10000 W
Elektrolokomotive	z. B.	1000000 W

Größenordnungen von Leistungswerten elektrischer Kraftwerke

Wasserkraftwerk Walchensee	124000 kW
Kohlekraftwerk Borken	356000 kW
Pumpspeicherwerk Waldeck	440000 kW
Kernkraftwerk Würgassen	670000 kW

6.4 Messung der elektrischen Leistung

Die Beziehung für die elektrische Leistung verdeutlicht, daß es sehr leicht ist, elektrische Leistungen zu messen. Man benötigt einen Spannungsmesser und einen Strommesser. Beide Meßwerte miteinander multipliziert ergeben die Leistung (Abb. 1, S. 94).

In der Technik werden jedoch auch Geräte benützt, in denen der Spannungsmesser und der Strommesser gemeinsam auf einen Zeiger wirken. Hier wird die Leistung direkt angezeigt (Abb. 2, S. 94).

Mechanische Leistung

Formelzeichen P
Einheitenzeichen W

$P = \frac{W}{t}$ $P = \frac{F \cdot s}{t}$

$$1\,\text{W} = 1\,\frac{\text{N m}}{\text{s}}$$

$$[P] = \frac{\text{N m}}{\text{s}}$$

Elektrische Leistung

Formelzeichen P
Einheitenzeichen W

$P = U \cdot I$

$[P] = \text{V A}$

[1] Benannt nach James Watt, englischer Ingenieur, 1736–1819.

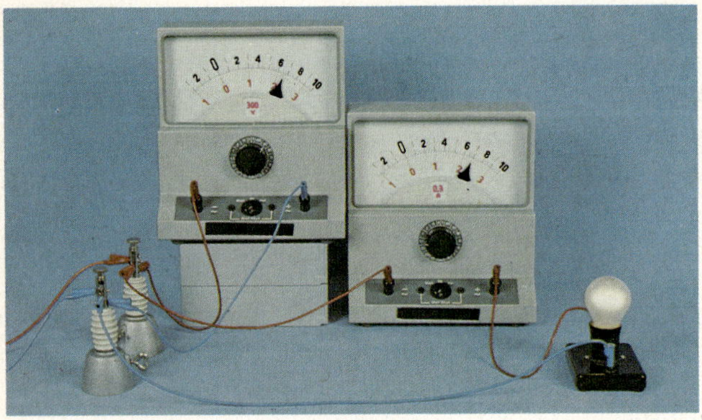

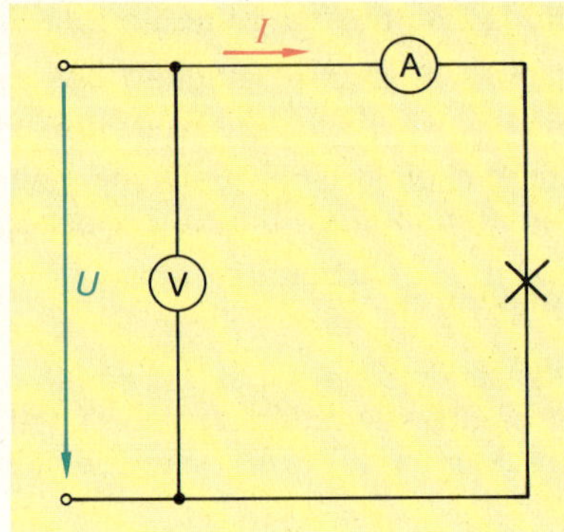

Abb. 1: Indirekte Leistungsmessung

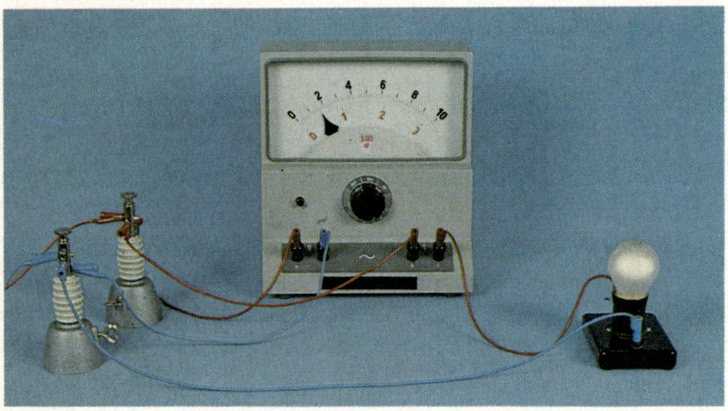

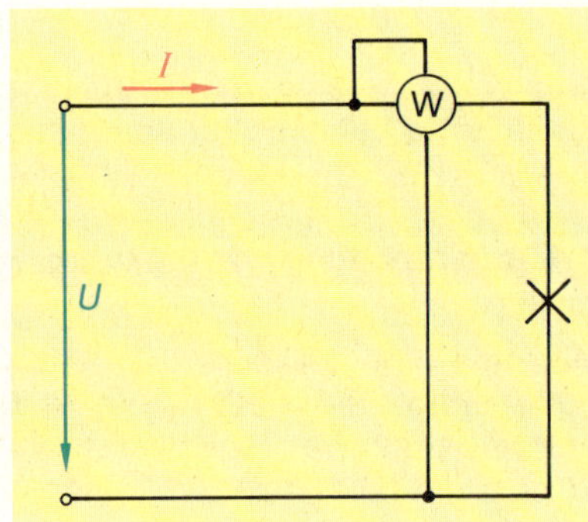

Abb. 2: Direkte Leistungsmessung

Elektrischer Leistungsmesser

Der elektrische Leistungsmesser ist einfacher aufgebaut als der Elektrizitätszähler. Er hat kein Zählwerk, jedoch wie der Zähler einen Spannungspfad und einen Strompfad (Abb. 2).

Beim Anschließen eines Leistungsmessers muß man besonders sorgfältig vorgehen, damit die beiden Pfade nicht vertauscht werden. Der **Spannungspfad** ist **hochohmig.** Er muß an die volle Spannung angeschlossen werden. Der **Strompfad** ist **niederohmig.** Er muß in den Stromkreis geschaltet werden. Schließt man ihn an die volle Spannung an, dann fließt ein großer Strom, der das Gerät zerstören kann.

Selbst bei richtigem Anschluß kann ein Meßgerät, dessen Zeiger noch nicht den Endwert anzeigt, zerstört werden. Dies ist besonders bei umschaltbaren Instrumenten möglich. Ein Beispiel soll dies verdeutlichen:

Bei einem Leistungsmesser ist der Spannungspfad auf 300 V und der Strompfad auf 1 A eingestellt. Der Meßbereich beträgt also 300 W.

Der Verbraucher, dessen Leistung gemessen werden soll, liegt an 100 V und führt einen Strom von 2,5 A. Das Meßgerät zeigt den richtigen Wert an, nämlich 250 W.

Der Meßwert ist also kleiner als der Meßbereich des Leistungsmessers. Trotzdem wird der Leistungsmesser zerstört, da sein Strompfad um 150% überlastet ist.

Eine weitere recht einfache Art, die Leistung eines Verbrauchers zu ermitteln, ist die Leistungsbestimmung mittels eines Elektrizitätszählers, wie sie in Abb. 4 dargestellt ist. Soll z. B. die Leistungsaufnahme eines Elektrogrills in einer Wohnung kontrolliert werden und man hat keinen Leistungsmesser zur Hand, dann genügt eine Stoppuhr (evtl. auch eine Uhr mit einem Sekundenzeiger).

Abb. 3: Leistungsmesser

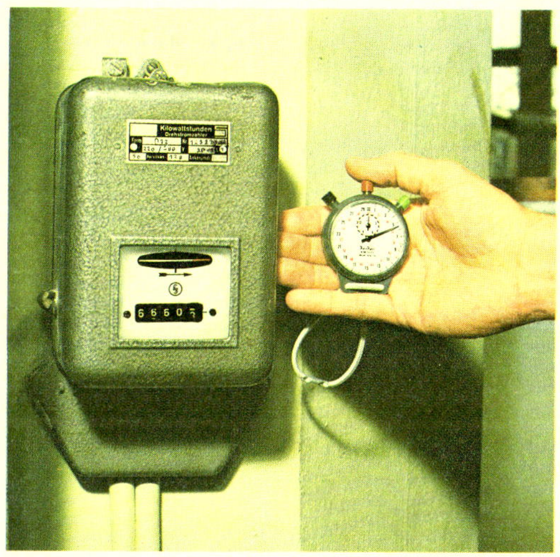
Abb. 4: Leistungsbestimmung mit Zähler und Stoppuhr

Messungsdurchführung

In der Anlage wird nur das Gerät eingeschaltet, dessen Leistungsaufnahme bestimmt werden soll, in unserem Fall also der Elektrogrill. Die Drehung der Zählerscheibe zeigt an, daß das Gerät arbeitet. Die rote Markierung der Zählerscheibe ermöglicht ein Zählen der Umdrehungen. Man mißt die Zeit für eine bestimmte beliebige Zahl von Umdrehungen.

Beispiel:

Die Zählerkonstante beträgt $c_z = 180 \frac{1}{\text{kW h}}$. Die Zählerscheibe benötigt für 10 Umdrehungen 100 s.

Der Elektrogrill entnimmt also während 100 s die elektrische Arbeit $W = \frac{10}{180}$ kW h = 0,06 kW h.

Für die Leistung ergibt sich dann:

$$P = \frac{W}{t}$$

$$P = \frac{0{,}06 \text{ kW h}}{100 \text{ s}}$$

Die 100 s werden in Stunden h umgewandelt, damit die Einheit h gekürzt werden kann:

$$P = \frac{0{,}06 \text{ kW h}}{0{,}03 \text{ h}} \qquad 100 \text{ s} = \frac{100}{3600} \text{ h} = 0{,}03 \text{ h (gerundet)}$$

$$\underline{P = 2 \text{ kW}}$$

Für die Leistungsbestimmung mittels Zähler kann man eine Berechnungsformel aufstellen. Sie ist eine zugeschnittene Größengleichung, d.h., die Größen dürfen nur in den vorgeschriebenen Einheiten in die Formel eingesetzt werden.

Leistungsbestimmung mittels Zähler

$$\boxed{P = \frac{n \cdot 3600}{t \cdot c_z}}$$

n: Zahl der Umdrehungen in der gemessenen Zeit t

t: Zeit der Umdrehungen in s

c_z: Zählerkonstante in $\frac{1}{\text{kW h}}$

P: ermittelte Leistung in kW

Kontrolle des Beispiels:

$n = 10 \quad t = 100 \text{ s} \quad c_z = 180 \frac{1}{\text{kW h}}$

$$P = \frac{n \cdot 3600}{t \cdot c_z}$$

$$P = \frac{10 \cdot 3600}{100 \cdot 180} \text{ kW}$$

$$\underline{P = 2 \text{ kW}}$$

Aufgaben zu 6.1 bis 6.4

1. Ein Lastaufzug ist für 2000 kg ausgelegt. Diese Last befördert er in 12 s auf eine Höhe von 15 m.
a) Wieviel Arbeit wird bei einem Hub verrichtet?
b) Wie groß ist die Leistung?

2. Ein Gleichstrommotor für 220 V ist 10 Stunden in Betrieb. Seine Nennstromstärke beträgt 41,6 A.
a) Wie groß ist die aufgenommene Leistung?
b) Wieviel elektrische Arbeit wird verbraucht?

3. Ein Elektrogerät für 220 V ist 6 Minuten in Betrieb. Die Scheibe des Elektrizitätszählers dreht sich während dieser Zeit 72mal. $c_z = 360 \frac{1}{\text{kW h}}$.
a) Wieviel Energie wird in 6 min verbraucht?
b) Wie groß ist die aufgenommene Leistung?
c) Wie groß ist die Stromstärke?
d) Wieviel Energie wird in drei Stunden verbraucht?

4. Begründen Sie, warum die Größe Zeit nicht in der elektrischen Leistungsformel vorkommt!

5. Was geschieht, wenn der Spannungspfad eines Leistungsmessers in den Stromkreis geschaltet wird?

6. Was geschieht, wenn der Strompfad eines Leistungsmessers an die volle Spannung gelegt wird?

7. Wieviel zeigt ein Leistungsmesser an, wenn der Spannungspfad nicht angeschlossen wird? Begründen Sie Ihre Antwort!

6.5 Elektrische Leistung in einem Stromkreis

6.5.1 Elektrische Leistung bei einem Widerstand

Die Hauptaufgabe der elektrischen Energietechnik ist die Übertragung und die Umwandlung elektrischer Energie. Im folgenden soll ein Stromkreis untersucht werden, in dem elektrische Energie in Wärmeenergie umgewandelt wird. Dies ist z.B. bei jedem Elektroherd der Fall.

Mit dem 7-Takt-Schalter (eine Ausschaltstellung und sechs unterschiedliche Einschaltstellungen) wird die Leistung der Herdplatte gesteuert.

Versuch 6–1:
Zusammenhang zwischen Stromstärke und Leistung bei einer Herdplatte

Aufbau

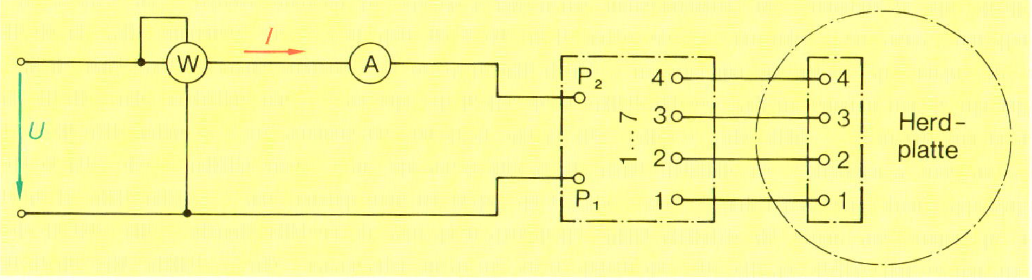

Durchführung

Die Herdplatte $P = 2000$ W wird an ihre Nennspannung $U = 220$ V angeschlossen. Für jede Schalterstellung des 7-Takt-Schalters werden Leistung und Stromstärke gemessen.

Meßergebnis

Nr.	1	2	3	4	5	6	7
Stufe	0	0●1	1	1●2	2	2●3	3
P in W	0	200	300	450	950	1400	2000
I in A	0	0,91	1,36	2,05	4,32	6,36	9,1
$R = \frac{U}{I}$ in Ω	∞	242	162	107	51	34,6	24,2

U = konstant $U = 220$ V

Die Meßwerte bestätigen die in 6.3 gefundene Gesetzmäßigkeit.

Bei konstanter Spannung steigt die Stromstärke im gleichen Verhältnis wie die Leistung.

Wenn sich in einem Stromkreis bei konstanter Spannung die Stromstärke ändert, dann kann die Ursache hierfür nur eine Widerstandsänderung sein. Durch Betätigen des 7-Takt-Schalters ist also der Widerstand der Herdplatte verändert worden.

Die technische Verwirklichung dieser Veränderung wird in 6.5.2 und 6.5.3 geklärt. Hier soll untersucht werden, in welchem Maß der Widerstand verändert wird und welche Auswirkung dies auf die Leistung hat.

In der Tabelle der Meßergebnisse von Versuch 6–1 sind die Widerstandswerte der einzelnen Schaltstufen ausgerechnet. Sie zeigen deutlich, daß die Leistung steigt, wenn der Widerstand kleiner wird. Untersucht man den Zusammenhang genauer, dann ermittelt man eine umgekehrte Proportionalität. Dies zeigt auch das Diagramm (Abb. 1) zu Versuch 6–1.

Die Leistung eines Verbrauchers an konstanter Spannung steigt in dem Maß, in dem der Widerstand kleiner wird.

Das umgekehrte Proportionalitätsverhältnis läßt sich auch in einer Formel ausdrücken. Sie wird hier mathematisch hergeleitet.

$P = U \cdot I \qquad I = \frac{U}{R}$

$P = U \cdot \frac{U}{R}$

Elektrische Leistung

$$P = \frac{U^2}{R}$$

$$[P] = \frac{V^2}{\Omega}$$

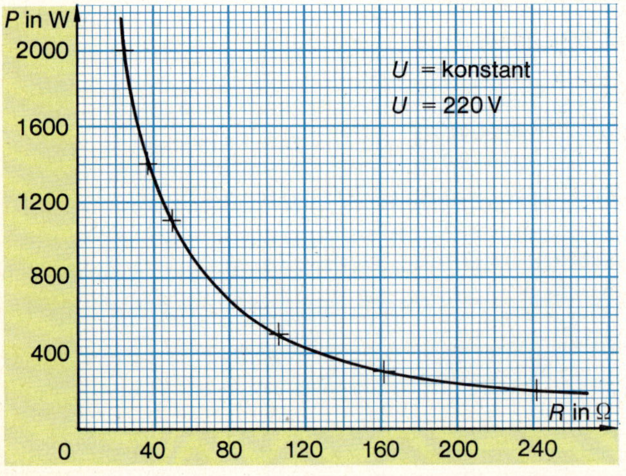

Abb. 1: Abhängigkeit der Leistung vom Widerstand bei konstanter Spannung

Diese Leistungsformel bestätigt nicht nur die umgekehrte Abhängigkeit vom Widerstand R, sondern sagt auch, daß die Leistung quadratisch von der Spannung abhängig ist.

Die elektrische Leistung ist quadratisch von der angelegten Spannung abhängig und umgekehrt proportional zum Widerstand. Je kleiner der Widerstand eines Verbrauchers ist, desto größer ist seine Leistungsaufnahme.

Da auch die Stromstärke von der Spannung und vom Widerstand abhängig ist, läßt sich auch die Leistung mit Hilfe der Stromstärke berechnen.

Ersetzt man in der Grundformel U durch $I \cdot R$, dann erhält man eine dritte für die Praxis sehr wichtige Leistungsformel:

$P = U \cdot I \qquad U = I \cdot R$

$P = I \cdot R \cdot I$

$$\boxed{P = I^2 \cdot R}$$

$[P] = \mathrm{A}^2\,\Omega$

Die Berechnung der Leistung kann insgesamt mit den drei folgenden Formeln erfolgen:

$$\boxed{P = U \cdot I} \qquad \boxed{P = \frac{U^2}{R}} \qquad \boxed{P = I^2 \cdot R}$$

6.5.2 Elektrische Leistung bei der Reihenschaltung

Die Kochplatte mit dem 7-Takt-Schalter stellt in den ersten beiden Schaltstufen eine Reihenschaltung dar.

Die Abb. 2 zeigt die komplette Schaltung. Die Heizplatte besitzt drei verschieden große Widerstände, die mittels 7-Takt-Schalter verschieden geschaltet werden können. Im Schalter werden nur entsprechende Verbindungen zwischen P_1, P_2 und 1, 2, 3, 4 hergestellt.

Abb. 1, S. 100 zeigt für die ersten drei Schaltstufen die Schaltverbindungen mit den dazugehörigen Widerstandsschaltungen in übersichtlicher Form.

In der Zwischenstufe 1 • 2 ist nur der Widerstand R_2 eingeschaltet. Er beträgt 107 Ω (vgl. Versuch 6–1). Dieser Widerstand nimmt an 220 V eine Leistung von 450 W auf.

Schaltet man einen zweiten Widerstand dazu in Reihe und schließt diese Reihenschaltung an 220 V an, dann sinkt die Leistungsaufnahme. Dies entspricht der Schaltstufe 1. Laut Versuch 6–1 beträgt hier die Leistungsaufnahme 300 W und der Widerstand der Reihenschaltung $R_1 + R_2 = 162\,\Omega$. Der Widerstand R_1 läßt sich berechnen:

$R_1 = R_{12} - R_2$

$R_1 = 162\,\Omega - 107\,\Omega$

$\underline{R_1 = \ \ 55\,\Omega}$

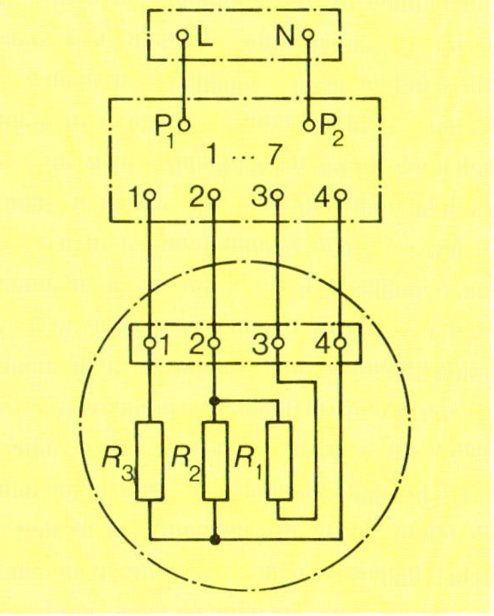

Abb. 2: Herdplatte in 7-Takt-Schaltung

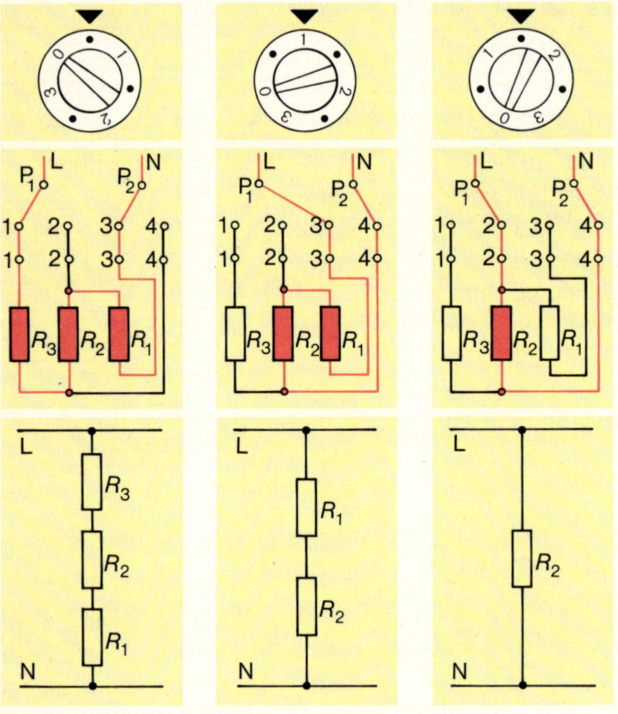

Abb. 1: Schaltstufen 0 • 1, 1 und 1 • 2 einer Herdplatte in 7-Takt-Schaltung

In der Zwischenstufe 0 • 1 sind die Widerstände R_1, R_2 und R_3 in Reihe geschaltet an 220 V angeschlossen.

Jetzt beträgt bei einem Widerstand von 242 Ω die Leistungsaufnahme 200 W.

$R_3 = R_{123} - R_{12}$
$R_3 = 242\,\Omega - 162\,\Omega$
$\underline{R_3 = \ \ 80\,\Omega}$

Erweitert man die Reihenschaltung um zusätzliche Widerstände, dann verringert sich die gesamte Leistungsaufnahme (U = konst.).

Es soll weiter untersucht werden, wie groß die Leistungsaufnahme der einzelnen Widerstände bei der Reihenschaltung ist. Hierfür könnte die Herdplatte in der ersten Schalterstellung näher untersucht werden. Dies wäre jedoch recht aufwendig, da man die Plattenanlage öffnen müßte. Deshalb wird eine labormäßig aufgebaute Versuchsanordnung vorgezogen.

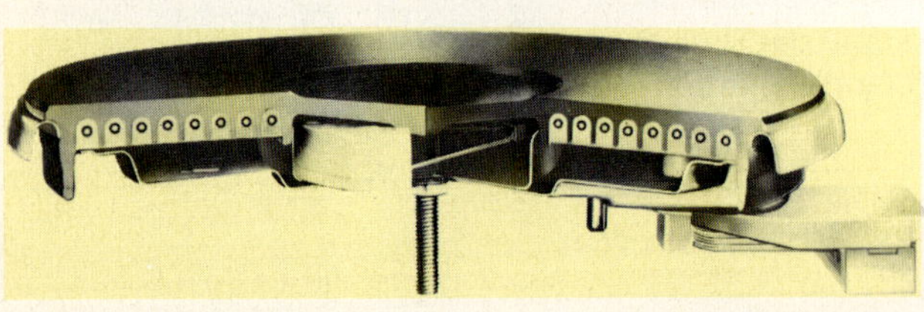

Abb. 2: Schnitt durch eine Herdplatte

Versuch 6–2: Leistung bei der Reihenschaltung

Aufbau

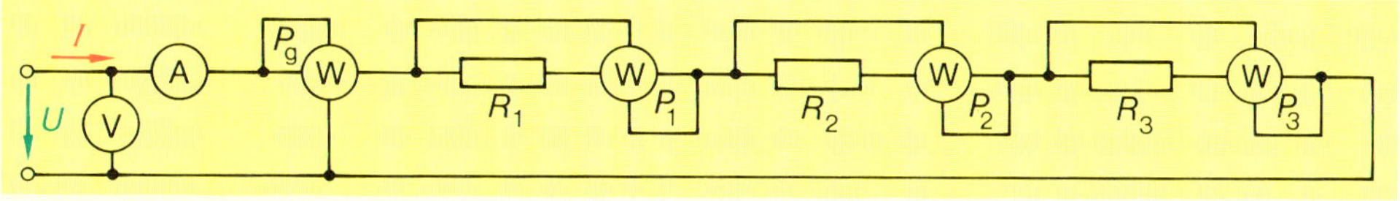

Drei Widerstände $R_1 = 20\,\Omega$, $R_2 = 40\,\Omega$ und $R_3 = 50\,\Omega$ werden in Reihe geschaltet und an 220 V angeschlossen.

Durchführung

Die Gesamtspannung, die Stromstärke, die Gesamtleistung und die Teilleistungen werden gemessen.

Meßergebnis

U in V	I in A	P_g in W	P_1 in W	P_2 in W	P_3 in W
220	2	440	80	160	200

Die Summe der Teilleistungen ist so groß wie die Gesamtleistung.

Leistung bei der Reihenschaltung

$$P_g = P_1 + P_2 + \ldots + P_n$$

Der Widerstand $R_3 = 50\,\Omega$ (der größte) nimmt die größte Leistung auf, weil bei gleichem Strom an ihm die größte Spannung abfällt.

Bei der Reihenschaltung sind Leistungsaufnahme und Widerstand direkt proportional.

Die Meßergebnisse lassen sich rechnerisch kontrollieren.

Aufgaben zu 6.5.1 und 6.5.2

1. Ein Bügeleisen für 220 V nimmt 1000 W Leistung auf. Wie groß ist die Stromstärke?

2. Zwei Widerstände $R_1 = 40\,\Omega$ und $R_2 = 80\,\Omega$ sind in Reihe geschaltet. Die Leistungsaufnahme des Widerstandes R_1 beträgt $P_1 = 45$ W.
a) Wieviel Leistung nimmt R_2 auf?
b) Wie groß ist die Gesamtleistung?

3. Die Leistung eines Lötkolbens soll bei konstanter Netzspannung vermindert werden. Wie läßt sich dies realisieren?

4. Eine Glühlampe 110 V, 100 W, soll über einen Vorwiderstand an 220 V angeschlossen werden.

a) Wie groß muß der Vorwiderstand sein?
b) Wieviel Leistung nimmt der Vorwiderstand auf?
c) Verliert die Glühlampe durch diese Anordnung ihre Helligkeit?

5. Zwei gleich große Heizwiderstände nehmen in Reihe geschaltet und an 220 V angeschlossen zusammen 15 W auf.
a) Wie groß ist die Stromstärke?
b) Wie groß ist der Widerstand der Reihenschaltung?
c) Wie groß ist der Widerstand eines Heizleiters?
d) Wieviel Leistung würde ein Widerstand allein aufnehmen, wenn er an 220 V angeschlossen wird?

6. Kontrollieren Sie rechnerisch aus dem Meßergebnis von Versuch 6–2: I, P_g, P_1, P_2 und P_3.

6.5.3 Elektrische Leistung bei der Parallelschaltung

Die Kochplatte mit dem 7-Takt-Schalter stellt in den Schaltstufen 2 • 3 und 3 Parallelschaltungen dar. Abb. 1 zeigt für die Schaltstufen 2, 2 • 3 und 3 die Schaltverbindungen mit den dazugehörigen Widerstandsschaltungen in übersichtlicher Form.

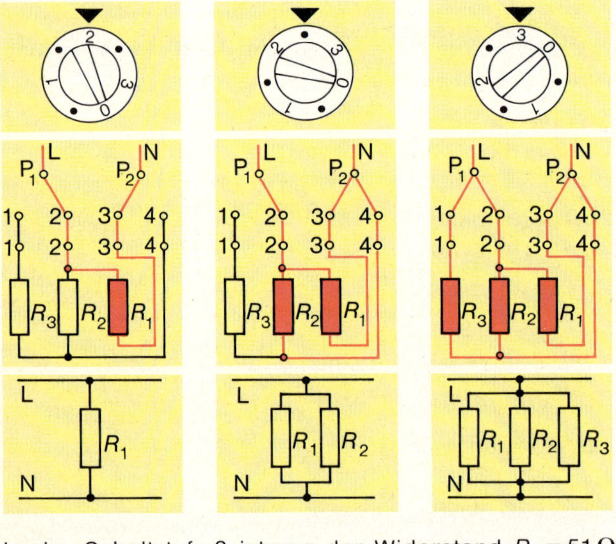

Abb. 1: Schaltstufen 2, 2 • 3 und 3 einer Herdplatte in 7-Takt-Schaltung

In der Schaltstufe 2 ist nur der Widerstand $R_1 = 51\,\Omega$ eingeschaltet (vgl. Versuch 6–2). Er nimmt an 220 V eine Leistung von 950 W auf.

Schaltet man einen zweiten Widerstand R_2 parallel, dann steigt bei gleichbleibender Spannung die Leistungsaufnahme. Das entspricht der Zwischenstufe 2 • 3. Der Widerstand R_2 ist in der Zwischenstufe 1 • 2 allein eingeschaltet. Die Leistungsaufnahme beträgt hier 450 W. In der Zwischenstufe 2 • 3 kommt also zur

Leistungsaufnahme von R_2 die Leistungsaufnahme von R_1 hinzu.

$P = P_{R_1} + P_{R_2}$

$P = 950\,W + 450\,W$

$\underline{P = 1400\,W}$

In der Schaltstufe 3 wird der dritte Widerstand R_3 parallel geschaltet. Die Leistungsaufnahme erhöht sich nochmals um den Leistungswert von R_3 auf 2000 W.

Erweitert man die Parallelschaltung um zusätzliche Widerstände, dann vergrößert sich die gesamte Leistungsaufnahme (U = konst.).

Wir wollen nun den Zusammenhang zwischen Widerstand und Leistungsaufnahme bei der Parallelschaltung ermitteln. Hierzu dient Versuch 6–3.

Versuch 6–3: Leistung bei der Parallelschaltung

Aufbau

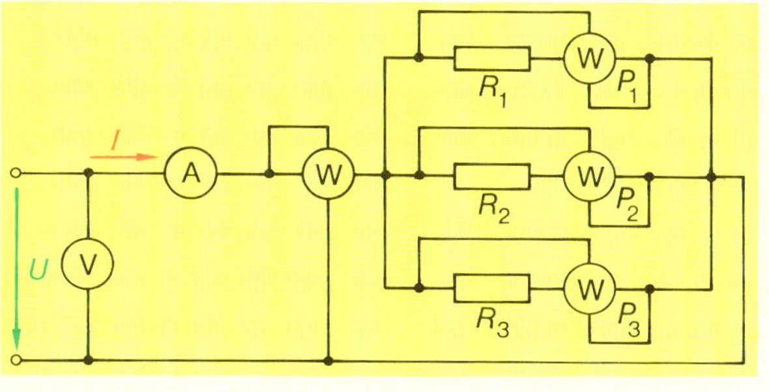

Drei Widerstände $R_1 = 20\,\Omega$, $R_2 = 40\,\Omega$ und $R_3 = 50\,\Omega$ werden parallel geschaltet und an 220 V angeschlossen.

Durchführung

Die Spannung, die Stromstärke, die Gesamtleistung und die Teilleistungen werden gemessen.

Meßergebnis

U in V	I in A	P_g in W
220	20,9	4598

P_1 in W	P_2 in W	P_3 in W
2420	1210	968

Die Summe der Teilleistungen ist so groß wie die Gesamtleistung.

Der Widerstand $R_1 = 20\,\Omega$ (der kleinste) nimmt die größte Leistung auf.

Bei der Parallelschaltung sind Leistungsaufnahme und Widerstand umgekehrt proportional.

Leistung bei der Parallelschaltung

$$P_g = P_1 + P_2 + \ldots + P_n$$

Aufgaben zu 6.5.3

1. Zwei Widerstände $R_1 = 40\,\Omega$ und $R_2 = 80\,\Omega$ sind parallel geschaltet. Die Leistungsaufnahme des Widerstandes R_1 beträgt $P_1 = 45\,W$.
a) Wieviel Leistung nimmt R_2 auf?
b) Wie groß ist die Gesamtleistung?

2. Der Stromkreis in einer Küche ist mit 10 A abgesichert. Dort werden neben anderen Kleingeräten ein elektrisches Heißwassergerät mit 2000 W und ein Toaster mit 1700 W betrieben. Jedesmal, wenn beide Geräte gleichzeitig betrieben werden, spricht der Sicherungsautomat an.
Wie ist das zu erklären?

3. Zwei parallel geschaltete Widerstände, die an 220 V angeschlossen sind, nehmen zusammen 1800 W auf. Wird nur einer an 220 V betrieben, dann nimmt er 1400 W auf.
Wie groß sind die zwei Widerstände?

4. Kontrollieren Sie rechnerisch aus Versuch 6–3: I, P_g, P_1, P_2 und P_3.

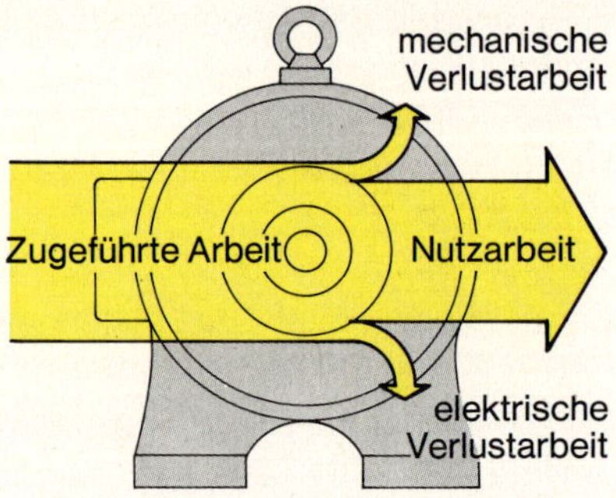

Abb. 1: Aufteilung von zugeführter Arbeit in Nutzarbeit und Verlustarbeit

6.6 Wirkungsgrad

Ein Elektromotor wandelt elektrische Energie in mechanische Energie um. Dabei wird er warm. Er „erzeugt“ also auch Wärmeenergie. Wir können daraus folgern, daß nur ein Teil der zugeführten Energie in die gewünschte mechanische Energie umgewandelt wird.

Jede Maschine, die Energie umwandelt, nimmt mehr Energie auf, als sie abgibt.

Der Grund hierfür ist in den Verlusten begründet Abb. 1 zeigt schematisch die Aufteilung der zugeführten Arbeit in die Verluste und in die abgeführte Arbeit (Nutzarbeit).

Die zugeführte Arbeit wird mit W_{zu} (zugeführte Leistung mit P_{zu}) gekennzeichnet. Die abgeführte Arbeit wird mit W_{ab} (abgeführte Leistung mit P_{ab}) gekennzeichnet. Die Summe aller Verluste nennt man kurz Verlustarbeit W_v (Verlustleistung P_v).

Bei Elektromotoren setzen sich die Verluste aus den mechanischen (Lagerreibung und Luftreibung) und den elektrischen Verlusten (Kupferverluste und Eisenverluste, das sind Wärmeverluste in der Kupferwicklung und im Eisenkern) zusammen.

Die Verlustarbeit und die Nutzarbeit (abgegebene Arbeit) ergeben zusammen die zugeführte Arbeit.

$W_{zu} = W_{ab} + W_v$

Entsprechend gilt auch für die Leistung: $P_{zu} = P_{ab} + P_v$

Auf den Typenschildern von Motoren findet man unter anderem die Leistungsangabe, die Nennspannung und den Motornennstrom:

z. B. $U = 220\,\text{V}$, $I = 12{,}5\,\text{A}$, $P = 2{,}2\,\text{kW}$

Die Leistungsabgabe ist hier $P_{ab} = 2{,}2\,\text{kW}$

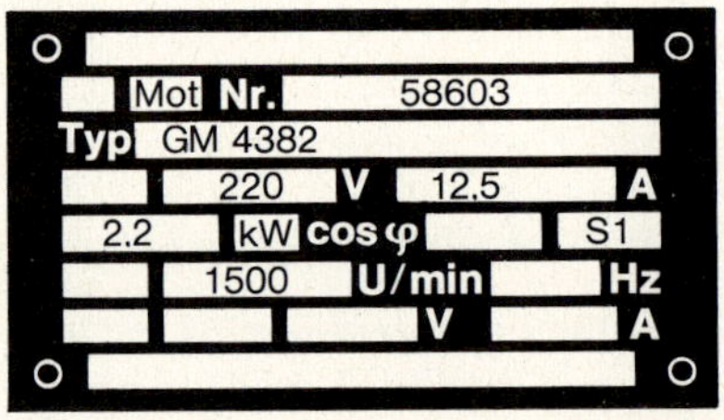

Abb. 2: Typenschild eines Gleichstrommotors

Bei 220 V nimmt er 12,5 A auf (vorausgesetzt, er gibt 2,2 kW ab). Seine Leistungsaufnahme beträgt also:

$P_{zu} = U \cdot I$

$P_{zu} = 220 \quad V \cdot 12{,}5\ A$

$\underline{P_{zu} = 2750\ W}$

Die zugeführte Leistung beträgt 2750 W, die abgegebene Leistung nur 2200 W. Wie gut wird die zugeführte Leistung ausgenutzt?

Eine Antwort hierauf gibt der Wirkungsgrad.

Wirkungsgrad

Formelzeichen η

$$\eta = \frac{P_{ab}}{P_{zu}}$$

Der Wirkungsgrad gibt an, wieviel der zugeführten Leistung ausgenutzt wird.

$\eta = \frac{P_{ab}}{P_{zu}}$

$\eta = \frac{2200\ W}{2750\ W}$

$\underline{\eta = 0{,}8}$

Das Ergebnis bedeutet:

80% werden ausgenutzt, 20% sind Verlust, oder
2750 W werden zugeführt ≙ 100%
2200 W werden genutzt ≙ 80%
550 W gehen verloren ≙ 20%

Die zugeführte Leistung setzt man 100%.
Die abgeführte Leistung muß immer kleiner als 100% sein.

Aufgaben zu 6.6

1. Ein Elektroaufzug mit Gleichstrommotor gibt 5,5 kW Leistung ab.
a) Wieviel kg Last kann er in 20 s um 4 m heben?
b) Wieviel Leistung nimmt er aus dem Netz auf, wenn sein Wirkungsgrad 82% beträgt?

2. Für einen Aufzug soll ein Motor gekauft werden. Der Aufzug soll 1000 kg in 12 s um 3 m heben können. Es ist eine Gleichspannung von 400 V vorhanden. Für den Motor soll ein Wirkungsgrad von 78% angenommen werden.
a) Wieviel Leistung muß der Motor abgeben?
b) Wieviel Leistung nimmt der Motor aus dem Netz auf?
c) Welche Stromstärke stellt sich in der Zuleitung ein?

3. Warum ist der Wirkungsgrad immer kleiner als 1?

7 Elektrowärme

7.1 Temperatur und Wärme

Ehe die elektrisch erzeugte Wärme, die Gesetzmäßigkeiten und Zusammenhänge untersucht werden können, müssen die physikalischen Größen Temperatur und Wärme näher erklärt werden.

Alle Stoffe, ob fest, flüssig oder gasförmig, lassen sich erwärmen. Ihr Aggregatzustand (fest, flüssig oder gasförmig) hängt vom Grad der Erwärmung ab.

Was ist erwärmen? Hierzu drei Beispiele:

- Speisen und Wasser werden im Haushalt auf dem Gasherd, Elektroherd oder anderen speziellen Elektrogeräten erwärmt.
- Metalle werden zum Bearbeiten (Schmieden, Gießen, Schweißen) mit Flammen oder elektrisch erhitzt.
- Lager von Maschinen werden bei schlechter Schmierung infolge der Reibung heiß.

In allen Fällen werden verschiedene Energien in Wärme umgewandelt. Daraus läßt sich schließen:

Wärme (Wärmemenge) ist Energie.

Die Größe Wärme hat die Einheit **Joule**.

Um eine Vorstellung von der Wärme zu vermitteln, soll hier ein Gedankenexperiment beschrieben werden (Abb.1).

Wärme

Formelzeichen Q
Einheitenzeichen J

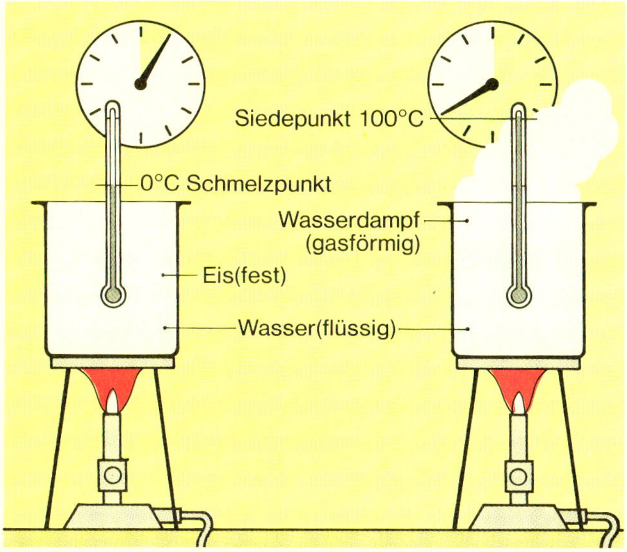

Abb. 1: Schmelz- und Siedepunkt

Ein Eiswürfel aus dem Kühlschrank soll eine Temperatur von −4 °C haben. Er wird langsam erhitzt. Es wird also Energie zugeführt und in Wärme umgewandelt. Der Eiswürfel erwärmt sich bis 0 °C und schmilzt, er wird zu Wasser. Diesen Punkt nennt man den **Schmelzpunkt**.

Es wird nun weiter Energie zugeführt. Nachdem der Würfel vollständig zu Wasser geworden ist, steigt die Temperatur bis maximal 100 °C. Das Wasser kocht. Der **Siedepunkt** ist erreicht. Das Wasser wird zu Dampf. Es wird gasförmig und verläßt zum größten Teil den Topf.

Die Wassermoleküle, die im festen Zustand (Eis) fest an einen Ort gebunden sind, führen eine geringe Eigenschwingung durch. Infolge der Energiezufuhr wird die Eigenschwingung kräftiger. Schließlich reißen sich die Moleküle voneinander los und verlassen ihren festen Ort. Sie sind aber immer noch an ihren Raum gebunden. Bei weiterer Energiezufuhr wird die Schwingung noch stärker (das Wasser wallt), bis sie schließlich im Siedepunkt so stark ist, daß die Wassermoleküle den Topf verlassen und frei im Raum umherfliegen.

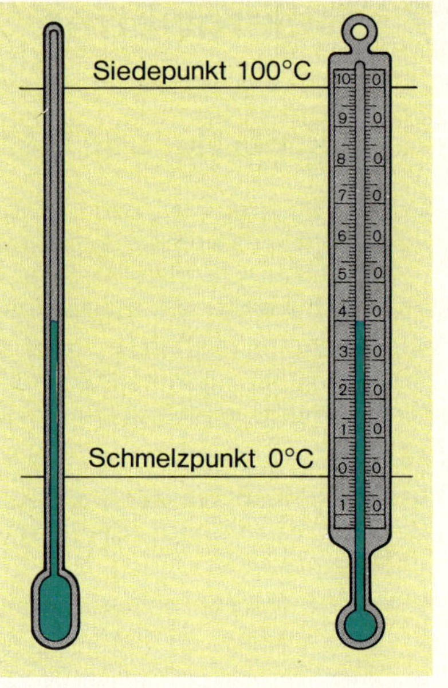

Abb. 1: Celsius-Temperaturskala

Wärme ist Bewegungsenergie von Teilchen.

Wir haben hier schon den Begriff Temperatur verwendet, der bisher noch nicht erklärt ist.

Die Größe Temperatur hat die Einheit **Kelvin**[1].

Temperatur
Formelzeichen T
Einheitenzeichen K

Die Temperatur ist ein Maß für den Wärmezustand (Schwingungszustand).

Im täglichen Leben werden die Größen Wärme und Temperatur häufig verwechselt. Der Unterschied läßt sich jedoch an einem Beispiel leicht verdeutlichen.

Erwärmt man auf einer Kochplatte 1 l Wasser und auf einer zweiten 10 l Wasser bei gleicher Ausgangstemperatur gleichlange, dann wird die gleiche Energie zugeführt. Es werden jedoch verschiedene Endtemperaturen erreicht. Die kleinere Wassermenge hat die höhere Endtemperatur.

Der schwedische Physiker Anders Celsius (1701–1744) nannte den Schmelzpunkt des Wassers „Null Grad" (heute ihm zu Ehren „Null Grad Celsius" 0 °C) und den Siedepunkt „Hundert Grad" (heute 100 °C).

Entsprechend der Ausdehnung des Quecksilbers im Quecksilberthermometer (Abb. 1) unterteilte er die Ausdehnungsdifferenz in 100 gleiche Teile. So entstand die Celsiusskala mit den Celsiusgraden.

Celsius-Temperatur

Formelzeichen ϑ
Einheitenzeichen °C

[1] Benannt nach Lord Kelvin of Largs (Sir William Thomson), englischer Physiker, 1824–1907.

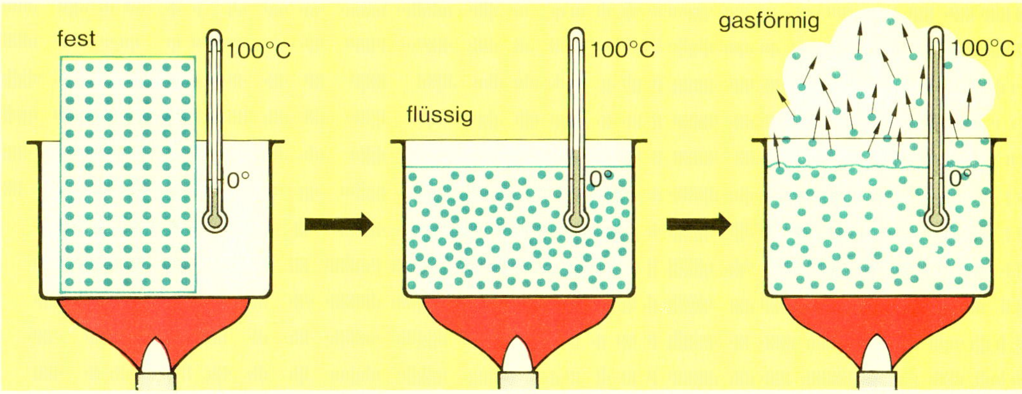

Abb. 2: Aggregatzustände von Wasser

Natürlich ist der tatsächliche Temperaturbereich weit größer als 100°C. Er geht nach oben weiter (wärmer) und fängt tiefer an (kälter).

Wenn Wärme Schwingung der Teilchen ist und die Temperatur ein Maß für den Schwingungszustand, dann gibt es einen Zustand, bei dem alles in Ruhe ist, den absoluten Nullpunkt.

Bei −273,15°C liegt der absolute Nullpunkt der Temperatur.

Parallel zur Celsius-Skala wurde deshalb die Kelvin-Skala eingeführt. Hier ist nicht mehr der Schmelzpunkt von Wasser Null, sondern der absolute Nullpunkt.

Damit liegt der Schmelzpunkt des Wassers bei 273,15 K und der Siedepunkt bei 373,15 K (Abb. 3).

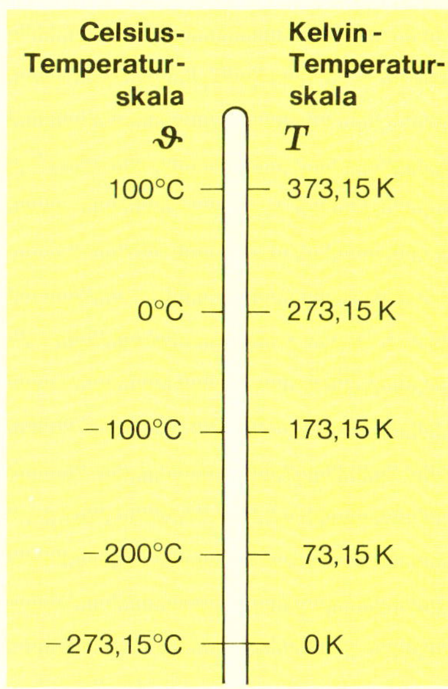

Abb. 3: Gegenüberstellung von Celsius- und Kelvin-Skala

7.2 Spezifische Wärmekapazität

Führt man einem Stoff Energie zu, dann erhöht sich der Schwingungszustand der Stoffteilchen. Es soll in Versuch 7–1 untersucht werden, wie sich der Schwingungszustand, also die Temperatur von verschiedenen Stoffen verhält, wenn die gleiche Wärme zugeführt wird.

Die Versuchsdurchführung S. 110 und die Meßergebnisse zeigen, das Maschinenöl erwärmt sich in der gleichen Zeit mehr als das Wasser. Da in beiden Fällen die gleiche Leistung während der gleichen Zeit zugeführt wird, kann das nur bedeuten:

Um Maschinenöl um 1 K zu erwärmen, ist weniger Wärme erforderlich als bei Wasser.

Die Materialkonstante, die darüber Auskunft gibt, wie gut ein Stoff erwärmt werden kann, heißt spezifische Wärmekapazität.

Spezifische Wärmekapazität

Formelzeichen *c*

$$[c] = \frac{\mathrm{J}}{\mathrm{kg} \cdot \mathrm{K}}$$

Versuch 7–1: Abhängigkeit der Temperaturerhöhung vom Material

Aufbau

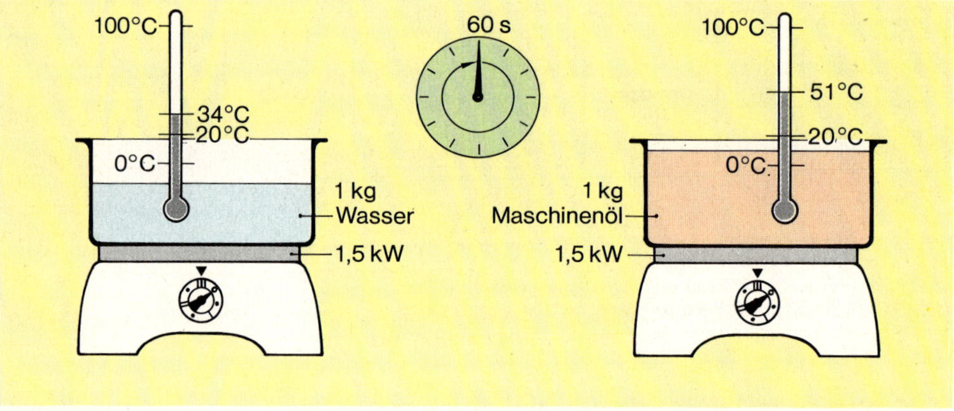

Durchführung

Auf zwei Kochplatten mit je $P = 1{,}5$ kW werden 1 kg Wasser und 1 kg Maschinenöl erwärmt. In gleichen Zeitabständen wird die Temperatur in beiden Flüssigkeiten gemessen. Während der Versuchsdurchführung müssen die Flüssigkeiten umgerührt werden, um die Temperatur gleichmäßig zu verteilen.

Meßergebnis

Nr.	t in s	ϑ_W in °C	T_W in K	$\vartheta_{Öl}$ in °C	$T_{Öl}$ in K
1	0	20	293	20	293
2	60	34	307	51	324
3	120	48	321	82	355
4	180	62	335	113	386
5	240	76	349	144	417

Die spezifische Wärmekapazität gibt an, wieviel Wärme erforderlich ist, um 1 kg eines Stoffes um 1 K zu erwärmen.

Sollen z. B. 10 kg Wasser um 22 K (z. B. von 20 °C auf 42 °C) erwärmt werden, dann muß die spezifische

Tab. 7.1: Spezifische Wärmekapazität einiger Stoffe

Material	c in $\frac{J}{kg \cdot K}$	Material	c in $\frac{J}{kg \cdot K}$
Blei	130	Konstantan	420
Platin	130	Nickel	460
Zinn	220	Stahl	500
Silber	230	Aluminium	920
Kupfer	390	Luft	1000
Messing	390	Eis	2100
Zink	390	Wasser	4190

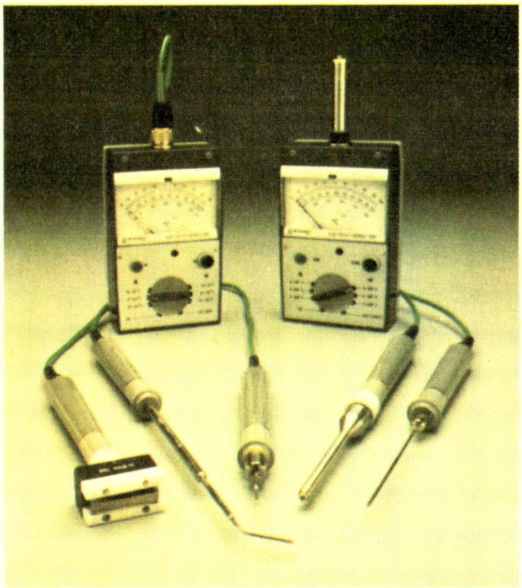

Abb. 2: Wärmeströmung

◁ Abb. 1: Elektrische Temperaturmeßgeräte

Wärmekapazität von Wasser mit der Masse m und der Temperaturdifferenz ΔT multipliziert werden.

Die für die Erwärmung eines Stoffes erforderliche Wärme ist um so größer,

- je größer die Masse
- je größer die spezifische Wärmekapazität
- je größer die Temperaturdifferenz ist.

Aufgenommene Wärme

$$Q = m \cdot c \cdot \Delta T$$

7.3 Elektrowärmegeräte

Bevor wir uns mit den Elektrowärmegeräten beschäftigen, muß erst auf die Arten der Wärmeweitergabe von den Geräten an das zu erwärmende Gut oder die Umgebung eingegangen werden.

7.3.1 Wärmeübertragung

Sie kennen sicher die Elektrogeräte Lötkolben, Fön und Höhensonne. Wir wollen an diesen die drei Möglichkeiten der Wärmeweitergabe erläutern.

- Im Lötkolben wird ein Metallstück erwärmt, das die Wärme über die Lötspitze an die Lötstelle weitergibt. Man nennt diese Weitergabe **Wärmeleitung** (Abb. 3).

Es werden hierzu vor allen Dingen Metalle verwendet, da diese Werkstoffe gute Wärmeleiter sind (vgl. 15.1.2).

- Beim Fön (Abb. 1) sorgt ein Ventilator dafür, daß die erwärmte Luft aus dem Gerät an die Haare geblasen wird. Man spricht hier von **Wärmeströmung** (Konvektion), die bei diesem Beispiel zwangsweise erfolgt. Vielfach kommt die Strömung allein durch das Aufsteigen leichterer Gase oder Flüssigkeiten zustande (z. B. Raumheizung).

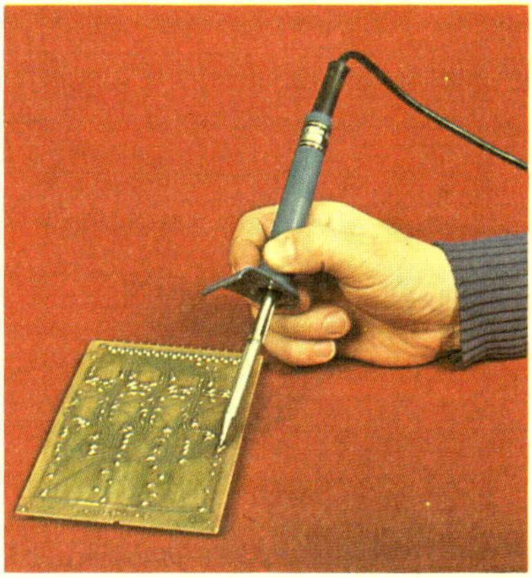

Abb. 3: Wärmeleitung

● Durch die Höhensonne werden nur Gegenstände erwärmt, die sich direkt im Strahlungsbereich befinden. Die Energieübertragung findet hier hauptsächlich durch **Wärmestrahlung** statt (Abb. 1). Es wird hierzu kein Transportmittel (Medium) benötigt, so daß Wärmestrahlung auch im Vakuum möglich ist. Wir merken das vernehmlich bei den Sonnenstrahlen.

Abb. 1: Wärmestrahlung

7.3.2 Geräte für die Heißwasserbereitung

Kochendwassergeräte

Ein Behälter – gewöhnlich aus Glas – wird mit der benötigten Wassermenge gefüllt und anschließend wird die gewünschte Temperatur eingestellt. Nach Erreichen dieser Temperatur schaltet das Gerät selbsttätig ab und das erwärmte Wasser kann entnommen werden.

Das Gerät besitzt nur **einen** Temperaturbegrenzer. Er schaltet bei Erreichen der eingestellten Temperatur ab, bei Erkalten des Wassers jedoch nicht wieder ein.

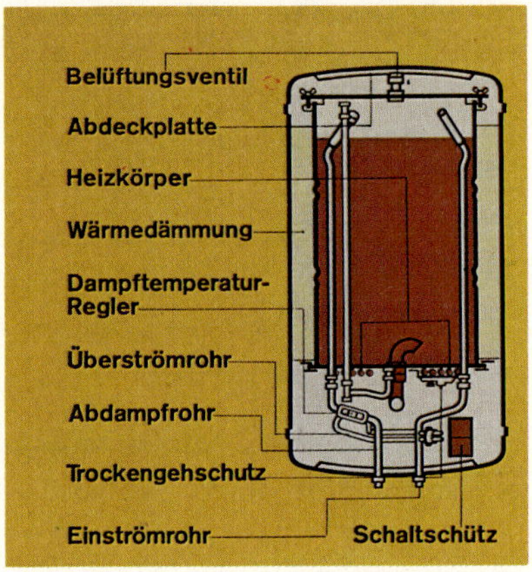

Abb. 2: Kochendwassergerät

Drucklose Heißwasserbereiter

Bei diesen Geräten ist der Heißwasserablauf nach außen immer geöffnet. Innerhalb des Gerätes endet er in der oberen Zone. Beim Aufheizen dehnt sich das Wasser aus und tropft aus dem Heißwasserablauf. Dadurch kann kein Druck entstehen. Zum Entnehmen von Heißwasser wird der Kaltwasserzulauf geöffnet. Das kalte Wasser strömt unten in das Gerät ein und drückt das heiße oben durch den Heißwasserablauf hinaus.

Drucklose Heißwassergeräte haben nur **eine** Zapfstelle.

Boiler besitzen keine Wärmeisolierung. Sie werden bei Bedarf eingeschaltet und schalten sich nach Erreichen der eingestellten Temperatur wieder ab (Temperaturwählerbegrenzung). Einschalten kann nur von Hand erfolgen.

Speicher sollen dagegen heißes Wasser speichern. Sie besitzen deshalb eine Wärmeisolierung. Außerdem sind sie mit einem Temperaturwählregler ausgestattet. Bei der Entnahme von Heißwasser sinkt die Innentemperatur, der Regler schaltet selbsttätig ein und bei Erreichen der gewählten Temperatur wieder ab.

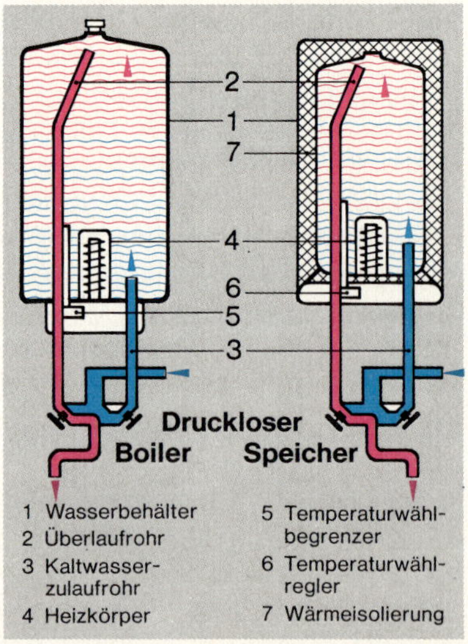

Abb. 3: Druckloser Boiler und druckloser Speicher

Druckfeste Heißwasserspeicher

Druckfeste Heißwasserspeicher sind ähnlich wie die drucklosen aufgebaut. Sie sollen jedoch mehrere Zapfstellen versorgen, die mit dem Heißwasserablauf verbunden sind. Deshalb ist es nicht möglich, diesen immer offen zu halten. Heißwassergeräte für mehrere Zapfstellen müssen also druckfest sein (dickwandige Wasserbehälter).

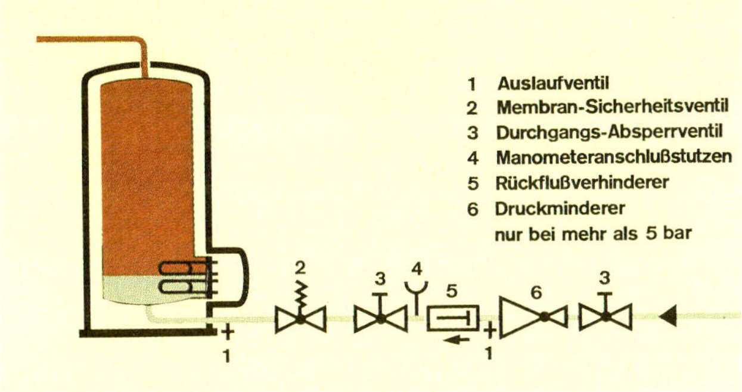

Abb. 4: Druckfester Heißwasserspeicher

Beim Aufheizen und der damit verbundenen Ausdehnung des Wassers verhindert der Rückflußverhinderer (5) einen Druckausgleich mit dem Wasserleitungsnetz. Ein Sicherheitsventil (2) sorgt deshalb für den Druckausgleich.

Durchlauferhitzer

Im Gegensatz zu den übrigen Heißwassergeräten benötigt der Durchlauferhitzer keine längere vorherige Aufheizzeit. **Aufgrund seiner großen Leistung** (z.B. 18 kW, 21 kW, 24 kW, 33 kW) **erhitzt er das Wasser während des Durchlaufs durch das Gerät.** Beim Öffnen eines Heißwasserzapfventils strömt Wasser durch die Rohrleitungen des Gerätes. Ein Strömungsschalter schaltet die Heizung sofort ein und bei Wasserstillstand wieder ab. Da das Wasser nur bei Durchlauf erhitzt wird, entsteht keine nennenswerte Druckerhöhung. Deshalb ist ein Sicherheitsventil nicht erforderlich.

Der große Nachteil der Durchlauferhitzer besteht darin, daß sie wegen ihrer großen Leistung selbst bei der geringsten Heißwasserentnahme das Netz stoßartig belasten.

Abhilfe schafft ein Gerät, das aus einer Kombination von Speicher und Durchlauferhitzer besteht. Bei geringem Wasserbedarf (z.B. Handwaschbecken) wird zunächst das gespeicherte Wasser entnommen. Die entsprechende Wassermenge wird nachgefüllt und mit geringer Leistung wieder aufgeheizt. Bei großer Wasserentnahme (z.B. Badewanne, Dusche) schaltet sofort der Strömungsschalter ein.

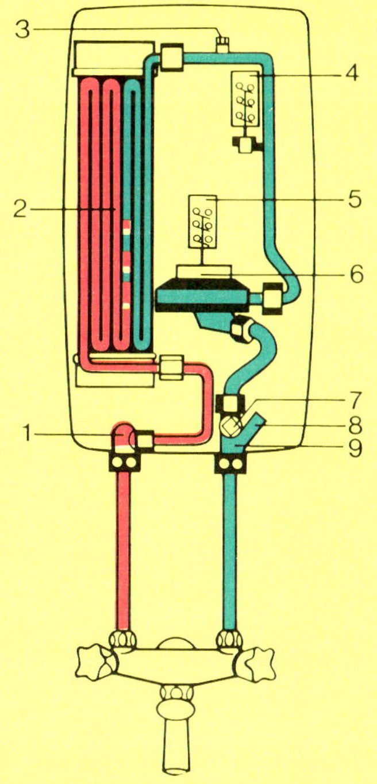

1 = Warmwasser-Abgang
2 = Heizblock
3 = Spezial-Thermostat
4 = Sicherheits-Temperatur und -Druckbegrenzer
5 = Metall-Kontaktschalter
6 = Druck-Differenzschalter
7 = Siebvorlage
8 = Rückflußverhinderer mit Absperrventil
9 = Kaltwasser-Zulauf

Abb. 5: Durchlauferhitzer

7.3.3 Geräte für die Raumheizung

Direktheizung

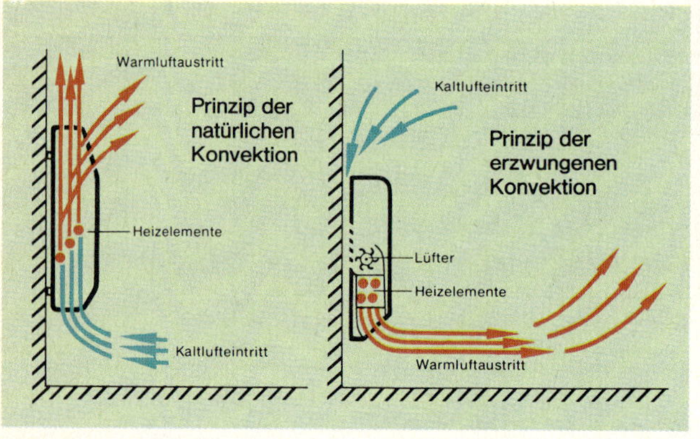

Abb. 1: Direktheizgeräte mit Wärmeabgabe durch natürliche und erzwungene Konvektion

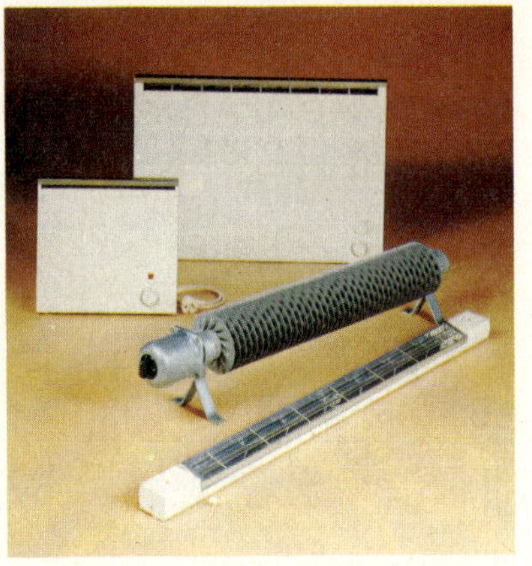

Abb. 2: Direktheizgeräte mit Wärmeabgabe durch Konvektion und Strahlung

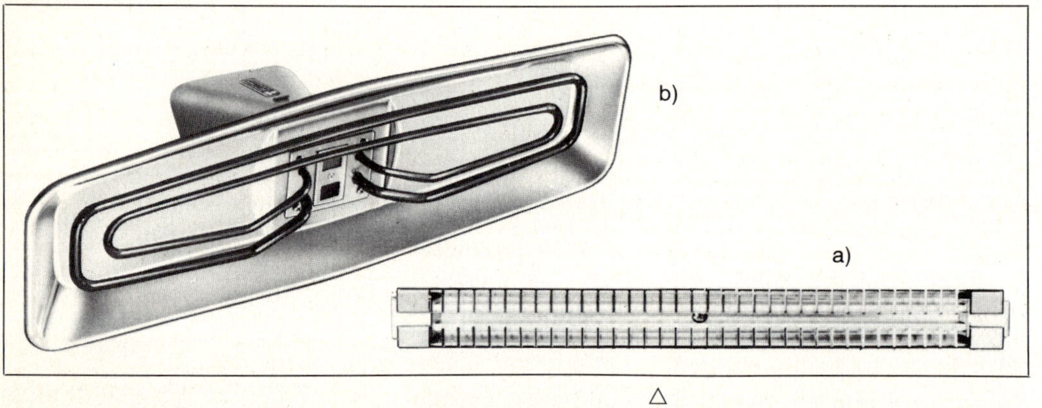

△
Abb. 3: Direktheizgeräte mit Wärmeabgabe durch Strahlung.
Zur örtlichen Beheizung innerhalb eines Raumes oder im Freien sind Wärmestrahler geeignet. Die Wärme wird in Quarzstäben (a) oder in Edelstahlstäben (b) erzeugt. Reflektoren bündeln die Wärmestrahlen und geben sie gerichtet ab.

Speicherheizung

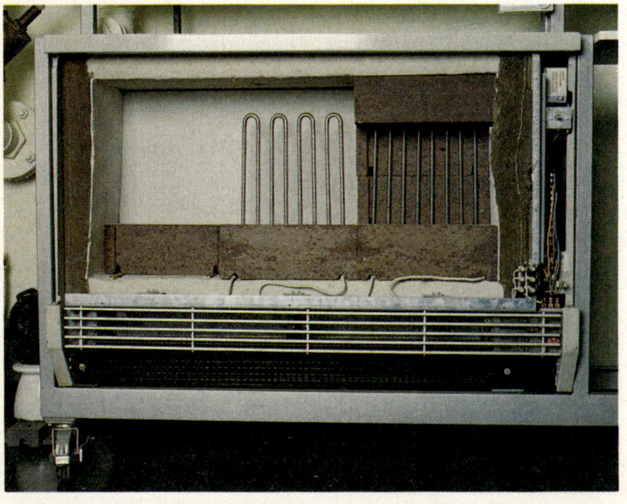

Abb. 4: Elektrische Speicherheizung (Innenansicht)

Um eine gleichmäßige Auslastung der Kraftwerke und Netze zu erreichen, bieten die Elektrizitätsversorgungsunternehmen billigere Energie für die Entnahme während der Nachtzeit an.

In der Speicherheizung sind nach außen gut wärmeisolierte Steine, die während dieser Zeit aufgeheizt werden.

Bei älteren Geräten wird die Wärme unkontrolliert oder über Luftkanäle im Gerät abgegeben.

Bei Speichern moderner Bauart erzeugt ein Gebläse, das automatisch durch ein Raumthermostat betätigt wird, **eine Zwangsumwälzung der Luft**. Die Wärmeabgabe kann so gut geregelt werden.

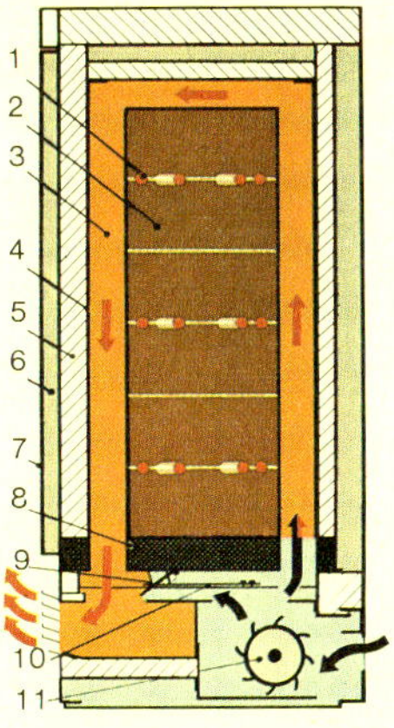

1 Heizkörper
2 Speichersteine
3 Luftkanal
4 Al-plattiertes Stahl-Abdeckblech
5 Faserdämmstoff-Matte
6 Microtherm-Matte
7 Gehäuse-Frontplatte
8 Wärmedämm-Platte
9 Luftmischklappe
10 Bimetallfeder
11 Lüfter

Abb. 5: Elektrische Speicherheizung mit Gebläse

7.4 Wirkungsgrad von Elektrowärmegeräten (Wärmewirkungsgrad)

Elektrischer Strom in Widerständen ist Ladungsbewegung im Widerstandsgitter. Elektrischer Strom verursacht Gitterschwingungen, also Wärme.

Versuch 7–1 zeigt, daß Stoffe, die sich erwärmen, Energie aufnehmen. Die Wärme wird elektrisch erzeugt. Sie entspricht der elektrischen Energie, die die Heizplatte aufnimmt.

Nach Versuch 7–1 hat jede Heizplatte während 240 s 1500 W aufgenommen. Das entspricht einer elektrischen Energie

$W = P \cdot t$

$W = 1500\ \text{W} \cdot 240\ \text{s}$

$\underline{W = 360\,000\ \text{W s}}$

Während dieser Zeit erwärmt sich das Wasser von 20°C auf 76°C. Das entspricht einer Temperaturänderung $\Delta T = 56$ K. Die Masse des Wassers beträgt 1 kg, die spezifische Wärmekapazität $c = 4190 \frac{\text{J}}{\text{kg} \cdot \text{K}}$. Die aufgenommene Wärme ist

$Q = m \cdot c \cdot \Delta T$

$Q = 1\ \text{kg} \cdot 4190 \frac{\text{J}}{\text{kg} \cdot \text{K}} \cdot 56\ \text{K}$

$\underline{Q = 234\,640\ \text{J}}$

Die Heizplatte erzeugt mehr Wärme, als sie an das Wasser abgibt (Wärme, die das Wasser aufnimmt). Es treten Verluste auf, die Umgebung wird warm, die Heizplatte heiß, der Topf heiß usw.

Von der Heizplatte aufgenommene elektrische Energie:

$W_{zu} = P \cdot t$

Von der Heizplatte abgegebene und vom Wasser aufgenommene Energie:

$W_{ab} = m \cdot c \cdot \Delta T$

Elektrische Fußbodenheizung

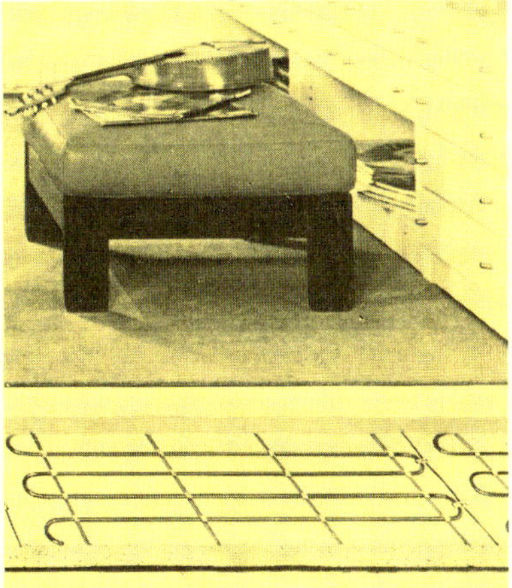

Abb. 6: Elektrische Heizwiderstände können auch im Fußboden verlegt werden. Entsprechend dem Aufbau wirkt eine solche Heizung als Direktheizung oder als Speicherheizung.

Die Heizplatte hat damit den Wirkungsgrad:

$$\eta_{th} = \frac{W_{ab}}{W_{zu}}$$

$$\eta_{th} = \frac{m \cdot c \cdot \Delta T}{P \cdot t}$$

$$\eta_{th} = \frac{1\,\text{kg} \cdot 4190\,\frac{\text{J}}{\text{kg} \cdot \text{K}} \cdot 56\,\text{K}}{1500\,\text{W} \cdot 240\,\text{s}}$$

$$\underline{\eta_{th} = 0{,}65}$$

Die Heizplatte hat einen geringen Wirkungsgrad von 65%.

Aufgaben zu 7

1. Welcher Unterschied besteht zwischen einer Temperaturangabe in °C und in K (mit Begründung)?

2. Warum hat sich in Versuch 7–1 das Maschinenöl mehr erwärmt als das Wasser?

3. In einem Behälter mit 10 kg Wasser liegt ein 20 kg schweres Kupferstück. Wasser und Kupfer werden um die gleiche Temperatur erhöht. Welcher Stoff nimmt mehr Wärme auf (mit Begründung)?

4. Wie groß ist nach den Meßwerten von Versuch 7–1 die spezifische Wärmekapazität für Maschinenöl, wenn der Wärmewirkungsgrad $\eta_{th} = 0{,}58$ beträgt?

5. Wie lange muß ein Durchlauferhitzer $P = 21$ kW eingeschaltet sein, wenn er eine Badewanne mit 200 kg Wasser von 40°C füllen soll? Die Wasserzulauftemperatur beträgt 12°C, der Wärmewirkungsgrad der Anlage: $\eta_{th} = 0{,}78$.

8 Schaltungen elektrischer Spannungsquellen

In 1.4.2.2 sind verschiedene Spannungsquellen dargestellt. Alle Spannungsquellen haben etwas gemeinsam, sie sind Energiewandler. Sie wandeln andere Energieformen in elektrische Energie um. Dies geschieht nicht ohne Verluste.

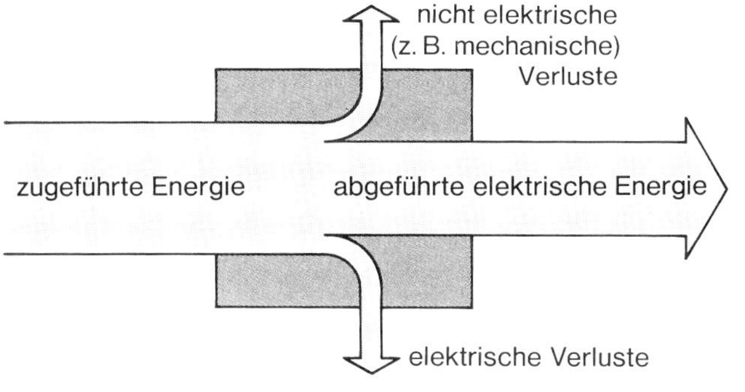

Abb. 1: Energieumwandlung einer elektrischen Spannungsquelle

Das in Abb. 1 dargestellte Verlustdiagramm gilt prinzipiell für alle Spannungsquellen. Die nichtelektrischen Verluste treten im Betrieb immer auf. Es spielt dabei keine große Rolle, ob die elektrische Spannungsquelle belastet ist oder nicht.

Die elektrischen Verluste treten fast nur bei Belastung der Spannungsquelle auf. Einige Spannungsquellen haben zwar auch im Leerlauf Verluste, diese sind jedoch im Verhältnis zu den elektrischen Verlusten bei Belastung so gering, daß man sie in der Regel vernachlässigen kann.

8.1 Belastete Spannungsquellen

In den meisten Personenkraftwagen sind Bleiakkumulatoren mit einer Nennspannung von 12 V eingebaut. Sind alle Verbraucher bei stehendem Motor ausgeschaltet, dann beträgt die Batteriespannung etwa 12 V. Schaltet man die Innenbeleuchtung ein, dann ändert sich die Batteriespannung kaum. Betätigt man jedoch gleichzeitig den Anlasser, dann nimmt die Helligkeit der Innenbeleuchtung merklich ab. Das ist ein Zeichen für das Absinken der Batteriespannung während der großen Anlasserbelastung.

Wird eine Spannungsquelle belastet, dann sinkt ihre Klemmenspannung.

Wie ist diese Erscheinung zu erklären? Um diese Frage zu beantworten, soll Versuch 8–1 durchgeführt werden.

Versuch 8–1: Spannung eines Trockenelementes bei Belastung

Aufbau

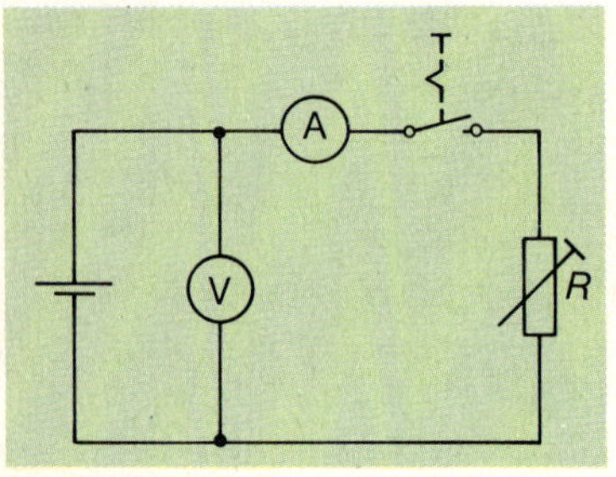

Durchführung

Mit Hilfe eines Stellwiderstandes $R = 8\,\Omega$ wird ein Zink-Braunstein-Element $U_N = 1{,}5$ V belastet. Durch Verstellen des Widerstandes wird die Belastung schrittweise bis zum Kurzschluß erhöht. Die Klemmenspannung U_{Kl} des Elementes und die Belastungsstromstärke werden gemessen.

Anmerkung: Kurzschlußmessung nur kurzzeitig und nur bei kleinen Spannungsquellen.

Meßergebnis

Nr.	1	2	3	4	5	6	7	8	9
I in A	0	0,2	0,4	0,6	0,8	1,0	1,5	2,0	3,0
U_{Kl} in V	1,5	1,4	1,3	1,2	1,1	1,0	0,75	0,5	0

Die Meßergebnisse bestätigen die anfangs gewonnene Erkenntnis. Für eine genauere Untersuchung ist es sinnvoll, die Meßergebnisse in einem Diagramm darzustellen (Abb. 1).

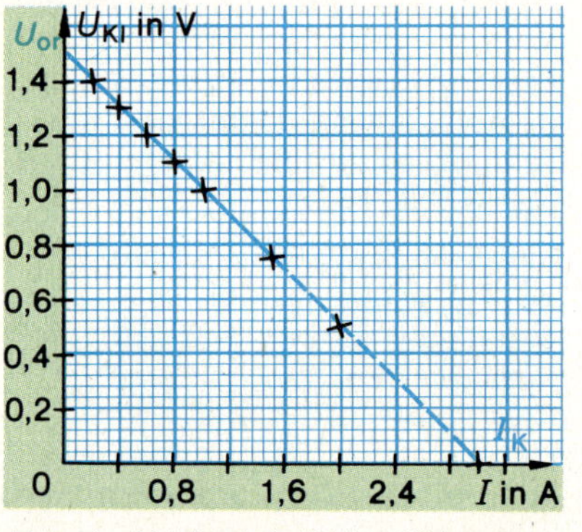

Abb. 1: Abhängigkeit der Klemmenspannung eines Trockenelementes vom Belastungsstrom

Ist die Spannungsquelle nicht belastet, dann hat die **Klemmenspannung** U_{Kl} ihren Höchstwert. Diese Spannung nennt man die **Leerlaufspannung U_{or}**. Sie wird aufgrund physikalischer Gesetzmäßigkeiten bei der Energieumwandlung (ursprünglich) erzeugt. Man nennt sie deshalb auch **Urspannung** oder **Quellenspannung.**

Die Urspannung U_{or} ist die Spannung, die bei der Energieumwandlung ursprünglich entsteht. Sie kann an einer unbelasteten Spannungsquelle direkt an den Klemmen gemessen werden.

Wird die Spannungsquelle belastet, dann fließt ein Strom I. Gleichzeitig sinkt die Klemmenspannung. Da in der Spannungsquelle nach wie vor die Urspannung U_{or} erzeugt wird, muß in der Spannungsquelle ein **innerer Spannungsabfall U_i** auftreten.

Jede belastete Spannungsquelle hat einen inneren Spannungsabfall. Um diesen ist die Klemmenspannung kleiner als die Urspannung.

Klemmenspannung

$$U_{Kl} = U_{or} - U_i$$

Urspannung

$$U_{or} = U_{Kl} + U_i$$

Im vorliegenden Beispiel beträgt die Urspannung $U_{or} = 1{,}5$ V. Mit größer werdendem Strom wird die Klemmenspannung kleiner und damit der innere Spannungsabfall U_i größer. In Tabelle 8.1 wird für jeden

Meßpunkt der innere Spannungsabfall berechnet. Die zu den Meßpunkten gehörenden Stromwerte sind mit eingetragen. Mit den Werten der Tabelle läßt sich der innere Spannungsabfall in Abhängigkeit von der Belastungsstromstärke zeichnerisch darstellen (Abb. 2).

Die Tabelle 8.1 und die Abb. 2 zeigen:

Der innere Spannungsabfall U_i steigt im gleichen Verhältnis wie die Belastungsstromstärke I.

Tab. 8.1

Nr.	1	2	3	4	5	6	7	8	9
U_{or} in V	1,5	1,5	1,5	1,5	1,5	1,5	1,5	1,5	1,5
U_{Kl} in V	1,5	1,4	1,3	1,2	1,1	1,0	0,75	0,5	0
U_i in V	0	0,1	0,2	0,3	0,4	0,5	0,75	1,0	1,5
I in A	0	0,2	0,4	0,6	0,8	1,0	1,5	2,0	3,0

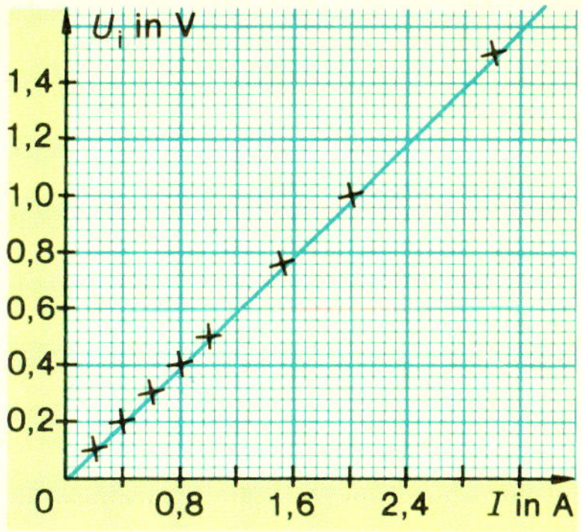

Abb. 2: Abhängigkeit des inneren Spannungsabfalls eines Trockenelementes vom Belastungsstrom

Wenn infolge eines elektrischen Stromes ein Spannungsabfall auftritt, dann muß ein Widerstand vorhanden sein. Dies ist der **Innenwiderstand R_i** der Spannungsquelle.

Man kann ihn nach dem Ohmschen Gesetz aus dem inneren Spannungsabfall und dem Belastungsstrom berechnen (für jeden Meßpunkt außer für $I = 0$ A).

z. B.: $R_i = \frac{U_i}{I}$;

$R_i = \frac{0{,}4\,\text{V}}{0{,}8\,\text{A}}$;

$\underline{R_i = 0{,}5\,\Omega}$

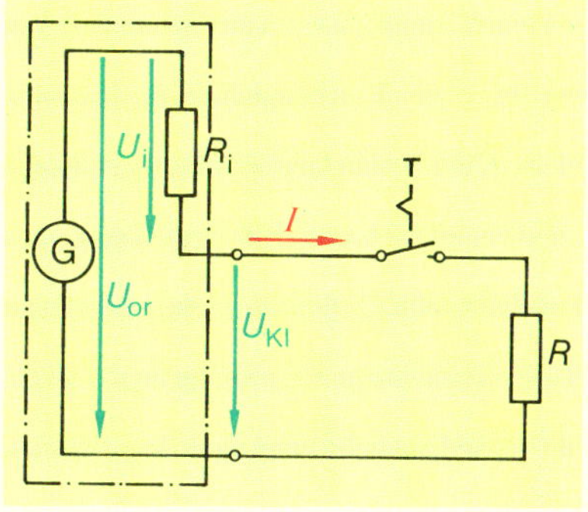

Abb. 3: Ersatzschaltbild einer Spannungsquelle

Um die Zusammenhänge in einer Spannungsquelle einfacher erklären und berechnen zu können, verwendet man ein **Ersatzschaltbild** (Abb. 3).

Beliebige Spannungsquelle, Generator

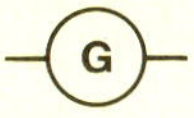

Jede Spannungsquelle besteht aus der Urspannungsquelle (dem erzeugenden Teil) und dem Innenwiderstand.

Der innere Spannungsabfall ist von der Belastungsstromstärke I und vom Innenwiderstand R_i abhängig.

Innerer Spannungsabfall

$U_i = I \cdot R_i$

Leerlauf: (Meßpunkt Nr. 1)

$I = 0$ A, $U_{or} = 1{,}5$ V, $R_i = 0{,}5\,\Omega$

$U_i = I \cdot R_i$

$U_i = 0\,\text{A} \cdot 0{,}5\,\Omega$

$\underline{U_i = 0\,\text{V}}$

Fließt kein Strom, dann kann kein Spannungsabfall auftreten, und die Klemmenspannung ist gleich der Urspannung.

Belastung: (z. B. Meßpunkt Nr. 5)

$I = 0{,}8\ \text{A},\ U_{or} = 1{,}5\ \text{V},\ R_i = 0{,}5\ \Omega$

$U_i = I \cdot R_i$

$U_i = 0{,}8\ \text{A} \cdot 0{,}5\ \Omega$

$\underline{U_i = 0{,}4\ \text{V}}$

$U_{Kl} = U_{or} - U_i$

$U_{Kl} = 1{,}5\ \text{V} - 0{,}4\ \text{V}$

$\underline{U_{Kl} = 1{,}1\ \text{V}}$

Abb. 1: Reihenschaltung von vier Trockenelementen in einem Suchscheinwerfer

Kurzschluß: (Meßpunkt 9)

$I = 3{,}0\ \text{A},\ U_{or} = 1{,}5\ \text{V},\ R_i = 0{,}5\ \Omega$

Da die Klemmen kurgeschlossen sind, muß die Klemmenspannung Null sein. Das bedeutet jedoch, daß der innere Spannungsabfall so groß wie die Urspannung sein muß. Im Kurzschluß stellt sich also ein Kurzschlußstrom ein, der diese Spannungsgleichheit hervorruft:

$$I_K = \frac{U_i}{R_i} = \frac{U_{or}}{R_i}$$

$$I_K = \frac{1{,}5\ \text{V}}{0{,}5\ \Omega}$$

$$\underline{I_K = 3{,}0\ \text{A}}$$

Bei Kurzschluß wird der Strom nur durch den Innenwiderstand begrenzt.

Kurzschlußstrom

$$\boxed{I_K = \frac{U_{or}}{R_i}}$$

8.2 Leistungsanpassung

Jede Spannungsquelle soll elektrische Leistung abgeben. Dafür muß der Stromkreis über den Verbraucherwiderstand geschlossen werden. Die Größe der abgegebenen Leistung hängt von der Größe des Verbraucherwiderstandes ab.

In Versuch 8–1 wird der Verbraucherwiderstand von 7 Ω (Messung Nr. 2) bis 0 Ω (Messung Nr. 9) stufenweise verringert. Die Widerstandswerte der einzelnen Messungen kann man mit Hilfe des Ohmschen Gesetzes berechnen. So gilt z. B. für Messung Nr. 5:

$$R = \frac{U_{kl}}{I} = \frac{1{,}1\ \text{V}}{0{,}8\ \text{A}} = 1{,}275\ \Omega$$

Mit Veränderung des Verbraucherwiderstandes ändert sich nicht nur die Klemmenspannung, sondern auch die abgegebene Leistung. Sie beträgt für die Messung Nr. 5:

$$P_{ab} = U_{kl} \cdot I = 1{,}1\ \text{V} \cdot 0{,}8\ \text{A} = 0{,}88\ \text{W}$$

Tab. 8.2: Widerstandswerte und abgegebene Leistungswerte, berechnet nach den Meßergebnissen des Versuches 8–1

Nr.	2	3	4	5	6	7	8
R in Ω	7,000	3,250	2,000	1,275	1,000	0,500	0,250
P_{ab} in W	0,280	0,520	0,720	0,880	1,000	1,125	1,000

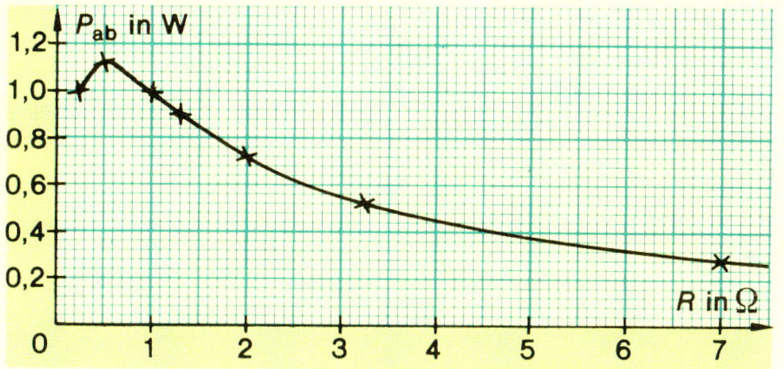

Abb. 2: Abhängigkeit der abgegebenen Leistung vom Belastungswiderstand

Tab. 8.2 und die Abb. 2 zeigen:
Die abgegebene Leistung ist von der Größe des Belastungswiderstandes abhängig. Hier ist ein Maximum ausgeprägt. Ein Vergleich mit der Spannungsquelle ergibt:

Die größte Leistung wird dann abgegeben, wenn der Innenwiderstand der Spannungsquelle so groß ist wie der Belastungswiderstand!

In den Aufgabenfeldern, in denen es darauf ankommt, die größte Leistung zu übertragen, z. B. bei der Informationsübertragung, wird man Spannungsquelle und Verbraucher so aufeinander abstimmen, daß der Innenwiderstand und der Belastungswiderstand gleich groß sind.

Soll dagegen Leistung wirtschaftlich übertragen werden, dann muß der Wirkungsgrad möglichst groß sein. Anhand der Abb. 3 auf Seite 119 läßt sich der Zusammenhang leicht erklären:

Die Spannungsquelle, der Generator G, erzeugt elektrische Leistung. Diese wird nur zum Teil an den Belastungswiderstand R abgegeben. Der Rest fällt am eigenen Innenwiderstand R_i ab. Bei der Messung Nr. 5 nimmt der Belastungswiderstand mit $R = 1{,}275\,\Omega$ 0,88 W auf. Hier beträgt die Stromstärke 0,8 A und nach Tab. 8.1 der innere Spannungsabfall 0,4 V. Das ergibt einen Leistungsverlust:

$$P_v = U_i \cdot I = 0{,}4\,\text{V} \cdot 0{,}8\,\text{A} = 0{,}32\,\text{W}$$

Die Summe aus innerer Verlustleistung und Leistung des Belastungswiderstandes entspricht der elektrisch zugeführten Leistung. Für Messung Nr. 5 beträgt der Wirkungsgrad:

$$\eta = \frac{P_{ab}}{P_{zu}} = \frac{P_{ab}}{P_{ab} + P_v} = \frac{0{,}88\,\text{W}}{0{,}88\,\text{W} \cdot 0{,}32\,\text{W}} = 0{,}73$$

Tab. 8.3: Widerstandswerte und Wirkungsgrad, berechnet nach den Meßergebnissen des Versuches 8–1

Nr.	2	3	4	5	6	7	8
R in Ω	7,000	3,250	2,000	1,275	1,000	0,500	0,250
P_{ab} in W	0,280	0,520	0,720	0,880	1,000	1,125	1,000
P_v in W	0,020	0,080	0,180	0,320	0,500	1,125	2,000
η	0,933	0,867	0,800	0,733	0,667	0,500	0,333

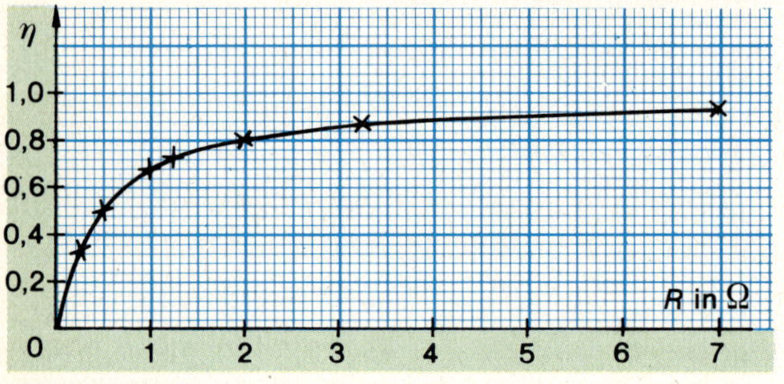

Abb. 1: Abhängigkeit des Wirkungsgrades vom Belastungswiderstand

Tab. 8.3 und die Abb. 1 zeigen:
Der Wirkungsgrad ist von der Größe des Belastungswiderstandes abhängig. Mit größer werdendem Widerstandswert steigt der Wirkungsgrad. Dieser Zusammenhang erfordert in bezug auf die Spannungsquelle:

Ein hoher Wirkungsgrad wird dann erreicht, wenn der Innenwiderstand der Spannungsquelle im Verhältnis zum Belastungswiderstand möglichst klein ist!

8.3 Reihenschaltung von Spannungsquellen

In vielen Stabtaschenlampen oder Suchscheinwerfern sind mehrere Spannungsquellen hintereinander geschaltet.

Abb. 1 zeigt die Reihenschaltung von vier Trockenelementen von je 1,5 V. Die Messung der Gesamtspannung ergibt im ausgeschalteten Zustand 6 V und im eingeschalteten 5,2 V. Dies ist das 4fache der Spannung eines Elementes (1,5 V). Die Reihenschaltung von Spannungsquellen bewirkt also eine Erhöhung der Gesamtspannung, da sich die Teilspannungen addieren.

Die Gesamturspannung ist bei der Reihenschaltung so groß wie die Summe der Teilurspannungen.

Gesamturspannung bei der Reihenschaltung

$$U_{org} = U_{or1} + U_{or2} + \ldots + U_{orn}$$

In Abb. 2 ist die Ersatzschaltung dargestellt. Aus der Ersatzschaltung der vier Trockenelemente wird dann die Ersatzschaltung eines gedachten Elementes entwickelt.

Der Gesamtinnenwiderstand ist bei der Reihenschaltung so groß wie die Summe der Teilinnenwiderstände.

Gesamtinnenwiderstand bei der Reihenschaltung

$$R_{ig} = R_{i1} + R_{i2} + \ldots + R_{in}$$

Bei dem vorliegenden Beispiel sinkt die Klemmenspannung infolge der Belastung um 0,8 V auf 5,2 V. Es hat also keinen Sinn, für eine solche Leuchte eine Glühlampe mit einer Nennspannung von 6 V zu verwenden. Diese könnte nicht die volle Helligkeit abgeben.

In der Leuchte ist eine Glühlampe mit einer Nennspannung $U_N = 4{,}8$ V. Diese ist sogar noch niedriger als die Klemmspannung bei Belastung. Man geht davon aus, daß bei fortschreitender Entladung der Elemente die Urspannung sinkt.

Wie verhält sich die Stromstärke bei Kurzschluß mehrerer in Reihe geschalteter Elemente?

Der Kurzschlußstrom eines Elementes beträgt:

$$I_K = \frac{U_{or1}}{R_{i1}}$$

$$I_K = \frac{1{,}5\ \text{V}}{0{,}5\ \Omega}$$

$$\underline{I_K = 3\ \text{A}}$$

Der Kurzschlußstrom von vier in Reihe geschalteten Elementen beträgt:

$$I_K = \frac{U_{org}}{R_{ig}}$$

$$I_K = \frac{6\ \text{V}}{2\ \Omega}$$

$$\underline{I_K = 3\ \text{A}}$$

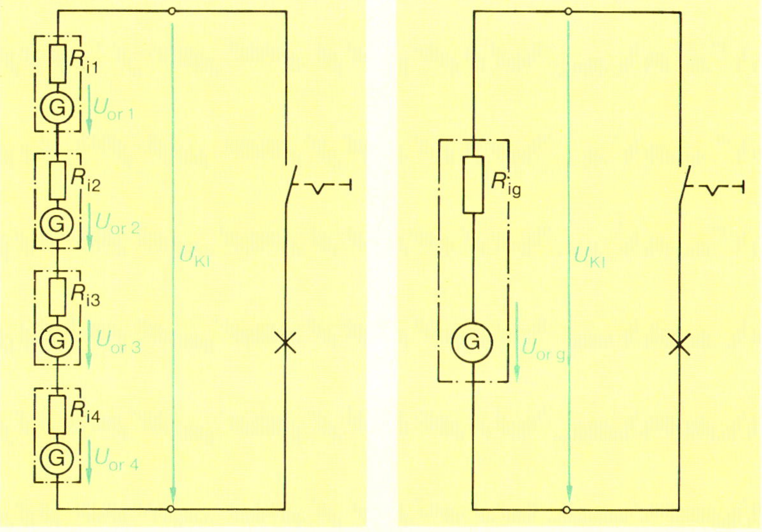

Abb. 2: Aus der Ersatzschaltung von vier in Reihe geschalteten Spannungsquellen entsteht die Ersatzschaltung der gesamten Spannungsquelle

Die Reihenschaltung von Elementen erhöht den Kurzschlußstrom nicht.

Wie die Abb. 2, S. 121 zeigt, sind die Elemente so in Reihe geschaltet, daß ihre Urspannungen gleiche Richtung haben. Nur für diesen Fall gelten die dargestellten Gesetzmäßigkeiten.

Werden z. B., wie in Abb. 1 geschehen, zwei Elemente mit der gleichen Spannung so geschaltet, daß ihre Urspannungen entgegengesetzte Richtung haben, dann heben sich die Spannungen auf.

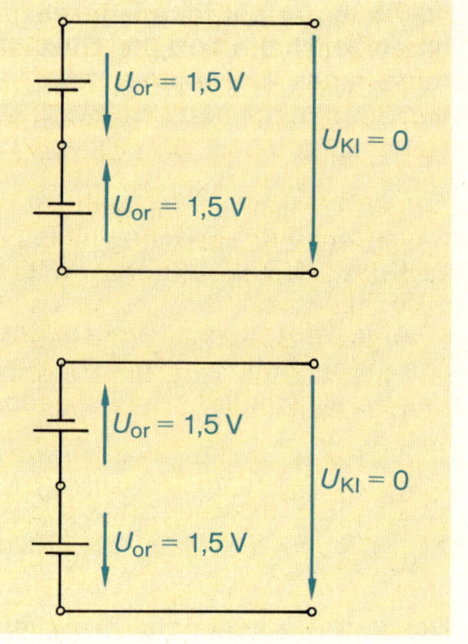

Abb. 1: Reihenschaltung von zwei Spannungsquellen, deren Spannungen einander entgegenwirken

8.4 Parallelschaltung von Spannungsquellen

Schon oft haben Autofahrer vergessen, nach dem Abstellen ihres Kraftfahrzeuges das Fahrlicht auszuschalten. Wenn sie dann nach vielen Stunden zurückkamen und ihren Wagen starten wollten, erlebten sie eine bittere Enttäuschung. Die Kontrollampe für die Zündung leuchtete zwar noch, die Batterie war jedoch nicht mehr in der Lage, den Anlasser mit so viel Spannung zu versorgen, daß er den Motor anlassen konnte.

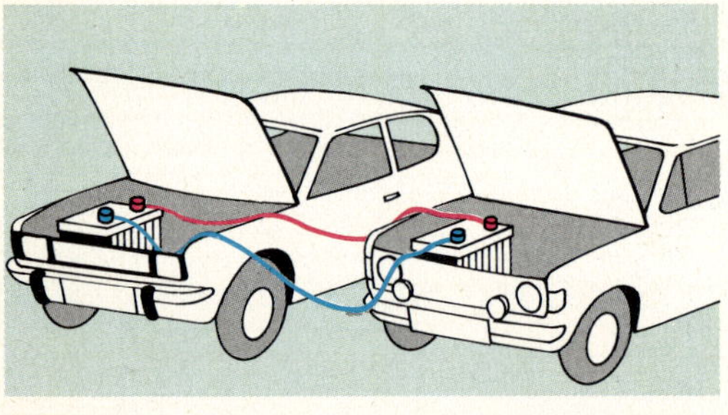

Abb. 2: Parallelschaltung von zwei Batterien zur Starthilfe

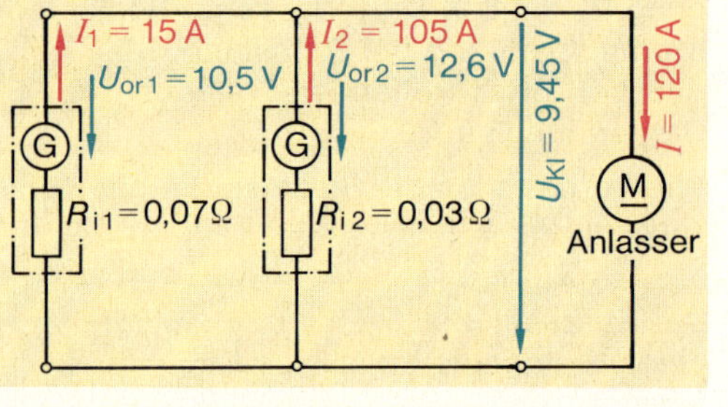

Abb. 3: Schaltung des Starthilfevorgangs

Hier kann man nun einen hilfsbereiten Autofahrer bitten, mit seiner Batterie auszuhelfen. Sie muß dafür nicht ausgewechselt werden. Es genügt, wenn der Wagen mit der betriebsbereiten Batterie neben dem eigenen Wagen parkt und die beiden Batterien parallel geschaltet werden. (Abb. 2).

Dieser Vorgang soll etwas näher untersucht werden. Dabei sind die Innenverhältnisse der Batterie vereinfacht dargestellt.

Batterie 1	**Batterie 2**
$U_{or1} = 10{,}5$ V	$U_{or2} = 12{,}6$ V
$R_{i1} = 0{,}07\ \Omega$	$R_{i2} = 0{,}03\ \Omega$

Der Anlasserstrom soll 120 A betragen.

In Abb. 3 ist die Parallelschaltung der Batterien mit dem Anlasser dargestellt. Aus den gegebenen Werten lassen sich die Teilströme I_1, I_2 und die Klemmenspannung für den Anlasser berechnen. Die Ergebnisse sind in Abb. 3 zu finden.

Die Batterie mit der höheren Urspannung und dem kleineren Innenwiderstand liefert den höheren Strom.

Schaltet man den Anlasser ab, (z. B. wenn der Motor angesprungen ist) dann liefert die volle Batterie Strom zum Aufladen der leeren Batterie (hier z. B. 21 A entsprechend Abb. 4). Dies geschieht so lange, bis beide etwa gleichen Ladezustand haben. Ist aber eine Batterie defekt, dann wird die andere vollkommen entladen und damit auch defekt.

Das Beispiel zeigt, daß das Parallelschalten von Spannungsquellen unter gewissen Bedingungen sehr unvorteilhaft werden kann. Für die Praxis gibt es deshalb zwei Regeln:

- Batterien nach Möglichkeit nur bei Belastung parallel schalten (z. B. Anlasserbetrieb oder bei Elektrobooten).
- Wenn Batterien parallel geschaltet werden müssen, dann sollten solche verwendet werden, die im Ladezustand, Innenwiderstand, Alter und in der Quellenspannung übereinstimmen.

Im 2. Fall verteilen sich die Ströme bei Belastung etwa gleichmäßig. Ausgleichsströme treten nicht auf. Aufgrund der gleichmäßigen Stromverteilung ist eine höhere Belastung der gesamten Anlage bei gleichbleibender Spannung möglich.

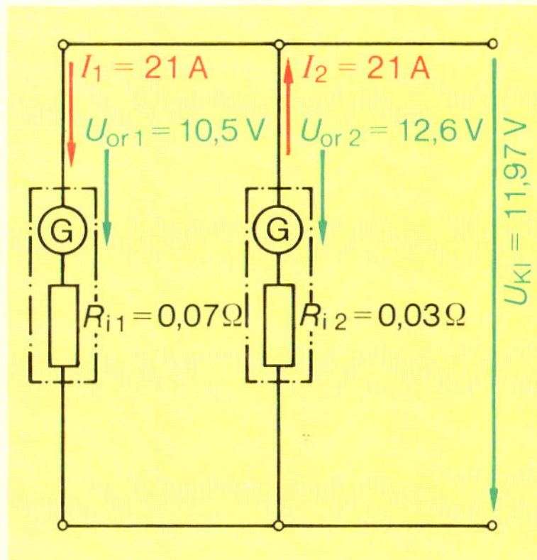

Abb. 4: Parallelschaltung unterschiedlicher Spannungsquellen

Aufgaben zu 8

1. Wie groß ist der Innenwiderstand einer Spannungsquelle, deren Klemmenspannung bei Belastung mit 12 A von 42 V auf 39 V absinkt?

2. Drei gleiche Spannungsquellen mit $U_{or} = 13{,}5$ V und $R_i = 2\,\Omega$ werden in Reihe geschaltet und an einen Widerstand mit $R = 48\,\Omega$ angeschlossen.
a) Wie groß ist die Gesamturspannung?
b) Wie groß ist der gesamte Innenwiderstand?
c) Wie groß ist der Strom?
d) Wieviel Spannung liegt an dem Widerstand $R = 48\,\Omega$ an?
e) Wie groß ist der Spannungsverlust einer Spannungsquelle?

3. Wie groß ist die Gesamtspannung der Reihenschaltung in Abb. 5?

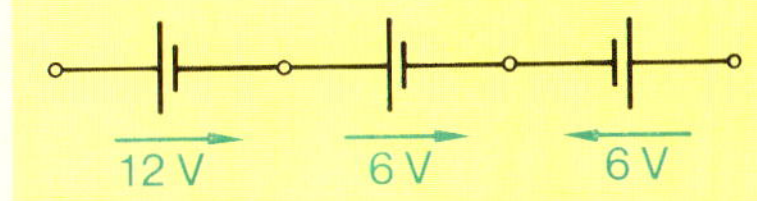

Abb. 5

9 Belastete Leitungen

9.1 Spannungsabfall und Verlustleistung

Ein Wohnwagenbesitzer baut unter Anleitung in seinen Wohnwagen eine elektrische Heizung ein. Sie ist für 220 V ausgelegt und nimmt an dieser Spannung eine Leistung von 4 kW auf. Nach Fertigstellen der Anlage wird sie von einem Fachmann überprüft und in Betrieb genommen. Dabei mißt er Spannung und Stromstärke:

$U = 220$ V; $I = 18$ A

Anschließend fährt der Wohnwagenbesitzer in Urlaub und stellt seinen Wohnwagen auf einem Campingplatz ab. Um die Heizung anschließen zu können, kauft er 100 m dreiadrige Leitung mit einem Aderquerschnitt $q = 1{,}5\ \text{mm}^2$, da die nächste Anschlußstelle ziemlich weit entfernt ist.

Nachdem die Heizung in Betrieb genommen ist, stellt der Besitzer fest, daß sie nicht mehr ihre volle Leistung abgibt.

Eine erneute Messung zeigt: $U = 183{,}8$ V; $I = 15{,}2$ A

Diese Werte sind wesentlich niedriger als die ursprünglichen. Der Verdacht, daß das EVU (Elektrizitäts-Versorgungs-Unternehmen) zu wenig Spannung liefert, bewahrheitet sich nicht. Am Elektroanschluß des Platzes werden 220 V gemessen.

Die Verluste können also nur durch den Leitungswiderstand verursacht werden (vgl. 3.2), der zusammen mit dem Heizwiderstand eine Reihenschaltung bildet.

In Abb. 1 ist die Schaltung der Wohnwagenheizung mit den eingebauten Meßgeräten und den Meßwerten dargestellt. Abb. 2 zeigt die entsprechende Ersatzschaltung.

Der Spannungsabfall der Leitung ist abhängig vom Belastungsstrom $I = 15{,}2$ A und dem Leitungswider-

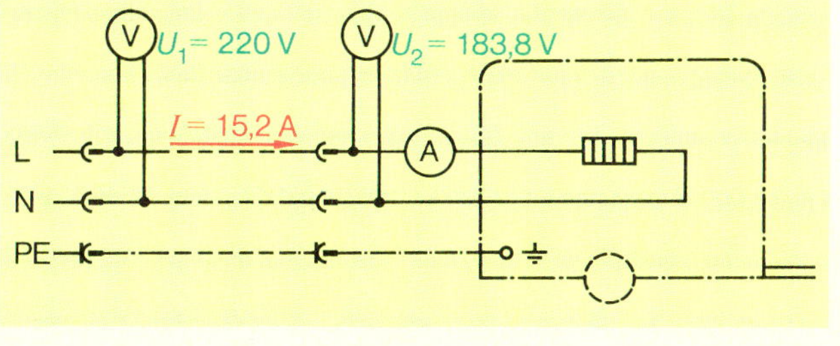

Abb. 1: Meßschaltung zur Überprüfung der Heizung (lange Zuleitung)

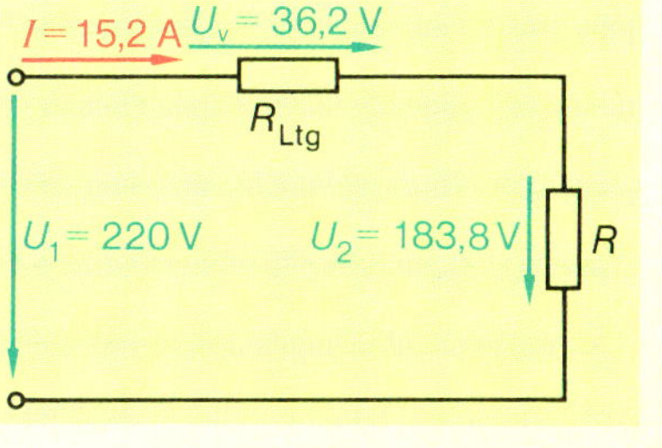

Abb. 2: Ersatzschaltung eines Verbrauchers mit Leitungswiderstand

stand R_{Ltg} (vgl. 3.2). Er setzt sich aus den Leiterwiderständen von Hin- und Rückleiter zusammen. Für die Länge l wird die Leitungslänge eingesetzt. Damit ist der Leitungswiderstand:

$$R_{Ltg} = R_{L\,(hin)} + R_{L\,(rück)} = 2\,R_L$$

$$R_{Ltg} = \frac{2\,l}{\varkappa \cdot q}$$

Der Spannungsabfall ist damit:

$$U_v = I \cdot R_{Ltg}$$

$$U_v = \frac{I \cdot 2 \cdot l}{\varkappa \cdot q}$$

$$U_v = \frac{15{,}2\ \text{A} \cdot 2 \cdot 100\ \text{m}}{56 \cdot 10^6\ \frac{\text{S}}{\text{m}} \cdot 1{,}5 \cdot 10^{-6}\ \text{m}^2}$$

$$\underline{U_v = 36{,}2\ \text{V}}$$

Spannungsabfall einer Leitung

$$\boxed{U_v = \frac{I \cdot 2 \cdot l}{\varkappa \cdot q}}$$

Dieser Spannungsabfall verursacht am Verbraucher – in diesem Fall am Heizwiderstand – eine Leistungsverminderung. Die Leitung bewirkt also außer dem Spannungsabfall auch eine Verlustleistung.

> Die Verlustleistung einer belasteten Leitung ist quadratisch vom Belastungsstrom und direkt vom Leitungswiderstand abhängig.

Verlustleistung einer Leitung

$$\boxed{P_v = \frac{I^2 \cdot 2 \cdot l}{\varkappa \cdot q}}$$

$$P_v = I^2 \cdot R_{Ltg}$$

$$P_v = \frac{I^2 \cdot 2 \cdot l}{\varkappa \cdot q}$$

$$P_v = \frac{15{,}2^2\ \text{A}^2 \cdot 200\ \text{m}}{56 \cdot 10^6\ \frac{\text{S}}{\text{m}} \cdot 1{,}5 \cdot 10^{-6}\ \text{m}^2}$$

$$\underline{P_v = 550\ \text{W}}$$

In der Praxis werden die Verluste gewöhnlich in Prozentwerten angegeben.

Spannungsabfall in Prozent der Nennspannung $U_N = 220$ V

$$U_{v\,\%} \mathrel{\hat{=}} \frac{U_v}{U_N} \cdot 100\%$$

$$U_{v\,\%} \mathrel{\hat{=}} \frac{36{,}2\ \text{V}}{220\ \text{V}} \cdot 100\%$$

$$\underline{U_{v\,\%} \mathrel{\hat{=}} 16{,}45\%}$$

Verlustleistung in Prozent der Nennleistung $P_N = 4000$ W

$$P_{v\,\%} \mathrel{\hat{=}} \frac{P_v}{P_N} \cdot 100\%$$

$$P_{v\,\%} \mathrel{\hat{=}} \frac{550\ \text{W}}{4000\ \text{W}} \cdot 100\%$$

$$\underline{P_{v\,\%} \mathrel{\hat{=}} 13{,}75\%}$$

Die Summe von Spannungsabfall und Verbraucherspannung ergibt die Nennspannung.

$$U_v + U_2 = 36{,}2\ \text{V} + 183{,}8\ \text{V}$$

$$\underline{U_v + U_2 = 220\ \text{V}}$$

Dieser Zusammenhang gilt nicht für die Summe von Verlustleistung und Verbraucherleistung! Die prozentual nutzbare Leistung ist wesentlich geringer, als die prozentual nutzbare Spannung, da sich die Leistung quadratisch mit der Spannung ändert.

9.2 Bemessung elektrischer Leitungen

Welche Möglichkeiten gibt es, die im vorausgegangenen Beispiel genannte elektrische Anlage wirtschaftlicher zu betreiben?

Wir wissen, daß der Leitungswiderstand die Verluste hervorruft. Also muß dieser verringert werden. Hierfür gibt es zwei Möglichkeiten (vgl. 3.2):

- Man verkürzt die Leitung.
- Man vergrößert den Querschnitt des Leiters.

In der Praxis (wie auch bei unserem Beispiel) läßt sich oft nur die zweite Möglichkeit durchführen.

Jede belastete Leitung verursacht einen Spannungsabfall, der jedoch möglichst gering sein sollte. Häufig wird er vom EVU vorgeschrieben.

Nach den TAB (Technische Anschlußbedingungen) der Vereinigung Deutscher Elektrizitätswerke e.V. – VDEW gilt hierfür:

„Der prozentuale Spannungsfall darf in den Leitungen vom Hausanschluß bis zu den Zählern nicht mehr als 0,5% betragen. Der prozentuale Spannungsfall in der Anlage hinter dem Zähler soll folgende Werte nicht übersteigen:

1,5% in den Leitungen für Licht- und/oder Steckdosenstromkreis vom Zähler bis zu den elektrischen Verbrauchsmitteln;

3% in den Leitungen vom Zähler bis zu den elektrischen Verbrauchsmitteln mit eigenem Stromkreis."

Für die Heizung des Wohnwagens besteht ein eigener Stromkreis. Hier ist also ein Spannungsabfall von 3% zugelassen. Er heißt **zulässiger Spannungsabfall** $U_{\text{v zul}}$.

$U_{\text{v zul}} \mathrel{\hat{=}} 3\%$ von 220 V

$U_{\text{v zul}} = 0{,}03 \cdot 220\ \text{V}$

$\underline{U_{\text{v zul}} = 6{,}6\ \text{V}}$

Er ist die Grundlage zur Berechnung des **erforderlichen Leiterquerschnitts** q_{erf}.

$$U_{\text{v zul}} = \frac{I \cdot 2 \cdot l}{\varkappa \cdot q_{\text{erf}}}$$

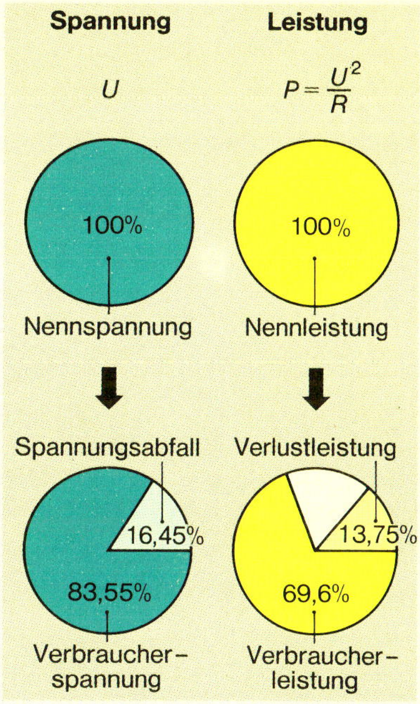

Abb. 1: Vergleich von genutzter Spannung und genutzter Leistung in Prozentwerten (Beispiel dazu S. 126).

Erläuterung: Liegt an einem Verbraucher die volle Nennspannung, dann wird die volle Nennleistung umgesetzt.

Liegt jedoch aufgrund eines Spannungsabfalls (hier 16,45%) eine geringere Spannung an (hier 83,55%), dann wird auch eine geringere Leistung (hier 69,6%) aufgenommen.

Prozentual ist die genutzte Verbraucherleistung geringer als die wirksame Verbraucherspannung, da die Leistung quadratisch von der Spannung abhängt.

Erforderlicher Leiterquerschnitt

$$q_{erf} = \frac{I \cdot 2 \cdot l}{\varkappa \cdot U_{v\,zul}}$$

Der erforderliche Leiterquerschnitt ist damit:

$$q_{erf} = \frac{I \cdot 2 \cdot l}{\varkappa \cdot U_{v\,zul}}$$

$$q_{erf} = \frac{18\ \text{A} \cdot 200\ \text{m}}{56 \cdot 10^6\ \frac{\text{S}}{\text{m}} \cdot 6{,}6\ \text{V}}$$

$$\underline{q_{erf} = 9{,}74 \cdot 10^{-6}\ \text{m}^2 = 9{,}74\ \text{mm}^2}$$

Bei nur 3% Spannungsabfall setzt man als Belastungsstrom den Nennstrom ein.

Die Berechnung des erforderlichen Leiterquerschnitts ergibt in der Regel einen Wert, der nicht genormt ist. Man wählt deshalb einen Leiter mit dem Querschnitt des nächsthöheren Normwertes. In unserem Fall beträgt er $q = 10\ \text{mm}^2$.

Es ergibt sich damit ein Spannungsabfall, der kleiner ist als der geforderte, was nur begrüßt werden kann.

$$U_v = \frac{I \cdot 2 \cdot l}{\varkappa \cdot q}$$

$$U_v = \frac{18\ \text{A} \cdot 200\ \text{m}}{56 \cdot 10^6\ \frac{\text{S}}{\text{m}} \cdot 10 \cdot 10^{-6}\ \text{m}^2} \quad \underline{= 6{,}4\ \text{V}}$$

Diese Berechnung enthält eine kleine Ungenauigkeit. Da Leiterwiderstand und Heizwiderstand eine Reihenschaltung bilden, fließt nicht der Nennstrom von 18 A, sondern ein geringerer Strom von 17,66 A. Hieraus läßt sich der tatsächliche Spannungsverlust $U_v = 6{,}3$ V errechnen. Da dieser Wert kaum von 6,4 V abweicht, genügt es für die Praxis, wenn man mit der Nennstromstärke rechnet.

9.3 Schutz elektrischer Leitungen

Für das wirtschaftliche und funktionsgerechte Betreiben einer elektrischen Anlage ist die Bemessung der Zuleitung besonders wichtig. Dabei spielt der höchstzulässige Spannungsabfall eine besondere Rolle.

Wir wollen dazu ein weiteres Beispiel betrachten.

Für eine Anlage an 220 V beträgt der zulässige Spannungsabfall 3%, also $U_{v\,zul} = 6{,}6$ V. Die sehr kurze Zuleitung $l = 3{,}5$ m soll einen Strom $I = 75$ A führen. Welcher Querschnitt ist zu verlegen?

$$q_{erf} = \frac{I \cdot 2 \cdot l}{\varkappa \cdot U_{v\,zul}}$$

$$q_{erf} = \frac{75\ \text{A} \cdot 2 \cdot 3{,}5\ \text{m}}{65 \cdot 10^6\ \frac{\text{S}}{\text{m}} \cdot 6{,}6\ \text{V}}$$

$$\underline{q_{erf} = 1{,}42 \cdot 10^{-6}\ \text{m}^2}$$

Hiernach wäre für die Anlage ein Leiter mit dem Querschnitt $q = 1{,}5\ \text{mm}^2$ ausreichend.

Für eine Stromstärke $I = 75$ A ist jedoch ein so kleiner Querschnitt nicht zulässig. Die Leitung würde zu heiß werden und die Wärme die Isolierung zerstören.

Die Verlustleistung der Leitung verdeutlicht dies:

$$P_v = \frac{I^2 \cdot 2 \cdot l}{\varkappa \cdot q}$$

$$P_v = \frac{75^2\ \text{A}^2 \cdot 7\ \text{m}}{56 \cdot 10^6\ \frac{\text{S}}{\text{m}} \cdot 1{,}5 \cdot 10^{-6}\ \text{m}^2}$$

$$\underline{P_v = 469\ \text{W}}$$

Eine Begründung für die zu starke Erwärmung der Leitung ist das Verhältnis der Stromstärke zum Leiterquerschnitt. Dieses nennt man **Stromdichte.** Sie darf also nicht zu hoch werden.

Die Stromdichte gibt an, wieviel Ampere pro Quadratmeter Querschnittsfläche fließen.

Stromdichte

Formelzeichen J

$$J = \frac{I}{q}$$

$$[J] = \frac{\text{A}}{\text{m}^2}$$

Der VDE (Verband Deutscher Elektrotechniker) hat in seinen Bestimmungen für das Errichten von Starkstromanlagen bis 1000 V (DIN 57100 Teil 523/VDE 0100 Teil 523) die zulässige Strombelastbarkeit isolierter Leiter angegeben (vgl. Tabelle 9.1). Die Werte der Tabelle sind auf Umgebungstemperaturen von 30°C bezogen.

In der Tabelle werden drei Gruppen unterschieden.

Gruppe 1: Eine oder mehrere in Rohr verlegte einadrige Leitungen, z.B. H07V-U.

Gruppe 2: Mehraderleitungen, z.B. Mantelleitungen, Rohrdrähte, Bleimantelleitungen, Stegleitungen, bewegliche Leitungen.

Gruppe 3: Einadrige, frei in Luft verlegte Leitungen und Kabel, wobei diese mit einem Zwischenraum, der mindestens ihrem Durchmesser entspricht, verlegt sind.

In unserem Beispiel ist also ein Querschnitt von mindestens $q = 16\ \text{mm}^2$ (Gruppe 2) erforderlich.

Ehe eine elektrische Anlage gebaut werden darf, muß sie berechnet werden. Die elektrischen Leitungen müssen dabei so bemessen sein, daß sie folgende Bedingungen erfüllen:

- Der zulässige Spannungsabfall darf nicht überschritten werden.
- Die zulässige Belastung darf nicht überschritten werden.

• Die mechanische Festigkeit der Leitungen muß ausreichend sein (vgl. Tabelle 9.2 Auszug aus VDE 0100 § 41).

Tab. 9.1: Strombelastbarkeit isolierter Leitungen und nicht im Erdreich verlegter Kabel bei Umgebungstemperaturen von 30 °C

Nenn-querschnitt mm²	Gruppe 1 Cu A	Gruppe 1 Al A	Gruppe 2 Cu A	Gruppe 2 Al A	Gruppe 3 Cu A	Gruppe 3 Al A
0,75	—	—	12	—	15	—
1	11	—	15	—	19	—
1,5	15	—	18	—	24	—
2,5	20	15	26	20	32	26
4	25	20	34	27	42	33
6	33	26	44	35	54	42
10	45	36	61	48	73	57
16	61	48	82	64	98	77
25	83	65	108	85	129	103
35	103	81	135	105	158	124
50	132	103	168	132	198	155
70	165	—	207	163	245	193
95	197	—	250	197	292	230
120	235	—	292	230	344	268
150	—	—	335	263	391	310
185	—	—	382	301	448	353
240	—	—	453	357	528	414
300	—	—	504	409	608	479
400	—	—	—	—	726	569
500	—	—	—	—	830	649

Die zulässige Dauerbelastung elektrischer Leitungen darf nicht überschritten werden. Sie werden für den Betriebsstrom berechnet und bemessen. Im Betriebsfall tritt also eine unzulässige Überlastung kaum auf.

Anders ist es im Störungsfall. So können z. B. bei einem Kurzschluß die zulässigen Werte weit überschritten werden. Für einen solchen Fall müssen die Leitungen mit **Überstromschutzorganen** gesichert werden.

Für verschiedene Leiterquerschnitte müssen entsprechend der Gruppeneinteilung auch verschieden große Überstromschutzorgane eingebaut werden. Die Tabelle 9.3 nach DIN 57100 Teil 430/VDE 0100 Teil 430 ordnet die Größe der Überstromschutzorgane den Nennquerschnitten zu. Diese dürfen nur unterschritten werden.

Es darf nie höher abgesichert werden, als nach VDE vorgeschrieben.

Tab. 9.2: Mindest-Leiterquerschnitte für Leitungen

Verlegungsart	Mindestquerschnitt in mm²	
	bei Cu	bei Al
feste, geschützte Verlegung	1,5	2,5
Leitungen in Schaltanlagen und Verteilern bei Stromstärken bis 2,5 A über 2,5 A bis 16 A über 16 A	 0,5 0,75 1,0	 —
offene Verlegung (auf Isolatoren) Abstand der Befestigungspunkte bis 20 m über 20 bis 45 m	 4 6	 16 16 (mehrdrähtig)
bewegliche Leitungen für den Anschluß von leichten Handgeräten bis 1 A Stromaufnahme und einer größten Länge der Anschlußleitung von 2 m, wenn dies in den entsprechenden Gerätebestimmungen festgelegt ist Geräten bis 2,5 A Stromaufnahme und einer größten Länge der Anschlußleitung von 2 m, wenn dies in den entsprechenden Gerätebestimmungen festgelegt ist Geräten bis 10 A Stromaufnahme, für Gerätesteck- und Kupplungsdosen bis 10 A Nennstrom Geräten über 10 A Stromaufnahme, Mehrfachsteckdosen, Gerätesteckdosen und Kupplungsdosen mit mehr als 10 A bis 16 A Nennstrom	0,1 0,5 0,75 1,0	—
Fassungsadern	0,75	
Lichtketten für Innenräume zwischen Lichtkette und Stecker zwischen den einzelnen Lampen	 0,75 } siehe VDE 0,5 } 0710 Teil 3	
Starkstrom-Freileitungen	siehe VDE 0211	

Schmelzsicherungen und Leitungsschutzschalter sind Überstromschutzorgane. Sie übernehmen sowohl den Überlastungs- als auch den Kurzschlußschutz.

Sicherung

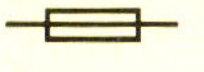

Schmelzsicherungen (Niederspannungssicherungen)

Schmelzsicherungen stellen die empfindlichste Stelle eines Stromkreises dar. Wird die Nennstromstärke der Sicherung um einen bestimmten Betrag überschritten, dann schmilzt der Sicherungsdraht in einer gewissen Zeit, und der Stromkreis ist unterbrochen.

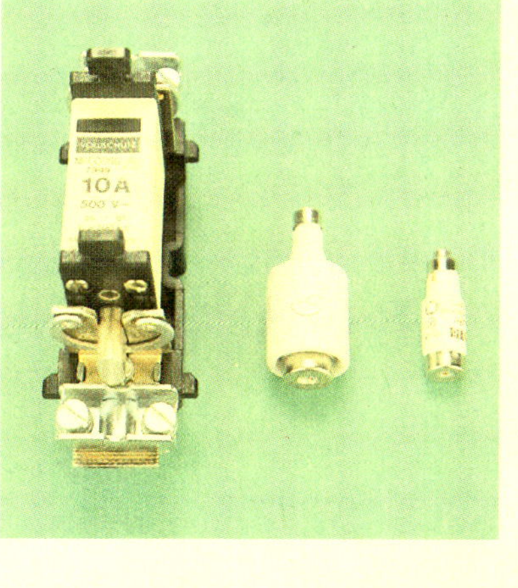

Abb. 1: Sicherungseinsätze 10 A für Niederspannungssicherungen. Von links nach rechts: NH-Sicherung, DIAZED-Sicherung und NEOZED-Sicherung.

Sicherungen des **D-Systems,** sie werden in der Praxis **DIAZED-Sicherungen** genannt, haben einen Nennstrom von 2 A . . . 100 A bei einer Nennspannung von 500 V. In den Sockel kommt ein Paßeinsatz, der verhindert, daß ein Sicherungseinsatz mit höherem Nennstrom eingesetzt werden kann.

Sicherungen des **DO-Systems,** sie werden in der Praxis **NEOZED-Sicherungen** (gr. neo: neu) genannt, sind nach dem gleichen Prinzip wie die des D-Systems, nur kleiner, aufgebaut. Sie haben einen Nennstrom von 2 A . . . 100 A bei einer Nennspannung von 380 V (bei Gleichspannung 250 V).

Sicherungen des **NH-Systems (Niederspannungs-Hochleistungs-Sicherungen)** können sehr hohe Ströme abschalten. Ihre Nennstromstärke beträgt bis zu 1250 A bei einer Nennspannung von 500 V Wechselspannung oder 660 V Wechselspannung und 440 V Gleichspannung. NH-Sicherungen haben Messerkontakte. Sie dürfen nur von Fachleuten bedient werden, da Sicherungseinsätze mit höherem Nennstrom als die vorgesehene problemlos eingesetzt werden können. Die Sicherungseinsätze werden mit isolierenden Aufsteckgriffen betätigt.

Alle Sicherungen schalten bei einer Überlastung ab. Die Abschaltzeit ist um so kürzer, je höher die Überlastung ist. In der folgenden Tabelle sind Abschaltzeiten der Sicherungen für den Kabel- und Leitungsschutz angegeben. Für den Schaltgeräte- und Halbleiterschutz sind Sicherungen erforderlich, die bei Überlastung wesentlich schneller abschalten. Sie werden in der Praxis im Gegensatz zu den „trägen Sicherungen" „flinke Sicherungen" genannt.

Abb. 1: a) DIAZED-Sicherung (**D**iametral **a**bgestufter **z**weiteiliger **E**dison-schraubstöpsel); b) NEOZED-Sicherung

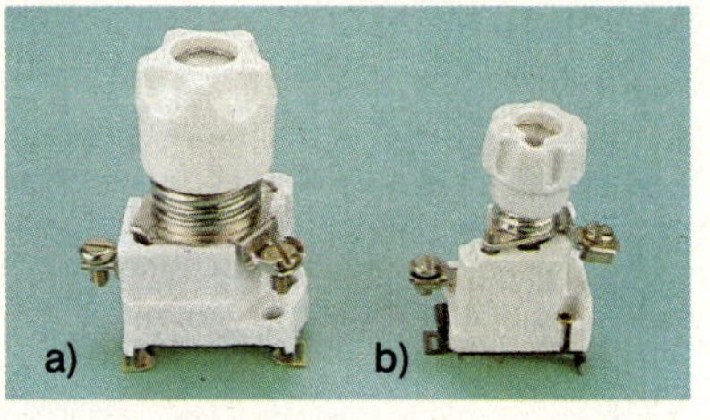

Abb. 2: a) DIAZED-Sicherung; b) NEOZED-Sicherung

Nennstromstärke	Kennfarbe der Paßeinsätze und Unterbrechermelder	Abschaltzeiten der Sicherungen in Sekunden bei Stromstärken von					
		$2{,}5 \cdot I_N$		$3 \cdot I_N$		$4 \cdot I_N$	
		mindest	höchst	mindest	höchst	mindest	höchst
2	rosa	2,2	140	0,15	8	0,004	0,15
4	braun	3,2	220	0,22	8	0,0076	0,14
6	grün	4	140	0,32	9	0,01	0,15
10	rot	4,7	200	0,5	13	0,012	0,19
16	grau	5,5	120	0,57	9	0,019	0,15
20	blau	8,3	115	0,83	10,7	0,027	0,17
25	gelb	9	140	1	12,7	0,03	0,2
35	schwarz	11	150	1,3	14	0,039	0,27
50	weiß	19	200	1,7	18	0,043	0,36
63	kupfer	18	310	2,2	30	0,055	0,45
80	silber	21	300	2,4	30	0,055	0,57
100	rot	30	400	3,2	30	0,07	0,52

(nach VDE 0636)

Tab. 9.3: Zuordnung von Überstromschutzorganen zu den Nennquerschnitten isolierter Leitungen

Nenn-querschnitt mm²	Gruppe 1		Gruppe 2		Gruppe 3	
	Cu A	Al A	Cu A	Al A	Cu A	Al A
0,75	—	—	6	—	10	—
1	6	—	10	—	10	—
1,5	10	—	10[1]	—	20	—
2,5	16	10	20	16	25	20
4	20	16	25	20	35	25
6	25	20	35	25	50	35
10	35	25	50	35	63	50
16	50	35	63	50	80	63
25	63	50	80	63	100	80
35	80	63	100	80	125	100
50	100	80	125	100	160	125
70	125	—	160	125	200	160
95	160	—	200	160	250	200
120	200	—	250	200	315	200
150	—	—	250	200	315	250
185	—	—	315	250	400	315
240	—	—	400	315	400	315
300	—	—	400	315	500	400
400	—	—	—	—	630	500
500	—	—	—	—	630	500

[1] Für Leitungen mit nur 2 belasteten Adern kann bis zur endgültigen internationalen Festlegung von deren Strombelastbarkeit weiterhin ein Schutzorgan von 16 A gewählt werden.

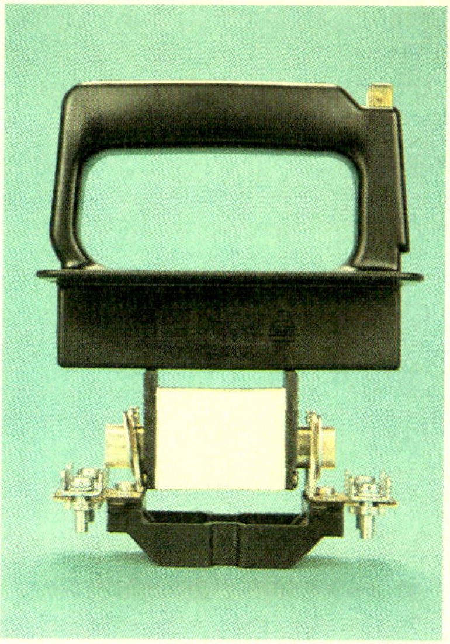

Abb. 3: NH-Sicherung mit Aufsteckgriff

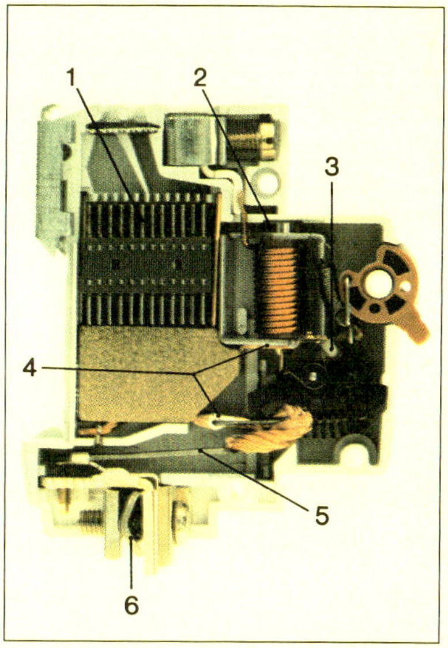

Abb. 4: Aufbau eines Leitungsschutzschalters
1 Löschkammer
2 Elektromagnetische Schnellauslösung
3 Schaltmechanik
4 Kontaktsystem
5 Überlastauslöser mit Bimetall
6 Zuleitungsklemme

Leitungsschutzschalter

Anstelle von Schmelzsicherungen werden vielfach Leitungsschutzschalter (Abb. 4 und Abb. 2 Seite 136) verwendet. Sie haben den Vorteil, daß sie nach dem Auslösen wieder eingeschaltet werden können.

Große Ströme werden bei Leitungsschaltern über eine Kurzschlußschnellauslösung sofort abgeschaltet. Geringere Überströme werden durch einen Bimetallauslöser verzögert abgeschaltet. Leitungsschutzschalter sind bis zu einer Nennstromstärke von 63 A bei einer Nennwechselspannung bis 415 V zugelassen.

Nach VDE 0641 gibt es Leitungsschutzschalter (LS-Schalter) mit **L-Charakteristik.** Sie dürfen bei einem Prüfstrom, der 1,3 . . . 1,5mal größer als der Nennstrom ist, während einer Stunde nicht auslösen. Fließt ein Strom, der 2,4mal Prüfstrom ist, darf die Auslösezeit nicht kleiner als 0,1 s sein. Fließt dagegen ein Strom, der 3,5mal Prüfstrom ist, dann muß der LS-Schalter innerhalb von 0,1 s auslösen (Abb. 1 Seite 136).

Für den Geräteschutz gibt es LS-Schalter mit **G-Charakteristik.** Sie schalten bei geringer Überlastung schneller und bei größerer Überlastung langsamer ab als LS-Schalter der L-Charakteristik (Abb. 1).

Überstromschutzorgane sollen bei Auftreten von Überströmen abschalten. Kritische Abschaltfälle treten bei Kurzschluß auf. LS-Schalter gibt es mit einem Kurzschlußschaltvermögen von 3000 A, 6000 A und 10000 A. Außerdem ist der Zeitpunkt der Abschaltung nach dem Auftreten des Fehlers (Kurzschluß) wichtig. Hierüber gibt die Strombegrenzungsklasse Auskunft. Man unterscheidet drei Strombegrenzungsklassen: 1, 2 und 3. Die Abschaltung bei gleichem Kurzschlußstrom erfolgt bei dem LS-Schalter mit der höheren Strombegrenzungsklasse schneller.

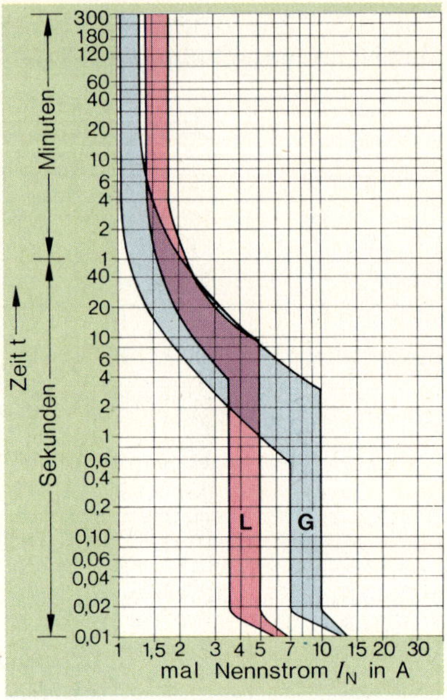

Abb. 1: L- und G-Charakteristik

Selektivität

Die Überstromschutzorgane müssen am Anfang jedes Stromkreises sowie an allen Stellen eingebaut werden, an denen eine geringere Strombelastbarkeit erforderlich wird. Das ist z.B. immer bei Querschnittsverkleinerungen der Fall.

In einer größeren Anlage sind immer mehrere Stromkreise vorhanden. Diese werden einzeln abgesichert. Ihnen übergeordnet ist eine größere Sicherung am Anfang der stärkeren Zuleitung (z.B. Etagenzuleitung). Mehrere Etagenzuleitungen können dann in der Hauptzuleitung zusammengefaßt werden. Diese Hauptzuleitung, die wiederum einen größeren Querschnitt hat, wird nochmals höher abgesichert. Dadurch ist gewährleistet, daß im Störungsfall nur die Sicherung anspricht, die der Fehlerstelle direkt vorgeschaltet ist. Eine 16 A-Sicherung schaltet früher ab als eine 20 A-Sicherung. Dieses Absicherungsprinzip nennt man Selektivität.

> Unter Selektivität versteht man das gestufte Absichern einer Anlage, so daß im Fehlerfall nur das vorgeschaltete Überstromschutzorgan abschaltet.

Abb. 2: LS-Schalter mit L- und G-Charakteristik

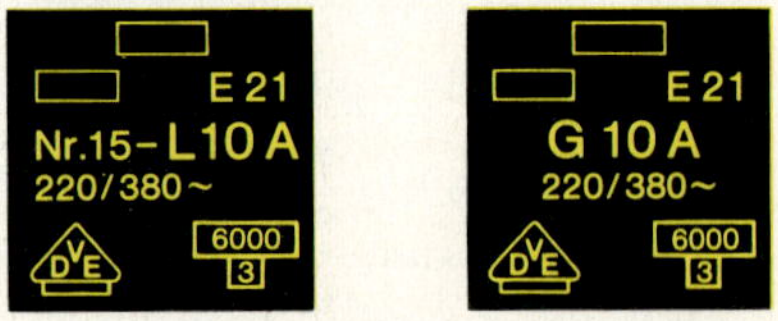

Abb. 3: Kennzeichnung für das Kurzschlußschaltvermögen und die Strombegrenzungsklassen

Nehmen wir an, in einer Hausinstallation ist ein Lichtstromkreis mit einem LS-Schalter 16 A, ein Elektroherd mit einem LS-Schalter 20 A und ein Heißwassergerät mit einer Schmelzsicherung 25 A abgesichert.

Tritt in einem dieser Stromkreise ein Kurzschluß auf, dann muß die nächst vorgeschaltete Überstromsicherung abschalten. In keinem dieser Fälle darf F4 oder gar F5 abschalten.

In bezug auf F1 und F4, F2 und F4, ist Selektivität gewährleistet. Bei F3 und F4 ist die Selektivität nicht

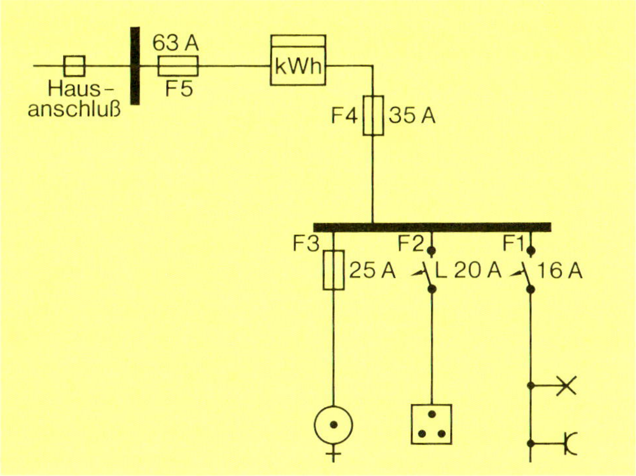

Abb. 4: Selektivität einer Hausinstallation

sicher gewährleistet, denn eine Sicherung 35 A kann unter Umständen schneller abschalten als eine träge Sicherung 25 A.

Um die Selektivität zu erreichen, sollte man nach Möglichkeit immer 2 Stufen höher als nachfolgend absichern. F4 müßte also 50 A sein.

Aufgaben zu 9

1. Welche Bedingungen müssen für die vorschriftsmäßige Installation elektrischer Leitungen erfüllt sein?
2. An welcher Stelle der Schaltung müssen Überstromschutzorgane eingebaut werden?
3. Unter welchen Bedingungen ist in einer Anlage Selektivität gewahrt?
4. Worin unterscheiden sich die Anwendungsbereiche träger Schmelzsicherungen von flinken?
5. Worin unterscheiden sich Schmelzsicherungen von Leitungsschutzschaltern?
6. Wie lang darf eine zweiadrige Zuleitung (Cu) mit $q = 1{,}5\ \mathrm{mm}^2$ höchstens sein, wenn 16 A Strom fließen und der zulässige Spannungsabfall höchstens 3,3 V betragen darf?
7. Welcher Leiterquerschnitt muß für ein Heißwassergerät ($U_N = 220\,\mathrm{V}$, $P_N = 4\,\mathrm{kW}$) verlegt werden, wenn die Leiterlänge 12 m und der zulässige Spannungsabfall 1,5% betragen (Leiterwerkstoff: Cu)?
8. Wieviel Prozent seiner Nennleistung nimmt ein Bügeleisen mit $P_N = 1000$ W auf, wenn in der Zuleitung ein Spannungsabfall von 10% auftritt?

10 Technische Stromkreise

Zum vollständigen Stromkreis gehören Spannungsquelle, Schaltgeräte, Leitungen, Verbraucher und evtl. Meßeinrichtungen.

Die Spannungsquelle befindet sich in der Regel in einem Kraftwerk. Für eine Verbraucheranlage kann man anstelle der Spannungsquelle den Anschluß ansetzen.

Schaltgeräte unterbrechen bzw. schließen den Stromkreis. Sie sind entweder handbetätigt oder fremdbetätigt (elektromagnetisch, hydraulisch, pneumatisch u.ä.).

Die Leitungen haben als Leitermaterial entweder Kupfer oder Aluminium. Je nach Aufbau und Isolierung sind sie für eine oder mehrere Installationsarten zu verwenden.

Die Meßeinrichtungen sind in der Regel nur Elektrizitätszähler zur Messung der elektrischen Arbeit. In einigen Fällen werden auch noch Spannungs- und Strommessungen durchgeführt.

Bei uns ist das **Vierleiternetz** mit den Außenleitern L1, L2, L3 und dem Neutralleiter N üblich[1]. Die Spannung zwischen einem Außenleiter und dem Neutralleiter beträgt 220 V und zwischen zwei Außenleitern 380 V (vgl. Abb. 1). Diese Spannungswerte entstehen durch die Zusammenfassung von drei verschobenen Wechselspannungen. (Bei der Fachbildung wird hierauf näher eingegangen.)

Schutzleiter-Klemme

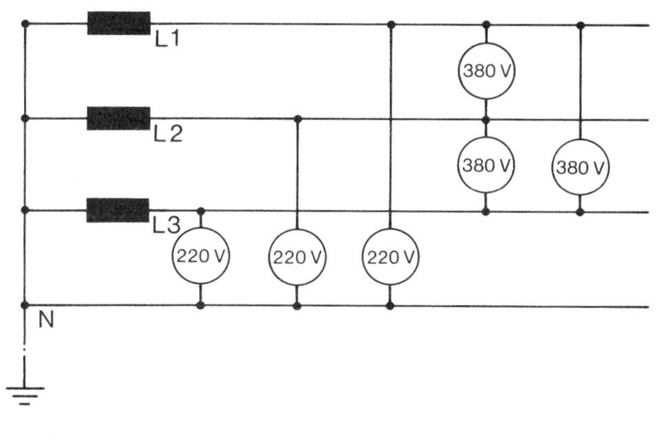

Abb. 1: Spannungen im Vierleiternetz

[1] Nach DIN 42400, Ausgabe Sept. 1983, werden die Leiter und ihre Anschlußpunkte wie folgt bezeichnet:

Außenleiter: L1, L2, L3 (früher: R, S, T; dies darf heute noch als Ausweichbezeichnung verwendet werden).

Neutralleiter: N (früher: Mittelleiter Mp).

Schutzleiter, geerdet: PE (früher: SL).

Geerdeter Neutralleiter mit Schutzfunktion: PEN (früher: Mp/SL).

10.1 Netzformen

Die Wohnhäuser werden mit einem Vierleiter-Anschluß oder einem Zweileiter-Anschluß (ein Außenleiter und Neutralleiter) versehen. In der Praxis überwiegt der Vierleiter-Anschluß und das **TN-S-Netz.** (vgl. Abb. 1)

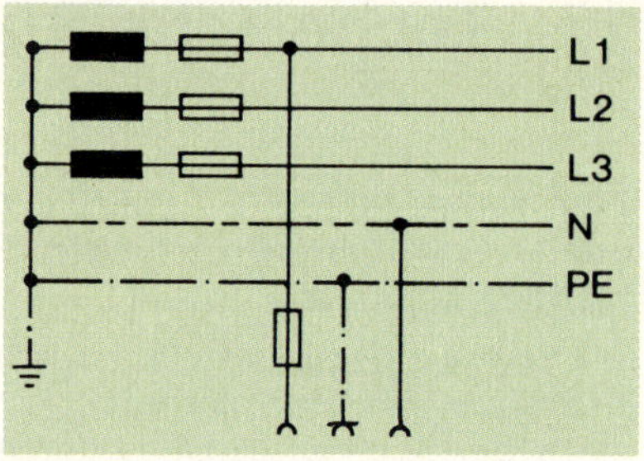

Abb. 1: Anschluß einer Wechselstromsteckdose an ein TN-S-Netz

Der erste Buchstabe **T**[1] gibt die Erdungsverhältnisse der Spannungsquelle an. Im vorliegenden Fall (Abb. 2) ist der Sternpunkt des Transformators geerdet. Der zweite Buchstabe **N**[1] gibt die Erdungsverhältnisse der Körper der elektrischen Geräte an. Im vorliegenden Fall ist der Schutzleiterkontakt der Steckdose mit dem Neutralleiter verbunden. Der Schutzleiteranschluß ist über die bewegliche Anschlußleitung mit dem Gehäuse des elektrischen Gerätes verbunden.

Die Verbindung des Schutzleiterkontaktes mit dem Neutralleiter erfolgt nicht direkt, sondern separat über den Schutzleiter PE. Dies sagt der Buchstabe **S** aus.

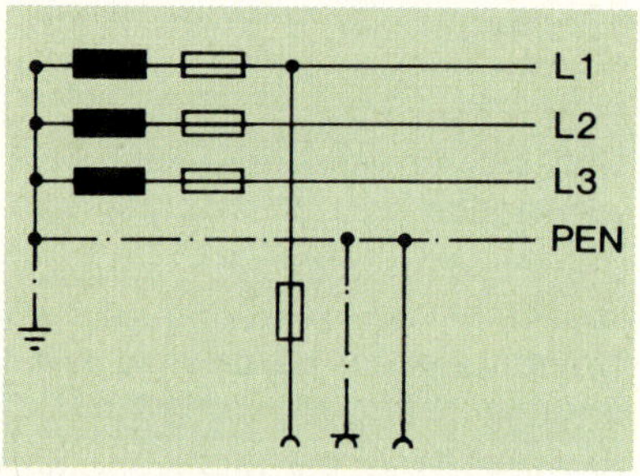

Abb. 2: Anschluß einer Wechselstromsteckdose an ein TN-C-Netz

Es gibt jedoch auch Netze, bei denen der Neutralleiter und der Schutzleiter kombiniert sind. Bei diesen **TN-C-Netzen** (vgl. Abb. 2) wird der Schutzleiterkontakt direkt mit dem PEN-Leiter verbunden.

Beide Netzformen sind in der Praxis sehr häufig anzutreffen. Sie werden kurz als **TN-Netze** bezeichnet: Es gibt auch elektrische Anlagen, in denen beide Netzformen vorkommen. Diese heißen **TN-C-S-Netze.**

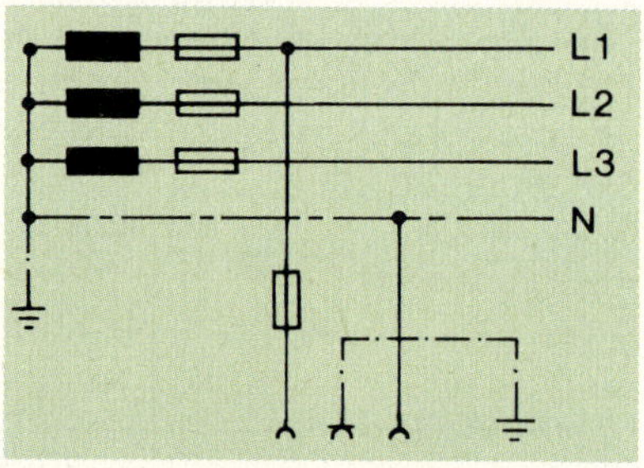

Abb. 3: Anschluß einer Wechselstromsteckdose an ein TT-Netz

Sehr viel seltener kommt in der Praxis das **TT-Netz** vor (vgl. Abb. 3). Hier sagt der erste Buchstabe aus, daß die Spannungsquelle wie bei den TN-Netzen direkt geerdet ist. Direkt geerdet ist auch der Schutzleiterkontakt; der zweite Buchstabe ist ebenfalls ein T.

In kleineren Industriebetrieben, in Bergwerken und in anderen kleineren Netzen versorgt manchmal das **IT-Netz** die elektrischen Verbraucher. In Abb. 4 ist eine Drehstromsteckdose stellvertretend für alle Verbraucher dargestellt. Die Spannungsquelle ist isoliert

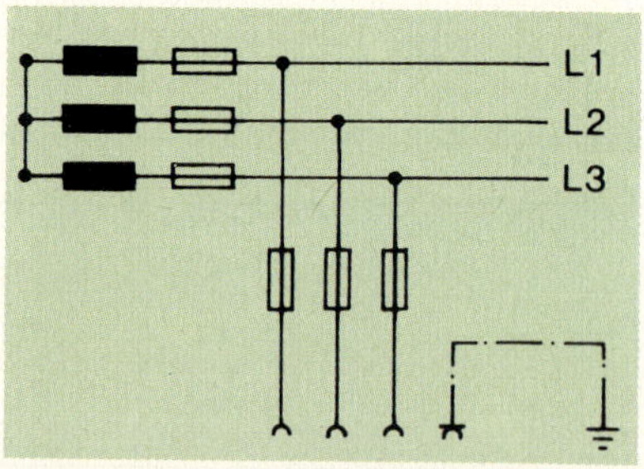

Abb. 4: Anschluß einer Drehstromsteckdose an ein IT-Netz

[1] Nach VDE 0100 Teil 310 vom April 1982 werden elektrische Netze nach der Art ihrer Erdverbindung beschrieben. Die angewendeten Buchstaben haben folgende Bedeutung:

Erster Buchstabe – Erdungsverhältnisse der Spannungsquelle
T – direkte Erdung eines Punktes (meist Sternpunkt) (Diese Erde heißt Betriebserde)
I – Isolierung der Spannungsquelle

Zweiter Buchstabe – Erdungsverhältnisse der Gehäuse der Verbraucher
T – direkte Erdung der Gehäuse
N – Direkte Verbindung der Gehäuse der Verbraucher mit der Betriebserde der Spannungsquelle mittels des Schutzleiters

Weitere Buchstaben – Anordnung des Schutzleiters
S – Schutzleiter PE ist ein separater Leiter
C – Schutzleiter und Neutralleiter sind kombiniert (combination); sie bilden einen Leiter PEN

(erster Buchstabe ist ein I) und der Schutzleiterkontakt direkt geerdet (zweiter Buchstabe ist ein T).

Für die Energieversorgung der elektrischen Geräte sind Netze gleichwertig. Sie haben jedoch unterschiedliche Bedeutung für den **Schutz gegen gefährliche Körperströme** (vgl. Kap. 14). Bei den TN-Netzen übernehmen die Überstrom-Schutzeinrichtungen (die Sicherungen) diesen Schutz. Außerdem sind auch Fehlerstrom-Schutzeinrichtungen erlaubt.

Das gleiche gilt auch für die TT-Netze. Da hierfür niedrige Erdübergangswiderstände erforderlich sind, jedoch nur schwer erreicht werden, haben TT-Netze wenig Bedeutung.

Eine Sonderstellung nehmen die IT-Netze ein. Sie bleiben bei Auftreten eines Fehlers betriebsbereit. Neben Überstrom-Schutzorganen muß die Isolation überwacht werden.

10.2 Leitungsarten und ihre Verwendungsmöglichkeit

Isolierte Leitungen für flexible Verlegung					
Bezeichnung	Bild	Kurzzeichen alt	Kurzzeichen neu	Aderzahl	Verwendung
Zwillingsleitungen		NYZ	H03VH-H	2	In trockenen Räumen bei sehr geringen mechanischen Beanspruchungen. Nicht für Wärmegeräte
Leichte Kunststoffschlauchleitungen		NYLHYrd	H03VV-F	2...3	In trockenen Räumen bei geringen mechanischen Beanspruchungen für leichte Handgeräte
Mittlere Kunststoffschlauchleitungen	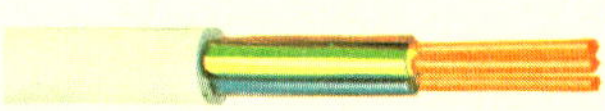	NYMHYrd	H05VV-F	2...5	In trockenen Räumen bei mittleren mechanischen Beanspruchungen, für Hausgeräte auch in feuchten Räumen
Gummischlauchleitungen (leichte Ausführung)		NLH NMH	H05RR-F	2...5	In trockenen Räumen bei geringen mechanischen Beanspruchungen für Hand- und Wärmegeräte
Gummischlauchleitungen (schwere Ausführung	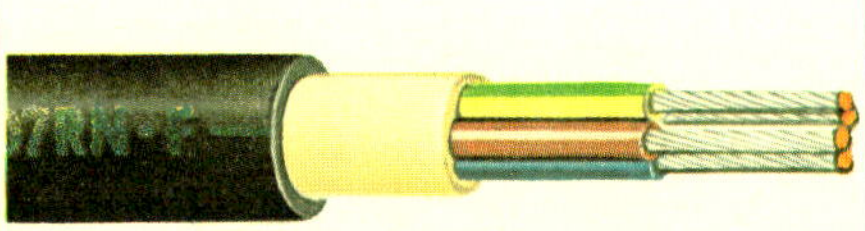	NMHöu NSHöu	H07RN-F	1...5	Bei mittleren mechanischen Beanspruchungen, in trockenen, feuchten und nassen Räumen, in explosionsgefährdeten Betriebsstätten nach VDE 0165 zulässig. Im Freien, in landwirtschaftlichen und in feuergefährdeten Betriebsstätten sowie in Nutzwasser

Isolierte Leitungen für feste Verlegung					
Bezeichnung	Bild	Kurzzeichen alt	Kurzzeichen neu	Aderzahl	Verwendung
Kunststoff-Fassungsadern		NYFA NYFAF	H05V-U H05V-K	1	Verdrahtung in Leuchten
Gummiaderleitung mit erhöhter Wärmebeständigkeit		N2GAFU	H05SJ-K	1	Verdrahtung in Leuchten, in Schalt- und Verteileranlagen. Verlegung in Rohren in trockenen Räumen bis 180 °C
Kunststoffaderleitungen		NYA NYAF	H07V-U HO7V-R H07V-K	1	Verdrahtung in Schalt- und Verteileranlagen. Verlegung in Rohren in trockenen Räumen
Stegleitungen	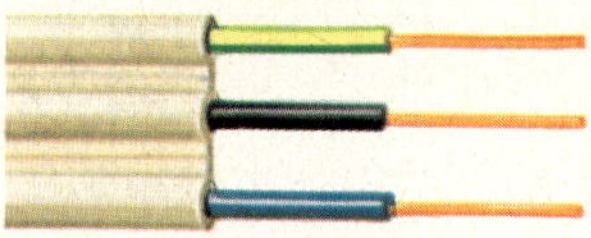	NYIF	–	2 . . . 5	Verlegung in oder unter Putz in trockenen Räumen
Mantelleitungen	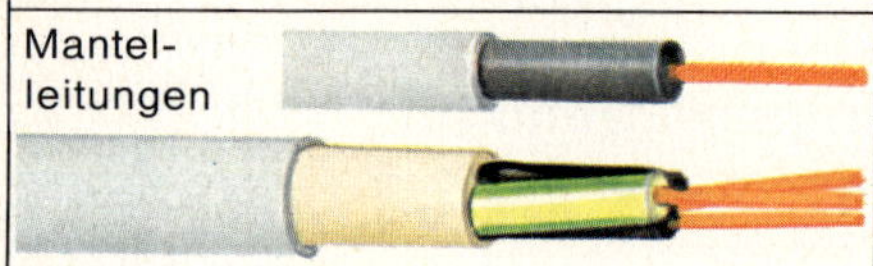	NYM	–	1 . . . 5	Verlegung auf, in und unter Putz in trockenen und feuchten Räumen und im Freien
Umhüllte Rohrdrähte		NYRUZY	–	1 . . . 5	Verlegung auf, in unter und über Putz in trockenen und feuchten Räumen und im Freien
Bleimantelleitungen	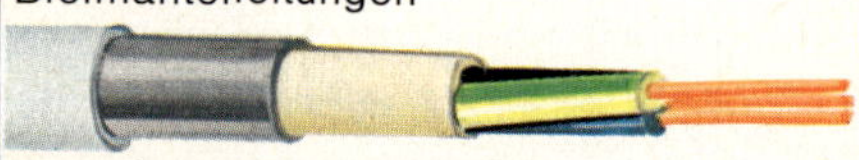	NYBUY	–	1 . . . 5	Verlegung auf, in, unter und über Putz in trockenen und feuchten Räumen und im Freien

Typenkurzzeichen

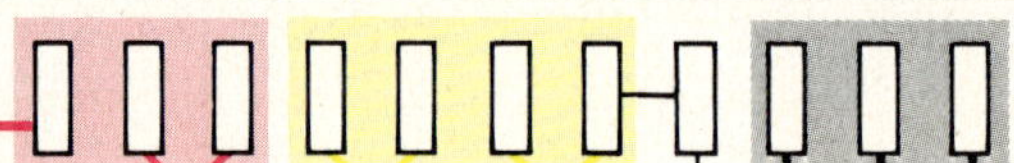

Kennzeichnung der Bestimmung

H = Harmonisierter Typ
A = anerkannter nationaler Typ

Nennspannung in kV

03: 300/300 V; 05: 300/500 V;
07: 450/750 V

Isolier- und Mantelwerkstoff

V: PVC
R: Natur- oder Synthetischer Kautschuk
N: Chloropren-Kautschuk
S: Silikon-Kautschuk; J: Glasfasergeflecht
T: Textilgewebe

Aufbauart

H: flache, aufteilbare Leitung; H2: flache, nicht aufteilbare Leitung

Leiterquerschnitt

Schutzleiter

X: ohne gnge Schutzleiter
G: mit gnge Schutzleiter

Aderzahl

Leiterart

U: eindrähtig
R: mehrdrähtig
K: feindrähtig; Leitungen fest verlegt
F: feindrähtig; Leitungen flexibel
H: feinstdrähtig
Y: Lahnlitzenleiter

11 Elektrisches Feld

11.1 Grunderscheinungen elektrischer Felder

Die Abb. 1 bis 3 zeigen eine Naturerscheinung, elektrotechnische Bauteile und abgeschirmte Leitungen. Diese Darstellungen scheinen zunächst nichts Gemeinsames zu haben. Sie gehören jedoch zusammen, denn in allen Fällen spielt das elektrische Feld eine Rolle.

Abb. 1: Elektrische Entladung in der Atmosphäre

Abb. 2: Kondensator im Blitzlichtgerät

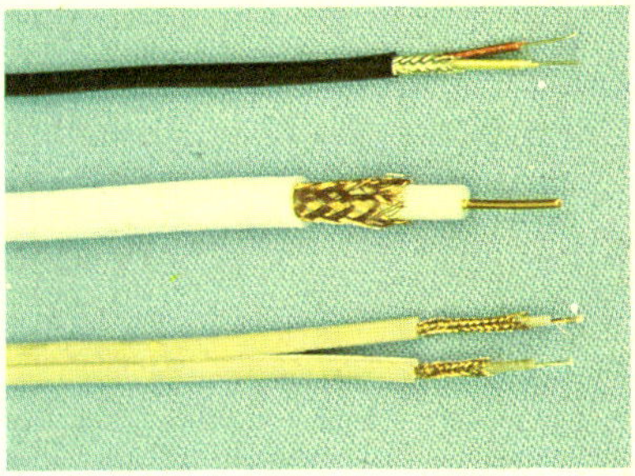

Abb. 3: Abgeschirmte Leitungen

Diese Erscheinungen und die angedeuteten Anwendungsbereiche sind nur einige Beispiele. Eine genaue Klärung der Zusammenhänge kann hier noch nicht erfolgen, da erst notwendige Grundlagen vermittelt werden müssen.

Zum genauen Verständnis des elektrischen Feldes und für eine sachgerechte Handhabung der entsprechenden technischen Geräte dienen die folgenden Darstellungen.

11.1.1 Ursache und Wirkungen elektrischer Felder

Die mit elektrischen Feldern verbundenen Grunderscheinungen sind bereits in 1.4.1 kurz behandelt worden. Durch Reibung wurden Ladungen getrennt. Diese ruhenden Ladungen beeinflußten den umliegenden Raum. Es entstand ein Bereich, in dem auf andere Ladungen Kräfte ausgeübt wurden.

Das elektrische Feld ist ein Raum in dem auf Ladungen Kräfte ausgeübt werden.

Je nach Ladungsart kommt es zu Anziehung oder Abstoßung. Die Ladungen sind dabei stets die Ursache für die elektrischen Felder.

Ladungen verursachen elektrische Felder.

Der Ladezustand läßt sich durch ein Elektroskop nachweisen. Berührt man mit dem geladenen Gegenstand den oberen Anschluß des Elektroskops, dann wandern Ladungen auf den beweglichen Zeiger (Abb. 1). Da sich auf dem feststehenden Steg ebenfalls gleichartige Ladungen befinden, kommt es zu einer Abstoßung.

Durch verschiedenartige äußere Einflüsse erhält man bei Reibungsvorgängen stets unterschiedliche Aufladungen. Eindeutige Ladungsunterschiede können mit Spannungsquellen hergestellt werden. Spannungen sind stets mit elektrischen Feldern verbunden.

Elektrische Felder sind immer dann vorhanden, wenn elektrische Spannungen herrschen.

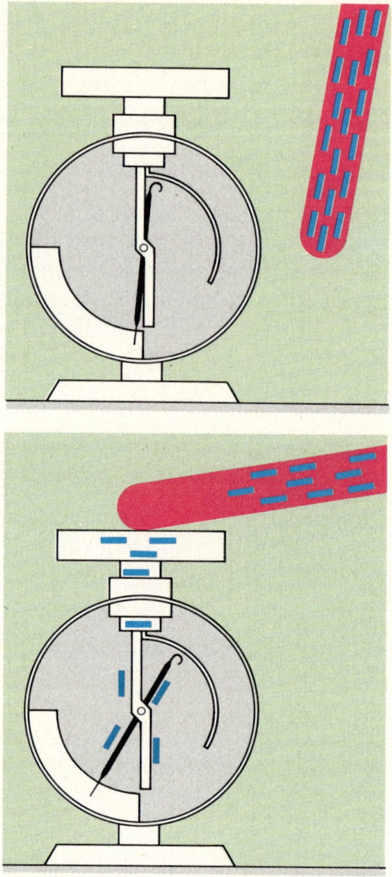

Abb. 1: Nachweis elektrischer Ladungen mit dem Elektroskop

Das Elektroskop wurde bisher zur Messung von Aufladungen benutzt. Dieses Gerät eignet sich aber auch zur Spannungsmessung, denn Spannungen entstehen durch getrennte Ladungen. Abb. 2 zeigt einen Versuchsaufbau. Die Pole der Spannungsquelle sind mit dem Gehäuse und dem Zeigersystem des Meßgerätes verbunden. Es handelt sich dabei um ein elektrostatisches Meßgerät. Dies bedeutet, daß zur Aufrechterhaltung des Zeigerausschlags kein Strom erforderlich ist. Die Spannung wird allein über die Abstoßung von Ladungen gemessen.

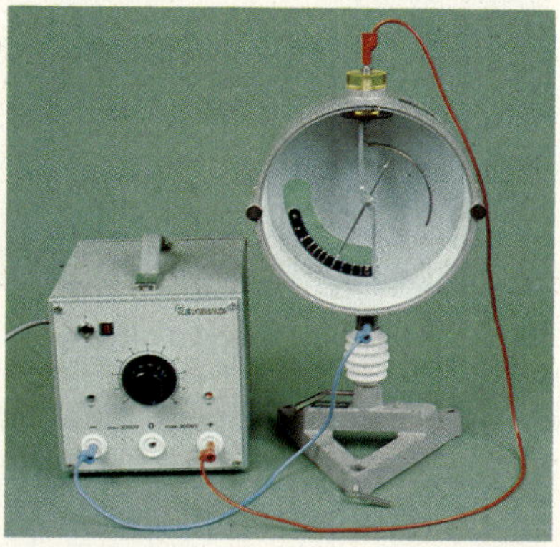

Abb. 2: Elektrostatische Spannungsmessung

Bei genauer Beobachtung der Aufladungsmessung mit dem Elektroskop wird ein besonderes Phänomen des elektrischen Feldes deutlich. Das Anzeigegerät zeigt bereits vor dem Berühren der Kontaktelektrode einen Ausschlag (Abb. 3). Dieser wird um so größer, je geringer der Abstand zwischen dem Stab und der Elektrode wird. Wie läßt sich das erklären?

Jede Ladung besitzt um sich herum ein elektrisches Feld. Wenn sich in diesem Feld andere Ladungen befinden, dann werden Kräfte ausgeübt. Da die Berührungselektrode aus Metall besteht, sind dort frei bewegliche Elektronen vorhanden, also Ladungen.

Durch das elektrische Feld um den Stab (die Ursache dieses Feldes sind negative Ladungen) werden die Elektronen in der Elektrode abgestoßen (Abb. 4). Es kommt zu einer Ladungsverschiebung, die vom Meßgerät angezeigt wird. Dieser Vorgang heißt **Influenz.**

Influenz ist die Beeinflussung der Ladungsverteilung durch die Einwirkung elektrischer Felder.

Mit der Influenz läßt sich erklären, weshalb auch ungeladene Stoffe durch geladene Gegenstände angezogen werden. Als Beispiele sollen die in den Abb. 5 und 6 erkennbaren Versuche dienen.

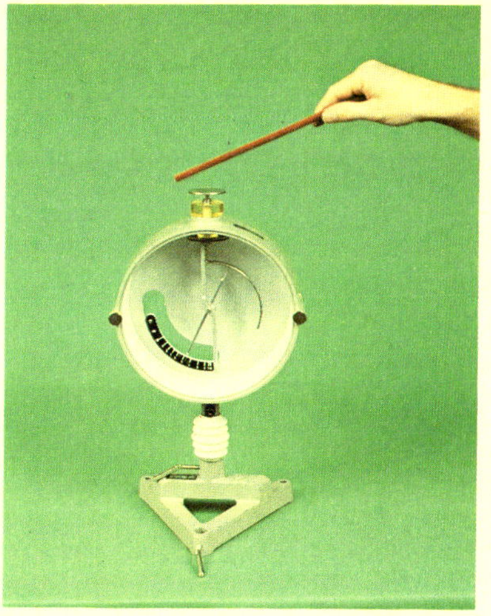

Abb. 3: Beeinflussung der Ladungsverteilung durch elektrische Felder

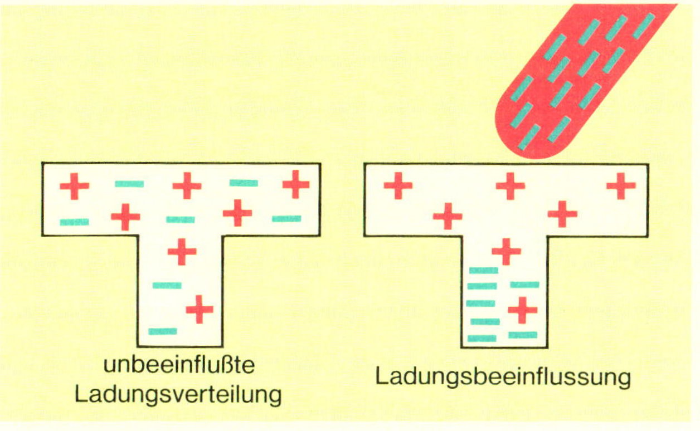

Abb. 4: Vorgang der Influenz

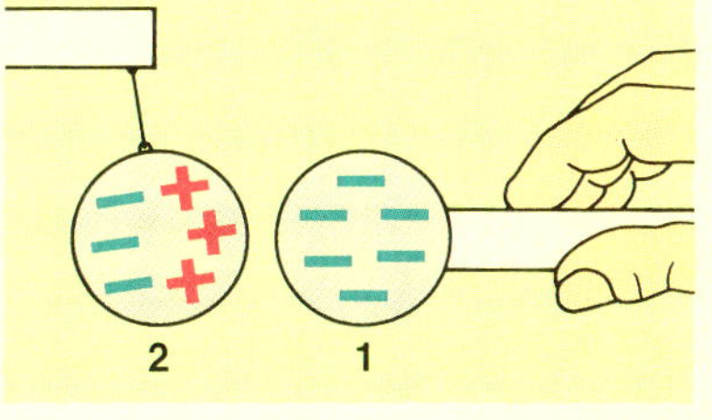

Abb. 5: Anziehung einer neutralen Metallkugel durch Influenz

Abb. 6: Anziehung eines Papierschnipsels durch Influenz ▷

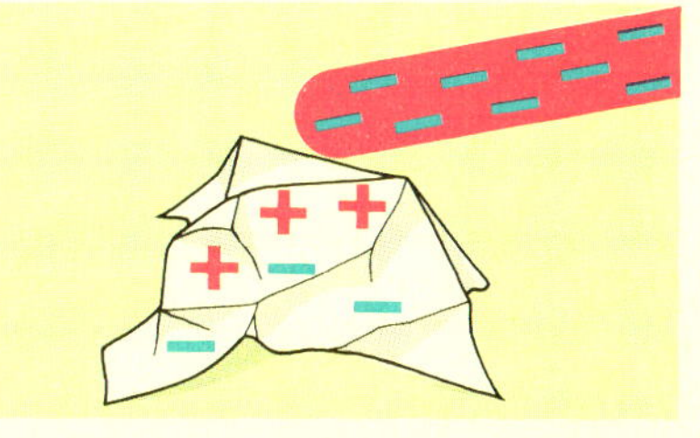

In Abb. 5 wird die negativ aufgeladene Kugel 1 einer neutralen Kugel 2 genähert. Die frei beweglichen Elektronen der Kugel 2 werden abgestoßen, so daß ein Ungleichgewicht entsteht. Zwischen der positiven Hälfte der Kugel 2 und der negativen Kugel 1 kommt es jetzt zu einer Anziehung.

Durch den negativ aufgeladenen Stab in Abb. 6 kommt es in dem insgesamt neutralen Papierteilchen zu einer Ladungsverschiebung. Die Berührungsstelle wird somit positiv, und es kommt zu einer Anziehung.

Die durch elektrische Felder hervorgerufene Polarisierung von Materie nutzt man bei elektrostatischen Luftfiltern aus. Abb. 7.

Der mit Staubteilchen versetzte Luftstrom wird durch ein elektrisches Feld geleitet. Dort kommt es zu einer Polarisierung der Teilchen, und sie lagern sich an den Elektroden ab. Der Luftstrom wird auf diese Weise gereinigt.

Abb. 7: Grundsätzliche Wirkung elektrostatischer Luftfilter ▷

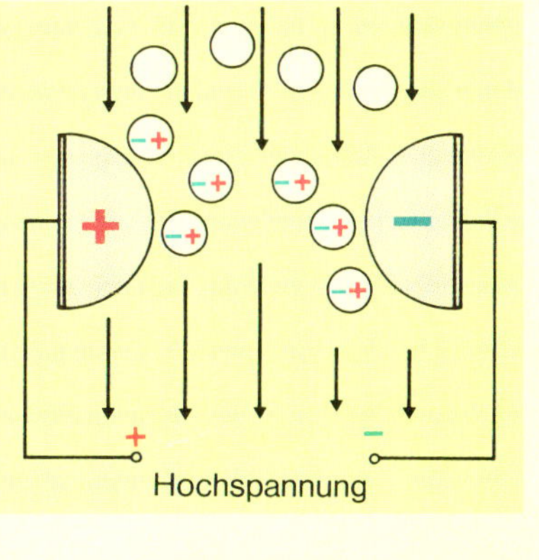

11.1.2 Formen elektrischer Felder

Elektrische Felder beeinflussen den Raum. Für diese Beeinflussung besitzen wir keine Sinnesorgane. Wir können lediglich Wirkungen erkennen und daraus Modellvorstellungen entwickeln.

Zum Nachweis solcher Wirkungen werden z. B. Kunststoffasern zwischen die Elektroden gestreut. Durch das elektrische Feld kommt es zu einer bestimmten Ausrichtung der Teilchen. Der Aufbau des Feldes in einer Ebene wird dadurch deutlich (Abb. 2).

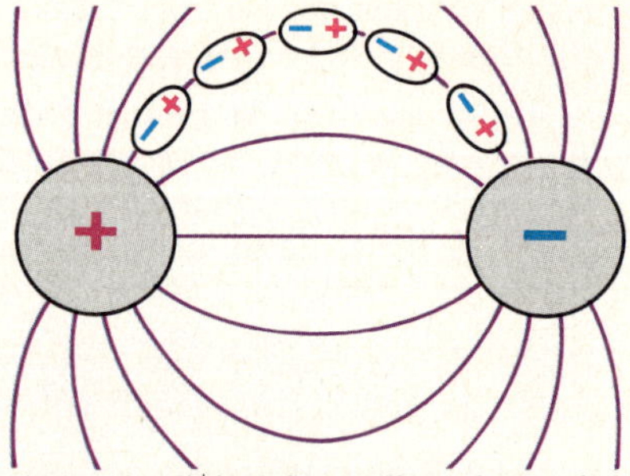

Abb. 1: Polarisierte Faserkette im elektrischen Feld

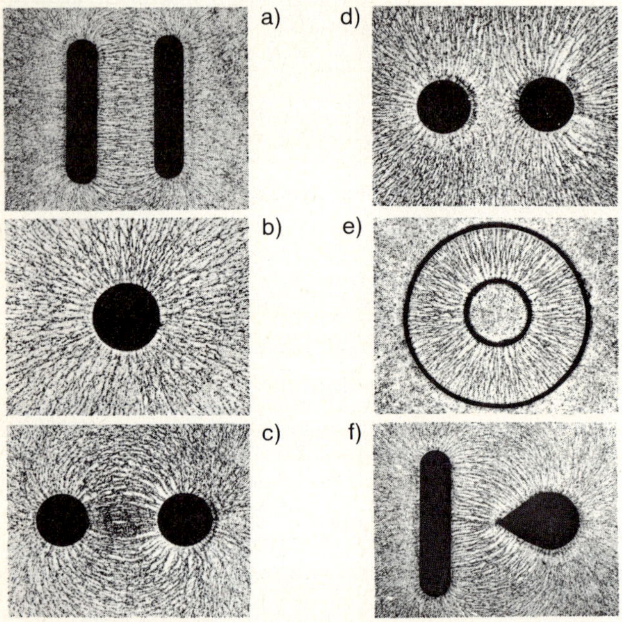

Abb. 2: Projektionen verschiedener Felder

Die Fasern richten sich nur deshalb aus, weil sich durch das elektrische Feld die Ladungsverteilung der Fasern verändert. Die Influenz führt dazu, daß positive und negative Ladungen nicht mehr gleichmäßig verteilt sind. Abb. 1 zeigt eine Faserkette zwischen zwei Elektroden. Jedes Faserstückchen ist zum Dipol (Teilchen mit zwei Polen) geworden.

Die durch die Fasern gebildeten Bahnkurven werden Feldlinien genannt. Sie ermöglichen eine Modellvorstellung vom Aufbau des elektrischen Feldes. In den folgenden Teilen werden sie zum Darstellen und Erklären elektrischer Felder benutzt.

Aus Abb. 2 sind die Zeichnungen der Abb. 3 entstanden. Sie geben in einer weiteren Vereinfachung den

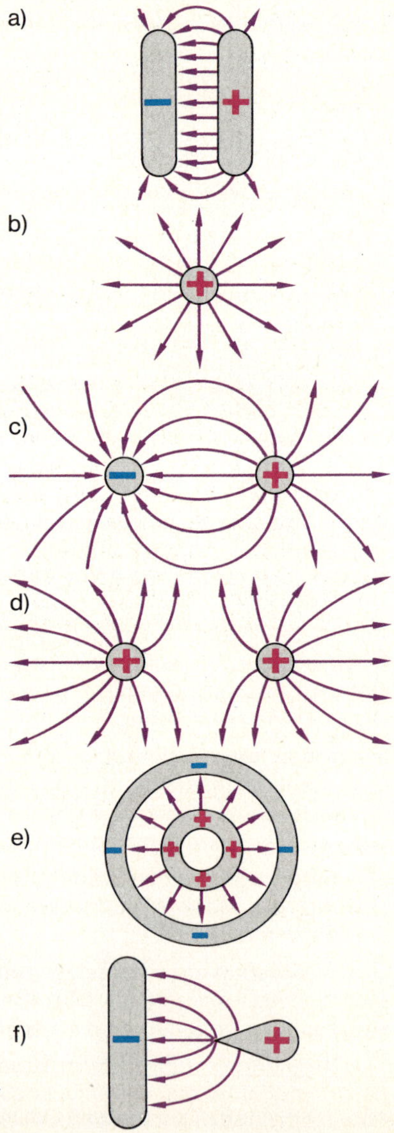

Abb. 3: Feldlinienbilder zwischen unterschiedlichen Elektroden ▷

Aufbau des Feldes wieder. Die Feldlinien haben außerdem eine Richtung erhalten. Man hat festgelegt, daß sie von der positiven zur negativen Elektrode gehen. Sie treten dabei senkrecht ein und aus.

Elektrische Feldlinien haben eine Richtung. Sie gehen vom Pluspol zum Minuspol.

Aus den Feldlinienbildern lassen sich weitere Gesetzmäßigkeiten über das elektrische Feld entnehmen. Dazu werden aus zwei verschiedenen Feldern gleich große Flächen betrachtet (Abb. 4 und 5).

In der hervorgehobenen Feldfläche von Abb. 4 laufen die Feldlinien zwischen den Platten parallel. Das Feld ist gleichmäßig. Damit sind auch die Kraftwirkungen auf Ladungen gleichmäßig, wenn sie in diesen Bereich gebracht werden. Man spricht von einem **homogenen Feld.**

Verlaufen Feldlinien parallel, und haben alle den gleichen Abstand, dann nennt man das Feld homogen.

In der Abb. 5 laufen die Feldlinien nicht parallel. Das Feld ist demnach nicht gleichmäßig, es ist **inhomogen**.

Vergleichen wir mit dieser Aussage jetzt das Feld zwischen der Spitze und der ebenen Elektrode aus Abb. 3, dann erkennen wir, daß es sich hier zunächst um ein inhomogenes Feld handelt. Außerdem liegen an der Spitze die Feldlinien viel dichter zusammen als im Außenbereich. Damit wird verdeutlicht, daß in diesem Bereich das Feld gegenüber den anderen Zonen stärker ist. Es kann an solchen Stellen leichter zu Elektronenaustritten kommen.

Der Abstand der Feldlinien ist ein Anzeichen für die Stärke des elektrischen Feldes.

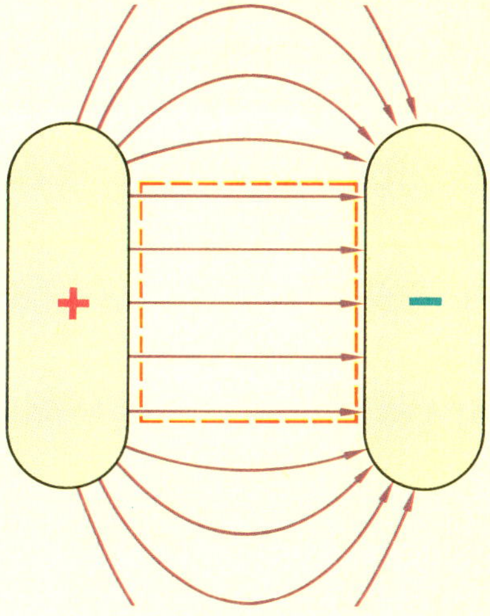

Abb. 4: Homogenes Feld

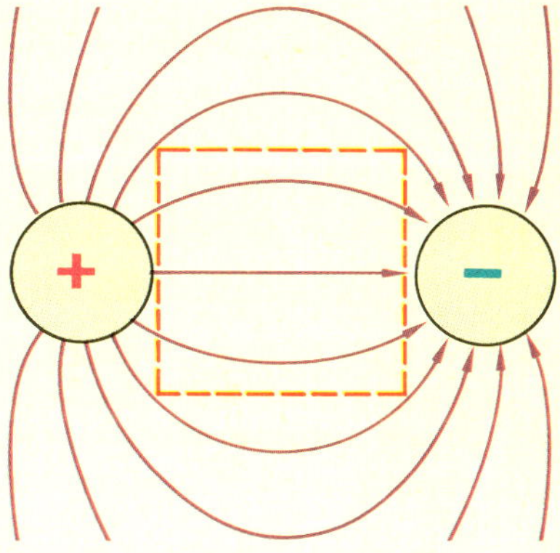

Abb. 5: Inhomogenes Feld

11.1.3 Abschirmung elektrischer Felder

Elektrische Felder wirken sich in vielen Anlagen störend aus, denn sie verursachen durch Influenz eine Ladungsverschiebung und damit eine Spannung. Aus diesem Grunde müssen Abschirmungen vorgenommen werden. Benutzt werden dazu beliebige Metalle wie z.B. Kupfer, Eisen oder Aluminium. Sie werden in Form massiver Bleche, als Gitter oder als Geflechte verwendet

Zur Verdeutlichung der Zusammenhänge wird der Versuch 11–1 (S. 148) durchgeführt.

Das Ergebnis ist bereits aus den Feldlinienbildern in 11.1.2 bekannt. Dort ist dargestellt, daß im Innern eines von Metall umgebenen Bereiches kein Feld vorhanden ist, denn die Kunststoffasern bleiben ungeordnet (Abb. 2).

Versuch 11–1: Ladungsverteilung bei einem Becher

Aufbau

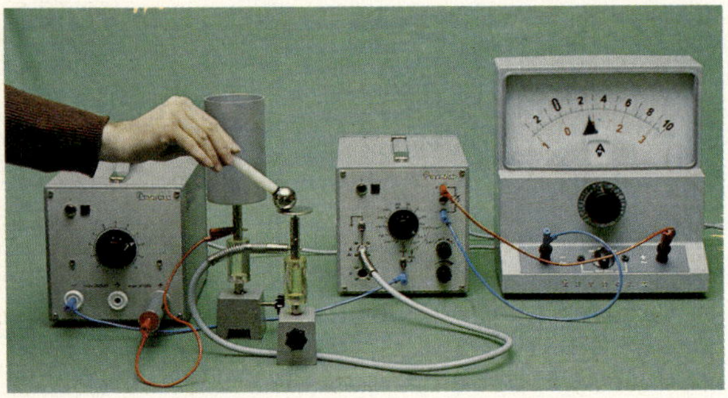

Durchführung

Von dem an eine Elektrode der Spannungsquelle angeschlossenen Becher werden Ladungen nacheinander aus dem Innern und von außen abgenommen. Die Ladungen werden über den Meßverstärker gemessen.

Ergebnis

Im Innern sind keine Ladungen vorhanden (kein Zeigerausschlag). Nur außerhalb können Ladungen abgenommen werden.

Ein metallisch abgeschirmter Bereich ist feldfrei.

Wie läßt sich dies erklären?

Die Feldlinien beginnen auf positiven Ladungen und enden auf negativen. Sie haben einen Anfang und ein Ende. Die Ladungen sind dadurch gegenseitig gebunden.

Zur Abschirmung genügen bereits Metallgitter oder das Gehäuse eines Automobils (Abb.1).

Die abschirmende Wirkung bestimmter Leitungen zeigt die Abb. 2. Signale können so störungsfrei weitergegeben werden.

Abb. 1: Faraday-Käfig, Einschlag bei 750 000 V

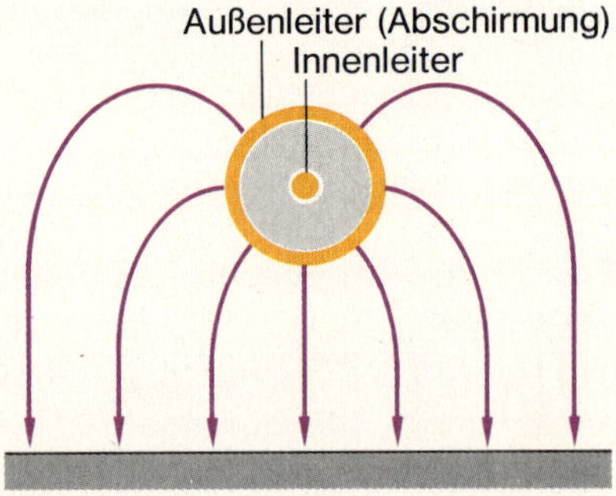

Abb. 2: Feld zwischen einer abgeschirmten Leitung und einer Metallplatte

Aufgaben zu 11.1

1. Wodurch werden elektrische Felder verursacht?
2. Beschreiben Sie die Wirkungsweise eines elektrostatischen Spannungsmessers!
3. Elektrisch neutrale Stoffe können durch elektrische Felder beeinflußt werden. Beschreiben Sie die Auswirkung am Beispiel einer Kunststoffolie!
4. In welche Richtung verlaufen definitionsgemäß elektrische Feldlinien?
5. Zeichnen Sie das Feldlinienbild zwischen folgenden Elektroden:

a) Zwei parallele Platten (positiv und negativ)
b) Hin- und Rückleiter eines Stromkreises
c) Eine positive Leitung gegenüber der Erde (negativ).

6. Erklären Sie den Unterschied zwischen homogenen und inhomogenen Feldern!

7. Zeichnen Sie zwei Feldbereiche, wovon der eine doppelt so stark wie der andere ist (Feldlinien verwenden)!

8. An welcher Stelle der Abb. 3f, S. 146 ist das elektrische Feld am größten?

11.2 Gesetzmäßigkeiten des elektrischen Feldes

Die bisher beschriebenen Zusammenhänge sollen jetzt im einzelnen untersucht und durch Experimente vertieft werden.

11.2.1 Elektrische Feldstärke

Um genaue Aussagen über elektrische Felder machen zu können, müssen sinnvolle Größen eingeführt werden. Da das elektrische Feld Wirkungen ausübt, ist die Stärke dieser Wirkungen, die elektrische Feldstärke, eine solche Größe.

Die Kraftwirkung auf Ladungen wird zur Bestimmung der elektrischen Feldstärke benutzt.

Zur Demonstration der Zusammenhänge sind homogene Felder geeignet. Sie sind zwischen parallelen Platten vorhanden, die an eine Spannungsquelle angeschlossen sind. Geräte dieser Art werden Plattenkondensatoren genannt.

Da das Feld im Innern überall gleich stark ist (homogenens Feld, parallele Feldlinien im gleichen Abstand), muß die Kraftwirkung überall gleichmäßig sein.

Bringen wir in dieses Feld eine aufgeladene Kugel, dann zeigt ihre Auslenkung (Abb. 3) die ausgeübte Kraftwirkung. Sie ist um so größer, je größer die Ladung ist.

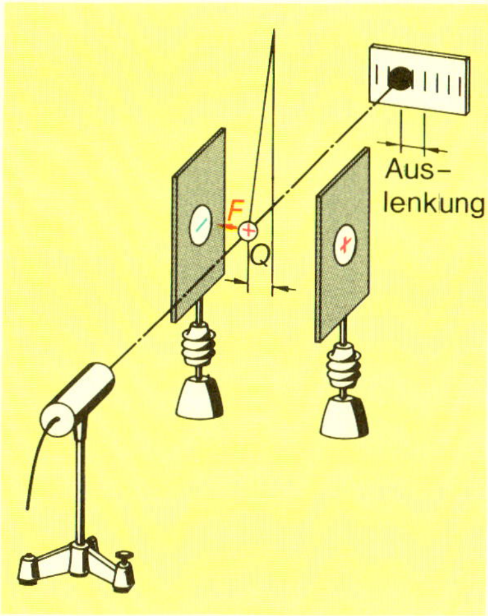

Abb. 3: Kraftwirkung auf Ladungen im elektrischen Feld

Eine genauere Auswertung ergibt die Proportionalität:

$F \sim Q$

Diese läßt sich durch Hinzufügen einer Konstanten in eine Gleichung umwandeln.

$F = k \cdot Q$

Stellt man diese Gleichung nach k um, dann ergibt sich:

$$k = \frac{F}{Q}$$

Diese Beziehung sagt aus, daß bei größer werdender Ladung auch die Kraft größer wird. Verdoppelt man z. B. die Ladung, dann wird auch die Kraft doppelt so groß. Das Verhältnis bleibt in allen Fällen konstant. Diese Konstante wird also allein vom Feld bestimmt, in dem die Kraftwirkung entstand. Sie wird **elektrische Feldstärke** genannt.

Die elektrische Feldstärke gibt an, wie groß die Kraft auf eine Ladung im Feld ist.

Elektrische Feldstärke

Formelzeichen E

$$E = \frac{F}{Q}$$

$$[E] = \frac{\mathrm{N}}{\mathrm{C}}$$

Die Feldstärke im Plattenkondensator wird durch seinen Aufbau und durch die angeschlossene Spannungsquelle hervorgerufen. Zwischen diesen Größen und der Feldstärke muß eine Beziehung bestehen. Zur Veranschaulichung dient der Versuch 11–2.

Versuch 11–2: Feldstärke beim Plattenkondensator

Aufbau

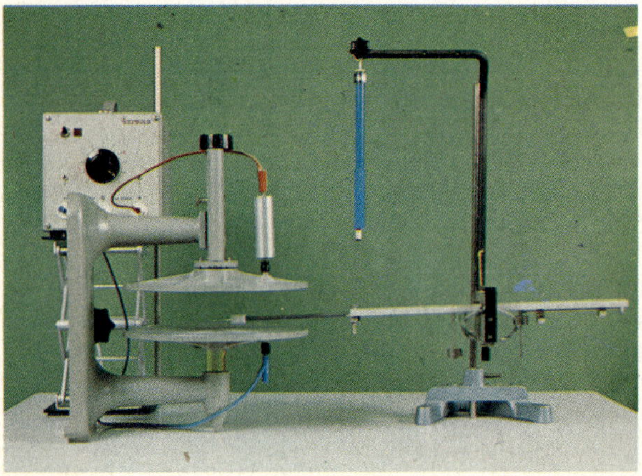

Durchführung

Mit der Spannungsquelle wird eine Ladung Q auf die Metallscheibe gebracht. Danach wird sie mit der Anordnung zur Kraftmessung in das Feld geschoben. Die Ladung bleibt bei allen Messungen konstant.

Meßreihen:

1. Bei konstantem Abstand wird die Spannung am Plattenkondensator verändert und die Kraft gemessen.
2. Bei konstanter Spannung wird der Abstand der Platten verändert, die Kraft gemessen.

An einem isolierten Stab befindet sich eine Metallscheibe. Der Stab ist am Ende einer Waage befestigt. Sie befindet sich in Null-Stellung.

Meßergebnis

1.

Nr.	F in mN	U in kV
1	0,16	1
2	0,30	2
3	0,50	3
4	0,64	4

Q = konstant d = konstant d = 50 mm

2.

Nr.	F in mN	d in mm
1	0,64	25
2	0,46	35
3	0,36	45
4	0,30	55

Q = konstant U = konstant U = 2 kV

Bei der Auswertung der Meßergebnisse muß beachtet werden, daß die Feldstärke nicht direkt gemessen wird. Sie ergibt sich aus der Bezeichnung:

$$E = \frac{F}{Q}$$

Da die Ladung Q bei allen Messungen konstantbleibt, sagt die abgelesene Kraft etwas über die elektrische Feldstärke aus, da $E \sim F$ gilt.

Wertet man die Messungen in Form eines Diagrammes aus, dann ergeben sich die folgenden Beziehungen:

- Die Feldstärke ist proportional zur Spannung (Abb. 1). Je größer die Spannung, desto größer auch die Feldstärke.

$$E \sim U$$

Dies leuchtet ein, denn mit zunehmender Spannung steigt auch die Anzahl der Ladungen auf den Platten, die ja die Ursachen für das Feld sind.

- Die Feldstärke sinkt mit zunehmendem Plattenabstand. Je länger die Feldlinien, desto geringer wird die Feldstärke.

Eine genaue Auswertung zeigt, daß Feldstärke und Abstand umgekehrt proportional sind.

$$E \sim \frac{1}{d}$$

Die Spannung und der Abstand der Platten sind bestimmend für die Feldstärke des Plattenkondensators. Fügt man beide Proportionalitäten zusammen, dann erhält man:

$$E \sim \frac{U}{d}$$

Die Einheit der elektrischen Feldstärke ist bereits aus der allgemeinen Definition der elektrischen Feldstärke bekannt. Sie ist danach Newton durch Coulomb. Aus der Proportionalität des Plattenkondensators ergibt sich die Einheit Volt durch Meter. Beide Beziehungen scheinen bisher nicht vereinbar zu sein. Es soll jedoch gezeigt werden, daß sie gleich sind.

Zur Herleitung der Zusammenhänge gehen wir davon aus, daß mechanische Arbeit gleich elektrischer Arbeit ist. Die Einheitengleichung lautet: $1\ \mathrm{V\,A\,s} = 1\ \mathrm{N\,m}$.

Stellt man diese Gleichung nach $1\ \frac{\mathrm{V}}{\mathrm{m}}$ um und ersetzt $1\ \mathrm{A\,s}$ durch $1\ \mathrm{C}$, dann erhält man:

$$1\ \frac{\mathrm{V}}{\mathrm{m}} = 1\ \frac{\mathrm{N}}{\mathrm{C}}$$

Der proportionale Zusammenhang läßt sich deshalb in Form einer Gleichung schreiben, da auch die Zahlen-

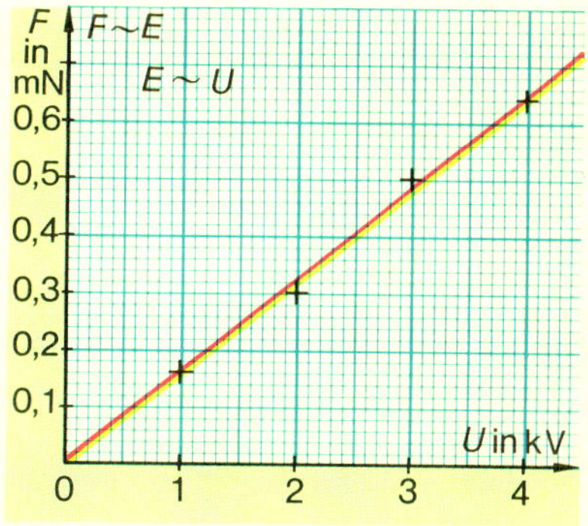

Abb. 1: Kraft auf Ladungen in Abhängigkeit von der Spannung im homogenen elektrischen Feld

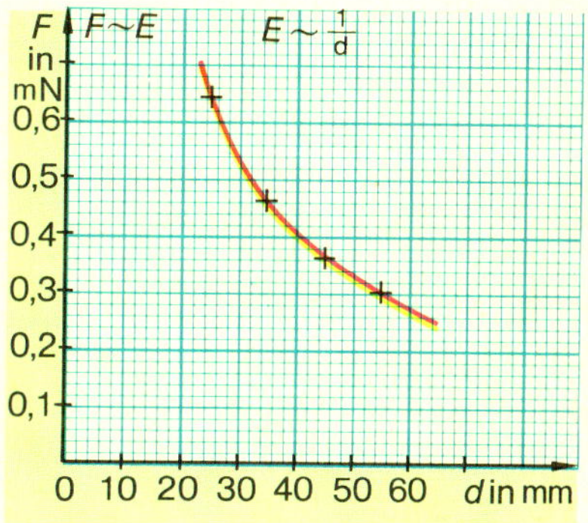

Abb. 2: Kraft auf Ladungen in Abhängigkeit vom Plattenabstand im homogenen elektrischen Feld

werte übereinstimmen. Man erhält eine einfache Formel zur Bestimmung der Feldstärke im Plattenkondensator.

Elektrische Feldstärke im Plattenkondensator

$$E = \frac{U}{d}$$

$$[E] = \frac{\text{V}}{\text{m}}$$

Der Abstand der Platten darf nicht beliebig verringert werden, da es sonst zu einem Überschlag kommt. Die Luft wirkt bei hohen Feldstärken nicht mehr wie ein Isolator. Bei Luft beträgt die **Durchschlagsfeldstärke** etwa $3{,}2\,\frac{\text{kV}}{\text{mm}}$. Dies bedeutet, daß bei einer Spannung von etwa 3,2 kV und einem Abstand von etwa 1 mm ein Überschlag erfolgt.

11.2.2 Kapazität des Kondensators

Aus vorangegangenen Versuchen ist bekannt, daß der Kondensator Ladungen aufnehmen kann. Die folgenden Versuche sollen diese wichtige Eigenschaft noch weiter verdeutlichen. Dabei wird ein in der Technik üblicher Kondensator verwendet.

Kondensatoren der Technik sehen sehr unterschiedlich aus. Alle sind jedoch nach dem gleichen Prinzip aufgebaut.

Grundsätzlicher Aufbau von Kondensatoren:
Zwei elektrische Leiter, zwischen denen sich ein Isolator (Dielektrikum) befindet.

Kondensator

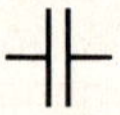

Versuch 11–3: Nachweis der Speicherfähigkeit des Kondensators

Aufbau

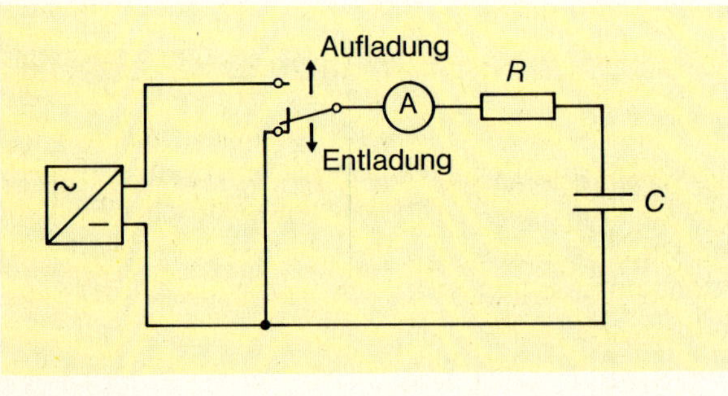

Durchführung

Der Kondensator wird an die Spannungsquelle angeschlossen und danach über das Meßgerät entladen.

Ergebnis

Nach Betätigen des Schalters schlägt der Zeiger des Strommeßgerätes kurzzeitig aus. Er geht danach wieder auf Null zurück. Ladungen sind auf die Platten geflossen. Beim Entladen schlägt der Zeiger kurzzeitig in umgekehrter Richtung aus. Die Ladungen sind wieder abgeflossen (Umkehrung der Stromrichtung).

Das Ergebnis aus Versuch 11–3 wollen wir nun näher betrachten.

Dabei werden folgende Zustände und Vorgänge unterschieden:

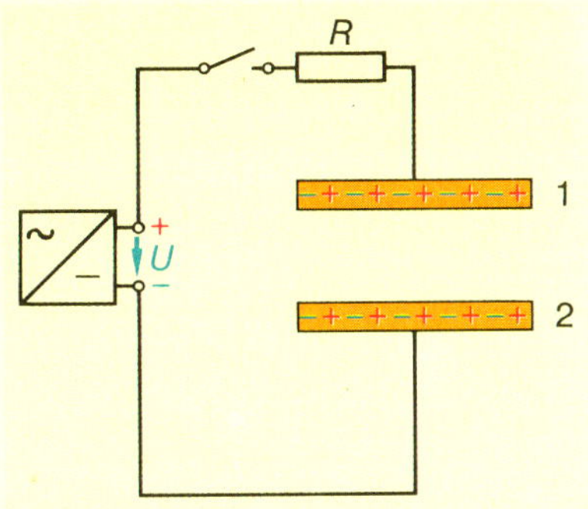

◁ Abb. 1: Ungeladener Kondensator

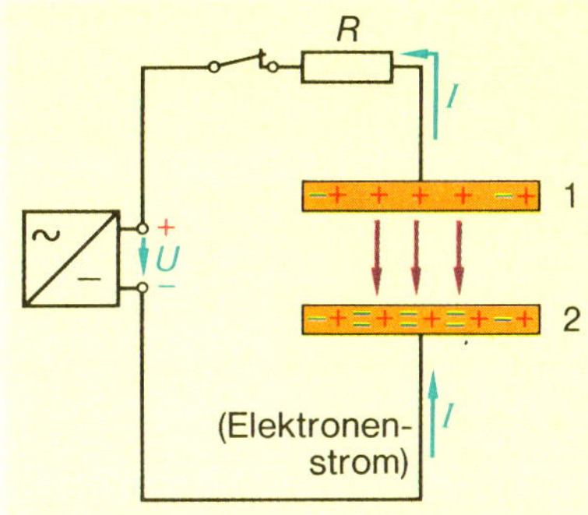

Abb. 2: Aufladevorgang ▷

1. Ungeladener Kondensator
2. Aufladevorgang
3. Geladener Kondensator
4. Entladevorgang

1. Ungeladener Kondensator

Die Platten sind neutral. Es befinden sich auf jeder Platte gleichviele positive und negative Ladungen (Abb. 1).

2. Aufladevorgang

In den Zuleitungen fließt kurzzeitig ein Strom. Der positive Pol entzieht der Platte 1 Elektronen, während der negative Pol zusätzliche Elektronen auf die Platte 2 drückt. Die Spannung am Kondensator steigt (Abb. 2).

3. Geladener Kondensator

Im geladenen Zustand ist die Spannung am Kondensator gleich der Spannung an der Spannungsquelle. Es fließt kein Strom mehr. Der Kondensator wirkt wie ein Isolator. Er hat jedoch Ladungen gespeichert (Abb. 3).

4. Entladevorgang

Entfernt man die Spannungsquelle und verbindet die beiden Platten über einen Widerstand, dann können sich die Ladungen ausgleichen. Die Spannung sinkt bis auf Null (Abb. 4).

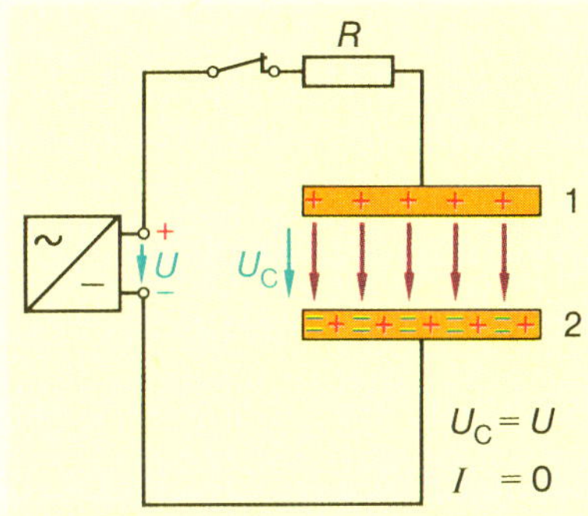

Abb. 3: Geladener Kondensator

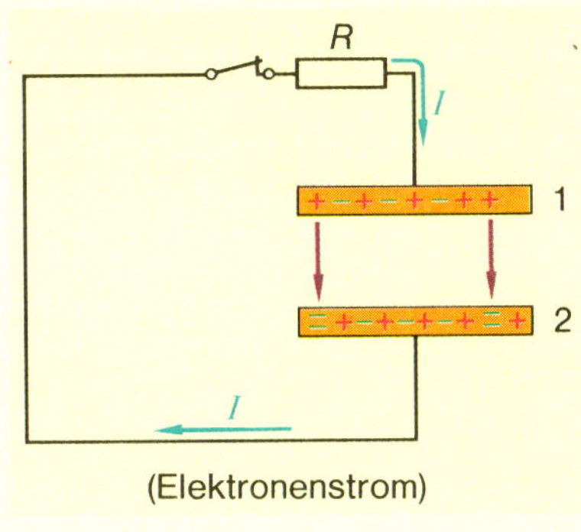

Abb. 4: Entladevorgang

Der Kondensator ist ein Ladungsspeicher.

Jeder Kondensator besitzt aufgrund seines Aufbaus ein bestimmtes Fassungsvermögen an Ladungen, eine elektrische Kapazität.

Die Größe elektrische Kapazität hat die Einheit **Farad**[1].

Die elektrische Kapazität eines Kondensators ist das Fassungsvermögen an Ladungen.

Elektrische Kapazität

Formelzeichen C
Einheitenzeichen F

[1] Benannt nach Michael Faraday, englischer Physiker, 1791–1867.

Die Ladung eines Kondensators ist also von seiner Kapazität abhängig.

Außerdem ist die Ladung von der Spannung abhängig, denn diese ist die Ursache für den Ladevorgang. Welcher genaue Zusammenhang zwischen Spannung und Ladung besteht, soll durch Versuch 11–4 geklärt werden.

Versuch 11–4: Zusammenhang zwischen Ladung und Spannung beim Kondensator

Aufbau

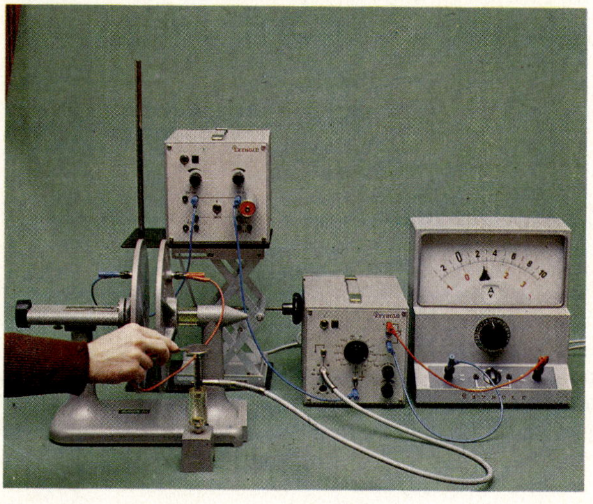

Durchführung

Der Kondensator wird auf eine bestimmte Spannung aufgeladen. Danach wird er über ein Ladungsmeßgerät entladen. Die Ladungen sind sehr klein, deshalb ist vor das Meßinstrument ein Verstärker geschaltet.

Meßergebnis

Nr.	Q in 10^{-9} A s	U in V
1	6	50
2	13	100
3	24	200
4	35	300

d = konstant; $d = 50$ mm

Stellt man die Meßergebnisse aus Versuch 11–4 graphisch dar (Abb. 1), dann zeigt sich die Proportionalität:

$Q \sim U$

Sie sagt aus, daß mit zunehmender Spannung die Ladung in gleichem Verhältnis steigt.

Ungeklärt ist bisher noch der Zusammenhang zwischen Ladung und Kapazität (Fassungsvermögen an Ladungen). Er läßt sich jedoch durch eine einfache Überlegung herausfinden. Je größer die Kapazität ist, desto größer ist auch die gespeicherte Ladungsmenge. Ladung und Kapazität sind also proportional.

$Q \sim C$

Die beiden Proportionalitäten ergeben die Beziehung:

$Q \sim C \cdot U$

Einheit und Zahlenwert stimmen auf beiden Seiten überein. Wir dürfen deshalb diesen Ausdruck als Gleichung schreiben.

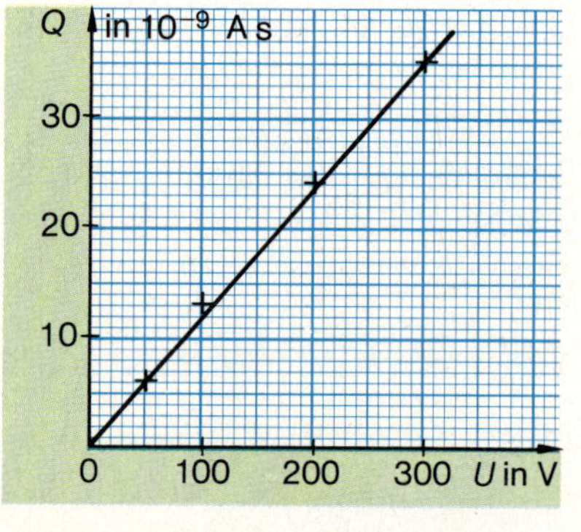

Abb. 1: Ladung in Abhängigkeit von der Spannung beim Kondensator

Ladung eines Kondensators

$Q = C \cdot U$

Stellen wir die Gleichung nach C um, dann erhalten wir eine Gleichung zur Berechnung der elektrischen Kapazität.

Wenn wir für die Größen Q und C die bekannten Einheiten einsetzen, dann erhalten wir eine Bestimmungsgleichung für die Einheit Farad. Ein Farad ist ein sehr großer Wert. Aus diesem Grunde verwendet man in der Technik Teile des Farads (vgl. Einbandinnenseite).

Bisher wurde noch nicht untersucht, welcher Zusammenhang zwischen der Bauart des Kondensators und seiner Kapazität besteht. Dies soll jetzt geschehen.

Der Kondensator besteht grundsätzlich aus zwei in einem Abstand befindlichen leitenden Platten. Die Plattenfläche und der Abstand der Plattenflächen werden demnach einen Einfluß auf die Kapazität haben. Der Einfluß des Isoliermaterials wird erst in 11.2.3 untersucht.

Die Abhängigkeit der Kapazität von der Fläche läßt sich durch Überlegungen herausfinden.

Vergrößert man die Fläche eines Kondensators, dann stehen dadurch auch mehr Ladungsplätze zur Verfügung. Die Kapazität ist proportional zur Fläche (Abb. 3):

$C \sim A$

Zur Untersuchung des Einflusses des Abstandes auf die Kapazität wird Versuch 11–5 durchgeführt (S. 156).

Der Versuch 11–5 zeigt, daß die Kapazität mit dem Verringern des Abstandes größer wird, denn es fließen mehr Ladungen auf die Platten. Ein Vergrößern des Abstandes bewirkt eine Verringerung der Kapazität.

Genauere Untersuchungen führen zu der Proportionalität:

$C \sim \frac{1}{d}$ (Abb. 4).

Führt man beide Proportionalitäten zusammen, dann ergibt sich

$$C \sim \frac{A}{d}$$

Dieser Zusammenhang darf noch nicht als Gleichung geschrieben werden, da Zahlenwert und Einheit noch nicht übereinstimmen.

$$C = k \cdot \frac{A}{d}$$

Die Einheit der Konstanten ergibt sich aus den bisher bekannten Einheiten. $k = \frac{C \cdot d}{A}$

$$[k] = \frac{\frac{\text{A s}}{\text{V}} \cdot \text{m}}{\text{m}^2}$$

$$[k] = \frac{\text{A s}}{\text{V m}}$$

Elektrische Kapazität

$$\boxed{C = \frac{Q}{U}}$$

$$1\ \text{F} = \frac{1\ \text{C}}{1\ \text{V}} \qquad [C] = \frac{\text{A s}}{\text{V}}$$

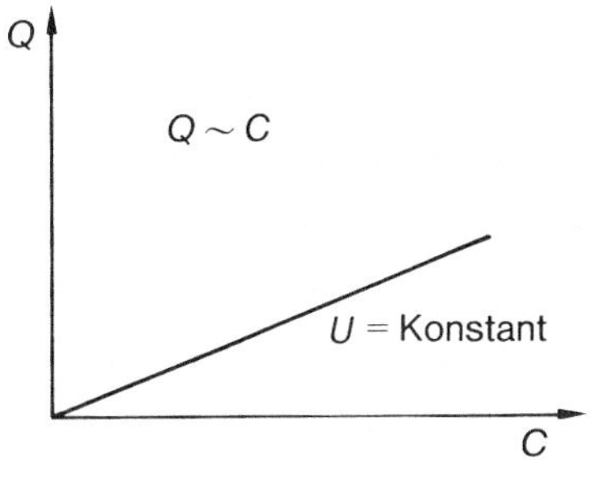

Abb. 2: Ladung in Abhängigkeit von der Kapazität beim Kondensator

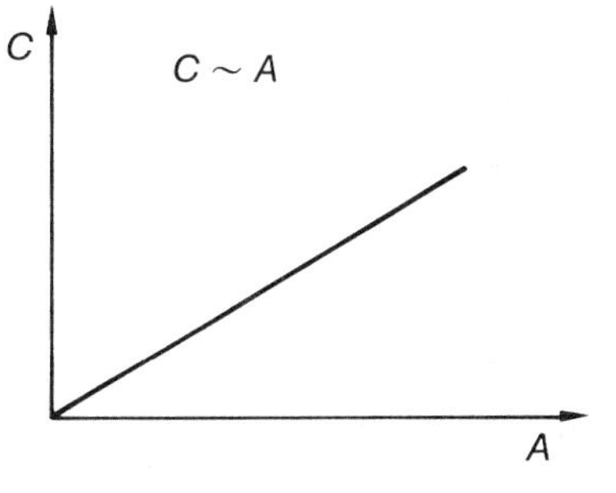

Abb. 3: Kapazität in Abhängigkeit von der Fläche beim Kondensator

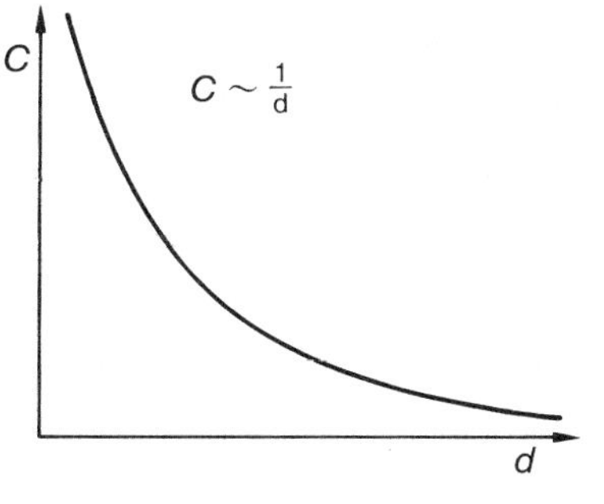

Abb. 4: Kapazität in Abhängigkeit vom Abstand eines Kondensators

Versuch 11–5: Kapazität in Abhängigkeit vom Plattenabstand

Aufbau

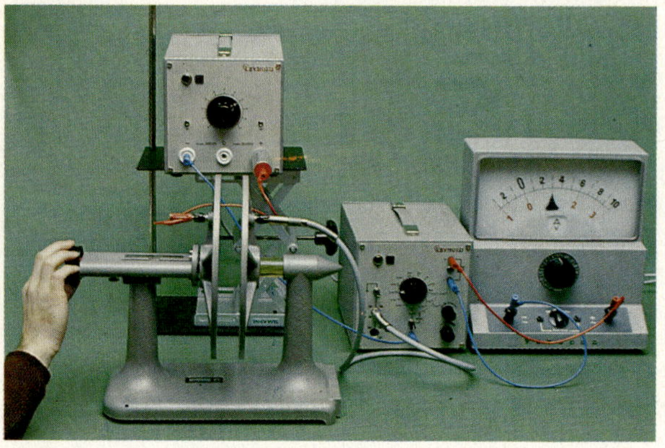

Durchführung

Der Abstand der Platten wird verändert. Das Strommeßgerät wird beobachtet.

Ergebnis

Wenn der Abstand verkleinert wird, dann fließen mehr Ladungen auf die Platten. Beim Vergrößern des Abstandes fließen Ladungen zurück zur Quelle.

Die Konstante k wird **elektrische Feldkonstante ε_0** genannt. Sie gilt dann, wenn zwischen den Platten Vakuum ist. Zwischen Luft und Vakuum ergibt sich für unsere Betrachtungen jedoch kein entscheidender Unterschied.

Elektrische Feldkonstante

$$\varepsilon_0 = 8{,}86 \cdot 10^{-12}\ \frac{\mathrm{A\,s}}{\mathrm{V\,m}}$$

Mit Hilfe der elektrischen Feldkonstanten können wir die Kapazität des Plattenkondensators mit Vakuum zwischen den Platten berechnen.

Kapazität des Plattenkondensators (Vakuum)

$$C = \frac{\varepsilon_0 \cdot A}{d}$$

11.2.3 Materie im elektrischen Feld

In diesem Teil soll der Einfluß von Materie auf das elektrische Feld untersucht werden. Bei den bisherigen Versuchen befand sich zwar auch Materie in Form von Luft im Feld, ihr Einfluß war jedoch vernachlässigbar. Anders verhält es sich, wenn bestimmte Stoffe eingebracht werden. Zur Verdeutlichung wird der Versuch 11–6 durchgeführt.

Der Versuch zeigt, daß zu den bereits vorhandenen Ladungen des Kondensators zusätzliche Ladungen auf die Platten fließen (Abb. 2). Es müssen durch die

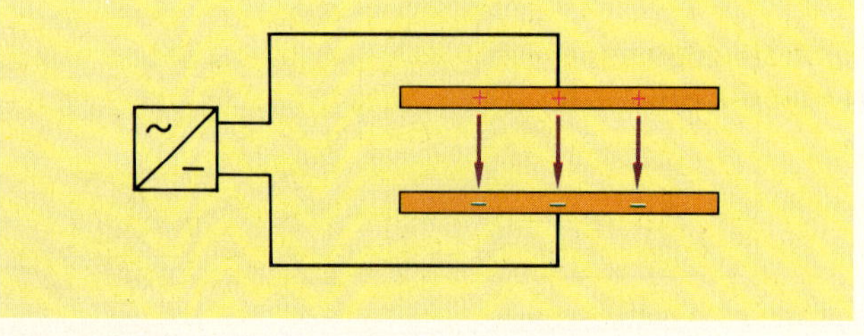

Abb. 1: Ladungen auf den Platten ohne Materie im elektrischen Feld

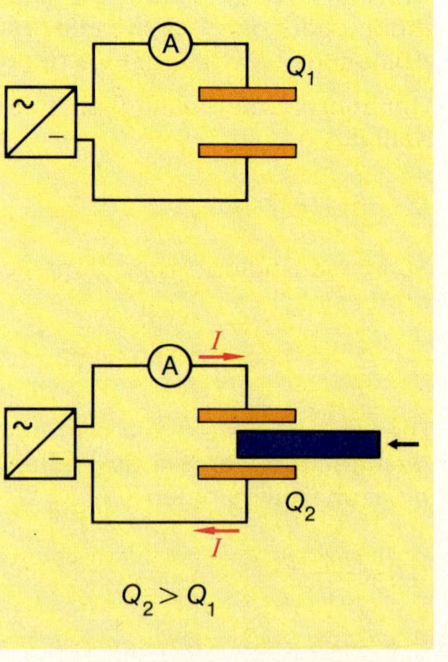

Abb. 2: Vergrößerung der Ladungen durch Materie im elektrischen Feld

Versuch 11–6: Materie im elektrischen Feld

Aufbau

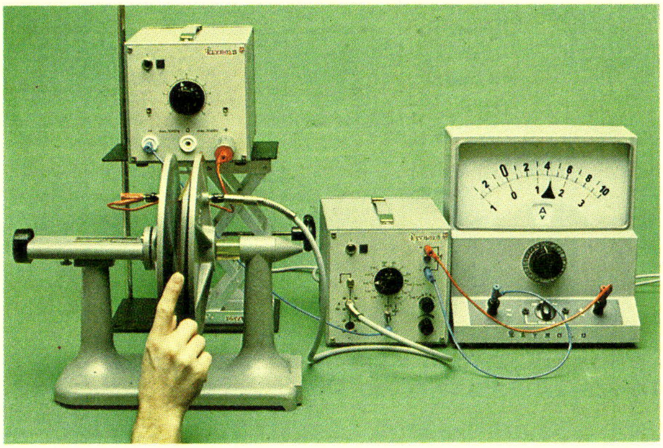

Ein Plattenkondensator ist über ein empfindliches Strommeßgerät an eine Spannungsquelle angeschlossen.

Durchführung

Verschiedene Isolierplatten (genannt **Dielektrikum**) werden in das Feld geschoben. Das Strommeßgerät wird beobachtet.

Ergebnis

Beim Einschieben der Platten schlägt der Zeiger des Strommeßgerätes kurzzeitig aus. Der Ausschlag hängt vom Material ab.

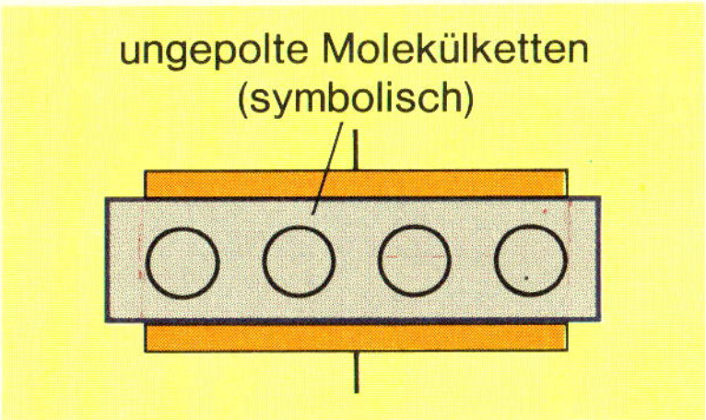

Abb. 3: Ungepolte Moleküle der Materie

Abb. 4: Ladungsverteilung durch polarisierte Materie ▷

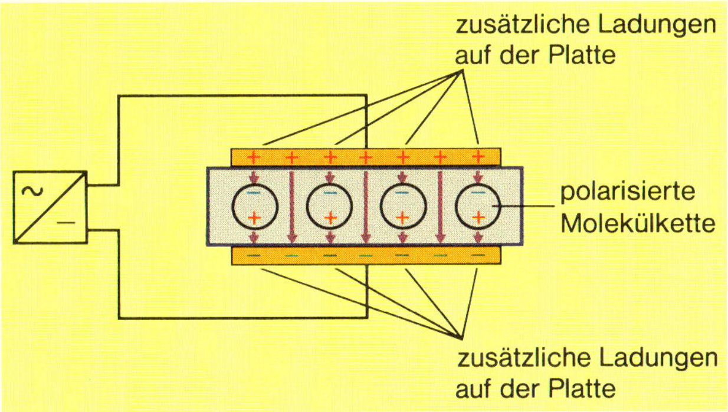

Materie neue „Plätze" auf den Kondensatorplatten entstanden sein.

Erklären läßt sich der Vorgang mit dem atomaren bzw. molekularen Aufbau der Materie und den Abb. 1 bis 4.

Die Abb. 1 zeigt die Ladung des Kondensators ohne Materie im elektrischen Feld. Im Normalzustand ist Materie neutral, d. h., die immer vorhandenen Ladungen haben sich gegenseitig ausgeglichen. Nach außen erscheint der Stoff neutral (Abb. 3).

Bringt man den neutralen Stoff jedoch in ein elektrisches Feld, dann werden durch die Kraftwirkungen des Feldes die Ladungen der Atome angezogen bzw. abgestoßen. Es kommt zu einer Polarisierung (Abb. 4).

Auf dem Isoliermaterial entstehen gegenüber der positiven Kondensatorplatte negative Ladungen. Ausgeglichen wird diese jedoch wieder durch zusätzliche Ladungen auf der Platte, die von der Quelle geliefert werden. Die Ladungen auf den Platten des Kondensators vergrößern sich und damit auch seine Kapazität.

Die Kapazität eines Kondensators wird durch Materie im elektrischen Feld erhöht.

Die Vergrößerung der Kapazität durch Materie im Feld muß durch eine zusätzliche Konstante in der Formel berücksichtigt werden.

Die Konstante heißt **Dielektrizitätszahl.** Sie gibt den Werkstoffeinfluß des Dielektrikums auf die Kapazität an.

Dielektrizitätszahl

Formelzeichen ε_r

Die Dielektrizitätszahl gibt an, um wieviel sich die Kapazität eines Kondensators durch ein bestimmtes Dielektrikum gegenüber Vakuum erhöht.

Größenordnungen von Dielektrizitätszahlen:

Werkstoff	ε_r
Luft	1,0059
Polystyrol	2,5
Porzellan	5...6

Werkstoff	ε_r
Glimmer	7
Tantalpentoxid	26
Keramik	10 bis 50000

Die Größen ε_r und ε_0 werden häufig zu einer gemeinsamen Konstanten zusammengefaßt. Sie wird **Dielektrizitätskonstante** genannt.

Dielektrizitätskonstante

Formelzeichen ε

$$\varepsilon = \varepsilon_0 \cdot \varepsilon_r$$

Mit ihrer Hilfe können wir die Kapazität eines Kondensators mit Materie als Dielektrikum berechnen.

Kapazität des Plattenkondensators (mit Materie)

$$C = \frac{\varepsilon \cdot A}{d}$$

Aufgaben zu 11.2

1. Begründen Sie, weshalb zwischen den Platten eines Kondensators das elektrische Feld konstant ist!

2. In einem homogenen Feld wirkt auf eine Ladung von $Q = 60 \cdot 10^{-6}$ A s eine Kraft von 1,2 mN. Wie groß ist die elektrische Feldstärke?

3. Berechnen Sie die elektrische Feldstärke eines Plattenkondensators, wenn er an einer Spannung von 220 V liegt und einen Abstand der Platten von 1,3 mm hat!

4. Erklären Sie den Begriff elektrische Kapazität!

5. Erklären Sie, weshalb sich beim Entladen eines Kondensators die Stromrichtung gegenüber dem Aufladevorgang umkehrt!

6. Die Spannung an einem Kondensator wird verdoppelt. Wie verändert sich die Ladung des Kondensators?

7. Von welchen Größen und in welcher Weise hängt die Kapazität von den Baugrößen des Kondensators ab?

8. Berechnen Sie die Kapazität eines Kondensators mit folgenden Werten:
$A = 0{,}25\ \text{cm}^2$; $d = 3 \cdot 10^{-6}$ mm; Dielektrikum: Luft!

9. In das Feld eines Plattenkondensators wird eine Isolierplatte aus Kunststoff geschoben. Welche Größen ändern sich, wenn die Spannung konstant bleibt?

11.3 Kondensatoren

11.3.1 Kenngrößen von Kondensatoren

Die Eigenschaften von Kondensatoren werden durch Kenngrößen angegeben. Wichtig sind Nennkapazität, Toleranz, Nennspannung und Isolationswiderstand. Darüber hinaus gibt es noch weitere Größen, die jedoch erst in den folgenden Ausbildungsstufen behandelt werden.

Nennkapazität und Toleranz

Als Nennkapazität bezeichnet man die Kapazität, nach der der Kondensator bei 20°C benannt wurde. Die Stufung der Nennkapazitäten erfolgt nach der IEC-Reihe (vgl. 3.5).

Die Nennkapazität kann auf verschiedene Weise angegeben werden.

- Zahlenwert mit vollständiger Einheit.
- Zahlenwert mit verkürzter Einheit.

Beispiele: 6n8 bedeutet 6,8 nF; 39µ bedeutet 39 µF

- Zahlenwert ohne Einheit.

Zum angegebenen Zahlenwert gehört die Einheit pF oder µF.

- Farbmarkierungen

Der tatsächliche Wert der Kapazität kann um die zulässige Toleranz abweichen.

Beispiel: Nennkapazität 22 nF, Toleranz $\pm 10\%$

Daraus ergibt sich ein Kapazitätsbereich von 22 nF $\pm 2{,}2$ nF bzw. 19,8 nF ... 24,2 nF.

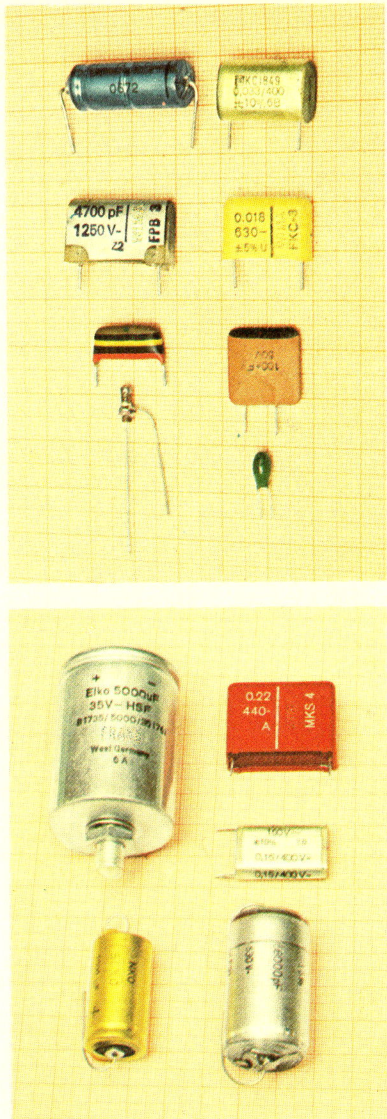

Abb. 1: Verschiedene Kondensatoren

Nennspannung

Die Nennspannung von Kondensatoren darf auf keinen Fall überschritten werden, da dadurch die Gefahr des Durchschlags im Kondensator besteht. Die Nennspannung ist die höchste Gleichspannung oder der höchste Wert einer Wechselspannung, die bei 40°C

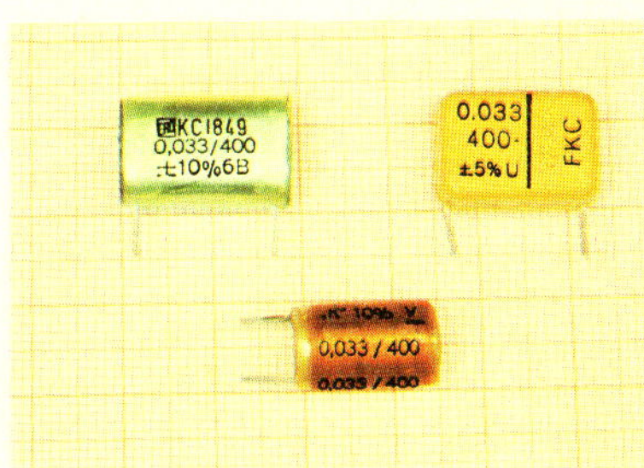

Abb. 2: Kondensatoren mit gleicher Nennkapazität und verschiedenen Toleranzen

Umgebungstemperatur dauernd am Kondensator liegen darf.

Auch dieser Wert wird direkt als Zahlenwert oder indirekt über Kleinbuchstaben bzw. Farbmarkierungen angegeben.

Tab. 11.1: Kennzeichnung der Nennspannung von Kondensatoren durch Kleinbuchstaben

Kleinbuchstaben	U in V	Kleinbuchstaben	U in V
a	50 –	g	700 –
b	125 –	h	1000 –
c	160 –	u	250 ~
d	250 –	v	350 ~
e	350 –	w	500 ~
f	500 –		

Abb. 1: Kondensatoren mit gleicher Nennkapazität und verschiedenen Nennspannungen

Die Toleranzen der Kondensatoren werden wie folgt angegeben:

- direkt aufgedruckt
- Farbmarkierungen
- große Buchstaben

Tab. 11.2: Kennzeichnung der Toleranzen bei Kondensatoren durch Großbuchstaben

Großbuchstaben	Toleranz $C > 10$ pF in %	Großbuchstaben	Toleranz $C > 10$ pF in %
D	± 5	Q	+ 30
F	± 1		− 10
G	± 2	R	+ 30
H	± 2,5		− 20
J	± 5	S	+ 50
K	± 10		− 20
M	± 20	T	+ 50
N	± 30		− 10
P	+ 100 / − 0	Z	+ 100 / − 20

Beispiele für die Kennzeichnung von Kondensatoren:

0,47 M 250

Nennkapazität	0,47 µF	0,47
Toleranz	± 20%	M
Nennspannung	250 V	250

22n K d

Nennkapazität	22 nF	22n
Toleranz	± 10%	K
Nennspannung	250 V	d

Isolationswiderstand

Kondensatoren sind Ladungsspeicher. Sie behalten jedoch nicht beliebig lange ihre Ladungen, denn das Dielektrikum ist kein idealer Isolator.

Das Dielektrikum wirkt also wie ein parallel geschalteter Widerstand (Abb. 2).

Von Herstellern wird nicht der Isolationswiderstand angegeben, sondern das Produkt aus R_{is} und C. Die Größe ist die Zeitkonstante τ. Sie sagt etwas über die Eigenentladung des Kondensators aus (vgl. 11.3.3).

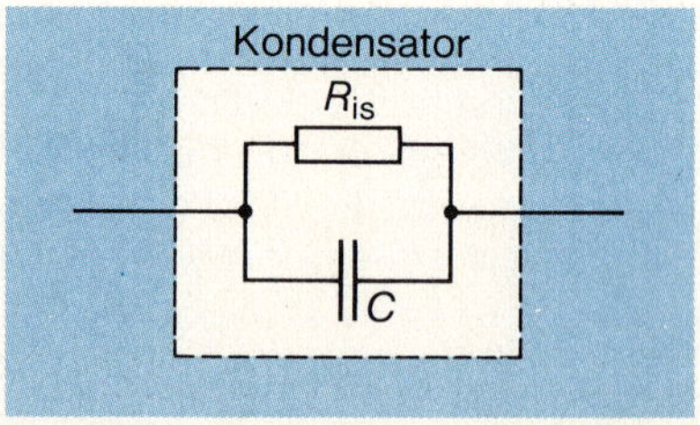

Abb. 2: Ersatzschaltbild des Kondensators

11.3.2 Bauformen von Kondensatoren

Der grundsätzliche Aufbau von Kondensatoren wird bereits durch das Schaltzeichen verdeutlicht. Zur Vergrößerung der Kapazität werden die „Kondensatorplatten" häufig in Form von Metallfolien hergestellt. In aufgewickelter Form befinden sie sich dann in quader- oder zylinderförmigen Gehäusen (Abb. 3).

Kondensatoren können nach ihrem Aufbau in Festkondensatoren (mit fester Nennkapazität) und in veränderbare Kondensatoren (mit veränderbarer Nennkapazität) eingeteilt werden. Die Festkondensatoren werden nach der Art des Dielektrikums weiter unterteilt.

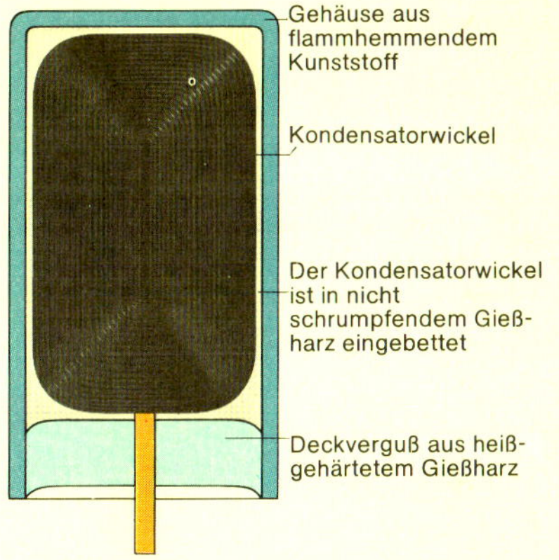

Abb. 3: Schnitt durch einen Wickelkondensator mit Kunststoffgehäuse

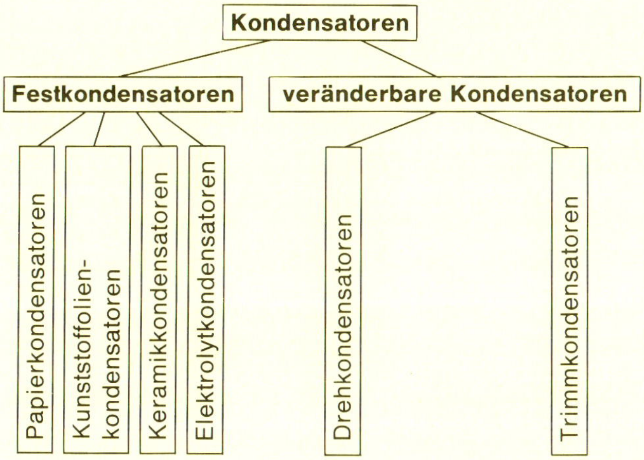

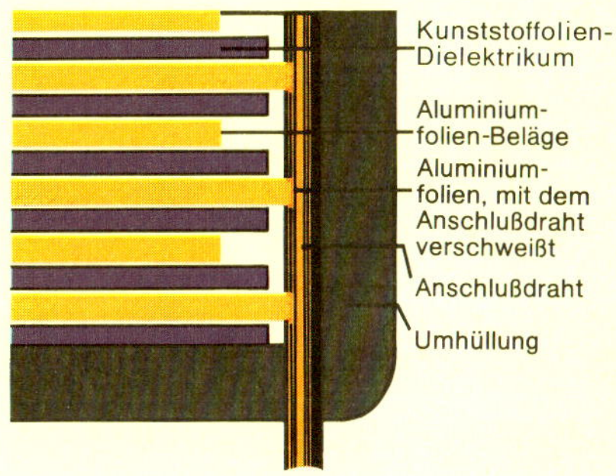

Abb. 4: Aufbau von Kondensatoren mit Aluminiumfolien

Papierkondensatoren

Elektroden	Dielektrikum
• Aluminiumfolie 6 bis 7 µm dick oder • aufgedampftes Aluminium 0,02 bis 0,05 µm dick	imprägniertes Papier (z. B. Naphthalin, Paraffin als Imprägniermittel)

Eine Sonderform des Papierkondensators ist der MP-Kondensator (Metallpapier-Kondensator, Abb. 5). Auf dem Dielektrikum (Papier) ist eine außerordentlich dünne Metallschicht aufgedampft.

Kommt es in dem MP-Kondensator zu einem Überschlag, dann verbrennt durch den Lichtbogen die Metallschicht stärker als das Dielektrikum. Die defekte Stelle wird dadurch wieder isoliert. Er „heilt" sich selber in weniger als 10 µs (Abb. 6).

Abb. 5 (links): MP-Kondensatoren ▷

Abb. 6 (rechts): Ergebnis der Selbstheilung beim MP Kondensator ▽

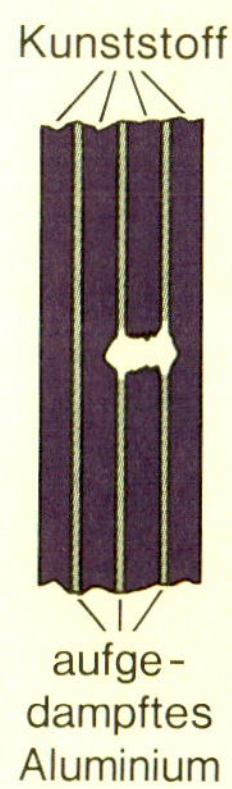

Kunststoffolien-Kondensatoren

Kunststoffe lassen sich dünner fertigen als Papier. Kunststoffolien-Kondensatoren sind deshalb kleiner als Papierkondensatoren.

Elektroden	Dielektrikum	
• Aluminiumfolie Kennbuchstabe K oder • aufgedampftes Aluminium Kennbuchstabe MK (selbstheilend)	Kunststoffe	Kennbuchstabe
	Poly**c**arbonat	C
	Poly**p**ropylen	P
	Poly**st**yrol	S
	Poly**t**erephtalat	T
	Cell**u**loseacetat	U

Beispiele:

Bezeichnung KS:
Kunststoffolien-Kondensator mit einem Dielektrikum aus Polystyrol und Metallfolien als Elektroden.

Bezeichnung MKC:
Kunststoffolien-Kondensator mit einem Dielektrikum aus Polycarbonat und metallisierten Belägen als Elektroden.

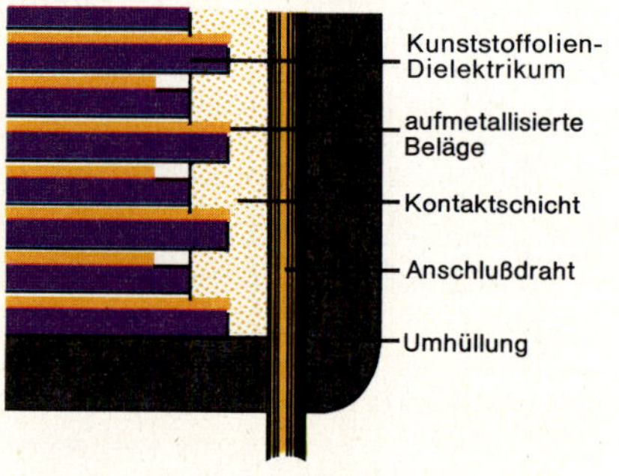

Abb. 1: Aufbau von Kondensatoren mit Kunststoffolien und aufgedampftem Aluminium

Keramik-Kondensatoren

Elektroden	Dielektrikum
Metallschichten, Metallbeläge	Keramische Massen (Oxidkeramik), • NDK-Kondensatoren (Kondensatoren mit niedriger Dielektrizitätszahl, ε_r: 13 . . . 470), • HDK-Kondensatoren (Kondensatoren mit hoher Dielektrizitätszahl, ε_r: > 470 . . . 50 000

Aufgrund hoher Dielektrizitätszahlen können diese Kondensatoren mit sehr kleinen Abmessungen hergestellt werden. Als Bauformen kommen z. B. Scheiben-, Rohr-, Perl- sowie Standkondensatoren vor (Abb. 2).

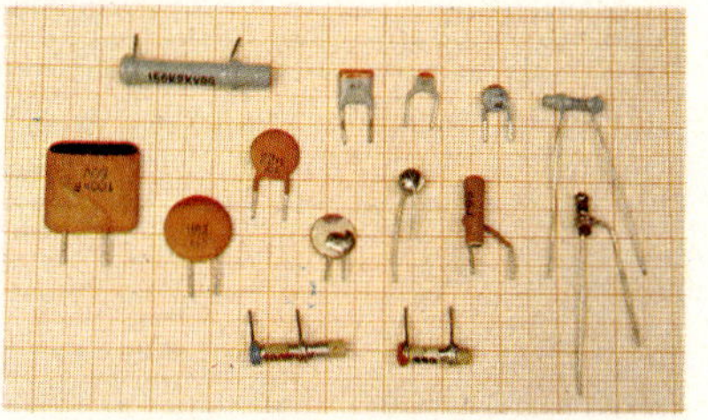

Abb. 2: Keramik-Kondensatoren

Aluminium-Elektrolyt-Kondensatoren

Diese Kondensatoren unterscheiden sich stark von den bisher beschriebenen Arten. Eine Elektrode besteht aus Aluminium, während die andere aus einem Elektrolyten besteht, der über einen metallischen Anschluß (Aluminiumfolie) nach außen geführt wird.

Zwischen den Elektroden wird bei der Herstellung eine Oxidschicht aufgebaut (formiert). Sie ist sehr dünn (ca. 1,2 nm pro Volt) und entsteht nur dann, wenn an

Gepolter Elektrolytkondensator

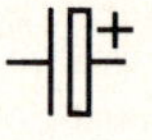

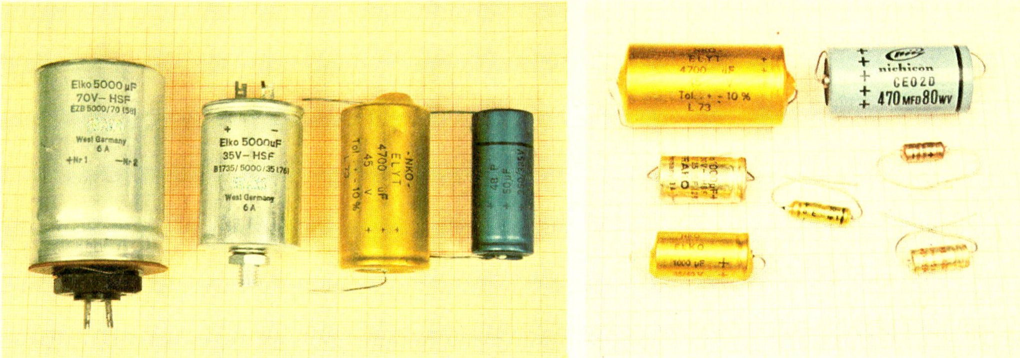

△ Abb. 3: Aluminium-Elektrolyt-Kondensatoren

der Aluminiumelektrode der Pluspol der Spannungsquelle liegt (Abb. 4).

Wird im Betrieb eine falsche Polung vorgenommen, dann wird die Schicht allmählich abgebaut. Der Kondensator wird zerstört.

Bei Anschluß von Elektrolytkondensatoren muß auf die Polarität geachtet werden.

Elektrode 1 (Anode)	Dielektrikum	**Elektrode 2** (Katode)
Aluminiumfolie als **Pluspol**	Aluminiumoxid (anodische Oxidation), elektrolytisch erzeugt	Elektrolytflüssigkeit (getränktes Papier) als **Minuspol**

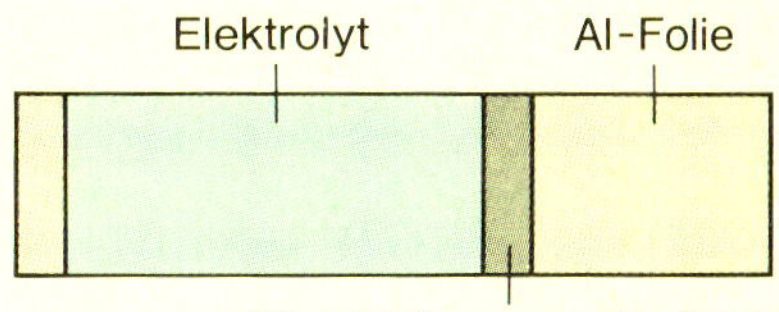

Abb. 4: Schnitt durch einen Aluminium-Elektrolyt-Kondensator

Im Betrieb fließt bei jedem Elektrolytkondensator ein geringer Strom. Dieser Strom ist erforderlich, um die Oxidschicht des Dielektrikums aufrechtzuerhalten (Reststrom).

Die Kapazität hängt außer vom Abstand der Elektroden auch von der Größe der Oberfläche ab (vgl. 11.2.2). Aus diesem Grunde werden bei Elektrolytkondensatoren die Oberflächen häufig aufgerauht. Die Oberfläche vergrößert sich (Abb. 5).

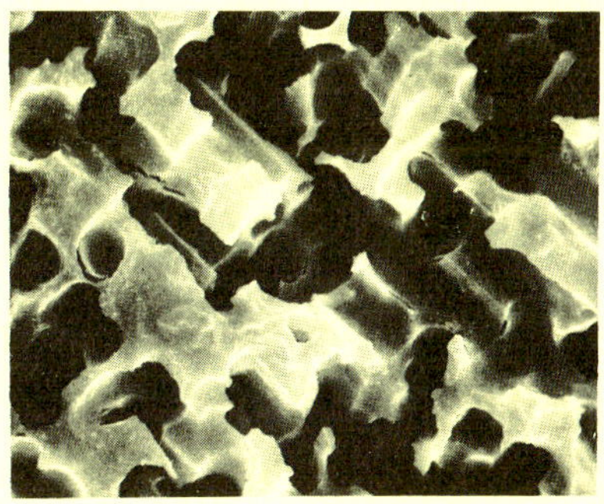

Abb. 5: Aufgerauhte Aluminiumfolie, 2500fache Vergrößerung

Tantal-Elektrolyt-Kondensatoren

Tantal-Elektrolyt-Kondensatoren sind Elektrolytkondensatoren, deren Anoden aus Tantal bestehen.

Tantalkondensatoren sind sehr klein und haben gegenüber Elektrolytkondensatoren aus Aluminium günstigere Kenndaten. Der Grund dafür liegt in den guten Eigenschaften der Oxidschicht.

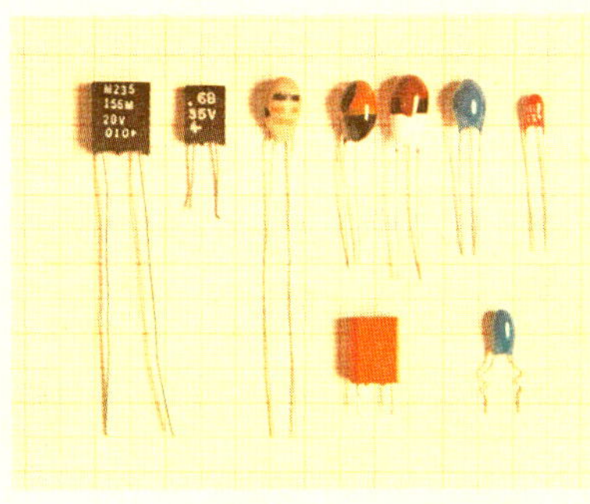

Abb. 6: Tantal-Elektrolyt-Kondensatoren ▷

Elektrode 1 (Anode)	Dielektrikum	**Elektrode 2** (Katode)
• Sinterkörper aus Tantalpulver oder • Tantalfolie als **Pluspol**	Tantaloxidschicht (anodische Oxidation), elektrochemisch erzeugt	• festes und halbleitendes Metalloxid (z.B. Mangandioxid) oder • flüssiger Elektrolyt (Säure) als **Minuspol**

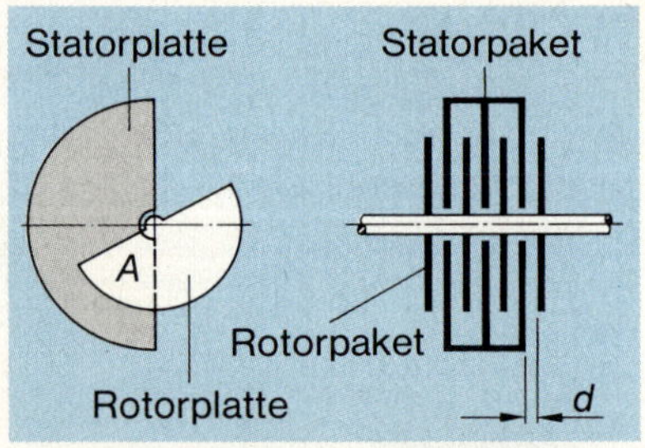

Vorteile gegenüber dem Elektrolytkondensator aus Aluminium:

- dünne Oxidschichten, 4 nm bis 500 nm
- höhere Dielektrizitätszahl, $\varepsilon_r \approx 30$
- durch Aufrauhung erhöht sich die Kapazität um den Faktor 40
- geringerer Reststrom

Tantal-Elektrolyt-Kondensatoren werden auch durch Farbmarkierungen gekennzeichnet. Die Kapazitätsangabe erfolgt in µF.

Abb. 1: Drehkondensator

Veränderbare Kondensatoren

Diese Kondensatoren haben häufig Luft als Dielektrikum. In Rundfunkgeräten befindet sich z.B. solch ein Kondensator. Der Drehkondensator dient dort zur genauen Abstimmung auf den zu empfangenden Sender. Ein bewegliches Plattenpaket aus Aluminium (Rotor) wird dabei in das feststehende Plattenpaket (Stator) hineingedreht. Drehkondensatoren werden im Bereich 15 pF bis 550 pF eingesetzt.

Veränderbarer Kondensator

Neben Drehkondensatoren gibt es andere Bauformen. Abb. 2 zeigt einige Arten von Trimmkondensatoren. Bewegliche Platten werden heraus- oder hereingedreht. Die Kapazität verändert sich dadurch.

Einstellbarer Kondensator (Trimmer)

11.3.3 Strom- und Spannungsverlauf beim Kondensator

Aus 11.2.2 wurde deutlich, daß sich die Auf- und Entladung eines Kondensators in einem bestimmten Zeitbereich vollzieht. Die Größen Stromstärke und Spannung ändern sich dabei.

Zeitabhängige Größen lassen sich auf dem Oszilloskop sichtbar machen.

Als Spannungsquelle wird ein Rechteck-Generator verwendet. Er sorgt dafür, daß die Spannung ständig ein- und ausgeschaltet wird (Abb. 3). Auf diese Weise erhält man periodische Vorgänge, ohne daß mechanisch Schalter bewegt werden müssen.

Die Abb. 5 zeigt den Meßaufbau für die Spannungsmessung.

Abb. 2: Trimmkondensatoren

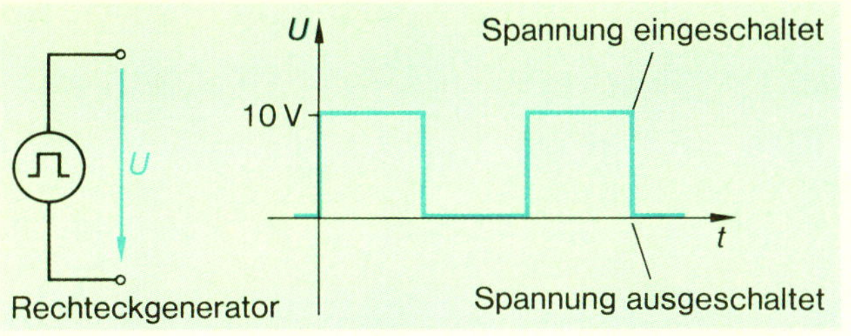

Abb. 3: Spannungsverlauf beim Rechteckgenerator

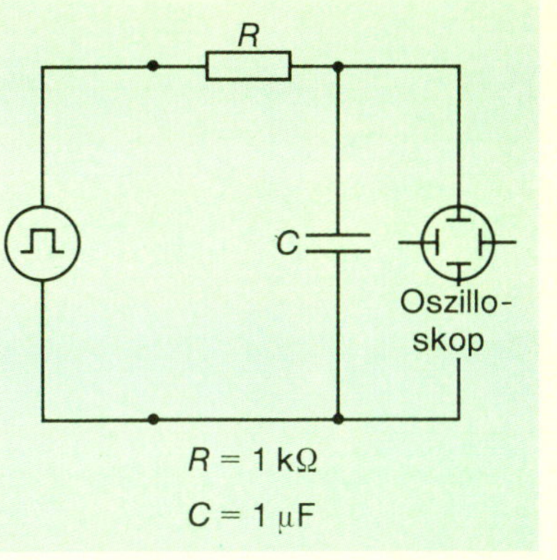

Abb. 4: Schaltbild zur Spannungsmessung mit einem Oszilloskop beim Auf- und Entladen eines Kondensators

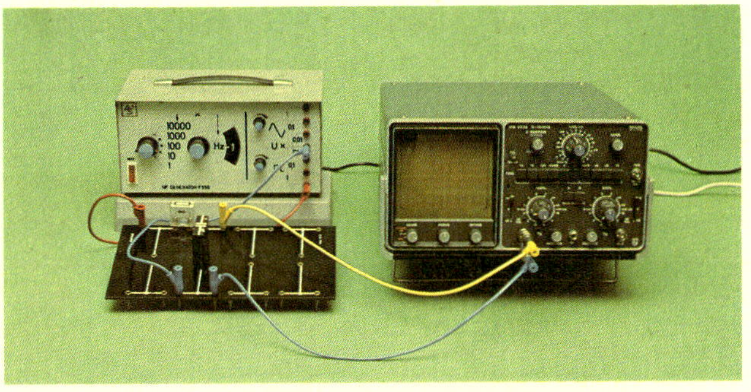

Abb. 5: Versuchsaufbau zur Spannungsmessung mit einem Oszilloskop beim Auf- und Entladen eines Kondensators

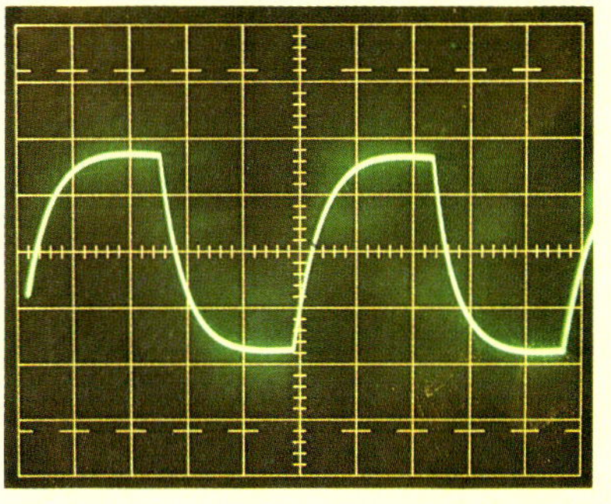

Abb. 6: Oszillogramm des Spannungsverlaufs beim Auf- und Entladen eines Kondensators

Da mit einem Oszilloskop nur Spannungen abgebildet werden können, wird der Strom als Spannungsabfall am Widerstand R (indirekte Messung) gemessen (Abb. 4). Die Stromstärke kann dann über die Beziehung $I = \frac{U}{R}$ ermittelt werden.

Die Oszillogramme sind in den Abbildungen 6 und 7 vergrößert und in einem Diagramm dargestellt. Der Stromverlauf ist über $I = \frac{U}{R}$ berechenbar.

Berechnung der Stromspitze im Einschaltmoment:

Spannung der Spannungsquelle
$U = 10$ V

Widerstand:
$R = 1$ kΩ

gemessener Spannungsabfall:
$U = 10$ V

$$I_{max} = \frac{U}{R}$$

$$I_{max} = \frac{10\text{ V}}{1\text{ k}\Omega}$$

$$\underline{I_{max} = 10\text{ mA}}$$

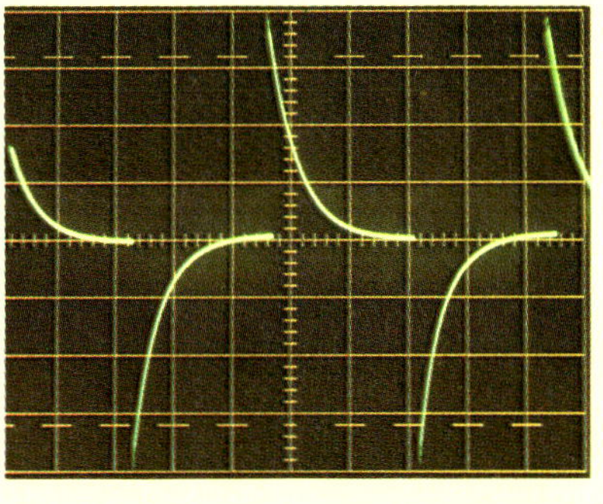

△ Abb. 7: Stromverlauf beim Auf- und Entladen eines Kondensators

Abb. 8: Schaltbild zur Strommessung mit einem Oszilloskop beim Auf- und Entladen eines Kondensators ▽

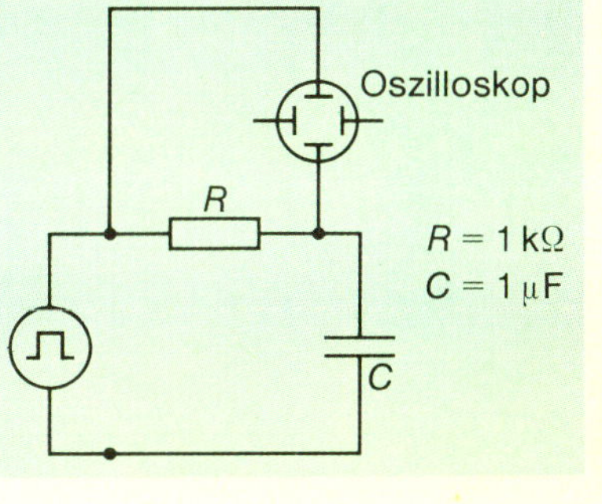

Dieser Wert zeigt, daß der Kondensator im Augenblick des Schaltens keinen nennenswerten Widerstand besitzt. Die Stromstärke wird allein durch den Widerstand *R* begrenzt.

Kondensatoren wirken im Ein- und Ausschaltmoment wie ein Kurzschluß. Ihr Widerstand ist nahezu Null.

Um große Ströme beim Auf- bzw. Entladen zu vermeiden, dürfen Kondensatoren nur über Widerstände auf- und entladen werden.

Würde man den Widerstand in der Meßschaltung z. B. auf den Wert 10 Ω verringern, dann würde bereits eine Stromstärke von 1 A kurzzeitig fließen. Dies kann bereits zum Durchbrennen der Anschlußleitungen im Innern des Kondensators führen.

Aus den Abb. 1 und 2 wird die Abhängigkeit der Spannung und der Stromstärke von der Zeit deutlich. Die Spannung steigt beim Aufladen zunächst schnell an und danach langsamer, bis der Wert der Spannungsquelle erreicht ist. Beim Entladen sinkt die Spannung zunächst schnell und nähert sich danach allmählich der Null-Linie.

Die Stromstärke ist im Einschaltmoment maximal. Sie nimmt danach ab und geht gegen den Wert Null, wenn die Spannung maximal ist (Kondensator ist voll aufgeladen). Beim Entladen kehrt sich die Stromrichtung um, da die Elektronen wieder von den Platten fließen. Die Ausschaltstromspitze ist gleich der Einschaltstromspitze.

Die Zeit für das Auf- bzw. Entladen eines Kondensators hängt von der Kapazität und dem Widerstand ab. Bei

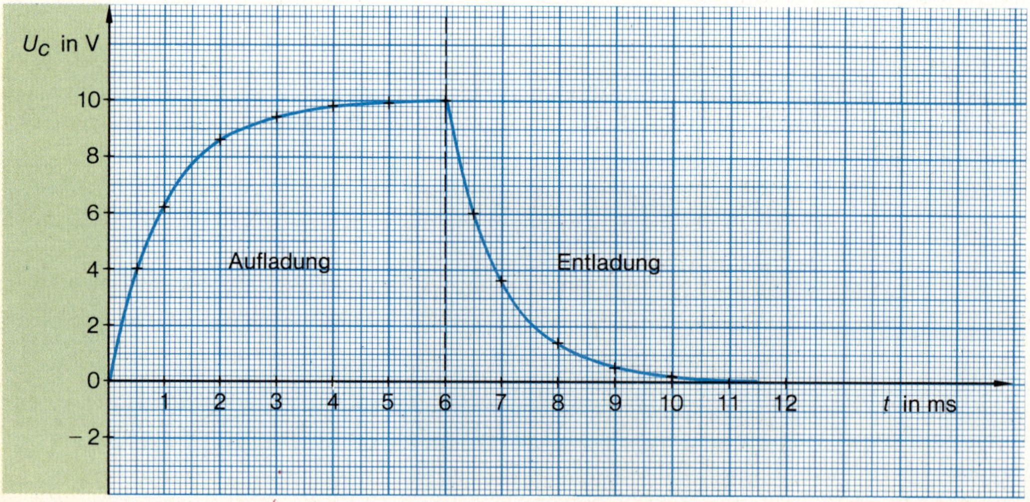

Abb. 1: Spannungsverlauf beim Kondensator

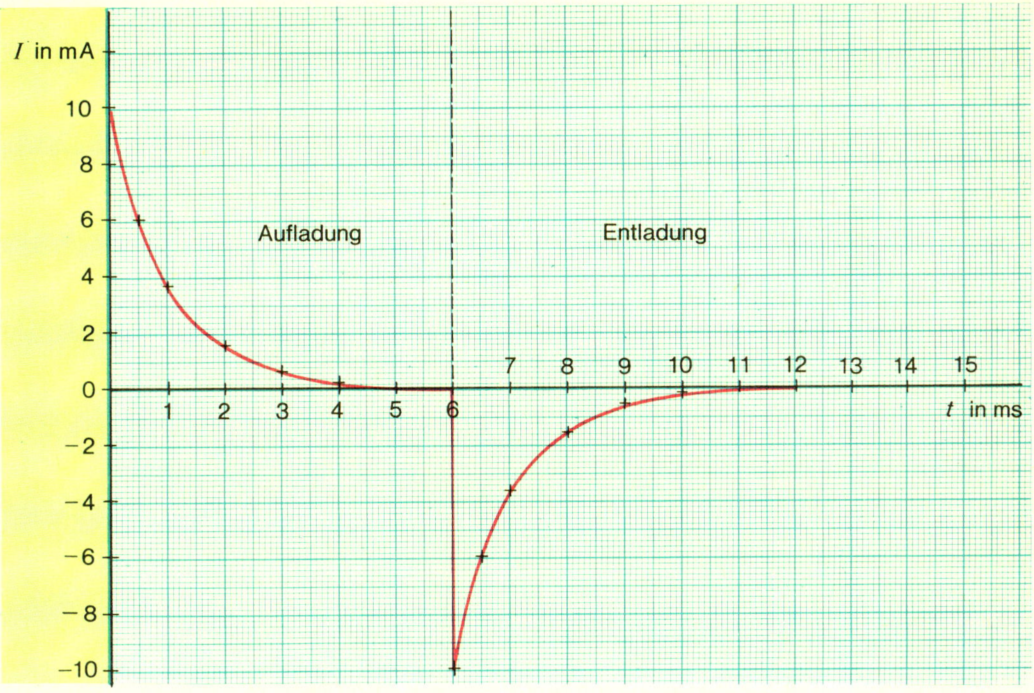

Abb. 2: Stromverlauf beim Kondensator

größeren Kapazitäten wird sich der Ladevorgang verlängern. Ebenso verhält es sich mit dem Widerstand. Ist er groß, dann wird die Behinderung der Ladungen groß sein und der Ladevorgang länger dauern.
Diese beiden Größen hat man in der Zeitkonstanten τ zusammengefaßt. Sie sagt etwas über die Zeit von Lade- bzw. Entladevorgängen aus.

Bei einer Zeit von $t = 1\,\tau$ ist der Kondensator auf 63% seiner Endspannung aufgeladen (Abb. 3). Beim Entladen ist seine Spannung nach $t = 1\,\tau$ auf 37% der angelegten Spannung gesunken.

Zeitkonstante $\boxed{\tau = R \cdot C}$

Abb. 3: Spannungsverlauf beim Kondensator als Prozentwerte in Abhängigkeit von der Zeit in τ-Werten

Berechnung einer Zeitkonstanten

$\tau = R \cdot C; \quad R = 1\,\text{k}\Omega; \quad C = 1\,\mu\text{F}$

$\tau = 1\,\text{k}\Omega \cdot 1\,\mu\text{F}$

$$\tau = 10^3\,\frac{\text{V}}{\text{A}} \cdot 10^{-6}\,\frac{\text{A s}}{\text{V}}$$

$\underline{\tau = 1\,\text{ms}}$

Trägt man an der Zeitachse die Größen in τ-Werten und an der Spannungsachse die Spannung in Prozent auf, dann erhält man den Kurvenverlauf in Abb. 3.

Nach einer Zeit von $t = 5\,\tau$ kann ein Kondensator als voll aufgeladen gelten.

11.3.4 Parallelschaltung von Kondensatoren

Wie Widerstände können auch Kondensatoren zusammen geschaltet werden. Als erstes soll die Parallelschaltung von Kondensatoren untersucht werden.

Gesucht wird der Kapazitätswert eines Kondensators, der in seiner Wirkung die beiden Einzelkondensatoren ersetzen kann (Abb.1).

Legt man an beide Schaltungen der Abb. 1 die gleiche Spannung, dann muß in beiden Schaltungen die Gesamtladung gleich sein.

In der Parallelschaltung ist die Gesamtladung gleich der Summe der Einzelladungen. Diese Ladung ist gleich der Ladung des Kondensators C_g.

$Q_1 + Q_2 = Q_g$

Jede Ladung kann nach der Beziehung $Q = C \cdot U$ ermittelt werden.

$Q_1 = C_1 \cdot U; \quad Q_2 = C_2 \cdot U; \quad Q_g = C_g \cdot U$

Setzt man diese Ausdrücke in die Ladungsgleichung ein, dann erhält man:

$C_1 \cdot U + C_2 \cdot U = C_g \cdot U$

In dieser Gleichung kommt die gemeinsame Größe U vor. Man kann die Gleichung durch U dividieren und so kürzen.

Bei der Parallelschaltung ist die Gesamtkapazität gleich der Summe der Einzelkapazitäten.

Diese Herleitung läßt sich noch durch eine kleine Überlegung veranschaulichen. Bei der Parallelschaltung vergrößert sich die Fläche des Kondensators. Damit vergrößert sich auch die aufnehmbare Ladung. Die Kapazität wird größer (Abb. 2).

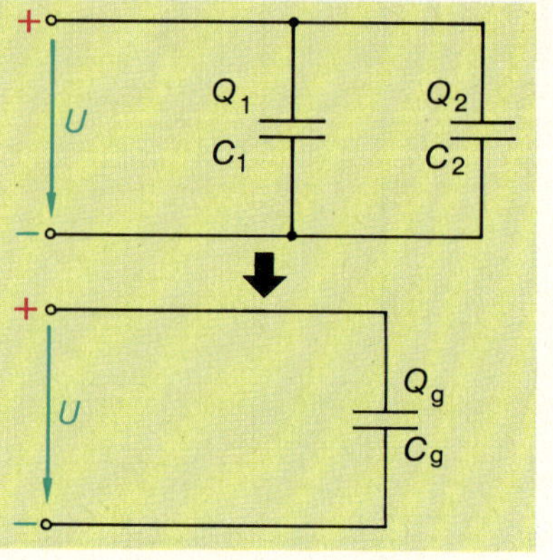

Abb. 1: Parallelschaltung von Kondensatoren

Parallelschaltung von zwei Kondensatoren

$C_g = C_1 + C_2$

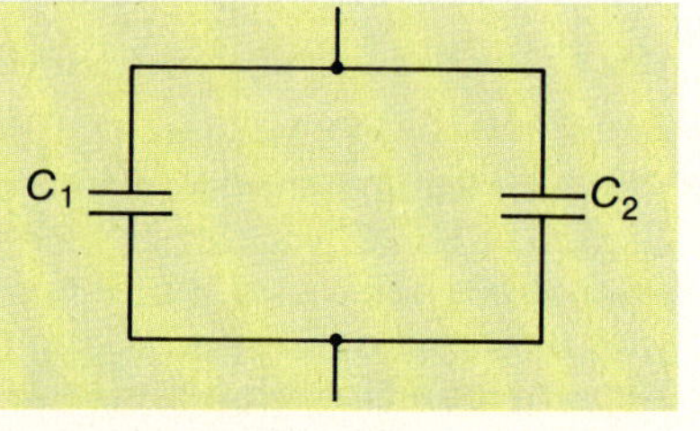

Parallelschaltung von Kondensatoren

$C_g = C_1 + C_2 + \ldots + C_n$

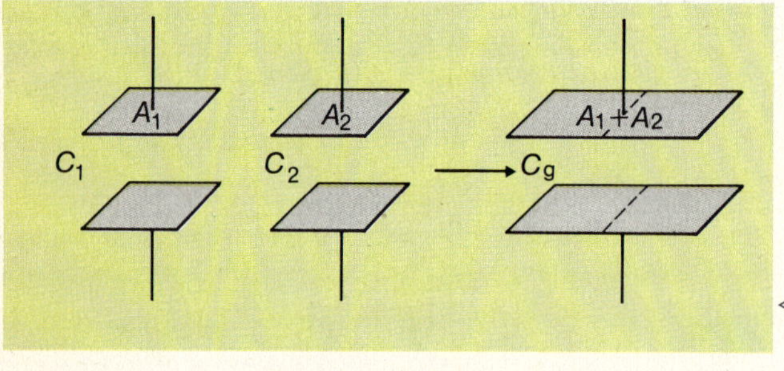

◁ Abb. 2: Flächenvergrößerung bei der Parallelschaltung von Kondensatoren

11.3.5 Reihenschaltung von Kondensatoren

Bei der Reihenschaltung wird wie bei der Parallelschaltung verfahren. Zwei in Reihe geschaltete Kondensatoren sollen durch einen ersetzt werden, ohne daß sich die Zusammenhänge ändern (Abb. 3).

Bei der Parallelschaltung von Kondensatoren ist die Spannung U als gemeinsame Größe sofort erkennbar. Wie sieht es aber bei der Reihenschaltung aus?

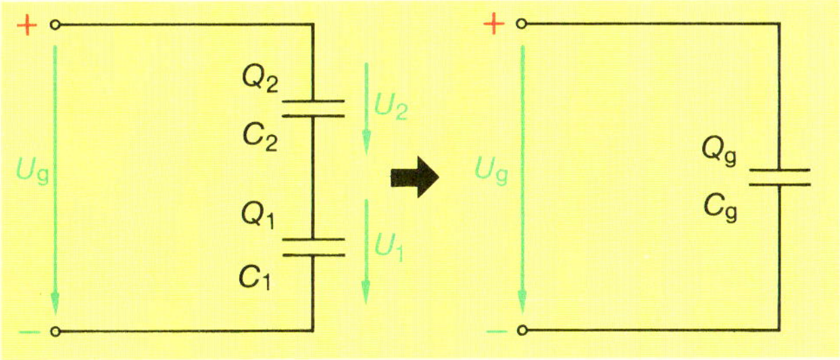

Abb. 3: Reihenschaltung von Kondensatoren

Die Spannung teilt sich in Teilspannungen auf (Abb. 3).

$U_g = U_1 + U_2$

Zur Erklärung der Ladungsverteilung wird der Ladevorgang in einzelne Abschnitte zerlegt.

Betrachten wir zunächst den Minuspol der Spannungsquelle. Von dort wandern Ladungen auf die Platte P_{11} (Abb. 4). Die positive Ladung auf P_{12} entsteht durch Influenz. Damit sind auf der Platte P_{21} des zweiten Kondensators nur noch die negativen Ladungen vorhanden. In der gesamten Schaltung werden immer nur gleich große Ladungsmengen verschoben.

Jeder Kondensator hat demnach die gleiche Ladung. Sie ist unabhängig von der Größe der Kapazitäten. Daraus ergibt sich folgende wichtige Beziehung:

$Q_1 = Q_2 = Q_g = Q$

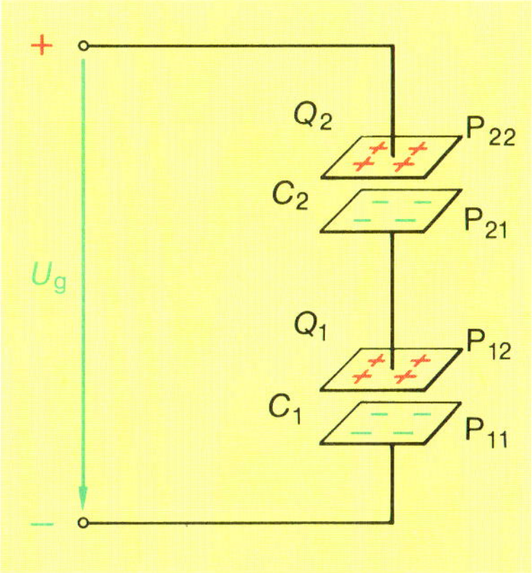

Abb. 4: Ladungsverteilung bei der Reihenschaltung von Kondensatoren

Bei der Reihenschaltung ist die Ladung die gemeinsame Größe. Setzt man in die Spannungsformel die Beziehung $U = \frac{Q}{C}$ ein, dann ergibt sich:

$U_g = U_1 + U_2$

$$\frac{Q}{C_g} = \frac{Q}{C_1} + \frac{Q}{C_2}$$

Die Ladung Q ist allen Teilen gemeinsam. Wir dürfen deshalb die Gleichung durch Q dividieren und so kürzen.

$$\frac{1}{C_g} = \frac{1}{C_1} + \frac{1}{C_2}$$

Diese Gleichung läßt sich wie bei der Parallelschaltung von Widerständen (vgl. 4.2) umstellen.

Die Formel für die Gesamtkapazität zeigt, daß die Gesamtkapazität C_g stets kleiner als die kleinste Einzelkapazität ist.

Reihenschaltung von zwei Kondensatoren

$$\frac{1}{C_g} = \frac{1}{C_1} + \frac{1}{C_2}$$

$$C_g = \frac{C_1 \cdot C_2}{C_1 + C_2}$$

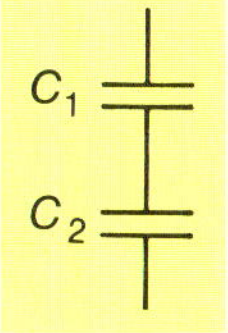

Beispiel:

$C_1 = 10\ \text{nF}; \quad C_2 = 22\ \text{nF}$

$$C_g = \frac{10\ \text{nF} \cdot 22\ \text{nF}}{10\ \text{nF} + 22\ \text{nF}}$$

$$C_g = \frac{220\ \text{nF}}{32}$$

$$\underline{C_g = 6{,}9\ \text{nF}}$$

Reihenschaltung von Kondensatoren

$$\boxed{\frac{1}{C_g} = \frac{1}{C_1} + \frac{1}{C_2} + \ldots + \frac{1}{C_n}}$$

Bei der Reihenschaltung ist die Gesamtkapazität immer kleiner als die kleinste Einzelkapazität.

Auch dieses Ergebnis kann durch eine kleine Überlegung veranschaulicht werden. Abb. 1 zeigt die Reihenschaltung von zwei Kondensatoren. Dabei wird deutlich, daß sich insgesamt der Plattenabstand bei der Gesamtkapazität vergrößert hat. Eine Vergrößerung des Abstandes bedeutet aber, daß die Kapazität kleiner wird.

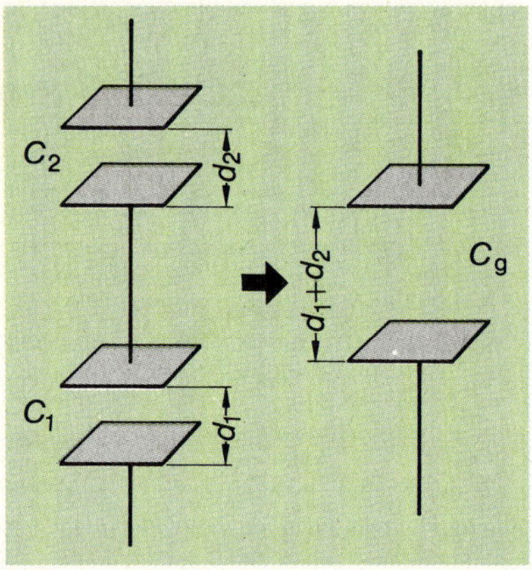

Abb. 1: Vergrößerung des Abstands bei der Reihenschaltung von Kondensatoren

Aufgaben zu 11.3

1. Beschreiben Sie den Aufbau eines Elektrolytkondensators!
2. Erklären Sie die „Selbstheilung" von MP-Kondensatoren!
3. Erklären Sie, weshalb beim Einbauen von Elektrolytkondensatoren auf die Polarität geachtet werden muß!
4. Beschreiben Sie den Lade- und Entladevorgang des Kondensators mit Hilfe der Bewegung von Elektronen!
5. Zeichnen Sie in ein Diagramm die Kurven des Spannungs- und Stromverlaufs beim Auf- und Entladen des Kondensators!
6. Berechnen Sie den Einschaltstrom, wenn ein Kondensator von 20 µF über 10 Ω an eine Gleichspannung von 110 V angeschlossen wird!
7. Entnehmen Sie aus dem Kurvenverlauf der Abb. 3, S. 167 die Spannungswerte in Prozent bei 0,5 τ, 1 τ, 2 τ, 3 τ und 4 τ!
8. Ermitteln Sie die Spannungswerte in Prozent vom Maximalwert bei der Entladung für 0,5 τ, 1 τ, 2 τ, 3 τ, 4 τ und 5 τ!
9. Ermitteln Sie die Ladung des Kondensators aus Abb. 1, S. 166 für $t = 2$ ms und für $t = 6$ ms!
10. Drei Kondensatoren von 22 nF, 10 nF und 4,7 nF sind in Reihe geschaltet. Berechnen Sie die Gesamtkapazität!

12 Magnetisches Feld

12.1 Erscheinungsformen, Größen und Einheiten des Magnetismus

In wichtigen Bereichen der Elektrotechnik, z.B. bei Motoren, Generatoren, Schützen oder Relais spielt der Magnetismus eine besondere Rolle.

Häufig verwendet man als Haustürklingel einen Gleichstromwecker (Abb. 2). Schließt man den Schalter, so beginnt der Gleichstromwecker zu läuten. Der Klöppel pendelt hin und her und schlägt dabei gegen die Glockenschale.

Wie kommt die Pendelbewegung des Klöppels zustande?

In Abb. 3 sieht man, daß der Gleichstromwecker aus einer Spule mit Eisenkern, einem Klöppel und einer Glockenschale besteht. Der Strom erzeugt in der Spule ein Magnetfeld. Dadurch wird der Klöppel angezogen.

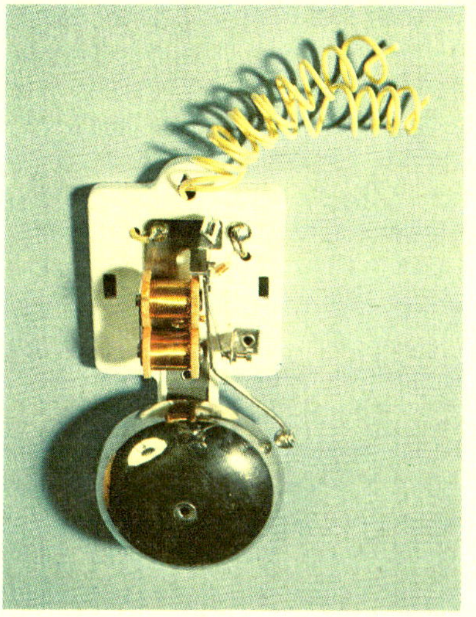

Abb. 2: Gleichstromwecker

Abb. 3: Prinzipieller Aufbau des Gleichstromweckers

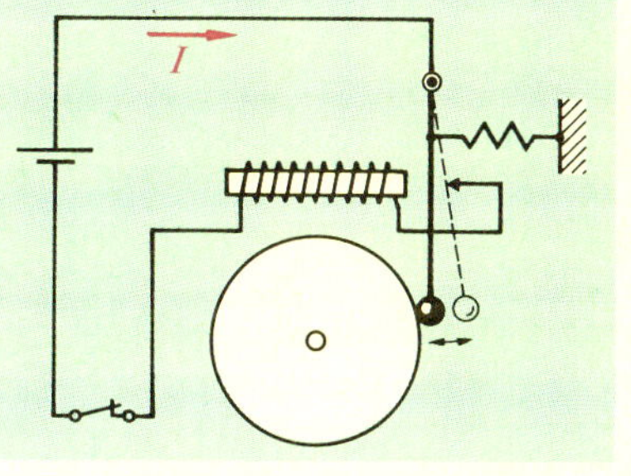

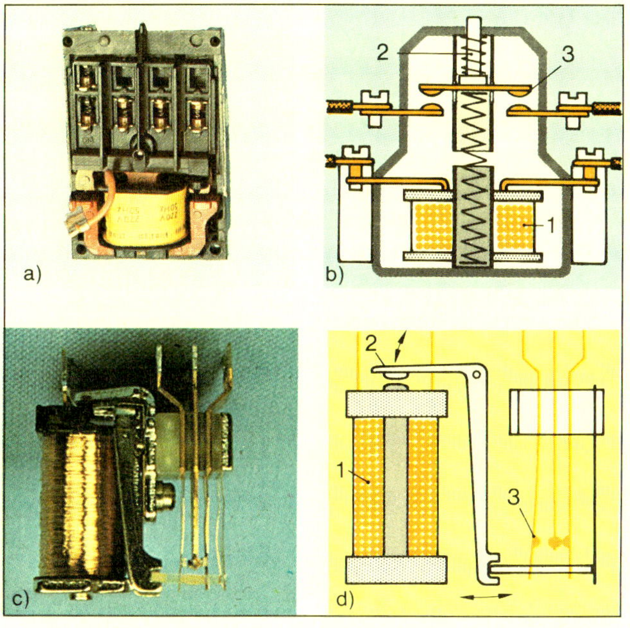

Abb. 5 a) bis d): Schütze sind elektromagnetische Schalter, die mit einem Steuerstromkreis geschaltet werden. Sie werden zum Schalten großer elektrischer Leistungen verwendet. Prinzipielle Wirkungsweise: Der Strom des Steuerstromkreises fließt durch die **Spule** (1) und erzeugt ein Magnetfeld. Dadurch wird der **Anker** (2) angezogen, der die **Schaltkontakte** (3) betätigt.

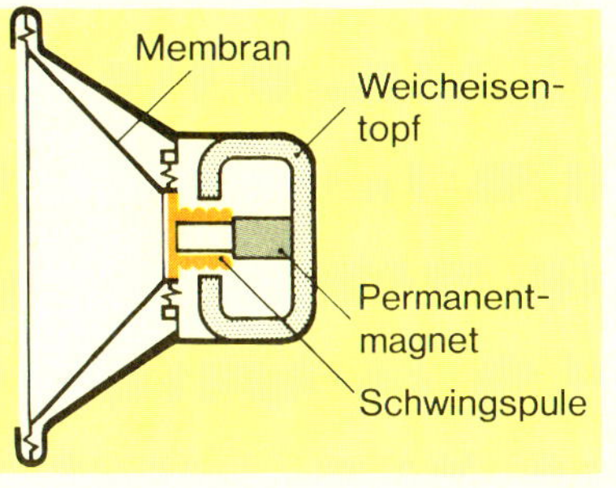

Abb. 4: Schnittdarstellung eines elektrodynamischen Lautsprechers

Um verstehen zu können, wie der Gleichstromwecker funktioniert (oder auch andere elektromagnetische Geräte, z.B. Lautsprecher, Relais), müssen wir uns etwas näher mit dem Magnetismus beschäftigen.

Der Name **Magnetismus** ist von der Stadt Magnesia[1] in Kleinasien abgeleitet. Dort hat man angeblich eisenhaltiges Erz gefunden, dessen Bruchstücke aneinander haften blieben.

12.1.1 Magnete

In vielen Geräten und Maschinen werden **Dauermagnete** oder **Elektromagnete** benutzt.

Bringt man einen Magneten in die Nähe metallischer Gegenstände, so werden alle eisenhaltigen vom Magneten angezogen und bleiben an ihm hängen. Auf diese Weise können Sie feststellen, daß ein Magnet außerdem alle nickel- und kobalthaltigen Stoffe anzieht. Man nennt sie **ferromagnetische[2] Stoffe.**

Ein Magnet ist ein Körper, der Eisen, Nickel und Kobalt anzieht.

Dauermagnete (Permanentmagnete) sind Magnete, die ihre magnetischen Eigenschaften beibehalten.

Elektromagnete sind stromdurchflossene Spulen. Die magnetische Wirkung ist so lange vorhanden, wie Strom durch die Spule fließt.

Taucht man einen Magneten in Eisenfeilspäne und entfernt ihn dann wieder, so stellt man fest, daß an den Enden besonders viele davon haften bleiben. Diese Enden nennt man Pole (Abb.1).

Lagert man einen Magneten drehbar (z.B. Kompaßnadel auf einer Spitze oder Stabmagnet an einem Faden), so stellt sich dieser in Nord-Süd-Richtung ein.

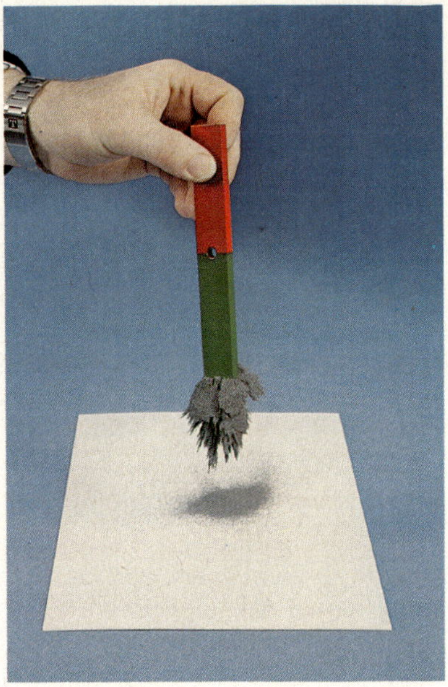

Abb. 1: Magnet und Eisenfeilspäne

Dauermagnet

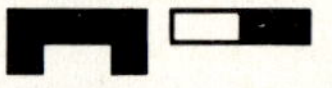

Wicklung, Spule, Elektromagnet

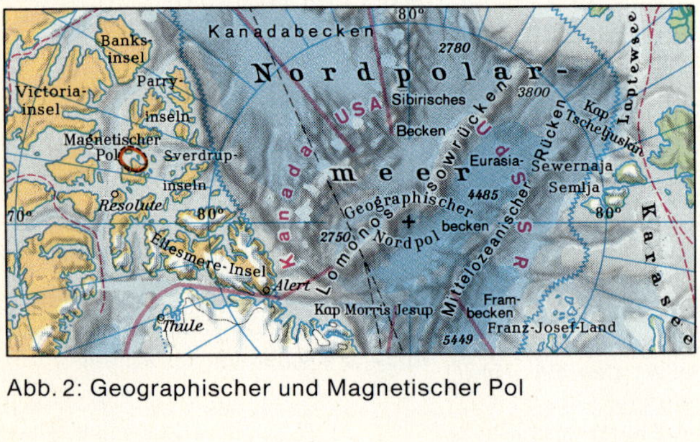

Abb. 2: Geographischer und Magnetischer Pol

[1] Heute Manisa, Türkei.

[2] lat. ferrum: Eisen.

Dreht man ihn aus dieser Lage heraus, so stellt er sich anschließend wieder in die Nord-Süd-Richtung ein.

Auf den Magneten wirkt offenbar eine Kraft, die ihn in eine ganz bestimmte Richtung dreht. Die Ursache dafür ist der **Erdmagnetismus.** Die Erde wirkt wie ein großer Magnet.

Weil immer der eine Pol nach Norden und der andere nach Süden zeigt, hat man die Pole des Magneten entsprechend bezeichnet.

Der nach Norden zeigende Pol wird Nordpol genannt, der nach Süden zeigende Südpol.

Magnete, mit denen wir hier Versuche beschreiben, sind mit Farben gekennzeichnet: Der Nordpol ist rot, der Südpol ist grün.

Nähert man einem drehbar gelagerten Magneten einen zweiten Magneten, so läßt sich feststellen, daß sich die Magnete anziehen bzw. abstoßen, je nachdem, ob sich Nordpol und Nordpol (Südpol und Südpol) oder Nordpol und Südpol gegenüber stehen (Abb. 3).

Ungleichnamige Pole ziehen sich an. Gleichnamige Pole stoßen sich ab.

Wir können beobachten, daß die Kraft auch schon ohne Berührung wirksam ist. Die magnetische Wirkung durchsetzt also den Raum um den Magneten.

Den Raum, in dem Kraftwirkungen durch Magnete auftreten, nennt man magnetisches Feld.

12.1.2 Feldlinienbilder

Eine Magnetnadel stellt sich an jedem beliebigen Punkt im magnetischen Feld in eine ganz bestimmte Richtung ein. Das ist die Richtung, in der das magnetische Feld wirkt (Abb. 4). Weil man das magnetische Feld nicht sehen kann und somit auch nicht die Richtung, in der die Kraft wirkt, hat man wie in vielen Gebieten der Elektrotechnik eine Modellvorstellung entwickelt.

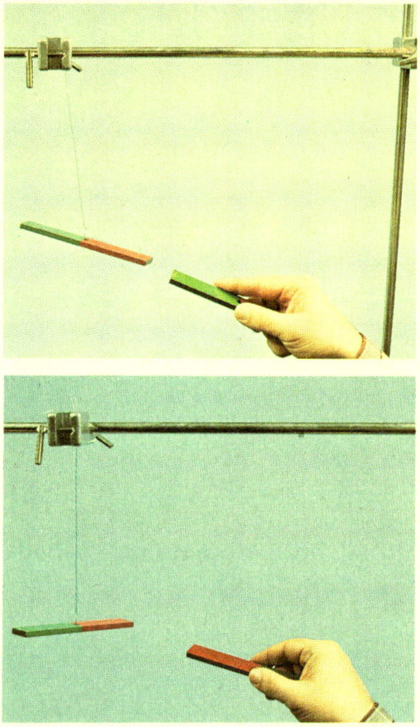

Abb. 3: Anziehung und Abstoßung zweier Magnete

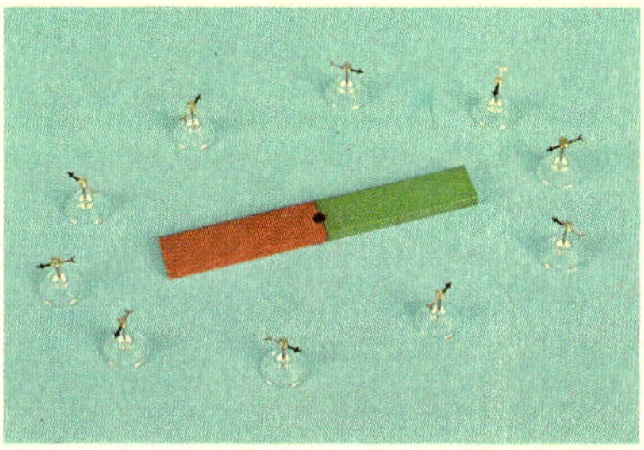

Abb. 4: Magnetnadeln im Wirkungsbereich eines Magneten

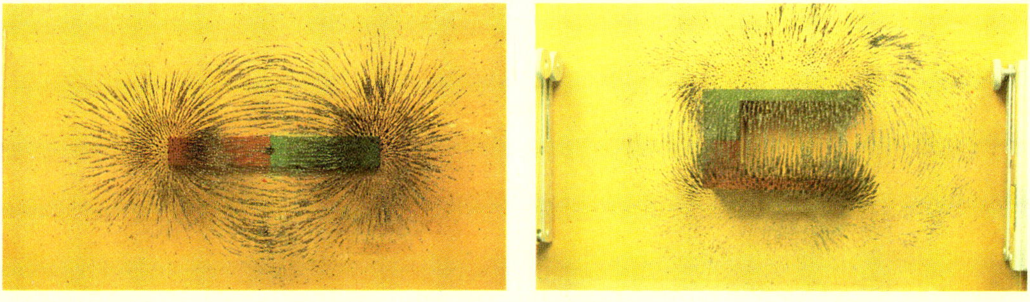

Abb. 5: Unterschiedliche Anordnung der Eisenfeilspäne auf einer Glasplatte bei Stab- und Hufeisenmagnet

Hierzu führen wir ein kleines Experiment durch:

Ein Magnet wird mit einer Glasplatte abgedeckt. Auf diese werden gleichmäßig Eisenfeilspäne gestreut. Man kann deutlich erkennen, daß sich die Eisenfeilspäne in ganz bestimmter Form ausrichten (Abb. 5, S. 173).

Die Linien, nach denen sich die Eisenfeilspäne anordnen, nennt man magnetische Feldlinien.

Die Feldlinien verlaufen von einem Pol zum anderen und liefern ein anschauliches Bild vom magnetischen Feld. In Abb. 1 sind nur einige Feldlinien dargestellt. Das magnetische Feld ist aber im gesamten Raum um den Magneten wirksam. Die Feldlinien enden nicht an den Polen, sondern durchsetzen auch den Magneten.

Die Feldlinien sind in sich geschlossen.

Es hat sich als nützlich erwiesen, die Richtung der Feldlinien zu kennzeichnen. Man hat festgelegt:

Die magnetischen Feldlinien verlaufen außerhalb des Magneten vom Nordpol zum Südpol und innerhalb vom Südpol zum Nordpol.

Das Feldlinienbild eines Elektromagneten sieht dem eines Stabmagneten ähnlich. Die Feldlinien treten aus der einen Stirnseite der Spule aus und in die andere Stirnseite ein. Auch hier verlaufen sie im Inneren vom Südpol zum Nordpol.

Wie kommt das Magnetfeld einer Spule zustande?

Eine Spule besteht aus einem Leiter, der auf einen Wickelkörper in Windungen aufgewickelt ist. Es ist deshalb notwendig, zunächst das Magnetfeld eines geraden Leiters, dann das Magnetfeld einer einzelnen Windung und anschließend das Magnetfeld einer Spule zu ermitteln.

Magnetfeld eines geraden Leiters

Durch einen Leiter läßt man einen genügend großen Gleichstrom fließen und bringt eine Magnetnadel in seine Nähe. Man stellt fest, daß die Magnetnadel, die vorher in N-S-Richtung ausgerichtet war, jetzt eine andere Richtung einnimmt. Das bedeutet, daß in der Umgebung des Leiters ein Magnetfeld vorhanden ist. Das Feldlinienbild kann man wieder durch Eisenfeilspäne darstellen (Abb. 2).

Der Strom wird umgepolt. Die Magnetnadel dreht sich um 180°.

Die Richtung der magnetischen Feldlinien eines stromdurchflossenen Leiters hängt von der Stromrichtung ab.

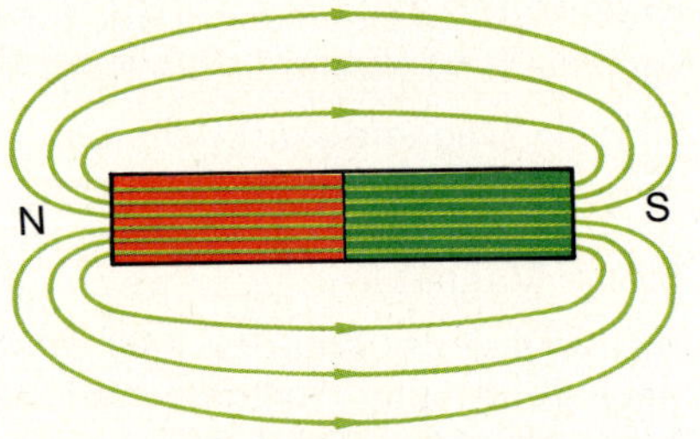

Abb. 1: Feldlinienbild eines Magneten

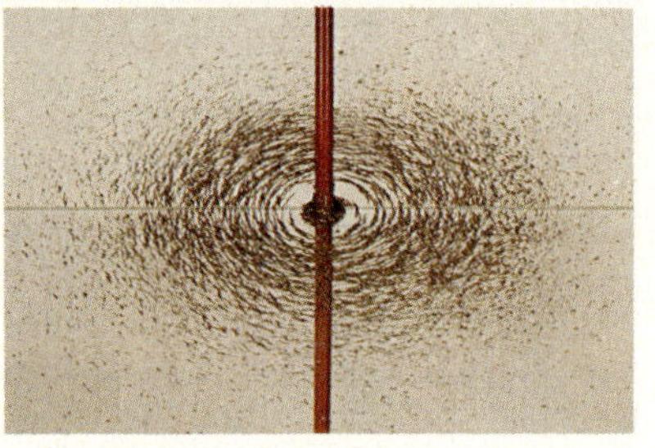
Abb. 2: Magnetfeld eines stromdurchflossenen Leiters

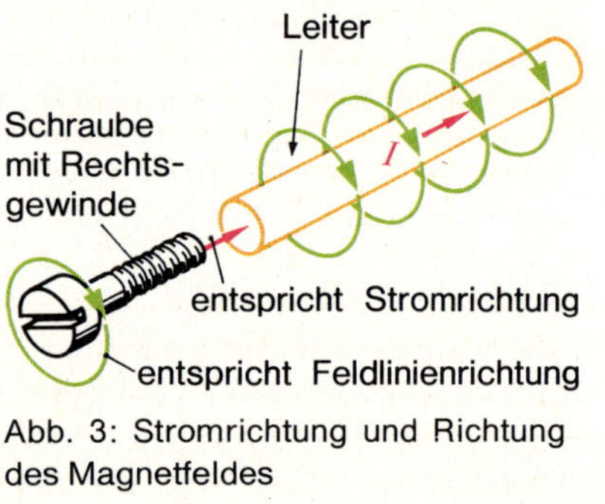

Abb. 3: Stromrichtung und Richtung des Magnetfeldes

Der Versuch zeigt auch, wie die Feldlinienrichtung von der Stromrichtung abhängt.

Feldlinienrichtung und Stromrichtung bilden ein Rechtssystem.

Merkregel:

Denkt man sich in Richtung des Stromes eine Rechtsschraube in den Leiter hineingedreht, so gibt die Drehrichtung die Richtung der Feldlinien an.

Um das magnetische Feld in der Ebene zeichnen zu können, muß man die Querschnittsfläche des Leiters zeichnen. Die Stromrichtung gibt man dann wie in Abb. 4 dargestellt an.

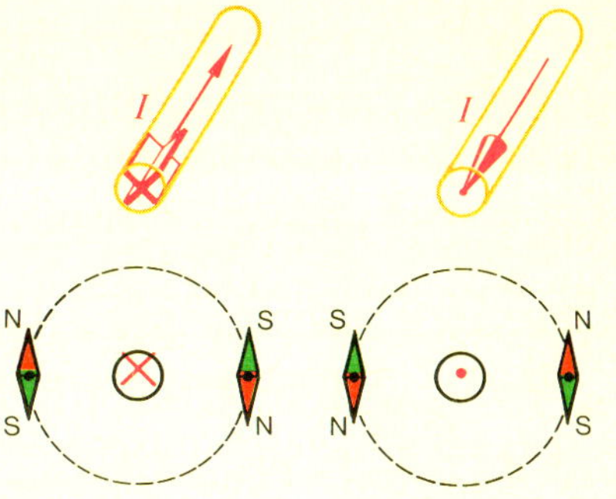

Abb. 4: Kennzeichnung der Stromrichtung

Magnetfeld einer Windung (Leiterschleife)

Der gerade Leiter wird zu einer Windung geformt. Durch diese Leiterschleife läßt man einen Gleichstrom fließen und bringt eine Magnetnadel in ihre Nähe. Man stellt fest, daß diese eine Windung einen Nordpol und einen Südpol hat (vgl. Abb. 5).

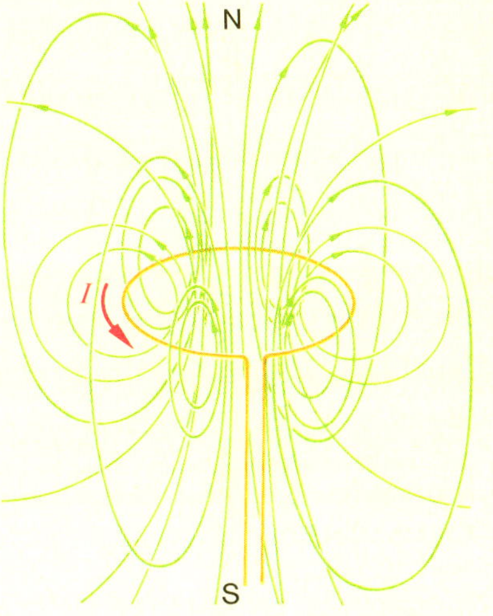

Abb. 5: Feldlinienbild einer Leiterschleife

Magnetfeld einer Spule

Die Entstehung des Magnetfeldes der stromdurchflossenen Spule läßt sich damit folgendermaßen erklären:

Um jeden einzelnen Leiter bildet sich ein konzentrisches Magnetfeld. Zwischen je zwei nebeneinander liegenden Leitern heben sich die Magnetfelder zum Teil auf, weil sie entgegengesetzt gerichtet sind. Es bildet sich ein resultierendes Feld, bei dem die Feldlinien auf der einen Stirnseite der Spule austreten und auf der anderen Stirnseite eintreten (Abb. 7).

Die Spule unseres Gleichstromweckers ist also ein Elektromagnet, der bei Stromfluß den Klöppel anzieht. Die Anziehung und Abstoßung von Magneten kann man mit Hilfe des Feldlinienmodells erklären (vgl. Abb. 6).

Feldlinien sind bestrebt, sich zu verkürzen.
Benachbarte Feldlinien streben auseinander.

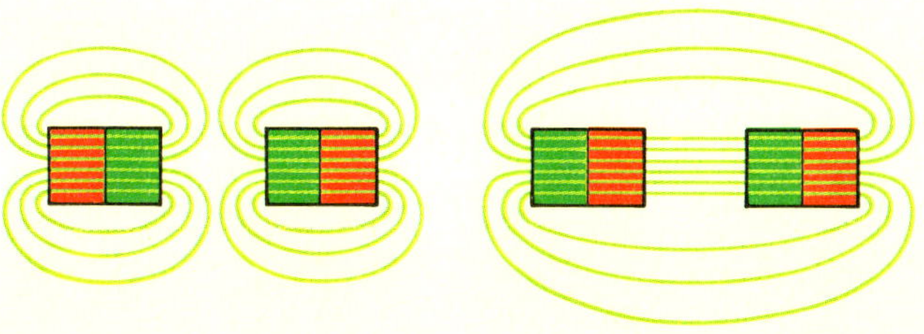

Abb. 6: Feldlinienbilder zwischen gleichnamigen und ungleichnamigen Polen

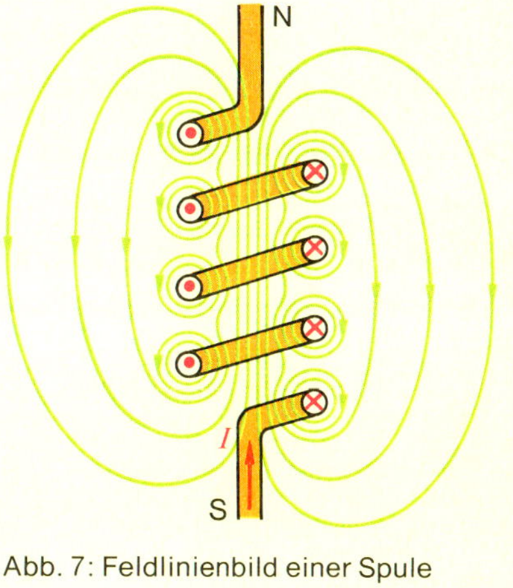

Abb. 7: Feldlinienbild einer Spule

Bei den gezeigten Feldlinienbildern nimmt der Abstand der einzelnen Feldlinien mit zunehmender Entfernung vom Magneten bzw. von der Spule zu, da benachbarte Feldlinien auseinanderstreben. Die Feldliniendichte nimmt also ab. Magnetische Felder, bei denen die Feldliniendichte an verschiedenen Stellen verschieden groß ist, nennt man **inhomogene Felder.** Magnetische Felder, bei denen die Feldliniendichte überall gleich ist, nennt man **homogene Felder** (Abb. 1).

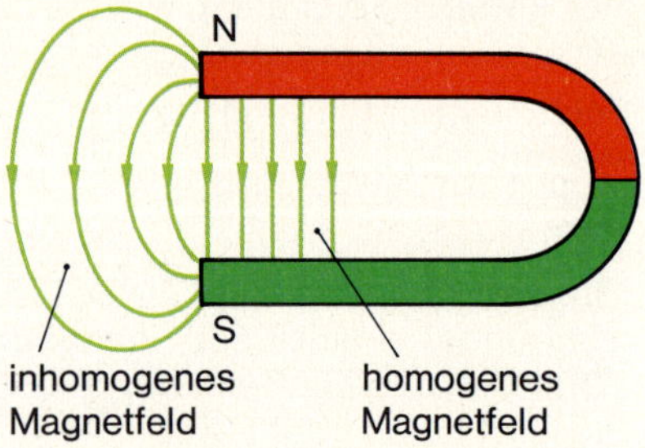

Abb. 1: Inhomogenes und homogenes Feld

Will man eine magnetische Wirkung einer Spule verhindern, so wickelt man die Windungen **bifilar** (zweifädig) (vgl. Abb. 2). Dadurch entstehen gleich große, aber entgegengesetzt gerichtete Magnetfelder, die sich aufheben.

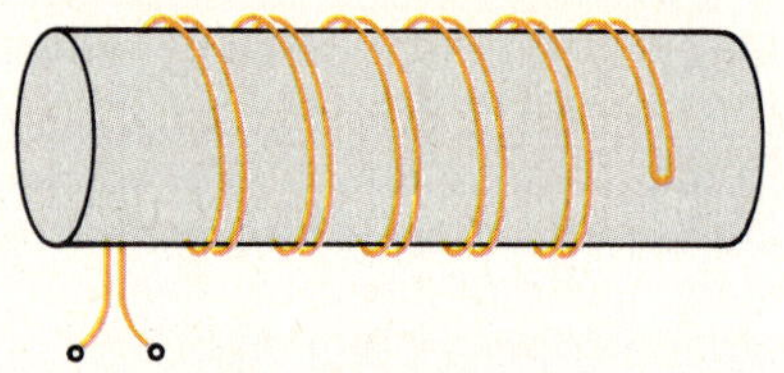

Abb. 2: Bifilare Wicklung

12.1.3 Elementarmagnetismus

Entfernt man beim Gleichstromwecker den Eisenkern der Spule, so funktioniert der Mechanismus nicht mehr. Der Klöppel wird nicht mehr bewegt, weil die Kraft dazu nicht mehr ausreicht. Wie läßt sich das erklären?

Wir müssen uns dazu die Vorgänge im Inneren eines solchen Kernes verdeutlichen. Dabei sollen die folgenden Überlegungen helfen.

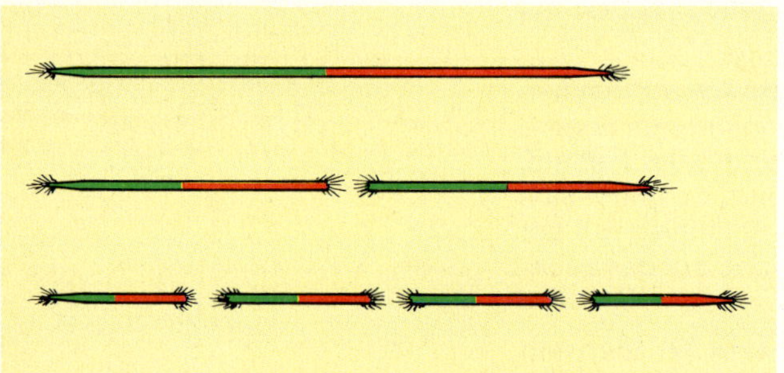

Abb. 3: Teilung einer magnetisierten Stricknadel

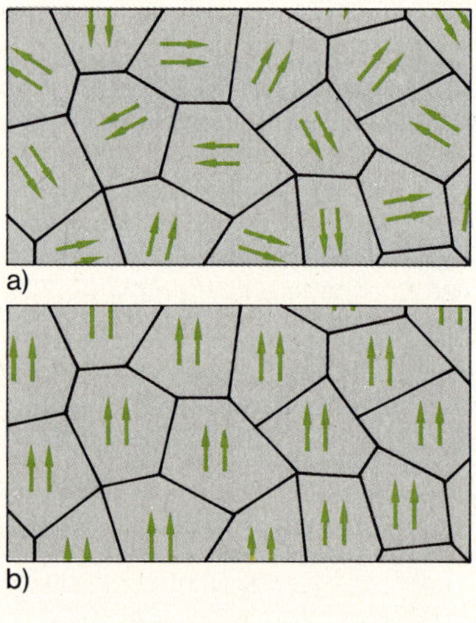

Abb. 4: Ausrichtung der Elementarmagnete in (a) unmagnetisiertem und (b) magnetisiertem Eisen

Eine magnetische Stricknadel (mit Hilfe eines Dauermagneten magnetisiert) stellt einen Stabmagneten dar. Teilt man diese Nadel, so entstehen zwei Stabmagnete mit je einem Nord- und Südpol. Bei erneuter Teilung der beiden Magnete entstehen vier Magnete usw. Man stellt sich vor, daß man durch diese fortschreitende Teilung zu den kleinsten magnetischen Einheiten kommt. Diese nennt man **Elementarmagnete.**

Die Elementarmagnete sind keine Miniaturstabmagnete, sondern bestimmte Bereiche, die magnetisches Verhalten zeigen. Sie werden nach ihrem Entdecker **Weißsche Bezirke**[1] genannt.

[1] Benannt nach Pierre Weiß, französischer Physiker, 1865–1940.

Die Ursache des Elementarmagnetismus ist die Ladungsträgerbewegung im atomaren Bereich:

Um den Atomkern kreisen Elektronen. Diese führen außerdem noch eine Eigendrehung um die eigene Achse aus. Beide Bewegungen verursachen je ein Magnetfeld. Nach außen wirkt dann ein Magnetfeld, wenn sich die Einzelfelder nicht aufheben.

In einem Magneten sind die Elementarmagnete ausgerichtet. In unmagnetischem Eisen sind sie ungeordnet. Kommt das unmagnetische Eisen in den Wirkungsbereich eines Magnetfeldes, so richten sich die Elementarmagnete aus. Das Eisen wird selbst zum Magneten und verstärkt somit insgesamt die magnetische Wirkung.

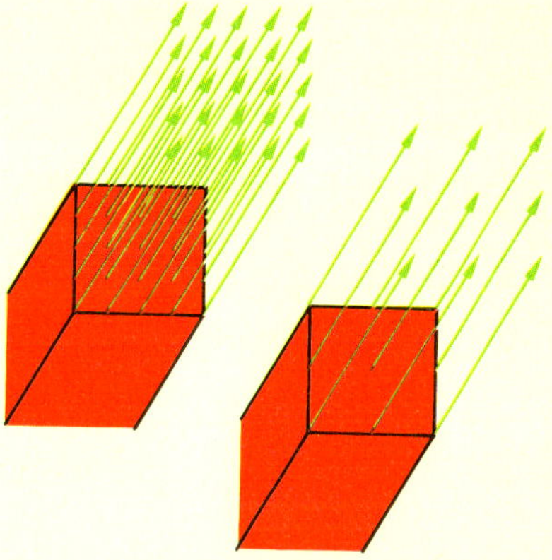

Abb. 5: Zwei verschiedene Magnetpole mit unterschiedlicher magnetischer Flußdichte (die Flußdichte ist hier durch den Abstand der Feldlinien veranschaulicht)

Abb. 6: Abhängigkeit der magnetischen Flußdichte von der Entfernung zum Magneten (die Flußdichte ist durch den Abstand der Feldlinien veranschaulicht) ▽

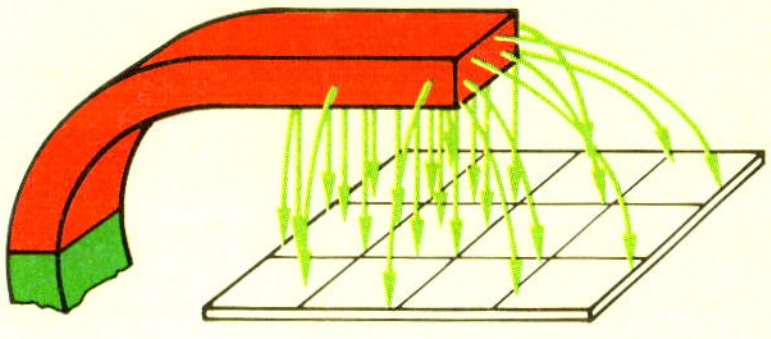

12.1.4 Magnetische Flußdichte

Sicher haben Sie schon einmal beobachtet, daß verschiedene Magnete unterschiedlich „stark" sein können.

Bei den Versuchen mit den Eisenfeilspänen haben wir festgestellt, daß an den Polen die meisten Späne hängen blieben. Die Eisenfeilspäne haben sich in einiger Entfernung vom Magnet nicht mehr ausgerichtet, weil die Kraftwirkung zu gering war. Die Wirksamkeit des magnetischen Feldes nimmt also mit der Entfernung ab.

Wie lassen sich diese unterschiedlichen Kraftwirkungen erklären?

Die Feldlinien eines Magneten können verschieden „dicht" angeordnet sein. In 12.1.2 haben wir gesehen, daß z.B. die Feldliniendichte mit zunehmender Entfernung vom Magneten oder der Spule abnimmt.

Die magnetische Flußdichte gibt an, wie stark der Raum an einer bestimmten Stelle vom Magnetfeld durchsetzt ist.

Die Größe magnetische Flußdichte (Induktion) hat die Einheit **Tesla.**[1]

Magnetische Flußdichte

Formelzeichen B

Einheitenzeichen T

$$1\,\mathrm{T} = 1\,\frac{\mathrm{V\,s}}{\mathrm{m}^2}$$

$$[B] = \frac{\mathrm{V\,s}}{\mathrm{m}^2}$$

Man kann die Wirkung des Magnetfeldes auf eine bestimmte Bezugsfläche mit Hilfe des Hall-Effektes[2] feststellen.

Wird ein stromdurchflossenes Metall- oder Halbleiterplättchen (Hall-Sonde) von einem senkrecht auftreffenden Magnetfeld durchsetzt, dann kommt es in dem Plättchen zu einer Ladungsverschiebung. Es entsteht eine Spannung, die proportional der magnetischen Flußdichte ist. Man kann den angeschlossenen Span-

[1] Benannt nach Nicola Tesla, kroatischer Physiker, 1856–1943.

[2] Benannt nach Edwin Herbert Hall, amerikanischer Physiker, 1855–1938.

nungsmesser in Tesla eichen und dann den direkten Wert für die magnetische Flußdichte ablesen (Abb. 1).

Ein Magnetfeldmeßgerät besteht somit aus einem Anzeigeteil und der Hall-Sonde. Diese wird zum Messen in das Magnetfeld eingeführt und muß zu diesem senkrecht stehen, da sonst die wirksame Meßfläche verkleinert würde, was einen geringeren Meßwert ergäbe.

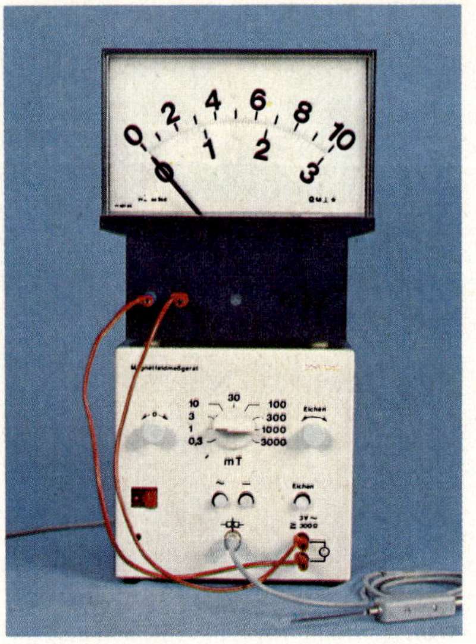

Abb. 1: Meßeinrichtung zur Bestimmung der magnetischen Flußdichte

Größenordnungen für magnetische Flußdichten

Magnetfeld der Erde	ca.	0,00005 T
Feld eines geraden Leiters (100 A)	ca.	0,00025 T
Eisenfreie Spule ($N = 500$; $I = 2$ A)	ca.	0,02 T
Permanentmagnet	ca.	0,1 T
Starker Elektromagnet	ca.	100 T

12.1.5 Magnetischer Fluß

Bei der Messung der magnetischen Flußdichte wird die Dichte des magnetischen Flusses bezogen auf eine bestimmte Fläche festgestellt.

> Der magnetische Fluß eines Magneten ist die Gesamtheit seiner magnetischen Wirkung.

Die Größe magnetischer Fluß hat die Einheit **Weber**[1].

Der magnetische Fluß ist das Produkt von magnetischer Flußdichte und Polfläche des Magneten. Die zusammengesetzte Einheit des magnetischen Flusses ergibt sich aus den Einheiten für die magnetische Flußdichte und der Fläche

$$\Phi = B \cdot A$$

$$1\ \text{Wb} = 1\ \frac{\text{V s}}{\text{m}^2} \cdot \text{m}^2$$

$$1\ \text{Wb} = 1\ \text{V s}$$

Magnetischer Fluß

Formelzeichen Φ
Einheitenzeichen Wb
1 Wb = 1 V s
$[\Phi]$ = V s

$$\boxed{\Phi = B \cdot A}$$

12.1.6 Elektrische Durchflutung

Ein magnetisches Feld kann nicht nur von einem Dauermagneten, sondern auch von einer stromdurchflossenen Spule erzeugt werden. Der Einfluß von elektrischem Strom und Windungszahl (Formelzeichen N) auf das magnetische Feld soll im folgenden untersucht werden (Versuch 12–1).

Die Meßergebnisse Nr. 1 bis 3 der Tabelle zeigen, daß bei zunehmender Stromstärke auch die magnetische Flußdichte B zunimmt.

Die magnetische Flußdichte B ist proportional zur Stromstärke I: $B \sim I$

[1] Benannt nach Wilhelm Eduard Weber, deutscher Physiker, 1804 bis 1891.

Versuch 12–1: Einfluß des Stromes und der Windungszahl auf das magnetische Feld

Aufbau

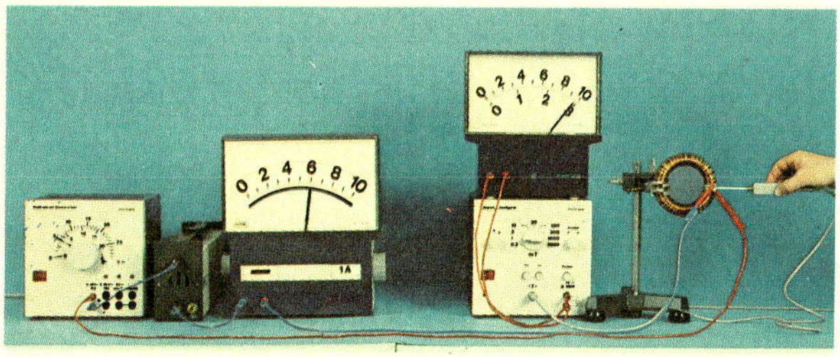

In diesem Versuch wird eine Ringspule verwendet, in der ein räumlich begrenztes Magnetfeld entsteht. Das Magnetfeld ist innerhalb der Spule an jeder Stelle gleich groß.

Durchführung

Die Anschlüsse der Ringspule werden an eine Gleichspannungsquelle gelegt. Es wird die magnetische Flußdichte gemessen:

- bei verschiedenen Stromstärken und gleicher Windungszahl
- bei verschiedenen Windungszahlen und gleicher Stromstärke

Meßergebnis

Nr.	N	I in A	B in mT
1	200	0,2	0,32
2	200	0,4	0,64
3	200	0,6	0,96
4	400	0,6	1,92
5	800	0,6	3,84

Die Meßergebnisse Nr. 3 bis 5 der Tabelle zeigen auch, daß bei zunehmender Windungszahl die magnetische Flußdichte zunimmt.

Hier läßt sich ablesen, daß die magnetische Flußdichte B proportional zu der Windungszahl N ist: $B \sim N$

Die magnetische Flußdichte hängt also von dem Produkt aus Stromstärke I und Windungszahl N ab. Dieses Produkt heißt elektrische Durchflutung.

Die Größe elektrische Durchflutung hat die Einheit Ampere (die Windungszahl N ist eine Zahl).

Die elektrische Durchflutung ist die Ursache für den magnetischen Fluß.

Man kann mit wenigen Windungen und großer Stromstärke die gleiche magnetische Flußdichte erzeugen wie mit vielen Windungen und kleiner Stromstärke.

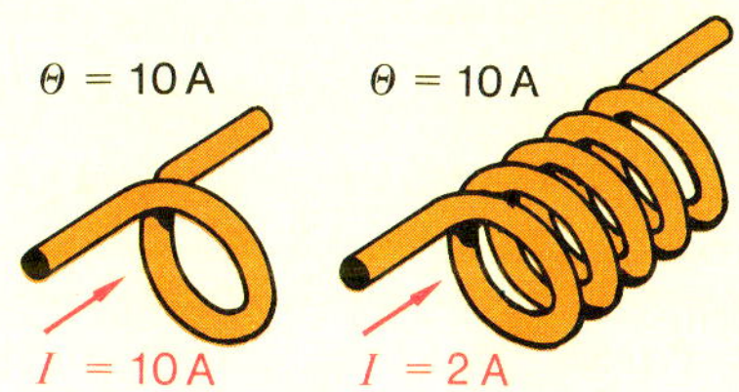

Abb. 2: Elektrische Durchflutung

Elektrische Durchflutung
Formelzeichen Θ

$$\boxed{\Theta = I \cdot N} \quad [\Theta] = \mathrm{A}$$

12.1.7 Magnetische Feldstärke

In Versuch 12–1 blieb die Länge der Ringspule konstant. Ihre mittlere Länge entspricht der Feldlinienlänge. Bei einer Änderung des Durchmessers ändert sie sich. Die mittlere Feldlinienlänge l_m läßt sich mit Hilfe des Durchmessers d_m ermitteln. Welchen Einfluß hat die mittlere Feldlinienlänge auf die magnetische Flußdichte?

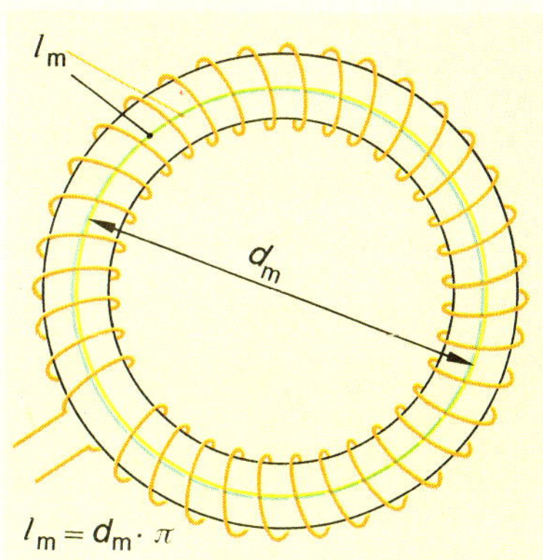

Abb. 3: Feldlinienlänge bei einer Ringspule

Versuch 12–2: Einfluß der Feldlinienlänge auf die magnetische Flußdichte

Aufbau

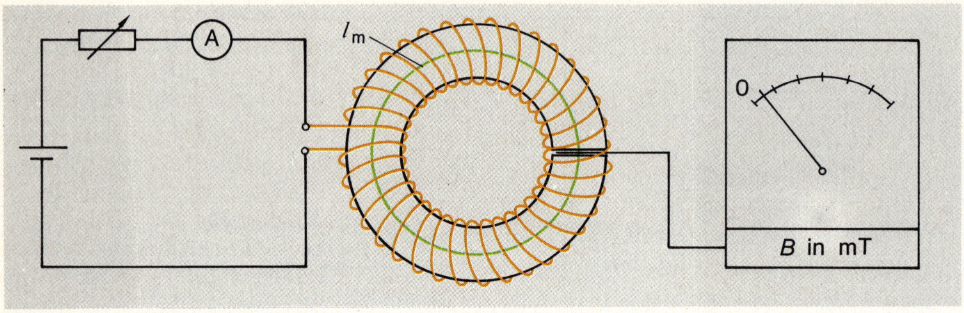

Durchführung

Es wird die magnetische Flußdichte in Abhängigkeit der Feldlinienlänge l gemessen.

Meßergebnis

Nr.	d_m in m	l_m in m	B in mT
1	0,05	0,157	0,64
2	0,075	0,237	0,43
3	0,1	0,314	0,32

N = konstant
$N = 200$
I = konstant
$I = 0{,}4\ \mathrm{A}$

Die Messungen zeigen, daß bei größerer Feldlinienlänge l die magnetische Flußdichte abnimmt.

Die magnetische Flußdichte ist umgekehrt proportional zur Feldlinienlänge:

$$B \sim \frac{1}{l}$$

Die magnetische Flußdichte ist also außer von der elektrischen Durchflutung auch von der Feldlinienlänge abhängig.

$$B \sim \frac{\Theta}{l_m}$$

Dieses Verhältnis ist eine magnetische Größe und heißt **magnetische Feldstärke.**

Die magnetische Feldstärke ist elektrische Durchflutung bezogen auf die Feldlinienlänge.

Magnetische Feldstärke
Formelzeichen H

$$H = \frac{\Theta}{l}$$

$$H = \frac{I \cdot N}{l}$$

$$[H] = \frac{\mathrm{A}}{\mathrm{m}}$$

12.1.8 Zusammenhang zwischen magnetischer Flußdichte und magnetischer Feldstärke

Die magnetische Flußdichte B ist ein Maß für die Stärke der magnetischen Wirkung. Sie ist die Folge eines elektrischen Stromes.

Da die magnetische Feldstärke *H* von der Stromstärke *I*, der Windungszahl *N* und der Feldlinienlänge *l* abhängt, muß zwischen der magnetischen Flußdichte *B* und der magnetischen Feldstärke *H* ein Zusammenhang bestehen.

Mit $H=\frac{\Theta}{l}$ kann man für $B\sim\frac{\Theta}{l}$ auch $B\sim H$ schreiben. Die magnetische Flußdichte *B* ist also proportional zur magnetischen Feldstärke *H*.

Nimmt man einen Einheitenvergleich der beiden Größen vor $\left([B]=\frac{\mathrm{V\,s}}{\mathrm{m^2}};\ [H]=\frac{\mathrm{A}}{\mathrm{m}}\right)$, so kann man feststellen, daß sie verschiedene Einheiten haben.

Die beiden Größen müssen also über eine Konstante *k*, die eine bestimmte Einheit hat, zusammenhängen.

$B=k\cdot H \Rightarrow k=\frac{B}{H}$

Um den Wert der Konstanten *k* zu ermitteln, übernehmen wir Meßwerte aus Versuch 12–2.

Nr. 1	Nr. 2
N = 200; $I=0{,}4$ A; $l=0{,}157$ m; $B=0{,}64$ mT	$N=200$; $I=0{,}4$ A; $l=0{,}237$ m; $B=0{,}43$ mT
$B=0{,}64\cdot10^{-3}\,\frac{\mathrm{V\,s}}{\mathrm{m^2}}$	$B=0{,}43\cdot10^{-3}\,\frac{\mathrm{V\,s}}{\mathrm{m^2}}$
$H=\frac{I\cdot N}{l}$	$H=\frac{I\cdot N}{l}$
$H=\frac{0{,}4\ \mathrm{A}\cdot 200}{0{,}157\ \mathrm{m}}$	$H=\frac{0{,}4\ \mathrm{A}\cdot 200}{0{,}237\ \mathrm{m}}$
$H=509\,\frac{\mathrm{A}}{\mathrm{m}}$	$H=337\,\frac{\mathrm{A}}{\mathrm{m}}$
$k=\frac{B}{H}$	$k=\frac{B}{H}$
$k=\frac{0{,}64\cdot10^{-3}\,\frac{\mathrm{V\,s}}{\mathrm{m^2}}}{509\,\frac{\mathrm{A}}{\mathrm{m}}}$	$k=\frac{0{,}43\cdot10^{-3}\,\frac{\mathrm{V\,s}}{\mathrm{m^2}}}{337\,\frac{\mathrm{A}}{\mathrm{m}}}$
$k=1{,}257\cdot10^{-6}\,\frac{\mathrm{V\,s}}{\mathrm{A\,m}}$	$k=1{,}257\cdot10^{-6}\,\frac{\mathrm{V\,s}}{\mathrm{A\,m}}$

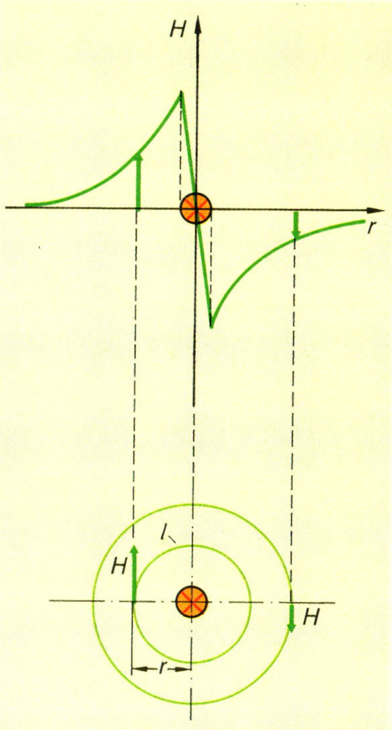

Abb. 1: Abhängigkeit der magnetischen Feldstärke vom Abstand *r* zum Leiter, bzw. von der Feldlinienlänge: $l=2\,r\cdot\pi$

Das Verhältnis von magnetischer Flußdichte zu magnetischer Feldstärke ist eine Konstante und heißt Permeabilität[1].

Permeabilität

Formelzeichen μ

$[\mu]=\frac{\mathrm{V\,s}}{\mathrm{A\,m}}$

Die Permeabilität ist die magnetische Einflußgröße der Materie (z. B. Luft, Pappe, Aluminium, Eisen).

[1] (lat.): Durchdringbarkeit, Durchlässigkeit.

Sie ist ein Maß dafür, wie gut die Materie vom Magnetfeld durchdrungen werden kann, wie gut sie also das Magnetfeld leitet.

Bei den Versuchen breitete sich das Magnetfeld in Luft aus. Würden wir einen Versuch im leeren Raum durchführen (Magnet im Vakuum), so könnte man etwa den gleichen Zahlenwert ermitteln. Er heißt **magnetische Feldkonstante.**

Die magnetische Feldkonstante ist das Verhältnis von magnetischer Flußdichte zu magnetischer Feldstärke im leeren Raum (Vakuum).

Magnetische Feldkonstante

Formelzeichen μ_0

$$\mu_0 = 1{,}257 \cdot 10^{-6} \frac{\mathrm{V\,s}}{\mathrm{A\,m}}$$

Die gewonnene Erkenntnis läßt sich auf den stromdurchflossenen Leiter bzw. auf andere stromdurchflossene Spulen übertragen. Die ermittelten Gesetzmäßigkeiten gelten streng genommen nur für Ringspulen. Sie lassen sich aber auch auf gerade Spulen anwenden, deren Länge viel größer ist als ihr Durchmesser.

Für $l_s \gg d$ gilt: $H \sim \frac{\Theta}{l_s}$ (Bei $l_s \approx 15 \cdot d$ ist die Anwendung sinnvoll.)

Wir können damit die Abhängigkeit der magnetischen Flußdichte von der magnetischen Feldstärke im leeren Raum ermitteln.

Magnetische Flußdichte im leeren Raum

$$\boxed{B_0 = \mu_0 \cdot H}$$

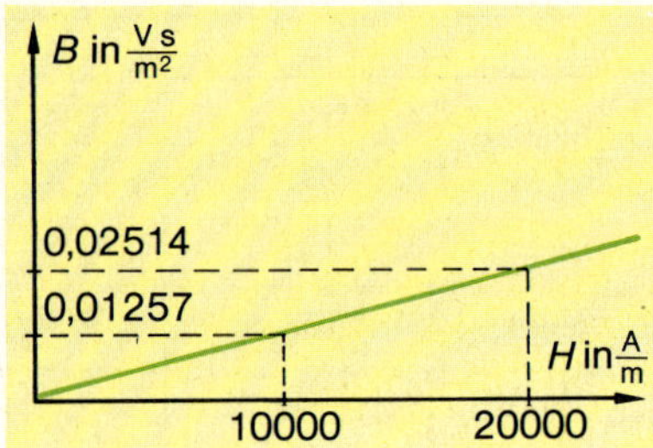

Abb. 1: Magnetisierungskennlinie

Die graphische Darstellung der Abhängigkeit von magnetischer Flußdichte und magnetischer Feldstärke nennt man Magnetisierungskennlinie (Abb. 1).

Bei einer Spule mit Luft als Kernmaterial kann man feststellen, daß sich bei Verdoppelung der Feldstärke H die magnetische Flußdichte B auch verdoppelt. Die Magnetisierungskennlinie ist also eine Gerade.

Wicklung mit Kern

Bei Verwendung eines anderen Kernmaterials sind die Zusammenhänge komplizierter. Welchen Einfluß das Kernmaterial auf die Wirksamkeit des magnetischen Feldes hat, soll im nächsten Versuch untersucht werden.

Aus den Meßergebnissen kann man erkennen, daß das Kernmaterial Eisen die Wirksamkeit des magnetischen Feldes einer Spule gegenüber Luft bedeutend erhöht. Die beiden anderen metallischen Kerne (Al, Cu) beeinflussen die Wirksamkeit des magnetischen Feldes gegenüber Luft kaum.

Genauere Untersuchungen haben ergeben:

Es gibt Werkstoffe, die die Wirksamkeit des magnetischen Feldes einer Spule gegenüber Luft

- wesentlich erhöhen: **ferromagnetische Werkstoffe**
- geringfügig erhöhen: **paramagnetische Werkstoffe**
- geringfügig verschlechtern: **diamagnetische Werkstoffe**

Versuch 12–3: Einfluß des Kernmaterials auf die magnetische Flußdichte

Aufbau

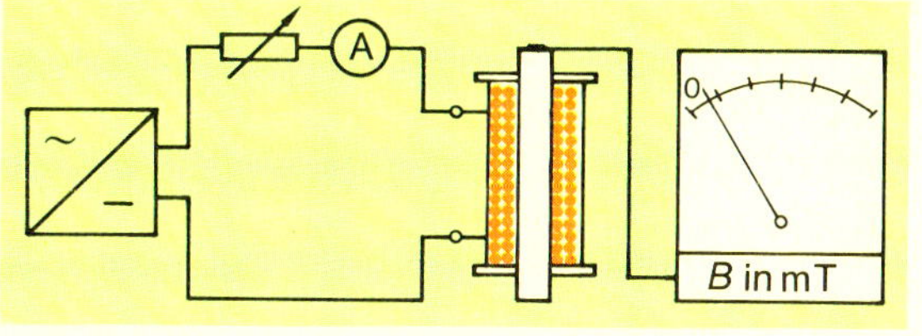

Es wird eine Spule benutzt, bei der man den Kern auswechseln kann. Die verwendeten Kerne haben gleiche Abmessungen. Sie unterscheiden sich nur im Material.

Durchführung

Durch eine Spule mit $N = 300$ Windungen wird ein Gleichstrom $I = 1$ A geschickt. An einer Stirnfläche des Kernes wird mit einer Meßsonde die magnetische Flußdichte B gemessen. Die Messung wird mit verschiedenem Kernmaterial durchgeführt.

Meßergebnis

Nr.	Material	B in mT
1	Holz (Luft)	3,76
2	Eisen	940
3	Aluminium	3,77
4	Kupfer	3,75

Der Werkstoffeinfluß auf das Magnetfeld wird durch die **Permeabilitätszahl** (relative Permeabilität) angegeben. Diese ergibt sich aus dem Verhältnis der Permeabilität zur magnetischen Feldkonstanten.

Die Permeabilitätszahl gibt an, wieviel mal wirksamer ein magnetisches Feld gegenüber dem leeren Raum ist.

Das Produkt aus magnetischer Feldkonstante und Permeabilitätszahl ergibt die Permeabilität μ.

Damit läßt sich die Abhängigkeit der magnetischen Flußdichte von beliebigem Kernmaterial darstellen.

Permeabilitätszahl

Formelzeichen μ_r

$$\mu_r = \frac{\mu}{\mu_0}$$

Permeabilität

$$\mu = \mu_0 \cdot \mu_r$$

Magnetische Flußdichte

$$B = \mu_0 \cdot \mu_r \cdot H$$

Tab. 12.1: Permeabilitätszahlen von Werkstoffen

Werkstoffe	Permeabilitätszahl μ_r	
	Maximalwert	Anfangswert
Dynamoblech (unlegiert)	3000	150
Dynamoblech (legiert)	6500	250
Hyperm	10000	2500
Megaperm	70000	3300
Permalloy	80000	6000

12.1.9 Magnetisierungskennlinien

In Abb. 1, S. 182 ist der Zusammenhang zwischen der magnetischen Flußdichte B und der magnetischen Feldstärke H in Luft graphisch dargestellt.

Bei Verwendung von ferromagnetischem Kernmaterial sind die Zusammenhänge komplizierter, weil die Permeabilitätszahl μ_r keine Konstante ist.

Ein Versuch soll diese Zusammenhänge verdeutlichen.

Versuch 12–4:
Ermittlung der Magnetisierungskennlinie für ferromagnetisches Kernmaterial

Aufbau

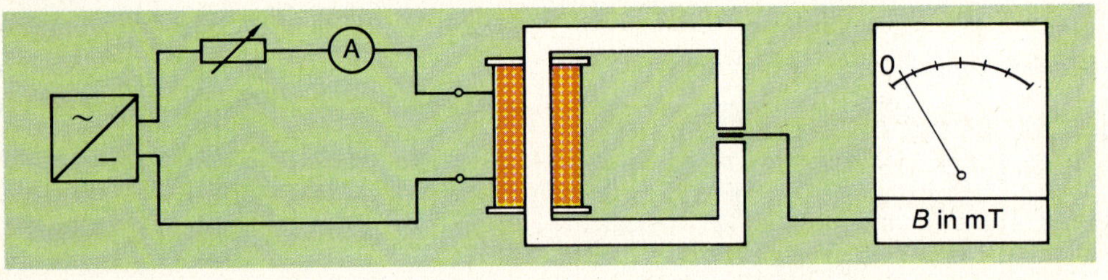

Die Versuchsanordnung hat einen auswechselbaren Kern mit einem extrem schmalen Luftspalt für die Meßsonde.

Durchführung

Durch Erhöhen des Stromes wird die magnetische Feldstärke erhöht. Die dazugehörige magnetische Flußdichte wird mit einer Hallsonde ermittelt.

Meßergebnis

Nr.	Kernmaterial	I in A	H in $\frac{\text{A}}{\text{m}}$	B in T
1	Dynamoblech	0	0	0
2		0,33	2000	1,4
3		0,66	4000	1,55
4		1	6000	1,6
5		2	12000	1,72
6		3	18000	1,81
7	Gußeisen	0	0	0
8		0,33	2000	0,59
9		0,66	4000	0,71

$l = 0{,}3$ m
$N = 1800$

Aus diesen Meßwerten lassen sich die Magnetisierungskennlinien von Dynamoblech bzw. Gußeisen zeichnen (Abb. 1). Sie lassen erkennen, daß die magnetische Flußdichte B nicht im selben Verhältnis zunimmt wie die magnetische Feldstärke H. Im Anfangs-

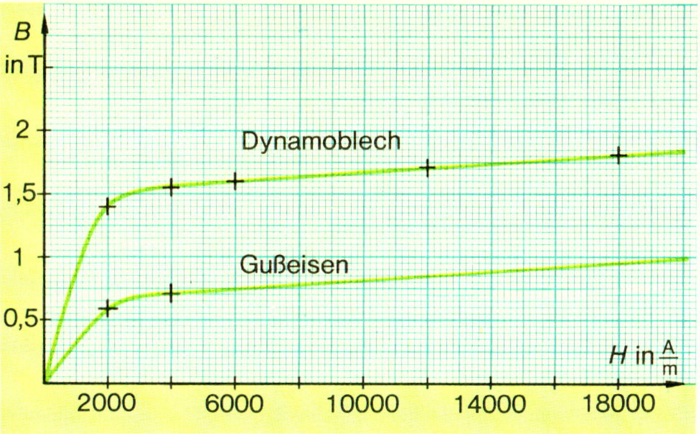

Abb. 1: Magnetisierungskennlinien von Dynamoblech und Gußeisen

bereich ist die Zunahme von *B* sehr stark. Bei weiterer Erhöhung von *H* nimmt *B* nur noch wenig zu.

Wie läßt sich das erklären?

Mit einer zu Anfang geringen magnetischen Feldstärke *H* lassen sich sehr viele Elementarmagnete ausrichten, die die magnetische Flußdichte *B* sehr verstärken.

Versuch 12–5: Ummagnetisierung eines Eisenkerns

Aufbau

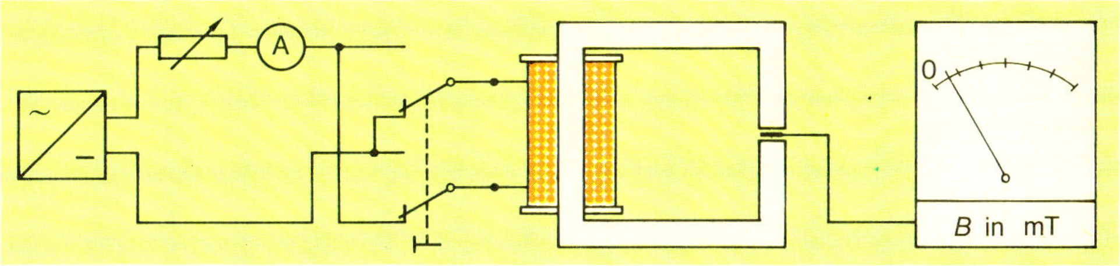

Die Versuchsanordnung hat einen extrem schmalen Luftspalt für die Hallsonde.

Durchführung

Der Strom wird von 0 A bis 2 A erhöht, dann von 2 A bis auf 0 A verringert. Die Spannungsquelle wird umgepolt und der Strom von 0 A bis −2 A erhöht, dann von −2 A bis 0 A verringert.

Meßergebnis

Nr.	*I* in A	*H* in $\frac{A}{m}$	*B* in T
1	−0 ... 2	0 ... 12000	0 ... 1,7
2	2 ... 0	12000 ... 0	1,7 ... 0,7
3	0 ... −2	0 ... −12000	0,7 ... −1,7
4	−2 ... 0	−12000 ... 0	−1,7 ... −0,7

l = 0,3 m
N = 1800

Durch Erhöhen der Feldstärke H lassen sich immer mehr Elementarmagnete ausrichten, und die magnetische Flußdichte steigt, bis schließlich alle Elementarmagnete ausgerichtet sind. Das Kernmaterial kann die magnetische Flußdichte nicht weiter verstärken. Man sagt dann, das Kernmaterial ist gesättigt.

Die Permeabilitätszahl μ_r ist also nicht konstant. μ_r ist im Anfangsbereich sehr groß, bis im Sättigungsbereich $\mu_r = 1$ wird.

Jedes Kernmaterial hat eine bestimmte Magnetisierungskennlinie (Abb. 1).

Wird ein Kern ummagnetisiert, so entsteht noch eine andere Magnetisierungskennlinie, eine **Hysteresekurve** (Abb. 2).

Um die Meßergebnisse von Versuch 12–5 besser deuten zu können, stellt man den Zusammenhang von B und H graphisch dar (Abb. 2).

Beim Erhöhen des Stromes nimmt die magnetische Feldstärke verhältnisgleich zu. Die magnetische Flußdichte wächst erst sehr stark, dann weniger stark, bis das Kernmaterial gesättigt ist. Die Magnetisierungskennlinie verläuft von **0 nach 1.**

Beim Verringern des Stromes nimmt die Feldstärke H ab bis auf den Wert $0\,\frac{\text{A}}{\text{m}}$. Die magnetische Flußdichte nimmt ebenfalls ab, geht aber nicht auf den Wert 0 T zurück. Im Eisenkern verbleibt ein Restmagnetismus, den man mit **Remanenz**[1] $\boldsymbol{B_r}$ bezeichnet.

Die Entmagnetisierungskennlinie verläuft von **1 nach 2.** Nach der Umkehrung des Stromes steigt die Feldstärke in entgegengesetzter Richtung wieder an. Bei einem bestimmten Wert erreicht die magnetische Flußdichte den Wert 0 T. Die Kurve verläuft von **2 nach 3.**

Die Feldstärke, die notwendig ist, um den Restmagnetismus bzw. die Remanenz zu beseitigen, nennt man **Koerzitivfeldstärke**[2] $\boldsymbol{H_c}$.

Von diesem Punkt an steigt auch die magnetische Flußdichte in entgegengesetzter Richtung, bis das Eisen wieder gesättigt ist. Die Kurve verläuft von **3 nach 4.**

Beim Verringern der Feldstärke nimmt auch die magnetische Flußdichte ab. Aber auch hier bleibt bei $H = 0\,\frac{\text{A}}{\text{m}}$ ein Restmagnetismus im Kern. Die Kurve verläuft von **4 nach 5.**

Wird die Feldstärke in positiver Richtung erhöht, so nimmt B weiter ab, bis bei der Feldstärke H_c die

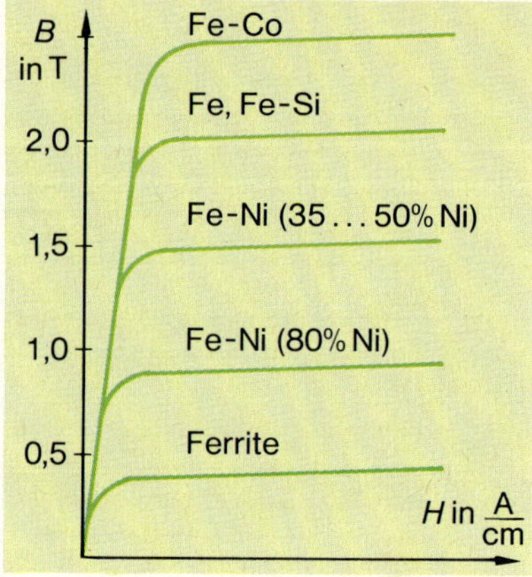

Abb. 1: Magnetisierungskennlinien

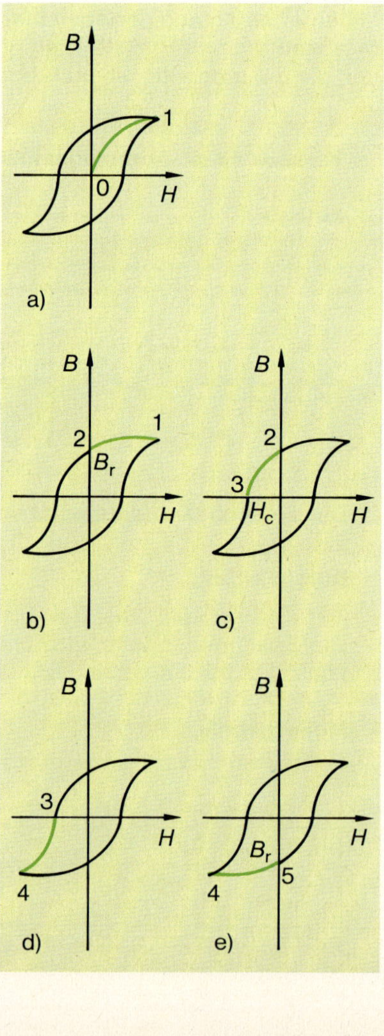

[1] lat. remanere: zurückbleiben
[2] lat. coercere: zwingen

magnetische Flußdichte $B = 0$ T wird. Die Kurve verläuft von **5 nach 6.**

Bei weiterer Erhöhung von H nimmt die magnetische Flußdichte B ebenfalls in positiver Richtung zu, bis der Kern wieder gesättigt ist. Die Kurve verläuft von **6 nach 1,** und es ist ein geschlossener Kurvenzug entstanden (oder eine Schleife).

Das Kurvenstück von 0 nach 1 entsteht also nur, wenn das Eisen nicht vormagnetisiert war. Man nennt dieses Kurvenstück **Neukurve.**

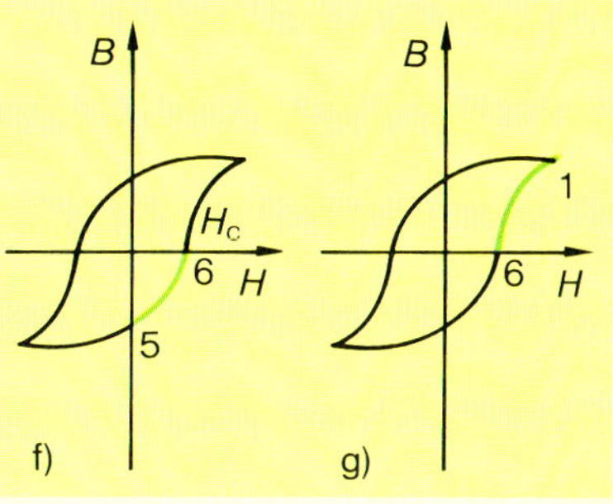

Abb. 2: Hysteresekurve

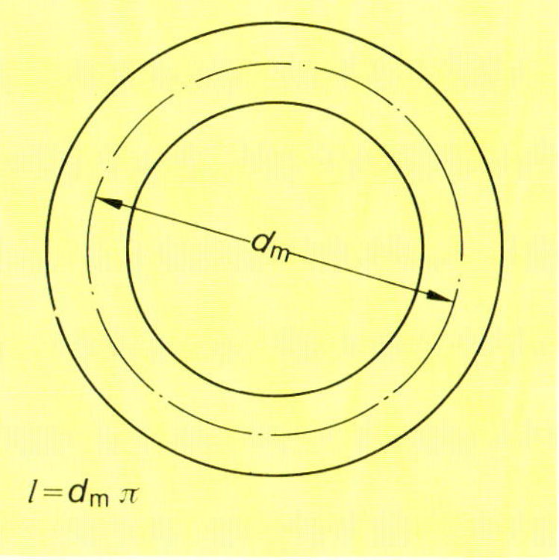

Abb. 3

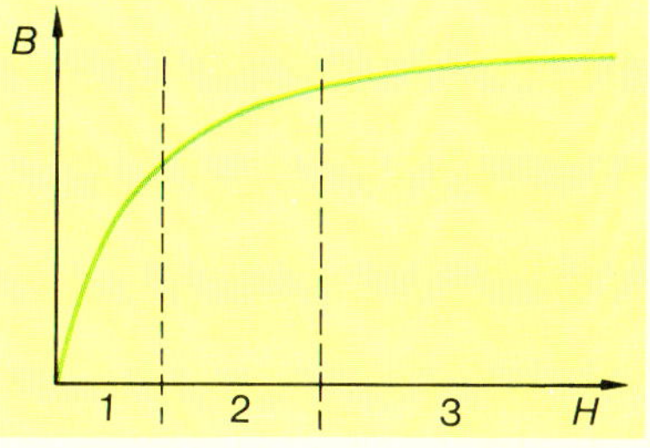

Abb. 4: Zeichnung zu Aufgabe 6

Aufgaben zu 12.1

1. Wie ist die Richtung magnetischer Feldlinien eines Dauermagneten festgelegt?

2. Zeichnen Sie das Magnetfeld
a) eines stromdurchflossenen Leiters!
b) einer stromdurchflossenen Leiterschleife (Windung)!
c) einer stromdurchflossenen Spule!

3. Erklären Sie die Begriffe
a) magnetische Flußdichte!
b) magnetischer Fluß!
c) elektrische Durchflutung!

4. Eine Ringspule mit 300 Windungen und einem mittleren Durchmesser $d_m = 5$ cm soll eine magnetische Flußdichte von 1,5 mT erzeugen (Abb. 3, ohne Eisen). Wie stark muß der Strom durch die Spule sein?

5. Wie ändern sich magnetische Flußdichte und magnetische Feldstärke, wenn man den Strom durch die Spule verdoppelt?

6. Welche Aussage läßt sich über μ_r in den vorgegebenen drei Bereichen (vgl. Abb. 4) machen?

12.2 Kraftwirkungen im Magnetfeld (Motorprinzip)

Wie schon in 12.1.2 beschrieben, ziehen sich ungleichnamige Pole an und stoßen sich gleichnamige Pole ab. Diese Kraftwirkung gilt sowohl für Dauermagnete als auch für Elektromagnete bzw. stromdurchflossene Leiter.

12.2.1 Stromdurchflossener Leiter im Magnetfeld

In Versuch 12–6 soll die Kraftwirkung zwischen einem stromdurchflossenen Leiter und einem Magnetfeld untersucht werden.
Der Versuch zeigt:

Auf einen stromdurchflossenen Leiter wirkt in einem Magnetfeld eine Kraft. Die Richtung der Kraft hängt ab von der Richtung des Stromes durch den Leiter und von der Richtung des Magnetfeldes.

Versuch 12–6: Kraftwirkung auf einen stromdurchflossenen Leiter im Magnetfeld

Versuch A

Durchführung

Eine Leiterschaukel wird so angeordnet, daß sich der Leiter im Magnetfeld eines Hufeisenmagneten befindet. An die Klemmen der Leiterschaukel wird eine Spannung mit der angegebenen Polarität gelegt. Durch den Leiter fließt ein Strom I.

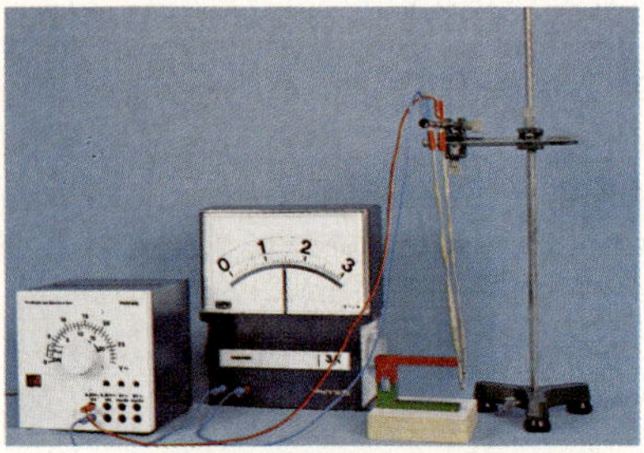

Ergebnis

Der Leiter bewegt sich nach rechts.

Versuch B

Durchführung

Die Spannungsquelle wird umgepolt (der Strom fließt in die entgegengesetzte Richtung).

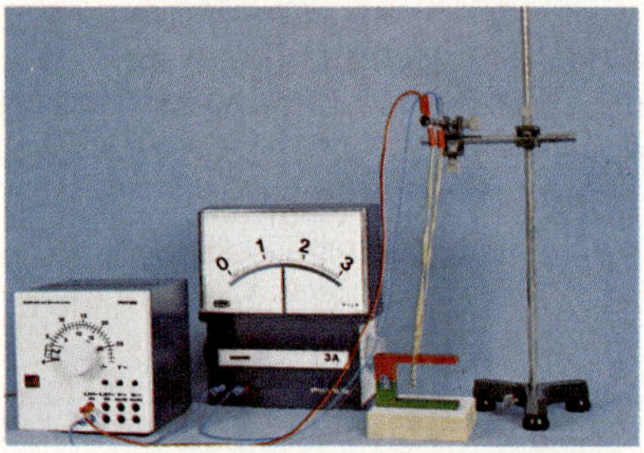

Ergebnis

Der Leiter bewegt sich nach links.

Versuch C

Durchführung

Der Magnet wird umgedreht und damit die Richtung des Magnetfeldes umgekehrt. Die Stromrichtung im Leiter wird beibehalten.

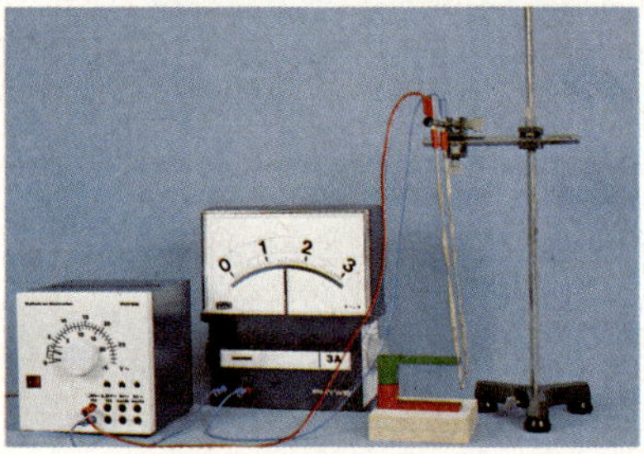

Ergebnis

Der Leiter bewegt sich nach rechts.

Zur Erklärung benutzen wir wieder die Darstellung der magnetischen Felder nach dem Feldlinienmodell.

Die beiden Einzelfelder bilden zusammen ein resultierendes Gesamtfeld. Links vom Leiter verlaufen die Feldlinien der Einzelfelder in entgegengesetzter Richtung. Sie heben sich zum Teil auf. Es kommt zu einer Feldschwächung. Rechts vom Leiter verlaufen die Feldlinien in gleicher Richtung. Die Feldlinien werden zusammengedrängt. Es kommt zu einer Feldverstärkung.

Da die Feldlinien bestrebt sind, sich zu verkürzen und benachbarte Feldlinien auseinanderstreben, wirkt auf

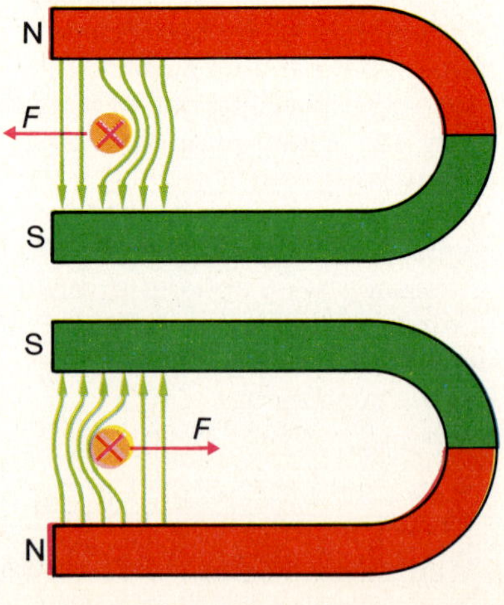

Abb. 1: Abhängigkeit der Kraft auf einen stromdurchflossenen ▷ Leiter von der Richtung des Magnetfeldes

den Leiter eine Kraft nach links (aus dem Magneten hinaus). Der Leiter wird in den Raum der Feldschwächung bewegt.

Ändert man die Richtung des Feldes beim Hufeisenmagneten, so ergibt das eine Zusammendrängung der Feldlinien des resultierenden Feldes links vom Leiter. Es wirkt eine Kraft in umgekehrter Richtung auf den Leiter.

Die Richtung der Kraft auf den Leiter ändert sich auch bei der Richtungsänderung des Stromes.

Aus Versuch 12–6 kann man entnehmen, daß Kraft, Stromrichtung und Feldlinien jeweils senkrecht aufeinander stehen.

Wenn Feldlinienrichtung und Richtung des Stromes bekannt sind, dann kann man die Richtung der Kraft mit folgender Merkhilfe ermitteln:

Linke-Hand-Regel

Hält man die linke Hand so, daß die Feldlinien auf die Innenfläche der Hand auftreffen und die gestreckten Finger in Stromrichtung zeigen, dann zeigt der abgespreizte Daumen die Richtung der Kraft an, die auf den Leiter wirkt.

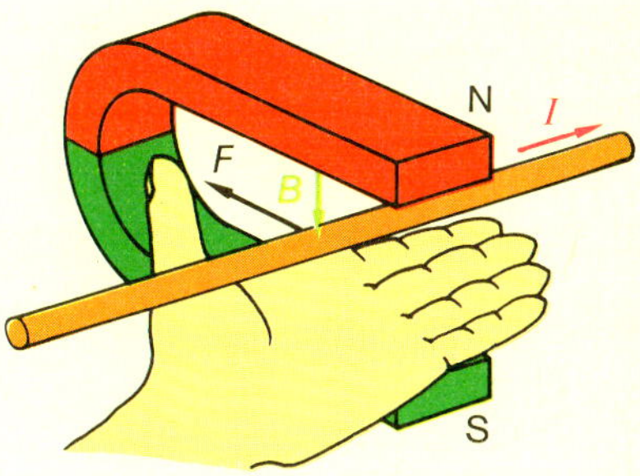

Abb. 2

Verändern wir in Versuch 12–6 die Stromstärke I, die wirksame Leiterlänge l durch einen zweiten parallel angeordneten Magneten und die magnetische Flußdichte B durch einen Nebenschluß, dann ergibt sich folgende Gesetzmäßigkeit:

Die Kraft F auf den Leiter ist um so größer,

- je größer die Stromstärke I ist,
- je größer die wirksame Leiterlänge l ist,
- je größer die magnetische Flußdichte B ist.

Es kommen keine weiteren Größen hinzu. Wir haben damit eine Bestimmungsgleichung für die Kraftwirkung auf einen stromdurchflossenen Leiter.

Kraftwirkung auf einen stromdurchflossenen Leiter im Magnetfeld

$$F = B \cdot I \cdot l$$

Setzt man die Einheiten der genannten Größen ein, dann läßt sich nachweisen, daß $1\,\mathrm{T} = 1\,\frac{\mathrm{V\,s}}{\mathrm{m^2}}$ ist (vgl. 12.1.4).

$$F = I \cdot l \cdot B, \quad \mathrm{N} = \mathrm{A \cdot m \cdot T}$$

$$\mathrm{T} = \frac{\mathrm{N}}{\mathrm{A \cdot m}} \quad \text{mit } \mathrm{N} = \frac{\mathrm{V\,A\,s}}{\mathrm{m}} \qquad \mathrm{T} = \frac{\frac{\mathrm{V\,A\,s}}{\mathrm{m}}}{\mathrm{A \cdot m}}$$

$$\mathrm{T} = \frac{\mathrm{V\,A\,s}}{\mathrm{A\,m^2}} \qquad \mathrm{T} = \frac{\mathrm{V\,s}}{\mathrm{m^2}}$$

Abb. 3: Kraft auf drei stromdurchflossene Leiter in einem Magnetfeld

Bringt man unter sonst gleichen Bedingungen in Versuch 12–6 zwei Leiter in das Magnetfeld, so verdoppelt sich die Kraft F, weil sich die Ströme durch die beiden Leiter addieren. Die Kraft F ist um so größer, je mehr stromdurchflossene Leiter im Magnetfeld sind.

Beispiel:
Bringt man 3 Leiter ($z = 3$) in ein Magnetfeld mit der Flußdichte $B = 0{,}8$ T und läßt durch jeden Leiter einen Strom mit $I = 12{,}5$ A fließen, so wird die wirksame Kraft F dreimal so groß:

$$F = B \cdot I \cdot l \cdot z$$

$$F = 12{,}5\ \text{A} \cdot 0{,}04\ \text{m} \cdot 0{,}8\ \frac{\text{V s}}{\text{m}^2} \cdot 3$$

$$F = 1{,}2\ \frac{\text{V s}}{\text{m}}$$

$$\underline{F = 1{,}2\ \text{N}}$$

Kraftwirkung auf stromdurchflossene Leiter im Magnetfeld

$$\boxed{F = B \cdot I \cdot l \cdot z}$$

12.2.2 Stromdurchflossene Spule im Magnetfeld

Bei einem Drehspulmeßwerk befindet sich eine drehbar gelagerte Spule im Feld eines Dauermagneten. In Versuch 12–7 soll das Prinzip des Drehspulmeßwerkes und seine Wirkungsweise untersucht werden.

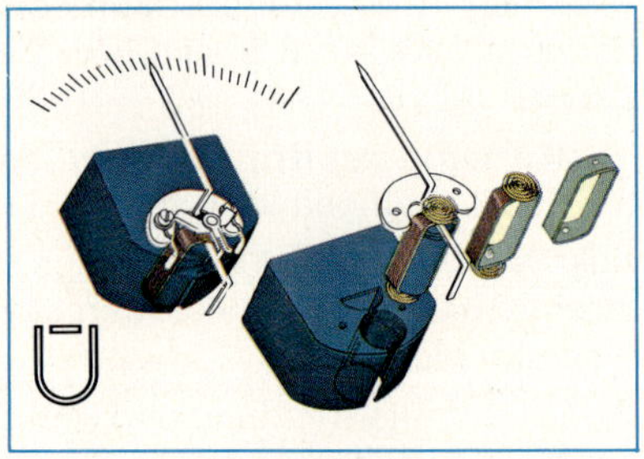

Abb. 1: Drehspulmeßwerk

Versuch 12–7: Kraftwirkung auf eine stromdurchflossene Spule im Magnetfeld

Versuch A

Durchführung

Eine Spule wird drehbar im Magnetfeld eines Dauermagneten angeordnet.

An die Klemmen der Versuchsanordnung wird eine einstellbare Gleichspannung gelegt. Durch die Spule fließt ein Strom I.

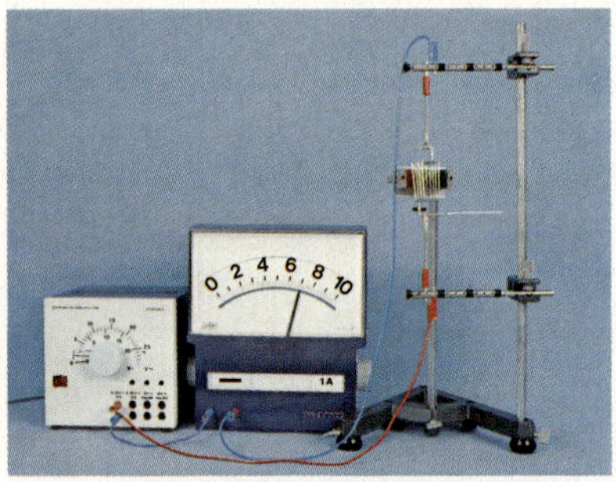

Ergebnis

Die Spule dreht sich.

Versuch B

Durchführung

Die Spannungsquelle wird umgepolt und damit die Stromrichtung umgekehrt.

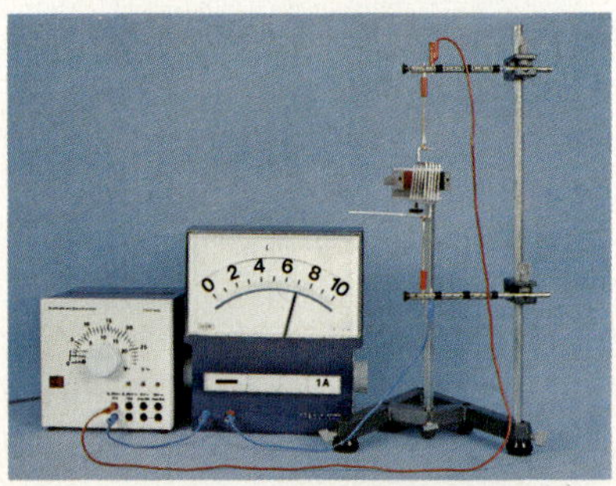

Ergebnis

Die Drehrichtung wird umgekehrt.

Versuch C

Durchführung

Die Richtung des Magnetfeldes des Hufeisenmagneten wird umgekehrt.

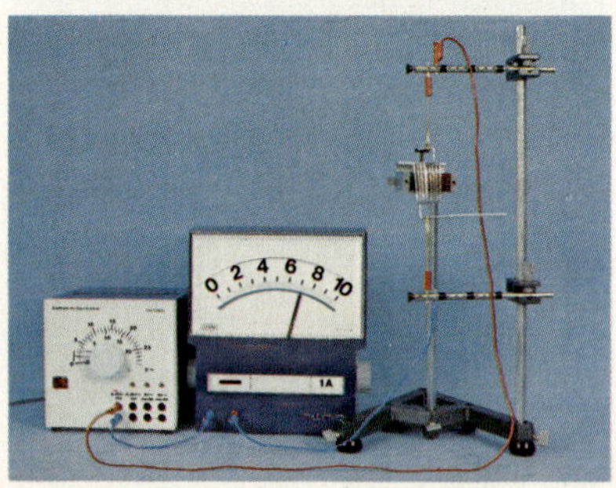

Ergebnis

Die Drehrichtung wird umgekehrt.

Der Versuch 12–7 zeigt:

> Eine stromdurchflossene Spule dreht sich in einem Magnetfeld.
>
> Die Drehrichtung ist abhängig von der Richtung des Stromes durch die Spule und von der Richtung des Magnetfeldes.

Wie ist dies zu erklären?

Die stromdurchflossene Spule ist ein Elektromagnet und hat demnach einen Nordpol und einen Südpol. Weil sich die stromdurchflossene Spule im Feld eines Magneten befindet und sich ungleichnamige Pole anziehen und gleichnamige Pole abstoßen, wirken Kräfte auf die Spule. Diese bewirken eine Drehung der Spule. Sie kann sich nur soweit drehen, bis die Richtung ihres Magnetfeldes mit dem des Magneten übereinstimmt.

Ändert man die Stromrichtung durch die Spule, so wird aus dem Nordpol der Spule ein Südpol und umgekehrt. Damit ändert sich auch die Drehrichtung (vgl. Abb. 2). Die Entstehung der Drehung kann man auch mit Hilfe des resultierenden Gesamtfeldes aus Feld des Hufeisenmagneten und Feld der Spule erklären.

Durch die Überlagerung der beiden Felder entsteht das in Abb. 3 gezeigte Feldlinienbild. Die einzelnen Feldlinien sind bestrebt, sich zu verkürzen, benachbarte Feldlinien streben auseinander. Somit wirken Kräfte, die die Spule in entsprechender Richtung drehen. Ändert man in Versuch 12–7 die Stromstärke I oder die magnetische Flußdichte B, so ändert sich mit diesen Größen die Drehung der Spule.

Die Kraftwirkung auf eine stromdurchflossene Spule im Magnetfeld wird außer beim Drehspulmeßwerk auch noch beim elektrodynamischen Meßwerk (Abb. 5) und bei Elektromotoren (Abb. 4) ausgenutzt.

Das Magnetfeld, das in Versuch 12–7 von einem Hufeisenmagneten erzeugt wurde, kann dabei auch von einer zweiten stromdurchflossenen Spule erzeugt werden.

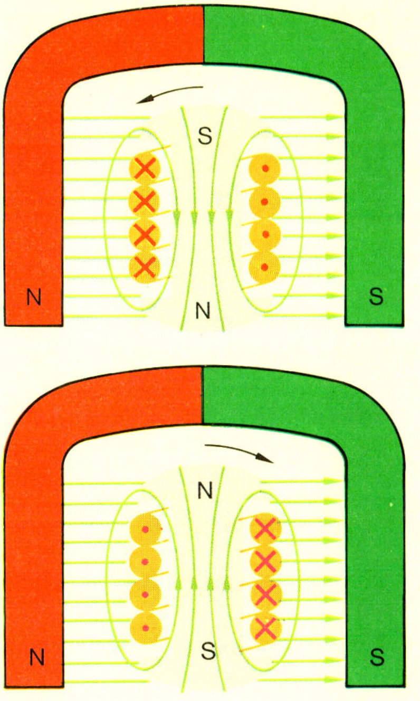

Abb. 2

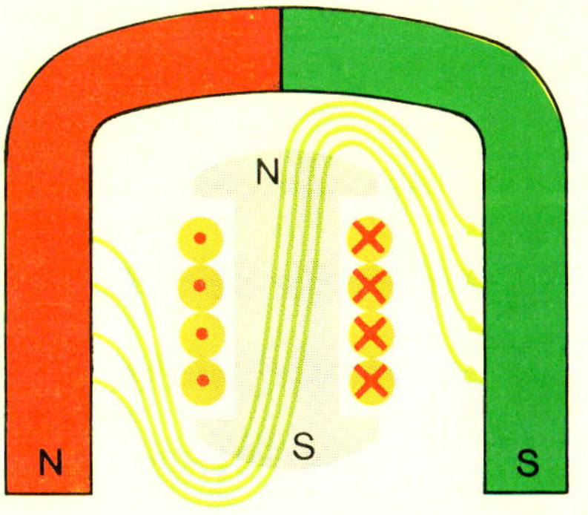

Abb. 3

Abb. 4: Elektromotor

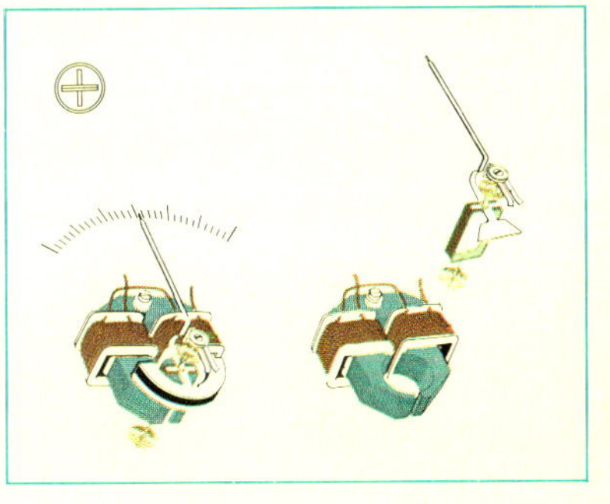

Abb. 5: Elektrodynamisches Meßwerk

12.2.3 Parallele stromdurchflossene Leiter

Parallele Leiter kommen in der Praxis sehr oft vor, z. B. bei Anschlußleitungen, Motorwicklungen und Spulen. Durch zwei parallele Leiter kann Strom entweder in gleicher oder in entgegengesetzter Richtung fließen.

Wir wollen in Versuch 12–8 die Kraftwirkung zweier stromdurchflossener Leiter aufeinander untersuchen.

Versuch 12–8: Kraftwirkung zwischen stromdurchflossenen Leitern

Versuch A

Durchführung

An die Klemmen der Versuchsanordnung A wird eine Spannung gelegt. Die parallelen Leiter werden gleichsinnig vom Strom I durchflossen.

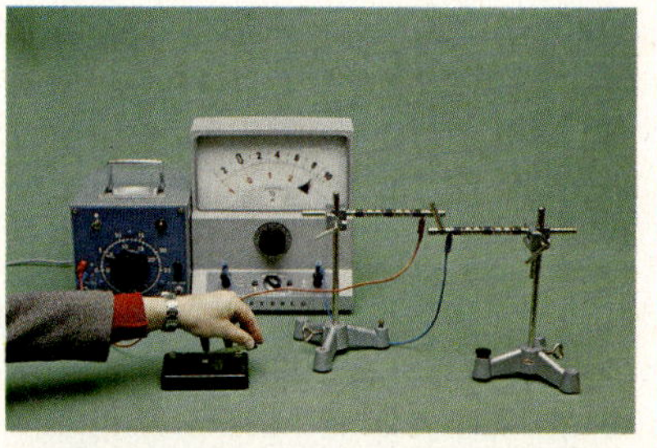

Ergebnis

Die beiden parallelen Leiter rollen aufeinander zu.

Versuch B

Durchführung

An die Klemmen der Versuchanordnung B wird eine Spannung gelegt. Die parallelen Leiter werden gegensinnig vom Strom I durchflossen.

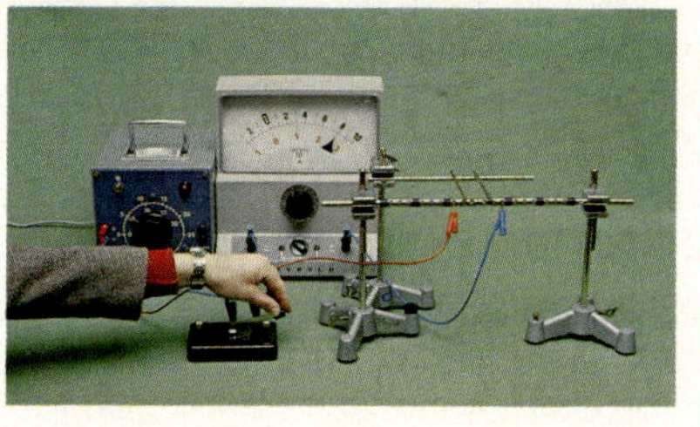

Ergebnis

Die beiden parallelen Leiter rollen voneinander weg.

Zwei Leiter, die in gleicher Richtung (gleichsinnig) von Strom durchflossen werden, ziehen sich an.

Zwei Leiter, die in entgegengesetzter Richtung (gegensinnig) von Strom durchflossen werden, stoßen sich ab.

Die Kraftwirkung, die das Zusammen- bzw. Auseinanderrollen hervorruft, läßt sich mit Hilfe des Feldlinienmodells erklären.

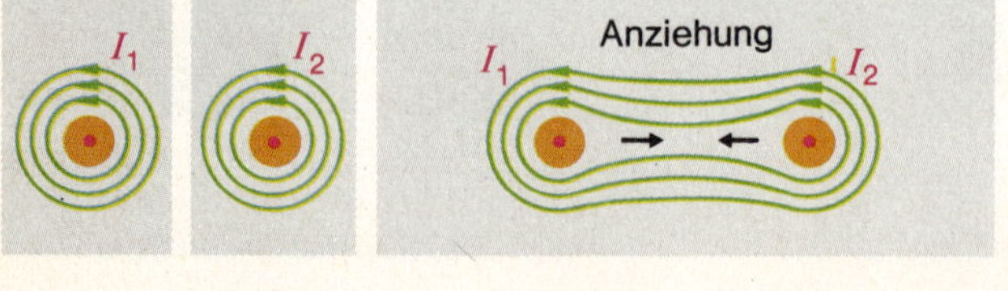

Abb. 1: Feldlinienbild von zwei gleichsinnig von Strom durchflossenen Leitern

Die beiden Einzelfelder der stromdurchflossenen Leiter überlagern sich zu einem resultierenden Gesamtfeld. Je nachdem, ob die Leiter gleich- oder gegensinnig von Strom durchflossen werden, ergeben sich unterschiedliche Gesamtfelder. Sie sind in Abb. 1 und 2 dargestellt. Die Ströme durch die Leiter müssen dabei nicht gleich groß sein.

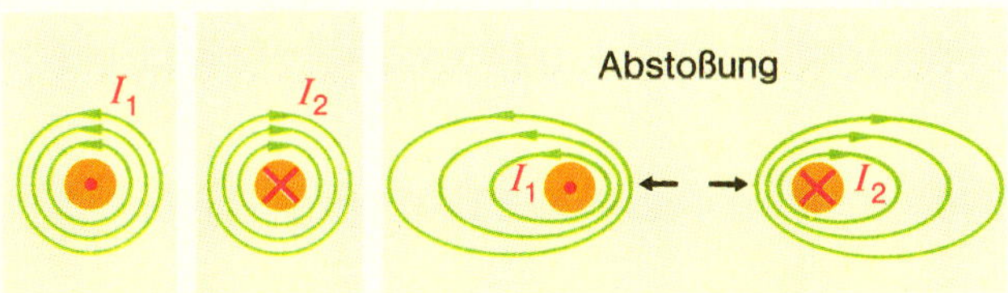

Abb. 2: Feldlinienbild von zwei gegensinnig von Strom durchflossenen Leitern

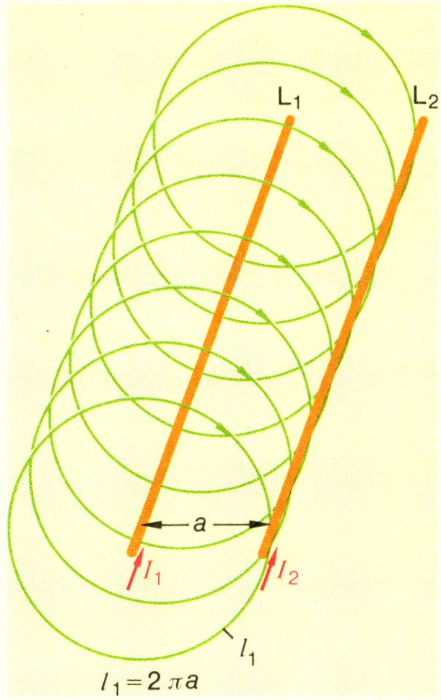

Abb. 3

Wir wollen nun überlegen, von welchen Größen die Kraft zwischen zwei stromdurchflossenen Leitern bestimmt wird.

Jeder der beiden stromdurchflossenen Leiter baut um sich herum ein konzentrisches Magnetfeld auf, das auf den anderen eine Kraftwirkung ausübt. Diese können wir nach folgender Formel berechnen:

$F = I \cdot l \cdot B$ (vgl. 12.3.1)

Für die Kraftwirkung des Magnetfeldes um Leiter 1 auf Leiter 2 (vgl. Abb. 3) ergibt sich:

$F = I_2 \cdot l \cdot B_1$

Um die Kraft berechnen zu können, müssen wir noch die magnetische Flußdichte B_1 im Abstand a von Leiter 1 bestimmen.

$B_1 = \mu \cdot H_1$ (vgl. 12.1.8) $\quad H_1 = \frac{I_1 \cdot N_1}{l_1}; \quad l_1 = 2\pi a$

$B_1 = \mu \cdot \frac{I_1 \cdot N_1}{2\pi a} \quad H_1 = \frac{I_1 \cdot N_1}{2\pi a}$

Wenn wir diesen Ausdruck für B in die Formel zur Berechnung der Kraftwirkung einsetzen, erhalten wir:

$$F = I_2 \cdot l \cdot \mu \cdot \frac{I_1 \cdot N_1}{2\pi a}$$

Im lufterfüllten Raum ist $\mu = \mu_0$, da $\mu_r = 1$, außerdem ist $N_1 = 1$, da nur ein Leiter vorhanden ist.

Die Kraftwirkung zwischen zwei parallelen stromdurchflossenen Leitern wurde zur Definition der (Basis-) Einheit Ampere der elektrischen Stromstärke benutzt.

Auszug aus dem Gesetz über Einheiten im Meßwesen, § 3 ▷

Kraftwirkung zwischen stromdurchflossenen Leitern

$$F = \frac{\mu_0}{2\pi} I_1 \cdot I_2 \cdot \frac{l}{a}$$

1 Ampere ist die Stärke eines zeitlich unveränderlichen elektrischen Stromes, der, durch zwei im Vakuum parallel im Abstand von 1 Meter voneinander angeordnete, geradlinige, unendlich lange Leiter von vernachlässigbar kleinem, kreisförmigem Querschnitt fließend, zwischen diesen Leitern je 1 Meter Leiterlänge die Kraft $2 \cdot 10^{-7}$ Newton hervorrufen würde.

Aufgaben zu 12.2

1. Wovon hängt die Kraft auf einen stromdurchflossenen Leiter im Magnetfeld ab?
2. Welche Kraft wirkt auf einen von 0,5 A durchflossenen Draht, der rechtwinklig durch das 4 cm breite Magnetfeld eines Hufeisenmagneten mit $B = 0{,}15$ T läuft?
3. In welche Richtung bewegt sich der Leiter in Abb. 1, wenn ein Strom in Richtung a–b fließt?
4. Beschreiben Sie mit Hilfe der Feldliniendarstellung die Drehbewegung einer stromdurchflossenen Spule, die sich innerhalb eines Magnetfeldes befindet.
5. Skizzieren Sie das resultierende Magnetfeld zweier gegensinnig von Strom durchflossenen Leiter, und geben Sie die Richtung der Kräfte auf die Leiter an!
6. Sammelschienen, die einen Abstand von 5 cm haben, werden im Kurzschlußfall von 15 kA durchflossen. Wie groß ist die Kraft auf die Schienen je m Länge?

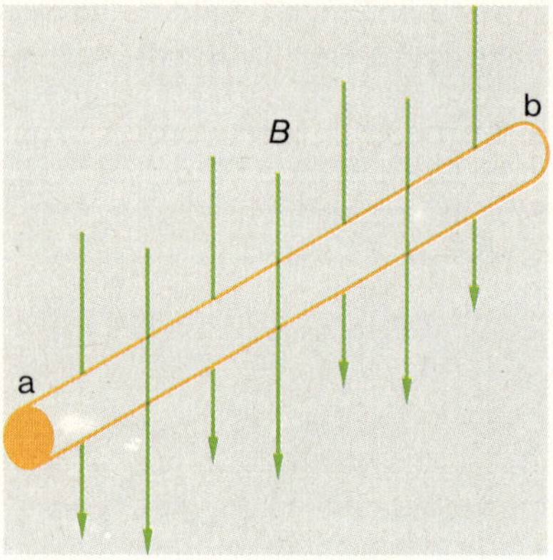

Abb. 1: Zeichnung zu Aufgabe 3

12.3 Elektromagnetische Induktion

In 12.2 wurden die Kraftwirkungen im Magnetfeld untersucht. Dabei wurde festgestellt, daß sich ein beweglich angeordneter Leiter im Magnetfeld bewegt, wenn er von einem Strom durchflossen wird. Aus elektrischer Energie entsteht Bewegungsenergie.

In einem Generator wird das Prinzip umgekehrt. Aus Bewegungsenergie wird elektrische Energie gewonnen. Wie das im einzelnen zu erklären ist, soll auf den folgenden Seiten untersucht werden.

Abb. 2: Generator

12.3.1 Induktion der Bewegung (Generatorprinzip)

Bei dem in Abb. 2 gezeigten Generator werden durch mechanische Kräfte Leiterschleifen in einem Magnetfeld gedreht (bewegt). Dadurch entsteht an den Klemmen des Generators Spannung. In Versuch 12–9 wird das Prinzip des Generators stark vereinfacht. Das notwendige Magnetfeld liefert ein Hufeisenmagnet, die Leiterschleifen werden durch einen geraden Leiter ersetzt, der mit den Meßleitungen zusammen eine Leiterschleife bildet. Die Drehbewegung wird durch eine geradlinige Bewegung ersetzt.

Wird ein Leiter in einem Magnetfeld so bewegt, daß er die Feldlinien schneidet, dann wird in ihm eine Spannung induziert.
Die Richtung der induzierten Spannung hängt von der Bewegungsrichtung des Leiters und von der Richtung der Feldlinien des Magnetfeldes ab.

Versuch 12–9: Bewegter Leiter im Magnetfeld

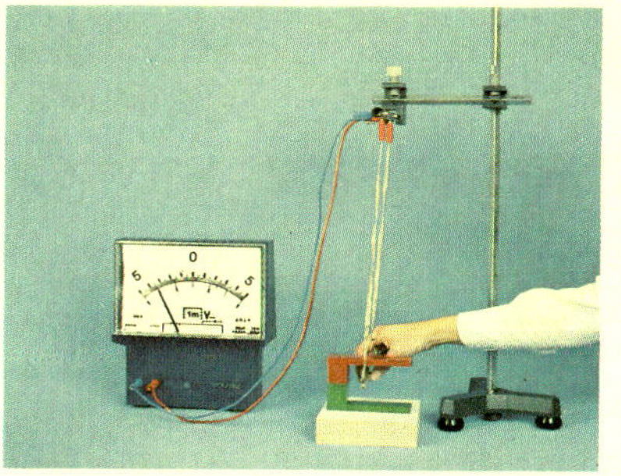

Versuch A

Durchführung

Der Leiter wird mit Hilfe der Leiterschaukel in das Magnetfeld hineinbewegt. Der Magnet ist dabei so angeordnet, daß die Feldlinien von der Bewegungsrichtung des Leiters geschnitten werden.

Ergebnis

Das Spannungsmeßgerät zeigt einen Ausschlag in eine Richtung.

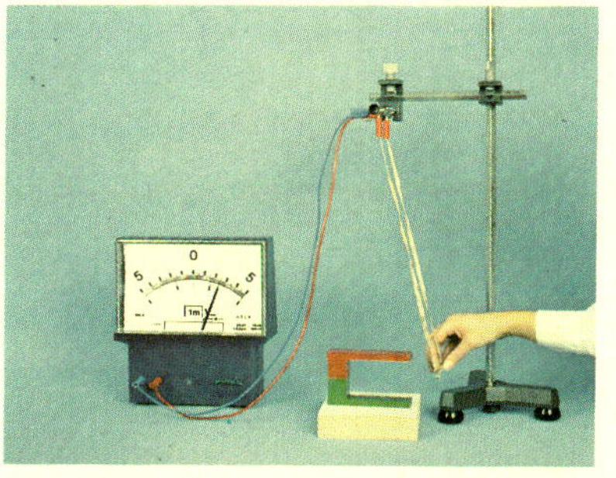

Versuch B

Durchführung

Die Bewegungsrichtung des Leiters wird umgekehrt, er bewegt sich aus dem Magnetfeld hinaus.

Ergebnis

Die Richtung des Zeigerausschlags wird umgekehrt.

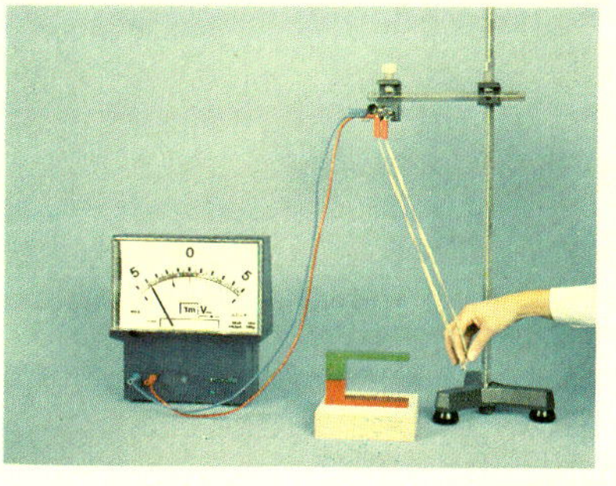

Versuch C

Durchführung

Die Richtung des Magnetfeldes wird umgekehrt.

Ergebnis

Die Richtung des Zeigerausschlages wird umgekehrt.

Die Induktion der Spannung läßt sich mit der Feldlinienmodellvorstellung erklären.

Bewegt man einen Leiter, so bewegen sich zwangsläufig auch die freien Elektronen, die sich im Leiter befinden. Bewegte elektrische Ladung hat ein Magnetfeld zur Folge.

Es bilden sich kreisförmige Magnetfelder, wie in Abb. 3 gezeigt. Die Feldlinien müssen entgegengesetzt zur Regel in 12.1.2 gezeichnet werden, weil für die Herleitung dieser Regel die technische Stromrichtung angenommen wurde.

Bewegt man diesen Leiter durch ein Magnetfeld, so wirkt eine Kraft auf die freien Elektronen, die eine Verschiebung der negativ geladenen Elektronen zur Folge hat (vgl. Abb. 4).

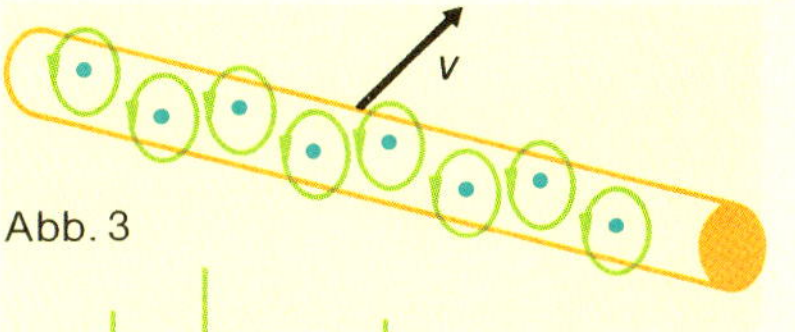

Abb. 3

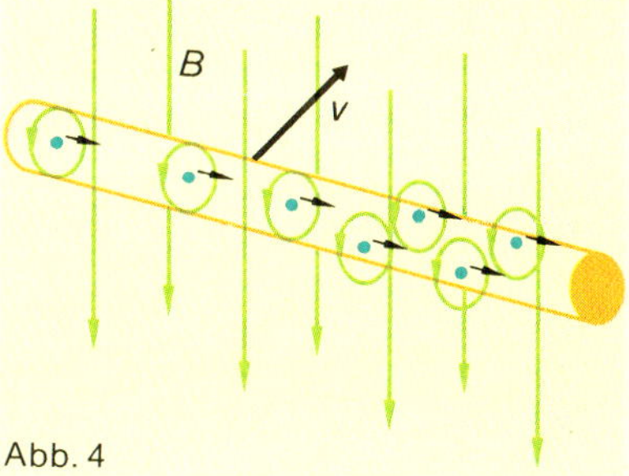

Abb. 4

Die positiv geladenen Atomrümpfe sind dagegen fest im Atomgitter verankert und nicht verschiebbar. Auf diese Weise werden Ladungen getrennt, und es entsteht eine Spannung.

Wird der Leiter in die entgegengesetzte Richtung bewegt und damit auch die Ladungen, dann wird die Richtung der Spannung umgekehrt.

Würde der Leiter im Magnetfeld ständig hin und her bewegt, dann würde dadurch in dem Leiter eine Wechselspannung induziert.

Zur Ermittlung der Richtung der induzierten Spannung kann man wieder eine Merkregel anwenden:

Rechte-Hand-Regel

Hält man die rechte Hand so, daß die Feldlinien auf die Innenfläche der Hand auftreffen und der abgespreizte Daumen in die Bewegungsrichtung des Leiters zeigt, dann zeigen die gestreckten Finger in die Stromrichtung im Leiter.

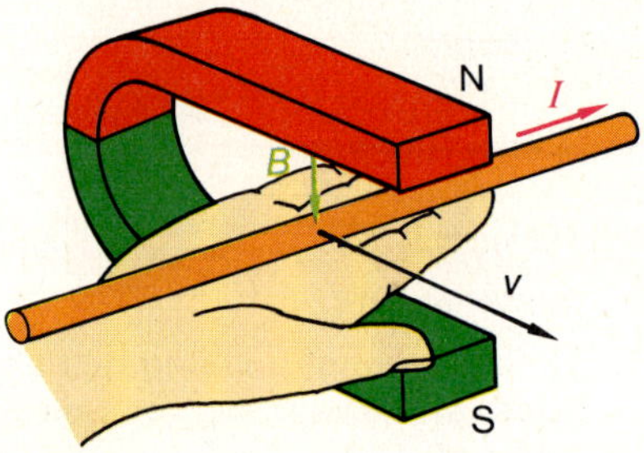

Abb. 1

Die Verschiebung (Bewegung) der Elektronen zu einem Leiterende hin bewirkt, daß um den Leiter ein konzentrisches Magnetfeld aufgebaut wird, das dem Feld des Dauermagneten entgegengerichtet ist und damit die Bewegungsrichtung des Leiters hemmt.

Lenzsche Regel[1]

Ein durch Bewegung eines Leiters im Magnetfeld ausgelöster Induktionsstrom ist stets so gerichtet, daß er die den Strom erzeugende Bewegung hemmt.

Gegen diese hemmende Kraft muß zur Erzeugung einer Induktionsspannung Arbeit verrichtet werden.

Verändern wir in Versuch 12–9 die magnetische Flußdichte B, die wirksame Leiterlänge l und die Geschwindigkeit v des Leiters, so zeigt sich:

Die induzierte Spannung ist um so größer,

- je größer die magnetische Flußdichte ist: $U \sim B$
- je größer die wirksame Leiterlänge ist: $U \sim l$
- je größer die Geschwindigkeit des Leiters ist: $U \sim v$

Da keine weiteren Größen hinzukommen, ergibt sich der Zusammenhang:

$U = B \cdot l \cdot v$

Induktionsspannung

$$U = B \cdot l \cdot v \cdot z$$

Verwendet man bei sonst gleichen Bedingungen mehrere Leiter, so stellt man fest, daß die induzierte Spannung auch von der Anzahl der Leiter abhängt.

[1] Benannt nach Heinrich Friedrich Emil Lenz, deutscher Physiker, 1804–1865.

12.3.2 Induktion der Ruhe (Transformatorprinzip)

Jeder elektrische Strom erzeugt ein Magnetfeld. Im folgenden soll untersucht werden, ob dieses Prinzip auch umkehrbar ist. Erzeugt ein Magnetfeld einen elektrischen Strom bzw. eine elektrische Spannung?

Transformator

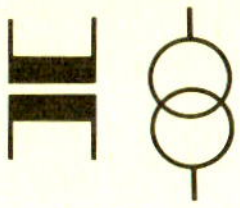

Versuch 12–10: Transformatorprinzip

Aufbau

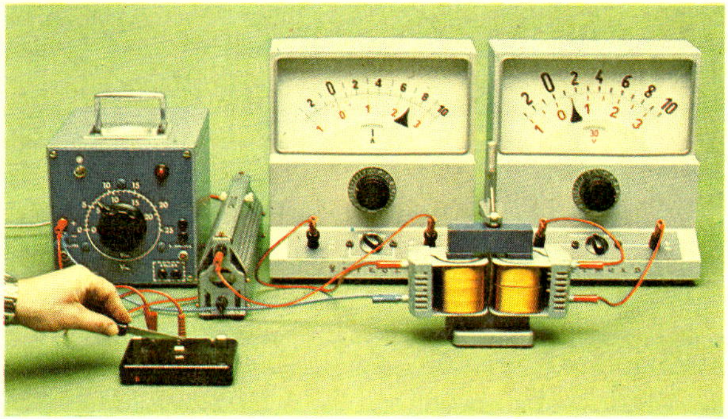

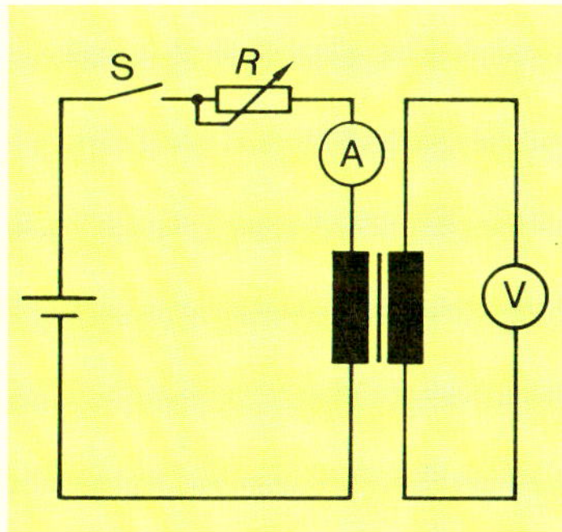

Auf einem gemeinsamen Eisenkern sind zwei elektrisch getrennte Spulen angeordnet. Spule 1 **(Primärspule)** ist über einen Schalter S, einen Stellwiderstand R und einen Strommesser mit einer Spannungsquelle verbunden. An Spule 2 **(Sekundärspule)** ist ein Spannungsmesser angeschlossen.

Durchführung

Der Schalter wird geschlossen (Strom wird eingeschaltet) und nach einer kurzen Pause wieder geöffnet.

Ergebnis

Im Einschaltmoment zeigt der Spannungsmesser einen Zeigerausschlag. Der Zeiger geht sofort wieder in die Nullstellung zurück (Spannungsstoß).

Der Schalter ist geschlossen, der Strom fließt, und damit ist ein Magnetfeld vorhanden, trotzdem wird keine elektrische Spannung erzeugt.
Im Ausschaltmoment zeigt der Spannungsmesser wieder einen Zeigerausschlag, aber in die entgegengesetzte Richtung. Anschließend geht auch hier der Zeiger sofort wieder in die Nullstellung zurück.

Wie kann man den in Versuch 12–10 beobachteten Vorgang erklären?

Beim Einschalten des Stromes wird sehr schnell ein magnetischer Fluß aufgebaut. Er verläuft im Eisenkern und durchsetzt die Sekundärspule. Die Änderung des Flusses induziert also in ihr eine Spannung.

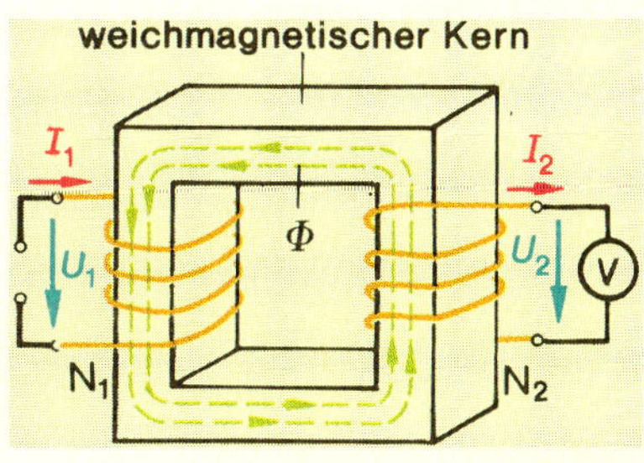

Abb. 2: Transformator mit weichmagnetischem Kern ▷

Beim Ausschalten des Stromes bricht der magnetische Fluß sehr schnell zusammen. Die Änderung des Flusses induziert ebenso in der Sekundärspule eine Spannung. Ihre Richtung hängt davon ab, ob der Fluß zu- oder abnimmt.

In einer Spule wird eine Spannung induziert, wenn sich in der Spule der magnetische Fluß ändert. Die Richtung der induzierten Spannung hängt von der Richtung der Flußänderung ab.

Die Richtung der induzierten Spannung hängt außerdem vom Wickelsinn der Spule ab. Da dieser jedoch in der Regel nicht verändert werden kann, wird darauf nicht weiter eingegangen.

Legt man das Rechtssystem zugrunde, dann gilt:

- Eine Stromzunahme (Flußzunahme) erzeugt eine negative Spannung.
- Eine Stromabnahme (Flußabnahme) erzeugt eine positive Spannung.

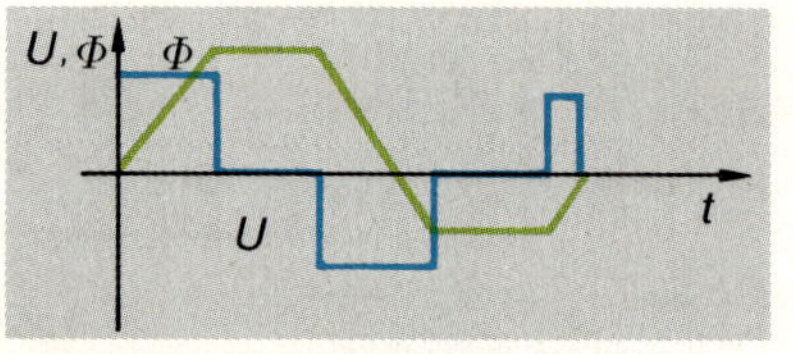

Abb. 1: Spannungsverlauf bei einer Spule

Wird in Versuch 12–10 der Schalter geschlossen und mit Hilfe des Stellwiderstandes die Stromstärke von Null auf den Maximalwert und anschließend wieder auf Null mit verschiedenen Geschwindigkeiten verändert, dann zeigt sich:

Die induzierte Spannung ist um so höher, je kürzer die Zeit ist, in der sich der magnetische Fluß ändert.

Bei einer Spule mit mehreren Windungen wird in jeder Windung eine Spannung induziert. Da die Windungen alle in Reihe geschaltet sind, addieren sich die in jeder Windung induzierten Spannungen.

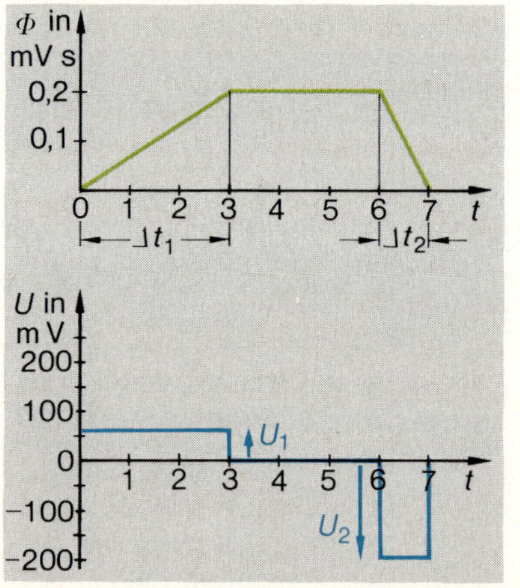

Abb. 2: Zusammenhang zwischen magnetischem Fluß und Spannung bei einer Spule

Die induzierte Spannung ist um so größer, je größer die Windungszahl ist.

Faßt man die Einzelergebnisse zusammen, so ergibt sich daraus:

Die induzierte Spannung U ist um so größer,

- je größer die Flußänderung $\Delta\Phi$ ist,
- je kürzer die Zeit Δt der Flußänderung ist,
- je größer die Windungszahl N der Spule ist.

Die Zusammenfassung dieser Abhängigkeiten ergibt das Induktionsgesetz:

Ändert sich in einer Spule der magnetische Fluß, dann wird in ihren Windungen eine Spannung induziert. Ihre Höhe hängt von der Flußänderungsgeschwindigkeit $\frac{\Delta\Phi}{\Delta t}$ und der Windungszahl N ab.

Induktionsgesetz

$$U = N \frac{\Delta\Phi}{\Delta t}$$

Beispiel:

In einer Spule mit $N = 800$ Windungen ändert sich der magnetische Fluß Φ in 0,1 Sekunde von $\Phi_1 = 1{,}2$ mV s auf $\Phi_2 = 0{,}75$ mV s.

Wie hoch ist die induzierte Spannung?

Gegeben: $N = 800$; $\Delta\Phi = 0{,}45$ mV s; $\Delta t = 0{,}1$ s

Gesucht: U

Lösung: $U = N \cdot \frac{\Delta\Phi}{\Delta t}$

$$U = 800 \cdot \frac{0{,}45 \cdot 10^{-3}\ \text{V s}}{0{,}1\ \text{s}}$$

$$\underline{U = 3{,}6\ \text{V}}$$

Wirbelströme

In Versuch 12–10 haben wir gezeigt, daß eine magnetische Flußänderung in einer Spule eine Spannung induziert. Die Ursache hierfür ist eine Ladungsverschiebung im Leiter. Solche Ladungsverschiebungen treten auch im Eisenkern auf. In ihm wird also auch eine Spannung induziert.

Die induzierte Spannung hat wegen des geringen elektrischen Widerstandes Kurzschlußströme zur Folge. Weil Ladungsverschiebungen und Kurzschlußströme keine festen Bahnen vorfinden, spricht man von Wirbelströmen (Abb. 3).

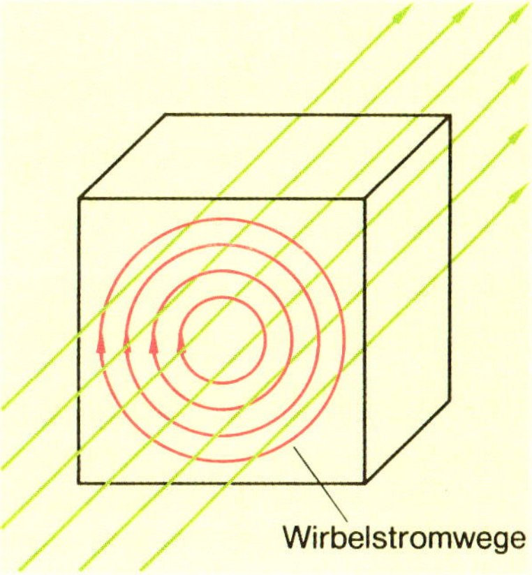

Abb. 3: Wirbelstrom

12.3.3 Selbstinduktion

Wir haben gesehen, daß beim Auf- bzw. Abbau des magnetischen Feldes (Flußänderung) eine Spannung induziert wird. Die von der Primärspule erzeugte Flußänderung durchsetzt nicht nur die Sekundärspule, sondern auch die Primärspule. Nach dem Induktionsgesetz muß deshalb auch in ihr eine Spannung, die **Selbstinduktionsspannung,** induziert werden.

Diese Vorgänge beim Ein- bzw. Ausschalten einer Spule lassen sich damit erklären, daß im Ein- bzw. Ausschaltmoment ein magnetisches Feld auf- bzw. abgebaut wird. Dieses sich ändernde magnetische Feld durchsetzt die Windungen der Spule und erzeugt eine Spannung. Diesen Vorgang nennt man **Selbstinduktion.**

Die Selbstinduktionsspannung ist beim Einschalten der Spule so gerichtet, daß sie der angelegten Spannung entgegenwirkt. Damit wird der Aufbau des Feldes verzögert. Der maximale Strom kann erst dann fließen, wenn das Feld aufgebaut ist und sich nicht mehr ändert. Die Selbstinduktionsspannung ist beim Ausschalten so gerichtet, daß der Strom in der Spule in gleicher Richtung weiterfließt (Versuch 12–11; S. 200).

Versuch 12–11: Selbstinduktion beim Ein- und Ausschalten einer Spule

Versuch A

Aufbau

Eine Spule mit Eisenkern wird in Reihe mit einer Glühlampe an eine Gleichspannung gelegt. Parallel dazu liegt eine zweite gleiche Glühlampe, die mit einem Vorwiderstand in Reihe geschaltet ist.

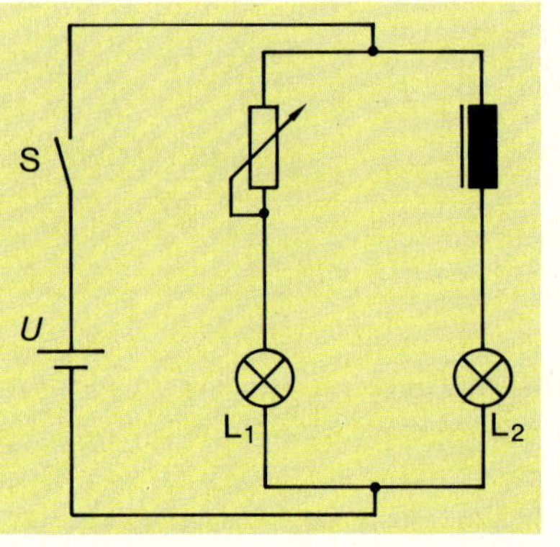

Durchführung

Der Schalter S wird geschlossen und wieder geöffnet.

Ergebnis

Beim Schließen des Schalters leuchtet die Lampe L_1 sofort auf, während die Lampe L_2 später aufleuchtet.

Versuch B

Aufbau

Eine Spule mit Eisenkern wird an eine Gleichspannungsquelle mit $U = 6$ V gelegt. Parallel zu der Spule wird eine Glimmlampe geschaltet, die eine Zündspannung von 100 V hat.

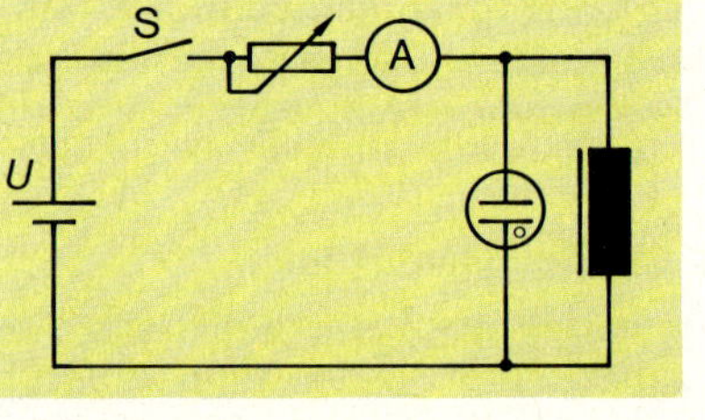

Durchführung

Der Schalter S wird geschlossen und wieder geöffnet.

Ergebnis

Beim Öffnen des Schalters leuchtet die Glimmlampe kurz auf. Es muß also beim Ausschalten eine Spannung von über 100 V an den Klemmen der Spule vorhanden gewesen sein.

Die Selbstinduktionsspannung ist immer so gerichtet, daß sie der Änderung des Stromes entgegenwirkt.

Dies zeigt, daß auch hier die Lenzsche Regel gilt.

Aufgaben zu 12.3

1. Unter welchen Bedingungen wird in einem Leiter im Magnetfeld eine Spannung erzeugt?

2. Wovon hängt die Richtung der Spannung (Aufg. 1) ab?

3. In welche Richtung fließt der Strom (Abb. 1)?

4. Wovon hängt die Höhe der induzierten Spannung bewegter Leiter im Magnetfeld ab?

5. Ein Leiter wird durch ein Magnetfeld mit 0,75 T mit einer Geschwindigkeit von 0,5 $\frac{m}{s}$ bewegt. Die wirksame Leiterlänge beträgt 10 cm.

Wie hoch ist die Induktionsspannung?

6. Wie hoch ist die induzierte Spannung in einer Spule mit 300 Windungen, wenn der magnetische Fluß in 0,5 s von 15 mV s auf Null abfällt?

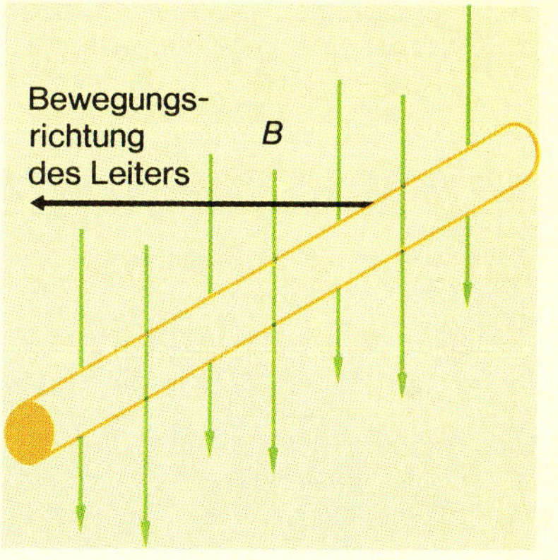

Abb. 1: Zeichnung zu Aufgabe 3

13 Elektrochemie

Die Spannungserzeugung im Akkumulator, die Elektrolyse, das Galvanisieren und die Korrosion sind wichtige Vorgänge in der Elektrotechnik. Elektronen sind an den dabei vorkommenden Reaktionen beteiligt. Sie werden ausgetauscht, ab- oder aufgenommen. Ohne elektrische und chemische Grundkenntnisse sind diese Vorgänge nicht verständlich. Diese Kenntnisse sollen in den folgenden Teilen vermittelt werden.

Abb.1: Korrosion durch Flüssigkeiten in elektronischen Schaltungen

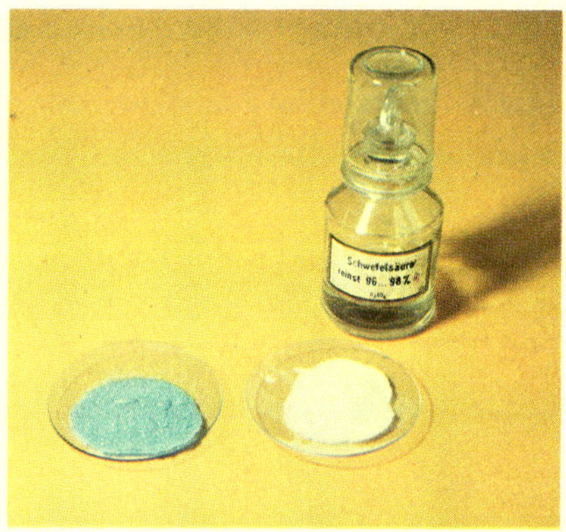

Abb. 2: Chemische Verbindungen: Kupfersulfat, Schwefelsäure, Salmiak (Ammoniumchlorid)

13.1 Chemische Verbindungen

Neben Grundstoffen gibt es sehr viele Verbindungen (vgl. 1.2.2) aus diesen Grundstoffen (Abb. 2). Verbindungen wie z.B. Säuren, Basen und Salze haben andere Eigenschaften als die Grundstoffe, aus denen sie bestehen. Deshalb ist es wichtig, die Gesetzmäßigkeiten bei der Entstehung und die Eigenschaften von Verbindungen zu kennen.

13.1.1 Periodensystem der Elemente (Grundstoffe)

Alle Atome eines Grundstoffes haben stets die gleiche Anzahl positiver Ladungen (Protonen) im Kern.

Beispiele:

Aluminium: 13 Protonen; Silber: 47 Protonen
Kupfer: 29 Protonen; Blei: 82 Protonen

Alle Elemente lassen sich deshalb nach steigender Protonenzahl in ein System einordnen. Dieses System wird **Periodensystem der Elemente** genannt. Die Protonenzahl gibt dann die Stelle an, an der das

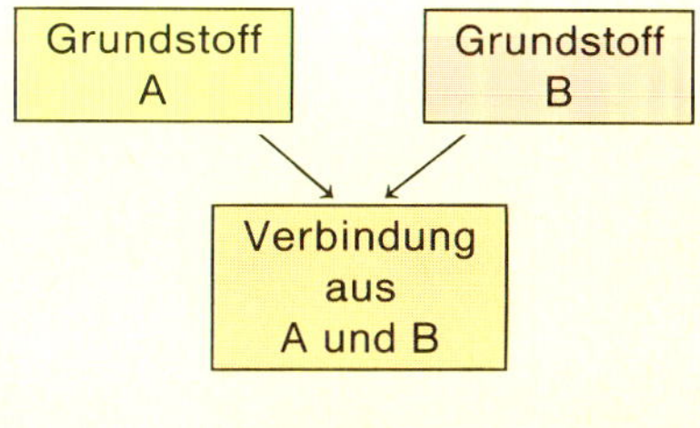

Element eingeordnet wurde. Die Protonenzahl heißt deshalb auch die Ordnungszahl des Elements.

Die Ordnungszahl gibt die Anzahl der positiven Ladungen (Protonen) im Kern an.

Die Grundstoffe sind zu Gruppen zusammengefaßt. Elemente der gleichen Gruppe stehen untereinander. Sie haben ähnliche chemische Eigenschaften. Diese sind allein von der Anzahl der äußeren Elektronen abhängig.

Die Elektronen der äußeren Schale werden Valenzelektronen[1] genannt.

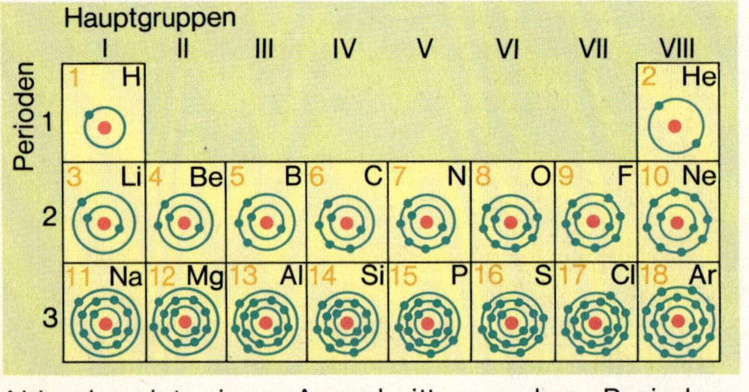

Abb. 1: Ausschnitt aus dem Periodensystem mit Elektronenbesetzung auf den Schalen

Abb. 1 zeigt einen Ausschnitt aus dem Periodensystem. Dort befinden sich z.B. in der I. Hauptgruppe (linke Spalte) bis auf Wasserstoff nur Metalle. Sie besitzen auf der äußeren Schale immer nur ein Elektron. In der VII. Hauptgruppe befinden sich Nichtmetalle mit jeweils 7 Elektronen auf der Außenschale.

Elemente einer Hauptgruppe haben die gleiche Anzahl von Valenzelektronen (bis auf Helium). Elemente einer Hauptgruppe haben ähnliche chemische Eigenschaften.

Das vollständige Periodensystem ist auf Seite 263 zu finden. Dort sind auch die für die Elektrotechnik wichtigen Elemente wie z.B. Eisen, Kupfer und Gold aufgeführt.

13.1.2 Atom- und Ionenbindung

Es gibt Grundstoffe, deren Atome sich unter normalen Bedingungen nicht mit gleichartigen oder anderen Atomen verbinden, da ihre Außenschale voll besetzt ist. Sie werden aufgrund dieser besonderen Eigenschaft Edelgase genannt. Im Periodensystem stehen sie in der VIII. Hauptgruppe. Sie besitzen bis auf Helium immer 8 Elektronen auf der Außenschale.

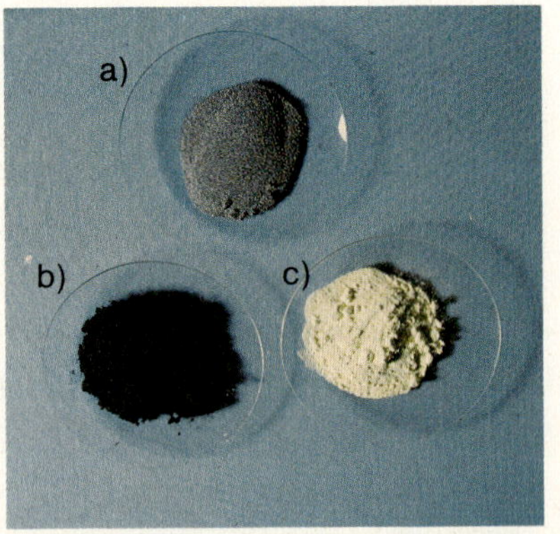

Abb. 2: Grundstoffe in Pulverform: a) Magnesium, b) Kohlenstoff und c) Schwefel

[1] Valenz bedeutet Wertigkeit.

Beim Helium ist die äußere Schale die K-Schale. Diese ist bereits mit 2 Elektronen voll besetzt.

Die übrigen Elemente sind bestrebt, wie die Edelgase eine abgeschlossene und damit eine vollbesetzte Außenschale zu besitzen. Um das zu erreichen, gehen sie mit anderen Atomen Bindungen ein. Wie bereits in 1.2.2 gezeigt wurde, können es gleich- oder andersartige Atome sein. Es entstehen dabei Moleküle.

Elemente mit unvollständig besetzten äußeren Schalen sind bestrebt, chemische Verbindungen einzugehen.

Man unterscheidet 3 Bindungsarten:

Atombindung Ionenbindung Metallbindung

Zwischen diesen Bindungen gibt es Übergänge, die hier jedoch nicht behandelt werden sollen. Die folgenden Ausführungen beschränken sich auf reine Atom- und Ionenbindungen, da die Metallbindung bereits in 3.1 behandelt wurde.

Als Beispiel wird hier die **Atombindung** zwischen zwei Sauerstoffatomen angeführt. Sauerstoff hat 6 Valenzelektronen. Zur vollständig abgeschlossenen Schale fehlen noch 2 Elektronen. Wenn sich zwei Sauerstoffatome nähern, dann werden auch Elektronen des Nachbaratoms angezogen, und es entsteht eine Verbindung aus zwei gleichartigen Atomen (Molekül). Je zwei Elektronen gehören in diesem Fall gemeinsam zu beiden Atomen. Es werden Elektronenpaare gebildet. Die Atombindung besteht zwischen Nichtmetallen (vgl. Abb. 3).

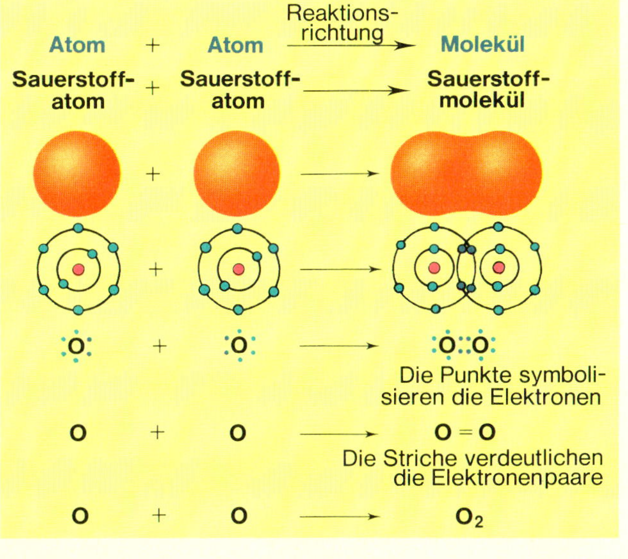

Abb. 3: Verschiedene Darstellungen für die Entstehung der Atombindung bei Sauerstoff

Bei der Atombindung vereinigen sich Atome durch Bildung von Elektronenpaaren.

Verbindungen aus Elementen der I. und VII. Hauptgruppe sind **Ionenbindungen.** Ein Metall verbindet sich mit einem Nichtmetall, wobei das Metall sein äußeres Elektron abgibt und das Nichtmetall dieses aufnimmt. Beide Elemente haben auf diese Weise eine abgeschlossene Schale erhalten und sind besonders stabil. Die entstandenen Teile sind nicht mehr elektrisch neutral. Das Metallatom ist positiv (ein Elektron fehlt) und das Nichtmetallatom ist negativ geladen (ein Elektron ist hinzugekommen).

Geladene Atome nennt man **Ionen[1].** Es gibt positive und negative Ionen. Sie entstehen durch Abgabe oder Aufnahme von Elektronen.

Die Bildung von Ionen soll am Beispiel der Entstehung von Natriumchlorid (Kochsalz) verdeutlicht werden (Abb. 1).

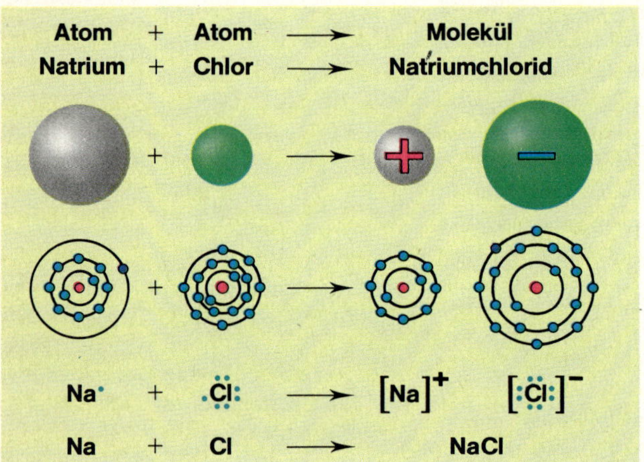

Abb. 1: Verschiedene Darstellungen für die Entstehung der Ionenbindung zwischen Natrium und Chlor

Ausgangsstoffe:

Natrium: weiches Metall, Ordnungszahl 11, 1 Valenzelektron

Chlor: gelbgrünes und giftiges Gas, Ordnungszahl 17, 7 Valenzelektronen

Verbindung: Natriumchlorid, weißes Salz

Im festen Zustand bilden Natrium- und Chlorionen ein Kristallgitter. In regelmäßigen Abständen folgen positive Natriumionen und negative Chlorionen. Die Verbindung wirkt nach außen wie ein neutraler Stoff, da sich die elektrischen Ladungen gegenseitig in ihren Wirkungen aufheben (Abb. 2).

[1] Der Begriff Ion kommt aus dem Griechischen und bedeutet Wanderer.

Legt man an festes Natriumchlorid eine Spannung, dann fließt trotz vorhandener positiver und negativer Ladungen (Ionen) kein Strom. Er beginnt erst bei einer Schmelze zu fließen.

Die Ursachen für dieses Verhalten liegen im Kristallaufbau. In Abb. 2 ist erkennbar, daß positive und negative Ladungen zwar vorhanden sind, diese jedoch fest im Kristallgitter verankert sind. Durch eine von außen angelegte Spannung können sie nicht bewegt werden. Erst im geschmolzenen Zustand lösen sich durch die Wärmebewegung (vgl. 7.1) die Bindungen auf, und die Ionen können zu den Elektroden wandern.

Stoffe mit Ionenbindung sind in festem Zustand Nichtleiter.

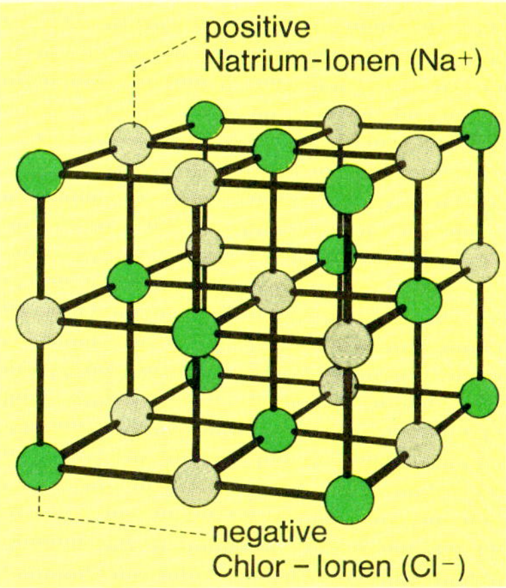

Abb. 2: Kristallgitter des Natriumchlorids

13.1.3 Oxidation und Reduktion

Unter Oxidation verstand man ursprünglich die Reaktion von Elementen mit Sauerstoff (Oxygenium). Die Reduktion war danach die Umkehrung, also ein Entzug von Sauerstoff. Heute werden die Begriffe jedoch auch bei bestimmten anderen Reaktionen verwendet. Die allgemeine Erklärung der Auffassung über Oxidation und Reduktion wird am Ende dieses Teils behandelt.

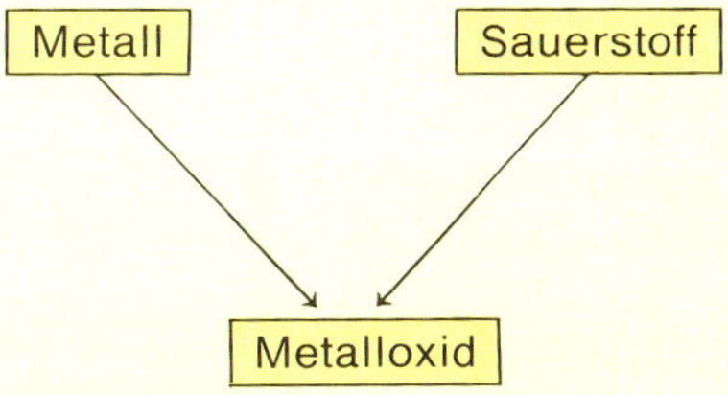

Wichtig sind Oxidationen von Metallen. Die Reaktion läuft je nach Metall und Einwirkungsart des Sauerstoffs unterschiedlich schnell ab. So verbindet sich z. B. beim Erreichen der Zündtemperatur Magnesium spontan unter großer Licht- und Wärmeentwicklung mit dem Sauerstoff der Luft (Abb. 3).

Aber auch bei Raumtemperatur verbinden sich Metalle unterschiedlich schnell mit dem Luftsauerstoff und bilden Oxide. Die Oberfläche verfärbt sich, und der ursprüngliche Metallglanz verschwindet. Abb. 4 zeigt Blei und Kupfer mit oxidierten und nichtoxidierten Oberflächen.

Abb. 3: Verbrennen (Oxidieren) von Magnesium

◁ Abb. 4: Oxidiertes Blei und Kupfer

Da bei Metalloxiden im festen Zustand keine frei beweglichen Elektronen vorhanden sind (vgl. 3.1), bedecken sie die Oberfläche mit einer isolierenden Schicht. Sie verschlechtern damit wesentlich die elektrische Kontaktfähigkeit. Metalloxide sind Nichtleiter.

Bei Schaltern und Steckverbindungen kommt es besonders auf eine gute Kontaktfähigkeit an. Deshalb verwendet man dort möglichst nichtoxidierende Stoffe wie z.B. Legierungen oder Edelmetallüberzüge aus Silber, Gold oder Platin (Abb. 1).

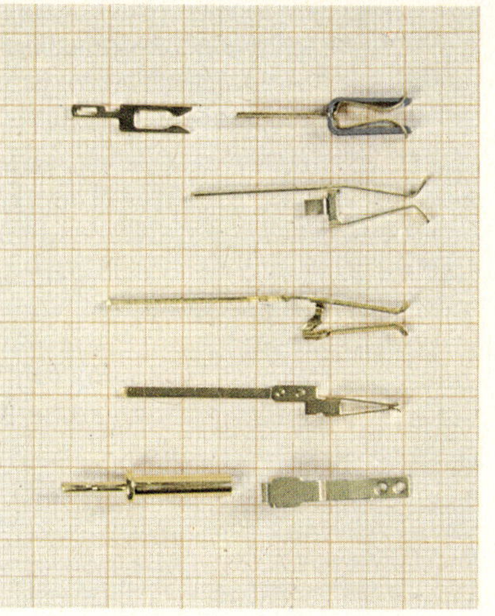

Abb. 1: Vergoldete Teile von Steckverbindungen

Beispiel für die Reaktion von Kupfer mit Sauerstoff:

2 Kupfer-At.	+	1 Sauerstoff-At.	→	1 Kupferoxid-Molekül
2 Cu	+	$\frac{1}{2} O_2$	→	Cu_2O (rot)
Ausgangsstoffe			→	**Endprodukt**

Chemische Prozesse werden in Form von Reaktionsgleichungen geschrieben. Der Pfeil gibt außerdem die Richtung der Reaktion an.

Kupferatome haben auf der äußeren Schale ein Elektron, das bei dieser Reaktion an den Sauerstoff abgegeben wird. Da Sauerstoff zur vollständigen Schale zusätzlich zwei Elektronen benötigt, müssen mit einem Atom Sauerstoff zwei Kupferatome reagieren.

Sauerstoff kommt unter normalen Bedingungen nur als Molekül (O_2) vor, deshalb wird in der Reaktionsgleichung für ein Atom Sauerstoff $\frac{1}{2} O_2$ geschrieben.

In der gleichen Weise verbinden sich auch andere Metalle mit Sauerstoff. Diesen Vorgängen ist immer gemeinsam, daß Elektronen von dem einen Stoff abgegeben und von dem anderen aufgenommen werden. Daraus ergibt sich folgende allgemeine Definition für die Oxidation und die Reduktion:

Die Abgabe von Elektronen nennt man Oxidation.
Die Aufnahme von Elektronen nennt man Reduktion.

Oxidation und Reduktion kommen immer gemeinsam vor. In dem Beispiel wird das Metall oxidiert (Elektronen werden abgegeben) und der Sauerstoff reduziert (Elektronen werden aufgenommen). Man nennt deshalb diese Reaktionen Reduktions-Oxidations-Reaktionen oder kurz Redox-Reaktionen.

Redox-Reaktionen treten nicht nur zwischen Metallen und Sauerstoff auf, sondern auch zwischen anderen Stoffen.

Abb. 2: Durch Schwefelsäure zerfressener Lappen

13.1.4 Säuren

Säuren kommen nicht nur in der Technik vor, sondern auch in unseren Speisen. Zitronensaft, Essig oder Kohlensäure sind durch ihren Geschmack als Säuren erkennbar. Die in der Technik verwendeten Säuren

Wichtige Säuren

Name	Formel
Schwefelsäure	H_2SO_4
Salpetersäure	HNO_3
Salzsäure	HCl

sind aufgrund ihrer meist recht hohen Konzentration sehr gefährlich und können bereits an ihrem stechenden Geruch erkannt werden.

Vorsicht beim Umgang mit Säuren.

Salzsäure entsteht durch Lösen von Chlorwasserstoff-Gas (HCl) in Wasser.

Die aufgeführten Säuren sind gefährlich. Sie sind giftig und wirken ätzend. Abb. 2 bis 4 zeigen einige durch Säuren veränderte Stoffe.

Abb. 3: Oberflächenveränderung von Stahlblech durch Salzsäure

Die chemischen Formeln zeigen, daß alle Säuren Wasserstoff enthalten. Er ist die Ursache für die zerstörende Wirkung. Der Wasserstoff ist positiv geladen, weil er sein Elektron an den Säurerest abgegeben hat. Der Säurerest ist dadurch negativ geladen.

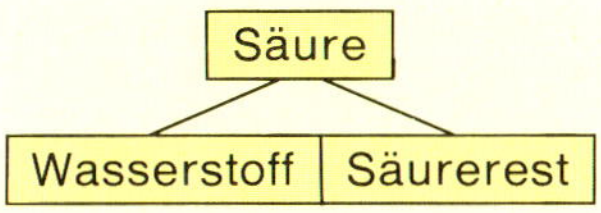

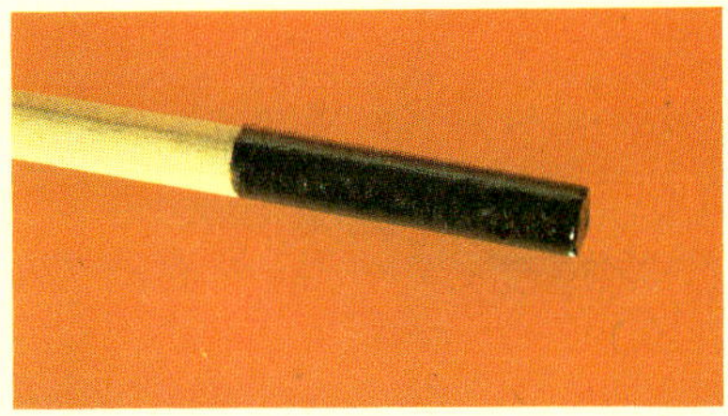

Abb. 4: Zerstörung von Holz durch konzentrierte Schwefelsäure

Da die Schwefelsäure in Bleiakkumulatoren verwendet wird, sollen ihre Eigenschaften besonders behandelt werden.

Konzentrierte Schwefelsäure ist eine farblose und ölige Flüssigkeit mit einer Dichte von $1{,}84\,\frac{g}{cm^3}$. Stoffe wie z. B. Holz, Watte oder Zucker werden schnell zerstört. Die Schwefelsäure entzieht dabei diesen Stoffen das Wasser. Schwarzer Kohlenstoff bleibt zurück. Aus diesem Grunde darf sie nicht mit der Haut oder Kleidungsstücken in Berührung kommen (vgl. Abb. 2).

Wenn Schwefelsäure mit Wasser verdünnt wird, dann erwärmt sich die Flüssigkeit stark. Deshalb muß folgende Arbeitsregel beim Verdünnen beachtet werden:

Beim Verdünnen von Schwefelsäure muß die Säure in das Wasser gegeben und die Flüssigkeit ständig umgerührt werden (Abb. 5).

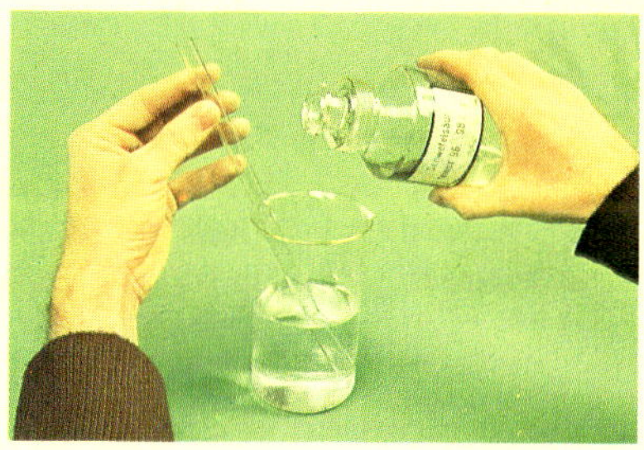

Abb. 5: Verdünnen von konzentrierter Schwefelsäure

Nie Wasser in Säure gießen.

Säuren entstehen aus Nichtmetallen.

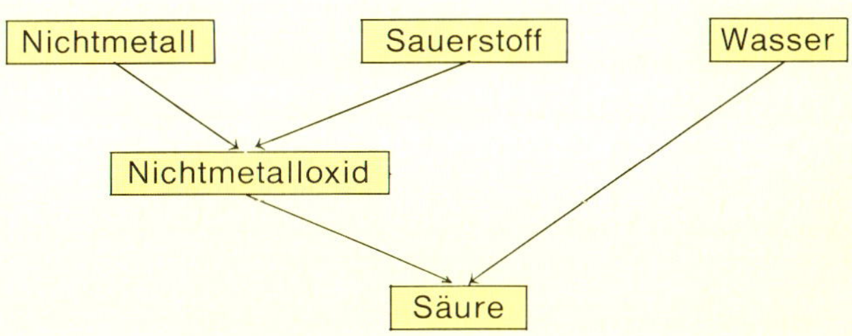

13.1.5 Basen

Wichtige Basen

Name	Formel
Natriumhydroxid	$NaOH$
Kaliumhydroxid	KOH
Calciumhydroxid	$Ca(OH)_2$

Neben Säuren sind Basen wichtige chemische Verbindungen. Basen sind unter Normalbedingungen feste Stoffe (Abb. 1).

Die Beispiele zeigen, daß Basen aus einem Metall und einem OH-Rest bestehen. Das Metall hat seine äußeren Elektronen abgegeben und ist somit positiv geladen.

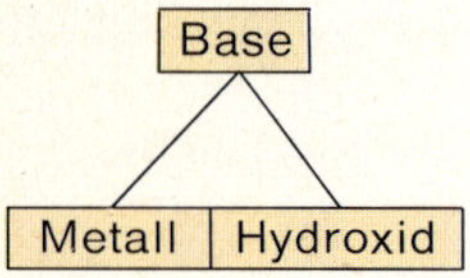

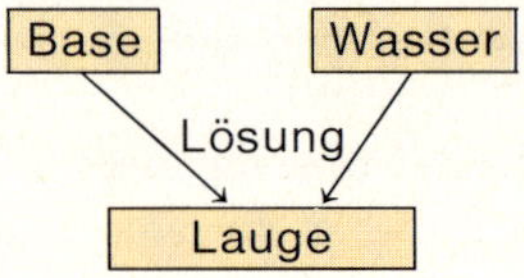

Abb. 1: Base (Kaliumhydroxid) und Lauge (Kalilauge)

Der OH-Rest wird Hydroxid genannt. Das Hydroxid-Ion hat die Elektronen des Metalls aufgenommen. Es ist negativ geladen. Metalle bilden Basen (Metallhydroxide).

Basen lösen sich in Wasser auf. Man nennt die Lösung dann **Lauge**.

> Laugen sind in Wasser gelöste Basen.

Mit Basen und Laugen muß ebenfalls vorsichtig umgegangen werden, da sie giftig sind und ätzend wirken (Abb. 2).

Abb. 2: Ätzende Wirkung von Kalilauge auf Kupfer

In der Elektrotechnik werden Laugen z. B. in Akkumulatoren verwendet (z. B. Stahlakkumulator).

Basen entstehen, wenn Wasser auf Metalle einwirken kann. Bei einigen Metallen (z. B. Na, K, Ca) ist die Reaktion sehr heftig.

Beispiel:

$K + H_2O \rightarrow KOH + \frac{1}{2}H_2\uparrow$ (entweicht)

Bei dieser Reaktion wird Wasser zersetzt. Es entstehen Kaliumhydroxid und Wasserstoff.

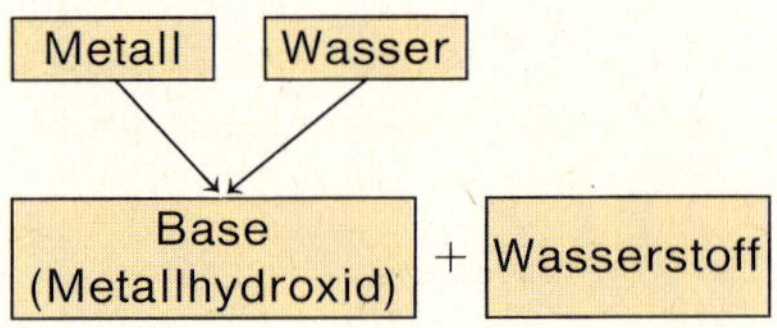

13.1.6 Salze

Neben dem Kochsalz (Natriumchlorid) gibt es eine Gruppe von Verbindungen, die Salze genannt werden. Sie bestehen aus einem Metallion und einem Säurerest-Ion.

Beispiele:

$NaCl$, Natriumchlorid, Salz der Salzsäure
$CuSO_4$, Kupfersulfat, Salz der Schwefelsäure
KNO_3, Kaliumnitrat, Salz der Salpetersäure

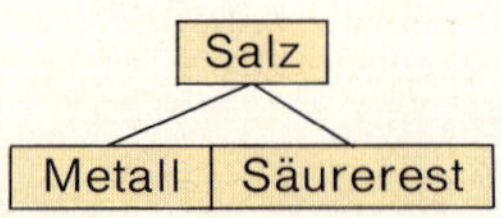

Salze können durch verschiedene Reaktionen entstehen.

Aufgaben zu 13.1

1. Welcher Grundstoff ist immer in einer Metalloxid-Verbindung enthalten?
2. Welcher Bestandteil hat bei der Metalloxid-Verbindung seine Elektronen abgegeben?
3. Zu welchen Störungen können Metalloxide bei Schaltern führen?
4. Nennen Sie Metalle, die unter Normalbedingungen mit Sauerstoff keine Verbindungen eingehen!
5. Schreiben Sie die Reaktionsgleichung zwischen Aluminium und Sauerstoff auf!
6. Was geschieht elektrochemisch bei der Oxidation und bei der Reduktion mit den Valenzelektronen?
7. Nennen Sie drei wichtige Säuren!
8. Aus welchen Bestandteilen besteht eine Säure?
9. Was muß man beim Vermischen von konzentrierter Schwefelsäure und Wasser beachten?
10. Mit welchen der folgenden Stoffe und Wasser kann eine Säure entstehen? Kalium, Sauerstoff, Schwefeldioxid, Eisen, Chlorwasserstoff.
11. Aus welchen Bestandteilen besteht eine Base?
12. Erklären Sie den Unterschied zwischen einer Base und einer Säure!
13. Schreiben Sie die Reaktionsgleichung zwischen Natrium und Wasser auf!
14. Nennen Sie drei Salze!
15. Aus welchen Bestandteilen bestehen Salze?

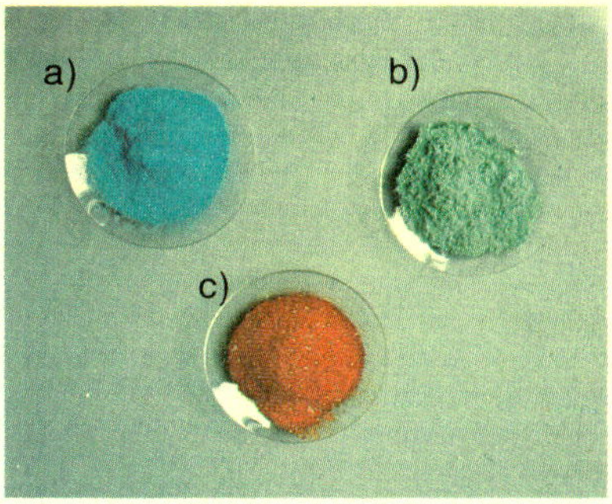

Abb. 3: Verschiedene Salze:
a) Kupfersulfat, b) Kupfercarbonat, c) Kaliumdichromat

13.2 Stromleitung in Flüssigkeiten

Elektrischer Strom fließt nicht nur durch metallische Leiter, sondern auch durch bestimmte Flüssigkeiten. Die dabei einsetzende Umwandlung der Flüssigkeit wird in vielfältiger Weise ausgenutzt. Abb. 4 zeigt eine Galvanisieranlage. Welche Vorgänge sich dabei abspielen und was bei der Stromleitung in Flüssigkeiten geschieht, soll nachfolgend behandelt werden.

13.2.1 Leitfähigkeit von Flüssigkeiten

Chemisch reines Wasser ist eine Flüssigkeit, die durch keine Fremdstoffe verunreinigt ist. Es ist ein sehr schlechter elektrischer Leiter. Leitungswasser ist nicht chemisch rein. Es enthält je nach Fördergebiet unterschiedlich hohe Anteile an Salzen und anderen Stoffen.

Auch andere Salze, Säuren und Laugen erhöhen die Leitfähigkeit des Wassers. Durch diese Stoffe gelangen positive und negative Ionen in das Wasser. Die ange-

Abb. 4: Galvanisieranlage

Versuch 13–1: Leitfähigkeit von Salzwasser

Aufbau

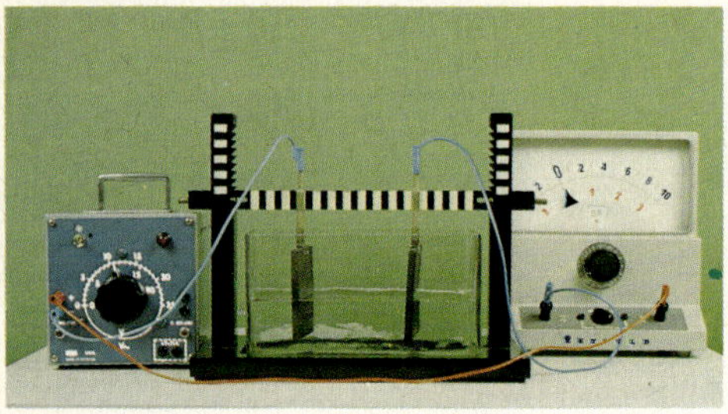

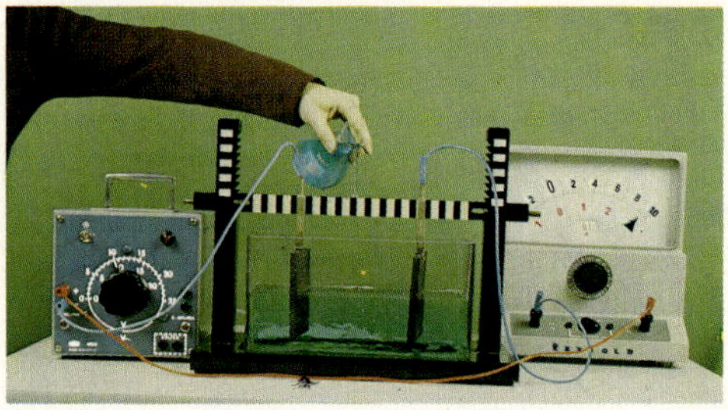

Durchführung

In das Wasser wird eine Kupfersulfatlösung gegeben.

Ergebnis

Durch die hineingegebene Salzlösung erhöht sich die Stromstärke. Die Leitfähigkeit steigt mit der Zunahme der Salzlösung.

legte Spannung setzt sie in Bewegung. Es fließt ein Strom.

Es fließt nur dann ein elektrischer Strom durch eine Flüssigkeit, wenn Ionen vorhanden sind.

Stromleitende Flüssigkeiten werden Elektrolyte genannt.

13.2.2 Elektrolyse

Der Versuch 13–1 hat gezeigt, daß in einer Salzlösung beim Anlegen einer Spannung ein Strom fließt. Dieser Vorgang soll genauer untersucht werden.

Jede Ionen-Lösung besteht aus positiven und negativen Ionen. Diese sind dabei von einer Anzahl Wassermolekülen umgeben. Sie sind hydratisiert[1].

Die Aufspaltung eines Stoffes in seine Ionen wird Dissoziation genannt.

Die Aufspaltung in Ionen wird durch Ionengleichungen verdeutlicht. Die Ionen werden darin durch ihre Ladungen gekennzeichnet.

Beispiel:

$CuSO_4 \longrightarrow Cu^{2+} + SO_4^{2-}$

Kupfersulfat dissoziiert in wäßriger Lösung in positive Kupferionen und negative Säurerestionen (Abb. 1).

[1] Hydrate sind chemische Verbindungen mit Wasser.

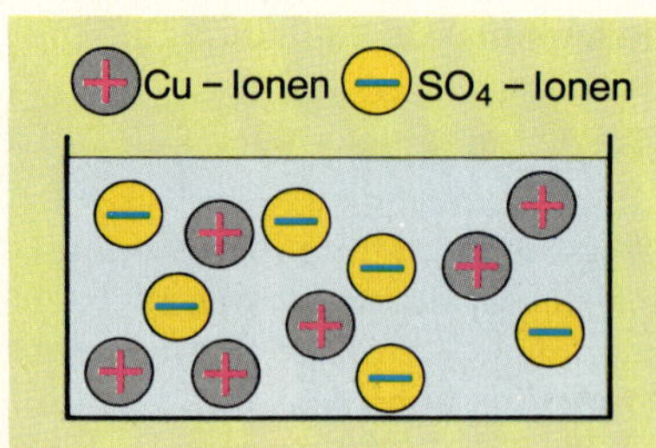

Abb. 1: In Wasser aufgelöstes Kupfersulfat (ohne Wassermoleküle)

Legt man an eine Ionenlösung eine Spannung, dann wandern die Ionen aufgrund der Anziehungs- und Abstoßungskräfte zu den entgegengesetzt geladenen Elektroden. Dort werden sie durch Abgabe bzw. Aufnahme von Elektronen neutralisiert (Abb. 2).

Positive Ionen wandern zur negativen Elektrode

Kationen ⊕ ⟶ Katode −

Negative Ionen wandern zur positiven Elektrode

Anionen ⊖ ⟶ Anode +

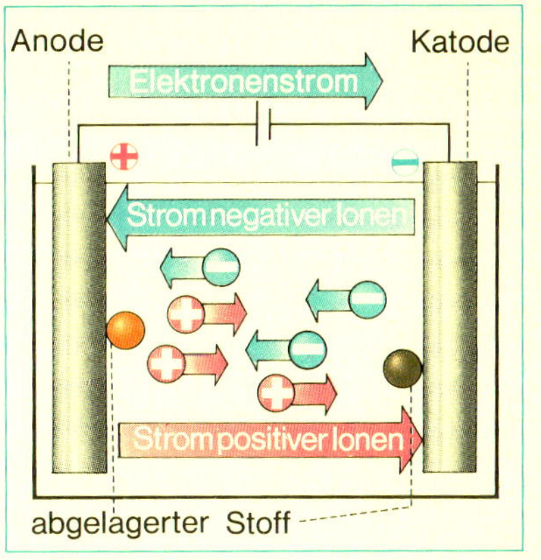

Abb. 2: Ionenwanderung in einer Flüssigkeit

In Flüssigkeiten wandern bei angelegter Spannung also positive und negative Ladungsträger, während in festen Stoffen (z.B. Metalle) nur Elektronen fließen können.

Bei der Ionenwanderung wird die Flüssigkeit in ihre Ausgangsstoffe zerlegt, die sich an den Elektroden ablagern (Abb. 3).

Die Zerlegung einer Flüssigkeit durch den elektrischen Strom nennt man Elektrolyse.

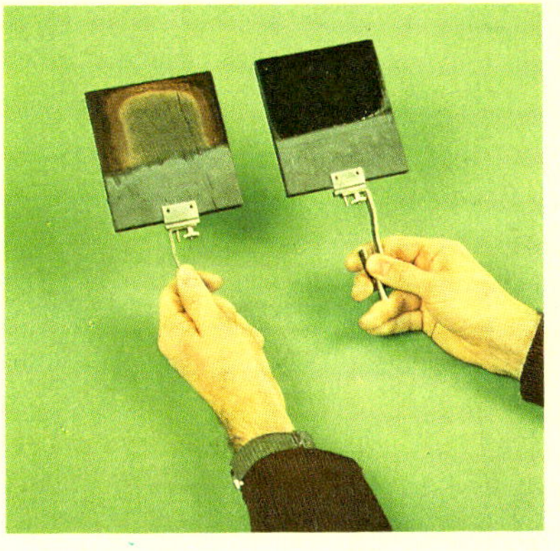

Abb. 3: Abgeschiedenes Kupfer an der Katode

13.2.3 Abscheidungsgesetz der Elektrolyse

Bei der Elektrolyse von verdünnter Schwefelsäure entstehen gasförmige Stoffe. Verwendet man Salzlösungen als Elektrolyte, dann können sich auch feste Stoffe abscheiden. Die dabei vorhandenen Gesetzmäßigkeiten sollen am Beispiel der elektrolytischen Zerlegung von Kupfersulfat verdeutlicht werden.

Die rechte Abbildung in Versuch 13–1 zeigt die experimentelle Anordnung. Als Elektroden wurden Kohleplatten verwendet, damit es zu keiner Auflösung der Platten kommt.

Dissoziation des Kupfersulfats

$CuSO_4 \longrightarrow Cu^{2+} + SO_4^{2-}$

Abscheidung an der Katode

$Cu^{2+} + 2\,\text{Elektronen} \longrightarrow Cu$

Kupfer wird an der Katode abgeschieden.

Metallionen wandern zur Katode.

Abscheidung an der Anode

$SO_4^{2-} - 2\,\text{Elektronen} \longrightarrow SO_4$

Folgereaktion mit Wasser:

$SO_4 + H_2O \longrightarrow H_2SO_4 + \frac{1}{2}O_2\uparrow$

An der Anode entstehen durch Elektronenabgabe Schwefelsäure und Sauerstoff.

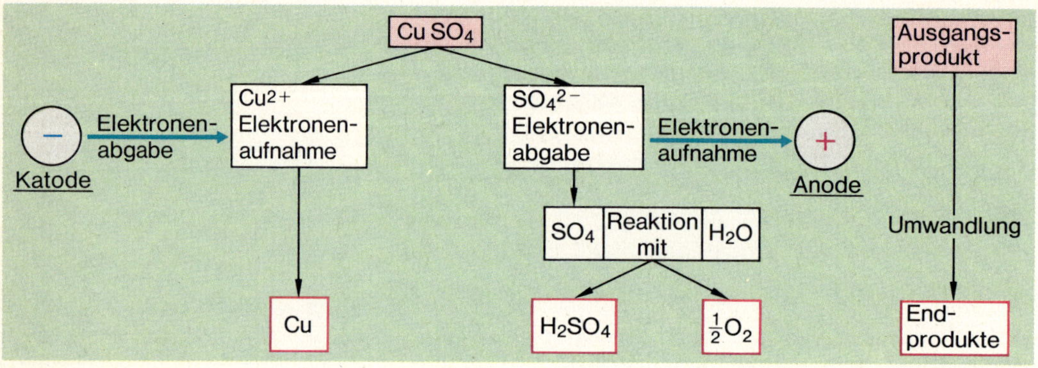

△ Abb. 1: Ablauf der elektrolytischen Zerlegung von Kupfersulfat

Die Ionen bestehen aus Protonen und Neutronen des Kerns sowie aus an den Kern gebundenen Elektronen. Jedes Ion hat neben seiner Ladung demnach auch eine Masse. Wenn die bewegte Ladungsmenge vergrößert wird, dann erhöht sich auch die Anzahl der abgegebenen Ionen und damit die Masse. Zwischen Ladung und Masse besteht Proportionalität.

$m \sim Q$ Es gilt: $Q = I \cdot t$ (vgl. 1.5.2)

$m \sim I \cdot t$

Außerdem hängt die Abscheidungsmenge auch von der Art des Stoffes ab. Diese Größe heißt **elektrochemisches Äquivalent** und wird in Form einer Konstanten c hinzugefügt. Das daraus entstehende Gesetz wird Faradaysches Gesetz der elektrolytischen Stoffabscheidung genannt.

Faradaysches Gesetz der elektrolytischen Stoffabscheidung

$$m = c \cdot I \cdot t$$

Die elektrolytisch abgeschiedene Masse hängt von der Art des Stoffes, der Stromstärke und der Zeit ab, in der der Strom geflossen ist.

Elektrochemisches Äquivalent

Formelzeichen c

$$c = \frac{m}{I \cdot t}$$

$$[c] = \frac{\text{kg}}{\text{A s}}$$

$$[c] = \frac{\text{mg}}{\text{A s}}$$

$$[c] = \frac{\text{g}}{\text{A h}}$$

Das elektrochemische Äquivalent gibt an, welche Masse eines Stoffes abgeschieden wird, wenn ein Strom von 1 A eine Sekunde lang fließt.

Aus einer Silbernitratlösung ($AgNO_3$) wird z. B. bei einer Stromstärke von 1 A in einer Sekunde eine Silbermenge von 1,118 mg Silber abgeschieden (frühere Definition für die Stromstärke).

Tab. 13.1: Elektrochemische Äquivalente einiger Metalle

Metall	Elektronen pro Atom	c in $\frac{\text{mg}}{\text{A s}}$	c in $\frac{\text{g}}{\text{A h}}$
Silber	1	1,118	4,025
Blei	2	1,074	3,866
Gold	3	0,681	2,451
Zink	2	0,339	1,220
Kupfer	1	0,659	2,372
Kupfer	2	0,329	1,186
Eisen	2	0,289	1,040

Beispiel: Eine Silbernitrat-Lösung ($AgNO_3$) wird zum Versilbern einer Kupferplatte verwendet. Wie groß ist die abgeschiedene Masse, wenn 30 Minuten lang eine Stromstärke von 1,6 A vorhanden ist?

$$m = c \cdot I \cdot t$$

$$m = \frac{4{,}025\ \text{g} \cdot 1{,}6\ \text{A} \cdot 0{,}5\ \text{h}}{\text{A h}}$$

$$\underline{m = 3{,}22\ \text{g}}$$

13.2.4 Technische Anwendungen der Elektrolyse

13.2.4.1 Galvanostegie

Mit Galvanostegie bezeichnet man das galvanische (elektrolytische) Überziehen von Metallflächen mit Metallüberzügen.

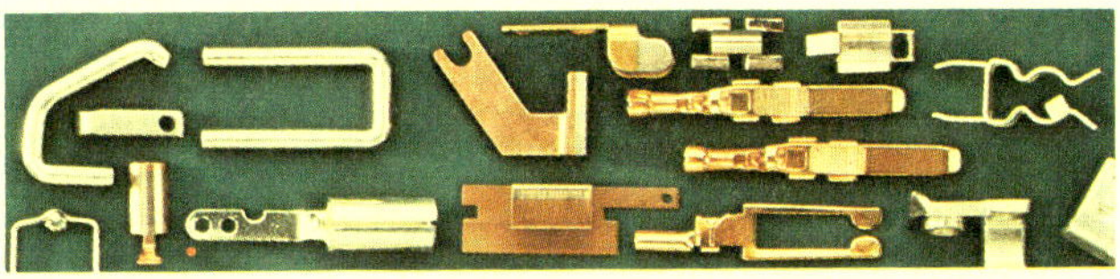

Abb. 2: Oberflächenvergütete Teile durch Elektrolyse

Technisch wichtig sind z.B. Beschichtungen mit Zink, Kupfer, Nickel, Silber, Gold und Chrom. Als Elektrolyte werden in Wasser lösliche Salze der entsprechenden Metalle verwendet.

Mit diesem Verfahren lassen sich nicht nur elektrisch leitende Stoffe mit einer anderen Oberflächenschicht versehen, sondern auch nichtleitende Stoffe, wie z.B. Kunststoffe (Galvanoplastik). Sie müssen jedoch vorher an der Oberfläche leitend gemacht werden, damit Elektronen austreten können. Geeignet sind dazu Leitlacke, Graphit oder Metalldämpfe.

Beim Galvanisieren wird das Werkstück als Katode geschaltet.

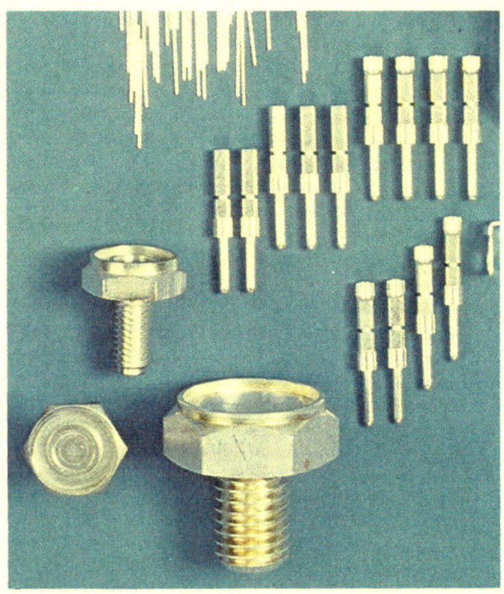

Abb. 3: Versilberte Anschlußteile und Steckverbindungen

13.2.4.2 Anodische Oxidation von Aluminium

Bei diesem Verfahren wird Aluminium elektrolytisch oxidiert. Es wird auch mit **Eloxalverfahren** bezeichnet (**el**ektrolytisch **ox**idiertes **Al**uminium.

Die dabei entstehende Oberflächenschicht schützt das Aluminium (z.B. bei Antennen) vor Witterungseinflüssen.

Das Aluminium wird als Anode geschaltet. Als Elektrolyte dienen Schwefelsäure, Oxalsäure, Chromsäure oder Mischungen aus diesen Säuren. Die auf der Oberfläche entstandene Schicht ist hart, weitgehend korrosionsbeständig und elektrisch nichtleitend. Je nach

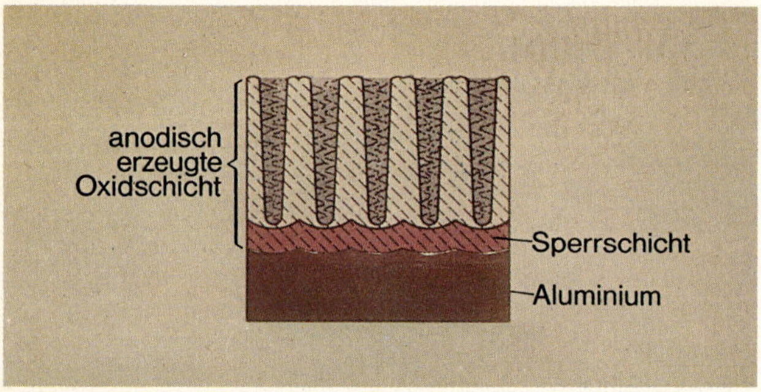

Abb. 1: Querschnitt durch eine anodisch oxidierte Schicht bei Aluminium

Verfahren kann sie aus mehreren Teilen bestehen und eingefärbt sein (Abb. 1). Sie ist 10 µm...20 µm dick.

Das Verfahren der anodischen Oxidation wird nicht nur bei Aluminium, sondern auch bei anderen Metallen zum Oberflächenschutz angewendet.

Bei der anodischen Oxidation wird das Werkstück als Anode geschaltet.

13.2.4.3 Metallgewinnung

In der Natur kommen die meisten Metalle nicht in reiner Form vor, sondern in Verbindung mit Sauerstoff und anderen Nichtmetallen (z. B. Schwefel). Um das reine Metall zu erhalten, muß das Nichtmetall entfernt werden. Dies kann mit Hilfe des elektrischen Stromes geschehen. Den Metallionen werden dabei Elektronen zugeführt.

Angewendet wird dieses Verfahren bei der Gewinnung von **Elektrolytkupfer** und bei der Schmelzflußelektrolyse.

Die Schmelzflußelektrolyse wird besonders bei der Gewinnung von Aluminium, Magnesium, Natrium, Kalium und Calcium angewendet. Sie soll am Beispiel der Aluminiumgewinnung erklärt werden.

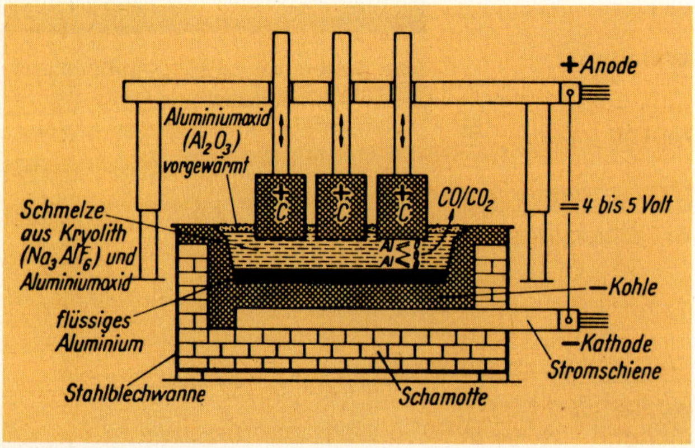

Abb. 2: Prinzip des Elektrolyseofens zur Aluminiumgewinnung

Die Schmelze der Aluminiumverbindungen befindet sich in einer flachen Wanne, die mit Kohle ausgeschichtet ist. Sie bildet die Katode, während als Anode Kohlestäbe benutzt werden. Durch den Stromfluß scheidet sich am Boden der Wanne das reine Aluminium ab (Abb. 2).

In der Praxis werden hohe Stromstärken (bis 140 kA) bei Spannungen von 4V...5V verwendet. Wichtig ist dabei, daß die Schmelze möglichst rein ist, da sich sonst auch andere Metalle an den Elektroden abscheiden.

Aufgaben zu 13.2

1. Durch welche Verbindungen kann die Leitfähigkeit von Wasser erhöht werden?

2. Welche allgemeine Bezeichnung haben stromleitende Flüssigkeiten?

3. Beschreiben Sie die Dissoziation eines Salzes in Wasser!

4. Durch eine Ionenlösung wird ein Strom geleitet.
Wohin wandern die Kationen und wohin wandern die Anionen?

5. Was geschieht bei der Elektrolyse mit den Ionen an den Elektroden?

6. An welcher Elektrode lagern sich Metallatome ab?

7. Von welchen Größen hängt die Stoffabscheidung bei der Elektrolyse ab?

8. Wie groß muß die Stromstärke sein, wenn aus einer Zinkchlorid-Lösung 6 g Zink in 2 Stunden abgeschieden werden soll?

9. Nennen Sie technische Anwendungen der Elektrolyse!

10. Aluminium soll anodisch oxidiert werden. Welche Elektrode ist das Werkstück?

11. Welche Vorteile besitzen anodisch oxidierte Metalle?

13.3 Elektrochemische Spannungserzeugung

In vielen Geräten des täglichen Gebrauchs werden als Spannungsquellen galvanische Elemente benutzt (Abb. 3).

Sie sind Energieumwandler, in denen auf elektrochemischem Wege eine Spannung erzeugt wird. Die dabei ablaufenden Prozesse sowie die technischen Anwendungsmöglichkeiten sollen hier erläutert werden.

Abb. 3: Akkumulatoren in einem Gabelstapler

13.3.1 Aufbau und Übersicht galvanischer Elemente

Abb. 1 zeigt eine eigentümliche Spannungsquelle. Zwei unterschiedliche Metalle (Silbergabel und Stahlmesser) sind in eine Zitrone gesteckt und an ein Spannungsmeßgerät angeschlossen. Es entsteht eine Spannung von 0,136 V.

Dieser Aufbau stellt bereits ein galvanisches Element dar, denn es sind alle wesentlichen Teile vorhanden:

- zwei Elektroden aus verschiedenen Werkstoffen
- ein Elektrolyt (hier: Zitronensäure).

Natürlich ist das „Zitronenelement" für die Technik keine sinnvolle Spannungsquelle.

Nach DIN 40853 ist die Bezeichnung „Galvanisches Element" der Oberbegriff für elektrochemische Spannungsquellen. Er wird in die Begriffe Primärelement und Sekundärelement (Akkumulator) unterteilt.

Galvanische Elemente

Primärelemente
(z. B. Zink-Braunstein-Element, Luftsauerstoff-Element, Alkalisches Element)

Sekundärelemente
(z. B. Bleiakkumulator, Stahlakkumulator)

Die beim Primärelement ablaufenden elektrochemischen Prozesse sind nicht umkehrbar. Die Elemente sind nicht wiederverwendbar. Sie können nicht geladen werden.

Bei Sekundärelementen (Akkumulatoren) ist eine Umkehrung der elektrochemischen Vorgänge möglich. Dies geschieht, indem man elektrische Energie zuführt. Dadurch wird der ursprüngliche Zustand wieder hergestellt. Der Akkumulator kann also zugeführte elektrische Energie als chemische Energie speichern und sie bei Bedarf wieder abgeben (Abb. 4).

In Spannungsquellen sind häufig mehrere Zellen zu einer Batterie zusammengeschlossen. Dabei wird die Leistungsfähigkeit erhöht.

In 8.2 und 8.3 werden Möglichkeiten des Zusammenschaltens von Spannungsquellen beschrieben.

13.3.2 Elektrochemische Spannungsreihe

Die Zusammenhänge beim abgebildeten „Zitronenelement" sind recht kompliziert. Außerdem ist diese Quelle nicht besonders wirksam und unüblich. Deshalb werden die Vorgänge an technischen Spannungsquellen verdeutlicht.

Zunächst soll untersucht werden, was sich beim Eintauchen einer einzelnen Elektrode in einen Elektro-

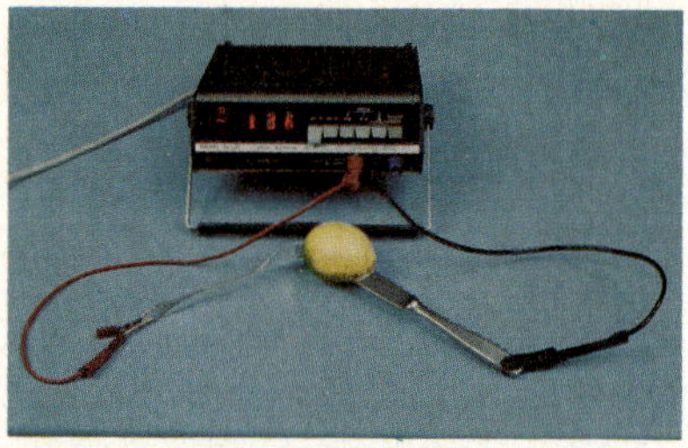

Abb. 1: Spannungsquelle mit einer Zitrone („Zitronenelement")

Abb. 2: Primärelemente

Abb. 3: Sekundärelemente

Abb. 4 ▽

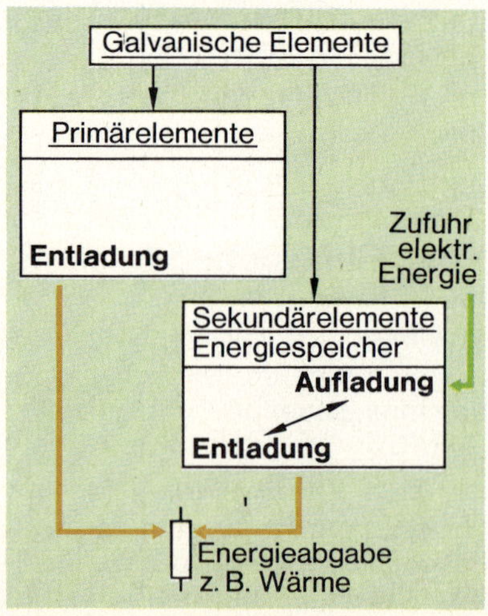

lyten abspielt. Dazu wird eine blanke Eisenplatte etwa zur Hälfte in eine Kupfersulfat-Lösung getaucht (Abb. 5).

An der eingetauchten Oberfläche hat sich ein rotbrauner Belag abgesetzt. Dies geschieht schnell. Es kann demnach kein Rostvorgang sein. Der abgeschiedene Stoff ist Kupfer.

Dieser Vorgang kann wie bei anderen elektrochemischen Vorgängen mit der Dissoziation und dem Übertreten von Elektronen erklärt werden.

Kupfersulfat dissoziiert in wäßriger Lösung in seine Ionen (vgl. 13.2.2).

$CuSO_4 \rightarrow Cu^{2+} + SO_4^{2-}$

Das abgeschiedene Material besteht jedoch nicht aus Ionen, sondern aus Kupfer-Atomen. Die Kupfer-Ionen müssen also Elektronen aufgenommen haben.

Cu^{2+} + 2 Elektronen $\rightarrow$ Cu
(Aufnahme)

Da die Kupferionen positiv sind, muß die Eisenplatte negativ sein. Das ist der Fall, wenn Eisen positive Ladungsträger, also Atomrümpfe (Eisenionen) abgibt. Die Elektrode enthält dann mehr negative als positive Ladungsträger.

Fe − 2 Elektronen $\rightarrow Fe^{2+}$
(Abgabe)

Damit ergibt sich folgende Gesamtgleichung:

$Cu^{2+} + Fe \rightarrow Cu + Fe^{2+}$

Ion A + Metall B → Metall A + Ion B

Ursachen für diese Wandlungen sind Ladungsunterschiede (Spannungen). Kupfer-Ionen werden in Kupfer und Eisen wird in Eisen-Ionen umgewandelt. Metalle sind also bestrebt, als Ionen in Lösung zu gehen. Gleichzeitig wandern die Ionen der Flüssigkeit zur Elektrode, nehmen dort Elektronen auf und lagern sich als Atome ab.

Das Bestreben der Metalle, in Lösung zu gehen, heißt **Lösungsdruck.**

Das Bestreben der Ionen einer Lösung, sich abzulagern, heißt **osmotischer Druck.**

Lösungsdruck und osmotischer Druck sind im allgemeinen unterschiedlich groß. Auf diese Weise entsteht ein Ladungsunterschied und damit eine für jedes Metall typische Spannung. Sie entsteht zwischen der Metallelektrode und der Flüssigkeit.

Der beschriebene Vorgang kann verallgemeinert werden, wenn in der Lösung Ionen des eingetauchten Metalls enthalten sind.

Abb. 5: Eingetauchte Eisenplatte in Kupfersulfat-Lösung

Abb. 6: Veränderungen an der Eisenplatte (Vergleich)

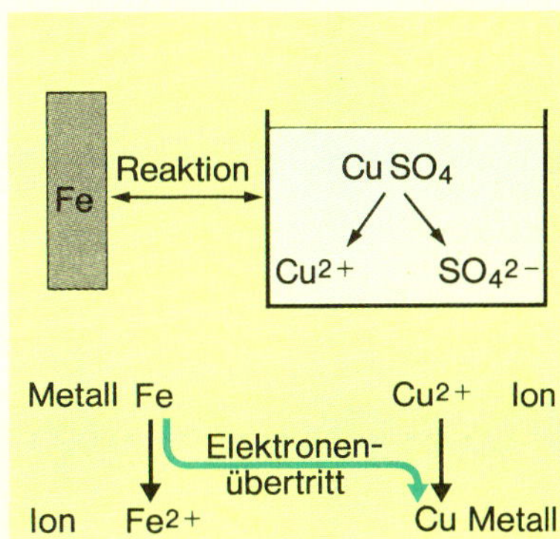

Abb. 7: Ablauf der Reaktionen zwischen Kupferionen und Eisen

Es sind dabei folgende Fälle zu unterscheiden:

- **Lösungsdruck kleiner als der osmotische Druck**

Die Metallelektrode wird positiv, die Flüssigkeit negativ, weil mehr Elektronen zur Neutralisation der Ionen in die Flüssigkeit eintreten.

- **Lösungsdruck größer als der osmotische Druck**

Die Metallelektrode wird negativ, die Flüssigkeit positiv, weil mehr positive Ionen in Lösung gehen.

Schaltet man an zwei in einem Elektrolyten befindliche Platten gleichen Materials ein Voltmeter, dann mißt man keine Spannung, da beide Spannungen gegenüber dem Elektrolyten gleich groß sind (Abb. 2). Man erhält nur dann eine Spannung, wenn die Elektroden unterschiedlich sind (Abb. 3).

Als genormte Bezugselektrode wurde die Wasserstoff-Elektrode festgelegt. Sie besteht aus einem Platinblech, das sich in Salzsäure (Wasserstoff-Ionen) bestimmter Konzentration befindet und von Wasserstoffgas umspült wird. Auf diese Elektrode sind alle Spannungsangaben der nachfolgenden elektrochemischen Spannungsreihe bezogen (Tab. 13.2).

In der Tabelle sind neben Wasserstoff einige Metalle mit ihren elektrochemischen Spannungen aufgeführt. Sie können in edle und unedle Metalle aufgeteilt werden.

Unedle Metalle sind bestrebt, Ionen an den Elektrolyten abzugeben und sich selbst aufzulösen.

Tab. 13.2: Elektrochemische Spannungsreihe unter Normalbedingungen ($\vartheta = 20\,°C$; $p = 98\,066{,}5$ Pa)

Elektroden-material	Elektronen pro Atom	U in V	
Kalium	1	−2,92	unedle Metalle
Natrium	1	−2,71	
Magnesium	2	−2,37	
Aluminium	3	−1,66	
Zink	2	−0,76	
Eisen	2	−0,44	
Nickel	2	−0,25	
Zinn	2	−0,14	
Blei	2	−0,13	
Wasserstoff	1	0,00	
Kupfer	2	+0,34	edle Metalle
Silber	1	+0,80	
Quecksilber	2	+0,85	
Platin	2	+1,20	
Gold	1	+1,68	
Kohlenstoff:		+0,74 V	

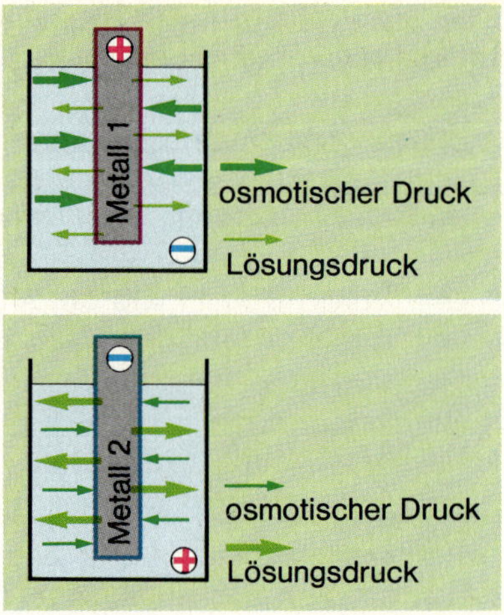

Abb. 1

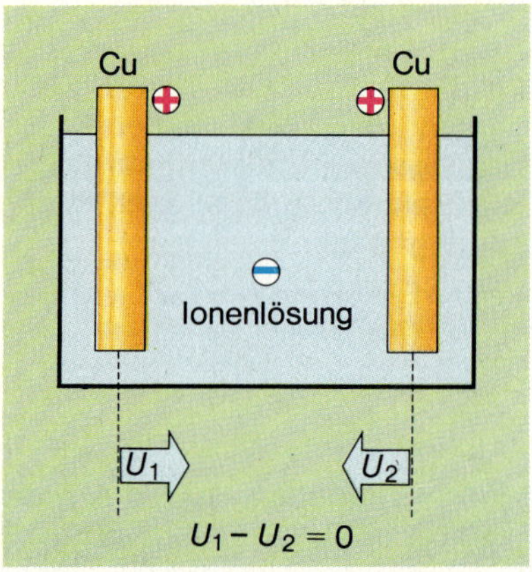

Abb. 2: Aufhebung der Spannung zwischen gleichartigen Elektroden

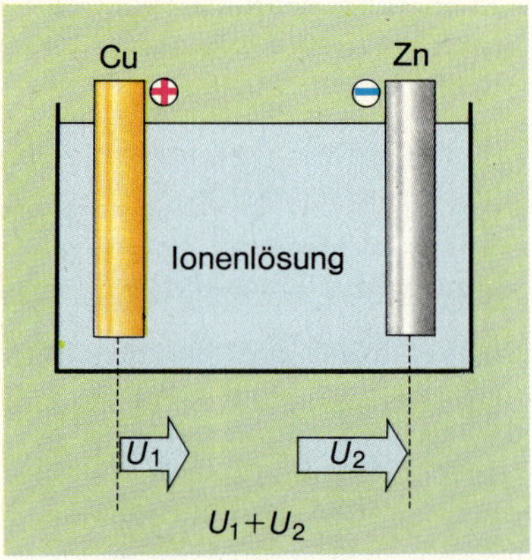

Abb. 3: Addition der Spannungen bei unterschiedlichen Elektroden

Beim Auflösen entsteht ein Elektronenüberschuß an der Elektrode, sie wird negativ. Entgegengesetzt verhalten sich die edlen Metalle.

Edle Metalle sind bestrebt, Elektronen abzugeben, sich also nicht aufzulösen.

Mit Hilfe der elektrochemischen Spannungsreihe kann die abgegebene Spannung eines Elements rechnerisch bestimmt werden. Sie ergibt sich aus den Einzelspannungen.

Beispiel:

Kupfer-Zink-Element
Kupfer + 0,34 V
Gesamtspannung: $U = 1{,}1$ V
Zink − 0,76 V

Pluspol: Kupfer-Elektrode
Minuspol: Zink-Elektrode

Aufgaben zu 13.3

1. Nennen Sie die notwendigen Teile eines galvanischen Elements!
2. Geben Sie Unterschiede zwischen einem Primär- und einem Sekundärelement an!
3. Erklären Sie den Unterschied zwischen einer Zelle und einer Batterie!
4. Welche Umwandlung geschieht mit den Kupfer-Ionen, wenn sie sich an der Katode einer Spannungsquelle anlagern?
5. Erklären Sie den Unterschied zwischen Lösungsdruck und osmotischem Druck!
6. Weshalb ist zwischen zwei gleichartigen Elektroden, die sich in einem Elektrolyten befinden, keine Spannung meßbar?
7. Wie groß ist die Spannung eines Elementes aus Nickel und Kupfer?
8. Worin unterscheiden sich edle und unedle Metalle hinsichtlich ihres Bestrebens, in Ionen überzugehen?

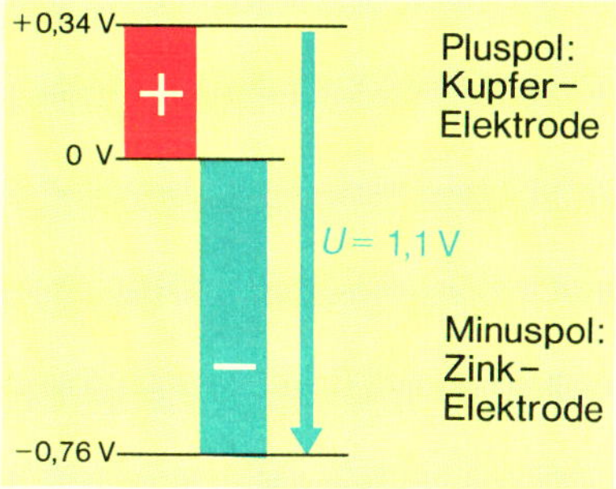

Abb. 4: Spannung des Kupfer-Zink-Elements

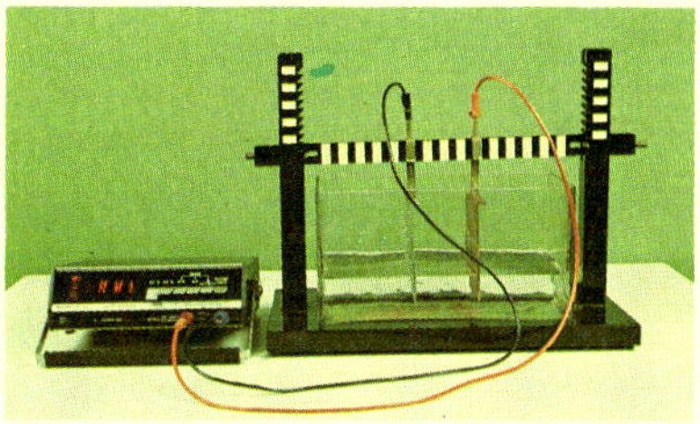

Abb. 5: Spannungsmessung beim Kupfer-Zink-Element (Digitalvoltmeter)

13.4 Primärelemente

13.4.1 Elemente aus Zink und Braunstein

Eine Vielzahl unserer im täglichen Gebrauch befindlichen galvanischen Elemente besitzen Zink und Braunstein (mit Kohle als Anschlußelektrode) als Elektroden sowie Ammoniumchlorid (Salmiak) als Elektrolyten. Sie unterscheiden sich lediglich durch ihr Aussehen bzw. durch die Anzahl der zusammengeschlossenen Zellen. Diese Elemente werden als

Trockenelemente (eingedickter Elektrolyt), Zink-Braunstein-Element, Braunsteinelement oder nach ihrem Entdecker Leclanché-Element[1] bezeichnet. Wir verwenden den Namen Zink-Braunstein-Element, da Zink und Braunstein die Elektroden sind.

13.4.1.1 Aufbau und Wirkungsweise

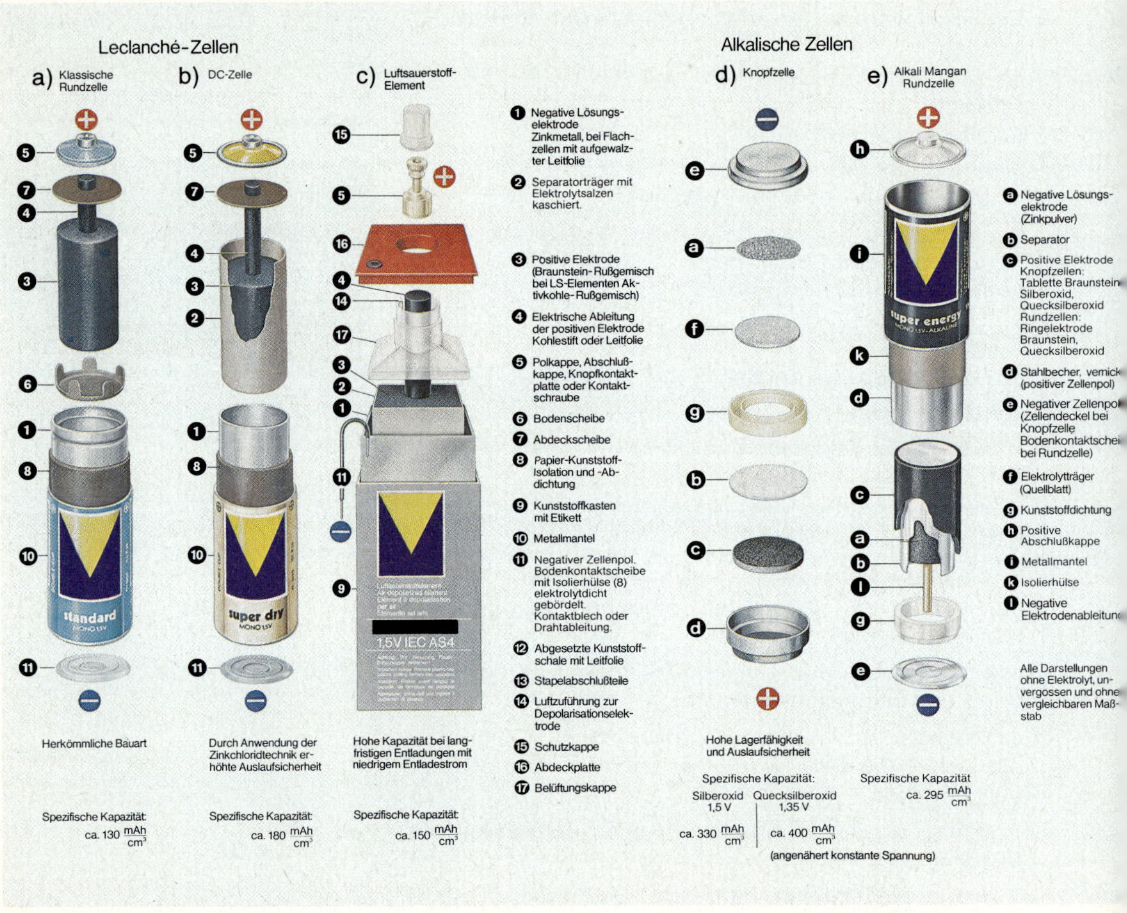

Abb. 1: Aufbau von Primärelementen

Abb. 1a zeigt den Aufbau einer Zelle. Der Zinkmantel ist der Minuspol der Quelle. Als Pluspol wird Braunstein (MnO_2) verwendet, der über einen Kohlestab angeschlossen ist. Zwischen beiden befindet sich eine eingedickte Ammoniumchlorid-Lösung (in der Abbildung nicht mitgezeichnet).

[1] Benannt nach Georges Leclanché, französischer Erfinder, 1839 bis 1882.

Der Zinkmantel löst sich im Elektrolyten auf. Positive Ionen werden an den Elektrolyten abgegeben. Dabei wird der Zinkmantel negativ. Braunstein gibt Elektronen ab. Er wird dadurch positiv.

Durch Schließen des äußeren Stromweges gelangen die Elektronen des Zinkmantels über die positive Elektrode in den Elektrolyten. Der Stromkreis ist geschlossen.

Der eben geschilderte Vorgang soll durch die nachfolgenden und vereinfacht dargestellten elektrochemischen Reaktionen verdeutlicht werden. Der gemeinsame Prozeß ist in Abschnitte zerlegt worden.

1. Ausgangssituation

Das Ammoniumchlorid ist in seine Ionen dissoziiert.

$NH_4Cl \rightarrow NH_4^+ + Cl^-$

2. Reaktion an der Katode (Minuspol)

Zinkionen gehen unter Zurücklassung von Elektronen in Lösung. Der Zinkbecher wird negativ.

$Zn \rightarrow Zn^{2+} + 2$ Elektronen

3. Reaktion an der Anode (Pluspol)

Das NH_4-Ion setzt sich aus neutralem NH_3 und einem H^+-Ion zusammen.

$NH_4^+ \rightarrow NH_3 + H^+$

Aus dem Braunstein treten Elektronen zur Neutralisation des Wasserstoff-Ions aus. Dadurch wird die Elektrode positiv.

Der gasförmige Wasserstoff würde sich an der Elektrode ablagern und sie allmählich isolieren. Man nennt diesen Vorgang **Polarisation.** Braunstein verhindert dies jedoch. Er reagiert mit ihm, indem er ihn zu MnOOH bindet.

Braunstein wirkt als Depolarisator.

$2MnO_2 + 2NH_4^+ \rightarrow 2MnOOH + 2NH_3 - 2$ Elektronen

Braunstein lädt sich positiv auf. Er kann demnach ebenfalls in die elektrochemische Spannungsreihe eingeordnet werden. Sein Platz würde zwischen Kupfer und Silber liegen.

4. Gesamtreaktion

$Zn + 2MnO_2 + 2NH_4Cl \rightarrow 2MnOOH + Zn(NH_3)_2Cl_2$

Durch diese Reaktion ist eine Ladungstrennung auf chemischem Wege entstanden. Verbindet man die Elektroden mit einem Leiter, dann kommt es zum Ausgleich der Ladungen. Dabei treten ständig neue Zink-Ionen in den Elektrolyten ein, die Elektrode wird zersetzt und Braunstein umgewandelt.

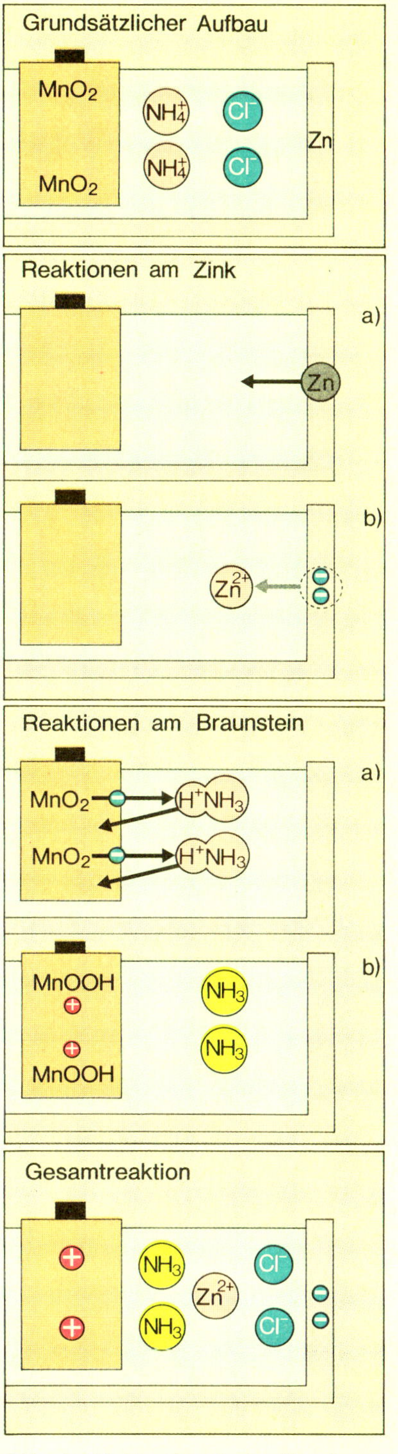

Abb. 2: Elektrochemische Vorgänge beim Zink-Braunstein-Element

Als Elektrolyt wird bei einigen Elementen auch Zinkchlorid verwendet. Diese Elemente haben den Vorteil, daß bei der Reaktion eine erhebliche Menge Wasser gebunden wird. Die Gefahr des Auslaufens von Elektrolytflüssigkeit kann dadurch verringert werden.

13.4.1.2 Eigenschaften und Anwendungen

Zum sachgerechten Umgang mit galvanischen Elementen sind bestimmte Spannungsangaben wichtig.

Die **Leerlaufspannung** (Quellenspannung, Urspannung) ist die Spannung, die im unbelasteten Zustand zwischen den Polen besteht. Sie liegt bei Zink-Braunstein-Elementen zwischen 1,35 V und 1,72 V.

Als **Arbeitsspannung** wird die Spannung bezeichnet, die sich nach Anschluß einer Belastung einstellt. Sie kann zwischen 1,2 V und 1,5 V liegen und sinkt mit zunehmender Belastung (vgl. 8.1).

Die **Nennspannung** ist ein abgerundeter Wert. Er liegt definitionsgemäß bei 1,5 V je Zelle. Eine Zelle gilt dann als entladen, wenn die Arbeitsspannung die Hälfte der Nennspannung beträgt.

Die **Klemmenspannung** eines Elementes ist nicht konstant. Sie sinkt mit größer werdender Entladezeit. Abb. 1 zeigt die Entladekurve einer 1,5 V-Zelle, die bevorzugt für Taschenlampen verwendet wird.

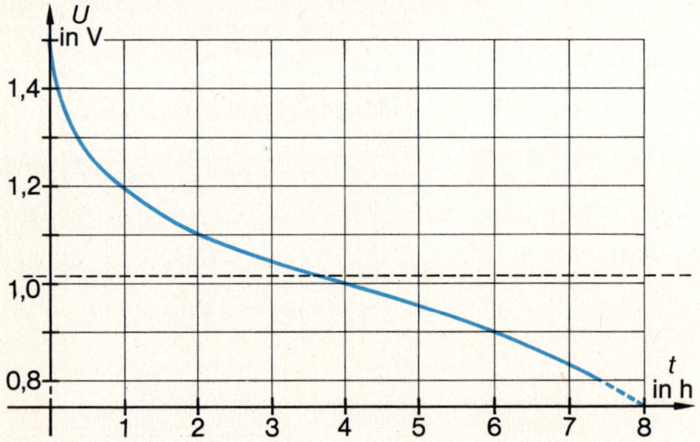

Abb. 1: Entladekurve einer 1,5 V-Zelle

Eine elektrochemische Spannungsquelle kann nur eine gewisse Zeit lang einen bestimmten Strom liefern. Es gibt Quellen mit verschiedenen Kapazitäten.

Die Kapazität K eines galvanischen Elementes ist die entnehmbare Elektrizitätsmenge (Ladung Q) in Amperestunden (A h).

Kapazität eines galvanischen Elementes

Formelzeichen K

$$\boxed{K = I \cdot t}$$

$[K] = \text{A h}$

Die Kapazität hängt in starkem Maße vom Aufbau und von der Belastung ab. Deshalb können vom Hersteller keine konstanten, sondern nur für den jeweiligen Belastungsfall gültige Kapazitätswerte angegeben werden.

Durch besondere Kennzeichnungen wird von einigen Herstellern auf die Kapazität und die Anwendungsbereiche hingewiesen (z.B. Farbkennzeichnung blau, rot, gelb).

Bei der Nachbestückung von Geräten müssen stets die vom Hersteller empfohlenen Typen eingesetzt werden, da nur dann maximale Leistung und Sicherheit garantiert ist. Dabei ist zu beachten, daß sie polrichtig eingesetzt werden. Bei fehlerhafter Polung kommt es zu selbständiger Entladung, und es besteht besonders die Gefahr des Auslaufens von Elektrolytflüssigkeit. Wenn alle Elemente falsch gepolt sind, kann das Gerät sogar zerstört werden.

Grundsätzlich gilt, daß bei einer Erneuerung sämtliche Elemente zu ersetzen sind. Es würde sonst die Gefahr bestehen, daß die „alten" Zellen zu stark entladen werden und dann auslaufen (Abb.3).

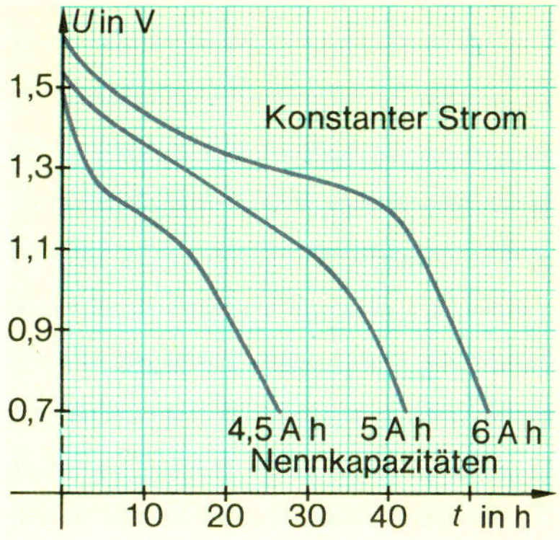

Abb. 2: Entladekurven unterschiedlicher Elemente mit gleicher Nennspannung

Abb. 3: Ausgelaufene Zelle

13.4.2 Luftsauerstoff-Element

Die negative Elektrode besteht bei diesem Element aus Zink. Die positive besitzt kein Oxid als Polarisator, sondern besteht aus Aktivkohle, in der der Luftsauerstoff elektrochemisch wirken kann. Als Elektrolyt wird Salmiak, Magnesiumchlorid oder auch Kalilauge verwendet (Abb. 1c, S. 222).

Diese Elemente besitzen gute Entladeeigenschaften (Abb. 4). Sie werden u.a. in Telefon-, Signal- und Verkehrsanlagen sowie in Meßgeräten benutzt.

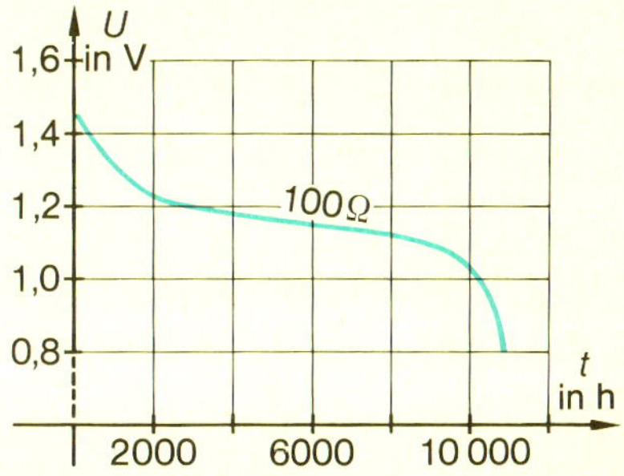

Abb. 4: Entladekennlinie eines Luftsauerstoff-Elements

13.4.3 Alkalische Zellen

Die Quecksilberoxid-Zellen und die Silberoxid-Zellen werden besonders für kleine Geräte benutzt (z.B. Hörgeräte, Rechner, Kleinsender, Filmkameras, Uhren).

Abb. 1d, e; S. 222 zeigt zwei mögliche Aufbauformen. Die Entladespannung bleibt in weiten Bereichen konstant und damit auch die Kapazität. Wesentliche Bauarten sind die Knopfzelle und die Rundzelle.

Gegenüberstellung von Quecksilberoxid-Zelle und Silberoxid-Zelle

	Quecksilberoxid-Zelle	Silberoxid-Zelle
Anode Katode Elektrolyt	Quecksilberoxid (HgO) Zink Kalilauge (KOH)	Silberoxid (Ag_2O) Zink Kalilauge (KOH)
Leerlaufspannung	1,35 V	1,85 V
Arbeitsspannung	1,2 V – 1,3 V	1,4 V – 1,5 V

An Bedeutung gewinnen Alkali-Mangan-Elemente (Abb. 1e, S. 222). Sie besitzen im Vergleich zu Zink-Braunstein-Elementen eine höhere Kapazität. Das wird durch den Elektrolyten Kalilauge erreicht. Die Elektroden bestehen ebenfalls aus Zink und Braunstein.

13.4.4 Brennstoffelemente

Bei jeder Verbrennung (Oxidation) kommt es zum Austausch von Elektronen (vgl. 13.1.3). Der Austausch von Elektronen geschieht jedoch im allgemeinen unkontrolliert.

In Brennstoffelementen gelingt es, den Vorgang langsam ablaufen zu lassen, im Sinne einer „kalten Verbrennung". Die im Brennstoff gespeicherte Energie wird in elektrische Energie umgewandelt (Abb. 1). Die Elektronen werden dabei über den äußeren Stromkreis geleitet.

Die meisten Brennstoffelemente benutzen Wasserstoff als Brennstoff. Abb. 2 zeigt den Aufbau einer Zelle.

Der Wasserstoff wird durch eine durchlässige (poröse) Metallelektrode mit Silberkatalysatoren[1] geleitet. Dabei werden ihm die Elektronen entzogen. Die Elektrode wird dadurch negativ. Der so ionisierte Wasserstoff (H^+) gelangt in den Elektrolyten Kalilauge.

Der zur Verbrennung erforderliche Sauerstoff wird durch eine zweite poröse Metallelektrode mit Nickelkatalysatoren geleitet. Der Sauerstoff wird ebenfalls ionisiert. Er entzieht der Metallelektrode Elektronen und geht als negatives Ion in den Elektrolyten. In der Kalilauge vereinigen sich die negativen Sauerstoffionen mit den positiven Wasserstoffionen zu Wasser.

Brennstoffelemente mit Wasserstoff erzeugen keine schädlichen Stoffe. Außerdem ist ihr Wirkungsgrad sehr gut. Er liegt bei 90%. Große Schwierigkeiten bereitet die Herstellung der Elektroden, da an ihnen Gase und Flüssigkeiten in einen engen Kontakt gelangen müssen. Schwierigkeiten bereitet auch die Lagerung des hochexplosiven Wasserstoffs.

Diese Probleme und die damit verbundenen hohen Kosten haben bisher zu einer geringen Verbreitung geführt.

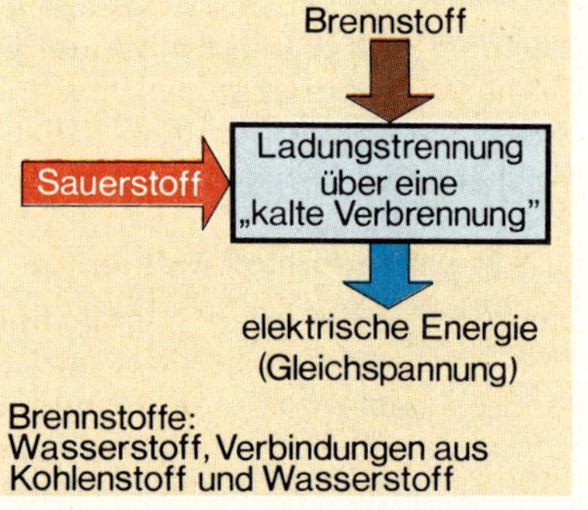

Abb. 1: Grundsätzliche Arbeitsweise von Brennstoffelementen

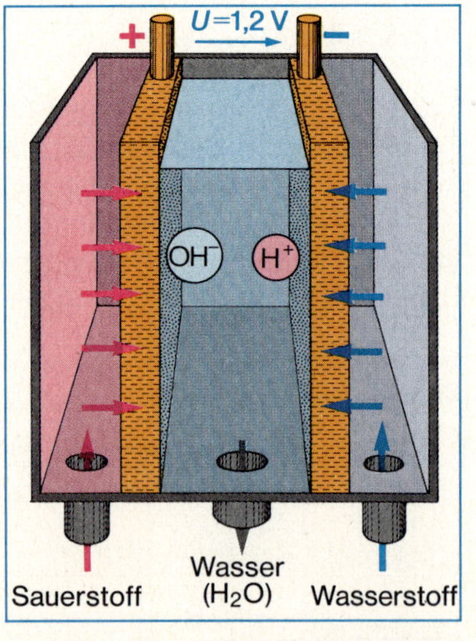

Abb. 2: Aufbau einer Brennstoffzelle

Aufgaben zu 13.4

1. Beschreiben Sie den Aufbau einer Zink-Braunstein-Zelle!
2. Welche Elektrode löst sich bei einer Zink-Braunstein-Zelle auf?

[1] Katalysatoren sind Stoffe, die chemische Prozesse ermöglichen oder beschleunigen, ohne sich selbst dabei zu verändern.

3. In welche Stoffe wandeln sich Zink und Braunstein beim Zink-Braunstein-Element um?

4. Weshalb läßt sich das Zink-Braunstein-Element nicht aufladen?

5. Wann ist definitionsgemäß ein galvanisches Element entladen?

6. Erklären Sie den Unterschied zwischen Leerlauf-, Nenn- und Klemmenspannung!

7. Eine Batterie wird in 5 Stunden mit einer mittleren Stromstärke von 30 mA entladen. Wie groß war ihre Kapazität?

8. Welche Vorteile besitzen Luftsauerstoff-Elemente gegenüber Zink-Braunstein-Elementen?

9. Welche Vorteile haben alkalische Zellen gegenüber Zink-Braunstein-Elementen?

13.5 Sekundärelemente

13.5.1 Bleiakkumulatoren

Der Bleiakkumulator gehört in die Gruppe der Sekundärelemente. Man bezeichnet ihn auch als Sammler. Er kann nach Entladung durch einen Stromfluß aufgeladen werden.

Abb. 3: Bleiakkumulator (Starterbatterie)

13.5.1.1 Anwendung und Aufbau

Bleiakkumulatoren werden in vielen Bereichen der Technik benutzt. Als Starterbatterie dienen sie z. B. zum Anlassen von Verbrennungsmotoren. In ortsfesten Anlagen werden sie als Notstromgeräte oder als Energiequellen für Fernsprech- und Signalanlagen verwendet.

Fahrzeuge dürfen in geschlossenen Räumen keine Verbrennungsgase verursachen. Deshalb werden dort Elektrofahrzeuge mit Akkumulatoren eingesetzt.

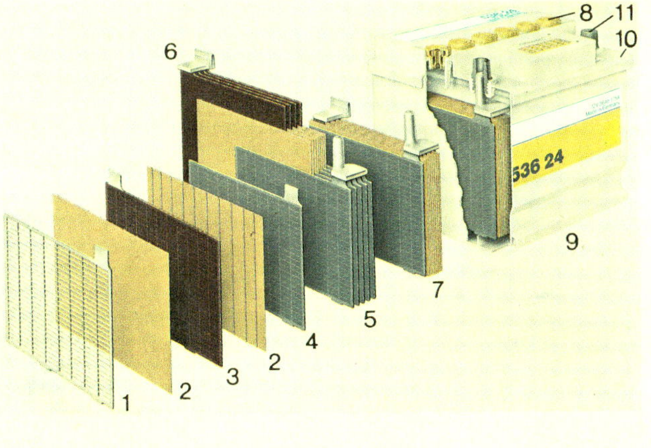

Abb. 4: Aufbau eines Bleiakkumulators

1 Gitter
2 Scheider
3 Positive Platte
4 Negative Platte
5 Negativer Plattensatz
6 Positiver Plattensatz
7 Plattenblock
8 Verschlußstopfen
9 Blockkasten mit Bodenleisten zur Bodenbefestigung
10 Blockdeckel mit 2 Polbuchsen
11 Endpol

Abb. 4, S. 227 zeigt den Aufbau eines Bleiakkumulators. Er besteht aus 6 Zellen. Jede Zelle gibt eine Spannung von etwa 2 V ab. Die Gesamtspannung beträgt damit 12 V.

Die in Abb. 4, S. 227 rotbraunen Platten bilden den Pluspol (Nr. 3 der Abbildung). Durch die gelben Scheidewände (Scheider, Nr. 2) werden sie von der Minusplatte getrennt (Nr. 4). Die Scheider sind für die Elektrolytflüssigkeit durchlässig (verdünnte Schwefelsäure).

Jede Zelle ist nach dem gleichen Prinzip aufgebaut. Deshalb soll an einer einzelnen Zelle der Aufbau erklärt werden. Dabei wird zwischen dem geladenen und dem entladenen Zustand unterschieden.

1. Entladener Zustand

Positive Platte	Elektrolyt	Negative Platte
Bleisulfat ($PbSO_4$) weißgrau	**Verdünnte Schwefelsäure** Die Dichte ist geringer als im geladenen Zustand, da der Säurerest im Bleisulfat gebunden ist.	**Bleisulfat** ($PbSO_4$) weißgrau

2. Geladener Zustand

Positive Platte	Elektrolyt	Negative Platte
Bleidioxid (PbO_2) braun	**Verdünnte Schwefelsäure** Die Dichte ist größer als im entladenen Zustand.	**Blei** (Schwammblei, Pb) grau

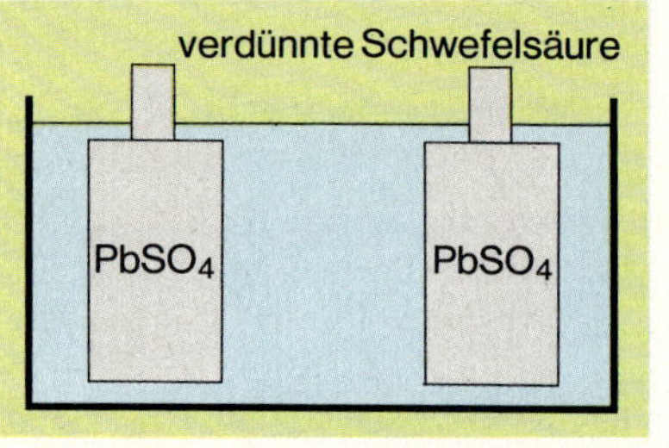

Abb. 1: Entladener Akkumulator

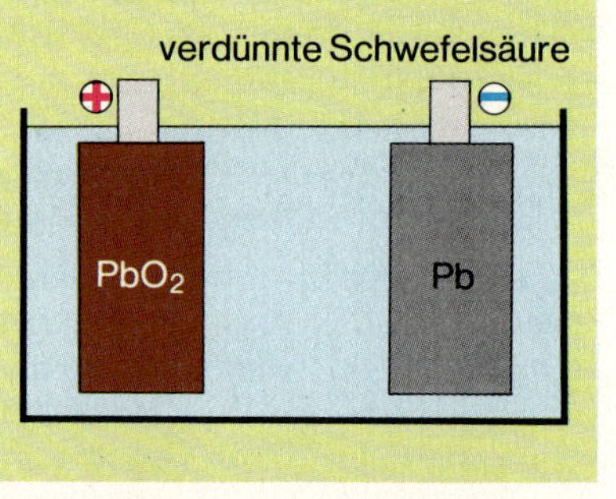

Abb. 2: Geladener Akkumulator

13.5.1.2 Vorgänge beim Auf- und Entladen

Zur Aufladung wird der Akkumulator an eine Gleichspannungsquelle angeschlossen. Abb. 3 zeigt den Ladevorgang. Der positive Pol des Ladegeräts ist mit dem Plus-Pol des Akkumulators verbunden. Ebenso sind die negativen Pole miteinander verbunden. Da sich am Ende des Ladevorgangs Gase entwickeln, müssen die Verschlüsse geöffnet sein.

Abb. 3: Aufbau zum Aufladen eines Akkumulators

Chemische Reaktionen beim Aufladen

Bleisulfat wird durch den Stromfluß umgewandelt.

Minuspol:

$PbSO_4 + 2$ Elektronen $\rightarrow Pb + SO_4^{2-}$
(aufgenommen)

Bleisulfat wird durch die Zuführung von Elektronen in Blei umgewandelt. Der Säurerest geht als negatives Ion in die Lösung und bildet dort mit dem am Pluspol entstehenden Wasserstoff die Schwefelsäure.

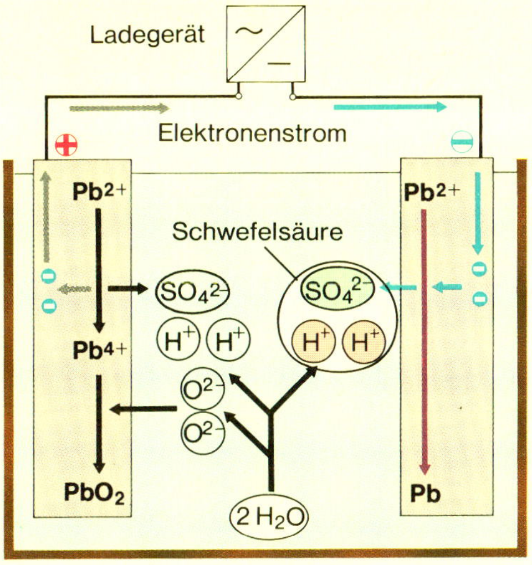

Abb. 4: Ladevorgang beim Bleiakkumulator (Minuspol)

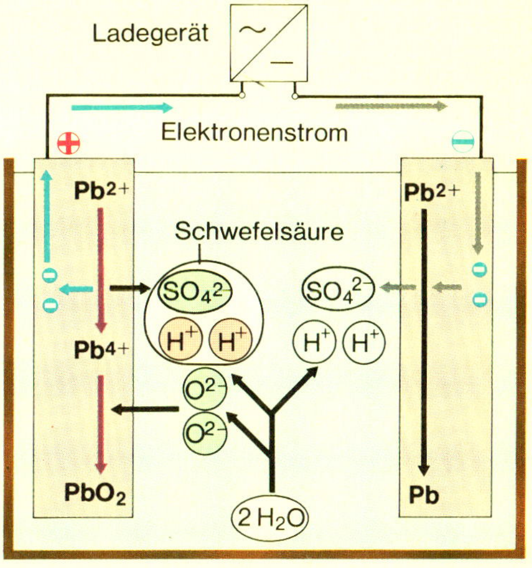

Abb. 5: Ladevorgang beim Bleiakkumulator (Pluspol)

Pluspol:

$PbSO_4 - 2$ Elektronen $+ 2H_2O \rightarrow PbO_2 + SO_4^{2-} + 4H^+$
(abgegeben)

Der positiven Elektrode werden Elektronen entzogen. Das zweiwertige Blei (im $PbSO_4$) wird in vierwertiges Blei (im Bleidioxid, PbO_2) umgewandelt. Die Wasserstoffatome bilden mit dem Säurerest am Minuspol Schwefelsäure.

Die getrennt dargestellten Reaktionen laufen gleichzeitig ab. Sie müssen im Zusammenhang gesehen werden:

$$2\,PbSO_4 + 2\,H_2O \xrightarrow{\text{Laden}} 2\,H_2SO_4 + Pb + PbO_2$$

Beim Laden wird aus den Platten Säure freigesetzt.

Chemische Reaktionen bei der Entladung

Minuspol:

$Pb - 2$ Elektronen $+ SO_4^{2-} \rightarrow PbSO_4$
(abgegeben)

Das Blei geht unter Abgabe von Elektronen in Bleisulfat über.

Pluspol:

$PbO_2 + SO_4^{2-} + 4H^+ + 2$ Elektronen $\rightarrow PbSO_4 + 2H_2O$
(aufgenommen)

Durch den äußeren Stromweg treten Elektronen in die Elektrode ein. Bleidioxid wird wieder in Bleisulfat umgewandelt.

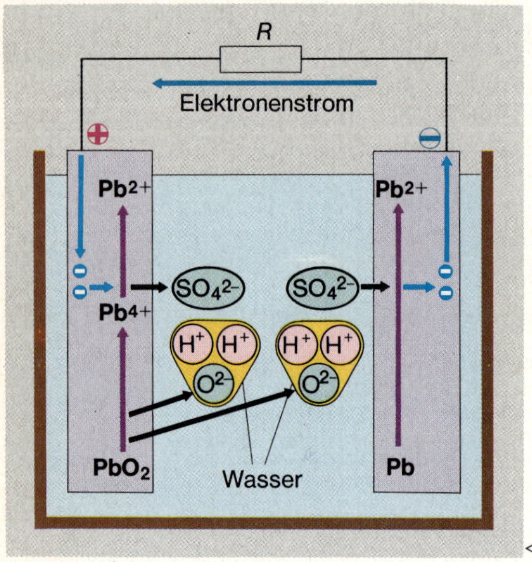

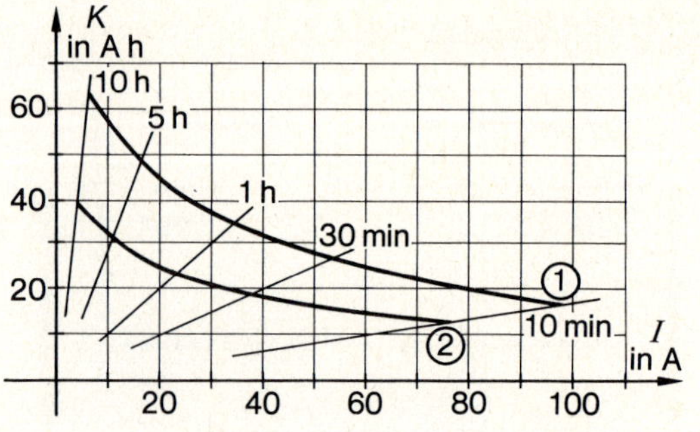

Abb. 1: Kapazitätskennlinien von Bleiakkumulatoren

◁ Abb. 2: Entladevorgang beim Bleiakkumulator

Bei der Entladung wird die bei der Stoffumwandlung gespeicherte Energie wieder abgegeben. Die Ausgangsstoffe entstehen wieder.

$$Pb + PbO_2 + 2H_2SO_4 \xrightarrow{\text{Entladen}} 2PbSO_4 + 2H_2O$$

Bei der Entladung wandeln sich die Elektroden in Bleisulfat um. Dabei entsteht Wasser, das zur Verdünnung des Elektrolyten beiträgt.

Beim Entladen wird Säure als Bleisulfat gebunden und dabei Wasser freigesetzt.

Beim Laden und Entladen wird keine Säure verbraucht. Es kann lediglich beim Laden Wasser zersetzt werden.

13.5.1.3 Umgang mit Bleiakkumulatoren

Wie bei Primärelementen verwendet man zur Kennzeichnung von Akkumulatoren die Kapazität. Es gilt die gleiche Formel. Die Kapazität ist jedoch nicht konstant. Sie hängt ab von

- dem Stromfluß
- der Entladeschlußspannung
- der Temperatur
- der Konzentration des Elektrolyten.

Kapazität galvanischer Elemente

$K = I \cdot t$

Von den Herstellern werden deshalb Nennkapazitäten angegeben, die nur unter den angegebenen Bedingungen erreicht werden. Die **Nennkapazität** der Starterbatterie erhält die Bezeichnung $\boldsymbol{K_{20}}$. Sie ist die Kapazität, die nach einer 20stündigen Entladung erreicht wird.

Beispiel:
$K_{20} = 80$ A h

Der mittlere Entladestrom errechnet sich dann wie folgt.

$$I_m = \frac{80\ \text{A h}}{20\ \text{h}}; \qquad \underline{I_m = 4\ \text{A}}$$

Aus Kennlinien kann für verschiedene Betriebsbedingungen die genaue Kapazität entnommen werden. Abb. 1 zeigt zwei Kennlinien, in denen die Kapazitäten in Abhängigkeit von der Stromstärke aufgetragen sind. Es ist erkennbar, daß die Kapazität dann am größten ist, wenn Stromstärke und Entladezeit klein sind.

Jeder Akkumulator speichert Ladungen und kann einen Strom eine gewisse Zeit lang abgeben. Diese entnommenen Ladungen müssen durch einen Stromfluß wieder hineingebracht werden (Abb. 3).

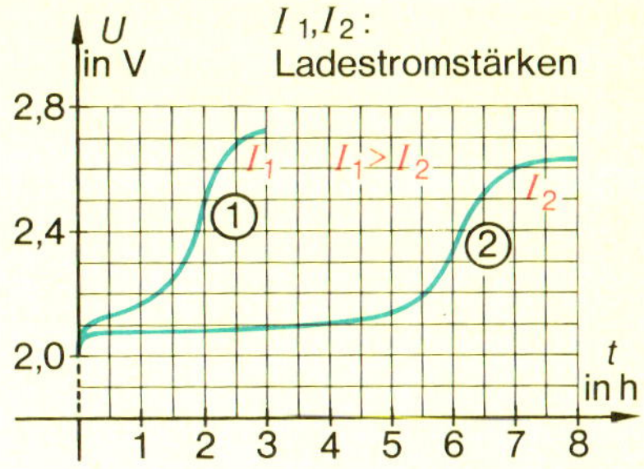

Abb. 3: Spannungsverlauf beim Aufladen einer Zelle mit unterschiedlichen Stromstärken

Mit zunehmender Ladezeit steigt die Ladespannung allmählich auf einen Sättigungswert. Nach Beendigung des Ladevorgangs sinkt die Spannung wieder auf etwa 2 V. Die Kurve 1 in Abb. 3 zeigt, daß mit einer größeren Stromstärke die Sättigung schneller erreicht werden kann.

Akkumulatoren lassen sich mit unterschiedlichen Stromstärken laden. Wichtig ist, daß die Spannung am Akkumulator nicht lange größer als **2,4 V** sein darf. Von dieser Spannung an **(Gasungsspannung)** kommt es neben der Aufladung zu einer elektrolytischen Zersetzung des Wassers. Wasserstoff und Sauerstoff werden frei. Deshalb muß bei Erreichen der Gasungsspannung die Ladestromstärke unbedingt reduziert werden (Auf Werte des Herstellers achten).

Wasserstoff und Sauerstoff bilden Knallgas, das beim Entzünden explosionsartig verbrennt. Deshalb darf in ihrer Nähe nicht mit offener Flamme gearbeitet werden. Räume, in denen aufgeladen wird, müssen gut entlüftet werden. Durch die Elektrolyse geht Wasser verloren, aber keine Schwefelsäure. Deshalb muß gelegentlich destilliertes bzw. entmineralisiertes Wasser (ohne Mineralien) nachgefüllt werden. Es darf kein Leitungswasser verwendet werden, weil die darin enthaltenen Mineralien die Wirksamkeit des Akkumulators herabsetzen.

Die entstehenden Gasbläschen reißen von der wirksamen Masse der Platten des Pluspols Bleidioxid ab, was zu einer frühzeitigen Alterung führt.

Folgen durch zu hohen Strom während der Ladung mit Gasentwicklung:

- Kapazitätsverminderung
- keine vollständige Umwandlung der Platten
- Kurzschlußgefahr durch Ablagerungen
- Temperaturerhöhung
- größere Energiezufuhr beim Laden (Wasser wird zersetzt)

Abb. 4: Neuwertige und verbrauchte Platte des Bleiakkumulators

Beim Laden gilt allgemein:

Es soll die Ladungsmenge hineingegeben werden, die für die Volladung erforderlich ist.

Das bedeutet, daß bekannt sein muß, welche Stromstärke in welcher Zeit entnommen wurde. In Großanlagen wird diese genaue Aufladung durch entsprechende Aufladungsgeräte möglich.

In vielen Fällen ist jedoch die genaue Energieentnahme nicht bekannt. Es muß dann aber der Ladevorgang überwacht werden. Da sich bei der Ladung die Dichte der Säure und die Spannung verändern, können diese als Merkmale für den Ladezustand herangezogen werden.

Der Ladezustand läßt sich durch die Dichte des Elektrolyten und durch die Spannung feststellen (unter Belastung).

Die Dichte der verdünnten Schwefelsäure hängt jedoch von dem jeweiligen Akkumulatortyp ab. Es lassen sich deshalb keine allgemeingültigen Werte angeben. Im geladenen Zustand kommen Werte von

$$1{,}20\,\frac{kg}{dm^3}\ \ldots\ 1{,}28\,\frac{kg}{dm^3}\ \text{vor.}$$

Beispiel für die Dichte und die Zellenspannung einer Starterbatterie:

Zustand	Dichte	Spannung
geladen	$1{,}28\,\frac{kg}{dm^3}$	2,1 V
↓	↓	↓
entladen	$1{,}12\,\frac{kg}{dm^3}$	1,7 V

In der Praxis wird die Dichte mit einem Säuremesser (Säureheber mit Aräometer) festgestellt. Die Flüssigkeit wird dabei durch einen Gummiball in einen röhrenförmigen Glasbehälter gezogen. In ihm befindet sich ein Schwimmer. Seine Eintauchtiefe hängt von der Dichte der Flüssigkeit ab. Diese kann auf einer Skala abgelesen werden.

Die genaue Überprüfung des Ladezustands über die Spannung kann nur im belasteten Zustand erfolgen. Das kann mit sogenanten Batterietestern geschehen, die aus einem Spannungsmeßgerät mit parallelgeschalteten Widerständen besteht.

Im nachfolgenden Teil sollen einige Ladeverfahren dargestellt werden.

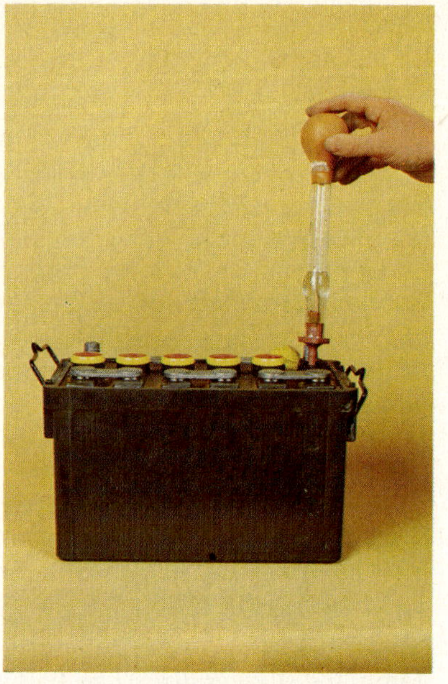

Abb. 1: Bestimmung der Dichte von Schwefelsäure mit einem Säuremesser

Laden mit konstanter Spannung und festem Vorwiderstand

Abb. 2 zeigt die Veränderung verschiedener Größen beim Ladevorgang. Bei diesem Verfahren ist wichtig, daß nach Erreichen der Gasungsspannung die Anlage nicht zu lange in Betrieb bleibt. Ein automatisches Abschalten nach einer bestimmten Zeit ist notwendig.

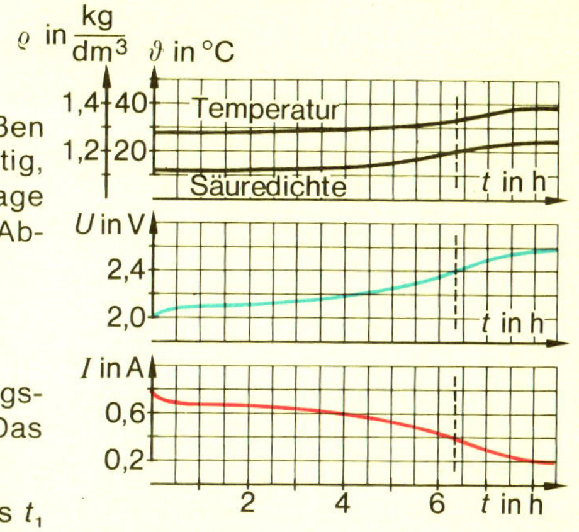

Abb. 2: Kurven zum Ladevorgang mit konstanter Spannung

Laden mit konstanter Spannung

Akkumulatoren können bis zum Erreichen der Gasungsspannung mit hohen Strömen geladen werden. Das nutzt man beim Schnelladen aus.

Abb. 3 zeigt den hohen Anfangsstrom. Von Null bis t_1 ist schnelladen möglich. Der Akkumulator ist jedoch noch nicht voll aufgeladen und muß noch weiter an der Spannung von 2,4 V betrieben werden.

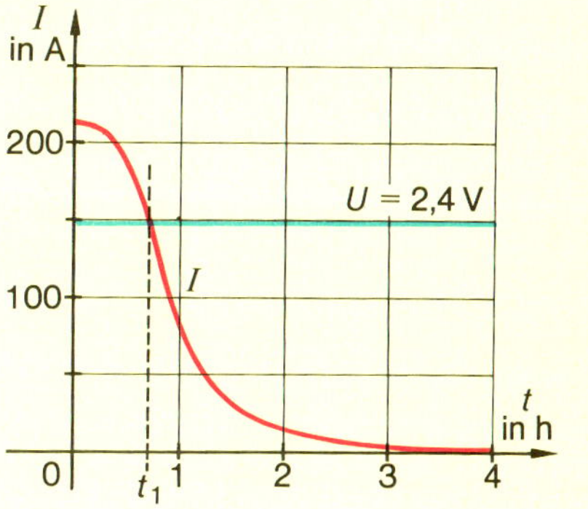

Abb. 3: Kurven beim Schnelladen mit konstanter Spannung

Strombegrenztes Laden bis 2,4 V

Der Spitzenstrom im vorangegangenen Verfahren und damit der Aufwand für das Ladegerät ist recht hoch. Aus diesem Grunde verwendet man auch Geräte, die den Strom bis zum Erreichen der Gasungsspannung konstanthalten. In Abb. 4 wird ein Wert von 120 A eingehalten.

Unvollständiges Laden kann ebenfalls zu einem frühzeitigen Verschleiß führen. Die Platten werden dabei nicht vollständig zu Bleidioxid und Schwammblei reduziert. Das zurückbleibende Bleisulfat reichert sich an und verschließt die Poren. Der Wirkungsgrad des Akkumulators verringert sich.

Akkumulatoren sollen stets voll aufgeladen werden.

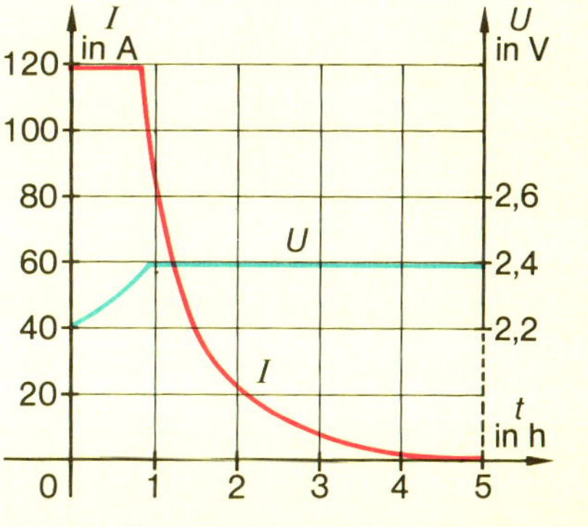

Abb. 4: Ladekurve mit Strombegrenzung

Bei Akkumulatoren ist wichtig, daß die Platten vollständig mit Flüssigkeit bedeckt sind.

Bei den von Herstellern gelieferten Starterbatterien sind die Platten bereits in Blei bzw. Bleidioxid umgewandelt. Man bezeichnet diesen Zustand als Trockenladung. Nach Hinzufügen der verdünnten Schwefelsäure ist nach etwa 20 Minuten die Batterie ohne Nachladen betriebsbereit.

Die **Typenbezeichnung** von Starterbatterien ist einheitlich (DIN 72310 und DIN 72311).

Beispiel: 53624 12 V 36 A h 175 A

- 53624: Typennummer
- 12 V: Nennspannung
- 36 A h: Nennkapazität (K_{20})
- 175 A: Kälteprüfstrom (bei −18 °C)

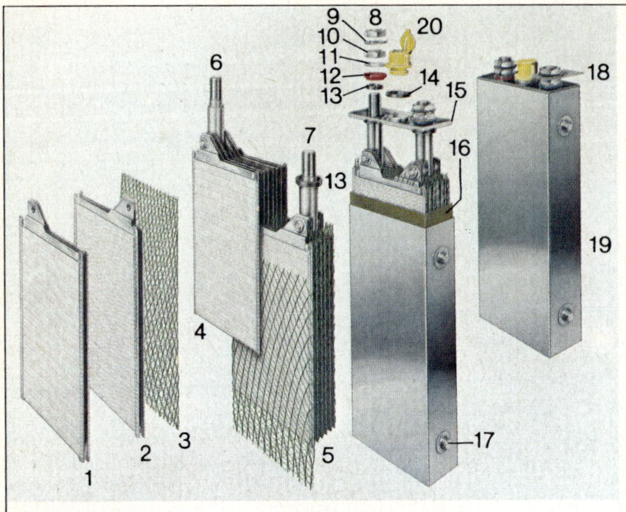

1 Positive Platten
2 Negative Platten
3 Netzartiger Plattenisolator
4 Positiver Plattensatz
5 Negativer Plattensatz
6 Positiver Polbolzen
7 Negativer Polbolzen
8 Polmutter
9 Sicherungsscheibe
10 Polbolzendruckring
11 Polbolzenscheibe
12 Polbolzenbuchse
13 Innere Poldichtung
14 Dichtungsring
15 Zellendeckel eingeschweißt
16 Mantelisolator
17 Aufhängenocken
18 Zellenverbinder
19 Zellengefäß
20 Klappventil

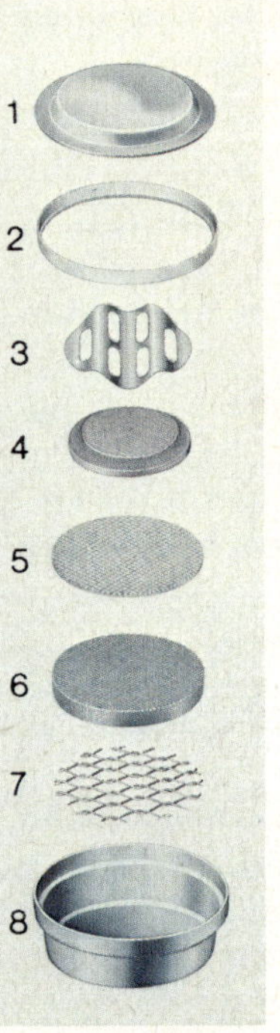

1 Zellendeckel
2 Isolier- und Dichtungsring
3 Kontaktfeder
4 Negative Elektrode
5 Scheider
6 Positive Elektrode
7 Bodeneinlage
8 Zellengefäß

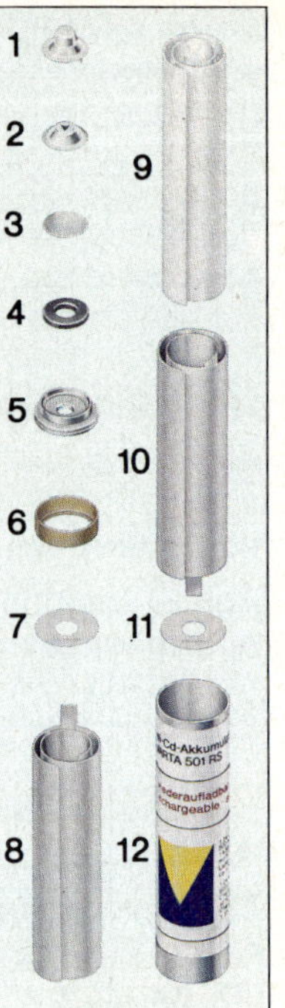

1 Kontaktknopf
2 Zackenscheibe
3 Membrane
4 Dichtungsring
5 Deckel mit Schließring
6 Dichtungsring
7 Isolator
8 Positive Sinterplatte
9 Perlonvlies
10 Negative Sinterplatte
11 Isolator
12 Zellenbecher

Abb. 1: Aufbau von Stahlakkumulatoren

In Akkumulatoren kommt es zu Umwandlungen von Energie. Man unterscheidet zwei Arten von Wirkungsgraden.

$$\textbf{Wirkungsgrad der Ladung} = \frac{\textbf{entnommene Elektrizitätsmenge}}{\textbf{zugeführte Elektrizitätsmenge}}$$

Wirkungsgrad der Ladung

$$\eta = \frac{Q_{ab}}{Q_{zu}}$$

Dieser Wirkungsgrad wird auch **Amperestunden-Wirkungsgrad** genannt. Er liegt bei etwa 90% (wenn der Ladestrom nach Erreichen der Gasungsspannung herabgesetzt wird). Es müssen demnach 110% bis 120% der entnommenen Ladung wieder zugeführt werden.

$$\textbf{Wirkungsgrad der Energie} = \frac{\textbf{entnommene Energie}}{\textbf{abgegebene Energie}}$$

Wirkungsgrad der Energie

$$\eta = \frac{E_{ab}}{E_{zu}}$$

Die entnommene Energie läßt sich aus der aufgenommenen Amperestundenzahl und der mittleren Entladespannung errechnen. Dieser Wirkungsgrad schwankt zwischen 69 und 77%. Er wird auch **Wattstunden-Wirkungsgrad** genannt.

13.5.2 Stahlakkumulatoren

Während bei Bleiakkumulatoren ein saurer Elektrolyt (verdünnte Schwefelsäure) verwendet wird, enthalten Stahlakkumulatoren Kalilauge (Kaliumhydroxid in Wasser). Deshalb werden Stahlakkumulatoren auch als **alkalische Akkumulatoren** bezeichnet.

Die Platten sind im entladenen Zustand wie folgt aufgebaut:

Positive Platte: Nickelhydroxid, $Ni(OH)_2$

Negative Platte: Eisenhydroxid, $Fe(OH)_2$ oder
Cadmiumhydroxid, $Cd(OH)_2$ oder
Gemische aus beiden.

Die hier aufgeführten elektrotechnisch wirksamen Materialien sind in vernickelten Stahlröhren eingepreßt oder befinden sich in Taschen aus vernickeltem und gelochtem Stahlblech.

Elektrochemische Gesamtreaktion:

$$Cd(OH)_2 + 2Ni(OH)_2 \underset{\text{Entladung}}{\overset{\text{Aufladung}}{\rightleftharpoons}} Cd + 2H_2O + 2NiOOH$$

Bei der Entladung wird Wasser gebunden. Bei der Ladung wird es wieder frei. Deshalb hat der Elektrolyt im geladenen Zustand eine geringere Dichte als nach der Entladung. Der Unterschied ist jedoch gering, so daß er nicht zur Bestimmung des Ladezustandes herangezogen wird. Dichte bei 20 °C: $1{,}2\,\frac{kg}{dm^3}$.

Nennspannung bei allen Typen: 1,2 V.

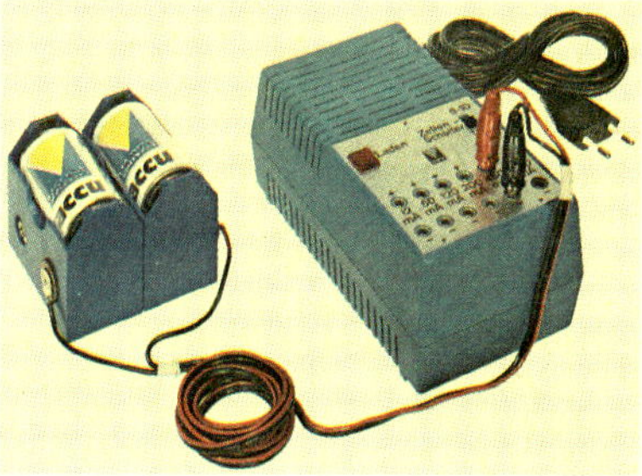

Abb. 2: Aufladegerät für Kleinakkumulatoren

Vorteile gegenüber Bleiakkumulatoren

- hohe Widerstandsfähigkeit gegenüber mechanisch rauher und harter Beanspruchung
- nahezu unbegrenzte Lagerfähigkeit (Platten werden nicht vom Elektrolyten angegriffen)
- Lebensdauer hängt nicht vom Alter ab, sondern nur von seiner elektrischen Beanspruchung (Entladungen)
- weitgehend unempfindlich gegen Überladung und Tiefentladung
- keine Säuredämpfe
- gasdichte Bauart bei kleineren Zellen möglich

Nachteile gegenüber Bleiakkumulatoren

- höhere Anschaffungskosten
- stärkerer Spannungsrückgang bei Entladung
- geringere Wirkungsgrade
- niedrigere Zellenspannung
- größerer Innenwiderstand

Aufgaben zu 13.5

1. Aus welchen Stoffen bestehen die Platten einer entladenen Bleiakkumulator-Zelle?
2. Aus welchen Stoffen bestehen die Platten einer geladenen Bleiakkumulator-Zelle?
3. Welche Farben haben die Platten des geladenen Bleiakkumulators?
4. Wie verändert sich der Elektrolyt des Bleiakkumulators beim Laden und Entladen?
5. Zeichnen Sie eine Schaltung zum Aufladen von Akkumulatoren (Polarität von Ladegerät und Akkumulator angeben)!
6. Geben Sie die Definition der Nennkapazität bei Starterbatterien an!
7. Von welcher Spannung an beginnt beim Aufladen des Bleiakkumulators die Zersetzung des Elektrolyten?
8. Weshalb muß bei Erreichen der Gasungsspannung der Bleiakkumulatoren mit verringerten Stromstärken geladen werden?
9. Welche Beschaffenheit muß das zum Nachfüllen von Bleiakkumulatoren geeignete Wasser haben?
10. Welche Möglichkeiten gibt es, den Ladezustand des Bleiakkumulators zu überprüfen?
11. Geben Sie die Definition der für Akkumulatoren gültigen Wirkungsgrade an!
12. Nennen Sie die wesentlichen Bestandteile von Stahlakkumulatoren!
13. Geben Sie Vor- und Nachteile der Stahlakkumulatoren gegenüber Bleiakkumulatoren an!

13.6 Korrosion

Jährlich gehen beträchtliche volkswirtschaftliche Werte durch Korrosion von Metallen in der Luft, im Erdreich und im Wasser verloren.

Die Abbildungen 1 und 2 zeigen durch Korrosion zerstörte Metalle. Die Korrosion beginnt an der Oberfläche und kann je nach Metall und äußeren Einflüssen bis zur vollständigen Zerstörung führen. Metalle

Abb. 1: Korrosionserscheinungen an der Oberfläche von Kupfer und Blei

Abb. 2: Korrodierte Düse eines Sicherheitsventils

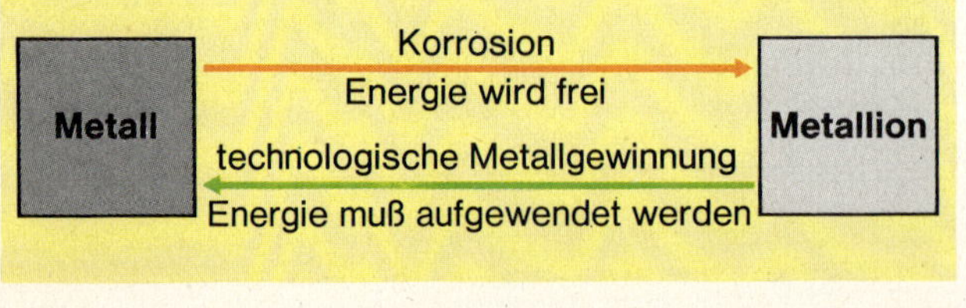

Abb. 3: Umwandlung der Metalle bei Korrosion

werden dabei in Metallionen überführt (Abb. 3). Besonders gefährdet sind Verbindungen unterschiedlicher Metalle.

Korrosion ist die von der Oberfläche ausgehende, allmähliche Zerstörung von Werkstoffen durch chemische oder elektrochemische Reaktionen mit der Umgebung.

Die elektrischen und chemischen Vorgänge werden in den nachfolgenden Teilen behandelt.

Abb. 4: Schliffbild einer durch Sauerstoff und Wasser korrodierten Stahloberfläche

13.6.1 Gas- und Flüssigkeitseinwirkung

Luft besteht aus folgenden Gasen:

Stickstoff	78,09%	Edelgase	0,93%
Sauerstoff	20,95%	Kohlendioxid	0,03%

Stickstoff, Edelgase und Kohlendioxid tragen zur Korrosion nicht bei. Sauerstoff geht jedoch mit Metallen eine Verbindung ein. Es entstehen Oxide (vgl. 13.1.3). Die Oxidschicht ist in vielen Fällen zusammenhängend. Ein Vordringen der Korrosion wird dadurch verhindert (z.B. Aluminiumoxid). Zusätzliche Einflüsse wie z.B. durch Salze und Wasser zerstören jedoch diese Schutzschicht und führen mitunter zur vollständigen Zersetzung (Abb. 5).

Abb. 5: Korrosion an einer Bremsleitung, Ursache: Spritzwasser und Streusalz

Zur Korrosion tragen auch einige durch Verbrennungsprozesse verursachte Luftverschmutzungen bei. So bildet z.B. Schwefeldioxid mit Wasser schweflige Säure, die dann Metalle angreift.

Der Einfluß des Wassers auf die Korrosion steht immer im Zusammenhang mit dem des Sauerstoffs.

Beispiel: $ZnO + H_2O \rightarrow Zn(OH)_2$

Aus dem Zinkoxid entsteht unter Wassereinwirkung Zinkhydroxid.

Rosten ist eine besondere und schnell ablaufende Korrosion beim Eisen. Der Vorgang ist recht kompliziert. Das Rosten erfolgt durch Einwirken von Sauerstoff und Wasser. Es bilden sich verschiedenartige Eisenhydroxide, deren Volumen unterschiedlich sind. Die Korrosionsschicht wird dadurch brüchig und ermöglicht ein rasches Vordringen der Zerstörung (Abb. 6).

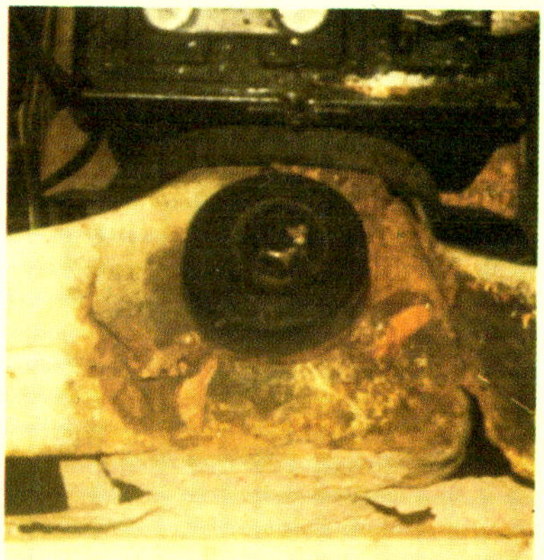

Abb. 6: Roststellen an einer Federbein-Befestigung beim Pkw

Besondere Korrosionsgefährdungen treten bei Anwesenheit von Säuren und Laugen auf. Sie lösen unedle Metalle allmählich auf. Je unedler das Metall ist, desto stärker ist die Reaktion.

13.6.2 Korrosion durch Elementbildung

Starke Korrosionserscheinungen treten an den Berührungsstellen unterschiedlicher Metalle auf, wenn sich im Zwischenraum Feuchtigkeit niedergeschlagen

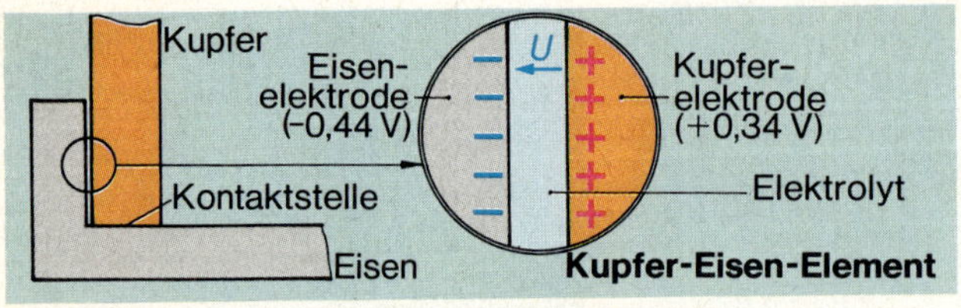

◁ Abb. 1: Vorgang der Korrosion durch Elementbildung

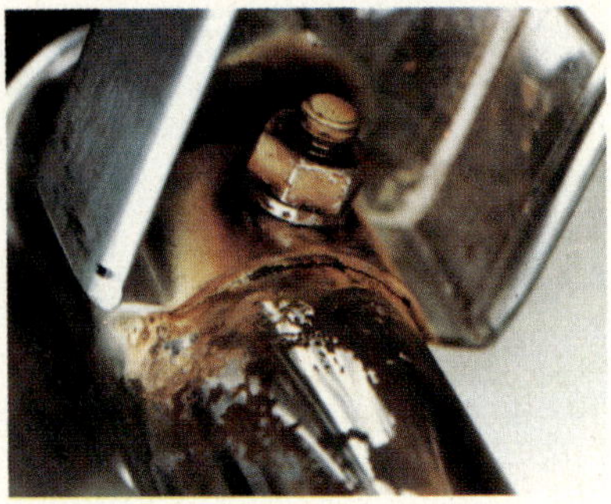

Abb. 2: Korrosion an einer Schwimmbadleiter

hat. Als Beispiel soll hier ein Eisenwinkel dienen, an den ein Kupferblech angeschraubt ist (Abb. 1).

In den Zwischenraum ist Feuchtigkeit eingedrungen. Sie wirkt wie ein Elektrolyt, so daß sich in diesem Fall ein elektrochemisches Element mit einer Spannung von 0,78 V gebildet hat. Die Pole der Spannungsquelle sind jedoch nicht isoliert, sondern über Kontaktstellen zwischen den Metallen miteinander verbunden. Es fließt demnach ständig ein Strom. Stromfluß bei einem elektrochemischen Element bedeutet aber in diesem Fall Eintritt von Eisen-Ionen in den Elektrolyten und damit Auflösungserscheinungen an der Eisen-Elektrode (Wanderung von Metallionen). Die Korrosion weitet sich aus.

$Fe \rightarrow Fe^{2+} + 2$ Elektronen

Wenn zwischen zwei unterschiedliche Metalle Feuchtigkeit eindringt, dann kommt es zu einer Elementbildung. Das unedlere Metall löst sich auf.

Die in der Technik verwendeten Metalle sind nicht rein. Sie sind mehr oder weniger stark durch Fremdstoffe verunreinigt. Schädlich wirken sich dabei andere Metalle und Kohlenstoff aus. Befindet sich an der Oberfläche außerdem ein Wasserfilm, dann bilden sich Mikroelemente, die zur Zerstörung des Metalls beitragen. Abb. 3 zeigt modellhaft die Oberfläche von Zink, das durch Kupferatome verunreinigt ist. Durch den Kurzschluß der Pole des Elements fließt ein Strom, der zur Lösung von Zink-Ionen im Elektrolyten führt. Die Oberfläche wird dadurch abgetragen, und Risse entstehen.

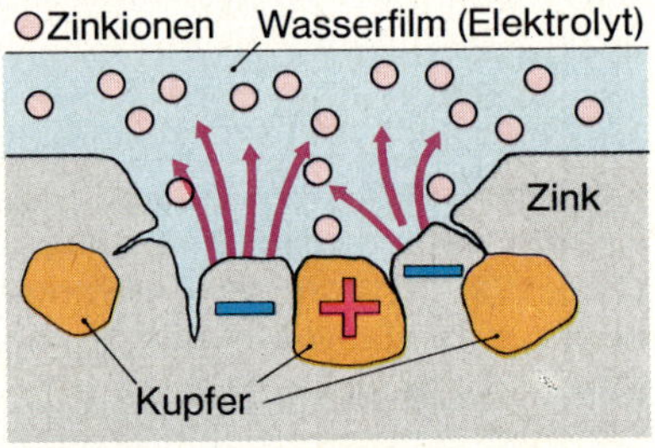

Abb. 3: Vorgang der Korrosion durch Mikroelementbildung (interkristalline Korrosion)

Eine Korrosionsschutzmaßnahme ist das Beschichten der Oberfläche z. B. von Stahl mit anderen Metallen wie z. B. Zink, Zinn oder Nickel. Auf diesen Metallen bildet sich durch äußere Einflüsse auch eine Korrosionsschicht. Diese ist jedoch beständig und zusammenhängend, so daß das darunter liegende Metall geschützt wird.

Der Schutz ist jedoch nicht mehr vorhanden, wenn diese Schicht an einigen Stellen mechanisch zerstört und dabei das Eisen freigelegt wird. An den Schadstellen kommt es zu einer besonders intensiven Korrosion. Ursache ist wieder die Bildung elektrochemischer Elemente.

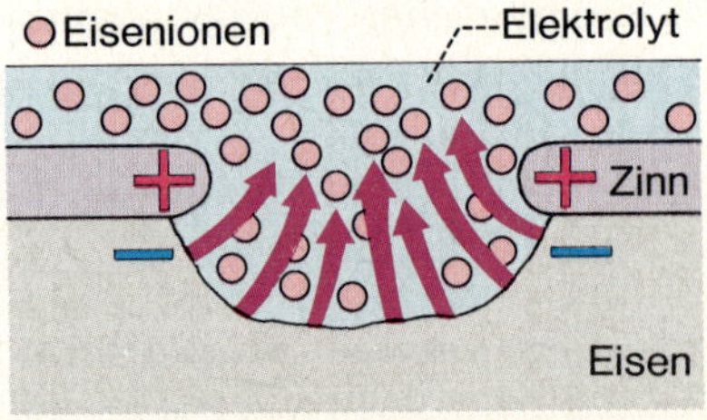

Abb. 4: Korrosionsvorgang bei verzinntem Eisenblech

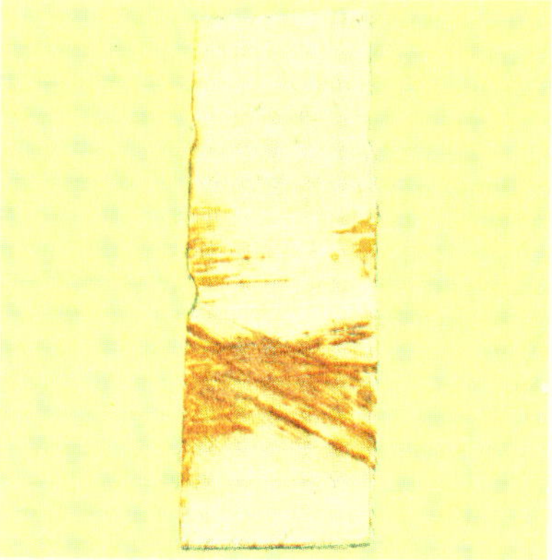

Abb. 5: Korrosionserscheinung bei verzinntem Eisenblech ▷ (Weißblech) mit beschädigter Oberfläche

In Abb. 5 ist der Vorgang bei einem verzinnten Eisenblech verdeutlicht worden.

Chemischer Vorgang der Auflösung:

$Fe \longrightarrow Fe^{2+} + 2$ Elektronen

13.6.3 Streustromkorrosion

Da die Ursache jeder elektrochemischen Korrosion der Stromfluß ist, tritt sie auch in Gleichstromkreisen auf. An der Stelle entsteht sie, an der Ionen in den Elektrolyten eintreten. Man spricht von einer Streustromkorrosion, wenn ein Teilstrom aus einem Hauptstromweg austreten kann. Es handelt sich hier im Prinzip um eine Elektrolyse.

Zur Verdeutlichung soll kurz der Vorgang durch ein Experiment beschrieben werden (Abb. 7).

In dem Elektrolyten befinden sich Zink-Elektroden. Durch den Stromfluß wird jedoch nur die Anode zersetzt, weil dort positive Ionen in die Lösung eintreten können.

Als Beispiel aus der Praxis soll eine Batterieklemme beim Automobil dienen. Eingedrungene Feuchtigkeit sorgt dafür, daß zu dem Hauptstromweg ein weiterer Stromweg parallel geschaltet ist, durch den der Streustrom fließen kann (Abb. 8). Durch Einfetten kann das Eindringen von Wasser und damit die Korrosion verhindert werden.

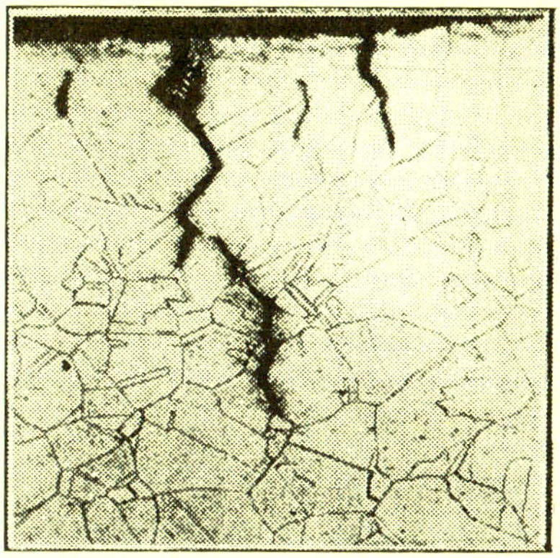

Abb. 6: Schliffbilder von interkristalliner Korrosion

Streustromkorrosion entsteht an der Anode.

Gefährdet sind in der Erde verlegte Metallrohre bzw. metallische Ummantelungen von Erdkabeln, wenn Gleichströme durch das Erdreich fließen.

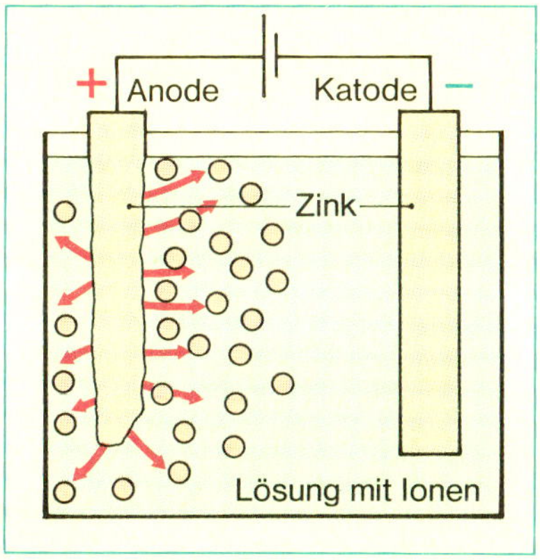

Abb. 7: Experimenteller Aufbau zur Streustromkorrosion

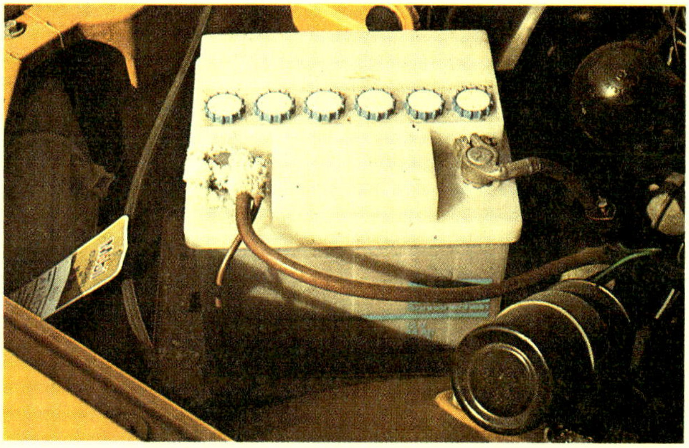

△
Abb. 8: Streustromkorrosion bei einer Batterieklemme

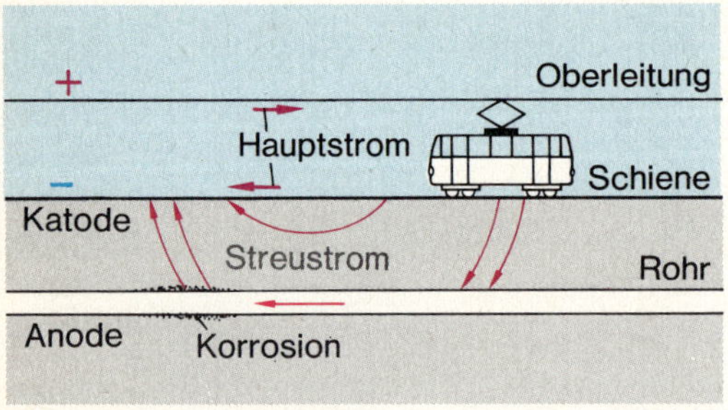

Abb. 1: Korrosionsgefährdung metallischer Leiter im Erdreich

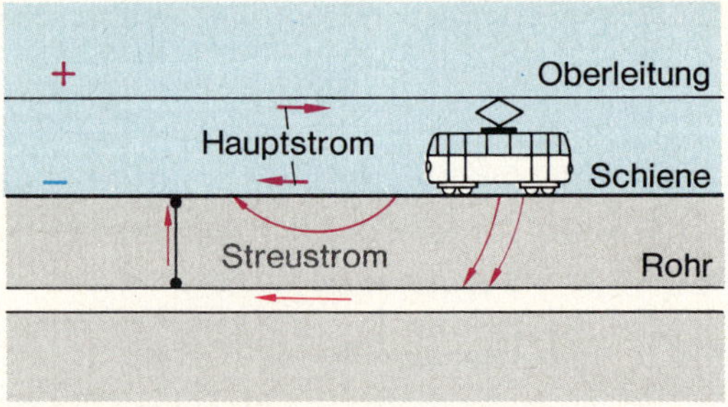

Abb. 2: Verhindern von Korrosion durch elektrische Verbindungen der im Erdreich befindlichen Metalle

Bei der Straßenbahn wird z. B. der Gleichstrom über die Oberflächenleitung zugeführt und über den Schienenstrang zum Generator zurückgeleitet. Besonders Unterbrechungen führen dazu, daß Strom durch das Erdreich fließt und seinen Weg über im Erdreich befindliche metallische Leiter nimmt. Ionen wandern in den Erdboden und lösen so den metallischen Leiter auf (Abb. 1). Die Korrosion kann verhindert werden, wenn die Rohrleitungen bzw. Kabelummantelungen mit dem Schienenstrang durch metallische Leiter direkt verbunden werden (Abb. 2). Der durch das Rohr fließende Strom wird jetzt nicht durch das Erdreich zur Schiene zurückfließen, sondern den elektrisch günstigeren Weg über die Verbindungsleitung nehmen. Ein Ionenaustritt wird dadurch verhindert.

Einen noch wirksameren Schutz erhält man, wenn in das Erdreich ein Schutzstrom eingespeist wird. Das zu schützende Material wird durch die Spannungsquelle zur Katode. Ionen können deshalb an diesen Teilen nicht mehr austreten (Abb. 1, S. 242).

Abb. 3: Messung an einer streustrombeeinflußten Rohrleitung

13.6.4 Korrosionsschutz

Schutzmaßnahmen zum Verhindern der Korrosion sind unerläßlich. Verschiedene Möglichkeiten bieten sich an.

Da die Korrosion an der Oberfläche einsetzt, muß diese vor dem Einwirken schädlicher Stoffe bewahrt werden. **Farbanstriche** und **Lacke** sind dabei einfache und wirksame Mittel. Sehr wirksam sind bleihaltige Farben. Vor dem Aufbringen muß die Oberfläche trocken und frei von Oxiden sein, damit die Stoffe gut haften. Da Farbanstriche eine gewisse Porosität besitzen, sind mehrere Lagen aufzutragen. Man benutzt dazu häufig verschiedene Anstriche (Grundierung, Lacke).

Bei Teilen, die gelegentlich gelöst werden oder sich ständig bewegen, ist ein Farbanstrich ungünstig. Die

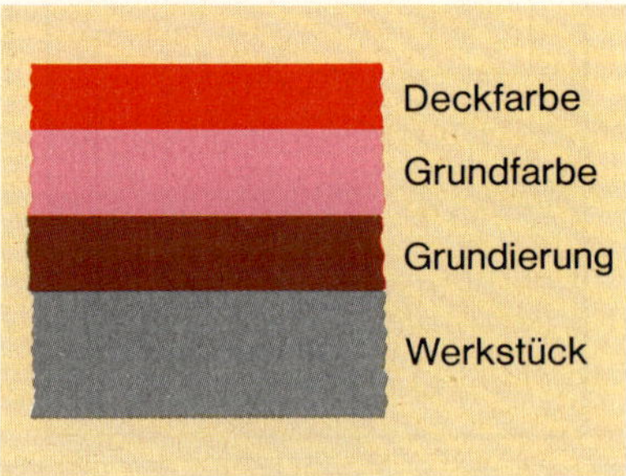

Abb. 4: Farbschichten gegen Korrosion

Gegenstände können durch **Einölen** bzw. **Einfetten** geschützt werden.

Metalle bilden an der Oberfläche **Oxidschichten** bzw. **Hydroxidschichten.** Diese können dünn und porenfrei sein. Das darunter liegende Metall wird dadurch selbst geschützt. Zur Verbesserung des Schutzes kann die Schicht elektrolytisch verstärkt werden (vgl. 13.2.4.2). Durch Färben und Imprägnieren können noch vorhandene Poren geschlossen werden.

Metallische Überzüge können durch Eintauchen in Metallschmelzen, durch Aufdampfen, durch Elektrolyse oder durch Aufspritzen hergestellt werden. Sie sind jedoch nur dann ein wirksamer Schutz, wenn die Oberfläche unbeschädigt bleibt.

Eine **kunststoffbeschichtete Metalloberfläche** ist ein sehr wirksamer Schutz. Dabei muß jedoch beachtet werden, daß die Kunststoffschicht gut haftet, da sich sonst in den Hohlräumen Korrosionszonen bilden können.

Im Erdreich befindliche und korrosionsgefährdete Gegenstände (z. B. Öltanks, Rohre, Schienen, Leitungen) sind besonders gefährdet. Durch das feuchte Erdreich befinden sie sich immer in einem Elektrolyten. Ein wirksamer Korrosionsschutz wird durch **Opferanoden** erreicht. Man verbindet dabei das zu schützende Objekt elektrisch mit einer andersgearteten Elektrode. Auf diese Weise ist ein elektrochemisches Element entstanden. Die unedlere Elektrode löst sich dabei allmählich auf. Die Korrosion wird von dem Schutzobjekt auf die austauschbare Anode übertragen (Opferanode).

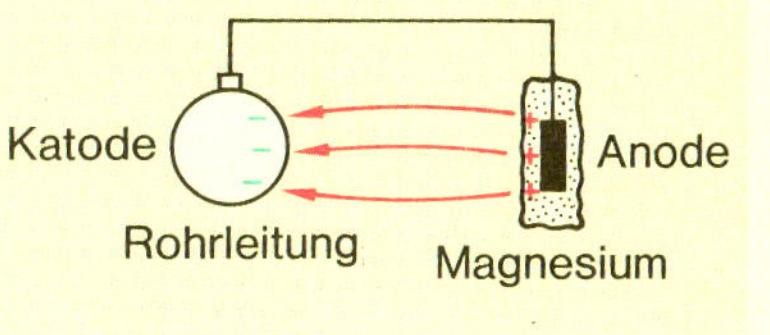

Abb. 6: Korrosionsschutz durch eine Opferanode

Abb. 6 zeigt den Schutz eines Stahlrohres durch einen Block aus einer Magnesiumlegierung. Wegen der längeren Lebensdauer werden auch häufig Opferanoden aus Zinklegierungen benutzt.

Dieses Verfahren wird auch z. B. zum Schutz von Stahlskeletten bei Brücken angewendet. Ein mit dem Stahl

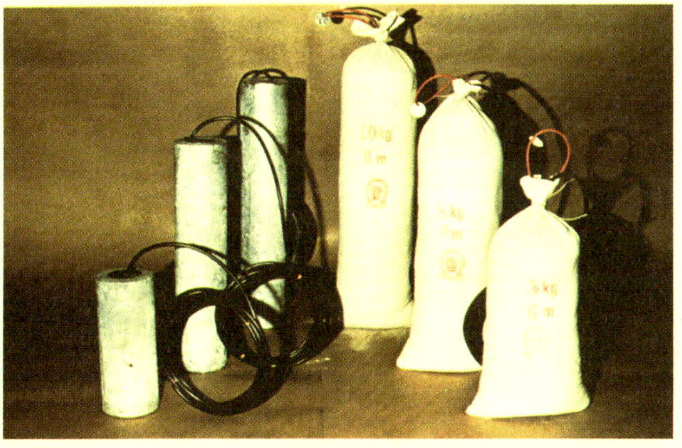

◁ Abb. 5: Opferanoden

elektrisch verbundener Zinkblock wird z.B. in das Wasser versenkt.

Guten Schutz erreicht man ebenfalls durch das **Fremdstromverfahren** (aktiver Korrosionsschutz). Der Schutzstrom wird dabei über ein Netzteil in den Boden eingespeist (Abb. 1). Die Anode braucht nicht aus einem unedleren Material als das zu schützende Objekt zu bestehen, da sie durch die Polarität der Spannungsquelle zur Anode geworden ist. Ionen können nur aus der Anode austreten. Die als Katode geschalteten Teile sind geschützt.

Im allgemeinen werden im Erdreich als Anode Legierungen aus Silicium und Gußeisen verwendet, da sie sich nur langsam abbauen. Sie sind außerdem in eine Koksbettung eingelagert. Dieses Verfahren läßt sich auch für den Innenschutz anwenden. Abb. 3 zeigt den Innenschutz eines Trinkwasserbehälters. Als Anode wird z.B. plattiertes Titan verwendet.

Um Korrosion zu verhindern, sollte folgendes beachtet werden:

- Korrosionsgefährdete Oberflächen müssen beschichtet werden (evtl. einfetten).
- Stellen, an denen Stromübertritte von einem Metall zum anderen erfolgen, sollten besonders geschützt werden.

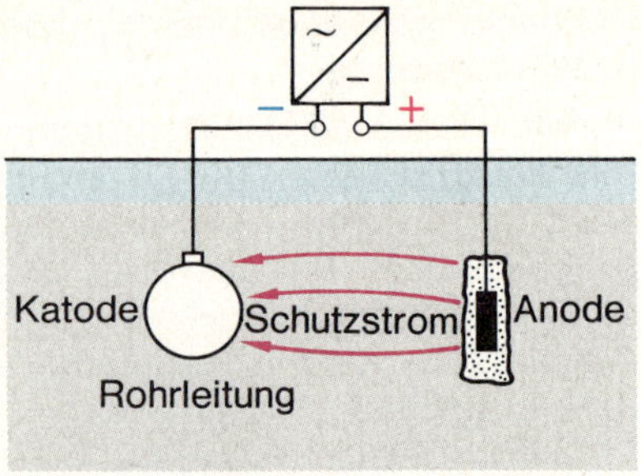

Abb. 1: Korrosionsschutz durch Fremdstromeinspeisung

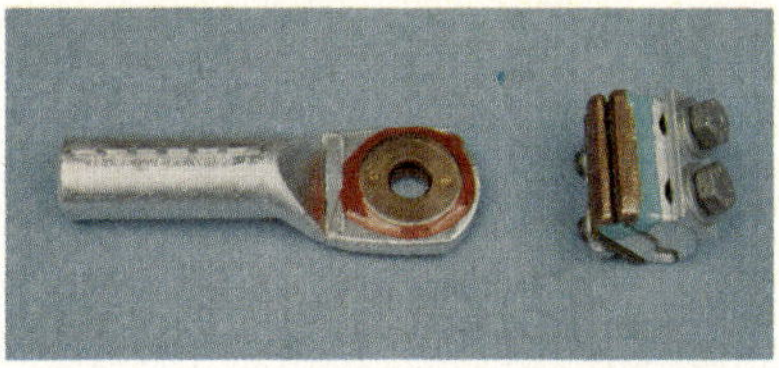
Abb. 2: Verbindungsstücke zwischen Kupfer und Aluminiumleitern. Die an der Oberfläche befindlichen Übergangsstellen sind durch Lack gegen Feuchtigkeitseinfluß geschützt.

Abb. 3: Innenschutz eines Trinkwasserbehälters

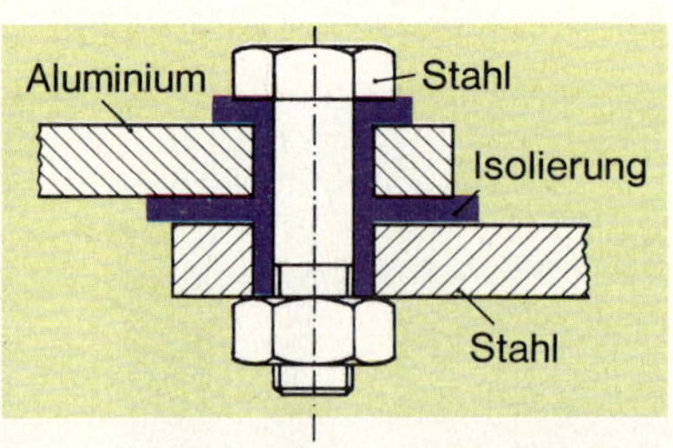

Abb. 4: Verbindung von Aluminium und Stahl mit einer Stahlschraube

- Beim Zusammenfügen verschiedenartiger Metalle sollten möglichst nur in der elektrochemischen Spannungsreihe dicht nebeneinander stehende Metalle verwendet werden. Ist dies nicht möglich, so muß zwischen ihnen für eine ausreichende Isolierung gesorgt werden.

Maßnahmen zum Korrosionsschutz

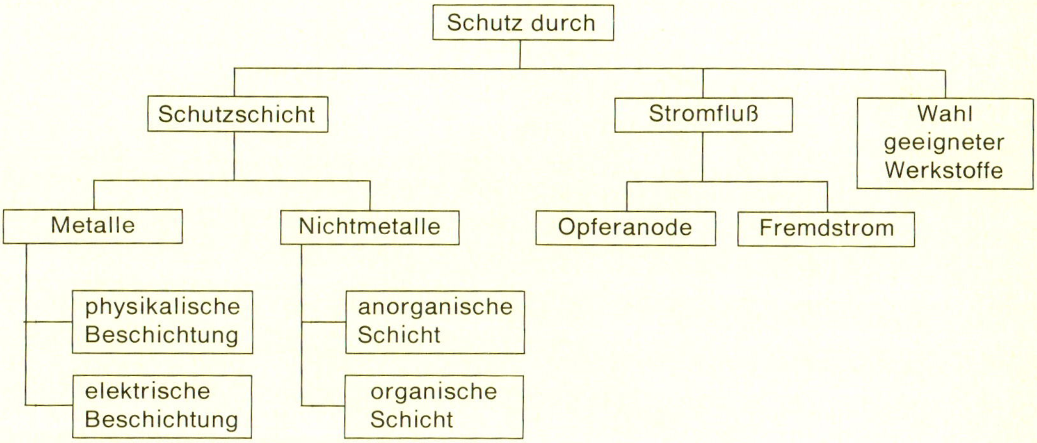

Aufgaben zu 13.6

1. Erklären Sie den Begriff Korrosion!
2. Welche Stoffe entstehen bei der Korrosion von Metallen?
3. Welcher Anteil der Luft trägt zur Korrosion bei?
4. Welche Stoffe rufen besonders starke Korrosionserscheinungen hervor?
5. Kupfer und Eisen werden zusammengefügt. Beschreiben Sie die Ursache und den Vorgang der Korrosion! Welches Metall löst sich dabei auf?
6. Erklären Sie den Vorgang der Korrosion durch Mikroelementbildung.
7. Beschreiben Sie den Vorgang der Korrosion von verzinktem Eisenblech, dessen Oberfläche beschädigt ist.
8. Erklären Sie die Streustromkorrosion.
9. Welche Elektrode löst sich auf, wenn Strom durch einen Elektrolyten fließt?
10. Nennen und beschreiben Sie zwei Schutzmaßnahmen gegen Streustromkorrosion.
11. Beschreiben Sie das Prinzip des Korrosionsschutzes mit einer Opferanode.
12. Beschreiben Sie das Korrosionsschutzverfahren mit Fremdstromeinspeisung.

Schreckdose!

14 Schutz vor Gefahren des elektrischen Stromes

14.1 Gefahren des elektrischen Stromes

Die Abb. 1 zeigt ein defektes Bügeleisenkabel, das eine vernünftige Hausfrau so nicht benutzen wird, da sie einen elektrischen „Schlag“ befürchtet.

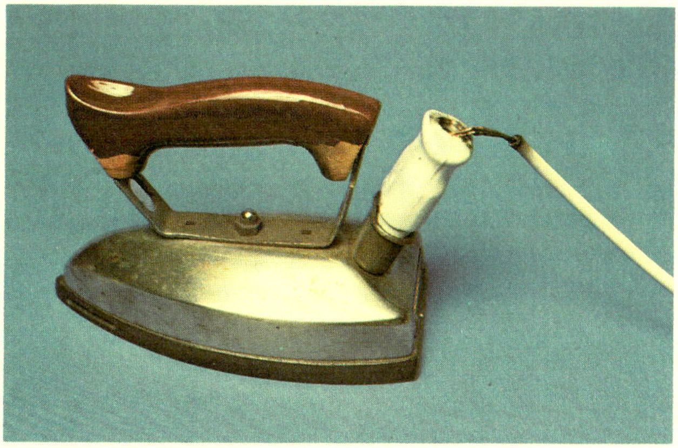

Abb. 1: Defektes Anschlußkabel für ein Bügeleisen

Auch Sie verwenden solch ein Gerät sicher nicht, weil es Ihnen zu gefährlich ist. Aber wissen Sie auch, welche Gefahren hier drohen? Und warum? Warum z.B. das Berühren der Schienen einer Modelleisenbahn ohne nachhaltige Wirkung bleibt?

Auf diese und auf ähnliche Fragen wollen wir in den folgenden Abschnitten Antworten geben.

14.1.1 Wirkungen auf den menschlichen Organismus

Der elektrische Strom ist für uns deshalb so gefährlich, weil wir kein Sinnesorgan für Elektrizität besitzen, sondern nur die Wirkungen registrieren können. Für den menschlichen (und tierischen) Organismus sind es hauptsächlich folgende drei:

- chemische Wirkung
- physiologische Wirkung
- Wärmewirkung

Der elektrische Strom kann vom Menschen nicht direkt, sondern nur über die Wirkungen wahrgenommen werden.

Chemische Wirkung: Der menschliche Körper besteht zu etwa $\frac{2}{3}$ aus Wasser. Beim Anlegen einer Spannung tritt daher eine Zerlegung ein (vgl. 13.2.2). Die Grundbestandteile unseres Organismus – die Zellen – sterben ab, weil die Zellflüssigkeit zersetzt wird.

Physiologische Wirkung: Wir benötigen in unserem Organismus ständig Elektrizität, um unsere Sinneseindrücke an das Gehirn zu „melden" oder um von dort Steuerungssignale an die Nervenenden in den Muskeln zu geben (vgl. Abb. 1). Dabei treten Spannungsimpulse in der Größenordnung von 0,1 V auf. Werden jetzt zusätzlich Spannungen von außen angelegt, dann sind die normalen Abläufe gestört: z. B. Muskeln entspannen sich nicht mehr (Muskelkrampf).

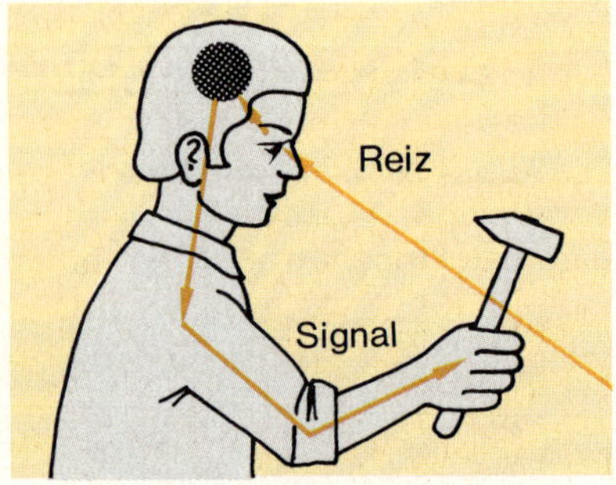

Abb. 1: Reiz-Signal-Strecke

Das Steuerzentrum unseres Herzens liegt im Herzen selbst (sog. Sinusknoten), so daß Fremdströme über das Herz besonders gefährlich sind. Wir arbeiten überwiegend mit Wechselstrom von 50 Hz, so daß der Herzmuskel 100mal in der Sekunde den Befehl zum Zusammenziehen bekäme. Das ist etwa 80mal schneller als normal. Die Folge davon ist ein rasendes, oberflächliches Arbeiten, d. h., das Herz pumpt nicht mehr. Das wird als **Herzkammerflimmern** oder auch Herzflimmern bezeichnet und führt zum Herzstillstand.

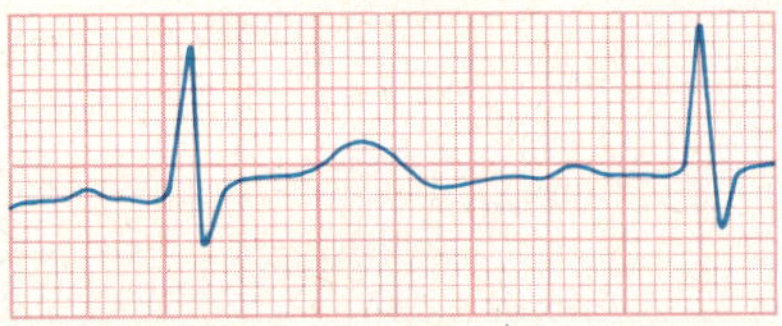
Abb. 2: Ausschnitt aus einem Elektrokardiogramm (EKG) eines gesunden Herzens

Wärmewirkung: Jeder Stoff erwärmt sich bei Stromdurchgang (vgl. 2.9), also auch der menschliche Körper. Besonders gefährdet sind dabei die Ein- und Austrittsstellen, weil der relativ hohe Übergangswiderstand zu großen Leistungen ($P = I^2 \cdot R$) und damit zu starker Umsetzung in Wärme führt (Abb. 4). Hinzu kommt noch, daß in dem heißen Gewebe das Eiweiß gerinnt und daß bereits eine Erwärmung der Muskeln um 15 °C die roten Blutkörperchen platzen läßt.

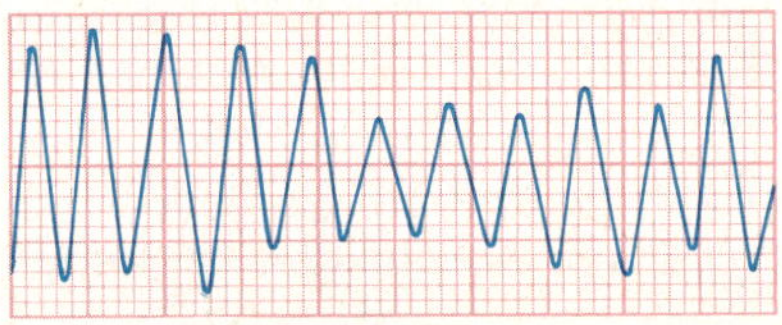
Abb. 3: EKG eines flimmernden Herzens (Tierversuch)

14.1.2 Stromstärkebereiche

Wie stark sich die geschilderten Wirkungen im Einzelfall zeigen, hängt vor allen Dingen von der **Stromstärke** ab, aber auch wesentlich vom **Stromweg** durch den Körper sowie von der **Einwirkungszeit** und von der **Stromart** (reiner Gleichstrom, Wechselstrom, Mischstrom).

Man unterscheidet nach Koeppen vier Stromstärkebereiche[1]:

0 ... 25 ... 80 ...5000... (Werte in mA)
←①→←②→←③→←④→

Die Werte der Tab. 14.1 „Stromstärken und ihre Wirkungen" wurden aus Versuchen ermittelt, die aufgrund von Unfällen nachgestellt wurden. Das bedeutet, daß **im Einzelfall auch bei niedrigen Stromstärken lebensgefährliche Wirkungen** auftreten können. Hierbei spielen der Gesundheitszustand und die Gemütslage eine entscheidende Rolle.

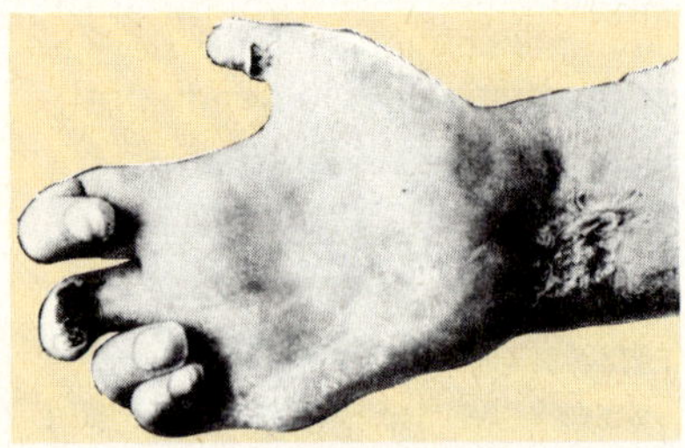
Abb. 4: Strommarken an Händen (Ein- und Austrittstellen des Stromes)

[1] Untersuchungen von Dr. med. S. Koeppen am Unfallkrankenhaus in Wolfsburg, 1935.

Tab. 14.1: Stromstärken und ihre Wirkungen

Bereich	Stromstärke (Wechselstrom) in mA	Wirkungen	Folgen
①	2 10 bis 25	leichtes Kribbeln Lähmungserscheinungen, Muskelverkrampfungen, Blutdrucksteigerung	unkontrollierte Bewegungen durch Erschrecken „Loslaßgrenze“ Atemlähmung, u. U. Bewußtlosigkeit
②	25 bis 80	Magenverkrampfungen, starke Muskelverkrampfungen, Herzkammerflimmern nach längerer Einwirkungszeit	Übelkeit Knochenbrüche durch Verspannungen Blutkreislauf versagt, Gehirn ohne Sauerstoff, nach etwa 4 Minuten Absterben der Gehirnzellen
③	80 bis 5000	Herzkammerflimmern bereits nach 0,1 s Einwirkungszeit	Herzstillstand und Tod
④	über 5000	starke Verbrennungen, vielfach Herzstillstand, im allgemeinen kein Herzkammerflimmern	Tod aufgrund von Verbrennungen, oft nach Tagen oder Wochen

14.1.3 Höchstzulässige Berührungsspannung

Um die Spannung ermitteln zu können, die dem Menschen gefährlich werden kann, müssen wir den Widerstand des menschlichen Körpers kennen. Zahlreiche Messungen und Berechnungen haben hierbei recht unterschiedliche Werte ergeben, so daß kein allgemeingültiger Betrag genannt werden kann. Wir wollen mit 1000 Ω rechnen, da dieser Wert selten unterschritten wird. In Abb. 5 ist die Verteilung des Widerstandes im menschlichen Körper vereinfacht dargestellt.

Für den Stromstärkebereich ② ergibt sich dann folgende Spannungsberechnung:

$U = I \cdot R$

$U = 0{,}025\,\text{A} \cdot 1000\,\Omega$

$\underline{U = 25\,\text{V}}$

Da man davon ausgehen kann, daß ein Mensch im allgemeinen nicht die volle Betriebsspannung überbrücken wird (vgl. 14.2), hat der VDE[1] festgelegt, daß bei Anlagen mit mehr als 50 V Wechselspannung bzw. 120 V Gleichspannung zusätzliche Schutzmaßnahmen bei indirektem Berühren zu treffen sind.

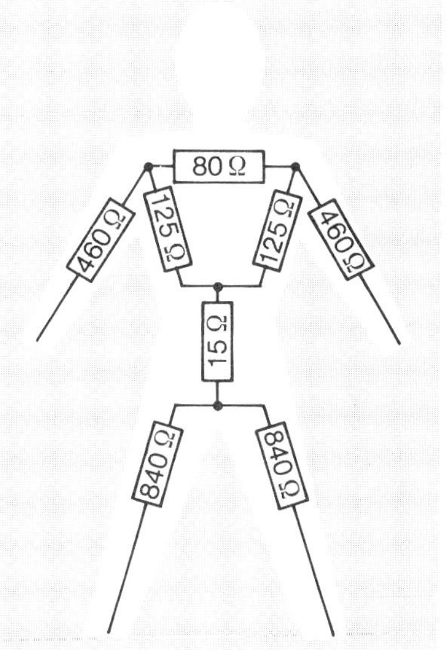

Abb. 5: Widerstandswerte am menschlichen Körper (ungefähr)

[1] VDE = Verband Deutscher Elektrotechniker (VDE) e. V.

Diese Spannungsgrenze trägt die Bezeichnung **höchstzulässige Berührungsspannung**. Es ist die Spannung, die ein Mensch überbrücken kann, ohne bleibende Schäden davonzutragen.

> Die höchstzulässige Berührungsspannung U_L beträgt für Menschen 50 V ~ und 120 V –
> für Nutztiere 25 V

Diese Festlegung darf Sie aber auf keinen Fall dazu verleiten, niedrigere Spannungen für ungefährlich zu halten. Diese Werte sind nur Mittelwerte, und ihre Einhaltung allein schützt nicht vor den Gefahren des elektrischen Stroms.

14.2 Fehlerstromkreis

Wahrscheinlich haben Sie schon während Ihrer praktischen Tätigkeit oder vorher gehört, jemand habe „einen Kurzen gebaut". Gemeint war damit, daß ein Kurzschluß (Abb. 1) vorlag. Aber wußten Sie dann auch, welche Anlagenteile sich dabei berührt haben? Wir wollen uns deshalb im folgenden Abschnitt mit dem Weg des Fehlerstroms beschäftigen. Die Grundlage dazu bildet die VDE-Bestimmung 0100.

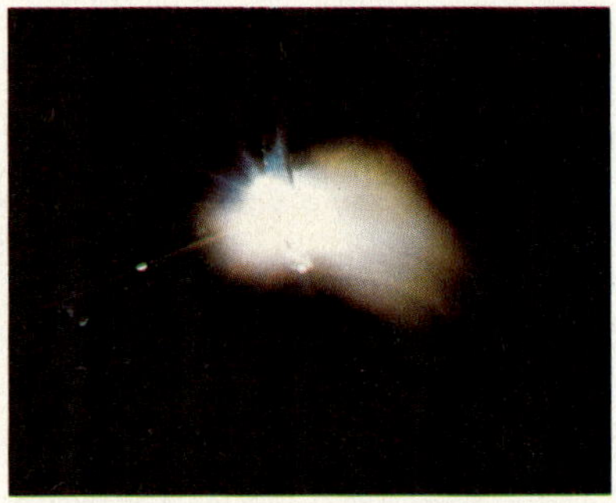

Abb. 1: Kurzschluß bei 220 V – Lichtbogen mit wegfliegenden Kupferteilen

14.2.1 Fehlerarten

Zuerst sind einige Begriffsbestimmungen notwendig, die mittels Abb. 2 erläutert werden.

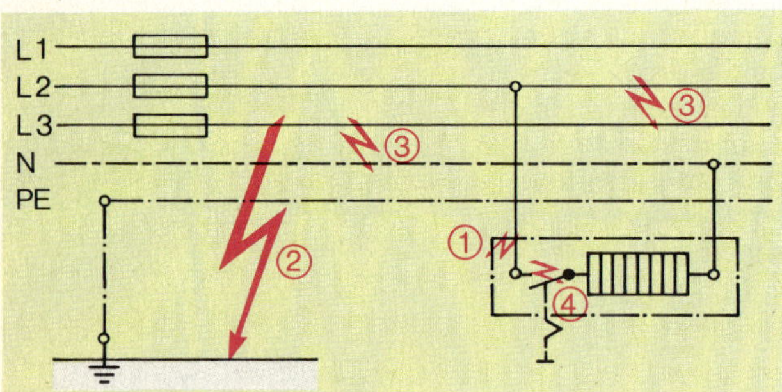

Abb. 2: Mögliche Isolationsfehler

Hier sind unerwünschte leitende Verbindungen durch Blitzpfeile markiert, die durch **Isolationsfehler** entstanden sind. Sind die Verbindungen praktisch widerstandslos, so bezeichnet man sie als vollkommen (z. B. vollkommener Kurzschluß).

Der unvollkommene Kurzschluß (d. h., im Fehlerstromkreis liegt noch ein Nutzwiderstand) wird als

Nr.	Fehlerbezeichnung	Körper	Leiter	Leiter	Erde
①	Körperschluß	↑	↑		
②	Erdschluß			↑	↑
③	Kurzschluß		↑	↑	
④	Leiterschluß		↑	↑*	

* im Fehlerstromkreis liegt noch ein Nutzwiderstand

Abb. 3: Fehlerarten

Leiterschluß bezeichnet. Die anderen Fehlerarten können aus der Tabelle entnommen werden (Abb. 3).

14.2.2 Spannungen im Fehlerfall

Betrachten wir den vereinfachten Stromkreis eines Gerätes, so kann der Strom den in Abb. 4 gezeichneten Weg genommen haben. Solch einen Stromkreis bezeichnet man als **Fehlerstromkreis.** In einer weiteren Vereinfachung werden dann Ersatzwiderstände verwendet (Abb. 1; S. 251).

Die Spannung zwischen dem Gehäuse („Körper") und der Bezugserde wird als **Fehlerspannung U_F** bezeichnet.

Einen Teil davon kann der Mensch überbrücken.

Diesen Spannungswert bezeichnet man als **Berührungsspannung U_B**.

Hierbei versteht man unter Bezugserde ein Erdpotential, auf das die Spannungen bezogen werden. Dies ist nur unter bestimmten Bedingungen zu erreichen.

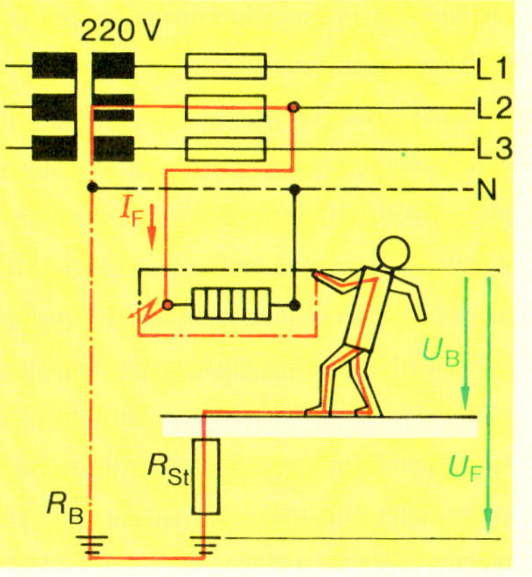

Abb. 4: Weg des Fehlerstroms (ohne Schutzmaßnahme fließt der Strom über den Menschen)

Aufgaben zu 14.1 und 14.2

1. Welche Folgen haben die Wirkungen des Stromes auf den menschlichen Körper?

2. Von welchen vier Einflußgrößen hängt die Stärke der Stromwirkungen auf den menschlichen Organismus ab?

3. Welche Stromstärke wird als „Loslaßgrenze" bezeichnet?

4. Unter welchen Bedingungen sind Spannungen über 25 V für den Menschen gefährlich?

5. Warum ist bei einem Stromunfall die Wärmeentwicklung an den Ein- bzw. Austrittsstellen besonders groß?

6. Warum sind Fremdströme über das Herz besonders gefährlich?

7. Warum ist die Berührungsspannung kleiner als die Fehlerspannung?

8. Was ist nach VDE bei Anlagen mit Nennspannungen über 50 V zu veranlassen?

9. Formulieren Sie kurze Sätze zu den Fehlerbezeichnungen der Abb. 3!
Vergleichen Sie Ihre Formulierungen mit den Definitionen der VDE 0100 Teil 200 Abs. 10!

10. Aus einem Unfallbericht stammen folgende Fakten:
Der Außenleiter L 1 berührte das Gehäuse eines Motors,

dessen Schutzleiter unterbrochen war (Fehlerwiderstand 100 Ω). Die verletzte Person stand auf einem leitenden Fußboden (Standortwiderstand 300 Ω) und berührte mit der rechten Hand das Motorgehäuse (Widerstand des Menschen einschließlich Übergangswiderstand am Gehäuse 3400 Ω). Die Messungen ergaben einen Leitungswiderstand von 2,5 Ω und einen Betriebserde-Widerstand von 5 Ω.

Es handelte sich um ein 220 V-Wechselspannungsnetz, wobei der Innenwiderstand der Spannungsquelle vernachlässigt wird.

a) Zeichnen Sie den Fehlerstromkreis!

b) Wie hoch war der Fehlerstrom?

c) Wie hoch waren Fehler- und Berührungsspannung?

d) Welche Wirkungen hat dieser Strom bei der betreffenden Person vermutlich gehabt, wenn die Berührung etwa $\frac{1}{5}$ Sekunde gedauert hat?

e) Wie groß war die in Wärme umgesetzte Arbeit an den Ein- und Austrittsstellen (rechte Hand und Füße), wenn für den Menschen selbst die in Abb. 5, S. 247 skizzierten Widerstände anzunehmen sind?

14.3 Schutz vor zu hoher Berührungsspannung

In den vorangegangenen Abschnitten wurde gezeigt, welche Wirkungen der elektrische Strom auf den Menschen hat und welche Spannungen gefährliche Ströme zur Folge haben. Um nun den Benutzer elektrischer Anlagen und Geräte vor körperlichem und materiellem Schaden zu bewahren, werden Schutzmaßnahmen angewendet.

Es kann sich dabei hier nur um einen **Überblick** handeln, weil zum einen die notwendigen elektrotechnischen Kenntnisse erst zu einem späteren Zeitpunkt Ihrer Ausbildung behandelt werden und weil zum anderen die einzelnen Schutzmaßnahmen entsprechend den Gegebenheiten der verschiedenen Berufe unterschiedlich gewichtet werden.

Um die Berührungsspannung klein zu halten, gibt es grundsätzlich zwei Möglichkeiten:

1. Man arbeitet nur mit Nennspannungen unter 50 V.

2. Man dimensioniert die Widerstände des Fehlerstromkreises so, daß die Spannungsabfälle im Fehlerfall eine unter 50 V liegende Berührungsspannung zur Folge haben (vgl. Abb. 1).

Die erste Möglichkeit wird durch die Schutzmaßnahmen Schutzkleinspannung und Funktionskleinspannung verwirklicht.

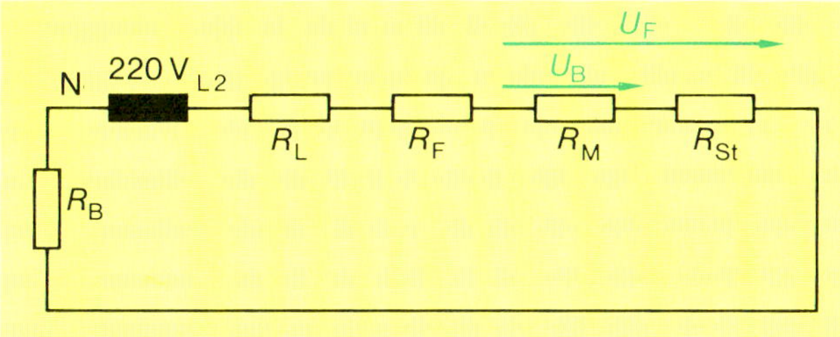

Abb. 1: Fehlerstromkreis
R_B: Widerstand der Betriebserde
R_L: Leitungswiderstand
R_F: Widerstand des Fehlers
R_M: Widerstand des Menschen
R_{St}: Übergangswiderstand Mensch-Standort

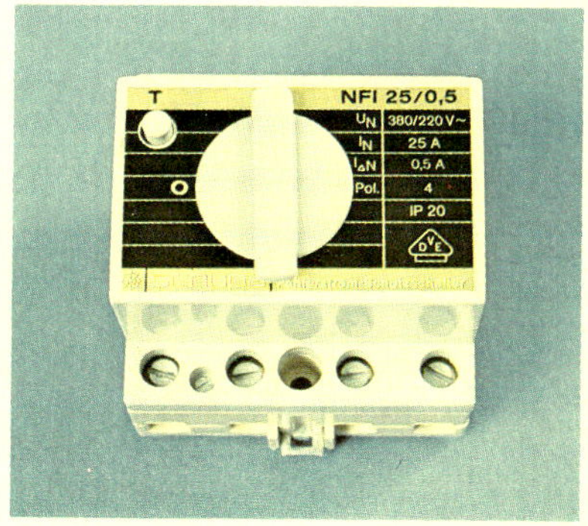

Abb. 2: FI-Schutzschalter

Im Sinne der zweiten Alternative werden **Schutzisolierung** und **Schutz durch nichtleitende Räume** (z. B. bei Freileitungen) eingesetzt.

Bei **Schutztrennung** und **Schutz durch erdfreien, örtlichen Potentialausgleich** kann sich wegen der fehlenden Erdverbindung kein Fehlerstromkreis bilden.

Darüber hinaus gibt es weitere Schutzmaßnahmen, die zwar das Entstehen gefährlicher Berührungsspannungen nicht verhindern, aber ihr Bestehenbleiben. Zu diesen Maßnahmen gehören der **Schutz durch Abschaltung** mit Hilfe von Überstromschutzorganen (Sicherungen, LS-Automaten), Fehlerstrom- (FI-) oder selten Fehlerspannungs- (FU-) Schutzschalter und der **Schutz durch Meldung** mit Hilfe von Isolationsüberwachungseinrichtungen.

Der Einsatz dieser Schutzeinrichtungen richtet sich danach, ob ein Schutzleiter vorhanden ist (TN-Netz) oder ob die Gehäuse der Betriebsmittel geerdet sind (IT- oder TT-Netz; vgl. 10.1).

14.4 Sicherheitsregeln beim Arbeiten an elektrischen Anlagen

Sie wissen, daß Strom im menschlichen Körper lebensgefährliche Wirkungen haben kann (vgl. 14.1), deshalb werden Maßnahmen ergriffen, die den Benutzer elektrischer Geräte oder Anlagen vor zu hoher Berührungsspannung schützen sollen. Diese Schutzmaßnahmen müssen beim Versagen der Betriebsisolierung wirksam werden, d. h., sie werden zusätzlich angewen-

Abb. 3

det. Wieviel größer wird aber die Gefahr, wenn ein elektrisches Gerät oder eine Anlage geöffnet wird und stromführende Teile offen liegen? Der Facharbeiter bzw. Geselle befindet sich also stets in Lebensgefahr, wenn er an unter Spannung stehenden Teilen arbeitet. Dies ist deshalb verboten.

Das Arbeiten an unter Spannung stehenden Teilen ist grundsätzlich verboten (VDE 0105).

Der VDE hat daher Vorschriften beschlossen, die dieses sicherstellen sollen. Sie werden als die **Fünf Sicherheitsregeln** bezeichnet.

> Vor jeder Arbeit an elektrischen Anlagen müssen Maßnahmen zur Einhaltung der Sicherheitsregeln ergriffen werden, und zwar unbedingt in der genannten Reihenfolge.

Freischalten
↓
Gegen Wiedereinschalten sichern
↓
Spannungsfreiheit feststellen
↓
Erden und kurzschließen
↓
Benachbarte unter Spannung stehende **Teile abdecken**
↓
Arbeitsbeginn

Sind die Arbeiten abgeschlossen, so sind die Maßnahmen in der umgekehrten Reihenfolge wieder aufzuheben.

Die Berufsgenossenschaft der Feinmechanik und Elektrotechnik in Köln hat die Ursachen der Betriebs- und Arbeitsunfälle ihres Bereiches untersucht. Sie hat dabei festgestellt, daß in den meisten Fällen die Facharbeiter bzw. Gesellen selbst Schuld an den Unfällen hatten. In der Elektrotechnik war fast jeder 3. Unfall darauf zurückzuführen, daß die Sicherheitsregeln nicht beachtet wurden. Knapp 8000 Menschen – also etwa soviel wie die Einwohnerzahl einer Kleinstadt – wurden in der untersuchten Zeitspanne von 6 Jahren wegen Mißachtung der Sicherheitsregeln verletzt. Auch bei den tödlich verlaufenen Unfällen ist der Anteil der gleiche, nämlich ungefähr 29%.

Abb. 1: Verriegelbare Sperrelemente

Wir meinen deshalb, daß jeder Elektrofachmann alles tun muß, um sich und seine Kollegen vor Schaden zu bewahren. Er muß also mindestens die Sicherheitsregeln einhalten, auch dann, wenn sich andere großzügig darüber hinwegsetzen und glauben, dann besonders mutig zu sein.

Mutig ist nämlich nicht der, der sich wissentlich in Gefahr begibt, in dem er die Sicherheitsregeln außer acht läßt, sondern **der, der sich den verharmlosenden Bemerkungen seiner Arbeitskollegen widersetzt.**

Im folgenden sollen die genannten Maßnahmen näher erläutert werden. Dazu kommen Hinweise zur praktischen Durchführung.

Freischalten

Man versteht darunter das allpolige und allseitige Abschalten des betreffenden Anlagenteils.

Durchführung: Das Herausdrehen der Schmelzsicherungen bzw. Haushaltsautomaten oder das Abschalten der Schutzschalter ist eine einfache Methode, dieser Regel zu genügen.

Das Ausschalten eines einpoligen Schalters ist unzureichend, da er ohne weiteres von anderen wieder eingeschaltet werden kann. Außerdem können andere nicht abgeschaltete Leiter Spannung führen. Hieraus ist zu ersehen, wie wichtig die zweite Regel ist.

Gegen Wiedereinschalten sichern

Es müssen Maßnahmen getroffen werden, die sicherstellen, daß nur der an der Anlage Tätige diese auch wieder einschalten kann.

Abb. 2: Selbstklebende Warnungsschilder

Durchführung: Wenn die Sicherungen herausgedreht sind, dürfen sie nicht an der Verteilung abgelegt werden, sondern müssen mitgenommen werden. Verriegelbare Sperrelemente bieten eine zusätzliche Sicherheit (Abb. 1). Zur Information anderer Facharbeiter oder Benutzer der Anlage können selbstklebende Etikette verwendet werden, die man auf die Schutzorgane oder Sicherungssockel klebt. Sie haben eine rote oder gelbe Farbe (vgl. Abb. 2).

Sicherer ist es natürlich, wenn kein anderer an die Schalter herankommt, d.h. wenn die Schaltschränke oder -räume abgeschlossen sind.

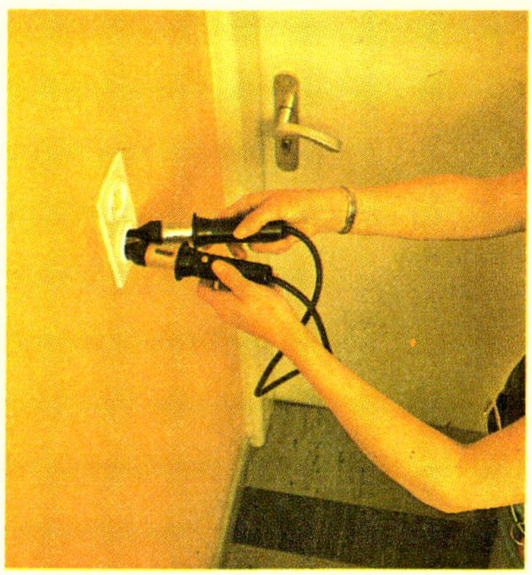

Abb. 3: Feststellen von Spannungsfreiheit

Spannungsfreiheit feststellen

Auch wenn man meint, den richtigen Stromweg unterbrochen zu haben, kann unter Umständen durch einen Fehler in der Anlage (Schaltungs- oder Bezeichnungsfehler) Spannung am betreffenden Anlagenteil liegen. Vor jeder Arbeit ist deshalb unbedingt die Spannungsfreiheit festzustellen.

Durchführung: Es dürfen nur zweipolige Spannungsprüfer oder Spannungsmesser verwendet werden

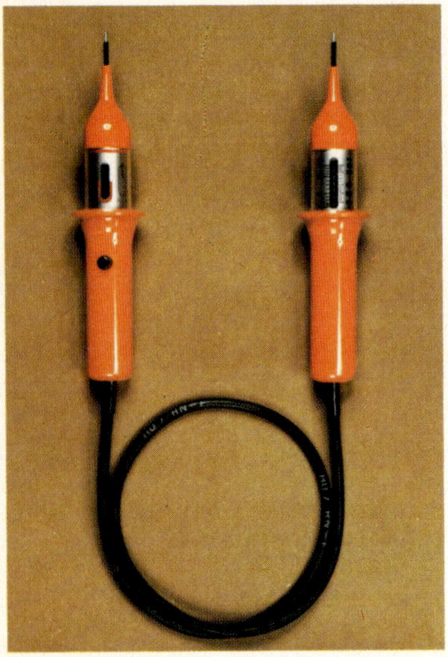

Abb. 1: Zweipoliger Spannungsprüfer

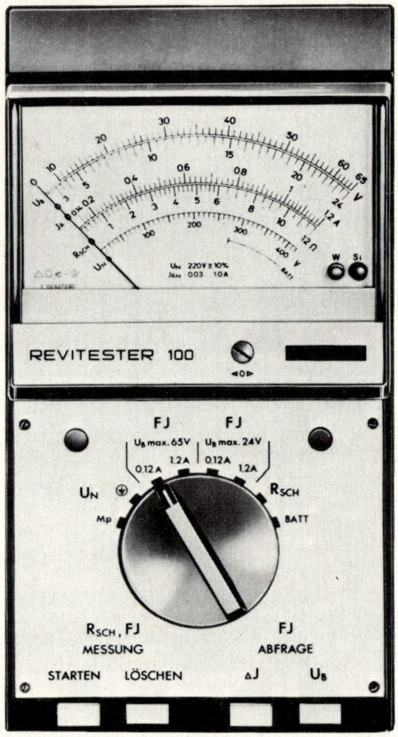

Abb. 2: Meßgerät zur Prüfung der Schutzmaßnahmen nach VDE 0100

(Abb. 1), da die „einpoligen" Spannungsprüfer (auch Phasenprüfer genannt) unter Umständen keine Spannung signalisieren, obwohl Spannung vorhanden ist. Das kommt daher, daß bei den sogenannten Phasenprüfern der notwendige Strom zum Aufleuchten der Glimmlampe über den Menschen fließen muß, der bei großem Standort-Widerstand trotz gefährlicher Spannung sehr klein sein kann. Die Glimmlampe würde dann nicht leuchten.

Außerdem ist unbedingt erforderlich, die Funktion des Spannungsprüfgerätes direkt vor dem Einsatz zu überprüfen.

Erden und Kurzschließen

Diese zusätzliche Maßnahme soll gewährleisten, daß die vorgeschalteten Überstrom-Schutzorgane auslösen, wenn durch einen Irrtum die Anlage zu früh an Spannung gelegt wird.

Es ist stets zuerst zu erden und dann kurzzuschließen, damit die eventuell vorhandenen Ladungen (auf langen Leitungen) zur Erde abfließen können.

Bei Arbeiten an Anlagen bis 1000 V Nennspannung (ausgenommen Freileitungen) darf diese Maßnahme unterbleiben, wenn die Sicherheitsregeln 1...3 eingehalten wurden (VDE 0105 Teil 1 Abs. 9.7.3.1).

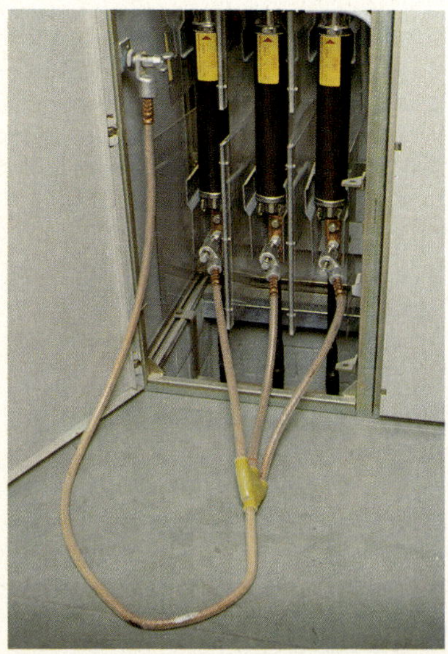

Abb. 3: Erden und Kurzschließen von Leitern

Durchführung: Die Verbindung der Erde mit den Leitern und der Leiter untereinander muß nahezu widerstandslos durchgeführt werden. Hierzu werden besondere Verbindungsleitungen mit Zwingen oder Greifklauen verwendet, deren Querschnitte für eventuell auftretende Kurzschlußströme bemessen sein müssen (Abb. 3). Das Überwerfen von Metallseilen oder -ketten über Freileitungen ist z.B. unzulässig.

Benachbarte unter Spannung stehende **Teile abdecken.**

Muß in der Nähe von spannungsführenden Teilen gearbeitet werden, so sind Maßnahmen zu ergreifen, die ein Berühren dieser Teile unmöglich machen. (Hinweis: Für die erlaubte Annäherung an spannungsführende Anlagen gibt es in VDE 0101 und VDE 0105 genaue Vorschriften!)

Durchführung: Oft genügt dazu das Abdecken mit Kunststoff (z.B. Hülsen für Isolatoren und Leitungen im Freileitungsbau) (Abb. 4) oder das Abschranken durch Gitter. Werden sperriges Handwerkszeug oder Geräte benutzt, ist die Gefahr besonders groß. Eine eindeutige und unübersehbare Kennzeichnung des Gefahrenbereichs bringt zusätzliche Sicherheit.

Abb. 4: Abdecken

14.5 Verhalten bei Stromunfällen

14.5.1 Übersicht

Bei den Arbeiten an elektrischen Anlagen kann es trotz aller Sicherheitsvorkehrungen und Schutzmaßnahmen zu Unfällen kommen. Rasche Hilfe ist dann nötig, weil länger dauernde Stromeinwirkungen verheerende Folgen haben können (vgl. 14.1.2). Wenn Sie sich einmal gründlich mit den wenigen Verhaltensregeln vertraut gemacht haben, werden Sie im Ernstfall auch Hilfe leisten können. Gerade bei Stromunfällen kann falsches Verhalten zur Gefährdung des Verletzten, aber auch des Helfers führen. Sie sollten deshalb das Folgende genau lesen und mit Ihrem Ausbilder eingehend besprechen.

Diese Hinweise sind auf keinen Fall als Ersatz für eine Unterweisung in Erste-Hilfe anzusehen, sondern nur als

Erst-Maßnahmen für jedermann

Wahrscheinlich wird Ihnen einiges unvollständig erscheinen, und Sie wollen vielleicht mehr tun. Das ist aber nur nach einer regelrechten Ausbildung möglich, wie sie vom Deutschen Roten Kreuz, dem Arbeiter-Samariter-Bund oder ähnlichen Organisationen angeboten wird. Hierzu können wir nur raten, zumal auch für den Führerschein eine entsprechende Unterweisung gefordert wird.

Erst-Maßnahmen bei Stromunfällen

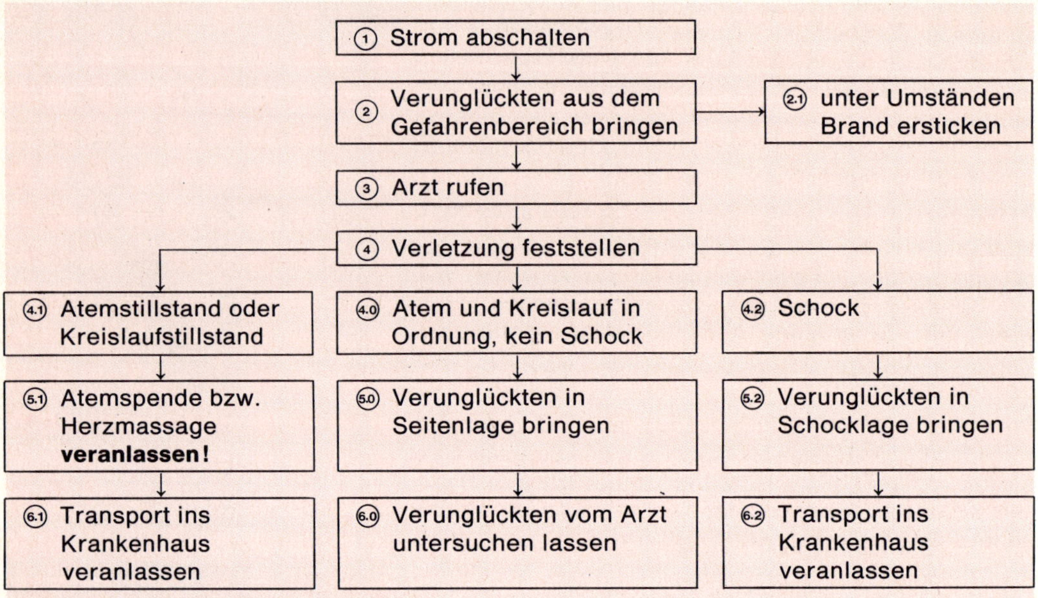

Wir haben uns deshalb bei unseren Hinweisen von dem Grundsatz leiten lassen:

Im Zweifelsfall ist weniger getan **mehr** geholfen!

14.5.2 Erläuterungen zu den Maßnahmen

① Strom abschalten

Sicher wird jeder versuchen, zuerst den Strom abzuschalten, nur ist das manchmal nicht rasch möglich, da der Verunglückte den Weg zum Schalter oder zur Sicherung versperrt. Hier muß versucht werden, mit einem isolierenden Gegenstand (z. B. Holzstiel) an den Schalter heranzukommen.

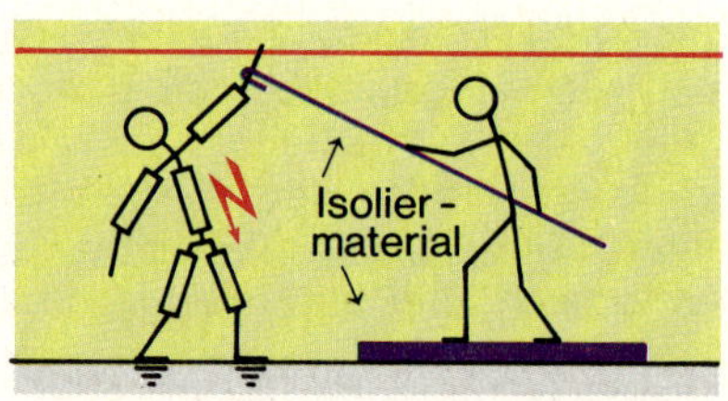

Abb. 1: Verunglückte nur mit Haken, Kunststoffstangen und anderem bergen – isolierenden Standpunkt wählen

② Verunglückten aus dem Gefahrenbereich bringen

Konnte der Strom nicht abgeschaltet werden, muß hierbei besonders umsichtig vorgegangen werden, um sich und andere nicht zu gefährden. Zuerst muß sich der Helfer gegen Erde isolieren. Das kann er mit Decken oder Kleidungsstücken tun. Dann erst darf der Verletzte geborgen werden. Er darf auf keinen Fall direkt berührt werden, sondern muß an seiner Kleidung oder mit isolierenden Gegenständen aus dem Gefahrenbereich gezogen werden. War der Strom abgeschaltet, dann dürfen die verkrampften Finger nicht mit Gewalt gelöst werden. Im Zweifelsfall ist das Aufgabe des Arztes.

⓶.1 Brand ersticken

Bei Stromunfällen treten häufig Lichtbögen auf, die Brände verursachen. Sie sind mit Decken oder ähnlichem zu ersticken. Wasser darf erst verwendet werden, wenn der Strom abgeschaltet ist. Vorsicht!

Verbrennungen des Verletzten dürfen mit Wasser gekühlt werden, aber auf keinen Fall mit Salben oder Puder.

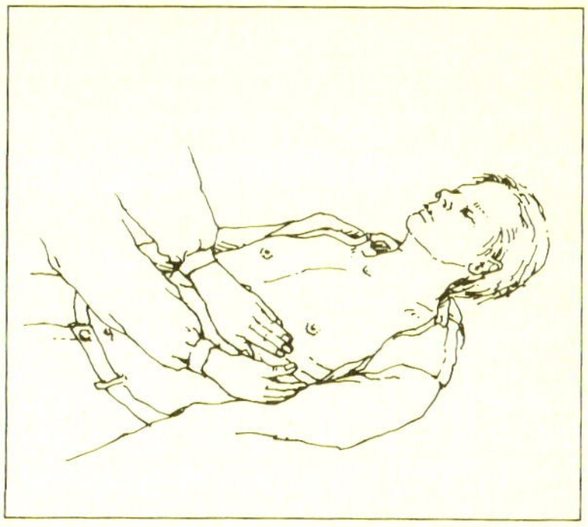

Abb. 2: Feststellung der Atmung

⓷ Arzt rufen

Bevor weitere Maßnahmen ergriffen werden, ist unbedingt ein Arzt oder der Rettungsdienst zu rufen. Bevor dieser eintrifft, sollte der Helfer noch die folgenden Maßnahmen durchführen.

⓸ Verletzung feststellen

Es ist festzustellen, ob neben den eventuellen äußeren Verletzungen (z. B. Verbrennungen, Brüche) auch Beeinträchtigungen oder sogar Stillstand des Kreislaufs oder der Atmung eingetreten sind.

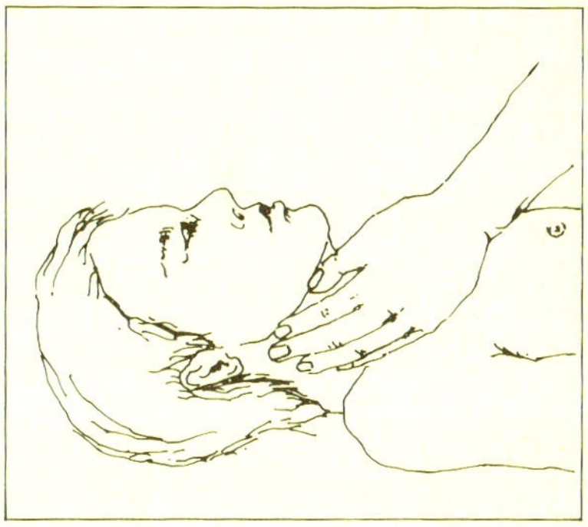

Abb. 3: Halsschlagaderpuls fühlen

⓸.1 Atem- und Kreislaufstillstand

Atemstillstand: Atemstillstand läßt sich meist recht einfach feststellen. Wie Abb. 2 zeigt, legt der Helfer dazu seine Hände an den unteren Rippenrand bzw. auf die Magengrube. Ist kein Heben und Senken des Brustkorbes und Bauches zu spüren, liegt Atemstillstand vor.

Kreislaufstillstand: Kreislaufstillstand liegt vor, wenn die Pupillen extrem weit geöffnet sind und auf Lichteinfall nicht reagieren, und wenn kein Puls an der Halsschlagader zu spüren ist (Abb. 3).

In beiden Fällen müssen Maßnahmen von speziell dafür ausgebildeten Helfern durchgeführt werden, und zwar Atemspenden im ersten Fall sowie Herzmassage im zweiten. Hier ist Eile geboten, denn die fehlende Sauerstoffversorgung der Gehirnzellen läßt diese nach etwa vier Minuten absterben.

Jeder Facharbeiter und Geselle sollte deshalb auch einen **Erste-Hilfe-Kursus** mit zusätzlicher Unterweisung in Herz-Lungen-Wiederbelebung absolviert haben.

Abb. 4: Verletzter in Schocklage

⓸.2 Schock

Der Puls wird schneller und dabei schwächer. Der Verunglückte friert und hat Schweiß auf der Stirn.

Er muß flach gelagert werden, seine Beine sind anzuheben, damit das Blut wieder in den Körper zurückströmt (Abb. 4).

⓹ Verletzten in Seitenlage bringen

Hat der Helfer festgestellt, daß Atmung und Kreislauf funktionieren und kein Schock vorliegt, soll der Verunglückte in die Seitenlage gebracht werden. Der Kopf wird dabei etwas zurückgebeugt (Abb. 1). Außerdem ist der Verletzte vor Kälte, Nässe und starker Wärme zu bewahren.

⑥ Verunglückten vom Arzt untersuchen lassen

In jedem Fall ist der Verletzte vom Arzt zu untersuchen, denn innere Verletzungen können unter Umständen noch nach längerer Zeit tödliche Folgen haben. Sie sollten als Helfer stets darauf bestehen, auch wenn der Verunglückte es nicht für erforderlich hält.

Abb. 1: Verletzter in Seitenlage

Aufgaben zu 14.4 und 14.5

1. Nennen Sie die Sicherheitsregeln!
2. Schildern Sie an Hand eines praktischen Falles, wie die Einhaltung der Sicherheitsregeln garantiert werden kann!
3. Warum müssen die Sicherheitsregeln in der festgelegten Reihenfolge durchgeführt werden?
4. Welche Maßnahmen sind bei Stromunfällen zu ergreifen?
5. Wie stellt man Kreislaufstillstand fest?
6. Wie stellt man Atemstillstand fest?
7. Wie stellt man einen Schock fest?
8. Demonstrieren Sie die Seitenlage eines Verunglückten!
9. Warum darf nur ein speziell ausgebildeter Helfer Atemspende oder Herzmassage vornehmen?
10. Beschreiben Sie die Schocklagerung eines Verletzten!
11. Warum muß jeder Verunglückte bei Stromunfällen eingehend ärztlich untersucht werden?

15 Werkstoffe

Abb. 2

Die Facharbeiter bzw. Gesellen der Abb. 2 bis 4 arbeiten mit unterschiedlichen Werkstoffen. Diese wurden für den konkreten Arbeitsvorgang gezielt ausgewählt.

Es war dazu notwendig, daß die betreffenden Fachleute zum einen die Anforderungen kannten und zum anderen über die Eigenschaften der Materialien genau informiert waren. Daraus ergaben sich dann die angemessenen Bearbeitungsverfahren sowie die richtige Auswahl der Werkzeuge.

Solche Überlegungsketten laufen grundsätzlich vor jedem Arbeitsvorgang ab, nur haben die meisten Fachkräfte Erfahrungen gesammelt, so daß sie im konkreten Fall sofort die richtigen Werkzeuge bzw. Verfahren anwenden. Im folgenden Kapitel haben wir deshalb den Schwerpunkt auf die Eigenschaften, Anwendungsbereiche sowie Bearbeitungshinweise gelegt.

Abb. 3

15.1 Übersicht

15.1.1 Eigenschaften

In diesem Abschnitt geht es in erster Linie um Begriffsklärungen, weil viele Fachausdrücke aus der Werkstoff-Bearbeitung stammen und dem Elektro-Fachmann nicht so geläufig sind.

Man faßt die Werkstoff-Eigenschaften in drei Gruppen zusammen, nämlich in Gruppen mit **physikalischen, chemischen** und **technologischen** Eigenschaften.

Eine klare Abgrenzung ist dabei nicht immer möglich. Besonders deutlich wird das bei den technologischen Eigenschaften, weil sich diese aus dem Zusammentreffen bestimmter anderer Eigenschaften ergeben. Beispiel: Zerspanbarkeit (29) (S. 260) hängt von Härte, Sprödigkeit, Festigkeit u. a. ab.

Abb. 4

Einige der in der Übersicht aufgeführten Eigenschaften sind bereits durch ihre Bezeichnung hinreichend erklärt. Die anderen werden näher erläutert. Die verwendete Numerierung dient lediglich der Kennzeichnung und stellt keinen Hinweis auf die Wichtigkeit der Eigenschaft dar.

(1) **Dichte** ist das Verhältnis der Masse eines Körpers zu dessen Volumen.

$$[\varrho] = \frac{kg}{m^3}$$

$$[\varrho] = \frac{kg}{dm^3}$$

(2) **Elastizität** ist die Eigenschaft eines Materials, sich unter Krafteinwirkung zu verformen und in die ursprüngliche Form zurückzugehen, wenn die Belastung zurückgenommen wurde (Abb. 1, S. 260).

Übersicht über die wichtigsten Werkstoff-Eigenschaften

- Werkstoff-Eigenschaften
  - physikalische Eigenschaften
    - Dichte (1)
    - mechanische Eigenschaften
      - Elastizität (2)
      - Plastizität (3)
      - Festigkeit (4)
      - Härte (5)
      - Sprödigkeit (6)
      - Zähigkeit (7)
    - thermische Eigenschaften
      - Schmelzpunkt (8)
      - Verdampfungspunkt (9)
      - Wärmeausdehnung (10)
      - Wärmekapazität (11)
      - Wärmeleitfähigkeit (12)
    - elektrische Eigenschaften
      - Leitfähigkeit (13)
      - Dielektrizitätskonstante (14)
      - Kriechstromfestigkeit (15)
    - magnetische Eigenschaften
      - Permeabilität (16)
      - Koerzitivfeldstärke (17)
      - Remanenz (18)
    - optische Eigenschaften
      - Farbe (19)
      - Glanz (20)
      - Lichtdurchlässigkeit (21)
  - chemische Eigenschaften
    - Korrosionsbeständigkeit (22)
    - Säurebeständigkeit (23)
    - Laugenbeständigkeit (24)
    - Zunderbeständigkeit (25)
  - technologische Eigenschaften
    - Gießbarkeit (26)
    - Schmiedbarkeit (27)
    - Schweißbarkeit (28)
    - Zerspanbarkeit (29)
    - Verschleißfestigkeit (30)
    - Kaltverformbarkeit (31)
    - Warmfestigkeit (32)
    - Warmstandfestigkeit (33)

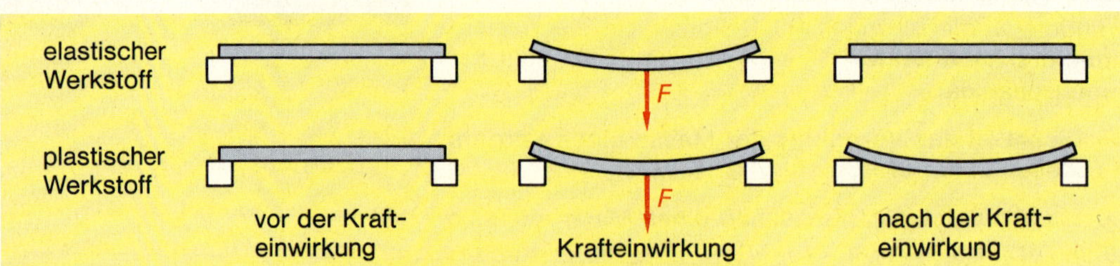

Abb. 1: Vergleich zwischen elastischem und plastischem Werkstoff

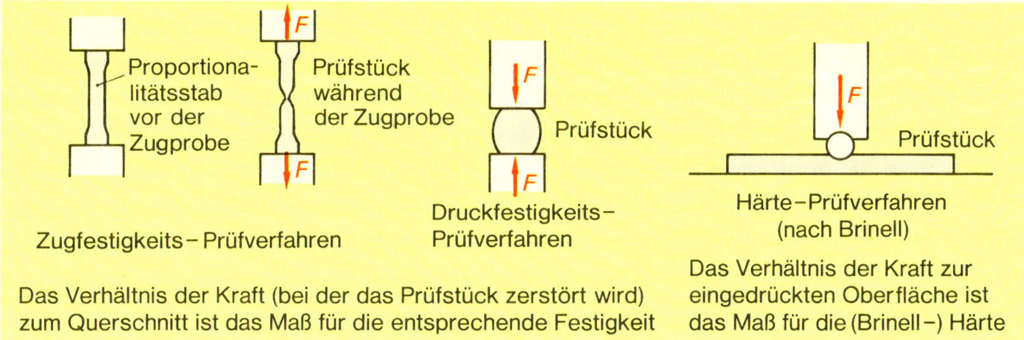

Abb. 2: Prinzipielle Darstellung von Prüfverfahren

Abb. 3: Spröder Werkstoff nach Druckversuch

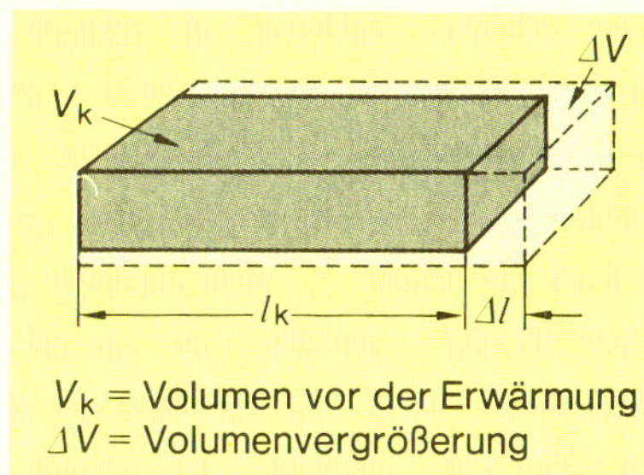

△ Abb. 4: Wärmeausdehnung eines Körpers

③ **Plastizität** ist die Eigenschaft eines Materials, sich unter Krafteinwirkung **bleibend** zu verformen, d.h. nicht in die ursprüngliche Form zurückzugehen, wenn die Belastung zurückgenommen wird (Abb. 1).

④ **Festigkeit** ist der Widerstand gegen Bruch des Werkstückes. Man unterscheidet im allgemeinen: Zug-, Druck-, Biege-, Scher-, Verdrehfestigkeit (Abb. 2).

⑤ **Härte** ist der Widerstand gegen Eindringen eines anderen Werkstückes (Abb. 2).

⑥ **Sprödigkeit** ist die Eigenschaft eines Stoffes, ohne Formveränderung zu zerbrechen (Abb. 3).

⑦ **Zähigkeit** ist das Gegenteil von Sprödigkeit. Zähe Werkstücke zeigen wesentliche plastische Verformungen unter Krafteinwirkung, ehe sie zerbrechen.

⑧ **Schmelzpunkt** ist die Temperatur, bei der ein fester Werkstoff beginnt, flüssig zu werden.

⑨ **Verdampfungspunkt** ist die Temperatur, bei der der flüssige Werkstoff gasförmig wird.

⑩ **Wärmeausdehnung** ist die Volumenvergrößerung bei Temperaturzunahme. Bei festen Stoffen wird auch häufig der Längenausdehnungskoeffizient α verwendet (Abb. 4).

$$[\alpha] = \frac{1}{K}$$

⑪ **Wärmekapazität** ist die zum Erwärmen eines Stoffes notwendige Wärmemenge. Sie wird als spezifische Wärmekapazität bezeichnet, wenn sie auf eine Masseneinheit bezogen wird.

$$[c] = \frac{J}{kg \cdot K}$$

⑫ **Wärmeleitfähigkeit** ist die Fähigkeit eines Werkstoffes, eine Wärmemenge durch den Stoff weiterzugeben.

$$[\lambda] = \frac{W}{K \cdot m}$$

⑬ **Elektrische Leitfähigkeit** (vgl. 3.2)

⑭ **Dielektrizitätskonstante** (vgl. 11.2.3).

⑮ **Kriechstromfestigkeit** ist der Widerstand von Isolierstoffen gegen Ströme auf der Oberfläche der Werkstücke (Kriechströme).

⑯, ⑰, ⑱ siehe Abschnitt 12.1.9

㉒ **Korrosionsbeständigkeit** ist der Widerstand gegen Zerstörung von Werkstoffen durch chemische oder elektrochemische Reaktionen mit der Umgebung.

㉕ **Zunderbeständigkeit** ist der Widerstand gegen Einwirkungen von Luft und Ofengasen bei höheren Temperaturen.

㉙ **Zerspanbarkeit** bedeutet, daß der Werkstoff spanabhebend bearbeitet werden kann.

㉚ **Verschleißfestigkeit** ist der Widerstand gegen unbeabsichtigtes Abtragen der Oberfläche eines Werkstückes, z. B. durch Reibung.

㉜ **Warmfestigkeit** ist der Widerstand gegen Zerstörung des Werkstückes durch hohe Temperaturen.

㉝ **Warmstandfestigkeit** ist die Fähigkeit der Werkstücke, noch bei hohen Temperaturen einsatzfähig zu sein.

15.1.2 Einteilung der Werkstoffe

Sie sollen in diesem Abschnitt eine Einteilung der Werkstoffe kennenlernen, die in der Metalltechnik üblich ist.

Man geht dabei technologisch vor, d. h., die Elemente, Verbindungen und Legierungen werden in Gruppen mit ähnlichen Anwendungsmöglichkeiten und Eigenschaften zusammengefaßt.

Wenn also von Metallen die Rede ist, sind damit nicht nur die Elemente gemeint, sondern auch alle Legierungen.

Einteilung der Werkstoffe (Übersicht)

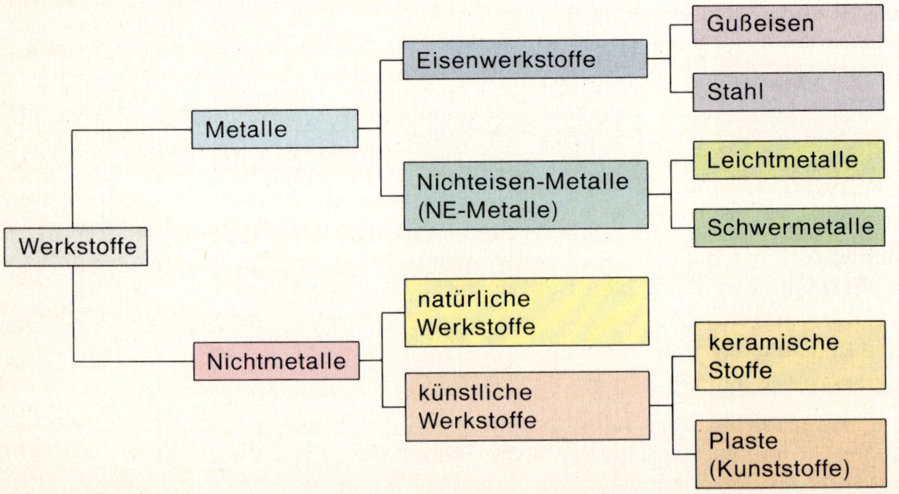

Wir unterscheiden Stoffe, die in der Natur gefunden werden, und solche, die bearbeitet sind.

Die in der Natur vorkommenden Stoffe heißen Rohstoffe. Beispiel: Eisenerz

Bearbeitete Rohstoffe werden als Werkstoffe bezeichnet. Beispiel: Stahl

In der vereinfachten Periodentafel sind die Elemente nach der Anzahl der Elektronen und der Besetzung der äußeren Schalen angeordnet. Wir haben darin die Elementbezeichnungen mit den gleichen Farben versehen wie in der Übersicht der Einteilung der Werkstoffe. Man sieht, daß die Elemente mit gemeinsamen Eigenschaften zusammenliegen.

Erläuterungen zu den Begriffen der Übersicht:

Metalle unterscheiden sich grundsätzlich in ihrem Aufbau und in ihren Eigenschaften von den übrigen Werkstoffen.

Eine Besonderheit der Metalle ist die Anordnung der Atome (genauer: Atomrümpfe) in Raumgittern (Abb. 1). Beim Erstarren von Metallschmelzen wachsen völlig unabhängig voneinander an verschiedenen Stellen

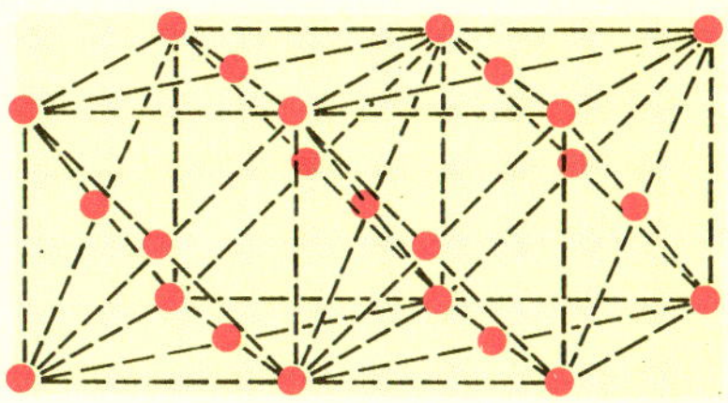

Abb. 1: Kubisch-flächenzentriertes Raumgittermodell

Periodentafel der Elemente (vereinfacht)

H 1																	He 2
Li 3	Be 4											B 5	C 6	N 7	O 8	F 9	Ne 10
Na 11	Mg 12											Al 13	Si 14	P 15	S 16	Cl 17	Ar 18
K 19	Ca 20	Sc 21	Ti 22	V 23	Cr 24	Mn 25	Fe 26	Co 27	Ni 28	Cu 29	Zn 30	Ga 31	Ge 32	As 33	Se 34	Br 35	Kr 36
Rb 37	Sr 38	Y 39	Zr 40	Nb 41	Mo 42	Tc 43	Ru 44	Rh 45	Pd 46	Ag 47	Cd 48	In 49	Sn 50	Sb 51	Te 52	I 53	Xe 54
Cs 55	Ba 56	Lanthanide	Hf 72	Ta 73	W 74	Re 75	Os 76	Ir 77	Pt 78	Au 79	Hg 80	Tl 81	Pb 82	Bi 83	Po 84	At 85	Rn 86
Fr 87	Ra 88	Actinide	Ku 104	Ha 105	106	107											

□ Leichtmetalle; □ Schwermetalle; □ Edelmetalle; □ Halbmetalle; □ Nichtmetalle; □ Edelgase

Kristalle. Die bis zu dieser Temperatur relativ beweglichen Atome binden sich aneinander. Sie bilden Keime, an die sich andere Atome anlagern. Es entstehen Kristallite (also mehrere Kristalle) oder Körner. Die rasch wachsenden Metallkristallite stoßen aneinander und bilden so unregelmäßige Korngrenzen. Die vier Stadien dieses Vorganges sind in Abb. 1 schematisch dargestellt.

Befinden sich in der Schmelze Fremdatome, so bilden sich an diesen die Keime der Kristallite.

Die Anzahl der Kristallite und damit auch ihre Größe hängen von der Abkühlungsgeschwindigkeit ab. Dies beeinflußt die Festigkeit und die Härte der Werkstoffe, da ein Gefüge aus großen Körnern eher das Abgleiten der Raumgitter aneinander ermöglicht.

Man kann bei gebrochenen Metallstücken oft mit bloßem Auge die Kristallstruktur erkennen (Abb. 2). Sehr kleine Kristalle sind nur unter dem Mikroskop zu sehen. Man poliert dazu ein Stück des betreffenden Metalls und ätzt es an. Da die Raumgitter verschiedene Richtungen haben, werfen sie auffallendes Licht unter unterschiedlichen Winkeln zurück. Unserem Auge erscheinen dann die einzelnen Körner unterschiedlich getönt (Abb. 3).

Der kristalline Aufbau der Metalle ist auch der Grund für ihren eigentümlichen Glanz. Bis auf Kupfer und Gold sowie deren Legierungen haben alle Metalle eine grauweiße Farbe, die bei einigen bläulich schimmert.

Andere charakteristische Eigenschaften dieser Werkstoffe sind:

- hohe Festigkeit und Zähigkeit
- gute Legierbarkeit
- hohe thermische und elektrische Leitfähigkeit

Als **Leichtmetalle** werden alle Metalle bezeichnet, deren Dichte unter $5\frac{kg}{dm^3}$ liegt.

Die am meisten benutzten Werkstoffe sind trotz der Entwicklung der Plaste **Eisenwerkstoffe.** In 15.2 werden sie genauer behandelt.

Die **Nichtmetalle** bilden keine einheitliche Gruppe. Die Vielfalt der möglichen Gruppierungen ist groß. Wir behandeln nur einige davon, z.B. in 15.5 und 15.6. Auch in den anderen Abschnitten werden Nichtmetalle genannt und deren Anwendung besprochen, entweder als Legierungsbestandteil oder als unerwünschte Beimengungen, die die Werkstoff-Eigenschaften verschlechtern.

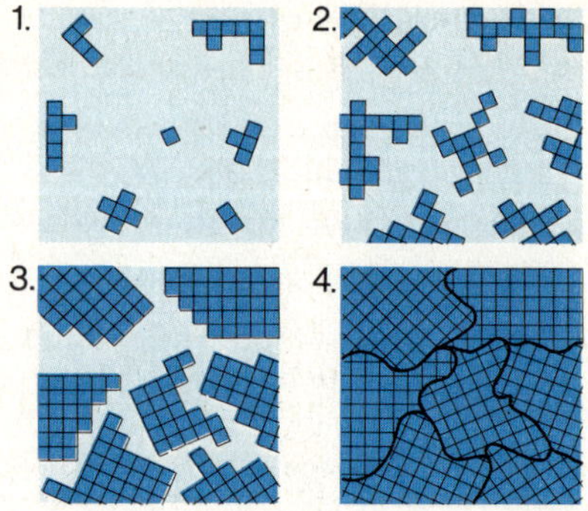

Abb. 1: Schematische Darstellung des Kristallwachstums

schnelle Abkühlung
↓
viele kleine Kristallite
↓
große Festigkeit

Abb. 2: Gebrochener Zinkbarren

Leichtmetalle $< 5\frac{kg}{dm^3} <$ **Schwermetalle**

Abb. 3: Gefüge von abgekühlten Schmelzen bei gleichem Vergrößerungsmaßstab

Natürliche Werkstoffe sind solche, die durch Bearbeitung und Verformung aus Rohstoffen gewonnen werden, z. B. Holz.

Künstliche Werkstoffe werden dagegen vorwiegend durch chemische Prozesse gewonnen und hergestellt. Eine Gruppe davon bezeichnen wir als Plaste, die häufig auch Kunststoffe genannt werden. Wir wollen damit auch in der Bezeichnung eine deutliche Abgrenzung zu den anderen künstlich hergestellten Werkstoffen schaffen.

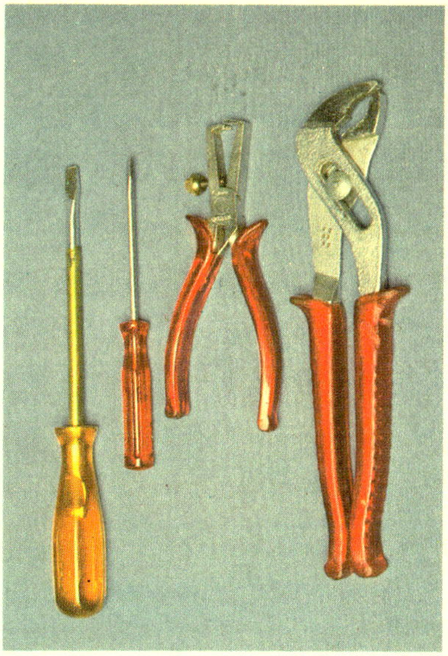

Abb. 4: Werkzeuge aus Stahl

Aufgaben zu 15.1

1. Beschreiben Sie den Unterschied zwischen elastischem und plastischem Bereich von Werkstoffen!
2. Erklären Sie den Unterschied zwischen Festigkeit und Härte eines Werkstoffes!
3. Erklären Sie den Unterschied zwischen Wärmekapazität und Wärmeleitfähigkeit!
4. Übernehmen Sie die Abbildung und vervollständigen Sie dann die Übersicht!

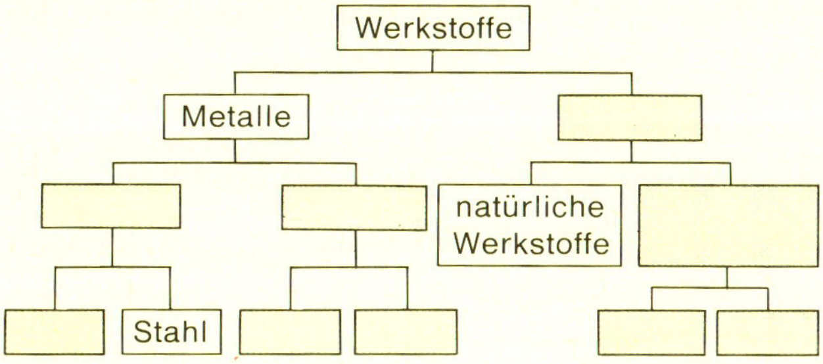

5. Nennen Sie charakteristische Eigenschaften der Metalle!

15.2 Stahl

Eisen
Symbol Fe
(lat. Ferrum)

Von den heute üblichen Werkstoffen sind Stähle am häufigsten vertreten. Dies liegt im wesentlichen an den vielfältigen Verwendungsmöglichkeiten, denn Stahl kann durch Zusätze sehr unterschiedliche Eigenschaften bekommen (vgl. 15.2.1).

Fast jeder hat täglich mit diesem Material zu tun, insbesondere im Berufsleben, da die meisten unserer Werkzeuge aus Stahl bestehen.

> Stahl ist eine schmiedbare Legierung aus Eisen und Kohlenstoff mit einem Kohlenstoff-Gehalt zwischen 0,05% und 2,06%.

0,05% C < Stahl < 2,06% C

Gußeisen hat höhere Kohlenstoff-Gehalte, wobei Werkstoffe mit mehr als 4% Kohlenstoff wegen der zu geringen Festigkeit nicht verwendet werden.

Handelsformen: Formstahl, Stabstahl, Breitbandstahl, Blech, Rohr, Profilstahl.

15.2.1 Eigenschaften

Wenn Sie mit einem Hammer Nägel in eine Wand einschlagen, haben Sie es bei beiden Werkstoffen mit Stahl zu tun. Da die Anforderungen recht unterschiedlich sind, aber in beiden Fällen Stahl benutzt wird, müssen die Eigenschaftsbereiche dieses Materials in weiten Bereichen änderbar sein.

Die nachfolgende Tabelle 15.1 soll das verdeutlichen. Sie finden in der zweiten Spalte die Werte für reines Eisen. In der dritten sind die Mindest- und Höchstwerte der Stahlsorten aufgeführt. Die letzte Spalte enthält die Stahlwerte in Prozenten des jeweiligen Eisenwertes. Man erhält dadurch ein sehr anschauliches Bild der Änderungsmöglichkeiten der Eigenschaft von Stahl.

Tab. 15.1: Vergleich der Eigenschaften von Stahl und reinem Eisen

Eigenschaft	reines Eisen (≙ 100%)	Stahl	
		absolute Werte	in % (bezogen auf Eisen)
Dichte in $\frac{kg}{dm^3}$	7,88	7,4...7,95	94...101
Schmelzpunkt in °C	1536	1200...1500	82...98
Zugfestigkeit in $\frac{N}{mm^2}$	180	330...1900	183...1055
Wärmeleitfähigkeit in $\frac{W}{K \cdot m}$	73	12,5...54,3	17...74
Remanenz in T	max. 1,1	0,53...1,35	48...123

Diese sehr unterschiedlichen Eigenschaften des Stahls erreicht man durch

- unterschiedlichen **Kohlenstoff-Gehalt,**
- unterschiedliche **Legierungsbestandteile** und
- unterschiedliche **Nachbehandlung.**

Einfluß des Kohlenstoff-Gehalts

Eisen ist relativ weich und wird erst durch die Legierung mit Kohlenstoff hart. Die entscheidende Rolle spielt dabei die Eisen-Kohlenstoff-Verbindung Eisenkarbid (Fe_3C), die Zementit genannt wird (Abb. 1). Hieraus läßt sich leicht schließen, daß die Härte mit steigendem Kohlenstoff-Gehalt (also höherem Zementit-Anteil) zunimmt.

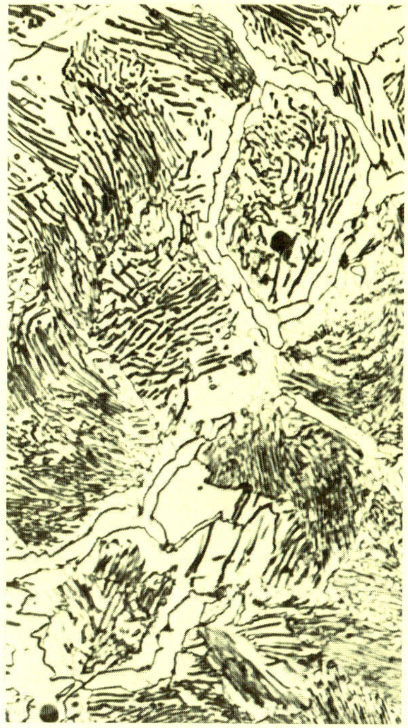
Abb. 1: Schliffbild eines Gefüges mit hohem Zementitgehalt (Zementit: helles Netz auf den Korngrenzen)

Vereinfacht kann man daraus weiter folgern, daß auch die Festigkeit zunimmt.

Je härter und fester ein Werkstoff aber ist, desto schwieriger läßt er sich verformen.

Zusammenfassend läßt sich demnach für Stahl sagen:

> Erhöhung des Kohlenstoff-Gehaltes führt zur Erhöhung der Härte und Festigkeit, aber zur Verringerung der Verformbarkeit.

Bei langsamer Abkühlung von Eisen-Kohlenstoff-Schmelzen werden je nach Temperatur und Kohlenstoff-Gehalt verschiedene Kristallgitter nacheinander aufgebaut. Kühlt man jedoch rasch ab, werden einzelne Bereiche übersprungen oder andere Strukturen erzwungen. Hierauf wird in Abschnitt 15.2.4 näher eingegangen.

Einfluß der Legierungsbestandteile

Im wesentlichen besteht die Wirkung der Legierungsbestandteile in der Verschiebung der Temperaturbereiche, in denen sich bestimmte Gefügeanordnungen bilden. Einige Raumgitter-Anordnungen entstehen dadurch schon früher und andere erst später als bei einer reinen Eisen-Kohlenstoff-Legierung. Die Eigenschaften des Stahls werden dadurch stark verändert. Die Größe und die Art der Beeinflussung durch die Legierungsbestandteile hängen mit der Gitterstruktur ihrer Atome und deren Größe zusammen.

15.2.2 Bezeichnungen

Die Zusammensetzungen und damit auch die Eigenschaften der Stahlsorten sind genormt. Sie sind nach dem Grad der Legierung mit anderen Stoffen eingeteilt in:

- unlegierte,
- niedriglegierte und
- hochlegierte Stähle.

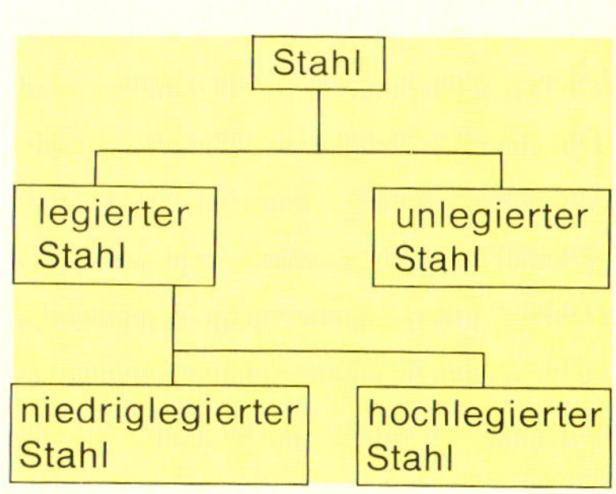

Die als unlegiert bezeichneten Sorten haben auch Beimengungen, aber in äußerst geringen Prozentsätzen.

Nach ihrem Verwendungszweck werden Stähle unterteilt in

- Baustähle,
- Einsatz- und Vergütungsstähle und
- Werkzeugstähle.

Nach dieser Einteilung richtet sich die Benennungsart.

Baustähle werden mit den Buchstaben „St" und der Mindestzugfestigkeit bezeichnet.

Beispiel: St 37

Unlegierter Baustahl mit einer Mindestzugfestigkeit von 360 $\frac{N}{mm^2}$.

Einsatz- und Vergütungsstähle werden mit dem Buchstaben C und dem Kohlenstoffgehalt bezeichnet.

Beispiel: C 45

Unlegierter Vergütungsstahl mit 0,45% Kohlenstoff.

Werkzeugstähle werden wie Einsatz- und Vergütungsstähle bezeichnet, nur wird hier noch der Buchstabe W mit einer Ziffer hinzugesetzt. Diese Ziffer gibt die Güteklasse an.

Beispiel: C 100 W 2

Unlegierter Werkzeugstahl mit 1% Kohlenstoff und der Güteklasse 2.

Die **legierten Stähle** (niedrig- und hochlegiert) werden durch Kombinationen von chemischen Kurzzeichen und Prozentangaben der Legierungsbestandteile benannt.

Beispiel: 30 CrNiMo 8

Niedrig legierter Stahl mit 0,3% Kohlenstoff, 2% Chrom und geringen Anteilen Nickel und Molybdän.

Nach DIN 17007 können alle Werkstoffe auch durch eine 7stellige Werkstoff-Nummer bezeichnet werden, wobei die 1. Ziffer den Hauptwerkstoff angibt, z. B.

1 für Stahl
2 für Schwermetalle (ohne Eisen)
3 für Leichtmetalle.

Die nächsten vier Ziffern bezeichnen die Zusammensetzung, z. B. 01 12. ≙ Baustahl St 37–2.

Die beiden letzten Ziffern machen Aussagen über das Gewinnungsverfahren und die Behandlung, z. B. 61 ≙ beruhigter Siemens-Martin-Stahl, normalgeglüht.

15.2.3 Wärmebehandlung

Vielleicht ist Ihnen schon einmal ein Schraubendreher abgebrochen, und Sie mußten ihn an der Schleifmaschine anschleifen. Anschließend stellten Sie dann fest, daß er sich verdrehte, weil er weicher geworden war. Was war geschehen (Abb. 1)?

Durch das Schleifen wurde das Werkzeug warm und sein Gefüge veränderte sich.

Abb. 1: Weichgewordene Spitze eines Schraubendrehers

Abb. 2: Keilwinkel an der Werkzeugschneide

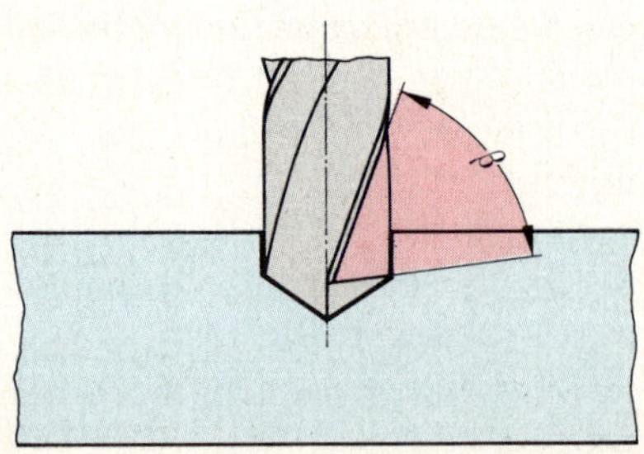

Abb. 3: Keilwinkel am Bohrer ▷

Härten

Beim Härten macht man sich die Tatsache zunutze, daß bei rascher Abkühlung eine andere Gefügeumwandlung stattfindet als bei langsamer Temperaturverringerung (Einfluß des Kohlenstoff-Gehalts).

Das Härten wird in zwei Schritten vorgenommen. Zuerst wird der Stahl auf 720...900°C erwärmt. Dann kühlt man das Werkstück schlagartig ab („Abschrecken"). Es kann sich dadurch keine andere Struktur bilden. Der Kohlenstoff wird in der Gitteranordnung des Eisens „festgehalten". Es entstehen dadurch Verspannungen im Gefüge und Verschiebungen der Gitter. Nach außen wirken diese Kräfte als Härte, weil sie dem Eindringen von zerspanenden Werkzeugen starken Widerstand entgegensetzen. Dieses neue Gefüge ist ungefähr 250mal härter als reines Eisen.

Anlassen

Durch das Härten sind auch unerwünschte mechanische Spannungen entstanden, die das Material sehr empfindlich machen. Außerdem ist die eingetretene Härte in diesem Ausmaß oft unerwünscht. Man erwärmt deshalb das Werkstück noch einmal, und zwar bis zu einer genau festgelegten Temperatur. Dadurch finden einige Gefügeumwandlungen statt, die einen Teil der Härte verschwinden lassen.

Da auch hier der Kohlenstoff-Anteil eine große Rolle spielt, schreiben die Herstellerfirmen von Stählen ganz bestimmte Temperaturen für ihre Produkte vor. Vergleicht man die Farbe des erwärmten Werkstoffes mit den Farben der Tabelle der Anlaßfarben, so kann die Temperatur genau bestimmt und somit auch eingehalten werden.

Anlaßfarben

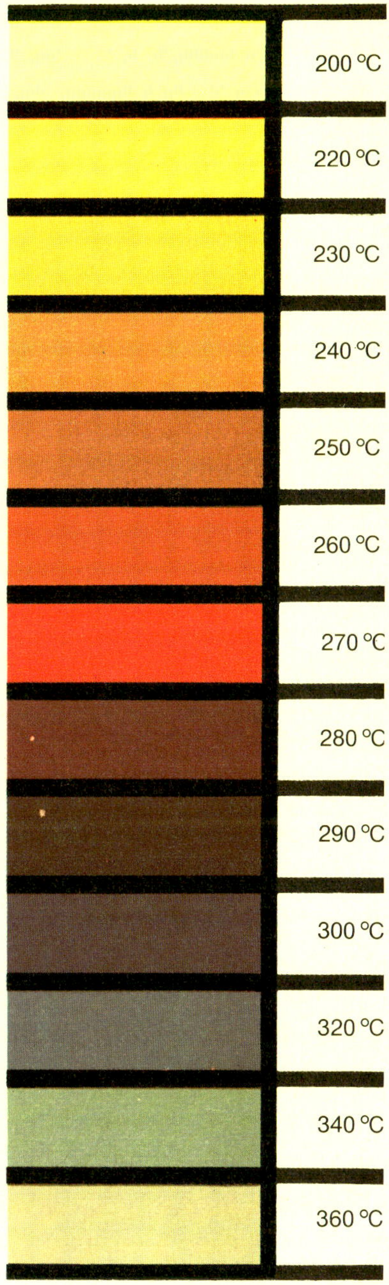

15.2.4 Hinweise zur Bearbeitung

Die technologischen und physikalischen Eigenschaften der Werkstoffe bestimmen die Bearbeitungsverfahren sowie Eigenschaften und Ausführungen der Werkzeuge, z.B. der Keilwinkel. Man muß also die Härte und die Festigkeit des zu bearbeitenden Werkstückes kennen, um die richtige Schneidenform auszuwählen. Der Widerstand gegen das Eindringen eines Keils ist bei einem festen und harten Werkstoff besonders groß. Die Schneide muß deshalb kräftig ausgeführt sein, d.h., daß der Keilwinkel bei einem Werkzeug zur Bearbeitung von Stahl groß sein muß (Abb. 2 und 3).

Keilwinkel $\beta = 65°...85°$ (je nach Härte)

Aber nicht nur der Keilwinkel spielt bei der spanabhebenden Bearbeitung eine große Rolle, sondern auch der Spanwinkel γ und der Freiwinkel α (Abb.1, S. 270).

Der Freiwinkel bestimmt wesentlich die Reibung zwischen Werkstück und Schneide. Er hat damit Einfluß auf die Lebensdauer des Werkzeuges. Bei zäh-elastischen Werkstoffen wie Stahl muß der Freiwinkel relativ groß sein, weil der Werkstoff hinter der Schneide etwas nachfedert und so den Zwischenraum teilweise ausfüllt (Abb. 2).

Freiwinkel $\alpha = 8°$

Vom Spanwinkel hängt entscheidend die Spanbildung ab, die aber auch von der Schnittgeschwindigkeit beeinflußt wird. Bei kleinen Spanwinkeln werden die Materialteilchen vor der Schneide mehr gestaucht und weggedrückt. Es entstehen Reißspäne. Bei großen Spanwinkeln dagegen wird mehr geschnitten. Es entstehen lockenartige Fließspäne. Dieses Schneiden ist aber nur bei weichen Werkstoffen möglich, da die Schneiden bei harten Stoffen festhaken würden.

Spanwinkel $\gamma = 0° \ldots 14°$ (je nach Härte)

Auch die **Schnittgeschwindigkeit** hängt von den Werkstoff-Eigenschaften ab. Je fester das Material ist, desto größer ist die Erwärmung beim Zerspanen. Also muß bei festen Werkstoffen eine kleine Schnittgeschwindigkeit gewählt werden. Für Stahl können keine allgemeingültigen Zahlen genannt werden, weil die Warmstandfestigkeit der Werkzeuge und die Kühlung beim Spanen eine große Rolle spielen. Um die richtige Geschwindigkeit wählen zu können, sind Tabellen aufgestellt worden, in denen den unterschiedlichen Bedingungen Rechnung getragen wird.

Aus diesen allgemeinen Aussagen lassen sich Angaben zu speziellen Werkzeugen zur Stahl-Bearbeitung machen:

Feilen: Kreuzhiebfeilen mit negativem Spanwinkel etwa −15° (Abb. 3).

Sägen: Der Keilwinkel bei Metall-Sägen beträgt 50°, damit ein genügend großer Freiwinkel zur Aufnahme der Späne bleibt (Abb. 5).

Die von Hand bedienten Sägen haben einen Spanwinkel von 0°, um ein eventuelles Einhaken der Zähne zu verhindern.

Um die Gegenkräfte beim Spanen von festen Werkstoffen besser zu verteilen, wird die Zähnezahl erhöht (Abb. 6). So haben Sägen zur Stahl-Bearbeitung 22 und mehr Zähne auf 25 mm (25,4 mm = 1 in)[1].

[1] inch (engl.), Einheitenzeichen in

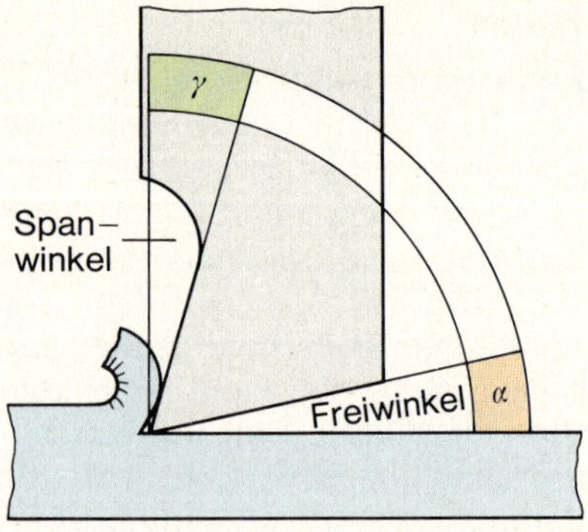

Abb. 1: Spanwinkel und Freiwinkel

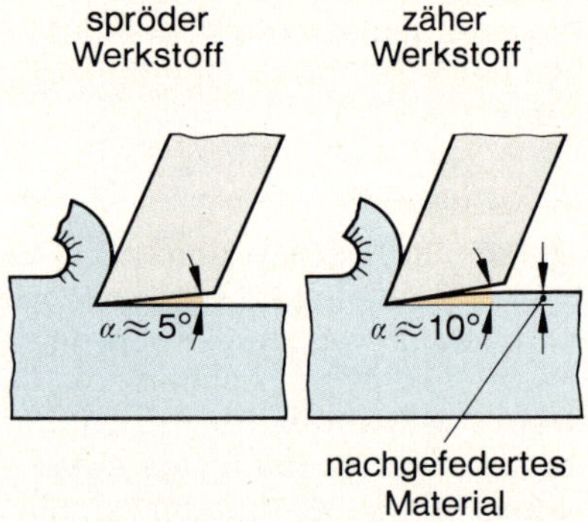

Abb. 2: Freiwinkel bei sprödem und bei zähem Werkstoff

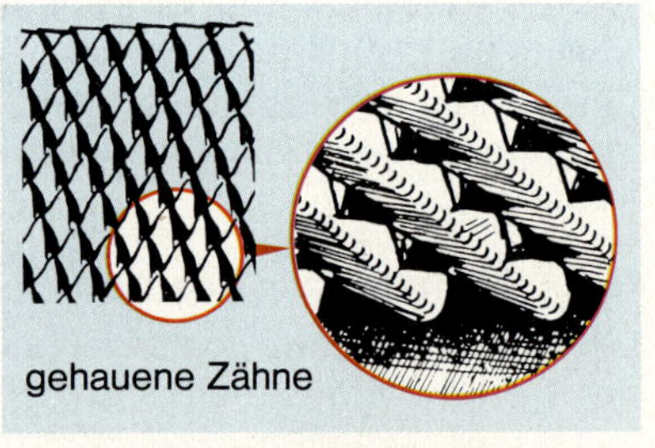

Abb. 3: Kreuzhiebfeile

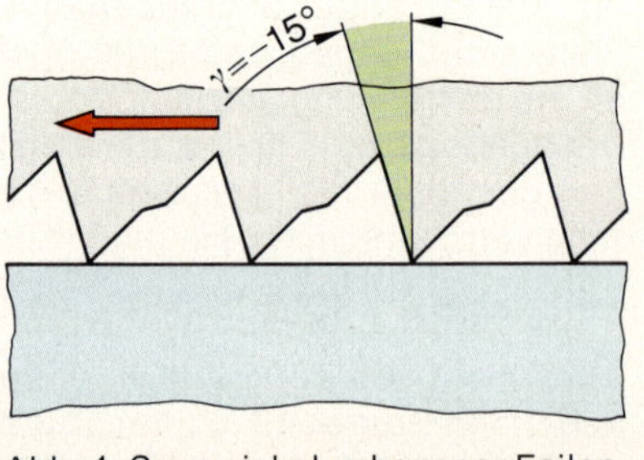

Abb. 4: Spanwinkel gehauener Feilen

Bohrer: Schnellarbeitsstahl-Bohrer oder Hochleistungs-Schnellarbeitsstahl-Bohrer (SS bzw. HSS) mit einem Seitenspanwinkel von 22° (Abb. 7), bei besonders harten Stählen etwa 12°. Der Spitzenwinkel beträgt 118°.

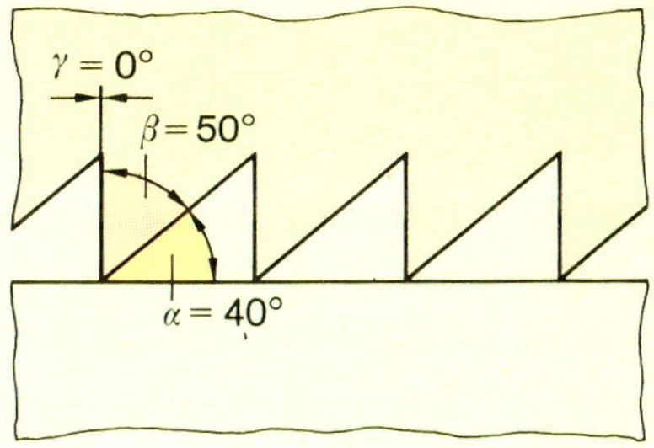

Abb. 5: Winkel am Bügelsägeblatt

Aufgaben zu 15.2

1. Wie hoch ist der Schmelzpunkt von Eisen?
2. Welche Eigenschaften von Stahl nehmen im wesentlichen zu, wenn der Kohlenstoff-Gehalt erhöht wird?
3. Warum werden gehärtete Stähle angelassen?
4. Welche der folgenden Zähnezahlen wählen Sie für eine Säge zur Stahl-Bearbeitung?

$z_1 = 15$ Zähne; $z_2 = 25$ Zähne; $z_3 = 35$ Zähne

5. Welche(n) der folgenden Bohrer wählen Sie zur Stahl-Bearbeitung?

Bohrer	Material	Spitzen-winkel	Seitenspan-winkel
1	HSS	90°	12°
2	SS	118°	12°
3	SS	118°	22°
4	SS	118°	40°

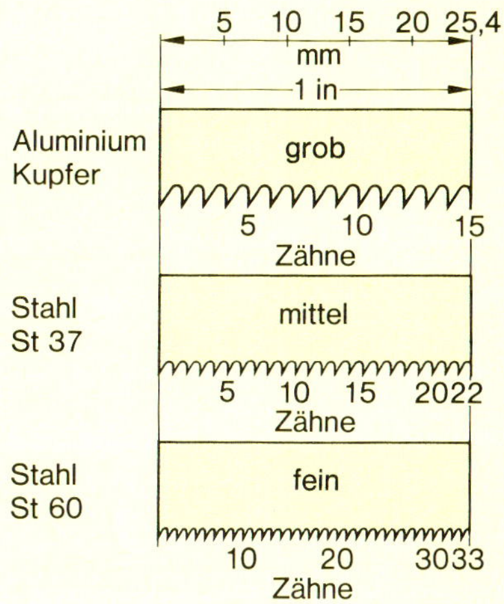

Abb. 6: Zahnteilungen der Sägeblätter

15.3 Leiterwerkstoffe

Wenn Sie die Zeichnung der Lampe in Abb. 8 betrachten, dann können Sie drei Werkstoffe erkennen, die unterschiedliche Funktionen haben. Sie beziehen sich auf die elektrische Leitfähigkeit von Materialien (Abb. 9).

- Die elektrische Energie soll möglichst verlustlos an den eigentlichen „Verbraucher", den Glühfaden, herangeführt werden. Also benötigt man einen guten elektrischen Leiter. Dieses Material nennen wir **Leiterwerkstoff.**

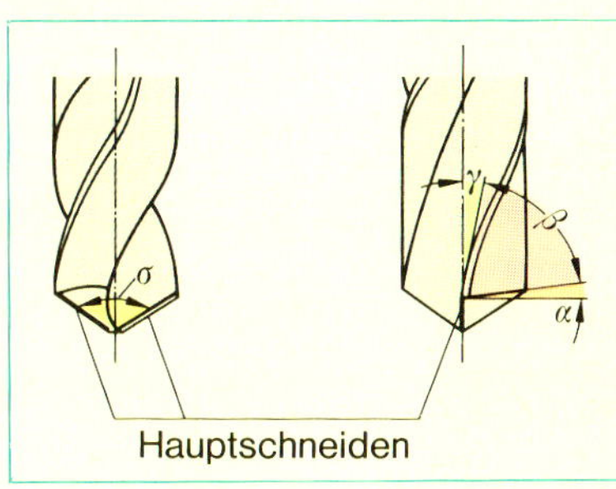

α = Freiwinkel
β = Keilwinkel
γ = Seitenspanwinkel
σ = Spitzenwinkel

Abb. 7: Winkel an der Bohrerschneide

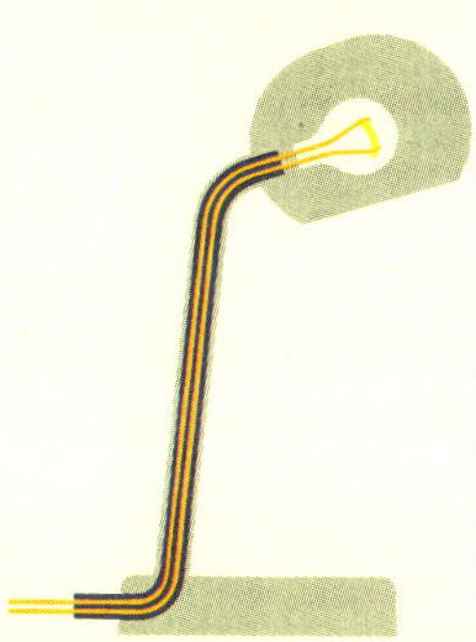

Abb. 8: Verschiedene Werkstoffe an einer Schreibtischlampe

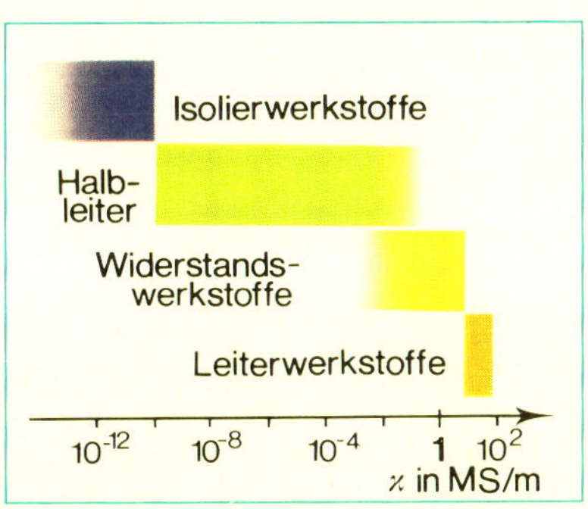

Abb. 9: Leitfähigkeiten von Werkstoffen

Abb. 10: Bohrer Typ N für Stahl

• Im „Verbraucher" soll die elektrische Energie in Wärmeenergie umgewandelt werden. Dazu benötigt man Materialien, die einen wesentlich höheren elektrischen Widerstand als die Zuleitungen haben (vgl. 3.2). Man nennt sie **Widerstandswerkstoffe.**

• Damit keine unerwünschten Berührungen der leitenden Teile untereinander oder mit den Menschen vorkommen, werden Stoffe mit sehr großem elektrischen Widerstand zwischen ihnen angebracht. Sie werden **Isolierstoffe** genannt.

Diese anwendungsbezogene Betrachtungsweise ermöglicht eine andere als die metallurgische Einteilung der Werkstoffe (vgl. 15.1.2). Für die Elektrotechnik ist die hier dargestellte Einteilung gebräuchlicher. Die einzelnen Werkstoffe sind dabei ihrem Hauptanwendungsbereich zugeordnet. Dabei kommt es natürlich vor, daß Elemente und Verbindungen mehrfach genannt werden müssen, z. B. Kupfer als Leitermaterial wie auch als Widerstandswerkstoff.

Abb. 1: Kupferkabel

Übersicht über die Werkstoffe in der Elektrotechnik

Werkstoffe in der Elektrotechnik

Leiterwerkstoffe	Widerstandswerkstoffe	Isolierstoffe	Verbindungswerkstoffe	Magnetwerkstoffe
z. B. Kupfer Aluminium Blei Edelmetalle Quecksilber Gesinterte Kontaktwerkstoffe	z. B. für Heizleiter Schichtwiderstände Drahtwiderstände Halbleiter	z. B. anorganische Isolierstoffe natürliche organische Isolierstoffe Zellulose-Kunststoffe Thermoplaste Elaste Duroplaste	z. B. Lote Kleber	z. B. weichmagnetische Werkstoffe hartmagnetische Werkstoffe

15.3.1 **Kupfer** Symbol Cu (lat. cuprum)

Eigenschaften

Farbe	**Dichte**	Schmelzpunkt	**elektrische Leitfähigkeit**	Wärmeleitfähigkeit	Spezifische Wärmekapazität	Zugfestigkeit
rotbraun	**8,93** $\frac{kg}{dm^3}$	1083 °C (1356 K)	**56** $\frac{MS}{m}$	395 $\frac{W}{K\,m}$	0,39 $\frac{kJ}{kg\,K}$	220 $\frac{N}{mm^2}$

Kupfer ist

- zäh
- **gut legierbar**
- gut spanlos verformbar, besonders kalt
- **gut lötbar**
- unter Schutzgas schweißbar
- schlecht gießbar (entstehende Gase machen den Werkstoff porös)
- schlecht spanabhebend bearbeitbar, weil es ‚schmiert'
- korrosionsbeständig

Abb. 2: Platinen mit Kupferbahnen

Anwendungen

Die Kombination guter Eigenschaften macht Kupfer vielseitig einsetzbar. Etwa die Hälfte der Weltproduktion wird in der Elektrotechnik für Leitzwecke eingesetzt. Hierbei kommt es wegen der erwünschten großen Leitfähigkeit auf besondere Reinheit an. **Elektrolytkupfer** hat einen Reinheitsgrad bis zu **99,98%.**

Handelsformen: Bleche, Bänder, Stäbe, Drähte, Rohre, Profile.

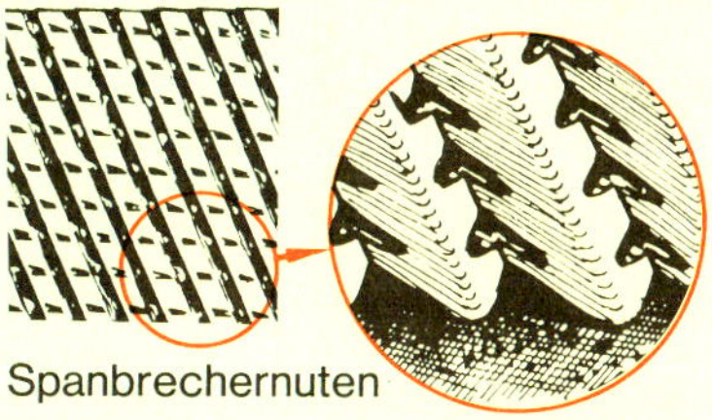

Abb. 3: Gefräste Feile

Hinweise zur Bearbeitung

Da Kupfer sehr weich ist, sind bei der spanabhebenden Bearbeitung die Winkel an der Schneide besonders zu beachten.

Der Keilwinkel kann klein sein: $\beta = 50° \ldots 60°$
Der Spanwinkel muß groß sein: $\gamma = 20° \ldots 30°$
Der Freiwinkel soll groß sein: $\alpha = 10°$

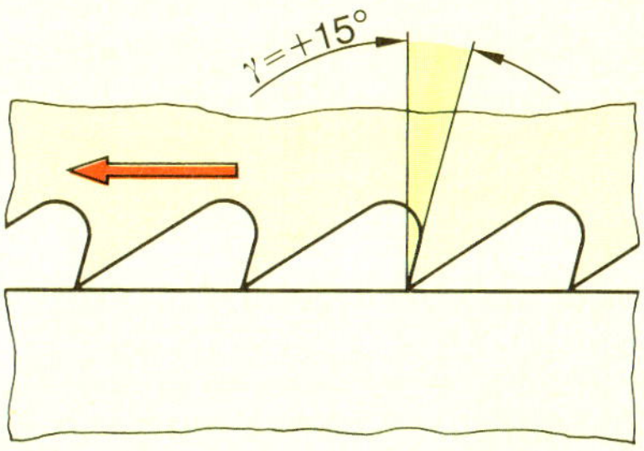

Abb. 4: Seiten-Spanwinkel an gefrästen Feilen

Für die Werkzeuge ergeben sich daraus folgende Forderungen:

Feilen: Gefräste Feilen mit positivem Spanwinkel und Spanbrechenernuten (Abb. 3 und 4) benutzen.

Sägen: Sägen mit kleiner Zähnezahl (etwa 15 Zähne auf 25 mm) und kleinem Keilwinkel verwenden. Der Freischnitt (Abb. 5) muß groß sein.

Bohrer: Bohrer mit großem Spitzenwinkel (140°) und großem Seitenspanwinkel (35°...40°) benutzen. Das Werkzeug-Material kann hier Werkzeugstahl sein. Die Schnittgeschwindigkeit darf doppelt so groß wie bei Stahl sein.

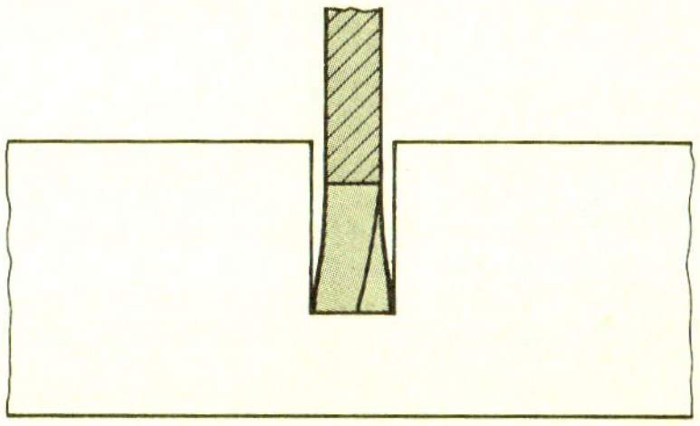

Abb. 5: Freischnitt bei Sägen

Herstellung

In einem Bad aus Schwefelsäure und Kupfersulfat werden Platten aus „Schwarzkupfer" (unreines Kupfer) als Anode und Stäbe aus sehr reinem Kupfer als Katode gehängt. Man legt dann eine niedrige Spannung

Abb. 6: Bohrer Typ W ▷

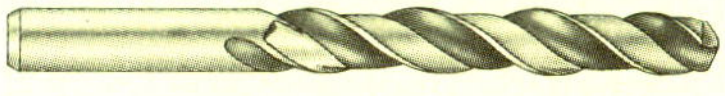

(etwa 1V) an. Durch die gute Leitfähigkeit der Lösung fließt ein großer Strom von etwa 200 A pro m² Plattenfläche. Die positiven Kupferionen wandern zur Katode und lagern sich dort an.

Die Verunreinigungen fallen während des Vorganges auf den Boden des Gefäßes und bilden den Anodenschlamm. Dieser enthält in geringen Mengen Edelmetalle und wird daher entsprechend weiterverarbeitet.

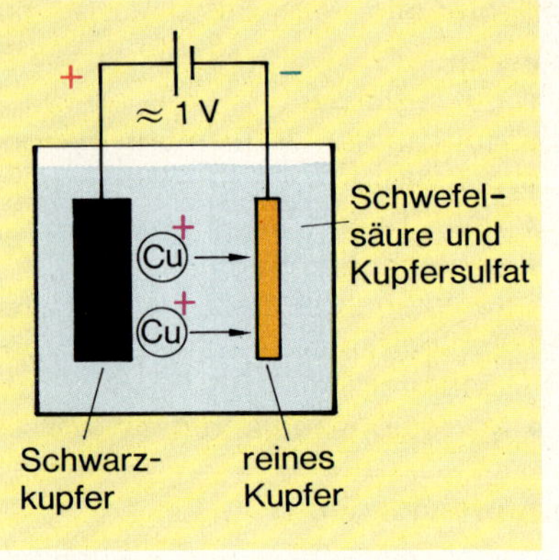

Abb. 1: Elektrolytkupfer-Herstellung (Schema)

15.3.2 Kupferlegierungen

Von den Kupferlegierungen spielen in der Elektrotechnik Messing- und Bronzesorten die größte Rolle, deshalb werden nur diese behandelt.

Messing = Kupfer + Zink

Messing ist eine Legierung aus Kupfer und Zink und soll daher nach DIN 17660 als **Kupfer-Zink-Legierung** bezeichnet werden. Der Name Messing ist ebenfalls zugelassen.

Eigenschaften von Messing

Bestandteile	85% Cu...55% Cu 15% Zn...45% Zn
Farbe	goldrot...grünlich-gelb
Dichte	$8{,}73 \ldots 8{,}4 \; \frac{kg}{dm^3}$
Schmelzpunkt	1030...870°C
elektrische Leitfähigkeit	$20 \ldots 8 \; \frac{MS}{m}$
Wärmeleitfähigkeit	$155 \ldots 54 \; \frac{W}{K\,m}$
spezifische Wärmekapazität	$0{,}39 \; \frac{kJ}{kg\,K}$
Zugfestigkeit	$260 \ldots 530 \; \frac{N}{mm^2}$

Aus diesen Werten ist zu ersehen, daß man durch Legieren mit Zink die Eigenschaften recht breit ändern kann.

Messing ist

- gut lötbar
- besser schweißbar als Kupfer
- schlecht gießbar
- gut spanlos verformbar

Anwendungen

Messing wird häufig dann eingesetzt, wenn die niedriglegierten Kupfersorten den mechanischen und technologischen Anforderungen nicht genügen und Stahl nicht benutzt werden kann, weil der Werkstoff entweder gut elektrisch leitend oder nicht magnetisierbar sein soll (Abb. 2 und 3). Deshalb hat Messing in der Elektrotechnik eine große Verbreitung gefunden.

Handelsformen: Bleche, Bänder, Rohre, Stäbe, Drähte, Profile.

Eine Drei-Stoff-Legierung aus Kupfer, Nickel und Zink wird vorwiegend für Kontaktfedern benutzt, weil sie eine geringere Neigung zur Oxidation als Messing hat Wegen ihrer hellen Farbe wird sie auch als **Neusilber** bezeichnet.

Hinweise zur Bearbeitung

Messing ist fester als Kupfer und benötigt deshalb zur Bearbeitung folgende Winkel an den Schneiden:

Keilwinkel $\beta = 80°$
Spanwinkel $\gamma = 3°$
Freiwinkel $\alpha = 7°$

Hieraus ergeben sich ähnliche Werkzeuge wie für die Bearbeitung von Stahl.

Bronze = Kupfer + Zinn

Bronze ist eine Legierung aus Kupfer und Zinn. Früher wurden auch andere Kupferlegierungen als Bronze bezeichnet, z. B. Aluminiumbronze, Bleibronze. Nach DIN 17662 sollen dafür Bezeichnungen verwendet werden, die sich aus den Hauptbestandteilen zusammensetzen, z. B. Kupfer-Aluminium-Legierung.

Eigenschaften von Bronze

Farbe	rotbraun
Dichte	um $8{,}8 \frac{kg}{dm^3}$
Schmelzpunkt	um 990°C (1263 K)
elektrische Leitfähigkeit	um $9 \frac{MS}{m}$
Wärmeleitfähigkeit	um $70 \frac{W}{K\,m}$
spezifische Wärmekapazität	um $0{,}37 \frac{kJ}{kg\,K}$
Zugfestigkeit	$260 \ldots 590 \frac{N}{mm^2}$

Anwendungen

In der Elektrotechnik wird Bronze hauptsächlich beim Maschinenbau verwendet, und zwar bei den Stromzuführungen der Läufer als Federn und Bänder. Auch

Abb. 2 ▽: Teile aus Messing

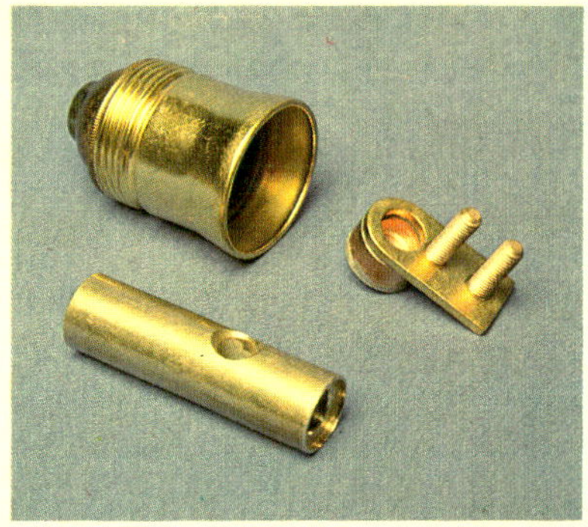

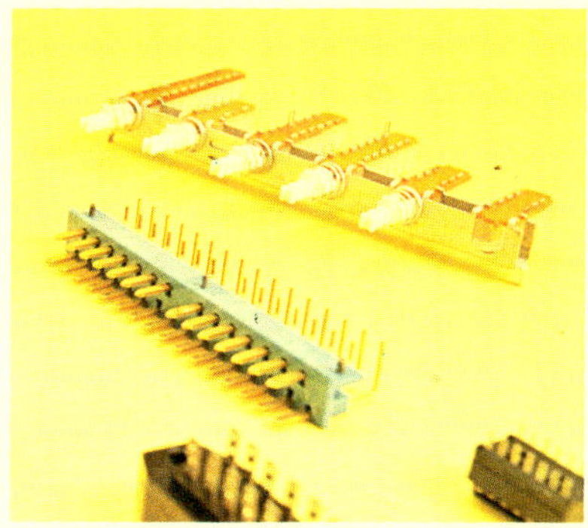

Abb. 3: Teile aus Messing

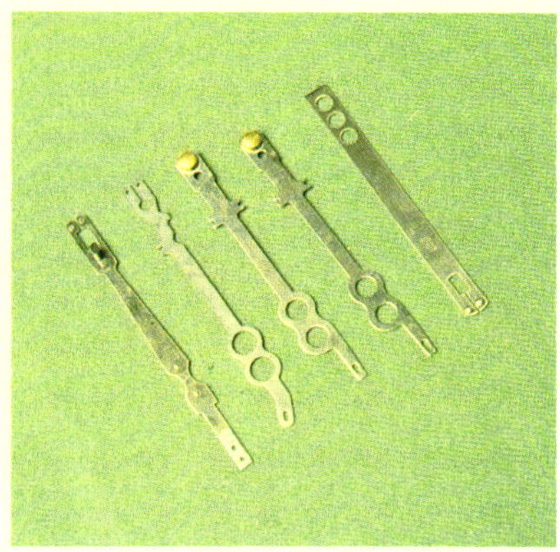

Abb. 4: Teile aus Neusilber

Abb. 5: Bohrer Typ H für kurzspanende Messingsorten

zur Wärmeableitung als Wärmeaustauschrohre wird dieser Werkstoff eingesetzt.

Handelsformen: Bänder, Stäbe, Rohre, Drähte

Hinweise zur Bearbeitung

Da Bronze härter ist als Messing, werden hierzu die gleichen Werkzeuge benutzt wie sie für die Bearbeitung harter Stähle vorgesehen sind.

15.3.3 Aluminium

Aluminium

Symbol Al

Eigenschaften

Farbe	weiß
Dichte	**$2{,}7\ \frac{kg}{dm^3}$**
Schmelzpunkt	660°C (837 K)
elektrische Leitfähigkeit	**$36\ \frac{MS}{m}$**
Wärmeleitfähigkeit	$210\ \frac{W}{K\ m}$
Spezifische Wärmekapazität	$0{,}92\ \frac{kJ}{kg\ K}$
Zugfestigkeit	$70\ \frac{N}{mm^2}$

Aluminium ist

- weich
- gut legierbar
- gut spanlos verformbar, besonders kalt
- gut spanabhebend bearbeitbar

(Auf großen Spanwinkel und hohe Schnittgeschwindigkeit achten!)

- gut schweißbar
- bedingt lötbar
- bedingt gießbar (deshalb: Druckguß)
- **wasser- und säurebeständig**
- nicht seewasser- und laugenbeständig

Aluminium überzieht sich an der Luft mit Aluminiumoxid, das sehr hart und dicht ist. Dadurch tritt keine weitere Oxidation mehr ein, und die Schicht bleibt sehr dünn (etwa 0,01 µm = 0,00001 mm). Wird sie beschädigt, „heilt" sie sich selbst, d.h. das freigelegte Aluminium überzieht sich sehr schnell wieder mit einer Oxidschicht.

Abb. 1: Aluminiumkabel

Anwendungen

Die günstige Kombination von sehr kleiner Dichte, guten mechanischen und technologischen Eigenschaften sowie der Korrosionsbeständigkeit hat dazu geführt, daß Aluminium neben Stahl heute am häufigsten eingesetzt wird.

In der Elektrotechnik wird Aluminium vor allen Dingen wegen des günstigen Leitwert/Masse-Verhältnisses eingesetzt. Die folgende Ableitung soll das erläutern:

Kupfer hat eine elektrische Leitfähigkeit von $56\,\frac{\text{MS}}{\text{m}}$ und leitet damit besser als Aluminium $\left(36\,\frac{\text{MS}}{\text{m}}\right)$

Bildet man das Verhältnis aus beiden Leitfähigkeiten, so ergibt sich:

$$\frac{56}{36} = \frac{1{,}6}{1}.$$

Soll mit Aluminium der gleiche Leitwert erreicht werden wie mit Kupfer, so muß bei gleicher Länge des Leiters der Querschnitt auf das 1,6fache vergrößert werden. Dadurch wird auch das Volumen das 1,6fache. Die Dichte von Aluminium ist aber nur knapp $\frac{1}{3}$ der Dichte von Kupfer:

$$\frac{2{,}7}{8{,}9} = \frac{1}{3{,}3}.$$

Somit ist die benötigte Masse des Aluminiums nur etwa die Hälfte der Masse des Kupfers, wenn der gleiche Leitwert erreicht werden soll.

Dies macht man sich besonders beim Bau von Freileitungen zunutze. Für Hochspannungen und große Spannweiten werden Aluminiumlegierungen (z. B. Aldrey = AlMgSi) oder Aluminiumleitungen mit Stahlseele (Abb. 2) verwendet.

Auch in der Kabelherstellung nimmt Aluminium einen immer größer werdenden Raum ein, als Kabelmantel, Abschirmfolie und vor allen Dingen als Leiter (Abb. 1). Hierfür werden besondere Aluminiumsorten verwendet, z. B. E–AlMgSi.

In elektrischen Maschinen findet man Aluminium als Gehäusewerkstoff wie auch für elektrisch bedeutsame Teile, z. B. Kurzschlußkäfigläufer (Abb. 3).

Bei den Kondensatoren setzt man diesen vielseitig verwendbaren Werkstoff für die Becher und für die Beläge ein, z. B. als Folie (Abb. 4), als Blech für die Drehkondensatoren.

Aluminium hat gegenüber Kupfer eine mehr als doppelt so große spezifische Wärmekapazität, d. h., bei gleich großem Strom durch Kupfer- oder Aluminiumleiter wird letzterer nur halb so warm. Daher eignet sich dieses Leichtmetall besonders für Stromschienen und Schaltstücke (Abb. 1, S. 278). Natürlich spielt auch hierbei die geringere Dichte eine Rolle.

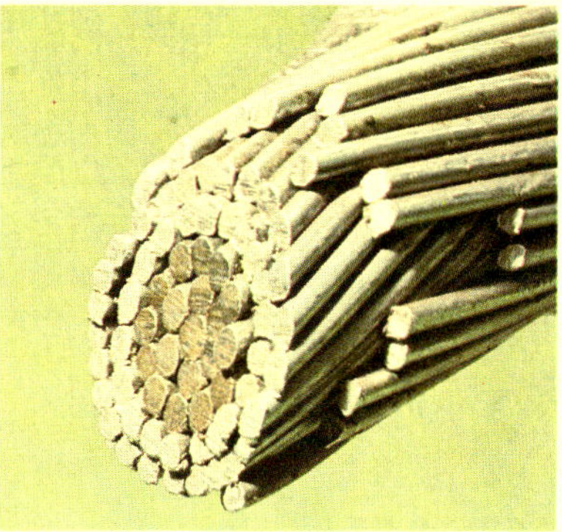

Abb. 2: Aluminiumfreileitung mit Stahlseele

Abb. 3: Kurzschlußkäfigläufer

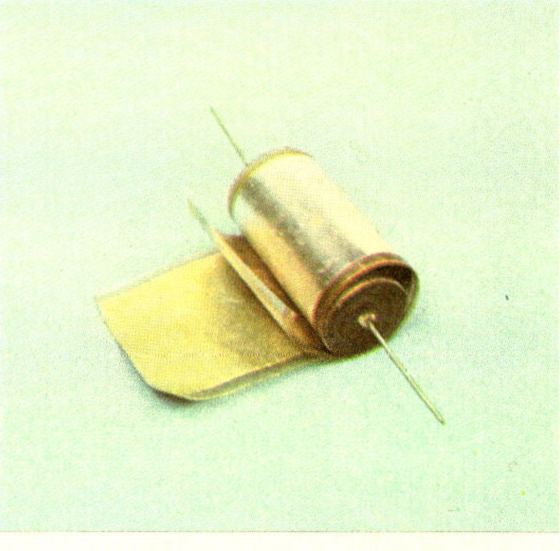

Abb. 4: Kondensatorfolie

Im Antennenbau wird die Korrosionsbeständigkeit von Aluminium ausgenutzt.

Aluminium-Legierungen

Um die mechanischen Eigenschaften zu verbessern, wird Aluminium mit Magnesium, Kupfer, Silicium, Zink, Mangan, Nickel und Chrom legiert. Man unterscheidet Knet- und Gußlegierungen, wobei die ersteren durch Kaltverformung Zugfestigkeiten bis 500 $\frac{N}{mm^2}$ erhalten können.

Einige Aluminium-Legierungen lassen sich aushärten. Man kann daher schwierige Umformungen im weichen Zustand durchführen und die Werkstücke anschließend aushärten.

Handelsformen: Bleche, Folien, Stangen, Rohre, Profile, Drähte.

Abb. 1: Stromschienen aus Aluminium in einer Mittelspannungs-Schaltanlage

Hinweise zur Bearbeitung

Sollen Aluminiumteile **elektrisch leitend** verbunden werden, muß die Oxidschicht unmittelbar vor dem oder beim Verbindungsvorgang entfernt werden. Dies kann mechanisch durch Kratzen, Schaben und Feilen oder chemisch durch reduzierende Mittel geschehen.

Auch beim **Löten** müssen im Vergleich mit anderen Metallen besondere Bedingungen beachtet werden. Einmal werden zum Auflösen der Oxidschicht besondere Flußmittel verwendet, und zum anderen wird wegen der großen Wärmekapazität von Aluminium eine große Wärmemenge benötigt.

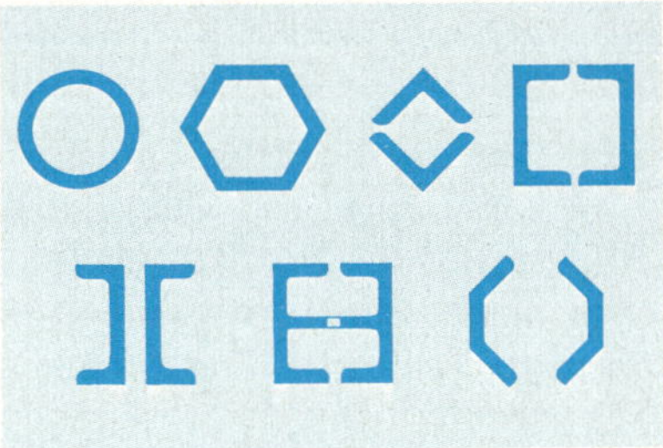

Abb. 2: Profilquerschnitte für hochbeanspruchte Stromschienen

Beim **spanabhebenden Bearbeiten** müssen die Winkel an den Schneiden der geringen Festigkeit des Leichtmetalls angepaßt werden.

Der Keilwinkel kann klein sein: β = etwa 50°
Der Spanwinkel muß groß sein: γ = etwa 30°
Der Freiwinkel soll groß sein: α = 10°

Daraus ergeben sich für die Werkzeuge etwa die gleichen Anforderungen wie bei Kupfer, mit der bereits erwähnten Einschränkung, daß die harte Oxidschicht besonders beim Feilen vorher entfernt werden muß. Die Feile „rutscht“ sonst.

15.3.4 Blei

Blei

Symbol Pb
(lat. plumbum)

Blei ist

- **sehr weich**
- sehr gut spanlos verformbar
- gut schweißbar
- gut lötbar (Achtung: niedriger Schmelzpunkt!)
- gut gießbar
- gut legierbar
- **sehr giftig** (Unfallverhütungsvorschriften beachten!)

- spanabhebend bearbeitbar
  (Auf großen Spanwinkel achten!)
- **undurchlässig für kurzwellige Strahlen**
  (z. B. Röntgenstrahlen)

Eigenschaften

Farbe	bläulich-grau
Dichte	**$11{,}34 \frac{kg}{dm^3}$**
Schmelzpunkt	327°C (600 K)
elektrische Leitfähigkeit	$4{,}8 \frac{MS}{m}$
Wärmeleitfähigkeit	$35 \frac{W}{K\,m}$
spezifische Wärmekapazität	$0{,}13 \frac{kJ}{kg\,K}$
Zugfestigkeit	**$25 \frac{N}{mm^2}$**

Blei überzieht sich an Luft mit einer mattgrauen Oxidschicht, die aber wesentlich langsamer wächst als bei Aluminium. Diese Bleioxid-Schicht schützt nicht nur vor weiterer Korrosion, sondern auch vor den meisten Säuren. Salpetersäure, Schwefelwasserstoff, Schwefelsäure und einige organische Säuren reagieren dagegen mit Blei.

Abb. 3: Akkumulatorplatte

Anwendungen

In der Elektrotechnik ist Blei vor allen Dingen als Werkstoff für Akkumulatoren-Platten und für Kabelmäntel von Bedeutung (Abb. 3 und 4), sowie als Legierungsbestandteil von Weichlot.

Hinweise zur Bearbeitung

Blei ist außerordentlich weich (etwa $\frac{1}{9}$ der Härte von Kupfer) und „schmiert", deshalb umgeht man möglichst die spanabhebende Bearbeitung. Soll trotzdem gebohrt oder gesägt werden, dann müssen Frei- und Spanwinkel extrem groß sein, um ein Verstopfen von Bohrer oder Säge zu vermeiden.

Da der Schmelzpunkt mit 327°C sehr niedrig liegt und die spezifische Wärmekapazität äußerst klein ist (nur $\frac{1}{3}$ der spezifischen Wärmekapazität von Kupfer), muß beim Löten und Schweißen mit niedrigen Temperaturen und kleinen Wärmemengen gearbeitet werden. Hinzu kommt noch die schlechte Wärmeleitfähigkeit von Blei.

Abb. 4: Kabel mit Bleimantel

Folgerungen: Die Lötstellen müssen gleichmäßig mit kleinen Wärmemengen (kleine Flamme beim Kabelmantel-Löten!) erwärmt werden. Das Lot darf nicht auf der Lötstelle erschmolzen werden, sondern darüber. Es tropft dann auf die Lötstelle und wird mit einem talggetränkten Lappen verteilt.

Achtung!! Blei (Dämpfe!) und Bleiverbindungen sind giftig!!

15.3.5 Edelmetalle

Eigenschaften

	Gold	**Platin**	**Silber**
Farbe	gelb	grauweiß	hellweiß
Dichte in $\frac{kg}{dm^3}$	19,3	**21,5**	10,5
Schmelzpunkt in °C	1063	1770	960
elektrische Leitfähigkeit in $\frac{MS}{m}$	44	9,4	**62**
Wärmeleitfähigkeit in $\frac{W}{K\,m}$	300	70	**407**
Zugfestigkeit in $\frac{N}{mm^2}$	120	140	200
spezifische Wärmekapazität in $\frac{kJ}{kg\,K}$	0,13	0,13	0,23

Die Edelmetalle sind **chemisch sehr beständig,** d.h., sie oxidieren unter normalen Bedingungen nicht und gehen kaum Verbindungen ein.

Anwendungen

Der wichtigste Anwendungsbereich in der Elektrotechnik ist die Verwendung als **Kontaktwerkstoff.** Hierbei wird ausgenutzt, daß die Edelmetalle kaum oxidieren und daher kleine Übergangswiderstände bilden. Da sie auch sehr hohe Schmelzpunkte haben, ist die Abbrand-Gefahr gering.

Da diese Werkstoffe sehr teuer sind, werden häufig nur galvanische Überzüge (vgl. 13.2.4.1) aufgebracht (z.B. Versilbern von Kupferdrähten).

Durch Legierungen werden die guten Eigenschaften der einzelnen Werkstoffe günstig kombiniert, z.B. Silber-Palladium für Hebdreh-Wähler der Deutschen Bundespost. Dabei wird zur guten Leitfähigkeit von Silber die hohe Abbrandfestigkeit von Palladium addiert.

Als Kontaktwerkstoffe werden neben den Edelmetallen Gold, Silber und Platin auch Wolfram und Palladium

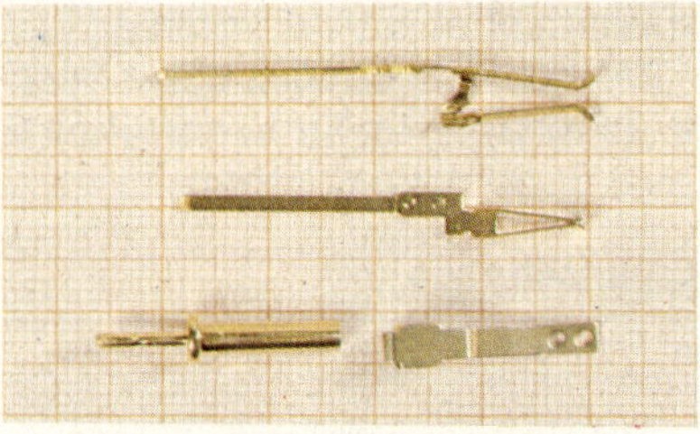

Abb. 1: Vergoldete Kontaktteile

	Symbol	lat. Name
Gold	Au	aurum
Platin	Pt	
Silber	Ag	argentum

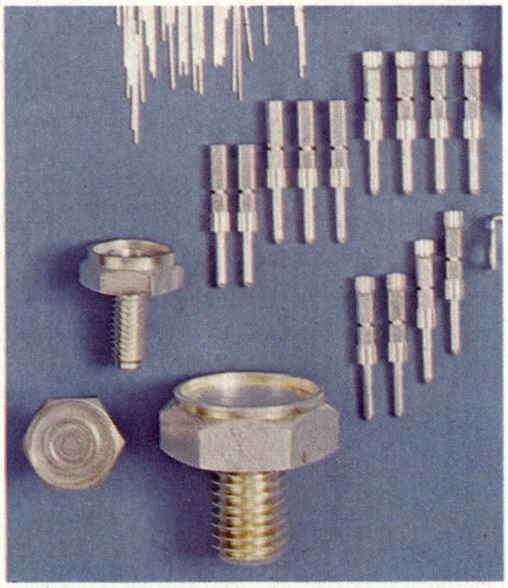

Abb. 2: Versilberte Kontaktteile

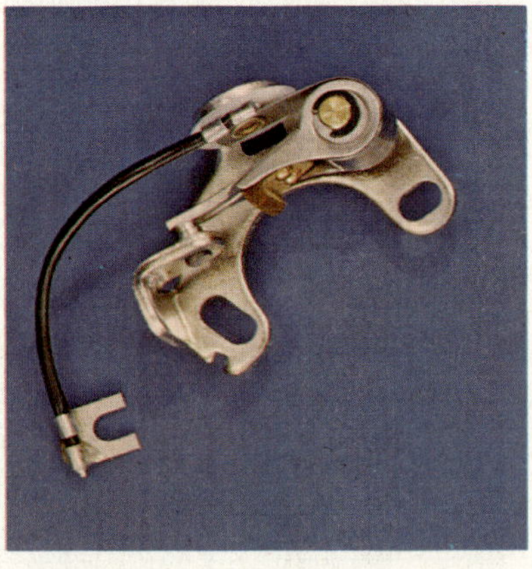

Abb. 3: Unterbrecherkontakt mit Wolframauflage

sowie deren Legierungen eingesetzt, z. B. Gold-Nickel, Gold-Silber, Silber-Kupfer, Silber-Cadmium und Platin-Iridium.

15.3.6 Quecksilber

Eigenschaften

Farbe	grauweiß
Dichte	$13{,}6\ \frac{kg}{dm^3}$
Schmelzpunkt	**−39°C (234 K)**
elektrische Leitfähigkeit	$1{,}04\ \frac{MS}{m}$
Wärmeleitfähigkeit	$10\ \frac{W}{K\,m}$
spezifische Wärmekapazität	$0{,}14\ \frac{kJ}{kg\,K}$

Quecksilber

Symbol Hg (hydrargyrum)[1]

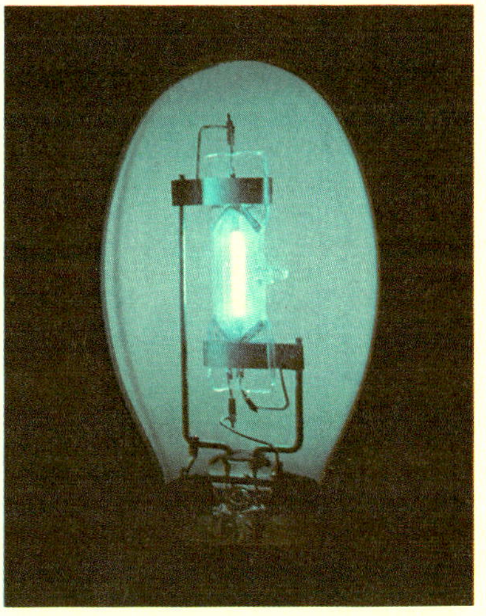

Abb. 4: Quecksilberdampf-Lampe

Quecksilber ist

- bei Raumtemperatur flüssig
- gut mit anderen Metallen (außer Antimon, Eisen und Wolfram) legierbar
- giftig

Quecksilber hat große Kohäsionskräfte (Zusammenhangskräfte), so daß es sich beim Ausgießen auf eine ebene Fläche kugelförmig zusammenzieht und seine Unterlage nicht benetzt.

Anwendungen

In der Elektrotechnik gibt es zwei wichtige Anwendungsgebiete für Quecksilber, nämlich einmal in Lampen (z. B. Quecksilberdampf-Lampen) oder in Höhensonnen (Abb. 4) und zum anderen als Kontakt-Material. Die Quecksilber-Schaltröhren (Abb. 5) und die heute öfter verwendeten Subminiatur-Quecksilber-Schalter zeigen dabei praktisch keinen Verschleiß.

Abb. 5: Quecksilber-Schalter

15.3.7 Gesinterte Kontaktwerkstoffe

Wie bereits in 15.3.5 erwähnt, legiert man, um gute Eigenschaften zu kombinieren. Dazu müssen die Werkstoffe geschmolzen werden. Das kann aber wegen der hohen Schmelzpunkte mitunter problematisch sein. Außerdem verlieren einige Werkstoffe dabei ihre mechanischen Eigenschaften (z. B. Härte). In solchen Fällen wendet man dann das Sinterverfahren an (Abb. 1, S. 282). Zuerst werden die Ausgangsstoffe zermahlen, gemischt und in die gewünschte Form gepreßt. Im zweiten Schritt werden die Werkstücke erhitzt. Die Temperatur liegt dabei zwischen 50% und 95% der Schmelz-

[1] lat. Wassersilber

temperatur. Die einzelnen Pulverteilchen haften dann auf Grund der Wärmebewegung aneinander.

Ein wesentlicher Vorteil dieses Verfahrens ist, daß man auch Stoffe sintern kann, die nicht miteinander legiert werden können, z. B. Nichtmetalle oder Metalloxide.

Als besonders warmfest haben sich sogenannte Tränklegierungen erwiesen. Sie bestehen aus einem gesinterten „Skelettkörper" (z. B. Wolfram), der mit einem gut leitenden Werkstoff (z. B. Silber) „getränkt" ist. Durch diese Kombination bleibt das Kontaktstück auch über die Schmelztemperatur des Tränkmaterials formbeständig.

Die folgenden Werkstoffe werden dabei benutzt: Silber-Nickel, Silber-Cadmiumoxid, Silber-Zinkoxid, Silber-Grafit und Wolfram-Kupfer.

Neben diesen Werkstoffen wird auch sehr häufig **Kohle** als Kontaktmaterial verwendet. Sie wird aus Ruß, Koks oder Grafit unter Zuhilfenahme eines Bindemittels hergestellt. Kohlestäbe (auch Kohlebürsten genannt) werden häufig auch mit Metallen (20% . . . 80%) gesintert, um höhere Strombelastbarkeiten zu erreichen.

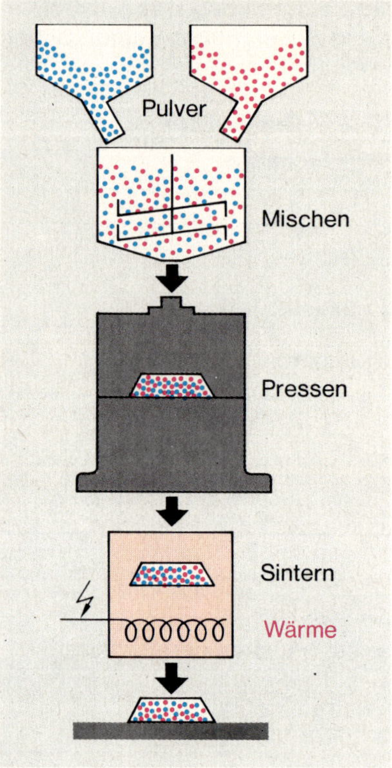

Abb. 1: Schematische Darstellung des Sinterns

Eigenschaften von Kohle

Farbe	schwarz
Dichte	$1 \frac{kg}{dm^3} \ldots 1{,}9 \frac{kg}{dm^3}$
elektrische Leitfähigkeit	$0{,}015 \frac{MS}{m}$
Wärmeleitfähigkeit	$40 \frac{W}{K\,m}$

Kohle ist spröde und kann daher nur vorsichtig spanabhebend bearbeitet werden.

Abb. 2: Bürsten eines Elektromotors

15.3.8 Vergleich wichtiger Werkstoff-Eigenschaften

Um einen anschaulichen Vergleich wichtiger Eigenschaften einiger Werkstoffe zu ermöglichen, sind die Werte in Abb. 3 grafisch dargestellt.

Aufgaben zu 15.3

1. Hier sind Leiterwerkstoffe und Leitfähigkeiten aufgeführt. Ordnen Sie diese einander zu!
Aluminium, Blei, Gold, Kupfer, Platin, Silber

$\varkappa$ in $\frac{MS}{m}$: 62; 56; 44; 36; 9,4; 4,8.

2. Welche Eigenschaften von Kupfer werden in der Elektrotechnik ausgenutzt?

3. Welche Eigenschaften von Kupfer ändern sich wesentlich durch die Legierung mit Zink?

4. Nennen Sie Anwendungsbeispiele für Messing!

5. Hier sind Leiterwerkstoffe und Dichten aufgeführt. Ordnen Sie diese einander zu!
Aluminium, Blei, Gold, Kupfer, Platin, Silber;

ϱ in $\frac{\text{kg}}{\text{dm}^3}$: 21,5; 19,3; 11,34; 10,5; 8,93; 2,7.

6. Welche besonderen Vorteile hat Aluminium gegenüber Kupfer?

7. Nennen Sie zehn Anwendungsbeispiele für Aluminium!

8. Welche besonderen Eigenschaften hat Blei?

9. Welche Gefahren bestehen beim Löten von Blei?

10. Welche Leiterwerkstoffe überziehen sich an Luft in kurzer Zeit mit einer Oxidschicht?

11. Warum werden **Edel**metalle so bezeichnet?

12. Wozu werden Edelmetalle in der Elektrotechnik hauptsächlich verwendet?

13. Warum werden Werkstoffe gesintert?

14. Für die Bewegung der Antenne eines Funkamateurs soll ein kleiner, leichter Motor zur Außenmontage gebaut werden.

Welche Werkstoffe schlagen Sie für die einzelnen Teile (Gehäuse als Stator, Rotor, Wicklungen, Rotor-Zuführungen) vor?

Begründen Sie Ihre Auswahl!

Lösungshinweis:

a) Stellen Sie die Anforderungen für die einzelnen Motorteile zusammen!

b) Suchen Sie aus den Werkstoffen des Abschnittes 15.3 die Werkstoffe heraus, die den Anforderungen am nächsten kommen!

15. Welcher der folgenden Bohrer ist für die Bearbeitung von Kupfer und welcher ist für Messing geeignet?

Bohrer	Spitzenwinkel	Seitenspanwinkel
1	140°	40°
2	140°	12°
3	118°	12°
4	118°	35°

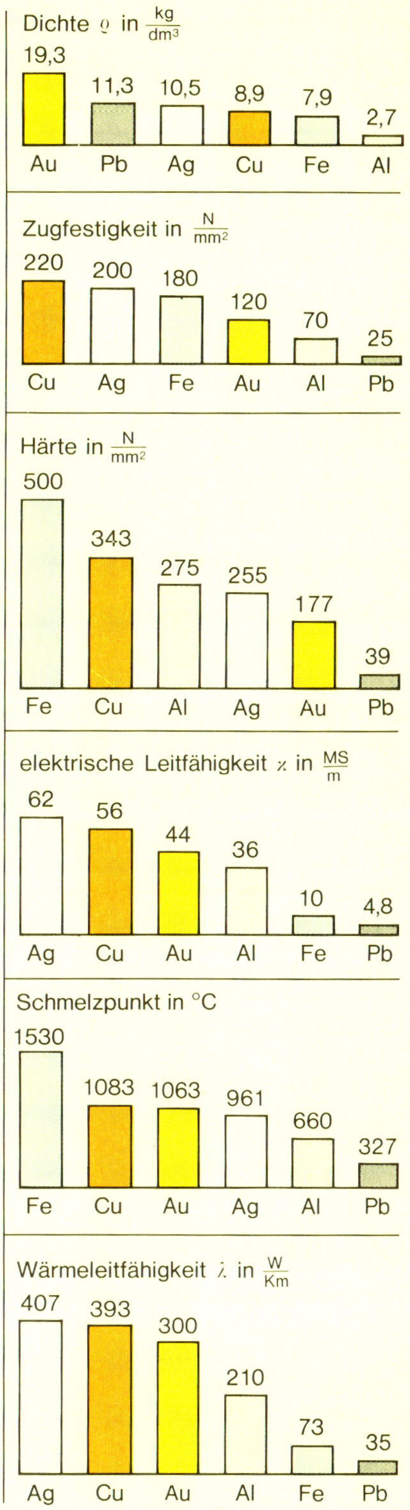

Abb. 3: Vergleich wichtiger Werkstoffeigenschaften ▷

15.4 Widerstandswerkstoffe

15.4.1 Werkstoffe für Heizleiter

Der Heizleiter in Abb. 1 ist für eine Waschmaschine vorgesehen. In ihm soll elektrische Energie in Wärme umgesetzt werden. Dazu müssen die fließenden Elektronen behindert werden (vgl. 3.2). Sie geben dabei ihre Bewegungsenergie teilweise an die Atomrümpfe ab, so daß diese in stärkere Schwingungen geraten. Hieraus folgt, daß der elektrische Widerstand (also die Behinderung der Elektronen) groß sein muß. Reine Metalle kommen dafür nicht in Frage. So werden meistens niedriglegierte (das sind Werkstoffe mit geringen Prozentsätzen an Legierungsbestandteilen) Metalle verwendet, da schon kleine Unregelmäßigkeiten im Gitteraufbau eine starke Behinderung für die Elektronen hervorrufen.

Da Heizleiter schnell mit kleiner Energie hohe Temperaturen erreichen sollen, müssen sie kleine spezifische Wärmekapazitäten und gute Wärmeleitfähigkeiten haben.

Durch diese hohen Temperaturen darf es natürlich nicht zu Veränderungen der Werkstoffe kommen, d. h., sie dürfen ihre mechanischen und technologischen Eigenschaften nicht verlieren oder sogar flüssig werden. Auch sollen die Materialien nicht verbrennen. Es müssen also Bestandteile hinzulegiert werden, die entweder das Verzundern völlig verhindern oder eine Oxidschicht bilden, die weiteres Verzundern ausschließt.

Hierbei spielt auch die „Umgebung" eine entscheidende Rolle. Wenn die Widerstandswerkstoffe völlig abgekapselt sind (z. B. in Keramik eingebettet), dann kann kein Sauerstoff hinzutreten und die Oxidation unterbleibt. Da keramische Werkstoffe aber schlechte Wärmeleiter sind, werden ihrem Einsatz Grenzen gesetzt. Bei Erwärmung dehnen sich keramische Stoffe weniger aus als Metalle. Dadurch würden sich die Heizleiter aus ihren Einbettungen herauslösen. Durch Legierungen erreicht man Werkstoffe mit sehr kleinen Ausdehnungskoeffizienten.

Damit ergeben sich für Heizleiter folgende **Anforderungen:**

- hoher spezifischer Widerstand
- kleine spezifische Wärmekapazität
- gute Wärmeleitfähigkeit
- hoher Schmelzpunkt
- gute Korrosionsbeständigkeit
- gute Zunderbeständigkeit bei freiliegenden Heizleitern
- kleiner Ausdehnungskoeffizient

Abb. 1: Heizleiter für eine Waschmaschine

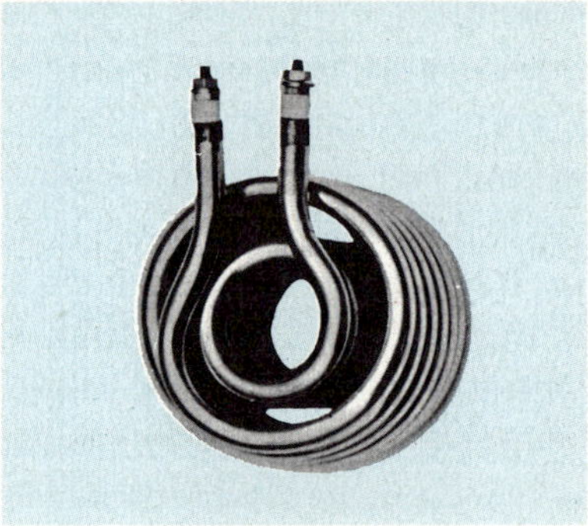

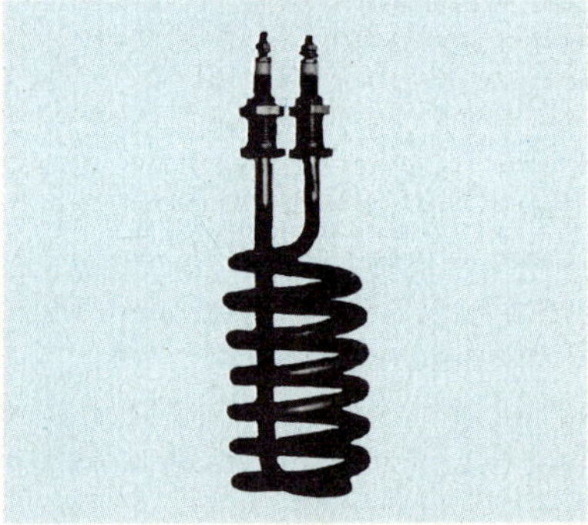

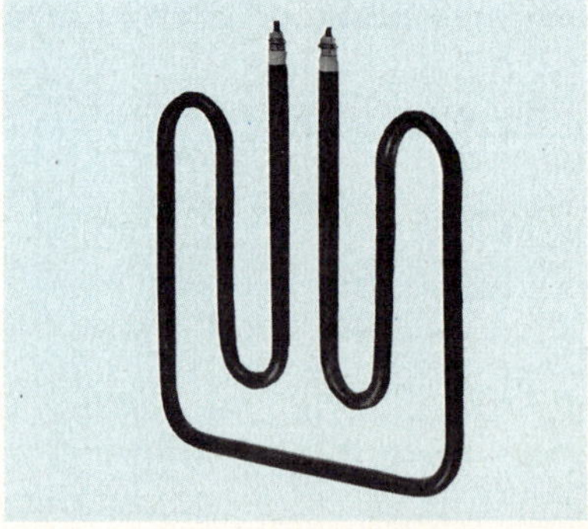

Abb. 2 bis 4: Verschiedene Heizleiter

Hierfür sind viele Werkstoffe entwickelt worden. Ihre Hauptbestandteile sind Aluminium, Chrom, Eisen, Nickel.

Beispiel: Cr Al 20 5 (20% Cr, 5% Al, 75% Fe). Andere bekannte **Handelsnamen** sind: Aluchrom, Cronifer, Cronix, Hawe, Megapyr I, Vacronium.

15.4.2 Werkstoffe für Schichtwiderstände

Mit den Widerständen in Abb. 5 soll nicht – wie bei den Heizleitern – Wärme erzeugt, sondern elektrische Energie „verbraucht" werden. Da aber kein Verbrauch von Energie möglich ist, sondern immer nur die Umwandlung von einer Energieform in eine andere, entsteht auch bei diesen Bauteilen Wärme. Da diese aber unerwünscht ist, müssen die Werkstoffe für Schichtwiderstände möglichst große spezifische Wärmekapazitäten und schlechte Wärmeleitfähigkeiten haben.

Keramische Stoffe haben diese Eigenschaften. Ihre sehr hohen elektrischen Widerstände lassen jedoch nur einen begrenzten Einsatz zu. Man verwendet Kohle, Metalle und Metalloxide.

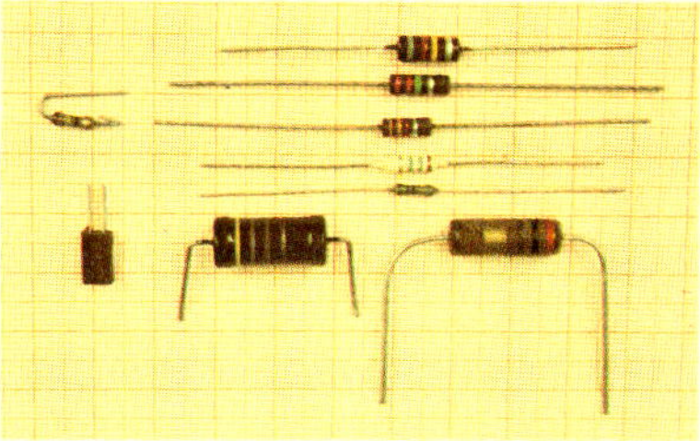

Abb. 5: Schichtwiderstände

Die Widerstandswerkstoffe werden entweder auf Träger aufgedampft oder als Lösung aufgespritzt. Durch feine Dosierungen und durch nachträgliche Bearbeitung (Abbrennen oder Abschleifen) können sehr genaue Werte erreicht werden. Dies ist besonders wichtig, weil nur genaue Abstimmungen der Bauteile das Funktionieren der Schaltungen garantieren. Hieraus ergibt sich u. a., daß auch Temperaturschwankungen keinen Einfluß auf die elektrischen Werte haben dürfen.

Bedingt durch ihre kleinen Abmessungen lassen diese Widerstände auch keine großen Belastungen zu, daher werden sie in der Energietechnik nicht so häufig eingesetzt.

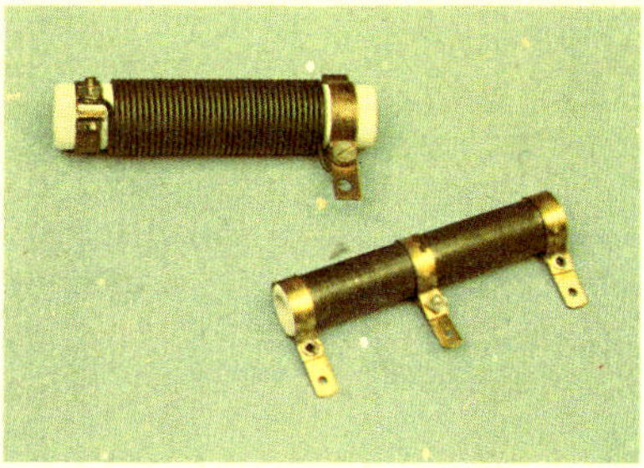

Abb. 6: Drahtwiderstände

Einige Anforderungen an die Werkstoffe für Heizleiter treffen auch hier zu, so daß folgende **Forderungen** erfüllt werden müssen:

- hoher spezifischer Widerstand
- große spezifische Wärmekapazität
- schlechte Wärmeleitfähigkeit
- gute Korrosionsbeständigkeit
- gute Zunderbeständigkeit
- kleiner Ausdehnungskoeffizient
- kleiner Temperaturkoeffizient

Die Hauptbestandteile der Werkstoffe sind Kohle, Chrom, Nickel, Tantal sowie deren Legierungen und Oxide.

15.4.3 Werkstoffe für Drahtwiderstände

Auch bei den Widerständen in Abb. 6 kommt es nicht auf die Umsetzung der elektrischen Energie in Wärme an, sondern auf die Verringerung der elektrischen Energie. Also müssen die hierbei verwendeten Werkstoffe ähnliche Voraussetzungen erfüllen wie bei den Schichtwiderständen.

In vielen Fällen spielt aber die Widerstandsänderung durch unterschiedliche Temperaturen keine große Rolle. Nur Meßwiderstände müssen einen sehr kleinen Temperaturkoeffizienten haben. Hier hat sich eine Kupfer-Nickel-Mangan-Legierung besonders bewährt, die auch unter der Bezeichnung **Konstantan** bekannt ist.

Konstantan: 54% Cu, 45% Ni, 1% Mn

Temperaturkoeffizient $\alpha = 0{,}00004\,\frac{1}{K}$

spezifischer Widerstand $\varrho = 0{,}5\ \mu\Omega\,m$

Früher hat man dafür auch die Bezeichnung WM 50 benutzt. Dieser Name ergibt sich aus der Abkürzung WM für Widerstandsmaterial und der Zahl 50 für den Wert des spezifischen Widerstandes: $50 \mathrel{\hat{=}} 50 \cdot 10^{-2}\ \mu\Omega\,m$.

Auch andere Widerstandswerkstoffe wurden entsprechend gekennzeichnet, z. B. WM 40 = Nickelin (CuNi30Mn3).

Zu den angesprochenen elektrischen Eigenschaften kommen bei diesen Werkstoffen noch einige mechanische hinzu, da die Drähte aufgewickelt sind. Auch müssen die Materialien bei höheren Temperaturen ihre Festigkeit behalten.

An die Werkstoffe für Drahtwiderstände sind demnach folgende Anforderungen zu stellen:

- hoher spezifischer Widerstand
- große spezifische Wärmekapazität
- schlechte Wärmeleitfähigkeit
- gute Korrosionsbeständigkeit
- gute Zunderbeständigkeit
- kleiner Ausdehnungskoeffizient
- kleiner Temperaturkoeffizient (bei Meßwiderständen)
- gute mechanische Eigenschaften (elastisch, stoßfest)
- gute technologische Eigenschaften (lötbar, schweißbar, warmfest).

Die hierfür verwendeten Werkstoffe sind genormt. Bekannte Handelsnamen sind:
Konstantan, Nickelin, Manganin, Aurotan, Goldin, Isotan, Isa-Ohm, Iso, Novokonstant, Zeranin, Isabellin.

15.4.4 Werkstoffe für Sonderwiderstände (Halbleiter)

Die Abb. 1 zeigt mehrere Bauteile, deren Widerstandsgrößen durch verschiedene Einflüsse besonders verändert werden können. Die Abhängigkeiten sind nicht linear. Sie verlaufen nach Kurven mit recht unterschiedlichen Steilheiten. Diese Eigentümlichkei-

Abb. 1: Veränderbare Widerstände

ten sind beabsichtigt und werden entsprechend ausgenutzt. Man unterscheidet Widerstände mit Abhängigkeit von der Temperatur, vom Licht, vom Magnetfeld, von der Spannung (vgl. 3.3 und 3.4) und von der Spannungsrichtung (Gleichrichter).

Die Werkstoffe hierfür sind Halbleiter-Elemente (z.B. Germanium, Silicium) oder Verbindungen (zusammengesetzte Halbleiter, z.B. Gallium-Arsenid).

Halbleiter sind Stoffe, deren Valenzelektronen fest im Gitter eingebunden sind (Abb. 2) und nicht zum Ladungstransport beitragen können und deshalb ihrem Gitteraufbau nach schlecht leiten.

Halbleiter sind bei Raumtemperatur sehr schlechte Leiter.

Bei Temperaturerhöhung bewegen sich die Atome bzw. Moleküle rascher als vorher. Dadurch lockern sich die Bindungen der Valenzelektronen im Gitter. Es stehen dann negative Ladungsträger zur Verfügung (Abb. 3). Der Werkstoff ist besser leitend geworden.

Die Leitfähigkeit von Halbleitern nimmt bei Temperaturerhöhung zu. Dies wird als Eigenleitung bezeichnet.

Werden Halbleiter durch andere Elemente „verunreinigt" (Fachausdruck: Dotieren), so stören diese Fremdatome den regelmäßigen Gitteraufbau und die Leitfähigkeit erhöht sich.

Die Leitfähigkeit von Halbleitern nimmt durch Dotieren zu. Dies wird als Störstellenleitung bezeichnet.

Als **Ausgangsstoffe für Halbleiter** werden Germanium oder Silicium benutzt, als Dotier-Elemente Aluminium, Bor, Gallium oder Indium sowie Antimon, Arsen oder Phosphor.

Weitere Werkstoffe sind: Tellur, Galliumarsenid, Selenide, Sulfide und Phosphide.

Bei der Herstellung von **Fotowiderständen** kommt fast nur Cadmiumsulfid in Frage, da dieser Werkstoff eine große optische Empfindlichkeit hat. Das Herstellen der Bauteile selbst geschieht dann durch Sintern, Aufdampfen oder Aufstreuen von CdS-Pulver auf ein Trägermaterial.

PTC-, NTC- und VDR-Widerstände werden meist durch Sintern hergestellt, und zwar aus Kristallen der bereits genannten Elemente und ihrer Verbindungen.

Aufgaben zu 15.4

1. Warum ist für Heizleiter-Werkstoffe eine kleine spezifische Wärmekapazität günstig?

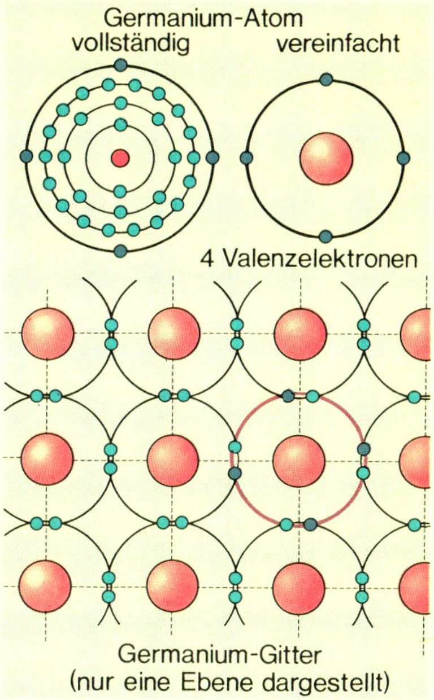

Abb. 2: Aufbau eines Germanium-Gitters

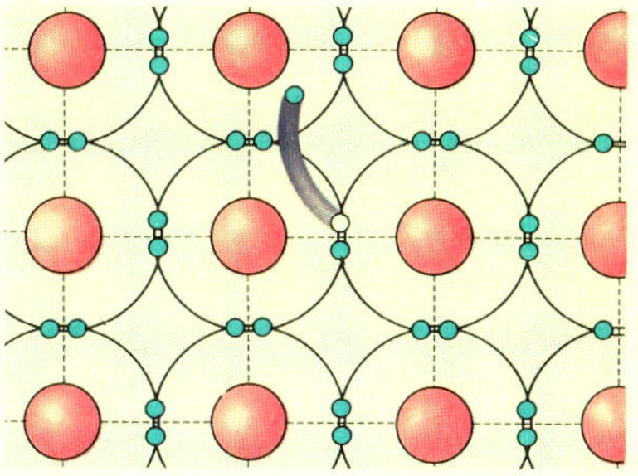

Abb. 3: Germanium-Gitter bei erhöhter Temperatur

2. Warum sollen Werkstoffe für Heizleiter einen kleinen Ausdehnungskoeffizienten haben?

3. Welche Werkstoffe werden als Heizleiter-Material benutzt?

4. Welche Aufgabe haben Schicht- und Drahtwiderstände im Gegensatz zu Heizleitern?

5. Warum sollten Werkstoffe für Schichtwiderstände eine möglichst große spezifische Wärmekapazität haben?

6. Was bedeuten die Abkürzungen bzw. Bezeichnungen WM 100 und CuNi30Mn3?

7. Warum sind nicht dotierte Halbleiter bei Raumtemperatur sehr schlechte Leiter?

8. Welches sind die wichtigsten Werkstoffe der Halbleiter-Technik?

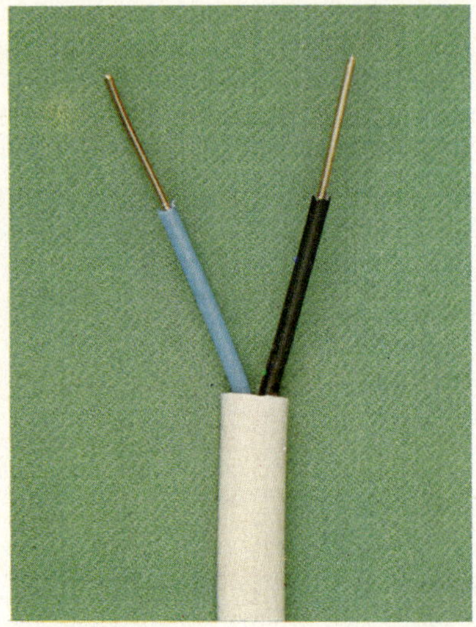

Abb. 1: Isolierungen an einer Leitung

15.5 Isolierstoffe

Die Isolierstoffe haben die Aufgaben

- **die Berührung stromführender Teile untereinander zu verhindern** (Betriebsisolierung)
- **die Menschen vor elektrischen Spannungen zu schützen** (Schutzisolierung)

Fast alle Nichtmetalle kommen dafür in Frage, da sie relativ hohe spezifische Widerstände haben. Dies hängt mit dem Fehlen von freien Elektronen zusammen (vgl. 3.2).

Die große Zahl der Isolierstoffe kann man nach verschiedenen Gesichtspunkten einteilen. Aber stets gibt es Überschneidungen, so daß einige Stoffe nicht ein-

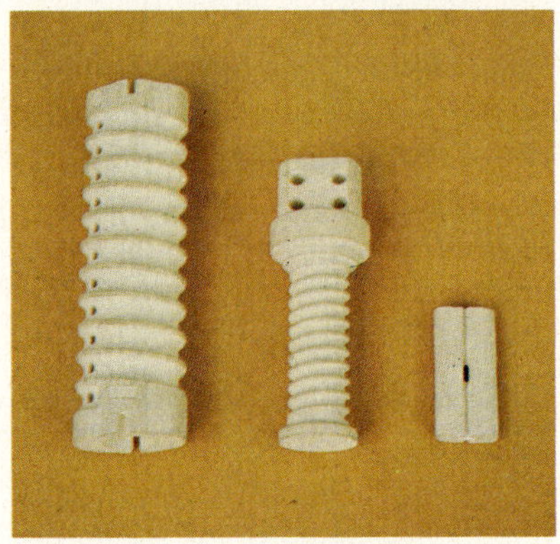

Abb. 2: Träger für Heizleiter

Gliederung der Isolierstoffe

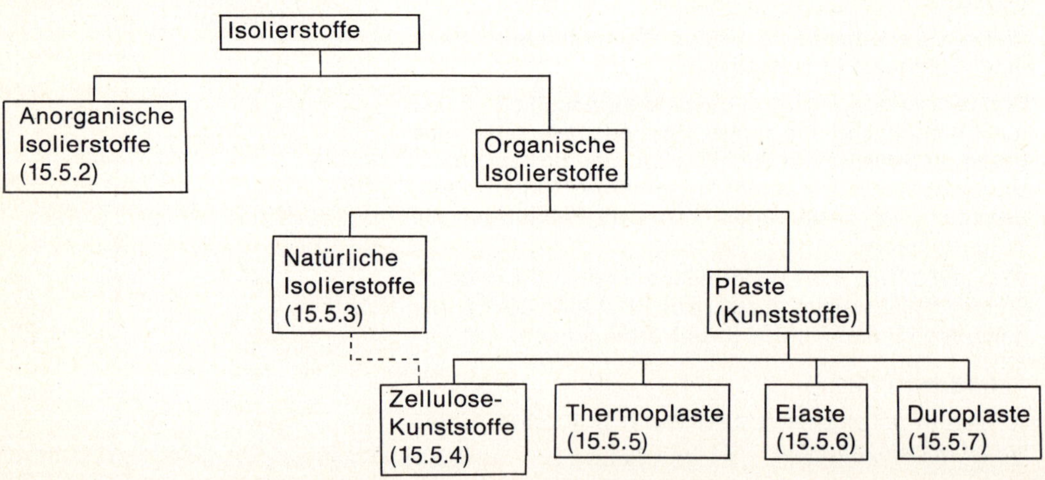

deutig eingeordnet werden können. Auch bei der von uns gewählten Gliederung ließ sich das nicht vermeiden.

Bei den Materialien, die im folgenden besprochen werden, handelt es sich nur um einen Ausschnitt. Es soll an ihnen typisches Verhalten einer Gruppe gezeigt werden. Bei den Plasten (Kunststoffen) ist die Vielfalt besonders groß, und ständig kommen neue Werkstoffe hinzu.

15.5.1 Anforderungen an Isolierstoffe

Aus der Forderung nach besonders hohem Widerstand lassen sich weitere notwendige Eigenschaften ableiten.

Dazu sind folgende Begriffe genormt und deren Meßverfahren festgelegt:

Elektrische Eigenschaften

- Spezifischer Durchgangswiderstand ϱ_D in Ω cm[1])

Er wird als Widerstand eines Würfels von 1 cm Kantenlänge gemessen (Abb. 3).

Beispiele:

PVC $\varrho_D = 10^{17}\,\Omega \cdot \text{cm}$ $(= 10^{21}\,\mu\Omega \cdot \text{m})$
Porzellan $\varrho_D = 10^{11}\,\Omega \cdot \text{cm}$ $(= 10^{15}\,\mu\Omega \cdot \text{m})$

- Oberflächenwiderstand und Kriechstromfestigkeit

Bei höheren Spannungen kann es auf Grund von Ablagerungen auf der Oberfläche von Isolierstoffen zu elektrischen Strömen kommen. Im Lauf der Zeit können diese die Materialien angreifen. Plaste sind hierfür besonders anfällig, weil sie als organische Stoffe Kohlenstoff enthalten.

In den Normen DIN 53482 und DIN 53480 sind die entsprechenden Meßverfahren festgelegt (Abb. 5).

- Durchschlagfestigkeit E_d in $\frac{\text{kV}}{\text{mm}}$ (vgl. 11.2.1).

Es wird die Spannung gemessen, bei der zwischen zwei Elektroden ein Durchschlag erfolgt (Abb. 6).

Die Durchschlagfestigkeit ist keine lineare Größe.

Beispiele:

PVC: $E_d \approx 45\,\frac{\text{kV}}{\text{mm}}$; Porzellan: $E_d \approx 35\,\frac{\text{kV}}{\text{mm}}$

- Dielektrizitätszahl ε_r

In 11.2.3 wird hierauf eingegangen.

Wichtig ist, daß die Dielektrizitätszahl bei den Isolierstoffen klein sein soll, aber bei der Verwendung als Dielektrikum in Kondensatoren groß sein muß. Zur

[1]) Umrechnung in die bei Leitern übliche Einheit:
$1\,\Omega\text{cm} = 1\,\Omega \cdot 10^{-2}\,\text{m} = 10^{-2}\,\Omega\,\text{m} = 10^{-2} \cdot 10^{6}\,\mu\Omega\,\text{m}$
$1\,\Omega \cdot \text{cm} = 10^{4}\,\mu\Omega \cdot \text{m}$

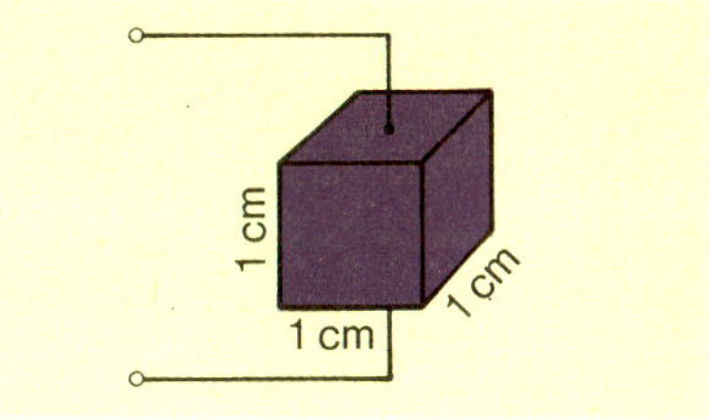

Abb. 3: Spezifischer Durchgangswiderstand

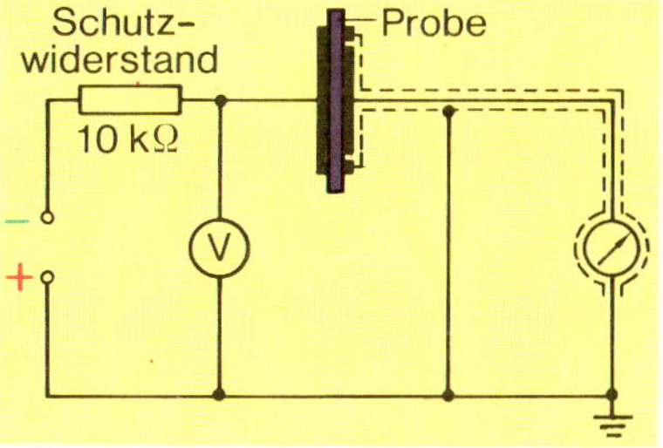

Abb. 4: Beispiel einer Meßschaltung für den Durchgangswiderstand nach DIN 53482

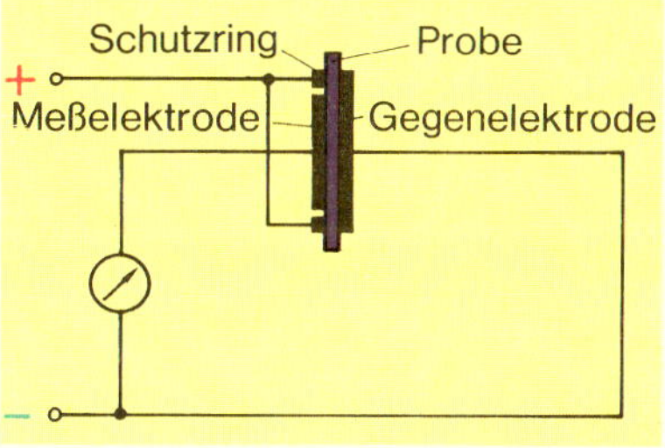

Abb. 5: Meßschaltung zur Bestimmung des Oberflächenwiderstandes nach DIN 53482

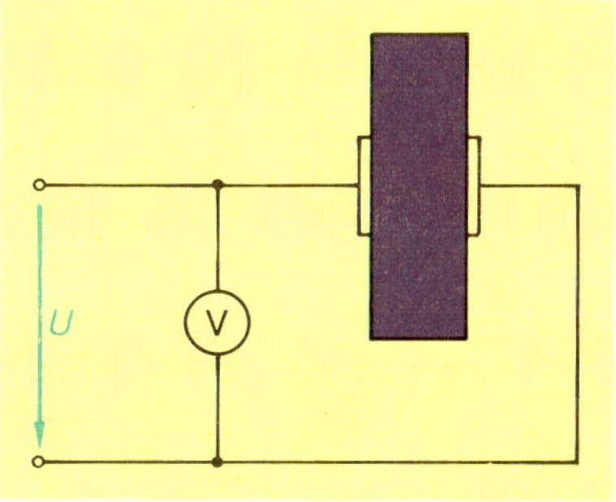

Abb. 6: Messung der Durchschlagfestigkeit

Beurteilung als Materialeigenschaft muß man außerdem noch wissen, daß ε_r frequenzabhängig ist.

Beispiele: PVC $\varepsilon_r = 3{,}5 \ldots 6$
Porzellan $\varepsilon_r = 6$
Titandioxid $\varepsilon_r \approx 100$

- Elektrostatisches Verhalten

Dieses Verhalten ist uns allen durch Aufladungserscheinungen bei Kunststoff-Gegenständen bekannt. Es macht sich vor allen Dingen durch Störgeräusche (Knistern) bei Film- oder Tonbandgeräten bemerkbar.

Diese Aufladungen sind durch den sehr hohen Widerstand der Kunststoffe möglich.

Neben den hier aufgeführten elektrischen Eigenschaften werden je nach Verwendungszweck auch **thermische, mechanische, chemische** und **technologische Anforderungen** gestellt (vgl. 15.1.1).

Die Isolierstoffe werden in Klassen eingeteilt, denen höchstzulässige Betriebstemperaturen zugeordnet sind. Die Klassen sind mit großen Buchstaben gekennzeichnet.

Tab. 15.2: Wärmebeständigkeitsklassen der Isolierstoffe (nach VDE 0530 und VDE 0532)

<table>
<tr><th>Kl.</th><th>Isolierstoff</th><th>Behandlung</th><th>DT</th></tr>
<tr><td>Y</td><td>Baum-, Zellwolle, Seide, Polyamid-Textilien, Papier, Preßspan, Vulkanfiber, Gummi</td><td>ungetränkt</td><td>90</td></tr>
<tr><td>A</td><td>wie vor, Drahtlack, synthetischer Gummi</td><td>getränkt m. organ. Bindemitteln</td><td>105</td></tr>
<tr><td>Ao</td><td>wie zu A, Drahtlack</td><td>unter Öl</td><td>115</td></tr>
<tr><td rowspan="3">E</td><td>Wärmebeständige Kunstfolien, Hartpapier, Lackpapier, Drahtlack</td><td>ungetränkt</td><td rowspan="3">120</td></tr>
<tr><td>Papier</td><td>getränkt mit Kunstharzlacken</td></tr>
<tr><td>Schichtstoffe mit Papier, Baum- oder Zellwolle und Kunstharzen</td><td>—</td></tr>
<tr><td>B</td><td rowspan="3">Anorganische Stoffe, wie Glimmer, Asbest, Glaserzeugnisse und ähnliche mineralische Stoffe</td><td>getränkt mit Kunstharzlacken</td><td>130</td></tr>
<tr><td>F</td><td>getränkt mit Silikonen und organ. Kunststoffen</td><td>155</td></tr>
<tr><td>H</td><td>getränkt mit reinen Silikonen</td><td>180</td></tr>
<tr><td>C</td><td>Glimmer, Porzellan, Glas, Quarz und ähnliche feuerfeste Stoffe</td><td>ungetränkt ohne Bindemittel</td><td>>180</td></tr>
</table>

DT = zulässige Dauertemperatur in °C

15.5.2 Anorganische Isolierstoffe

In den Anfängen der Elektrotechnik spielten die anorganischen Isolierstoffe eine große Rolle. Während früher vielfach natürliche Werkstoffe eingesetzt wurden, sind es heute nur noch künstliche Stoffe. So findet man den ehemals häufig benutzten Marmor jetzt kaum noch. Aber auch aus Teilbereichen der modernen Isoliertechnik sind anorganische Isolierstoffe nicht wegzudenken.

Anorganische Isolierstoffe: Luft, Glimmer, Asbest, Keramik, Glas.

Der billige Isolierstoff **Luft** wurde früher häufiger eingesetzt als heute. Er hat aber nach wie vor große Bedeutung (z.B. bei Freileitungen und in Schaltanlagen) (Abb. 1).

Abb. 1: Isolation durch Luft in einer Umspannstation eines Hochspannungsnetzes

Gase können durch genügend hohe Spannungen leitend gemacht werden, indem man durch Elektronenabspaltung Ionen erzeugt. Aus diesem Grund ist die Durchschlagfestigkeit bei Gasen wichtiger als ihr spezifischer Durchgangswiderstand.

Glimmer und **Asbest** sind Mineralien. Glimmer wird in Platten gefunden, während Asbest als faserförmiges Material vorkommt.

Keramische Isolierstoffe werden aus pulverisierten Silicaten (SiO_2) und anderen Metalloxiden geformt und gebrannt. Es handelt sich dabei also um einen Sintervorgang (vgl. 15.3.6). Anschließend werden sie meist mit einer Glasur versehen, um durch Verschluß der Poren das Eindringen von Wasser zu verhindern.

Abb. 2: Keramik-Isolatoren in einer Hochspannungs-Schaltanlage

Die Vielzahl der möglichen Werkstoffe wird nach ihren Rohstoffen genormt. In DIN 40685 unterscheidet man sieben Hauptgruppen, die sich in unterschiedlich viele Gruppen unterteilen. Allen sind bestimmte Eigenschaften gemeinsam, die unterschiedlich stark ausgeprägt sind.

Keramische Isolierstoffe (außer Speckstein aus der Hauptgruppe 200) sind

- hart
- sehr spröde
- bruchfest bei ruhender Belastung
- gut auf Zug (bis 60 $\frac{N}{mm^2}$, außer Hauptgruppe 700)

und sehr gut auf Druck $\left(\text{bis } 2100 \frac{N}{mm^2} \text{ belastbar}\right)$

- säurefest (außer gegen Flußsäure)
- laugenfest
- nach dem Brennen nur noch durch Naßschleifen bearbeitbar.

Tab. 15.3 führt die Hauptgruppen mit typischen Vertretern sowie einigen wichtigen Daten auf.

Tab. 15.3: Keramische Isolierstoffe (nach DIN 40685)

Hauptgruppe	Stoffart	Verwendung
100 Aluminiumsilicat	Hartporzellan	Isolatoren
200 Magnesiumsilicat	Steatit Forsterit (Speckstein)	Isolatoren, Teile in Abzweigdosen, Klemmen, Sockel, Trägerkörper für Widerstände, Kondensatoren, Vakuumgefäße
300 Titandioxid (Rutil)	Rutil Mg-Titanat Rutil mit anderen Oxiden Sr- oder Ca-Titanat Ba-Titanat	Kondensatoren für Hochfrequenztechnik (Dielektrizitätskonstante ... 3000 möglich)
400 Aluminium-Magnesium-Silicat-Gemisch		Isolierkörper für Einsatz bei starken Temperaturschwankungen
500 Aluminium-Silicat	Poröse Erzeugnisse	Heizleiterträger, Formteile für Funken- und Lichtbogenschutz, Isolation für Zündelektroden
600 Aluminiumoxid		feuerfeste Isolierteile, Isolation für Zündkerzen
700 Oxidkeramische Stoffe	Al-Oxid Mg-Oxid Zr-Oxid	Zündkerzenisolierung, Isolierrohre, Einsatz bei hohen Temperaturen, Trägerkörper und Abdeckung für ICs und Widerstände in Dick- und Dünnfilmtechnik, Hitzeschilde, Schleifmittel

Während die keramischen Werkstoffe durch einen Sintervorgang entstehen, ist **Glas** eine Legierung. Die Ausgangsstoffe sind Sand (Siliciumdioxid oder Quarz), Soda (Natriumcarbonat) und Kalk (Calciumcarbonat). Glas ist

- farblos und durchsichtig
- **sehr hart**
- sehr spröde
- **sehr stoßempfindlich**
- säurefest (außer gegen Flußsäure)
- ein schlechter Wärmeleiter
- nicht hygroskopisch
- nur durch Naßschleifen oder mit Ultraschallwerkzeugen bearbeitbar.

Glas hat einen hohen spezifischen Durchgangswiderstand ($\varrho_D = 10^{13}\,\Omega \cdot cm = 10^{17}\,\mu\Omega \cdot m$), aber einen negativen Temperaturkoeffizienten, so daß es bei Rotglut (etwa 700 °C) leitend wird.

Abb. 1: Glühlampenkolben aus Glas

Hinweise zur Bearbeitung

Keramik und Glas sind sehr hart und spröde. Sie können deshalb nur durch Schleifen oder mit Diamantschneiden bearbeitet werden. Dies gilt auch für das Trennen. Diese Werkstoffe können aber auch nach Ritzen der Oberfläche („Glasschneider") maßhaltig gebrochen werden.

15.5.3 Natürliche organische Isolierstoffe

Hier sollen einige Werkstoffe angesprochen werden, die mehr oder weniger bearbeitete Stoffe aus der Natur sind und zu den organischen zu rechnen sind. Sie stellen also keine Rohstoffe dar, trotzdem spricht man hier von natürlichen Materialien (vgl. 15.1.2).

Wichtige natürliche Isolierstoffe sind: Papier, Textilien, Gummi, Bitumen, Öl, Clophen.

Papier wird aus feingemahlenem Holz in einem „Kochvorgang" hergestellt. Es ist brennbar und hygroskopisch. Es kann daher unbearbeitet nicht für Isolationszwecke benutzt werden. Papier wird zu diesem Zweck imprägniert. Die Dielektrizitätszahl und die Durchschlagfestigkeit sind hoch, daher wird Papier als Dielektrikum in Kondensatoren (Abb. 3) verwendet. Auch zur Isolierung von Drähten und Wicklungen wird dieser Werkstoff bei Leitungen, Kabeln und Spulen eingesetzt (Abb. 5), aber auch hier haben sich mehr und mehr die Kunststoff-Folien durchgesetzt.

Textilien für die Elektrotechnik werden aus verschiedenen Rohstoffen hergestellt, nämlich aus Baumwolle, Flachs, Hanf, Jute und Seide. Die Einzelfasern werden dabei zu Fäden versponnen und meistens verwebt. Wie Papier sind auch die Textilien hygroskopisch und werden daher fast immer imprägniert.

Anwendungsbereiche: Leiterisolation (heute: weniger), Bandagieren von Wicklungen, Ausfüllen von Leitungen, Kennfäden von Leitungen.

Abb. 2: Glasisolatoren

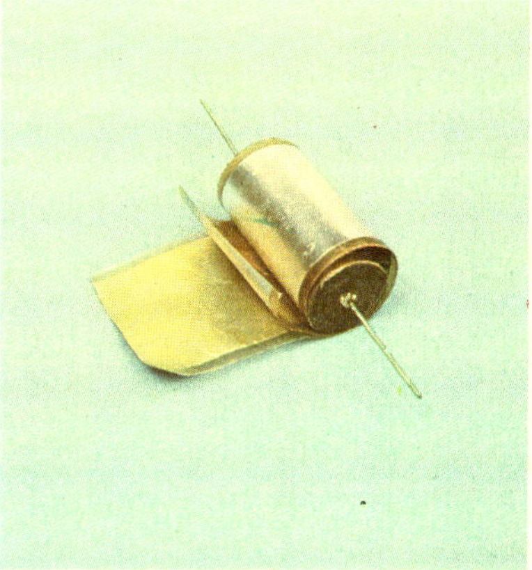

Abb. 3: Dielektrikum eines Kondensators aus Papier

Abb. 4: Isolation einer Statorwicklung mit Seidenband

Abb. 5: Spulenisolation aus Papier

Gummi wird aus Natur-Kautschuk gewonnen.
Gummi ist
- **sehr elastisch** (bis zu 600%)
- nicht hygroskopisch
- nicht witterungsbeständig (es wird spröde und bricht)
- löslich in Benzin, Benzol, Öl und starker Säure
- **brennbar**
- kaum warmfest (Grenztemperatur: 60 °C).

Sein spezifischer Widerstand ist etwa so groß wie der von Glimmer ($\varrho = 10^{16}\ \Omega \cdot \text{cm} = 10^{20}\ \mu\Omega \cdot \text{m}$), während seine Durchschlagfestigkeit mit ca. $25 \frac{\text{kV}}{\text{mm}}$ etwas geringer ist. Sie liegt damit aber bei dem 2,5fachen von unbehandeltem Papier.

Anwendungsbereiche: In der Elektrotechnik wird Gummi fast ausschließlich zur Isolierung von beweglichen Leitungen eingesetzt (Abb. 1). Heute wird in erster Linie künstlicher Gummi (Buna) verwendet (vgl. 15.5.6).

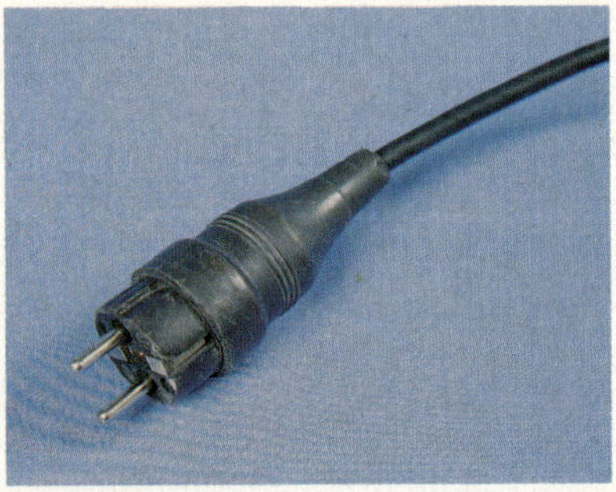

Abb. 1: Gummiisolierte Leitung mit Stecker

Bitumen ist ein Nebenprodukt bei der Mineralölgewinnung oder wird aus „Pechseen" gewonnen.

Es ist bei Raumtemperatur zähflüssig und wird zum Verarbeiten auf 100...200 °C erhitzt.

Anwendungsbereiche: Verguß- und Tränkmasse (Abb. 2).

Auch Bitumen wird zunehmend durch Kunststoffe ersetzt.

Abb. 2: Vergießen einer Kabelmuffe mit Bitumen

Öl wird aus Erdöl gewonnen und deshalb als Mineralöl bezeichnet.

Die Öle für die Elektrotechnik müssen frei von Feuchtigkeit sein, weil schon geringe Anteile den spezifischen Widerstand, die Dielektrizitätszahl und die Durchschlagfestigkeit wesentlich verändern.

Anwendungsbereiche: Isolation und Kühlung in Transformatoren, Löschung von Lichtbögen in Schaltanlagen, Dielektrikum in großen Kondensatoren.

Abb. 3: Transformator mit Ölkühlung

Polychlorierte Biphenyle (PCB) (Handelsnamen: Clophen, Askarel u. a.) werden an Stelle von Öl als Kühl- und Isoliermittel in Transformatoren und Kondensatoren verwendet. Sie bestehen im wesentlichen aus Chlor und Benzol.

Diese Stoffe sind weitgehend hitzebeständig und nicht brennbar. Sollten jedoch durch Brände anderer Materialien Temperaturen über 300 °C entstehen, so zersetzen sich die PCB. Hierbei können die Gifte Dioxin (sog. „Seveso-Gift") oder Furane entstehen. Aus diesem Grund müssen so ausgerüstete Betriebsmittel (Transformatoren, Kondensatoren) besonders gekennzeichnet werden (Abb. 4). Da heute bereits mehrere Ersatzstoffe auf Kunststoff-Basis vorliegen, sollen PCB-haltige Stoffe in der Elektrotechnik nicht mehr eingesetzt werden.

15.5.4 Zellulose-Kunststoffe

Wir verstehen darunter Kunststoffe, die auf der Grundlage von Zellulose aufgebaut wurden. Da die Zellulose aus pflanzlichen Stoffen wie Holz gewonnen wird, gehört sie zu den **natürlichen** Werkstoffen. Durch besondere Behandlung entsteht daraus ein **Kunst**stoff. Wir haben deshalb diese Materialien zwischen die natürlichen Werkstoffe und die Plaste eingeordnet.
Es gibt u.a. folgende Zellulose-Kunststoff-Arten: Preßspan, Lackpapier, Zellulose-Nitrat, Zellulose-Acetat.

Preßspan entsteht durch in Harz getränkte Papierlagen, die aufeinander gewalzt werden. Man erhöht dadurch die Festigkeit. Preßspan wird für Spulenkörper, Isolierplatten sowie zur Nutisolierung verwendet (Abb. 5).

Lackpapier ist ein in Kunststoff-Lack getränktes Papier, das zur Spulen-Isolation benutzt wird.

Zellulose-Acetat wird aus Zellstoff gewonnen, und zwar unter Einwirkung von Essigsäure.

Anwendungsbereiche: Folien als Isoliermaterial, Spritzgußteile für Schalterknöpfe u.ä.

Handelsnamen sind: Cellidur, Trolit, Ultraphan.

15.5.5 Thermoplaste

Die Thermoplaste sind eine Untergruppe der Plaste (Kunststoffe). Wir müssen deshalb zu Beginn dieses Abschnittes etwas über die gesamte Werkstoff-Gruppe sagen.

Plaste unterscheiden sich von allen anderen Stoffen dadurch, daß sie aus riesigen Molekülen **(Makromoleküle)**[1] aufgebaut sind (Abb. 6).
Beispiel: Die Makromoleküle von Acrylharz haben bis zu 30000 Grundbausteine. Ihre Bausteine sind selbst auch schon komplizierte Kohlenstoff-Verbindungen mit den Elementen Wasserstoff und Sauerstoff, aber auch Silicium, Stickstoff, Chlor, Fluor, Calcium, Schwefel u.a.

> Plaste (Kunststoffe) bestehen aus Makromolekülen, deren Einzelmoleküle organische Kohlenstoff-Verbindungen sind.

Diese Großmoleküle bilden sich kettenförmig aus, wobei auch einzelne Abzweigungen möglich sind (Abb. 1, S. 296). Sie sind verschlungen und verknäult, wodurch die Festigkeit des Stoffes entsteht.

Verbinden sich einzelne Ketten miteinander durch „Brücken“, so entstehen räumliche Netze. Diese können weitmaschig oder engmaschig sein (Abb. 2 und 3, S. 296).

[1] makros (griech.): groß

Abb. 4

Abb. 5: Nutisolierung einer Startermotorwicklung (die Abbildung zeigt eine Zwischenstufe der Fertigung)

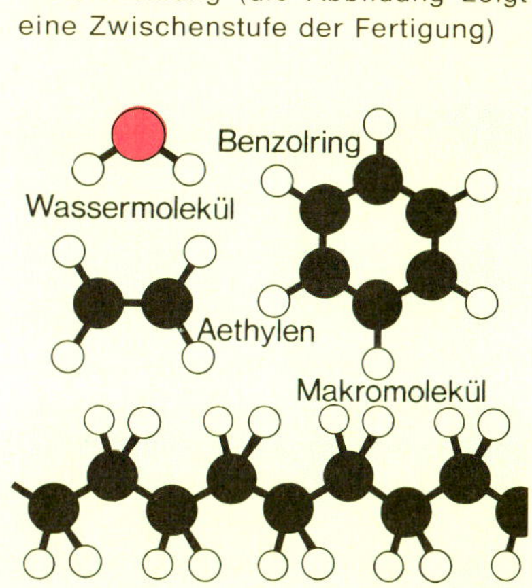

Abb. 6: Modelle von Molekülen

Plaste mit kettenförmigen (fadenförmigen) Makromolekülen ohne Zwischenbindungen heißen **Thermoplaste.**

Plaste mit weitmaschig vernetzten Makromolekülen heißen **Elaste.**

Plaste mit engmaschig vernetzten Makromolekülen heißen **Duroplaste.**

Je zahlreicher die Zwischenbindungen sind, desto weniger lassen sich die Moleküle gegeneinander verschieben. Der Grad der Vernetzung spielt für das Verhalten der Plaste, also für ihre Eigenschaften, eine große Rolle.

Trotzdem haben Plaste eine Reihe gemeinsamer Eigenschaften, die im Einzelfall durch chemische Verfahren entscheidend geändert werden können.

Plaste (Kunststoffe) sind im allgemeinen

- chemisch beständig
- leicht färbbar
- korrosionsfest
- schlecht wärmebeständig (Grenztemperatur $\approx 120°C$)
- wärmeisolierend
- **elektrisch schlecht leitend**
- nicht hygroskopisch
- gut spanlos verformbar
- leichter als Leichtmetalle $\varrho = 0{,}9 \ldots 2 \frac{kg}{dm^3}$

Plaste haben im allgemeinen

- schlechtere mechanische Eigenschaften als Metalle
- große Wärmeausdehnungen.

Die Vielzahl der Plaste läßt sich auf eine Reihe von Gruppen zurückführen, die in DIN 7728 festgelegt sind.

Es wurden dafür Abkürzungen eingeführt, die heute teilweise schon zum Umgangssprachgebrauch gehören, z. B. PVC.

Handelsformen: Folien, Platten, Stangen, Fäden, Rohre, Profile, Granulate, Pulver, Flüssigkeiten.
Nach diesen allgemeinen Ausführungen wollen wir uns jetzt mit den **Thermoplasten**[1] (auch Plastomere) beschäftigen.

Bei Erwärmung lösen sich die verschlungenen Makromoleküle durch die Wärmebewegungen voneinander (Abb. 4). Der Werkstoff verliert seine Festigkeit und läßt sich leicht verformen (Spritzen, Gießen usw.). Bei Abkühlung werden die Bewegungen geringer, und der Stoff wird wieder fest. Dieser Vorgang läßt sich wiederholen. Bei häufigem Temperaturwechsel können allerdings Makromoleküle zerstört werden. Damit würden die Kunststoff-Eigenschaften verlorengehen.

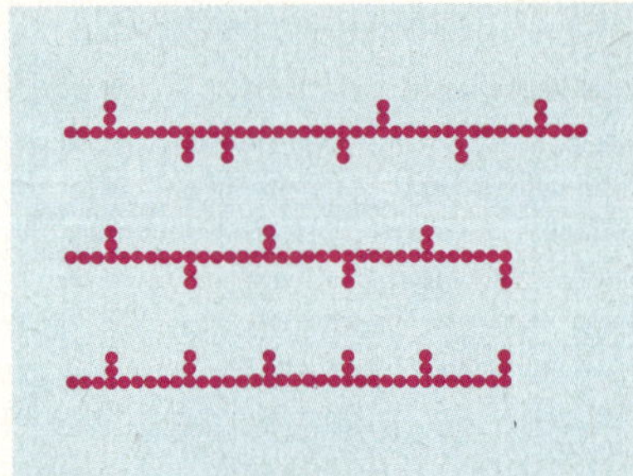

Abb. 1: Kettenförmige Makromoleküle (schematische Darstellung)

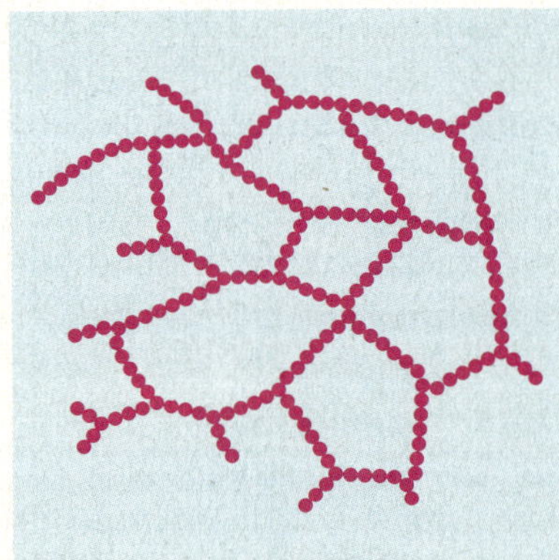

Abb. 2: Makromoleküle mit weitmaschigen Brücken (schematische Darstellung in einer Ebene)

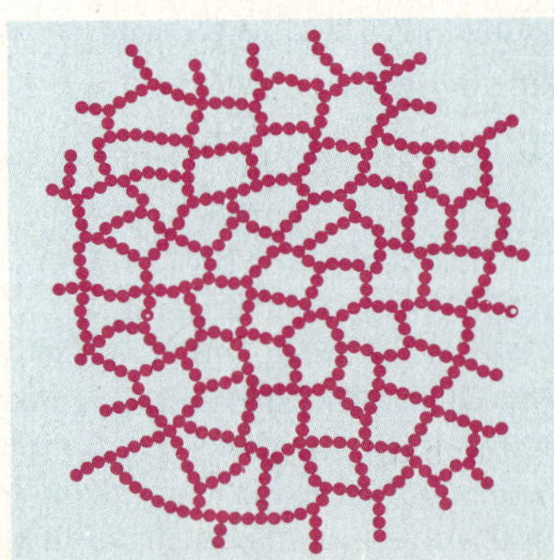

Abb. 3: Makromoleküle mit engmaschigen Brücken (schematische Darstellung in einer Ebene)

Thermoplaste sind bei Wärme verformbar.
Thermoplaste sind nicht aushärtbar.

Wir können hieraus schließen, daß sich vor allen Dingen die mechanischen Eigenschaften bei der Erwärmung von Thermoplasten stark ändern. Für die Anwendung bedeutet das, daß Thermoplaste nur in bestimmten Temperaturbereichen eingesetzt werden dürfen. Je nach Zusammensetzung liegt die höchste Betriebstemperatur zwischen 80°C und 160°C.

Thermoplaste sind also bei Raumtemperatur elastisch bis weich, bei niedrigen Temperaturen nehmen Festigkeit und Härte zu, so daß sie sogar spröde werden können. Beim Einsatz von Thermoplasten müssen demzufolge nicht nur bestimmte Höchsttemperaturen beachtet werden, sondern auch Tiefstwerte. Die Vielfalt und die Variationsbreite der einzelnen Kunststoffe erlaubt keine generelle Aussage über die entsprechenden Größen.

In Tab. 15.4 sind einige Thermoplaste mit Eigenschaften und Verwendungsbereichen aufgeführt.

VDE schreibt z.B. für die meisten kunststoffisolierten Starkstromleitungen eine Höchsttemperatur für Leiter von 70°C vor (VDE 0250 c/8,75 Bestimmungen für isolierte Starkstromleitungen), damit der Kunststoff nicht unzulässig hoch erwärmt wird.

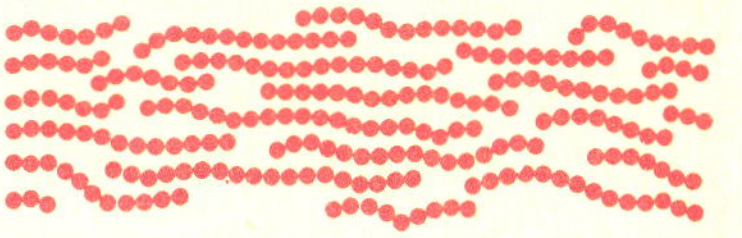

Abb. 4: Makromoleküle nach Erwärmung

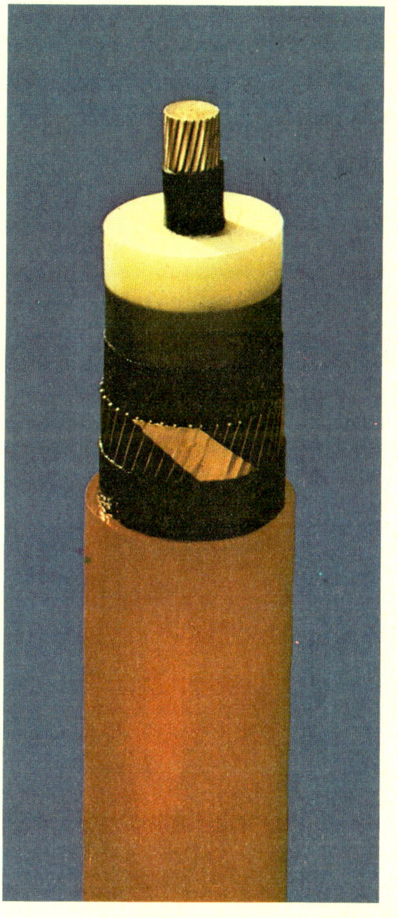

Abb. 5: Starkstromkabel mit Isolierung aus vernetztem Polyäthylen

Hinweise zur Bearbeitung

Thermoplaste werden in erster Linie spanlos verarbeitet, und zwar bei Temperaturen zwischen 100°C und 300°C.

Sie können aber auch leicht geschnitten, gesägt oder gebohrt werden. Wie bei weichen Metallen kann dabei der Keilwinkel klein sein. Der Spanwinkel und der Freiwinkel müssen groß sein.

Daraus ergeben sich folgende Anforderungen an die Werkzeuge:

Feilen: Thermoplaste werden selten gefeilt. Wenn es unbedingt notwendig ist, müssen gefräste Feilen wie für Kupfer benutzt werden.

Sägen: Die Spanwinkel müssen positiv sein, und zwar bei weichen Thermoplasten über 15°. Die Zähnezahl muß wegen der Spanabfuhr klein sein (4 bis 15 Zähne auf 25 mm).

Bohrer: Da die Kunststoffe schlecht die Reibungswärme ableiten, muß für ausreichende Kühlung gesorgt werden. Hierzu wird vorwiegend Druckluft eingesetzt, weil flüssige Kühlmittel nicht für alle Plaste geeignet sind.

[1] thermos (griech.) = Wärme

Die eingesetzten Bohrer haben extrem kleine Spitzenwinkel (60° ... 90°), damit die Hauptschneiden besonders lang sind (Abb. 1). Dadurch wird die Wärmeableitung über den Bohrer gefördert.

Der Seitenspanwinkel ist ebenfalls klein, damit die Späne schnell herausgeführt werden können.

Achtung! Löcher in Kunststoff stets etwas größer (0,05 mm ... 0,01 mm) bohren!

Durch die starke Ausdehnung der Plaste werden die Löcher nach dem Bohren etwas kleiner.

Welche Werte im Einzelfall anzusetzen sind, kann speziellen Tabellen entnommen werden. Bei mittleren Schnittgeschwindigkeiten ist ein großer Vorschub zu wählen.

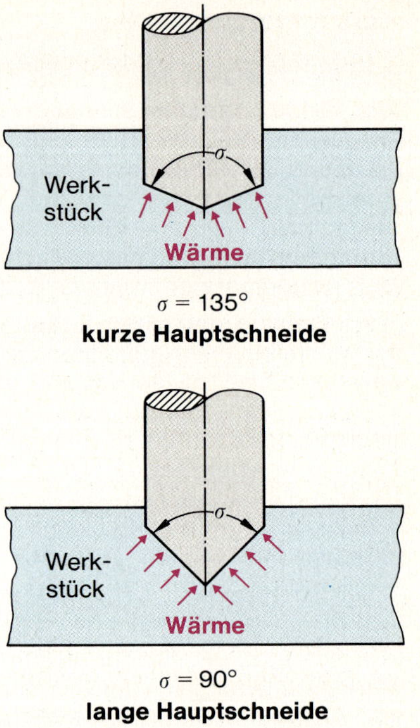

Abb. 1: Hauptschneidenlänge in Abhängigkeit vom Spitzenwinkel

15.5.6 Elaste

Die Makromoleküle dieser Werkstoffe sind durch einige „Brücken" zu weitmaschigen Netzen verknüpft. Die kettenförmigen Moleküle lassen sich dennoch in bestimmten Grenzen bewegen. Sie können aber wegen der „Brücken" nicht mehr ganz voneinander abgleiten.

Elaste verlieren demnach bei Temperaturerhöhung etwas an Festigkeit, werden aber nicht vollkommen plastisch (Abb. 2).

Belastet man diese Kunststoffe, so streckt sich das Molekül, ohne zu zerreißen, weil die „Brücken" zwischen den kettenförmigen Makromolekülen dies nicht zulassen. Es entstehen dabei mechanische Spannungen, die nach der Entlastung den ursprünglichen Zustand wieder herstellen (Abb. 2). Diese Plaste zeigen also ein gummiähnliches Verhalten und haben daher den Namen Elaste erhalten.

Elaste sind elastisch verformbar

Diese Aussage stimmt natürlich nur für bestimmte Temperaturbereiche. Sie beginnen bei einigen Stoffen (den eigentlichen Elasten, auch Elastomere genannt) bereits unter 0°C und bei anderen (genannt: Thermoelaste) etwas über 0°C. Die Höchstwerte sind unterschiedlich und stellen die Temperaturen dar, bei denen sich die Moleküle zersetzen. Die Kunststoff-Eigenschaften gehen dann verloren.

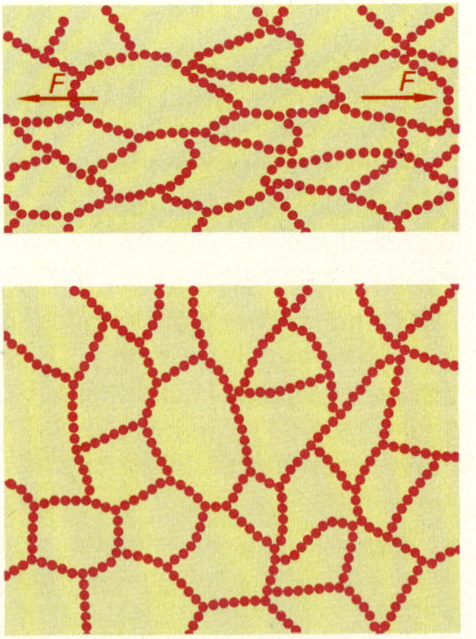

Abb. 2: Makromoleküle von Elasten bei Zugbeanspruchung und nach Entlastung

Anwendungsbereiche:

Verwendung wie Gummi, also für Kabel- und Leitungsisolierungen usw.

Bekannte **Handelsnamen** sind:
Buna, Perbunan, Neopren, Vulkollan, Silastic

Hinweise zur Bearbeitung

Elaste werden fast ausschließlich spanlos verarbeitet. Für den Elektro-Fachmann ist aber das Trennen mit dem Messer oder der Zange interessant. Da das Material sehr weich ist, müssen kleine Keilwinkel benutzt werden, d. h., die Schneiden der Werkzeuge müssen sehr scharf sein.

15.5.7 Duroplaste

Die kettenförmigen Moleküle sind bei den Duroplasten[1] (auch Duromere genannt) durch sehr viele „Brücken" eng vernetzt. Praktisch bildet das gesamte Werkstück ein Molekül (Abb. 3).

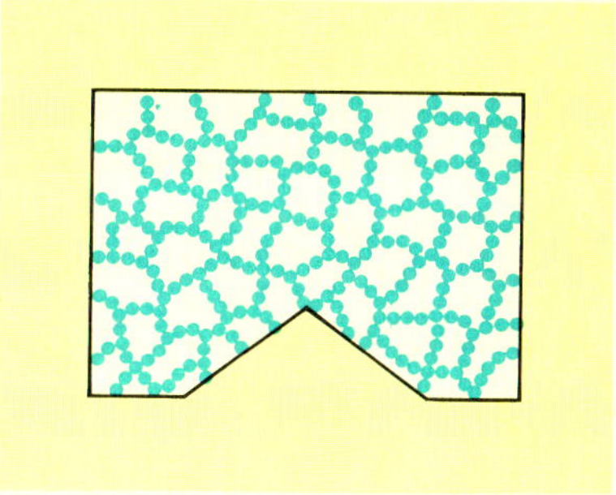

Abb. 3: Werkstück aus Duroplast (Modelldarstellung)

Die Folge davon ist, daß sich die einzelnen Molekülketten nicht mehr bewegen können, weder bei Temperaturerhöhung noch bei Zugbelastung.

Für die Materialeigenschaften bedeutet das:

- Temperaturänderungen verändern die Festigkeit unwesentlich. Duroplaste werden weder plastisch noch flüssig. Bei sehr hohen Temperaturen werden natürlich auch hier die Makromoleküle zerstört, und die Kunststoff-Eigenschaften gehen verloren.
- Duroplaste sind nicht dehnbar.
  Duroplaste sind nicht verformbar

Abb. 4: Steckdosenverkleidung aus einem Duroplast

Die Herstellung dieser Plaste ist grundsätzlich auf zwei Arten möglich. Die ersten Duroplaste (z.B. Melaminharz) wurden flüssig hergestellt. Man tränkte dann damit Papier, Textilien, Holz o. ä. Unter Wärme wurden die Stoffe dann gepreßt, wobei die Kunststoff-Moleküle vernetzten, indem sie die Füllstoffe (Papier, Textilien, Holz u. a.) mit einbezogen.

Bei der zweiten Möglichkeit (z.B. bei Phenolharzen) werden flüssige Ausgangsstoffe ohne Makromoleküle hergestellt. Sie werden gegossen, gespritzt oder auch gepreßt. Nach der Formgebung entstehen unter gleichzeitiger Vernetzung Makromoleküle.

Beide Vernetzungsarten werden als **Aushärten** bezeichnet. Dieser Vorgang ist nicht mehr rückgängig zu machen.

Duroplaste sind ausgehärtete Plaste

In Tab. 15.5 sind einige Duroplaste mit Eigenschaften und Anwendungsbereichen aufgeführt.

Hinweise zur Bearbeitung

Bei Duroplasten ist die spanabhebende Bearbeitung häufiger als bei den anderen Plasten. Die Winkel an den Schneiden sind wie bei harten Metallen zu wählen, also kleiner Spanwinkel und großer Keilwinkel.

[1] duro (lat.): härten

Tab. 15.4: Eigenschaften und Verwendung einiger Thermoplaste

Kunststoffe	Handelsbezeichnungen	Eigenschaften	Verwendungen
Polyäthylen PE	Hostalen Lupolen Vestolen Bayolen	Niederdruck-PE: hart, steif, einsetzbar bis 100°C Hochdruck-PE: weicher, flexibler als Niederdruck-PE, einsetzbar bis 80°C Niederdruck-Hochdruck-PE: beständig gegen Säuren, Laugen, Öle, gebräuchliche Lösungsmittel, empfindlich gegen heiße Öle	Gehäuse, **elektr. Maschinen,** Schutzhelme, Rohre **Kabelisolierungen,** Seile
Polyvinylchlorid PVC	Mipolam Pegulan Skai Hostalit Vinoflex Vestolit Vinnol	Weich-PVC: weich, elastisch, abriebfest Hart-PVC: spröde, besonders in der Kälte Hart- und Weich-PVC: beständig gegen Alkali, Säuren, Alkohol, unbeständig gegen organische Lösungen	**Kabel- und Drahtisolation,** Rohre, **Isolierschläuche,** Wickel- und Klebebänder,
Polypropylen	Hostalen PP Novolen Luporen Vestolen P	steif, hart, elastisch, hohe Dehnbarkeit, beständig gegen Öle, Wasser, Alkali, Säure, außer gegen H_2SO_4 und HNO_3, wärmebeständig bis ca. 140°C	**Spulenkörper, Klemmenleisten,** Apparatebau, Gewebe
Polymethylmeth-acrylat PMMA	Plexiglas, Plexigum Acronal Resarit	glasklar, hart, elastisch, hohe Festigkeit, beständig gegen Wasser, verdünnte Säuren und Laugen, unbeständig gegen organische Lösungsmittel	Beleuchtungskörper, **Isoliermaterial**
Polystyrol PS	Styroflex Luran Novodur Trolitul Styropor	billig, farblos, transparent, spröde, wasserabweisend, beständig gegen Alkali, Öle, Säuren, unbeständig gegen organische Lösungsmittel	**Isolierteile für Elektrotechnik,** Werkzeuggriffe, **Isolierungen**
Polytetra-fluoräthylen PTFE	Hostaflon TF Teflon, Fluon	chemisch sehr beständig, selbst gegen Königswasser, wärmebeständig von −200°C...250°C	**Isolation in der HF-Technik,** **Isolation bei hohen Temperaturen**

Kunststoffe	Handelsbezeichnungen	Eigenschaften	Verwendungen
Polyamide	Perlon Ultramid Nylon, Durethan	hohe Festigkeit und Zähigkeit, hygroskopisch, chemikalienbeständig außer gegen starke Säuren	Seile, Netze, Treibriemen
Polyester	lineare Polyester: Trevira Diolen Hostadur, Hostaphan	hohe Zugfestigkeit und Dehnbarkeit, kratzfest, transparent, beständig gegen Säuren und Basen, unbeständig gegen organische Lösungsmittel	Folien, **Gehäuse für kleine elektrische Anlagen,** Fasern
Polyurethane PU	Durethan U Perlon U, Ultramid U	lineare Polyurethane: wie Polyamide, sehr alterungsbeständig,	Dichtungen, **Isolierungen gegen** Feuchtigkeit, Wärme und **elektrischen Strom**

Tab. 15.5: Eigenschaften und Verwendung einiger Duroplaste

Kunststoffe	Handelsbezeichnungen	Eigenschaften	Verwendungen
Phenoplaste PF	Trylitan Asplit Trolitax Corephan Bakelite Pertinax, Azolone	billig, hart, hohe Zugfestigkeit, spröde, beständig gegen organ. Lösungsmittel, Säuren und Laugen, wärmebeständig, gute elektrische Eigenschaften, nicht kriechstromfest	Preßmassen mit Füllstoffen: Griffe, Lagerschalen, Zahnräder, Gehäuse, Schichtpreßstoffe: **Isolierplatten**
Aminoplaste	Harnstoffharze: Albamit Beckamin Resamin Pollopas, Cibanoid	hohe Festigkeit, hart, spröde, gute elektrische Isoliereigenschaften, beständig gegen verdünnte Säuren, Laugen und organische Lösungsmittel, bedingt kriechstromfest,	**Formteile im Elektroapparatebau,** Schilder
	Melaminharze: Albamit Resamin Resopal Ultrapas, Cibamin	hohe Festigkeit, hart, spröde, gute elektrische Isoliereigenschaften, beständig gegen verdünnte Säuren, Laugen und organische Lösungsmittel, kriechstromfest	Schichtpreßstoffe, **Isolierteile**
Silicone SI	Silicon Silopren	wärmefest bis ca. 180 °C chemikalienbeständig	Dichtungs- und **Isolierpasten hochwärmebeständige elektrische Isolation**
Epoxidharze EP	Lekutherm Epoxin Araldit Duroxin	hohe Härte, Zugfestigkeit, nicht schwindend, hohe Haftfähigkeit, sehr gute Chemikalienbeständigkeit, sehr gute elektrische Isoliereigenschaften	Metallkleber, Lacke

Für die speziellen Werkzeuge ergeben sich deshalb folgende Forderungen:

Feilen: Kreuzhieb-Feilen mit negativem Spanwinkel sind zu benutzen. Im Gegensatz zur Stahl-Bearbeitung sind hier neue Feilen einzusetzen.

Sägen: Auch hier werden Metallsägen benutzt, also große Zähnezahlen (etwa 30 Zähne). Der Spanwinkel kann 5° betragen.

Achtung! Preßstoffe splittern leicht, deshalb besondere Vorsicht beim Sägen!

Bohrer: Wegen der Wärmeabfuhr werden kleine Spitzenwinkel (60° . . . 90°) bevorzugt. Bei flachen Löchern wird ein kleiner Seitenspanwinkel (10° . . . 15°) und bei tiefen Löchern ein großer (35° . . . 40°) benutzt.

Um Kantenausbrüche zu vermeiden, sollte man an der Bohreraustrittsstelle in Holz bohren (Abb. 1).

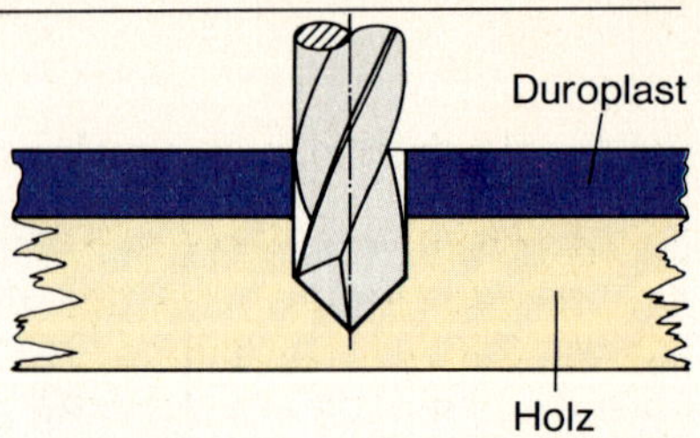

Abb. 1: Bohren von Duroplasten mit Holzunterlage

Aufgaben zu 15.5

1. Warum unterscheidet man bei den Anforderungen an Isolierstoffe zwischen Durchgangswiderstand und Oberflächenwiderstand?
2. Welche natürlichen anorganischen Werkstoffe werden heute noch als Isolierstoffe verwendet?
3. Welche besondere Eigenschaft hat Glas bei Rotglut?
4. Nennen Sie Isolierstoffe aus natürlichen organischen Materialien!
5. Welchen Nachteil haben Papier und Textilien hinsichtlich ihres Einsatzes als Isolierstoff?
6. Welche Zellulose-Kunststoffe spielen in der Elektrotechnik eine Rolle?
7. Wodurch unterscheiden sich Plaste von allen anderen Werkstoffen?
8. Welches Element ist in allen Plasten enthalten?
9. Wodurch unterscheiden sich Thermoplaste, Elaste und Duroplaste voneinander hinsichtlich Aufbau und Verhalten?
10. Nennen Sie typische Kunststoff-Eigenschaften!
11. Was versteht man unter Aushärten eines Kunststoffes?

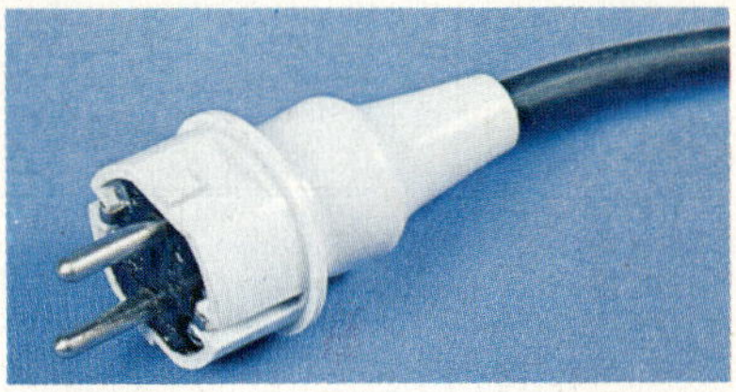

Abb. 2a

▽ Abb. 2b

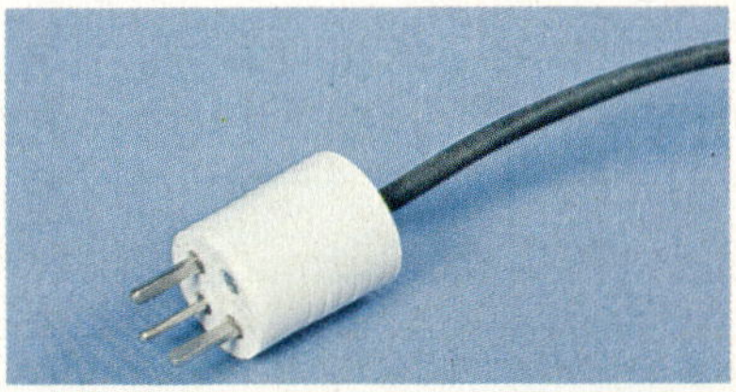

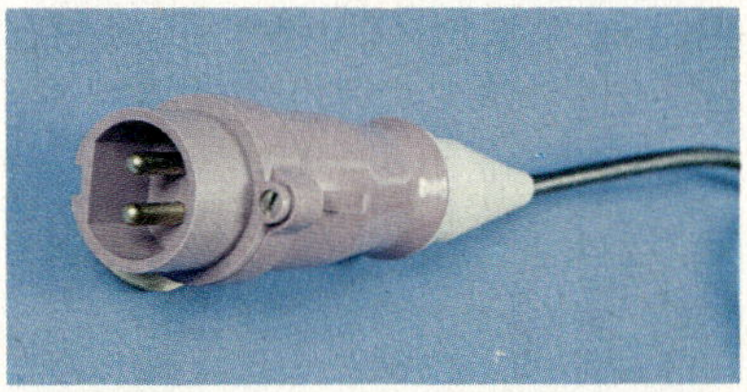

Abb. 2c

▽ Abb. 2d

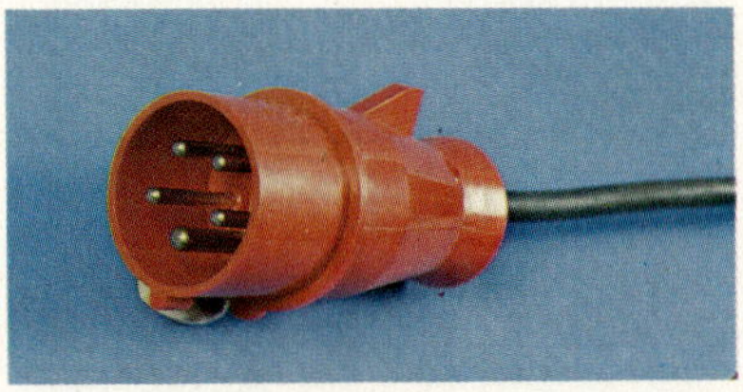

▽ Abb. 2e

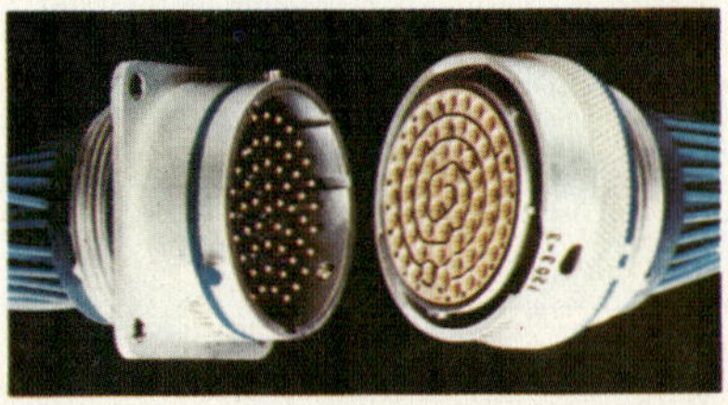

Abb. 2: Verschiedene Stecker:

a) SCHUKO-Stecker
b) Polunverwechselbarer Stecker
c) CEE-Stecker für 24 V Betriebsspannung
d) CEE-Stecker für 380 V Betriebsspannung
e) Steckvorrichtung im Bereich der Nachrichtentechnik

15.6 Verbindungswerkstoffe

15.6.1 Verbindungstechniken

Der Elektro-Fachmann hat überwiegend mit dem **Verbinden** von Werkstücken zu tun. Nach DIN 8593 nennt man das Verbinden auch **Fügen.**

Fügen (Verbinden) ist das Fertigen durch Zusammenbringen von festen Werkstücken mit formlosem Stoff.

Folgende Gruppen werden dabei unterschieden:

- Zusammenlegen (z.B. Einstecken von Steckern, Abb. 2).
- Füllen (z.B. Tränken einer Wicklung)
- An- und Einpressen (z.B. Festschrauben von Drähten)
- Urformen (z.B. Vergießen von Kabelmuffen)
- Umformen (z.B. Verdrehen von Drähten)
- Stoffvereinigen (z.B. Löten von Drähten)

Wir wollen hier nur auf einige wichtige Verfahren der Elektrotechnik eingehen, und zwar auf

- Verschraubungen
- Leitungs-Verbindungs-Techniken
- Leitungs-Befestigungs-Techniken

Schraubverbindungen gehören zur Gruppe „Fügen durch An- und Einpressen". Man nennt solche Verbindungen auch kraftschlüssig, weil die Reibungskräfte auf den Flanken der Gewinde für den Zusammenhalt sorgen.

Je länger die Flanken sind, desto größer sind die Reibungskräfte. Also besitzen Schrauben mit kleinem Steigungswinkel eine große Haltekraft.

Schrauben kann man nach verschiedenen Gesichtspunkten einteilen, nämlich

- nach der Schaftform,
- nach der Kopfform,
- nach der Gewindeform (Abb. 4) und
- nach der Gewindesteigung (Abb. 3).

Die Bezeichnungen der Schrauben sind durch mehrere Normen festgelegt. In der Elektrotechnik haben wir es zumeist mit Schrauben mit Metrischem Gewinde (Regelgewinde) zu tun, das mit „M" abgekürzt wird.

Schaftformen von Schrauben

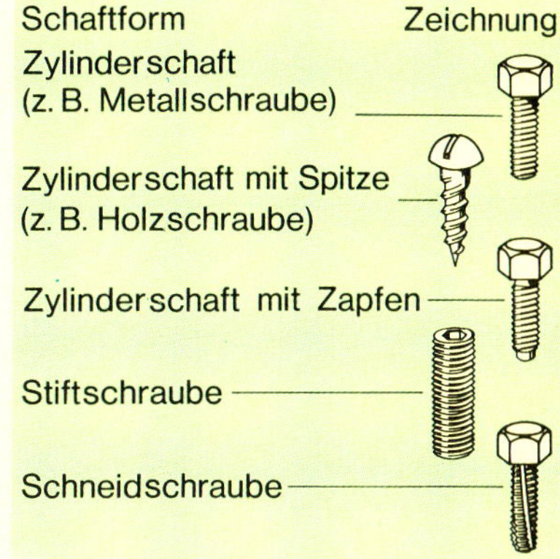

Kopfformen von Schrauben

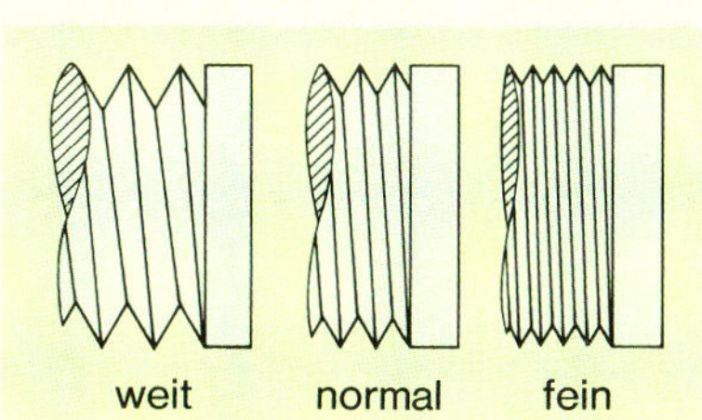

Abb. 3: Gewindesteigungen

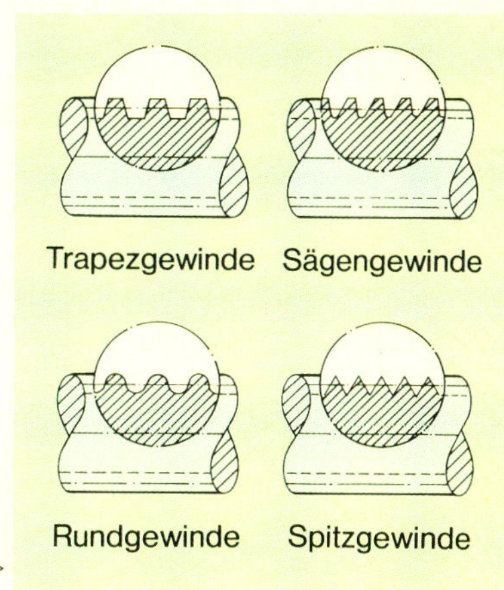

Abb. 4: ▷ Gewindeformen

Diesem Buchstaben folgt dann der Nenndurchmesser (Außendurchmesser bei Schrauben bzw. größter Durchmesser bei Muttern) in mm, z. B. M 4.

Als Verbindungselemente gehören zu den Schrauben auch Muttern und Unterlegscheiben oder Unterlegringe.

Die Anschlüsse der elektrischen Leiter und Drähte werden neben Schraubenverbindungen auch als Klemmverbindungen hergestellt (Abb. 1). Wenn Litzen oder andere mehrdrähtige Leiter angeschlossen werden, müssen die Enden verlötet oder mit festen Endstücken (Aderendhülse oder Öse) versehen werden. Die können angepreßt, gequetscht oder auch gelötet bzw. geschweißt werden.

Bei der Herstellung von **Leitungsverbindungen** sind mehrere Verfahren üblich:

- Verspleißen (Abb. 2)
- Quetschen (Abb. 3)
- Wire-Wrap (Abb. 4)
- Löten (Abb. 6)
- Schweißen (Abb. 5)

Beim Quetschen werden durch den hohen Preßdruck die Leiter verformt und bilden so eine gute elektrische Verbindung.

Bei der Wire-Wrap-Technik wird der Draht fest um einen kantigen Stift gewickelt und stellt so die Verbindung her. Hierzu benutzt man ein elektrisches Wickelgerät, um die notwendige Zugspannung zu erzeugen.

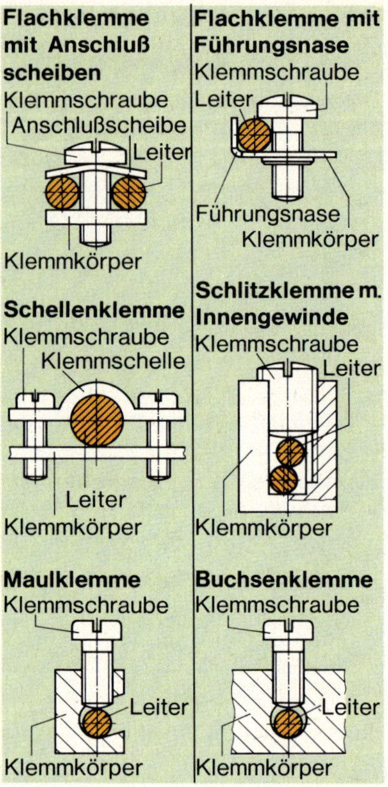

Abb. 1: Verschiedene Klemmverbindungen

15.6.2 Lote

Löten und **Schweißen** stellen Fügetechniken dar, die durch Stoffverbindungen hergestellt werden. Man nennt sie **stoffschlüssige Verbindungen.** Sie gelten als unlösbare Verbindungen, weil zur Lösung der Verbindung das Bindemittel zerstört werden muß.

Beim **Schweißen** werden die zu verbindenden Werkstücke an der Schweißstelle bis zur Schmelztemperatur erhitzt und fließen dann ineinander. Zur Verstärkung wird häufig noch der gleiche Werkstoff in Form von Schweißstäben zugeführt (Abb. 5).

Das **Löten** unterscheidet sich hiervon grundsätzlich, da in erster Linie das Lot erhitzt und zum Schmelzen gebracht wird und nicht die Werkstück-Materialien. Das Lot diffundiert dann in die Werkstücke, so daß nach dem Erstarren eine Verbindung aus fünf Schichten entstanden ist, nämlich (Abb. 6):

- Werkstoff 1
- Legierung aus Werkstoff 1 und Lot
- Lot (sehr dünne Schicht!)
- Legierung aus Werkstoff 2 und Lot
- Werkstoff 2

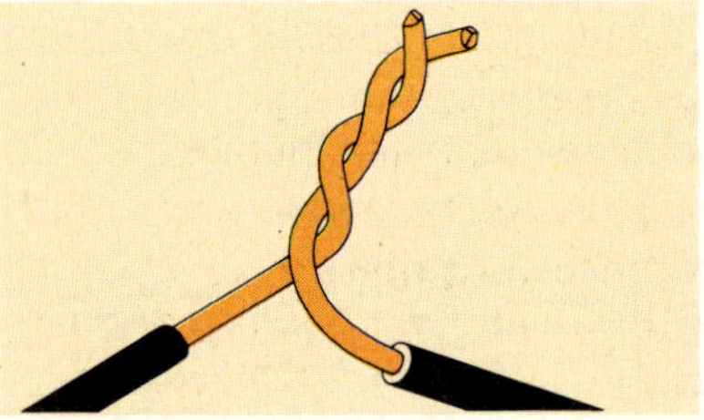

Abb. 2: Verspleißen

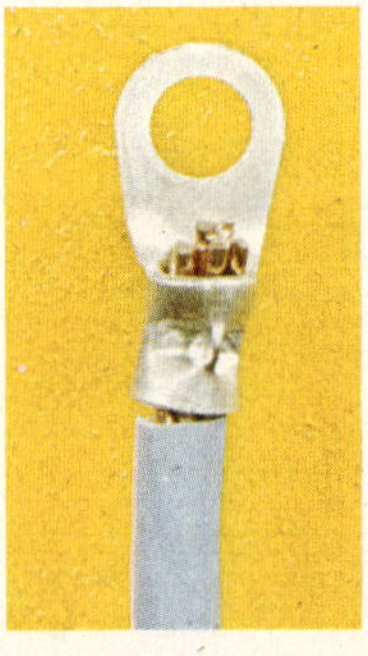

Abb. 3: Quetschen

Da die Metalle durch den Sauerstoff der Luft mit Oxiden überzogen sind, müssen diese vor dem eigentlichen Lötvorgang beseitigt werden. Das kann durch mechanische Mittel geschehen, wie Kratzen, Bürsten oder Schleifen. Meistens genügt das jedoch nicht, weil die Oxide hart sind. Diese können durch chemische Reaktionen beseitigt werden, und zwar mit Hilfe von Säuren, Laugen oder Salzen. Die dafür benutzten Stoffe heißen **Flußmittel** (Abb. 7).

Flußmittel werden beim Löten zum Reinigen der Werkstück-Oberflächen verwendet.

Die Flußmittel müssen entweder bei Raumtemperatur reagieren oder einen niedrigeren Schmelzpunkt haben als das Lot, damit der eigentliche Lötvorgang nicht durch die Flußmittelschmelze beeinträchtigt wird. Damit sich keine neuen Metalloxide bilden können, müssen die Flußmittel die gereinigte Oberfläche vollständig bedecken, d.h., ihre Benetzbarkeit muß gut sein.

Der neue Belag darf jetzt aber seinerseits mit den Metallen des Werkstücks oder des Lotes nicht reagieren, damit die elektrischen und mechanischen Eigenschaften nicht beeinträchtigt werden. Diese Forderung und die Aufgabe der Flußmittel – nämlich Beseitigung von Oxiden – stehen sich gegenüber, deshalb müssen hier stets Kompromisse geschlossen werden. Außerdem wird es notwendig, die Lötnaht hinterher von eventuellen Flußmittelresten zu reinigen.

Es ergeben sich somit folgende Anforderungen an Flußmittel:

- Schmelzpunkt niedriger als Lot-Schmelzpunkt
- gute Benetzbarkeit
- keine Reaktion mit dem Lot
- keine Reaktion mit dem Werkstück-Material

Flußmittel werden als Pulver (z.B. Kolophonium), Pasten (z.B. Zinkchlorid) oder Flüssigkeit (z.B. Salzsäure) hergestellt.

Abb. 4: Wire-wrapping (ca. 10fach vergrößert)

Abb. 5: Elektroschweißen

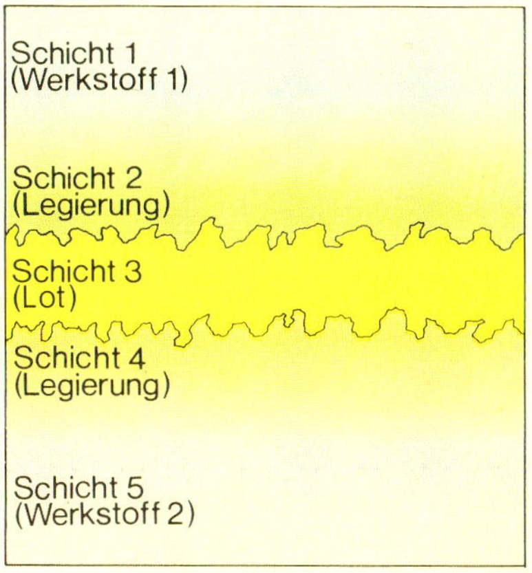

Abb. 6: Lötverbindung △

◁ Abb. 7: Flußmittel und Lote

In der Elektrotechnik findet man häufig die Flußmittel innerhalb der Lote. Man spricht dann von einer Flußmittelseele im Röhrenlot (Abb. 1).

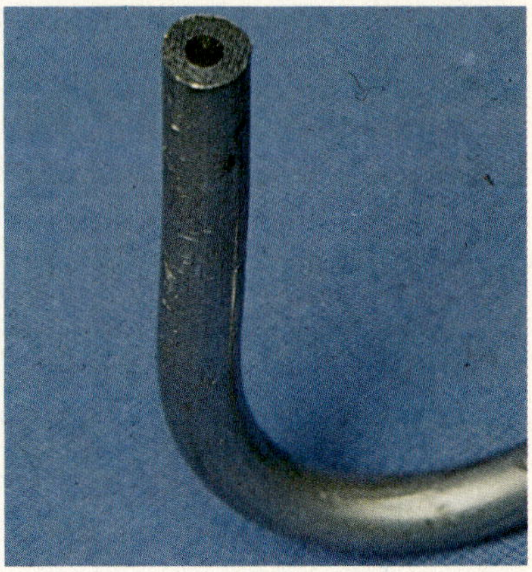

Abb. 1: Röhrenlot mit Flußmittelseele

Bezeichnung der Flußmittel

Nach DIN 8511 werden Flußmittel einheitlich bezeichnet, und zwar mit dem Buchstaben F. Dann folgen noch zwei weitere Buchstaben, die den Typ angeben. Davon gibt es folgende:

- Flußmittel zum Hartlöten von Schwermetallen F-SH
- Flußmittel zum Weichlöten von Schwermetallen F-SW
- Flußmittel zum Hartlöten von Leichtmetallen F-LH
- Flußmittel zum Weichlöten von Leichtmetallen F-LW

Diesen Buchstabengruppen folgen noch Zahlen, die je nach Typ unterschiedliche Bedeutung haben.

In Tab. 15.6 sind wichtige Flußmittel der Elektrotechnik aufgeführt.

Aus dem bisher Bekannten kann man **vier Schritte beim Lötvorgang** unterscheiden.

1. Herstellen von metallisch-reinen Werkstück-Oberflächen
2. Schmelzen des Lots
3. Diffundieren des Lots in die Werkstücke
4. Reinigen der Lötstelle

Die Festigkeit der Lötnaht ist besonders groß, wenn das Lot vollständig in die Werkstücke eingedrungen ist. Dazu muß es dünnflüssig sein und die Lötstelle vollständig benetzen.

Man kommt so zu folgenden **Anforderungen an Lote:**

- Lote müssen mit anderen Metallen gut legierbar sein.
- Lote müssen dünnflüssig sein.
- Lote müssen eine gute Benetzbarkeit haben, damit sie keine Tropfen bilden, sondern rasch die Lötstelle bedecken.
- Lote dürfen nicht mit den Flußmitteln reagieren, sondern müssen sie verdrängen.
- Lote der Elektrotechnik müssen gute elektrische Eigenschaften (z. B. elektrische Leitfähigkeit) haben.
- Lote müssen je nach Beanspruchung zusätzliche chemische, mechanische oder technologische Eigenschaften haben, z. B. wasserdicht, säurefest, warmfest, spanabhebend bearbeitbar, gewisse Elastizität und auch Festigkeit.

Forderungen nach hoher Festigkeit und Warmfestigkeit haben zu den Hartloten geführt, die nur bei hohen Temperaturen verarbeitet werden können.

Tab. 15.6: Flußmittel in der Elektrotechnik
(nach DIN 8511)

Kurzzeichen	Beschreibung und Merkmale	Hinweise für die Verwendung
F-SW 23	auf Basis organischer Säuren (z. B. Zitronen-, Öl-, Stearin-, Benzoesäure)	Blei und Bleilegierungen, Metallwaren, Feinlötungen
F-SW 24	auf Basis von Aminen, Diaminen und Harnstoff	Feinlötungen Elektrotechnik (besonders für rückstandsfreie Flammlötungen)
F-SW 25	auf Basis organischer Halogenverbindungen (z. B. Anilinhydrochlorid, Cetylpyridinbromid, Hydrazinhydrochlorid)	Elektrotechnik (besonders für Tauch- und Induktionslötungen) Metallwaren Feinlötungen
F-SW 26	auf Basis natürlicher Harze (Kolophonium) oder modifizierter natürlicher Harze mit Zusätzen organischer halogenhaltiger Aktivatoren (z. B. Glutaminsäurehydrochlorid). Die Flußmittelreste rufen bei Nichteisenmetallen nach dem Löten keine Korrosion hervor; sie können deshalb auf der Lötstelle verbleiben	Elektrotechnik, Elektrogerätebau Metallwaren (besonders für Induktionslötungen)
F-SW 31	auf Basis natürlicher oder modifizierter natürlicher Harze ohne Zusätze. Die Flußmittelrückstände können auf der Lötstelle verbleiben	Elektrotechnik, Elektronik, Abdeckung von Lotbädern
F-SW 32	auf Basis natürlicher oder modifizierter natürlicher Harze mit organischen halogenfreien Aktivierungszusätzen (z. B. Stearin-, Salizyl-, Adipinsäure)	Elektrotechnik, Elektronik, Miniaturtechnik, gedruckte Schaltungen

Da diese Flußmittel bedingt korrodierend wirken können, ist dies von Fall zu Fall zu überprüfen

Lote mit Verarbeitungstemperaturen unter 450°C heißen **Weichlote**.

Lote mit Verarbeitungstemperaturen über 450°C heißen **Hartlote**.

- Lote müssen einen niedrigeren Schmelzpunkt als das Werkstück-Material haben.

Um dies zu erreichen, werden Legierungen benutzt, da ihr Schmelzpunkt stets niedriger liegt als der von reinen Metallen.

Abb. 1: Hartlöten

Bezeichnung der Lote

Die Weichlote sind in DIN 1707 und 8516 genormt, die Hartlote in DIN 8513.

Lote werden einheitlich mit dem Buchstaben L gekennzeichnet. Diesem folgt eine Buchstaben-Ziffern-Gruppe, die sich aus den Kennbuchstaben der Legierungsbestandteile und deren Prozentanteile zusammensetzt.

Beispiele:

Weichlot L-Sn60Pb:	60% Zinn, 40% Blei
Hartlot L-AlSi12:	88% Aluminium, 12% Silicium.

Eine andere Möglichkeit der Kennzeichnung ist die Verwendung von genormten Werkstoff-Nummern, z. B. Weichlot DIN 1707-2.3408.

Tab. 15.7 enthält wichtige Lote mit Anwendungsbereichen.

Abb. 2: Ausgießen einer Kabelmuffe mit Gießharz

15.6.3 Kleber

Jeder hat schon Klebeverbindungen hergestellt, wobei mitunter recht unterschiedliche Werkstoffe verbunden wurden. Kleben verdrängt auch bei Metallverbindungen teilweise das Löten oder Schweißen, weil dabei stets eine Erwärmung nötig ist. Beim Kleben hingegen bilden sich keine Legierungen, so daß höhere Temperaturen als Raumtemperatur selten gebraucht werden. Die Werkstücke haften auf Grund von Adhäsionskräften aneinander.

Klebeverbindungen sind Adhäsionsverbindungen und keine Legierungen.

Sie gehören auch zu den stoffschlüssigen Verbindungen.

Die Kleber sind sehr zahlreich, weil für die verschiedensten Werkstoffe und Anforderungen Spezial-Kleber entwickelt wurden. Sie werden sehr unterschiedlich verarbeitet.

Abb. 3: Bewickeln mit Isolierband

Tab. 15.7: Lote in der Elektrotechnik (nach DIN 1707 und 8513)

Gruppe			Kurzzeichen	Schmelzbereich in °C	Hinweise für die Verwendung
Weichlote	Blei-Zinn- und Zinn-Blei-Weichlote	antimonhaltig	L-PbSn30Sb	186...250	Schmierlot, Bleilötungen
		antimonarm	L-PbSn35(Sb)	183...245	Kabelmantel-Lötungen
			L-Sn60Pb(Sb)	183...190	Verzinnung, Feinlöten, verzinkte Feinbleche, Elektroindustrie
		antimonfrei	L-Sn60Pb	183...190	Elektroindustrie, gedruckte Schaltungen, Verzinnung, Edelstähle
	Zinn-Blei-Weichlote mit Kupfer- oder Silber-Zusatz		L-Sn50PbCu L-Sn60PbCu L-Sn60PbCu2	183...215 183...190 183...190	Elektrogerätebau, Elektronik, Miniaturtechnik, gedruckte Schaltungen
			L-Sn50PbAg L-Sn60PbAg	178...210 178...180	Elektrogerätebau, Elektronik, Miniaturtechnik, gedruckte Schaltungen
	Sonder-Weichlote		L-CdAg5	340...395	hohe Betriebstemperaturen
	Weichlote für Aluminium		L-SnZn40	200...340	vorzugsweise für Al-Kabelmäntel und zum Kolbenlöten
			L-CdZn20	265...280	am wenigsten korrosionsanfälliges Al-Weichlot.
			L-ZnAl5	380...390	Ultraschall- und Ofenlöten
Hartlote	Kupferbasislote		L-ZnCu42	835...845	Neusilber
			L-CuP8	710...750	Kupfer

Hinweise zur Verarbeitung

Es ist unbedingt erforderlich, sich ganz genau an die Anweisungen der Hersteller zu halten. Sonst kann es passieren, daß die Kleber nicht fest werden oder daß das Werkstück angelöst wird. Dies kann besonders bei Plasten auftreten. Hier muß vor allen Dingen darauf geachtet werden, ob der Kleber überhaupt für den betreffenden Kunststoff geeignet ist.

Wie die Oberflächen-Beschaffenheit der Werkstücke sein muß, ist noch nicht endgültig geklärt. Rauhe sowie glatte Oberflächen zeigten gute und schlechte Ergebnisse. Auf alle Fälle dürfen keine losen Partikel wie Staub, Sand, Späne vorhanden sein. Auch Feuchtigkeit und Fett müssen entfernt werden.

Achtung! Kleber enthalten häufig giftige oder explosive Lösungsmittel! (Gebrauchsanweisung beachten!)

Die Dämpfe dürfen deshalb nicht eingeatmet werden. Bei der Verarbeitung größerer Mengen ist für ausreichende Lüftung zu sorgen!

Natürlich darf auch nicht geraucht oder offenes Feuer benutzt werden.

Man unterscheidet bei den Klebstoffen zwei Arten: Ein-Komponenten-Kleber[1] und Mehr-Komponenten-Kleber (meist zwei Komponenten).

Die **Ein-Komponenten-Kleber** werden durch den Sauerstoff der Luft oder durch die Luftfeuchtigkeit fest. Sie werden häufig unter Druck und Wärme verarbeitet, wobei entweder kurzzeitiger starker oder langanhaltender mittelstarker Druck nötig ist.

Bei den **Zwei-Komponenten-Klebern** muß dem eigentlichen Klebstoff noch ein Härter beigegeben werden, wobei das vorgeschriebene Mischungsverhältnis sehr genau eingehalten werden muß (Abb.1).

Die Kleber sind zumeist Plaste aus der Gruppe der Elaste oder Duroplaste. In der Elektrotechnik werden sie besonders als Schellenkitt oder für das Kleben von Stegleitung verwendet (Abb. 2).

Metallisierte Klebstoffe (bis zu 80% Metall als Füllmasse) werden auch als elektrische oder Wärmeleitung eingesetzt („Wärmeleitpaste“).

Im weitesten Sinne müssen auch die Gießharze zu den Klebern gezählt werden. Sie gehören zur Gruppe der Duroplaste (vgl. 15.5). Es sind ungesättigte Polyester, Epoxide oder Polyurethane.

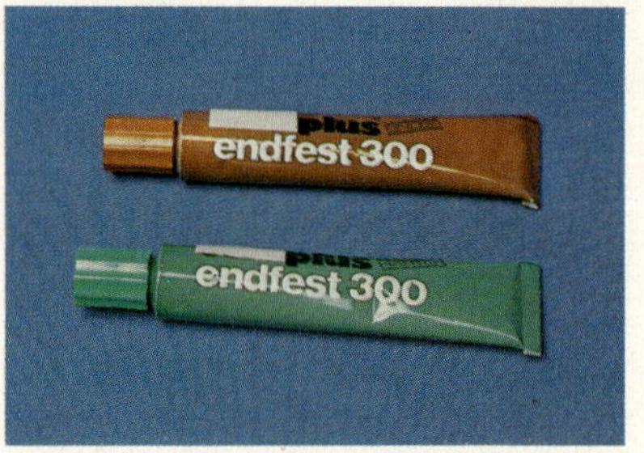

Abb. 1: Zwei-Komponenten-Kleber

Abb. 2

Aufgaben zu 15.6

1. Es sind mehrdrähtige Leiter miteinander zu verbinden.
Welche Leitungs-Verbindungstechniken wählen Sie? Nennen Sie mindestens zwei Möglichkeiten und begründen Sie Ihre Entscheidung!

2. Welcher wesentliche Unterschied besteht zwischen Löten und Schweißen?

3. Welche Hauptaufgabe haben Flußmittel?

4. Nennen Sie die Unterschiede zwischen Weich- und Hartlöten!

5. Bei welchen Flußmitteln muß vor Gebrauch geprüft werden, ob sie korrodierend wirken?

6. Nennen Sie wichtige Eigenschaften für Lote in der Elektrotechnik!

---

[1] Komponente (lat.): Teil des Ganzen

7. Welche Unterschiede bestehen zwischen Löten und Kleben?

8. Was versteht man unter Zwei-Komponenten-Klebern?

9. Was ist bei der Verarbeitung von Klebern zu beachten?

15.7 Magnetwerkstoffe

15.7.1 Eigenschaften magnetischer Werkstoffe

Sie sehen in Abb. 3 Gegenstände aus ferromagnetischen Werkstoffen, die recht unterschiedlichen Anforderungen gerecht werden müssen.

- Bei dem elektrischen Betriebsmittel des ersten Bildes soll der Kernwerkstoff den Magnetismus der Spule verstärken. Er soll nur so lange wirksam sein, wie Strom durch die Spule fließt.
- Für die Dauermagnete benötigt man dagegen Werkstoffe, die noch eine große magnetische Flußdichte nach dem Abschalten zeigen. Hierbei soll möglichst kein Magnetismus „verschwinden".

Alle gezeigten Werkstoffe haben die gleichen Ausgangs-Elemente, nämlich Eisen, Kobalt und Nickel. Auch einige Legierungen anderer Metalle werden manchmal verwendet, z.B. manganhaltige Kupferlegierungen.

Ein **ferromagnetischer** Stoff zeigt – unter Einfluß eines äußeren Magnetfeldes – eine stärker werdende Magnetisierung in Richtung des Feldes.

Beispiele: reines Eisen $\mu_r \leqq 40000$
Nickel-Eisen $\mu_r \leqq 300000$

Es gibt auch Stoffe, die Paare von entgegengesetzten Elementarmagneten bilden (Abb. 4b). Man nennt sie **antiferromagnetisch.** Es sind zumeist die Lanthaniden, ihre Verbindungen und Manganoxid (MnO).

Wenn die antiparallelen Elementarmagnete unterschiedlich groß sind, ist eine Magnetisierung in eine bestimmte Richtung vorhanden, und zwar als Differenz zweier Magnetfelder (Abb. 4c). Solche Stoffe bezeichnet man als **ferrimagnetisch**.

Ein ferrimagnetischer Stoff zeigt – unter Einfluß eines äußeren Magnetfeldes – eine stärker werdende Magnetisierung in Richtung des Feldes. Sie ist die Differenz antiparalleler Felder und daher schwächer als bei ferromagnetischen Stoffen.

Abb. 3: Bauteile aus Magnetwerkstoffen

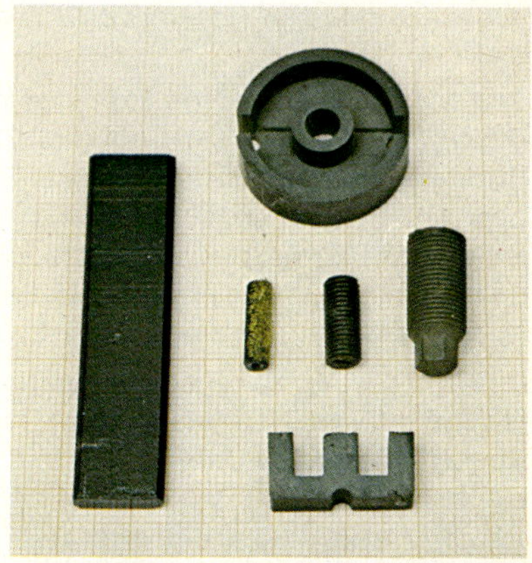

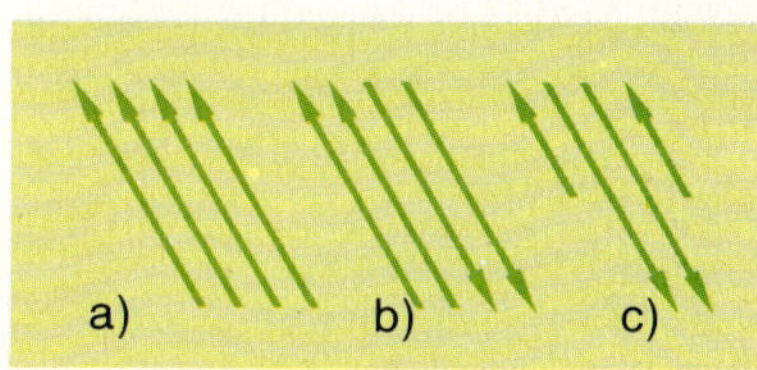

Abb. 4: a) Ferromagnetismus
b) Antiferromagnetismus
c) Ferrimagnetismus

Die meisten Ferrite gehören zu dieser Werkstoff-Gruppe.

Wenn die Temperatur erhöht wird, nimmt die Wärmebewegung der Moleküle auch in den Magnetwerkstoffen zu. Die Elementarmagnete verlassen dann ihre Ausrichtungen. Ab einer bestimmten Temperatur ist kein Ferro- oder Ferrimagnetismus mehr vorhanden. Dieser Temperaturpunkt wird als **Curie[1]-Temperatur** bezeichnet.

Für Eisen liegt dieser Wert bei 768°C (1041 K). Bereits kleine Mengen von Legierungsbestandteilen verändern das Gefüge so stark, daß bei einigen Werkstoffen die Curie-Temperatur fast im Bereich der Raumtemperatur liegt.

Das Magnetisieren und Entmagnetisieren wird in der Hysterese-Kurve dargestellt (vgl. 12.1.9, Versuch 12–4). Nach dem Magnetisieren bis zur Sättigung (Ausrichten aller Elementarmagnete) wird das äußere Feld abgeschaltet; Restmagnetismus bleibt zurück. Um ihn zu beseitigen, muß in entgegengesetzter Richtung mit der Koerzitivfeldstärke magnetisiert werden.

In Abb. 1 sind zwei Kurven mit gleich großem Restmagnetismus dargestellt, aber mit unterschiedlicher Koerzitivfeldstärke. Beim Werkstoff mit der schmalen Kurve benötigt man wesentlich weniger Feldstärke, um den Magnetismus zu beseitigen. Solche Stoffe lassen sich also leichter ummagnetisieren.

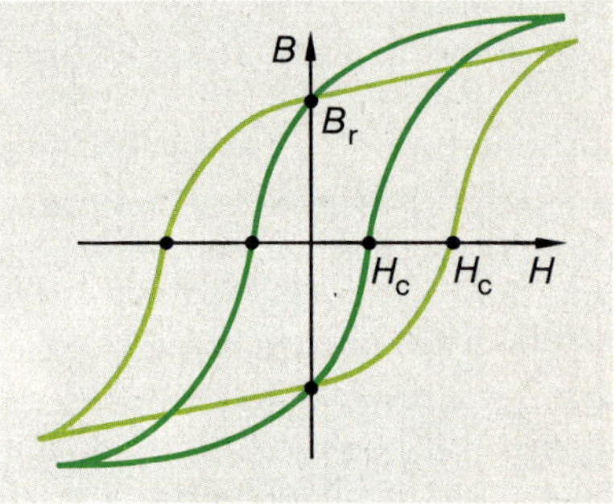

Abb. 1: Hysteresekurven von Werkstoffen mit unterschiedlichen Koerzitivfeldstärken

Ein **weichmagnetischer** Werkstoff läßt sich leicht ummagnetisieren.

Ein **hartmagnetischer** Werkstoff benötigt zum Ummagnetisieren eine große Feldstärke.

Beide Werkstoffe werden aus den gleichen Ausgangsstoffen gewonnen. Durch unterschiedliche Legierungen und Behandlungen lassen sich ihre Eigenschaften in weiten Bereichen ändern.

Hierzu ein Vergleich von Koerzitivfeldstärken:

weichmagnetischer Stoff $H_c = 0{,}4\,\frac{\text{A}}{\text{m}}$

hartmagnetischer Stoff $H_c = 300\,000\,\frac{\text{A}}{\text{m}}$

Wichtige Werte der Hysterese-Kurve sind:

- maximale magnetische Flußdichte (Sättigungsflußdichte) B_{max}
- Restmagnetismus (Remanenz) B_r
- Koerzitivfeldstärke H_c
- zur Sättigung notwendige Feldstärke H_S

Neben diesen Werten und der Curie-Temperatur ist noch das Verlustverhalten der Werkstoffe wichtig. Da

[1] Benannt nach Pierre Curie, französischer Physiker, 1859–1906.

die Verluste bei den Feldänderungen entstehen, werden sie als **Ummagnetisierungsverluste** oder **Eisenverluste** bezeichnet.

Die Eisenverluste setzen sich aus drei Anteilen zusammen:

- Hysterese-Verluste
- Wirbelstrom-Verluste
- Nachwirkungs-Verluste

Zur Erläuterung der **Hysterese-Verluste** wollen wir noch einmal einige Kurven betrachten (Abb. 2). Beide Kurven haben die gleichen Eckdaten (B_{max}, B_r, H_c), aber der Werkstoff der Kurve 2 benötigt zur Erreichung der Sättigung eine größere Feldstärke H_S als das andere Material. Die Fläche unter der Kurve 2 ist größer. Sie stellt ein Maß für die Verluste des Kernmaterials dar, weil nach dem Durchlaufen der gesamten Kurven wieder der Ausgangszustand erreicht ist, aber trotzdem Arbeit aufgewendet werden mußte.

Da Energie nicht verlorengehen kann, ist sie im Magneten in Wärme umgesetzt worden. Die **Hysterese-Kurven sollen** daher **möglichst schmal sein.**

Auch bei den **Wirbelstrom-Verlusten** wird Wärme erzeugt. Da bekanntlich jede Magnetfeldänderung in Leitern Spannung erzeugt, treten auch im Kern induzierte Spannungen auf. Die Folge davon sind ungeordnete Ströme, die Wirbelströme. Ihre Größe hängt wesentlich von der Änderungsgeschwindigkeit des Feldes

$$U = \frac{\Delta \Phi}{\Delta t}$$

ab, so daß diese Verluste bei hohen Frequenzen besonders groß sind. Die Verlustleistung und damit auch die Wärmearbeit hängen zudem vom Quadrat der Spannung

$$P = \frac{U^2}{R}$$

und dem Kehrwert des Widerstandes ab.

Der spezifische Widerstand der Magnetwerkstoffe soll daher **möglichst groß sein.**

Die **Nachwirkungs-Verluste** treten durch gewisse Verzögerungen beim Ausrichten der Elementarmagnete auf. Hier spielt natürlich die Zeit zwischen zwei Richtungsänderungen eine große Rolle. Bei hohen Frequenzen ist der Einfluß dieser Verluste groß. Bei extrem hohen Frequenzen kann allerdings auch das Gegenteil eintreten, daß nämlich durch Resonanzerscheinungen keine Verluste, sondern Verstärkungen auftreten.

Generelle Aussagen lassen sich zu dieser Verlustart nicht machen, weil die Kombination von Gefügeanord-

Ummagnetisierungsverluste

Formelzeichen P_1 bzw. $P_{1,5}$ (früher: V_{10} bzw. V_{15})[1]

$$[P] = \frac{\text{W}}{\text{kg}}$$

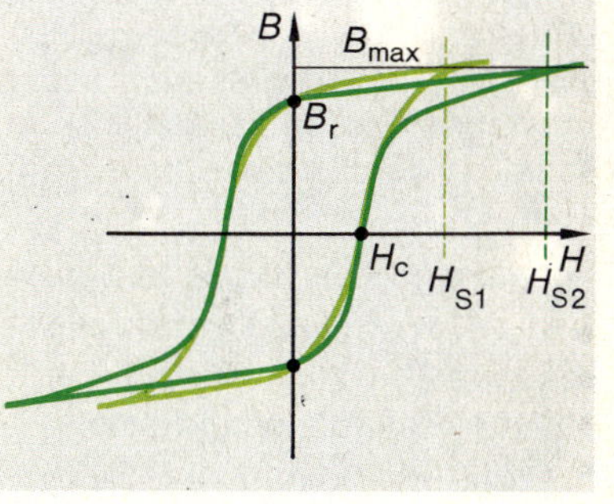

Abb. 2: Hysteresekurven von Werkstoffen mit unterschiedlichen Verlusten

[1] P_1 (V_{10}) sind die Verluste bei der Flußdichte $B = 1$ T
$P_{1,5}$ (V_{15}) sind die Verluste bei der Flußdichte $B = 1{,}5$ T

nung und Frequenzbereich im Einzelfall überprüft werden muß.

Um Magnetwerkstoffe herzustellen, muß man folgende Eigenschaften berücksichtigen:

- Sättigungsflußdichte
- Remanenz
- Koerzitivfeldstärke
- Curie-Temperatur
- Ummagnetisierungsverluste

15.7.2 Weichmagnetische Werkstoffe

Weichmagnetische Werkstoffe werden eingesetzt, wenn ein sich ständig änderndes Magnetfeld verstärkt werden soll. Sie müssen sich also leicht und vollständig ummagnetisieren lassen. Außerdem darf nach Ausschalten des Stromes kein Magnetfeld mehr wirksam sein.

Folgende Forderungen lassen sich also aufstellen:

- kleine Remanenz
- kleine Koerzitivfeldstärke
- hohe Sättigungsflußdichte
- kleine Ummagnetisierungsverluste

Eine Hysterese-Kurve müßte dann wie in Abb. 1 aussehen.

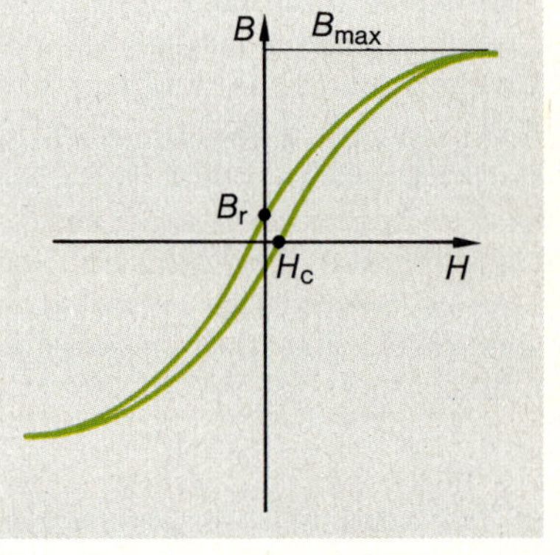

Abb. 1: Hysteresekurve eines weichmagnetischen Werkstoffes

Tatsächlich lassen sich Werkstoffe herstellen, deren Hysterese-Kurven extrem schmal und sehr steil sind. Solche Materialien zeigen dann schon bei kleinen Feldstärken die Sättigungsflußdichte. Leider haben sie eine hohe Remanenz, die aber durch sehr kleine Koerzitivfeldstärken beseitigt werden kann.

Reine Metalle zeigen solches Verhalten nicht, so daß legiert oder gesintert werden muß. Man unterscheidet je nach den Ausgangsstoffen **metallische** oder **oxidische** Werkstoffe.

Durch besondere Walzvorgänge und Zwischenglühen erreicht man, daß sich das Gefüge und damit auch die Elementarmagnete in ganz bestimmte Richtungen hin anordnen. Man bezeichnet entsprechende Bleche als kornorientiert (Texturbleche).

Dadurch genügen beim Magnetisieren und beim Ummagnetisieren sehr kleine Feldstärken, um die Elementarmagnete in die gewünschten Richtungen zu bekommen. Die Werkstoffe haben dann fast rechteckige Hysterese-Kurven (Abb. 2).

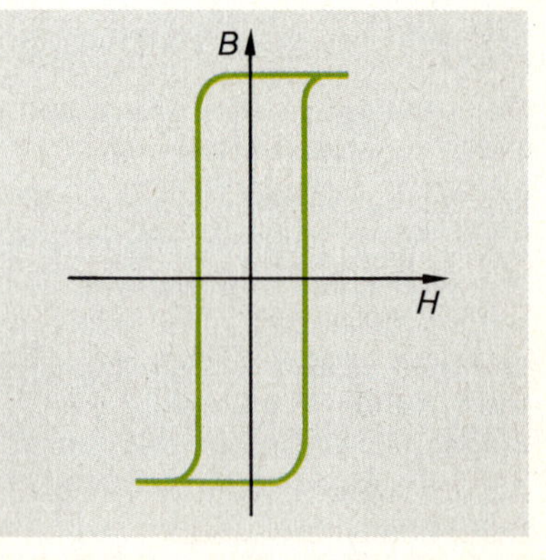

Abb. 2: Hysteresekurve eines Texturbleches

Solches Verhalten zeigen vornehmlich **Ferrite (oxidische weichmagnetische Werkstoffe).** Sie werden aus Metalloxiden gesintert und sind daher hart und spröde. Man kann sie nur durch Schleifen weiter bearbeiten.

Ihr spezifischer Widerstand ist groß im Vergleich zu den reinen Metallen (bis zu 10^{20}mal größer!), weil sie

Tab. 15.8: Eigenschaften und Verwendung einiger metallischer weichmagnetischer Werkstoffe

Werkstoff	Permeabilitätszahl μ_r (max)	Anfangspermeabilität bei $0{,}4 \frac{A}{m}$	Koerzitivfeldstärke H_c in $\frac{A}{m}$	Anwendungsbeispiele
Reineisen	30000...40000	1500...2000	≧6,4	Abschirmungen, Relaisteile, Polschuhe, Joche
Fe-Si-Legierungen warm- oder kaltgewalzt	6000	—	48	Elektrische Maschinen
kornorientiert,	9000	—	16	Transformatoren
kaltgewalzt	60000	3000	8	Transformatoren
Ni-Fe-Legierungen	8000...20000	2000...3000	20...50	Übertrager, Drosseln, Filter
	60000	6000	5	Teile für Relais, Meßsysteme, Abschirmungen, Stromwandler
	90000	45000	1,5	Übertrager, Meßwandler; mit Rechteckschleife: Magnetverstärker, Zähl- und Speicherkerne
	120000	45000	1,5	Übertrager, Magnetverstärker, Abschirmungen, Teile f. Relais und Meßsysteme.
	300000	130000	0,5	Mit Rechteckschleife: Schalt- und Speicherkerne

keine kompakten Werkstoffe (sondern gesinterte Pulverstoffe) darstellen und ihre Ausgangsstoffe Metalloxide sind. Ihre Wirbelstromverluste sind deshalb klein. Ferrite werden daher auch bei sehr hohen Frequenzen eingesetzt. Der Anwendungsbereich ist vornehmlich die Nachrichtentechnik, z.B. in Schwingkreis-Spulen, Übertragern, Schreib- und Löschköpfen bei Tonbandgeräten, Bandspeichern der EDV-Anlagen.

Der Nachteil der oxidischen Magnetwerkstoffe ist die relativ geringe Permeabilität und Sättigungsflußdichte. Dies spielt aber in der Nachrichtentechnik keine so große Rolle.

Als **metallische weichmagnetische Werkstoffe** werden unter anderem benutzt:

- Unlegiertes Eisen (mit <0,05% C) für Relais und Abschirmungen mit geringen Anforderungen.

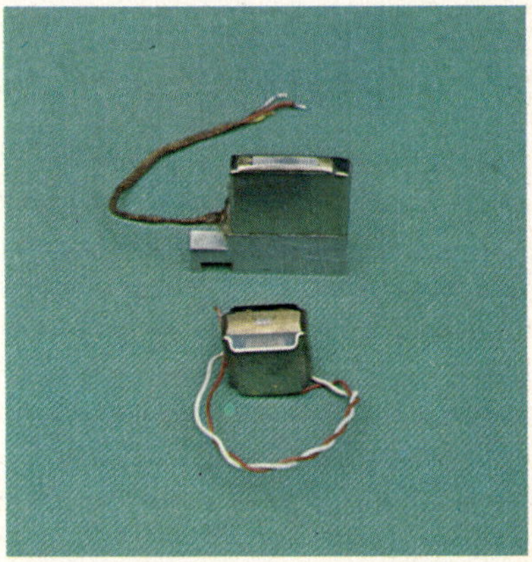

Abb. 3: Bauteile aus weichmagnetischen Werkstoffen (Tonköpfe)

- Eisen-Silicium-Legierungen für Schütze und Relais mit höheren Anforderungen, Magnetverstärker, Wandler.
- Eisen-Nickel-Legierungen wie bei Fe-Si, nur für höhere Frequenzen.
- Eisen-Kobalt-Legierungen bei erwünschten hohen Flußdichten ($\approx 2{,}5\ T$).

Ihre **Handelsnamen** sind u. a.: Dynamoblech oder Elektroblech, Hyperm, Trafoperm, Megaperm, µ-Metall (auch: Mu-Metall), Permenorm, Permalloy, Perminvar.

Als **oxidische weichmagnetische Werkstoffe** werden Ferrite von Oxiden hauptsächlich folgender Metalle benutzt:

Mangan und Zink	Mangan und Magnesium
Nickel und Zink	Nickel und Kobalt
Lithium und Nickel	Kupfer und Mangan

Das jeweils zuerst genannte Metall stellt in der Kombination den überwiegenden Anteil.

15.7.3 Hartmagnetische Werkstoffe

Bauteile aus hartmagnetischen Werkstoffen sollen einen möglichst großen Restmagnetismus haben, weil sie in erster Linie als Dauermagnete verwendet werden. Die Remanenz soll also nur unwesentlich unter der Sättigungsflußdichte liegen.

Damit der verbliebene Magnetismus nicht durch andere Felder beseitigt werden kann, muß die Koerzitivfeldstärke besonders hoch sein.

Diese Werkstoffe haben demzufolge eine breite und hohe Hysterese-Kurve (Abb.1).

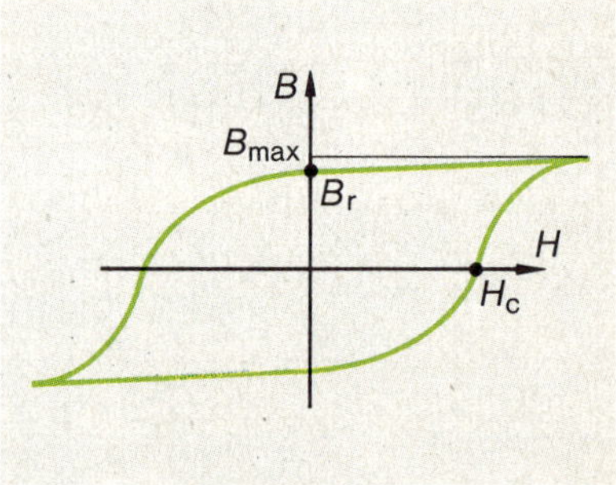

Abb. 1: Hysteresekurve eines hartmagnetischen Werkstoffes

Die Fläche der Kurve stellt die gespeicherte Arbeit, also die Energie des betreffenden Magneten dar. Das Produkt aus Remanenz B_r und Koerzitivfeldstärke H_c wird deshalb zur Gütebestimmung eines Dauermagneten benutzt.

Ein wesentlicher Teil der Hysterese-Kurve ist der Verlauf im zweiten Quadranten. Man nennt ihn **Entmagnetisierungskennlinie** (Abb. 2).

- Eine besonders lange Kurve (Abb. 4) bedeutet, daß eine große Feldstärke aufgewendet werden muß, um den (Rest-)Magnetismus abzubauen.
- Eine nahezu waagerechte Kurve mit steilem Ast bedeutet, daß die Elementarmagnete fast alle zur gleichen Zeit umklappen. Dies ist am ehesten bei kornorientierten Werkstoffen der Fall.

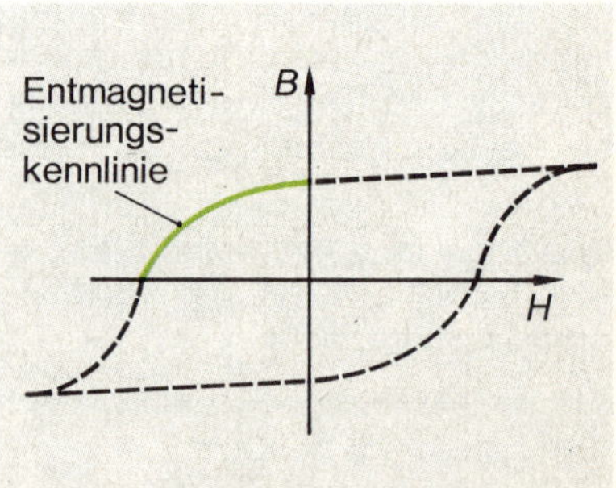

Abb. 2: Entmagnetisierungskennlinie

Hartmagnetische Werkstoffe werden grundsätzlich nicht anders hergestellt als weichmagnetische.

Bevor die Stoffe als Dauermagnete eingesetzt werden, müssen sie noch magnetisiert werden. Das geschieht mit Feldstärken, die etwa das Fünffache der Koerzitivfeldstärke betragen.

Zum Aufbau der in den Handel kommenden Dauermagnet-Bauteile werden häufig nur kleine Stücke des hartmagnetischen Materials benutzt. Der übrige Teil besteht dann aus weichmagnetischem Werkstoff (Abb. 3). Der Grund dafür ist die größere Permeabilität dieser Stoffe.

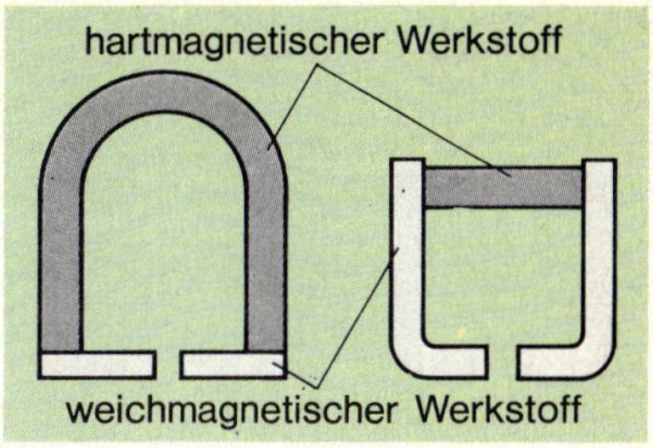

Abb. 3: Häufiger Aufbau von Dauermagneten

Als **metallische hartmagnetische Werkstoffe** werden unter anderem benutzt:

Aluminium-Nickel-Eisen (AlNi), Aluminium-Nickel-Kobalt (AlNiCo), Eisen-Kobalt-Vanadium.

Ihre **Handelsnamen** sind unter anderem: Koerzit, Thermoperm, Oerstit.

Die **oxidischen hartmagnetischen Werkstoffe (Ferrite)** werden ähnlich hergestellt wie die oxidischen weichmagnetischen Materialien. Häufig werden sie in Kunststoff oder Gummi eingelagert. Die weitere Verarbeitung ist dann sehr einfach und die Anwendungsmöglichkeiten werden dadurch wesentlich erweitert.

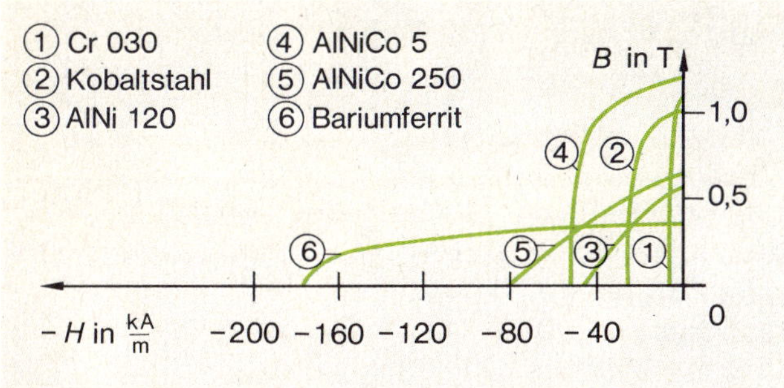

Abb. 4: Entmagnetisierungskennlinien verschiedener Werkstoffe

Tab. 15.9: Eigenschaften einiger hartmagnetischer Werkstoffe

Werkstoff	Handelsnamen	Remanenz B_r in T	Koerzitivfeldstärke H_c in $\frac{kA}{m}$
AlNi	Koerzit Magnetoflex	0,6...0,8	25...70
AlNiCo	Oerstit	0,5...1,2	35...95
Bariumferrit (anisotrop)	Koerox Ferroxdur Oxit 300 R	0,2...0,4	200...350

Abb. 1: Permanentmagnete

Wichtige Werkstoffe dieser Gruppe sind:

Barium-Ferrite, Eisenoxid (Fe_2O_3 mit besonderer Kristallstruktur) für Tonbänder, Kobalt-Ferrite, Barium-Strontium-Ferrite.

Ihre **Handelsnamen** sind unter anderem: Koerox, Ferroxdure, Maniperm, Magnetoflex, Prac, Gumox.

Aufgaben zu 15.7

1. In welchen Größenordnungen liegen die Permeabilitäten von ferromagnetischen Stoffen?
2. Welche Eigenschaft haben ferrimagnetische Stoffe?
3. Was versteht man unter Curie-Temperatur?
4. Welche Unterschiede bestehen zwischen weichmagnetischen und hartmagnetischen Werkstoffen?
5. Erläutern Sie die Unterschiede (Aufg. 4) an Hand einer Hysterese-Kurve!
6. Aus welchen Anteilen bestehen die Eisenverluste eines Magneten?
7. Durch welche werkstoffbezogene Maßnahme kann man Wirbelstrom-Verluste klein halten?

8. Welchen Nachteil hat die Maßnahme der Aufgabe 7?
9. Welchen Werkstoff schlagen Sie für den Kern eines Lastmagneten vor?
10. Wie sind Ferrite aufgebaut?
11. Welche Werkstoffe werden für Schützkerne verwendet?
12. Welchen Teil der Hysterese-Kurve nennt man Entmagnetisierungskennlinie?
13. Welches Verhalten zeigen Werkstoffe, die eine fast rechteckige Hysterese-Kurve haben?
14. Warum fertigt man Dauermagnete nicht vollständig aus hartmagnetischem Werkstoff?
15. Mit welchem Werkstoff sind Tonbänder beschichtet?

Sachwortverzeichnis

T

U

V

W

Bildquellenverzeichnis

Hinweis: Ziffern vor dem Komma = Seitenzahl; Ziffern nach dem Komma = Bild-Nr.

ADAC-Motorwelt (239,8), AEG-Telefunken, Nürnberg (13,4; 113,5; 114,1 u. 3; 115,6), AEG-Telefunken Kabelwerke AG Rheydt, Mönchengladbach (S. 8, Kap. 15; 259,3), AEG-Telefunken Serienprodukte AG, Geschäftsbereich Zähler und Elfa, Hameln (S. 124; 133,4; 134,2), Agfa-Gevaert AG, Leverkusen (143,1), Aluminium-Zentrale, Düsseldorf (216,1 u. 2), Amphenol-Tuchel Electronics GmbH (302,2e), Aufnahme des „Bayerischen Landesinstituts für Arbeitsschutz" (248,1), „Aufnahme BBC" (S. 5, Kap. 6; 45,5; 278,1; 291,1 u. 2; 293,4; 294,3; 297,5), Theo Benning, Bocholt (254,1), Hugo Binz, FKH, Zürich und Baden (S. 10), Birkhäuser Verlag, Basel, Abb. aus Stäger, „Allgemeine Werkstoffkunde" (237,4; 239,6), Werkfoto Robert-Bosch GmbH, Geschäftsbereich K1, Stuttgart (295,4), Foto-Service Brandes, Braunschweig (S. 8, Kap. 14; S. 42; S. 62), Bundesanstalt für Arbeitsschutz und Unfallforschung, Dortmund (246,4), Bundesanstalt für Materialprüfung (BAM), Berlin (267,2), Bundesinstitut für Berufsbildung (BIBB), Berlin (261,3; 264,2 u. 3), Degussa, Frankfurt (308,1), DESAG, Delligsen (305,5), Deutsches Museum, München (12,1), „Werkbild DODUCO" (15,3; 215,2 u. 3; 275,3; 280,3; 305,7), Mit Genehmigung der „Edelstahlvereinigung" e.V., Düsseldorf (S. 269), E.G.O. Elektro-Geräte Blanc und Fischer, Oberderdingen (100,2), ELSIC Elektrische Sicherheitsausrüstung und Betriebsmittel GmbH, Mönchengladbach (251,2; 255,4), „Werkbild GOSSEN", Erlangen (20,1; 28,1; 33,4; 85,5 u. 7; 190,1; 191,5), Graphicteam, Köln (S. 244), Werkbild „Hartmann & Braun AG" (88,1), Verlag Hölder-Pichler-Tempsky, Wien – Schreiner, Lehrbuch der Physik, 2. Teil – (146,2), Werkbild „A. van Kaick", Ingolstadt (194,2), Werkbild Lindner, Bamberg (133,4), Mauser Meßzeug GmbH, Oberndorf/Neckar (19,1), METRAWATT GmbH, Nürnberg (95,3; 111,1; 254,2), Moos Verlag, Gräfelfing (11,2), Foto & Grafik Rixe, Braunschweig (S. 7, Kap. 13; 131,1; 132,1 u. 2; 133,3; 134,2; 211,4; 228,3; 268,1), „Ruhrgas-Werkbild" (240,3; 241,5; 242,3), Schniewind, Neuenrade (284,2 bis 4), Schupa GmbH, Schalksmühle (251,3), Siemens AG, München (S. 4, Kap. 3; S. 6, Kap. 11; S. 7, Kap. 12; 12,2; 27,5; 36,1; 54,1; 114,2; S. 136; S. 138/139; 163,5; 272,1; 276,1), STIEBEL-Eltron Werkfoto (112,2; 113,4; 114,5), Technische Universität, Lehrstuhl und Laboratorium für Hochspannungs- und Anlagentechnik, München (148,1), TÜV-Bayern e.V., Abb. aus dem Werk „Das Gesicht der Korrosion" (236,2; 237,5 u. 6; 238,2), VALVO, Hamburg (S. 318), VARTA Batterie AG, Hannover (222,1; 227,4; 234,1; 235,2), Foto „WEGA" (305,4), Werkbild „WIMA Westermann Mannheim" (161,3 u. 4; 162,1), Westermann-Archiv (11,1), Westermann-Foto, Hermann Buresch, Braunschweig (215 Farbfotos), Der ELEKTRIKER (195,4).

Westermann Verlag, Braunschweig, entnommen aus: Diercke Weltatlas (172,2).

Den Firmen Albin Sprenger, St. Andreasberg und Phywe, Göttingen danken wir für freundliche Unterstützung bei der Aufnahme von Versuchsabbildungen.

Schaltzeichen	Benennung
	Gleichspannung, Gleichstrom
	Wechselspannung, Wechselstrom
	Mischspannung, Mischstrom
	Verbindungsstelle allgemein, insbesondere betriebsmäßig nicht lösbare Verbindung
	lösbare Verbindung, z.B. Klemme
	Kennzeichen für stetige Veränderbarkeit durch mechanische Verstellung, allgemein
	Kennzeichen für stetige Veränderbarkeit durch mechanische Verstellung, linear
	Kennzeichen für stetige Veränderbarkeit durch mechanische Verstellung, nicht linear
	Kennzeichen für stufige Veränderbarkeit durch mechanische Verstellung
	Kennzeichen für Einstellbarkeit durch mechanische Verstellung, allgemein
	Kennzeichen für Einstellbarkeit, stetig
	Kennzeichen für Einstellbarkeit, stufig
	Kennzeichen für die lineare Veränderbarkeit unter Einfluß einer physikalischen Größe
	Kennzeichen für die nichtlineare Veränderbarkeit unter Einfluß einer physikalischen Größe
	Widerstand, allgemein
	Dauermagnet, allgemein
	wahlweise Darstellung
	Wicklung, Induktivität allgemein
	Wicklung, wahlweise Darstellung
	Wicklung mit Kern, in der Regel aus magnetischem Werkstoff
	Kondensator, Kapazität allgemein
	gepolter Kondensator
	gepolter Elektrolyt-Kondensator
	Primär-Element, Akkumulator (Zelle), Batterie

Schaltzeichen	Benennung
G	Generator
	Einschaltglied, Schließer
	Ausschaltglied, Öffner
	Umschaltglied, Wechsler
	Einschaltglied, Zweiwegschließer mit drei Schaltstellungen
	Antrieb allgemein z.B. für Relais, Schütz
	Steckerstift
	Steckerbuchse
	Steckverbinder mit Steckerstift und Steckerbuchse
	Steckverbinder mit Kennzeichnung des Schutzleiteranschlusses
	Schließer
	Öffner
	Elektromechanischer Antrieb mit zwei Schaltstellungen
	Handbetrieb, allgemein
	Handbetrieb, Betätigung durch Drücken
	Handbetrieb, Betätigung durch Ziehen
	Handbetrieb, Betätigung durch Drehen
	Handbetrieb, Betätigung durch Kippen
	Raste